日米史料による
特攻作戦全史

航空・水上・水中の特攻隊記録

ロビン・リエリー［著］／小田部哲哉［編訳］

著者のことば

　私は過去15年間、第２次世界大戦中の米海軍の歴史を研究してきた。それは、父が第２次世界大戦中に従軍して乗艦していた艦艇に興味を持ったことから始まった。その研究は、私にとってその分野の最初で最後のものだと思ったが、時間を経て別の研究につながった。まず大型揚陸支援艇、そして沖縄のレーダー・ピケット艦艇、そして今回は「カミカゼ」との体験に関する本を完成させた。

　長年にわたり、カミカゼに関する書籍が数多く出版された。そのほとんどは特定の事件、作戦、艦艇、特別攻撃隊員やカミカゼに遭遇した時の体験に焦点を当てている。しかし、現時点までに第２次世界大戦における米艦艇に対する400件以上のカミカゼ攻撃のすべてについて説明しようとした者はいない。

　これまでにも、フィリピンや沖縄で米艦艇がカミカゼ攻撃でこうむった大殺戮の目撃者による本があった。一方、運命により特別攻撃隊員になった日本陸海軍の航空関係者による本もあった。最終的に、彼らは体験を伝えるために生き残った。

　旧日本海軍士官の中にはカミカゼについて書き、若い搭乗員を死に追いやった組織に参画したことを合理化しようとした者もいた。またカミカゼの現象をセンセーショナルにしようとする著作もある。しかし、私の知る限り、太平洋戦線で任務に就いていた米艦艇に対する数々の攻撃を記した文献はなかった。それを念頭に置いて、第２次世界大戦中のカミカゼ攻撃を検証した。

　この本はメリーランド州カレッジ・パークの国立公文書記録管理局（NARA：National Archives and Records Administration）の写真を数多く掲載していることに読者は気づくだろう。私はそこで長い時間、資料にあたり、静止画像部門のルタ・ビーモン、テレサ・ロイ、シャロン・カリー、ホリー・リードの助けを得た。参考文献部のバリー・ツェルビーは、膨大なコレクションの中から私の研究に役立つ資料を見つけてくれた。

　多くの退役軍人がインタビューに喜んで応じてくれて、私が起きた出来事

を理解するのに大きな助けになった。彼らの目撃証言が最も役立っている。彼らが割いてくれた時間と目撃証言は非常に有益だった。私は次の方々の助けを得た。（訳注：以下、支援者の氏名は省略）

　空手家の岡崎照幸氏には、武士の伝統に対する思いや、中学生時代に特別攻撃隊員になる訓練を受けた経験を語って頂き、非常に参考になった。さまざまな日本語の翻訳では、私が恩恵を受けている前島孝充氏の協力を得た。*1
　校正者のルシール・リエリーとケン・トンプソンは文章について多くの貴重な提案をしてくれたので特に感謝している。彼らの尽力に感謝するが、本書の内容に関する責任はすべて著者にある。

*1：著者のロビン・リエリー氏は海兵隊員として日本に勤務していた時に空手を習い始めた。岡崎氏は著者が米国に帰国後の空手の指導者で、前島氏は米国で著者とともに空手を指導している。（以下、*と数字〔例：*1〕は、訳者の補足説明などがあることを示し、補足説明などは状況ごとに記載した）

翻訳にあたって

　本書"KAMIKAZE ATTACKS OF WORLD WAR Ⅱ"（邦題『日米史料による特攻作戦全史』小田部哲哉訳編）は、ロビン・リエリーによる"KAMIKAZE, CORSAIR, AND PICKET SHIPS Okinawa, 1945"（邦題『米軍から見た沖縄特攻作戦』小田部哲哉訳）の姉妹編である。『米軍から見た沖縄特攻作戦』は沖縄周辺のレーダー・ピケット・ステーション（RPS）における日本軍特別攻撃隊（以下、特攻隊）と米艦艇・航空機との戦いを描いたものだった。本書は1944年10月にフィリピンで始まり、1945年8月の日本の敗戦で終了した特攻隊で損害を受けた米艦艇の物語である。

　本書の対象が損害を受けた米艦艇のため、米艦艇の近くまで到達しても損害を与えることができなかった特攻隊、途中で進出を阻止されて米艦艇に到達できなかった特攻隊は含まれていない。

　米軍は「カミカゼ」を米艦艇に対する体当たり攻撃と考えている。このため本書でも「出撃時の任務にかかわらず、意図的に艦艇に体当たりした機体をカミカゼ機とした」としている。（p. 19参照）　日本海軍の神風特別攻撃隊および日本陸軍の振武隊・誠飛行隊などの「体当たり攻撃のために特別に編成した攻撃隊による攻撃」とは同じ概念ではない。したがって、日本では特攻隊としていても米軍はカミカゼとしていない場合がある。たとえば1945年3月19日の空母フランクリン（CV-13）に対する攻撃を米軍は水平爆撃としており、カミカゼ攻撃ではないとしている。このようにカミカゼと特攻隊の概念は異なるが、米艦艇に損害を与えた日本軍の記録として本書は貴重なものである。

　前作『米軍から見た沖縄特攻作戦』を翻訳した後、元海上自衛官の方から「どの艦艇にどの特攻隊が向かったのか分かればよいのだが」とのコメントを頂いた。これは訳者自身も以前から考えていた。このため、原書でもごく一部のカミカゼについては特攻隊名などを記載しているが、翻訳では極力多くの特攻隊を推定して文中の各節に訳注として示すことにした（本文中に「*1」などのように表記して、状況ごとに特攻隊名、機種を記載した）。

特攻隊の推定は次の手順で行なうこととした。
- 特攻隊の全貌の把握。
- 米艦艇を攻撃した機種の特定。
- その機種を使用して、その艦艇を攻撃できる時刻に出撃したのはどの特攻隊か。

既存の特攻隊リストのほとんどは陸海軍別、特攻隊別のものである。そこで、陸海軍特攻隊を統合して出撃月日時刻順に並べ、機種、出撃基地、攻撃目標、未帰還機数、未帰還者数を記載した「陸軍・海軍 特攻隊一覧」を作成した（巻末に資料補記として添付）。この「陸軍・海軍 特攻隊一覧」は、出撃時刻を記載している『陸軍航空特別攻撃隊各部隊総覧 第1巻 突入部隊』および『同 第2巻 待機部隊』、並びに『神風特別攻撃隊々員之記録』を基にし、そのほか『特別攻撃隊全史』、『魂魄の記録』、『陸軍航空特別攻撃隊史』、『戦史叢書』などの文献も参考にして作成した。

この「陸軍・海軍 特攻隊一覧」と攻撃を受けた米艦艇の報告を基に、攻撃を行なった機種とそれを運用した特攻隊を候補として選んだ。米艦艇の報告に九九式艦爆と機種が記載されている場合でも実際に攻撃を行なったのは外観が類似の機種である固定脚機の九九式襲撃機などの可能性もある。著者も「第5章 特攻作戦の戦術 ［日本軍機の識別］」で「同時に出会った日本軍機について艦艇とパイロットが異なる報告をして、識別が混乱するのは普通だった。多くの場合、隼、零戦、鍾馗は誤認された。ほかには、スパッツ（脚カバー）付固定脚の九九式艦爆、九九式襲撃機、九七式軽爆もよく間違えられた」と書いている。（p.98参照）

沖縄作戦では米艦艇の上空に現れる日本軍機の機数は多く、多機種にわたっていた。戦闘の最中に飛行中の日本軍機の型式を識別するのが難しいことはよくあることだった。原書に機種が書かれていても違う機種の可能性がある場合は、違う機種とその特攻隊も記載した。

米艦艇を攻撃した特攻隊がいつ出撃したかを見極めるのも問題だった。鹿屋、知覧、万世と沖縄渡具知（嘉手納付近）の間を巡航速度で直行した場合の所用時間は、零戦、隼で約2時間になり、一部の機種はこれよりも時間を要した。さらに実際には空中集合、迂回などにより時間を要し、攻撃地点によっても飛行時間は変わる。このため、沖縄周辺の海域では原則として米艦艇が攻撃を受けた時刻の2時間から3時間前に出撃した特攻隊を攻撃実施部隊と推定した。機動部隊に対する索敵攻撃の場合はさらに長時間を要する場合もある。フィリピンでは出撃基地と攻撃地点の距離を勘案して同様に推定

した。

　このようにして攻撃時刻から逆算して出撃時間帯を絞り、その出撃時間帯の特攻隊から米艦艇が報告した機種および類似機種を使用した特攻隊を選んだ。それでも多くの状況で特攻隊名を複数記載している。これはそのうちのいずれか１個または複数個の特攻隊の機体が米艦艇を攻撃したとの意味で、記載したすべての特攻隊が同一状況下でその米艦艇を攻撃したのではない。

　機体ごとの出撃時刻の記録が残っている特攻隊のうちで特定の出撃時刻の機体が該当する可能性がある場合でも「何時何分出撃の〇〇隊」とせずに「〇〇隊」とだけ記載した。このため一つの特攻隊が異なる状況の攻撃に参加しているように記載されることにもなる。また出撃時刻が不明な特攻隊については異なる状況で何回も攻撃を行なったように記載されることになる。

　戦闘詳報などに突入連絡、長符信号消滅などの時刻が記載されていて、その時刻と米艦艇が攻撃を受けた時刻が近い場合は、その特攻隊が攻撃した可能性が高いので、その特攻隊名、根拠となる戦闘詳報などを記載した。その特攻隊のほかの機体がほかの状況でも攻撃を行なっていることがあるので、ほかの状況でもその特攻隊名が出てくることがある。

　また２機から３機に１機程度しか無線機を搭載していなかった特攻隊もあった。このような特攻隊では無線機搭載機と無線機非搭載機が分かれて索敵攻撃をすると無線機非搭載機の動向が不明になる。また無線機搭載機とともに飛行していても先に無線機搭載機が体当たりしたり、撃墜されたりするとその後に無線機非搭載機が体当たりをしても戦闘詳報には「（戦果）不明」とか「体当たり、突入したものと認」としか書かれていないことが多く、特攻隊を特定するのを難しくしている。戦闘詳報に記載されている特攻隊以外の特攻隊名を記載している場合がある。これはほかの特攻隊も同じ時間帯に攻撃を行なった可能性がある場合である。

　未帰還になった機種、機数、人数は原則として記録に残っているが、出撃に関する記録は残っていないこともあるので「陸軍・海軍 特攻隊一覧」では出撃しても帰還した機数、人数は割愛した。ただし、各種資料で出撃機数、人数が判明している場合はそれも特攻隊特定の参考にした。体当たり機数、被撃墜機数の合計が未帰還機数よりも多い場合がある。この原因の一部は米海軍の撃墜機数の計算に艦艇間で重複があるものと考えられる。

　また『陸軍航空特別攻撃隊各部隊総覧』、『神風特別攻撃隊々員之記録』などの日本側資料が記載している未帰還機数、未帰還者数は、撃墜されても米艦艇などに救助されて捕虜になるなどして、その後、帰還した場合の人数、機数は除いているので、米艦艇が戦闘報告などに記載している撃墜機数

などよりも少ない可能性がある。

　体当たりした個人名は、ほかの文献および戦闘詳報に記載されている場合は、それを引用した。それ以外の個人名は訳者が状況ごとに推測した。特攻隊が特定されても個人名が特定できない場合は、その特攻隊で未帰還となった者の名前を記載した。ただし、体当たり、墜落、被撃機数が未帰還者数に比べておおむね半数以下の場合は当該特攻隊の未帰還者名の記載を割愛した。

　通常攻撃の機体が体当たりした可能性がある場合は、通常攻撃を行なった部隊の『戦闘詳報』および『戦史叢書』で通常攻撃隊を調べて、その攻撃隊を記載した。特別攻撃隊、通常攻撃隊のいずれにも該当しない場合は、「攻撃隊不明」とした。

　日本人の階級は原則として記述されている状況当時の階級にした。
　日本軍の海軍航空部隊表記の略称は原則として次のようにした。
海軍航空隊
　地名冠称航空隊は地名の後ろに「空」を付した：例：厚木海軍航空隊は厚木空
　数字冠称航空隊は数字の後ろに「空」を付した：例：第721海軍航空隊は721空
飛行隊
　海軍飛行隊は、攻撃飛行隊はＫ、戦闘飛行隊はＳのように任務を表すローマ字の後ろに飛行隊番号を付した。例：攻撃第711飛行隊はK711
　なお、陸軍航空部隊については略称を用いていない。

　日本軍では航空機に搭乗する者を陸軍では「空中勤務者」、海軍では「搭乗員」と総称した。操縦する者を陸軍では「操縦者」、海軍では「操縦員」と称していたが、海軍については「操縦員」も「搭乗員」とすることが多いので翻訳でも「搭乗員」とした。また陸軍の「空中勤務者」、海軍の「搭乗員」の両方を含む場合は「搭乗者」とし、そのほかパイロットなどの用語も適宜使用した。

　米艦艇は所属する艦隊、群、戦隊、隊から作戦に応じて任務部隊、任務群、任務隊、任務分隊に配置されるので、同一艦でも時期により任務部隊以下の配置が異なる。このため、資料により異なる任務部隊になっている場合があるが、原則として原書記載の通りとした。

米艦艇は、艦名が付与されている場合は「ニュージャージー BB 62」のように艦名、艦種記号－番号（ハル・ナンバー）で、また小型の補助艦艇などで艦名が付与されていない場合は艦種記号、番号だけで識別されている。
　翻訳に際しては状況ごとの当該艦艇の最初の記述で艦種、艦名、艦種記号－番号を記載した。ただし、戦艦（BB）、空母（CV）、軽空母（CVL）、護衛空母（CVE）、重巡洋艦（CA）、軽巡洋艦（CL）、駆逐艦（DD）、護衛駆逐艦（DE）は艦名、艦種記号－番号だけを記載して艦種を省略している。
　艦名が付与されている艦艇が同一状況で2回以上出てくる時は、2回目以降の記述では各艦艇ともすべて艦名だけを記載した。艦名が付与されていない小型の補助艦艇などは、状況ごとの最初の記述で艦種、艦種記号－番号を記載した。これらの艦艇が同一状況で2回以上出てくる時は、2回目以降の記述では各艦艇ともすべて艦種記号－番号だけを記載した。
　本書の写真のキャプションなどで、艦名の前に米海軍軍艦（United States Ship）を示すU.S.S.かUSSが付いている場合もある。

　著者は、航空、水上、水中の特攻隊で延べ400隻余りの艦艇が損害を受けたが、軽微なものも多かったとしている。
　一方、これまで日本で発表された文献では、特攻隊が体当たりで米艦艇を撃沈、または大きな損害を与えたと書かれている。
　この相違は、日本側が体当たりによる火災を艦艇の致命的な損害と思った、海面に墜落した機体の爆弾の爆発または海面に突入した時の水柱などを体当たりと思ったことによるであろう。また、体当たりしたに違いないとの推測、体当たりしてほしいとの願いもあったであろう。
　戦闘では、敵の損害を評価し、それに基づき次の作戦を立てることが必須であるが、結果として、その評価が十分にされない、あるいはできないままに特攻作戦が継続されたことになる。
　しかし、特攻隊員は国や愛する家族のためにその任務に就いた。進んで志願した者、いつかはやることになる任務と考えた者、大きな葛藤を抱えた者、それぞれが思いを抱いて出撃した。
　この特攻隊員の思いを知り、特攻隊を考えるには、当時の状況に身を置いて考えることが重要である。そして、本書にはそのような思いを抱いた特攻隊員が米艦艇に接近した最期の様子が描かれている。

目　次

著者のことば　1
翻訳にあたって　3
はじめに　16

第Ⅰ部 カミカゼの起源と組織、運用　21

第1章　武士階級の発展とその精神　22

武士道精神　22
最初のカミカゼ　22
武士道規範　23
死ぬための教育　26

第2章　カミカゼの伝統　33

カミカゼの儀式と伝統　33
不名誉よりも死を　33
鉢巻きと衣装　34
千人針　35
人　形　37
迷　信　39
決別の宴　40
遺　書　41
靖国神社　42
特別攻撃に対する特攻隊員の考え　44
日本兵の遺体　48

第3章　特 攻 機　50

　　桜花計画　50
　　最終兵器　64

第4章　特攻隊の発展　67

　　カミカゼの歴史と発展　67
　　天号作戦　75
　　海軍搭乗員訓練　76
　　陸軍空中勤務者訓練　81

第5章　特攻作戦の戦術　84

　　カミカゼの戦術　84
　　攻　撃　85
　　誘　導　機　95
　　チャフの使用　95
　　攻撃のタイミング　96
　　日本軍機の識別　98
　　資源の減少　102

第6章　海と陸のカミカゼ　109

　　爆装高速特攻艇：陸海軍　109
　　震洋計画　110
　　震洋のフィリピンにおける部隊の組織と展開　116
　　震洋の沖縄における部隊の組織と展開　118
　　マルレ計画　118
　　マルレの武装　119
　　マルレの戦術　121
　　マルレの訓練　123

マルレのフィリピンにおける部隊の組織と展開 125
マルレの沖縄における部隊の組織と展開 127
震洋、マルレの台湾、硫黄島、日本本土における部隊の組織と展開 128
回　天 130
回天隊員の選考と訓練 133
回天の任務 135
蛟龍、海龍 139
特攻兵士 142

第Ⅱ部 特攻作戦史 149

第7章　大混乱の前兆 150

航空掩護　1944年10月 150
カミカゼ、台湾沖航空戦に出現 157
10月14日 158
フィリピンのカミカゼ　10月24日 158
レイテ沖海戦　10月25日 160
10月26日 169
10月27日 170
10月30日 170
日本陸海軍機出撃機数 172
11月1日 173
11月3日 175
11月4日 178
11月5日 178
11月12日 180
11月18日 183
11月23日 185
11月25日 185
11月27日 189
11月29日 192

第8章　1944年12月のカミカゼ 193

　12月5日　193
　12月7日　196
　12月10日　203
　12月11日　204
　12月13日　207
　12月15日　209
　12月17日　214
　12月18日　215
　12月21日　215
　12月22日　216
　12月28日　217
　12月28日〜29日　218
　12月30日　219

第9章　リンガエン湾の戦い 222

　1945年1月2日　222
　1月4日　223
　1月5日　225
　1月6日　228
　1月7日　234
　1月8日　234
　1月9日　236
　1月10日　238
　1月11日　243
　1月12日　243
　1月13日　246
　特攻艇、再び現れる　248

第10章　台湾、硫黄島、ウルシー 256

《台　湾》 256
　１月18日 256
　１月21日 256

《硫黄島》 259
　２月21日 259

《ウルシー》 264
　1944年11月20日 264
　1945年３月11日 267

第11章　沖縄 天号作戦 271

　作戦概要 271
　日本海軍航空隊 276
　日本陸軍航空部隊 280
　航　空　機 284

《侵攻の前触れ》 286
　３月18日 286
　３月19日 287
　３月20日 288
　３月26日 289
　３月27日 291
　３月28日 295
　３月29日 295
　３月31日 297

第12章　沖縄侵攻 第１週 298

　４月１日 298
　４月２日 302

4月3日　307
　4月4日　308
　菊水作戦／航空総攻撃　309
　4月6日　310
　4月7日　329
　4月8日　332

第13章　猛攻続く　333

　4月9日　333
　4月11日　335
　4月12日　339
　4月13日　349
　4月14日　350
　4月15日　352
　4月16日　352
　4月17日　367
　4月22日　368
　4月27日　370
　4月28日　375
　4月29日　378
　4月30日　380
　5月1日　380

第14章　遺体を片付けた　382

　5月3日　382
　5月4日　385
　5月5日　399
　5月6日　400
　5月8日　400
　5月9日　400
　5月11日　402

第15章　悲惨な5月 417

　5月12日　417
　5月13日　418
　5月14日　420
　5月17日　423
　5月18日　423
　5月20日　424
　5月24日　427
　5月25日　428
　5月26日　435
　5月27日　436
　5月28日　440
　5月29日　444

第16章　戦争の終結 446

　6月3日　446
　6月5日　447
　6月6日　448
　6月7日　449
　6月10日　451
　6月11日　453
　6月16日　454
　6月21日　455
　6月22日　457
　7月19日　457
　7月24日　458
　7月29日　460
　7月30日　462
　8月9日　463
　8月13日　465
　8月15日　467

第17章　決号作戦（本土防衛） 468

　　航空特攻　468
　　水上・水中特攻　477
　　日本本土侵攻が起きたなら　486
　　特攻隊：伝統の継承　486

資料１　カミカゼ攻撃で被害を受けた米艦艇（含む商船）（1942年～45年）488
資料２　米艦艇の艦種　498
資料３　日米の作戦用航空機とその識別　507
脚　注　515
参考文献　534
翻訳にあたり使用した主要参考文献など　550
資料補記　陸軍・海軍　特攻隊一覧（作成：小田部哲哉）553

はじめに

　本書は米国の視点で「神風（カミカゼ）」を研究したものであることをお断りしておく。資料は、主に米陸海軍、海兵隊、商船隊の報告書と二次出版物である。特攻隊の活動に関する日本側の記録はいくつか存在するが、多くは敗戦時に公式には破棄され、日本の視点からこのテーマを取り上げるのに必要な資料が非常に不足している。戦後、多くの元日本軍兵士が、自分が所属していた部隊の歴史を詳細にまとめようとしていた。『マッカーサー元帥の報告書』は、戦後残された日本側資料を整理する初期の試みであった。この報告書と、『日本軍戦史』、連合国翻訳通訳部の報告書と尋問調書、米国戦略爆撃調査団の報告書は、日本軍がどのように特別攻撃隊を編成し、運用したかについて多くの情報を提供してくれた。

　これらの資料をどのように本にまとめるかが問題だった。カミカゼの伝統や特別攻撃隊の発展に関する章を本書の第Ⅰ部で扱っているが、これは難しいことではなかった。第Ⅱ部は、各艦艇への攻撃を日付順に構成する必要があった。全く同じ状況、同じ場所で2回以上カミカゼの攻撃を受けた艦艇、艦艇群は一つもなかった。カミカゼ攻撃は単機か複数機で個々の艦艇、艦艇群に対して行なわれるので、共通点がほとんどない。共通点があるならば、戦場から戦場へとさまよう艦艇の活躍を追うことができ、私の作業は楽になるはずだった。私はカミカゼの実態を示すことに焦点を合わせていたので、個々の艦艇が受けた攻撃を個別に記述することしかなかった。

　時を経て第2次世界大戦の退役軍人が少なくなり、彼らの話を聞くことができなくなってきた。その結果、ほとんどの艦艇について個人から詳しく話を聞くことができなかった。したがって、艦船に関する多くの情報は、艦艇戦闘報告、戦闘日誌、政府出版物、そして個人的なインタビューや特別攻撃隊の生存者と私の往復書簡から得たものである。

　私の目的は、艦艇の乗組員の個人的な歴史を掘り下げることではない。むしろ、戦争中の攻撃の規模を記録することが目的であった。これは、これまで行なわれていなかったことであり、そうすることが重要だと考えたからである。

私は本文中で「自殺（suicide）」という言葉を使い続けてきた。日本人は、特別攻撃隊の作戦を自殺行為とは考えていなかった。むしろ、航空機1機で敵艦艇を沈めたり、大きな損害を与えたりすることができる、目的達成のための方法と考えていた。1人の命で百人の命を奪えることは、人間の命がほとんど意味を持たなくなった戦争では、効果的な手段だった。

　日本人は、航空兵、水兵、歩兵の一人ひとりが、敵を倒すための特別な攻撃戦術を使えると考えていた。日本の陸海軍人の精神と訓練が、そのような任務の遂行を可能にしたのである。後述するように、この訓練は1944年10月の特別攻撃隊の編成と同時に始まったのではなく、民間でも実施していた数十年にわたる軍国主義的な訓練の結果であった。カミカゼは、一般的に信じられているのと異なり、単に第2次世界大戦の現象ではなくて何世紀にもわたる伝統の集大成であったというのが私の主張である。

　資料1では、最もよく知られている航空攻撃・カミカゼ攻撃を含む特別攻撃によって沈没したか損害を受けたすべての艦艇を包括的にリスト・アップすることを試みた。一般にはよく知られていないが、爆装高速特攻艇「マルレ」[*1]、「震洋」による攻撃や、有人魚雷「回天」、小型潜水艇による攻撃もある。

　私はこのリストが完全であると信じているが、このほかの艦艇を入れたり、削除したりする人もいるかもしれない。さらにカミカゼ攻撃を受けてもいくつかの艦船は含まれていない可能性がある。艦艇や航空機の戦闘報告の中に、裏付けとなる記録が存在しない無名の艦艇がカミカゼ攻撃を受けたという記述を見つけたことが何回かある。その攻撃を確認することができなかったので、私はそれらを含めていない。

　カミカゼ攻撃で被害を受けた艦艇のリストを作成するのは少々困難だった。最大の問題は、どの艦艇を対象にするかである。読者は気づくであろうが、私の選択対象は広範囲である。カミカゼ攻撃で直撃を受けなくても、艦艇が損害を受けた場合がある。

　たとえば、1945年6月10日に沈没したウィリアム・D・ポーター（DD-579）は九九式艦爆が艦のすぐ横の海面に墜落した。機体は艦を直撃しなかったが、搭載していた爆弾が艦の下を通過して海中で爆発した。これで船殻に穴があき、3時間後に沈没した。戦死者はいなかったが、61名が負傷した。

掃海駆逐艦パーマ（DMS-5）は1945年1月7日に明らかにカミカゼ攻撃で沈没した。パーマは最後の瞬間にカミカゼ機に向けて急変針してこれをやり過ごしたので、機体は艦を外した。しかし、パイロットが機体を艦に体当たりさせようとした直前に投下した爆弾2発が喫水線で船殻を貫通したので、パーマは6分で沈没し、66名の死傷者を出した。この2艦はカミカゼ機の直撃を受けなかったが、明らかにカミカゼ攻撃で沈没したので、本書に含めている。

　1944年12月28日、弾薬を積んだリバティ船（戦時規格型輸送船：緊急造船計画で大量建造された）ジョン・バークは、輸送船団の1隻としてレイテ島からミンドロ島に向かっていた時、カミカゼ機の攻撃を受けた。積載していた弾薬の爆発が非常に大きかったので、爆煙が消えた後、ジョン・バークは影も形もなかった。ジョン・バークのすぐ後ろを航行していた陸軍の貨物補給船も爆発で沈没した。貨物補給船はカミカゼ機で沈没したのではないが、リバティ船に対するカミカゼ攻撃の結果、沈没したことは明らかである。

　またカミカゼ機が艦艇近くの海面に墜落する時に多くの艦艇がマストやアンテナに軽微な損害を受けた。このような艦艇もカミカゼ攻撃で損害を受けたと報告しているので、本書に含めている。

　カミカゼ攻撃で大きな損害を受け、残骸のようになった艦艇もある。このような艦艇は沈没から逃れても航行が困難になり、米艦艇の砲撃か雷撃で沈められた。これも主な原因がカミカゼ攻撃によるものなので、この艦艇もカミカゼ攻撃で沈没した艦艇のリストに含めている。1945年4月6日に沈没したコルホーン（DD-801）、4月12日に沈没した大型揚陸支援艇LCS(L)-33はこのような沈没の例である。

　戦死傷者のリストは特に困難な問題を抱えている。カミカゼ攻撃で艦上から吹き飛ばされたり、爆発・火災で行方不明になったりした者がいる。死者、行方不明者、負傷者のリストは当該艦艇の士官が作成するが、リストの多くで行方不明者は死者を意味している。生命に危険が及んでおり、リスト上では「ほぼ死亡が確実」とされていても艦艇から移送された時には生存している者がいる。しかし、その後、軍医が死亡と診断すれば、私のリストでは戦死者としている。これは個人的見解だが、多くの場合、当てはまると考えている。リスト上「重体」となっていて生き残ると思われていたが、生き残れなかった者もいる。

　戦闘報告の中には戦死傷者数を記録していないものがある。戦闘報告、戦闘日誌、航海日誌、そのほかの資料をクロスチェックしても、そのようなデ

ータが存在しないことが明らかなことがある。そのような場合、リストに疑問符を付けて、データがないことを示した。何隻かの艦艇資料のリストは「数名」、「多数」、そのほかの具体的でない表現を使用している。このような表現が入手できる唯一のデータなので、私のリストでもそのまま使用している。このようにして作成した資料1の戦死傷者数は、信頼できる人数というより、おおよその人数と考えてほしい。

　カミカゼ攻撃に関する資料および文献は、基地から出撃するカミカゼ攻撃の機数に言及している。しかし、カミカゼ任務以外の航空機でも、パイロットが機体の損傷が大きく、そのままでは生き残れないと考えた場合、カミカゼのような攻撃を行なった。このような状況では、多くのパイロットが敵に何も損害を与えずに死ぬのでなく、敵艦艇に体当たりすることを選んだ。このようなパイロットは成り行きでカミカゼになったので、実際のカミカゼ機数の確定が困難になった。

　したがって、出撃時の任務にかかわらず、意図的に艦艇に体当たりした機体をカミカゼ機とした。第4章で述べるように、カミカゼ部隊が正式に編成されたのは1944年10月19日で、*2　最初のカミカゼ攻撃が成功したのは10月24日だった。*3　しかし、戦後の米海軍の報告は日付による区分をしていない。この結果、艦艇局の『戦艦、空母、巡洋艦、駆逐艦の戦闘損害概要1941年10月17日－1942年12月7日』には、1942年10月26日にソロモン諸島のサンタ・クルーズ諸島海戦でスミス（DD-378）がカミカゼ攻撃にあったと記されている。これ以外の公式資料でも1944年10月にカミカゼ攻撃があったと記されている。*4

　読者は、これは米国の旗を掲げた艦艇や商船だけのリストであることに注意してほしい。連合軍のほかの海軍艦艇も攻撃を受けたが、これらは本書の対象外である。

　最後に、日付に関して明確にしておく。国際日付変更線の西側には、本書に関連するいくつかのタイム・ゾーンがある。*5　これらのゾーンは、国際日付変更線の東側のタイム・ゾーンである米国よりも1日早い日付になる。時折、資料作成者が米本土の日付を使用し、混乱を招いている。本書の日付と時刻は、攻撃が行なわれたタイム・ゾーンの日付と時刻を使用しているが、これにより本書のリストとほかの研究者が発表したものとの日付の矛盾を説明できるだろう。*6

*1（訳注、以下略）：爆装高速特攻艇の存在を秘匿するため、陸軍はこれを連絡艇と称していた。連絡艇を文章ではレンラクテイの頭文字だけを使用して「㋹」と記載し、称する時には「マルレ」とした。

*2：1944年10月19日は大西瀧治郎中将が神風特別攻撃隊の編成・実施を表明した日。正式な命令は翌20日に出された。10月20日は、最初の神風特別攻撃隊を編成した201空の上級部隊である第1航空艦隊の司令長官に大西が着任した日でもある。(p. 71参照)

*3：関大尉率いる敷島隊ほかが体当たりした10月25日より1日早い10月24日に旧型航洋曳船ソノマ（ATO-12）が体当たりを受けた。体当たりしたのは通常攻撃機で、被弾などの理由で帰投できずに体当たりした。日本でいう特攻とは違うが、米軍および本書の定義ではこれもカミカゼになる。

*4：10月13日にフランクリン（CV-13）、14日にリノ（CL-96）、24日にはソノマ以外にLCI(L)-1065、リバティ船オーガスタス・トーマス、ディビッド・ダドリー・フィールドも体当たりを受けた。(pp. 157-160参照)

*5：タイム・ゾーン・アイテム（I）は日本など、キング（K）はソロモン諸島、このほかにフィリピンはホテル（H）。

*6：ただし、一部の艦艇はタイム・ゾーンを修正していない可能性があり、訳注でその旨を記載した。

第Ⅰ部
カミカゼの起源と組織、運用

第1章　武士階級の発展とその精神

武士道精神

　カミカゼは、何世紀にもわたる伝統を背景に、戦争の最後の段階で上空から米艦艇に襲いかかった。「特攻隊／カミカゼ」は1944年に日本社会の新しい現象として登場したのではなく、そのような戦術を可能にした10世紀以上にわたる文化発展の集大成だった。これらの戦術が戦争の後期に日本の戦争遂行に不可欠となったことが考察の対象になっている。

　欧米人は日本の歴史をよく知らないが、武士の英雄的行為には馴染みがあるだろう。一方、多くの日本人は、武士が日本の習慣や文化に大きな影響を与えたことに気づいていない。何世紀も続いたこの文化的特徴は、第2次世界大戦中のカミカゼが誕生して拡大する過程の中にも表れている。この文化的特徴の担い手である武士が台頭する過程を通じて、日本の武士道精神の発展を辿ることがカミカゼを理解するために必要である。武士道精神が現代的に変わり、戦時中のカミカゼの行動になったことは、日本文化を駆け抜けた武士の伝統の影響が強かった証である。

　日本の武士の起源は8世紀までさかのぼる。その後4世紀の間、彼らは武装衛兵と戦士の集団から幕府／軍事政権で日本を支配する階級に発展した。1868年に明治維新で日本が近代化されるまで、日本の社会や政治において彼らの地位は最も高かった。20世紀に入ると、武士道は日本で残すべき文化的価値観になった。武士道とは何か、どのように発展したかは、終戦に向けたカミカゼとその行動を理解するのに重要である。

最初のカミカゼ

　「神風」という言葉は13世紀にさかのぼる。モンゴルの侵略の試みを日本人が神の加護を通して生き延びたことを指している。フビライ・ハンは1274年に最初の日本侵攻を開始したが失敗した。日本を帝国の一部にすると決心したフビライ・ハンは、その後も使者を鎌倉幕府に派遣し、日本が属国とし

て支配下に入るよう要求した。鎌倉幕府は答えとして、使者を二度斬首した。フビライ・ハンは日本を支配するために14万人の軍隊を集め、1281年に二度目の攻撃を開始した。モンゴル軍は九州北部を攻撃目標にした。何か所では上陸に成功したが、博多湾周辺の防塁で2か月近く上陸を阻止された。東シナ海から巨大な台風がうなりを立てて押し寄せてモンゴルの侵攻艦隊の大部分を破壊したので、上陸作戦は失敗した。日本は神風（神々の風）に救われた。モンゴルの侵攻部隊で中国に戻ったのは約半分だけだった。

　特攻隊を表す「カミカゼ」は日系人が漢字を誤って発音したと一般的に考えられている。海軍航空隊の特攻隊は、「神風特別攻撃隊」といわれた。漢字の「神風」は「かみかぜ」とも読めるので、「カミカゼ」は欧米の研究では一般的に使われている。陸軍航空隊の特攻隊は「振武隊」といわれた。*1　振武は「奮い立つ、威を示す」の意味である。搭乗者などの間では「と」、「特攻隊」、「特別攻撃隊」がより一般的に使用された。傍受した日本語の通信では、通常、単に「と」の符丁が使われていた。

　神風の概念は、戦時中にも健在であり、新聞や雑誌の記事で頻繁に言及された。1943年9月5日の『週刊朝日』の論説は、神風が日本にどのように働くかを説明した。

　　　神風はかなはぬ時の神頼みによって吹くものではなく、神慮にかなふ
　　正義の戦さに、決死力闘する場合に吹くこといふを要せず、さればそれ
　　は必ずしも敵にとゞめを刺す最後の決戦に吹くものとは限らず、大東亞
　　戦争の初弾が、果敢に敵陣営にぶち込まれたあの布哇奇襲に、または同
　　じ日の比島強襲にも、天祐神助を思わせる神風が吹いて、この大戦争の
　　幸先よからしめたことは、我等の記憶に新たなところである。(1)

*1：振武隊は沖縄戦で九州の第6航空軍が編成した特攻隊で、台湾の第8飛行師団が編成した特攻隊は誠飛行隊だった。

武士道規範

　日本の武士の伝統は千年以上にわたって受け継がれてきた。日本人がカミカゼの任務を受け入れたことを理解するには、武士の伝統を理解する必要がある。日本の武装集団である武士は奈良時代（西暦710年から784年）に始まった。その頃、大地主は農民を使って領地を守った。時を経て領地が広がると武力の担い手である武士の力が強くなった。1185年の平家滅亡から武士が

権力を維持した。1867年に薩摩、長州、土佐、肥前が徳川幕府を打倒して日本が近代化の道を歩み始めるまで、日本は武士の支配下に置かれた。

明治新政府は高まる欧米諸国からの圧力に対処しなければならなかった。欧米諸国は近代的な陸軍と海軍を保有していたので、深刻な脅威とみなされた。日本人は国力を高めようと、新しい形の軍事力を築いた。もはや武士だけが武力の担い手になることはなかった。身分制度はなくなり、新しい陸軍と海軍は徴兵を大々的に活用した。新たな軍人の指導原則を明確にするために、1882年に政府は「軍人勅諭」を公布した。これは、武士に期待されていた美徳である忠誠心と自制心を強調していたが、徴兵される者の価値観は必要でなかった。

武士の精神は武士道として知られており、倹約、禁欲、名誉、服従、義務、闘争心、忠誠心、勇気、自己鍛錬を重んじる一連の伝統になった。武士は7世紀近く日本を支配していたので、彼らの精神がほかの身分に及び、日本人の間で共通の価値観になったのは当然だった。

日本は近代化と欧米との競争に苦しみながら現代世界で独自のアイデンティティを維持し、守るために、武士道精神を強化する必要性を認識した。新渡戸稲造の有名な著書『武士道 日本の精神』は、武士の伝統を日本人に思い起こさせ、日本人の遺産を守る試みだった。自己犠牲の精神と、個人は天皇と国家に奉仕するために存在するという信念は武士道の規範に内在していた。爆弾を搭載した戦闘機や桜花(おうか)などの特攻機を敵艦艇に体当たりさせることは、武士道の精神を証明する理想的なものだった。陸軍航空総監部が作成した『と號空中勤務必携』（1945年2月）は次のように述べている。

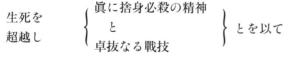

　　と號部隊の本領
　生死を　　｛眞に捨身必殺の精神　　｝
　超越し　　｛　　　と　　　　　　　｝とを以て
　　　　　　｛卓抜なる戰技　　　　　｝
　　獨特の戰闘威力を遺憾なく發揮し
　航行　　　｛に於ける　　　　　　　｝
　又は　　　｛敵艦船艇に驀進　　　　｝此れを
　泊地　　　｛衝突し　　　　　　　　｝
　　必沈して敵の企圖を覆滅し
　　全軍戰捷の途を拓くに在り
　　先ず　肚を決めよ(2)

攻撃に徹するという考えは、日本の文化では新しいものではない。日本の伝統的な武道の柔術では、体ごと相手に向かって突進する「体当たりをくらわす」概念がよく知られていた。それは、戦いに勝つには攻撃に徹することを示していた。1920年代中半に発表された小説の中で、霞ヶ浦海軍飛行学校の副長兼教頭に就任する山木大佐は、次のように語った。

> 　ところが日本の艦隊は一向に彼らを邀撃しないのだ。彼らはすでに勝ったと思ふ。海岸線ばかりが長い小さな島國なのだ。六割の艦艇では、彼らの侵攻を防ぎきれるものではない。そこでは戦はずして日本は降るであらうかと彼らは思ふ。その時だ。長い海岸線の方々から、一斉に飛行機が飛び立ってゆくのだ。百機や二百機や、五百機や七百機の飛行機ではない！ その数千機の飛行機が、長い航海に速力の落ちた敵艦隊へワーッと一斉に襲ひかゝつてゆくのだ。敵艦隊は猛烈な弾幕を張る。世界で一番遅れている日本の飛行機だ。数ばかりあったところでどうなるものか‥‥‥　いや、その数に少なからず敵も慄くかもしれない。が、彼らは全然この日本の武器の實力を知らないのだ。物凄じい弾幕の中へ、わが日本武士道の精粋に鍛へられた俊鷹たちは、傍眼もふらず突込んでゆく。傳統の気魄だ！　意気だ！　すべてを捨てた最高の勇武だ！　敵弾に傷ついてよろめきながら一機又一機と、爆弾、魚雷を抱いたまゝ敵の戦艦に體當りを食はすのだ！　(中略) 平然と敵戦艦に體當り出来る、世界の戦史は無論のこと、日本の歴史にも未だかってない荒鷲武士道を作り上げようとしているのだ。(3) *1

　第2次世界大戦前には多くの軍国主義的な小説が人気で、教育界全体でも武士道規範に重きを置いていた。剣豪宮本武蔵の生涯に関する吉川英治の有名な連載小説は、1935年から39年まで『朝日新聞』に掲載された。日本の武士の生涯と理想をロマンチックに描き、当時の若者の軍人精神を育むのに役立った。現代の徴兵制は古い武士の軍兵集めと異なるが、その伝統を誇らしげに受け入れた。

*1：この文章は雑誌『富士』1943年12月号に掲載された山岡荘八の小説『御盾』を引用している。『御盾』は山本五十六の伝記小説だが、主人公を「山本」でなく「山木」にしている。この引用部分は「山木」が、ワシントン軍縮会議で日本が主力艦保有数の制限を受けたのでこれを精神力で補う必要がある、と部下に自分の思いを伝える場面で語った言葉。山本は大佐時代の1924年9月から1925年11月

武士階級の発展とその精神　25

まで霞ヶ浦空教頭兼副長（1925年1月からは副長兼教頭）に就いていた。ただし、この時期に山本が特攻隊を想定したような発言を実際にしたかは不明。著者はこの文章を英国情報省極東局（Far Eastern Bureau, British Ministry of Information）が翻訳した岡繁樹著の『日本の防空』から引用している。岡は在米日本人で、ほかの本でも『御盾』のこの箇所を（「山木」でなく「山本」として）引用しており、『日本の防空』でもこの箇所を引用した模様。

死ぬための教育

　1868年の明治維新直後に制定された日本の教育制度の改革は、天皇の名の下に国民が命を捧げる役割を果たすための訓練を受け入れる重要な要因になった。

　教育制度を改革する初期の試みは、日本人のアイデンティティを失うことを恐れる人々の抵抗にあった。フランス、ドイツ、ロシア、英国、オランダ、米国の学校制度が日本のモデルになり得ることが問題をさらに複雑にした。1870年代から80年代初頭、フランスと米国の制度を導入する試みは失敗した。欧米の教育制度は日本の伝統と相いれないので、教育制度の近代化を成功させるために日本の伝統と欧米式の近代化の融合が必要だと考えられた。これは、1879年に公布された教育令で示された。

　日本は、政治、軍事、教育の発展が欧米諸国に比べて遅れている現実に直面し、欧米から役立つものは何でも導入しようとした。これは欧米の思考を採用する大規模な試みにつながり、学校の教育課程に反映された。教育課程の内容を管理する中央の権限がなかったので、すぐに欧米の民主的思想を反映した各種の教科書が学校に登場した。自由民権運動がこの変化に大きな影響を与えた。明治政府は、政府に脅威を与えると考えられるものを抑え込むため、学校で使用を禁止する本のリストをまとめた。その後、教育に対する政府の管理が強まった。

　1885年、日本人は高度に集中化されたプロイセンの制度の導入を始めた。これは国家が伝統的な儒教の考えに基づいて、国内で政治的社会化を効果的に行なえる手段と考えられた。教育制度における国家の役割は、伝統を守り、欧米化に対抗するナショナリズムを高めることである。この教育制度で教育を受ける者は、彼らの役割は国家に奉仕することだと考えるようになる。1886年、学校で使用される教科書は文部省によって検定を受けることになり、その後はこの国定教科書を使用することになった。

　1890年の「教育勅語」は、政府が日本人の精神の統制を強める次の段階だ

った。これは、1941年の国民学校令（勅令第148号）などの公布とともに、軍国主義的な信念と集団の団結力を強めた。日本政府にとって統一に役立つ手段になった。天皇は、神道の神話、「古事記」「日本書紀」に見られる日本の伝統に裏打ちされた宗教的拘束力を有する究極の権威者になった。天皇の御真影はすべての学校に掲げられた。毎年恒例の式典は「教育勅語」を強化し、天皇と皇室に対する崇拝の念を高めるために行なわれた。*1 小中学校生徒は不可分である天皇と国家の両方に対する敬意を教育で教え込まれた。

1894年、日清戦争が勃発すると教育課程の軍国主義化が加速した。1904年、日露戦争が始まるとこの動きがさらに加速され、小中学校の教師は戦争や愛国的な内容の教育に重きを置いた。この中に、天皇と国家に対する義務が最優先されるとの考えがあった。数学と理科の授業では、軍事的な事例で勉強を教えた。この時代、狂信的愛国主義の思想が普及し、子供に対する軍事教化が促進された。時代が進むと、天皇と国家の両方への忠誠を強調していた倫理の授業は、天皇と皇室への献身に最も重きを置き始めた。第１次世界大戦の終わりまでに、天皇の役割を国家そのものであるとする力が日本国内で働いていた。

1925年、新たに軍の将校が学校に現れた。軍の将校はすべての中学校と高等学校に配属され、軍事教練が教育課程に導入された。生徒は毎週２時間の軍事教練に参加しなくてはならなかった。日本が真珠湾攻撃を行なう頃には、この時間が増えた。作家のジョン・モリスは、＜１週間に５、６時間を軍事教育に割くよう指導されていましたが、「特別指導」なるものがしょっちゅう加えられ、（中略）軍事教育には修養科目や、祖国のために死ぬことの尊さなども含まれていました。また、連隊を組んで25マイル（約40キロ）行進するような屋外訓練も行われていて＞と書いた。(4)　生徒は銃剣術、手榴弾の使用方法などの近代的な軍事科目の指導を受けた。さらに＜生徒は学校から離れた掘っ建て小屋に１週間も収容され、夜明けから夜中まで厳しい軍隊の規則に沿って生活しなければならなかった＞とも書いた。

日系二世で特攻隊員になった今村茂男は、これがどのようなものだったかを書いた。

　　中学校に入ってからの新しい教科として、軍事教練があった。すべての男子中学校には連隊から派遣されてくる配属将校と退役将校や下士官が教職員として配属されていた。１年生の時には最も基礎的な教練が行なわれた。行進や小銃の操作、その他であった。私たちが使った銃は「三八式陸軍歩兵銃」で、実際に軍隊で使用していたものと同じ銃だっ

た。訓練は大変厳しく、軍隊の規則に沿ったものだった。雨天時には、その配属将校たちが教室で軍事史や戦略について講義をした。私たちは教練が決して好きではなかったが、皆、当然のこととして真剣に取り組んだ。どのようにであれ、そのことに対して反論することは反逆とみなされるのだった。(5)

　彼は、小学４年生の頃に早くも倫理が必須科目だったことを覚えている。＜その日の最後は修身の授業だった。最初の授業の内容がどんなものだったか記憶が曖昧なのだが、思い返してみると、学年が上がるにしたがって徐々に国家主義的なテーマの授業になっていったような気がする＞(6)
　1937年までに＜日本のあらゆる階層の学校も又、高揚する国内と、国際間の緊張状態との束縛から逃れることはできなかった。幼い子供たちは、朝食を早くすませて家の近くの集合場所から集団で、隊列を組んで登校するように指示された。中学校の生徒は登校時に軍隊式のゲートルを足に巻き、途中で軍の将校とすれ違う時には敬礼をするように躾られた。（中略）簡単にいえば、学校は疑似軍隊の兵営になっていたといってよいだろう。姿形も、そして雰囲気も……＞(7)

　新兵募集担当者は特攻隊の将来を見据えて特攻隊員候補者の対象を拡大した。岡崎照幸は、福岡県直方市鞍手中学校時代を次のように述懐している。「1941年、中学校に10歳で入学した。1943年、教育課程は軍の指導で軍国主義化された。生徒は、米軍の侵攻部隊に対する攻撃方法を教えられた。一つは弾薬を付けた棒を戦車の横から履帯に詰め込んで攻撃する方法だった。もう一つは、タコツボに身を隠し、戦車が通過する時に穴から飛び出て、戦車の車体の下部に地雷を付けるものだった。どちらの方法でも、生徒は死亡することになる」(8)　上級生は特攻隊員になる訓練の審査を受けた。岡崎は14歳の時から九五式練習機で初等訓練を開始した。直方市の近くに小さな陸軍の飛行場があり、パイロット候補生は飛行訓練のためにそこに連れて行かれた。訓練は、離陸の練習と目標に向かう急降下だった。パイロット候補生は着陸訓練を行なわなかった。着陸時は教官が操縦を引き継いだ。学生は若かったので、特攻隊員の役割を受け入れることは容易だった。それは、栄光ある国への奉仕のように見えた。岡崎が飛行訓練を受けた1944年から1945年の間は、燃料の入手が困難だったことと、米戦闘機の襲撃で危険だったことで、訓練時間数は制限された。(9)
　1911年までに剣道や柔道などの伝統武道の訓練が選択科目として小学校と

立川陸軍キ9甲 九五式一型練習機甲型。連合軍のコードネームは「Spruce」 (NARA 80G 169925)

男子生徒は木刀を使って剣術を練習する (NARA 306-NT-1155-L-2.)

中学校の教育課程に導入された。剣道は1930年代に人気が高まり、米国との戦争開始で5年生以上の生徒の必須になった。(10) 武道は、徴兵年齢に達した時に必要な軍人気質と自己犠牲の精神を涵養する重要な手段と考えられた。精神面に重点を置いたのは、日本人が物質面で欧米列強に後れをとっていることを認識しているからだった。日本人は戦いに勝つ上で、精神の重要性を強調した。このようにして、機械力と科学的進歩にますます依存するようになった戦争で、日本人は精神を重視して戦い抜くことを正当化した。

　今村は松山中学校に入学した時、＜隔週1時間ずつ、柔道と剣道を履修しなければならなかった。（中略）中学校在学中に柔道部か剣道部に所属する

武士階級の発展とその精神　29

女子生徒が「日本の精神」を自ら励ますために木刀で剣術を練習している。このような訓練は1930年代に体育の授業で普通になった。1936年10月28日撮影 (NARA 306-NT-1155-I-6.)

女子生徒が東京の歩兵第3連隊を訪問、小銃や機関銃の操作を体験している。1934年5月19日撮影 (NARA 306-NT-1156-A-9.)

女子生徒も軍事教練を行なった（NARA 306-NT-1156-A-8.）

行軍の途中、飯盒を手に食事中の生徒たち。当時の学校の軍事教練でよく見られた光景だった。1934年5月31日撮影（NARA 306-NT-1156-A-12.）

武士階級の発展とその精神　31

ほど熱心な者は、卒業前にほとんどが黒帯になっていた＞ (11)

　日本人は、子供に戦争に向けた努力をさせるだけでなく、一般の人々に戦争が必要で望ましいものだと納得させるために、非常に長い時間を要した。軍によるメディアの支配が増大することは、1930年代の日本社会で常態化していた。真珠湾攻撃までに、軍は新聞、雑誌、ラジオ、映画を事実上完全に支配していた。この支配は多くの法律で定められ、支配を通じて戦争プロパガンダが民衆に伝えられた。多くの国民は最小限の教育しか受けておらず、国際関係や国内政治に疎かった。プロパガンダを行なった者は、架空の勝利に関する虚偽の情報を出し、敗戦の発表を最小限にして、概して戦争がうまくいっていると国民が信じるように導いた。終戦が間近になると、状況を知らない者でさえ祖国に崩壊が訪れたことに気づき始めたので、プロパガンダで、問題の一部はそのような者の努力と愛国心の欠如からきていると喧伝し、彼らはより一生懸命働いて、最後の戦いに備えて武人の気質を保つように促した。(12)

　1944年10月にフィリピンで特攻隊の出撃が始まった直後、大本営海軍報道部が神風特攻隊員や潜水艦乗組員を称賛し、生産現場の労働者に犠牲を見習うように促すプロパガンダ記事を新聞に発表した。それは次のように書いてあった。

　　そして、銃後で日夜生産に励んでいる者は、聖なる精神を持つ神風の達人が搭乗することで、敵を撃滅する神聖な機体がさらに1機増えることを忘れてはならない。突進して敵を撃滅することに喜びを感じる勇敢な特攻隊の若鷲は、「私も続く」と自分自身に言い聞かせながら前線に飛んで行く機体が到着するのを熱望している。そして、勇敢で鉢巻きを頭に巻いてほおを紅潮させた戦士は、愛情のこもった母の胸に抱かれるように心安らかに愛機に搭乗して、勇躍引き返せない道を勇ましく飛行して攻撃に向かう。彼らは私たちの前に鮮やかに姿をみせている。増産せよ！立ちあがれ！操業を続けよ！(13)

*1：毎年恒例の式典は小学校祝日大祭日儀式

第2章　カミカゼの伝統

カミカゼの儀式と伝統

　特攻隊員は出撃前に、任務の成功を祈り、残して行く家族や友人に思いを馳せる儀式に参列する。ここでいくつかの装束と飾りを身に付ける。特攻隊員がその死に際し持参するのは鉢巻き、千人針、マスコット人形などのお守りの品である。多くの特攻隊員は、先祖伝来または部隊指揮官から贈られた刀を身に付けた。特別なものを持って行った者もいる。たとえば1945年3月21日に神雷部隊の桜花で出撃した三橋謙太郎大尉の胸には＜「祝出征海軍少佐刈谷勉」と書いた白絹の頭陀袋がかけられていた。桜花降下訓練の最初に恨みを飲んだ元桜花隊先任士官の分骨＞を持って行った。(1) *1

*1：1944年11月13日の桜花最初の降下訓練時、事故で実戦に参加できずに亡くなった刈谷大尉（当時）がさぞ悔しい思いをしたであろうことを表している。

不名誉よりも死を

　カミカゼに参加した日本人に対する米国人の見方には何種類かある。カミカゼが集団として米国人がやらないことをしたとの前提のもとに、敵にもかかわらず疑いのない尊敬の念がある。日本の軍人に影響を与え、究極の攻撃を行なわせることができたいくつかの要素がある。それは次の三つである。
　(1) 伝統と集団の価値観、(2) 上級者に対する服従の意識、(3) 仲間からの圧力。
　日本の長い歴史を通じて、武士は大きな影響力を持っていた。伝統的な身分制度が明治維新で廃止されても武士道精神は新たな徴兵制軍隊に受け継がれた。戦前は教育の一環として軍事教練を行ない、武道を教えた。20世紀の日本の価値観は、天皇と国家を第一として個人の意思は集団の総意に従う、という古い観念に染まっていた。特攻隊員に志願するよう促された時、それを集団として認めた任務と認識したならば、搭乗者個人がそれに反対するこ

とは事実上不可能だった。日本の軍人が上官に疑問を持ったり、不服従したりすることは考えられなかった。軍隊の基礎訓練では、小さな規則違反でも処罰の対象になった。疑問を持たずに命令に従う訓練を何度もやらされた。欧米文化の中で生きている人間よりも個々の日本人は仲間の承認を得たがる。個人主義よりも服従が優先され、出る釘は打たれた。集団の信念や価値と認識されたものに反対する者を受け入れなかった。その結果、日本の航空兵、水兵、歩兵は、自分たちを自由に使うことのできる自分以外の権力が自身の命を握っているとの考えを受け入れた。

鉢巻きと衣装

鉢巻きは特攻隊員の衣装に使用された。戦闘中に髪の毛や汗が目に入らないように武士が頭に鉢巻きを巻いたのが起源である。連合艦隊司令長官豊田副武大将は1945年3月21日の桜花初陣に際し、この伝統に重みを付けた。自ら神雷と書いた15本の鉢巻きを桜花搭乗員に授けた。血書の鉢巻きもあった。4月29日に出撃した市島少尉は鉢巻きをしめて出撃を待った。(2)

特攻隊員が白い衣装を着ていたとの報告が少なくとも1回はある。ベニントン（CV-20）配属の米戦闘機パイロットが次の通り報告している。

不運な結果に終わった1945年3月21日の桜花初出撃の攻撃命令を受ける三橋謙太郎大尉。桜花訓練中に殉職した刈谷勉少佐の遺灰を入れた絹の袋を首にかけている（Photograph courtesy the Naval History and Heritage Command. NH 73095.）

仲間に鉢巻きを締める搭乗員。1944年末から45年初めに撮影（Photograph courtesy the Naval History and Heritage Command. NH 73096.）

　こちらが射撃を開始すると、日本人パイロットはコックピットのキャノピーを開けた。さらに撃つと、彼は死亡して前のめりになり、頭が垂れた。身に付けた白いものが風であおられていた。アラビア風の長い袖が付いていて足まで覆っている服で、風ではためいていた。頭は見えなかった。服にはフードが付いているようだったが、はっきりしない。別の零戦3機が見えたのでそれに向かった。そのパイロットも最初のパイロットと同じような服を着ていた。(3)

千人針

　千人針も特攻隊員がほかの出征兵士と同様に身に付けるお守りの一つだった。10cmから13cmの幅の白い布で、赤い糸で縫った結び目があった。両端には特攻隊員が腹に巻き付ける時に使う綿の紐が付いていた。結び目は千人を目標に一針ごとに違う人が縫い、特攻隊員の任務が成功するように願った。白い布を家族が用意し、友人やほかの家族に赤い結び目を縫ってもらった。特攻隊員はこの長い布を腹に巻いた。時には五銭硬貨を2個これに縫い

カミカゼの伝統　35

「千人針」は出征兵士の親族や知人ばかりでなく、街頭や駅前などで通行人にも協力を求めて作られた。1937年、東京銀座で撮影。

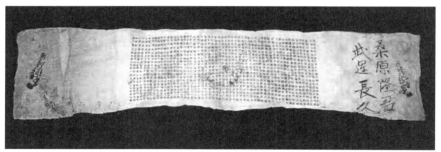

第2次世界大戦中の千人針。帯の中央に五銭硬貨を1個縫い込んである。右側にはこれを贈られた「桑原隆」の名前と「武運長久」と書かれている。この千人針はテリ・ジェーン・ブライアント・コレクション所蔵のものである (Photograph courtesy Teri Jane Bryant.)

込むことがある。それぞれの硬貨の値は「4」よりも「1」多い。「4」は日本語で「し」と読み、「死」を意味している。したがって、数字で勝っている「5」は「死」の数字よりも幸運をもたらすことになる。

　今村茂男は最後に帰郷した時のことを覚えている。＜母は「千人針」として知られていたものを持ち出してきた。（中略）私がもらったのは、高商時代、私が大変好きだった美智子という娘が、母を介してくれたものだった＞(4)

1945年８月９日の神風攻撃を準備している時、第７御盾第２次流星隊の林憲正中尉は母が送ってくれた千人針を腹に巻き付けた。３月21日、第１神風桜花特別攻撃隊神雷部隊攻撃隊の松尾登美雄二飛曹も同じようにして＜征く征くも いかでさびしき我身には 母の腹巻守りしてあらば＞と詠んだ。(5)
　千人針は米軍機やピケット艦艇の対空砲火から身を守るのにはほとんど役立たなかったが、別の役目があった。リチャード・J・スメサーストによると「兵士の心を和らげるのに役立ち、愛する人や地元の友人が気にかけているとの感情を持たせた」。(6) 別の布製のものも身に付けた。家族や友人が武運長久を祈る言葉を書いた日章旗で、家族と最後に会う時に贈られた。特攻隊員は出撃に際し、これと制服に縫い付けられた小さな日章旗を身に付けた。

人　形

　布製の人形は幸運をもたらすものとして、特攻隊員の制服に縫い付けられたりベルトに取り付けられたりすることがあった。マスコット人形または慰問人形といわれ、日本女性の手作りで、特攻隊員に贈られた。人形自身に魂が宿り特攻隊員に幸運をもたらすと考えられていた。特攻隊員の日常は厳しく、美しいものや気持ちを和らげるものがほとんどなかった。人形は特攻隊員の隊舎でマスコットになり、特攻機に持ち込まれて、特攻隊員に人生で良かったことを思い出させた。残してきた家族の思い出の品も機内に持ち込まれた。感動的なものは1944年10月26日第１神風特別攻撃隊大和隊の植村眞久大尉が娘の素子に書いたもので＜素子が大きくなって私のことが知りたい時は、お前のお母さん、佳代伯母様に私のことをよくお聞きなさい。私の写真帳もお前のために家に残してあります。（中略）素子が生まれた時おもちゃにしていた人形は、お父さんが頂いて自分の飛行機のお守りにして居ります。だから素子はお父様と一緒にいたわけです＞と書かれている。(7) 特攻隊員の努力を支援している証として国民から贈られたものもある。４月８日、砲艇型上陸支援艇LCI(G)-567の近くに墜落した特攻機から人形と女学生のミワチツコからの手紙が見つかった。それは次のように書かれている。

　　このお名前をお聞きするだけで感激を覚えます。戦時に断固たる決断をする時、物資の乏しい我が軍を四方から襲い、包囲する鬼畜米英の動き、言いようのない破壊に憤慨しています。私たちは、学生としてそして労働者として兵隊さんを助けています。日々、雑念を払って米軍を破壊するために前進できることは幸せです。特攻隊精神の「撃ちてしやま

三式戦闘機飛燕に乗り込む操縦者。慰問品として贈られたものであろうマスコットの人形が縛帯（パラシュート装着用のハーネス）にぶら下がっている。

ぬ」。これは神様の思し召しと信じています。天皇陛下のために、大義名分のある永遠の未来を作る高邁な心境だと思います。ああ、今回「もし私が少年だったら」と思いました。ますます羨ましくなりました。特攻隊員に贈るマスコットを作ろうと思い、大きな幸せで心が満たされました。マスコットとともに、敵艦艇を木っ端みじんに砕く断固とした精神が高揚し、積極的に攻撃を仕掛ける。敗北に耐えられるか？　米英の愚かな悪党ども！　声を大にして叫びたい。このような気持ちでマスコットを作りました。上手にできていませんが、敵艦をマスコットとともに沈めて下さい。これが一番のお願いです。

　まもなくマスコットは特攻隊とともに笑って離陸する。これ以上の幸せはありません。私は攻撃に参加できませんが、私の魂は特攻隊の一員として任務に就きます。

　ご自愛下さい。大いなる戦果をお祈りします。(8)

迷　信

　日本は1868年の明治維新で近代に入ったが、まだ日本人の考え方には目に見えない迷信が広がっていた。陸軍兵や海軍兵がどのくらい運・不運を信じていたかは疑問である。しかし、教育を受けていない者ほど影響を受けやすかったであろう。1年のうちで特定の日は不吉な日と考えられた。それは十方暮の日だった。

　　　十方暮は10の方向が閉じられて暗くなることを意味している。10の方向とは水平上の8方位と上下の2方位である。十方暮の日は「10種類の自然界の印（十干）と12種類の動物の印（十二支）が相剋して、人間にとって危険なことが起きる日」である。この日は不吉な日の中でも最悪の日で黒日と呼ばれ、この日には死が確実に訪れる。(9)

　1944年の十方暮は、1月21日、3月21日、5月20日、7月19日、9月17日、11月16日で、1945年は1月15日、3月16日、5月15日、7月14日、9月12日、11月11日だった。

　日本の迷信では十方暮のほかに「死の日」である十死日（じゅしび/じゅしにち）があった。1944年は、1月10日・22日、2月11日・23日、3月2日・14日・26日、4月3日・15日・27日、5月5日・17日・19日、6月6日・18日・30日、7月8日・20日、8月9日・21日、9月10日・22日、10月12日・24日、11月1日・13日・25日、12月3日・15日・27日、1945年は1月4日・16日・28日、2月5日・17日、3月9日・21日、4月10日・22日、5月12日・24日、6月1日・13日・25日、7月3日・15日・27日、8月4日・27日・28日、9月5日・17日・29日、10月7日・19日・31日、11月8日・20日、12月10日・22日だった。(10) *1

　迷信は階級が低く、教育をあまり受けていない者を不安にしたが、陸海軍の司令部の戦争計画者には影響を与えなかった。

*1：十方暮、十死日は米軍が日本軍の心理を知るための一環として調査したもの。

1944年末、大西瀧治郎海軍中将が神風特攻隊員に別盃の酒を注いでいる（Photograph courtesy the Naval History and Heritage Command. NH 73097.)

決別の宴

　最後の飛行に先立ち、特攻隊員は別盃を交わした。生き残った特攻隊員の鈴木幸久は次のように語っている。

　　姫路で別盃を交わしたのを覚えている。4月の輝く太陽の下、航空基地の全員が格納庫の前に集合して特攻隊員が隊舎から来るのを待っていた。英雄的な出撃を称え、武運を祈るために、格納庫の正面に置かれた白いテーブルクロスがかかった長テーブルの上に食べ物が供された。酒瓶と盃、寿留女（するめ）、勝栗、昆布と赤飯のお握りだった。
　　暖機運転中の機体の近くで待っていると、背中に白地に真紅の日章旗を描いた新しい飛行服姿の同期生が現れた。緑の落下傘縛帯を付け、首には白い絹のマフラーを巻き付けていた。白い鉢巻きを飛行帽に巻き付けている者もいた。若くて活気のある兵士、特に特攻隊員のシンボルである桜の小枝を持っている者もいた。美しいがはかない花は数日しか咲

かず、血気盛んな時に死ぬ若者のように散ってゆく。小さな人形などのマスコットをベルトからぶら下げている者もいた。(11)

　特攻隊員が機体の横に集合すると、先任士官が天皇陛下と国に対する隊員の勇気と献身を称える愛国的な訓示をした。任務の重要性に応じて部隊指揮系統の最先任者が出陣の宴を執り行なうこともあった。1945年3月21日の鹿屋からの桜花の初陣では721空司令岡村基春大佐が訓示をして、宇垣纒海軍中将が任務の成功を祈った。訓示には、将来靖国神社で会おうとの気持ちが含まれていた。時を経てカミカゼ攻撃が日常的になると高級士官の列席は減った。沖縄戦の最後になると訓示は飛行隊長が行なうのが常だった。特攻隊員は水盃を交わして出撃した。

遺　書

　若い特攻隊員は死に際して別れの挨拶をした。多くの場合、出撃に先立つ何か月か前にどこかで家族と最後の時を過ごした。皆、自らの考えを残したいと思い、家族が心配しないように、自らは望んで運命に従うと手紙にした。両親、兄弟姉妹、友人宛の手紙には生死について思うところを書いていた。特攻隊員は自らの爪、髪の毛を手紙に同封した。指を切って同封した者もいる。これは指を火葬して遺骨として納骨してもらうためだった。4月28日、菊水4号作戦で嘉手納沖で戦死した大塚晟夫海軍少尉候補生は最後の任務に就く日の朝、次のように書いた。

　　　大東亞戰爭の必勝を信じ、
　　　君達の多幸を祈り、
　　　今までの不幸を御詫びし、
　　　扨て俺はニッコリ笑って出撃する。
　　　今夜は満月だ。沖縄本島の沖合で月見しながら敵を物色し徐ろに突込む。
　　　勇敢に然も愼重に死んでみせる。(12)

　運命論者もいた。3月21日、桜花の初陣に一式陸攻の搭乗員として参加した亀田尚吉二飛曹は次のように書いた。＜人は何時かは死す　死すべき時に人たるの値　生ずるなり＞(13)　たぶん、これは単なる虚勢か、心底そう信じているかのいずれかである。しかし、上官だった宇垣海軍中将は日記に＜部

下将兵の連日の奮戦の労を多とし幾多陣没の純忠の士に敬弔の意を表す＞と書いた。(14)　自尊心のある軍人は誰でも同じような気持ちを示さなくてはならなかった。手紙などのすべての通信は検閲されていた。特攻隊員が自宅に出す手紙でも本心を表すことはできなかった。陸軍特別操縦見習士官だった長塚隆二は戦後次のように書いた。

　　私が本当の思いを書けなかった唯一の言い訳は、来る私の死後にすぐにそれが読まれることだった。実際は遺書で、近親者向けのものなので、本心を少しだけうまく隠して書いた。(15)

1945年5月11日、知覧から出撃した第51振武隊を率いた荒木春雄少尉は妻の志げ子に次のように書いた。

　（前略）
　明日は敵艦に殴り込み　ヤンキー道連れ　三途川を渡る
　ふりかえれば　俺は随分　御前に邪険だった。
　邪険にしながら　後で後悔するのが癖だ
　許して御呉れ
　御前の行先長き一生を考えると断腸の思いがする
　どうか　心堅固に多幸に暮らしてくれ
　俺の亡き後　俺に代わって父上に尽くして呉れ
　悠久の大義に生きて此の国を
　永らく護らん醜の敵より(16)

靖国神社

　明治維新の初期、政府は宗教への支配を強めて神道を国教にしようとした。しかし、日本人は個人的には仏教と神道の両方の要素を信じており、神道を仏教の上に置こうとする政府の試みは拒まれた。1877（明治10）年、日本政府は神道の国教化を断念して、この計画を推進してきた教部省を廃止した。神道を支配しようとする試みでさえ抵抗に遭い、政府はついに神道を神社神道と教派神道に分けた。政府は神社神道を支配し、天皇への忠誠心を育む手段として利用した。政府は、神社神道こそが神道の伝統の真の担い手であると考えた。
　神社は地方、県、国の管理下にあり、行政が維持、管理していた。このす

靖国神社は戦死者を祀り、国家神道の中心的な施設として、学童生徒たちも機会があるごとに参拝させられた（NARA 306-NT-1156-C-28.）

日本の搭乗者は最後の出撃の前に基地近くの神社にお参りした。陸軍空中勤務者がお辞儀をしている。米国戦略爆撃調査団の映画「戦略攻撃」の撮影のために神社への参拝を再現させたもの（NARA 342-FH-3A-3250.）

カミカゼの伝統　43

べてを結びつけるのは、神社を天皇崇拝の中心とした1890（明治23）年発布の「教育勅語」だった。最も格式の高い伊勢神宮、橿原神宮、明治神宮などの神社の神職を政府の役人とすることで、天皇崇拝を祀る役目を果たした。戦争の神を祀った八幡宮も最も重要な神社の一つだった。

東京の皇居に近い九段の坂の上には、崇敬を受ける靖国神社（国を安らかにする神社）がある。1868（慶応4／明治元）年の戊辰戦争以来の新しい国を築くために戦って命を捧げた人々を追悼するために1869（明治2）年に招魂社として創建された。日本の戦争英霊と出会う場である。1879（明治12）年には社号が靖国神社になり、陸軍と海軍と内務省の管轄下に入った。神道神話では、戦死した日本の戦士の英霊は靖国神社に祀られている。彼らは帝国を守る神のような者としてそこに住み、国家を支える柱になっている。

1930年代初頭、日中戦争が始まり、神社の重要性が高まった。神社で毎年恒例の例大祭は祝日となり、軍は学童、生徒たち、両親、教師に式典への参列を奨励した。靖国神社は、定期的に戦没者慰霊祭を行ない、毎朝勝利を祈願した。天皇または名代が定期的に訪れ、神社を維持するために寄進をした。

最後の任務に就く前に、特攻隊員は靖国神社で再会することを約束した。特攻隊員による別れの言葉や指揮官の訓示は、いつか将来、彼らが靖国神社で再会することだった。特攻隊員とその飛行隊の仲間との最後の話題は、必ず果たされるであろう再会についてだった。

特別攻撃に対する特攻隊員の考え

特攻隊員が自国への奉仕として命を犠牲にすることを望んだ動機や気持ちを知ろうとすることはもっともなことである。将軍と提督は、兵士は自国のために死ぬことを誇りに思っており、自殺するのではなくて、敵を破壊するために身を任せていると主張した。陸軍航空総軍司令官河辺正三大将は戦後の米軍の尋問に対して「欧米人がどう見ようとも、これらの攻撃に参加したすべての者は、自分の死で最後の勝利を勝ち取ると確信して幸せに死んだ」と話した。(17)

上からの視点ではこのように考えるかもしれないが、必ずしも特攻隊員自身もそうだったのではない。英語のカミカゼに関する文献は正確な見解を示していない。彼らの著作の多くは猪口力平大佐の著書などのように兵士を死に就かせた将校の思想を反映している。(18) 一方、特攻隊員が特攻計画に幻滅していることを示す日記、手紙を選択して引用した著作もある。(19) 若者

が特攻計画に参加することを説得される過程に新たな光を当てた大貫・ティアニー・恵美子の著書もある。(20) 大貫によると、特攻隊員は、桜を国家主義と若者の両方の象徴として利用した慎重に画策された政府のプロパガンダ・プログラムの犠牲者だった。

特攻隊員の多くは、任務は非常に名誉であり、それが最善の行動であると感じていた。仲間から「向こう見ず(madmen)」といわれた特攻隊員にとって、任務がいちばん重要だった。自らの機体を敵艦に体当たりさせることが、忠誠心と武士道精神を表現する最善の方法だった。その1人で1945年5月19日に撃墜された特攻隊員のミヤギヨシは、特攻隊への誇りと祖国の軍事的伝統における役割を書いた。彼は(自殺であるという米国人の考えではなく)、特攻隊員は愛国心と理想主義によって動機づけられたと主張した。(21) *1 1945年6月5日に戦死した筑波空の御厨卓爾少尉は、＜「自己の生存の爲に」ではない。（中略）満ち足りた心で母なる大地の暖かき愛のもとに歸入する＞と書いた。(22)

ほかの考えを持っている人もいた。これらの人も彼らの国のために喜んで死ぬつもりだが、特別攻撃は好ましい戦闘方法ではなく最後の手段と見ていた。1945年4月14日に出撃した第1昭和隊の佐々木八郎少尉は、別の現実的な哲学を持っていた。彼によると、それは運命の問題だった。彼は日本人として生まれた以上、＜我々にきまったやうに力一ぱい働くのみ＞と考えた。(23) 722空の桜花搭乗員、伊藤圭一は戦後「この戦争で死ぬだろう。もしそうなったなら貢献できるということで、慰められた」と書いた。(24) 1945年4月29日に出撃した第5昭和隊の市島保男少尉は次のように書いている。

> 俺にとっても自分が此處一週間の中に死ぬ身であると云う氣は少しもせぬ。興奮や感傷も更に起らぬ。
> 只静かに我が最後の一瞬を想像する時、すべてが夢の如き氣がする。死ぬ瞬間までかく心静かに居られるどうかは自分にも判らぬが、案外易い事の様に思はれる。(25)

特別攻撃に反対しないが、成功する可能性を現実的に見ている特攻隊員もいた。鈴木幸久は、特攻機の機体状況は良くなかったので任務を達成することが困難だったと話した。特攻隊員は旧型機で飛ぶことに加え、目標に到達する前にいくつもの米戦闘機の群れの中を通って行かなくてはならなかった。艦艇からの激しい対空砲火のため突入することはほとんど不可能だった。搭乗予定の旧式で整備の悪い九七式艦攻を「惨めな棺桶」と言ってい

る。(26)

　特別攻撃を兵器として用いる決定を不快に思う者もいた。1945年4月末、航空士官のフジサキは知覧から九九式襲撃機で出撃するに際し、家族に宛てた遺書を書いた。軍指導部の「無能力と愚かさ」を非難して、若者の愛国心を悪用していると断言した。(27)　関行男大尉はさらに現実主義だった。ルソン島のマバラカット基地からの体当たり攻撃について＜僕は天皇陛下のためとか、日本帝国のためとかで行くんじゃない。最愛のKA（海軍の隠語で妻）のために行くんだ＞と同胞に話した。(28)

　特攻隊員は全員志願だといわれていたが、必ずしもそうではない。1996年の『エア・パワー・ヒストリー』誌で服部省吾教授は「戦争の最後の数か月、約三分の一は志願ではなかった」と断言している。(29)　鈴木によると仲間の搭乗員のカワシマ海軍大尉は次のように言っていた。「特攻隊員を志願しないが、選ばれたなら喜んで行き、力の限りやる。死にたくないが、男として生まれたからには男として死にたい」(30)

　戦後の米軍の尋問で、特攻隊員は志願かと聞かれたトコ上飛兵は「知らない」と答えた。(31)　しかし、多くが志願だったことを示唆した。大学教育を受けていた彼ともう1人の友人は志願したくなかった。彼によると、志願者の多くは軍の学校の出身者か、あまり教育を受けていない者だった。

　戦後、陸軍第30戦闘飛行集団長三好康之少将は尋問に対する回答で「初期の特攻隊は全員志願だったが、のちに強制になったので、まずかった」と話した。(32)　フィリピンの最初の陸軍特攻隊員は主に陸軍航空士官学校の卒業者だった。沖縄戦では命令された下士官が特攻隊員の中心になった。三好は「彼らの腕は良くなかった」と話した。

　搭乗者が特攻隊に志願した最も分かりやすい理由はセブ飛行場の第105戦闘飛行隊（ママ）ムサシタカオ一飛曹の尋問に対する次の回答であろう。

　　　日本人搭乗員で自分の自由意志でこのような任務に志願する者はいない。しかし志願者が必要とされる場合、搭乗員の事実上全員が志願するであろう。日本人は命令に疑問を持たない。断ることができないように志願の意志を聞くことが問題である。これとは別に、搭乗員が志願をしなければ、彼の人生はほかの搭乗員によって耐えがたいものにされるだろう。(33)

　霞ヶ浦空で特攻隊の編成が決定した時、今村中尉は霞ヶ浦空東京分遣隊で飛行教官をしていた。(34)　司令が、特攻隊が編成されること、志願者のみと

すること、既婚者、一人っ子、長男は免除されると話し、数秒間沈黙すると「志願者、一歩前へ」と命じた。

　　　その直後だった。「ドスン！」という大きな音がした。それは指導教官たちのみならず予科練生全員が、まったく同時に一歩を踏み出したからだった。私もその中にいた。私は、自分が今村家の長男であることなどまったく考えもしなかったように思う。実際、頭の中にはそのようなことは一切なかった。命令を聞いた時には身体が自然に前に動いていたのである。(35)

　特攻隊員の家族は、究極の犠牲を払った息子、兄弟、家族を当然誇りに思っていたが、政府が抜け目なく利用したことを全員が納得した訳ではない。愛国心のある若い男性を無駄にしたと感じる人もいれば、愛する人に死を命じた人を厳しく批判する人もいた。軍務に就き、生き残った人は、彼らが直面したものを理解できる唯一の人だったので、特別な感情を持って仲間を思い出している。
　取り残された人の感情は誇りから無駄だったと思う気持ちまでさまざまだった。５月11日の第８神風桜花特別攻撃隊神雷部隊の桜花搭乗員として息子の小林常信中尉をなくした小林国平は「すべてが空っぽになった」と書いた。(36)　神雷部隊の桜花搭乗員で生き残った市川元二は1951年１月６日の手紙に次のように書いている。

　　　若人の"悠久の大義に生きる"不滅なる道への希求を、目を封じ耳を閉ざす事に依って最大限に利用した特攻隊製造者が百萬の賛辞をその屍の上に贈らうとも死せる純なる魂は決して成佛し得ないであらう。(37)

　特攻隊員になる動機に関して、日本人搭乗者の間でこのように非常に多くの意見の不一致があるので、米国人が理解できなかったことは容易に理解できる。米艦艇上の水兵と彼らの上空で戦闘空中哨戒（CAP）をするパイロットにとって、日本人の動機を探るのは困難だった。コグスウェル（DD-651）のソナー員、ジョン・ヒューバー二等兵は、桜花に対する彼の気持ちを次のように報告した。

　　　日本人は「バカ（BAKA）」爆弾と呼ばれる空飛ぶ魚雷のようなものを使用しているという噂がある。それを１人で操縦している。高空を飛

ぶ重爆撃機から投下され、体当たりパイロットが艦艇を狙う。奴らは、バカだ。(38)

終戦後しばらくしてから、沖縄のレーダー・ピケット・ステーション（RPS）で任務に就いていた多くの米軍将兵が、当時の状況を思い返すことができるようになった。カミカゼに対して敬意を払うことはまれではなかった。大型揚陸支援艇LCS(L)-61の操舵員だったボブ・リエリーは「彼らは勇敢な兵士だった」と言った。(39) *2

LCS(L)-65のチャールズ・ブレイダー水兵は米国人の目から見た経験を要約した。

> 彼らは毎日、時には毎時間ごと群れをなしてやって来た。そして、彼らはそのまま撃墜された。まれにカミカゼ機が我々の防衛ラインを越えて、渡具知やバックナー湾（中城湾）の艦艇に体当たりして爆発し、多くの焼死者を出すことがあった。(40)

米国人はいくら考えてもカミカゼを理解するのは難しかった。1945年4月16日にカミカゼ攻撃で沈没したプリングル（DD-477）のソナー員、ジャック・ゲブハート一等兵は「目も眩む爆発を起こすだけの目的のため、身を挺して雨霰の対空砲火の中を命がけで突進して来る者を理解しようとすることは恐ろしいことだった」と言った。(41) 日本の歴史家家永三郎はのちに＜全く無意味な死に、多数の有為な青年を追いやったものとされねばならなかった＞と書いたことは注目すべきことである。(42)

*1：原書が引用している本の内容は慶應大学経済学部出身で1945年5月11日に第56振武隊で出撃して戦死した上原良司少尉の遺書と同じ内容で、これは『きけわだつみのこえ』pp. 246-245に記載されている。引用元の著者が人名などを間違った理由は不明。

2：ボブ・リエリーは著者の父親

日本兵の遺体

カミカゼ攻撃を受けた後、米艦艇の士官が、乗組員の対空戦の評価、敵から受けた損害の調査、装備の修理、死傷者の世話、乗組員の遺体の捜索をした。カミカゼ隊員の遺体を回収して情報収集のために調査することもあっ

た。敷設駆逐艦アーロン・ワード（DM-34）は次の通り報告している。

　この時、カミカゼのパイロット、個人装備品、おおよその技能と戦術を規則に従って調査した。(a) 装備品：3体の遺体を艦上で回収し、徹底的に調査した。遺体は損傷しており、正確な年齢は不明だったが、全員とも非常に若かった。パイロットは全員とも明らかに男性だと確認した。
　パイロットは全員ともパラシュートを装着していた。事実、右舷後方で被弾した1機目のパイロットは、機体が海面に激突する寸前に操縦席から脱出しようとして機外に放り出され、パラシュートが少し開いた状態で本艦を横切って海面に落ちた。パイロットは海面にぶつかるとパラシュートの吊索をすぼめようとした。艦上で見つかった3人のパイロットは酸素マスクを装着した完全装備で、2人の顔にはまだマスクが付いていた。
　私物はほとんどなかったが、1人が体当たり戦術を書いたものと米艦艇の火力の特徴を記載したものの2冊の冊子を持っていた。もう1人は個人的なノート1冊を持っていた。これらを海軍情報部に送ると、担当者が価値あるものかどうか調査する。(43)

　沖縄の米艦艇が海に浮かんでいる日本軍の搭乗者を見つけることはよくあった。これらの搭乗者の多くは、直掩や誘導の任務で特攻機に同行した航空機から脱出したか、海上に不時着水した航空機の搭乗者だった。生きたまま艦上に引き上げられる者が少しはいるが、多くの者は引き上げられる前に自決した。
　5月5日、敷設駆逐艦ヘンリー・A・ワイリー（DM-29）は海上で日本のパイロットを見つけた。ヘンリー・A・ワイリーが彼を捕らえるために近付くと、彼は捕虜になることを潔しとせず、救命胴衣を外して、波の下に潜り込んだ。

第3章　特攻機

　特攻隊が始まった頃、日本軍は第一線機を使用していた。フィリピンのルソン島マバラカット基地から出撃した最初の特攻隊の機体は良好で、経験を積んだパイロットが操縦した。これが成功したことで特攻が本格化した。資源の減少と燃料の不足により補充パイロットの訓練ができなくなると、十分な経験を積んでいないパイロットが特攻隊の主力になった。特攻隊の機体は適切なものではなくなった。状態の良い機体は経験を積んだパイロットとともに本土防衛用に回された。米艦艇の上空には日本陸海軍の各種の機体が飛来した。最新型だが整備不良の機体、旧式機、練習機などもあった。興味深いことに練習機の中には沖縄の任務で成功したものがある。構造の一部が木製骨組羽布張りの機体はレーダー探知が困難で、米艦艇搭載砲が使用していた金属製機用の近接信管では砲弾が爆発しなかった。

　最も多く特攻機に使用されたのは、九九式艦爆、九九式襲撃機／軍偵、飛燕、九七式艦攻、隼、九五式水偵、零式観測機、九七式戦、旧型零戦で、練習機の九三式中練、白菊も使用された。*1　特攻機の性能が多岐にわたっていたので、艦艇の射手は450ノット（約835km/h）で飛来する有人爆弾桜花から80ノット（約150km/h）の九三式中練まで対応する必要があった。

*1：旧型零戦は五二型より前の型。爆装特攻時の爆弾は、旧型は250kg、五二型は500kgを搭載した。ほかに水上機の九四式水偵も使用された。

桜花計画

　米艦艇に対する体当たり攻撃で多くの機体が使用されたが、特別攻撃のためだけに設計された機体はほとんどなかった。米国人が対決した主な特攻機は、前述の零戦などの機体に爆弾を搭載したものだった。しかし、1機種だけ最初から特攻機として設計されたものがあった。桜花である。

　1944年半ば、日本軍は戦況が悪くなったので、米軍に反撃する新たな方法を検討し始めた。そのうちの一つが大田正一海軍少尉の有人爆弾の構想を発

展させたものだった。大田は航空偵察員として機長を務めたことはあるが、航空技術者としての経験はなかった。大田はこの計画を東京帝国大学航空研究所に持ち込んで、専門家から設計の支援を得た。計画を練って1944年8月に横須賀の海軍航空技術廠に提案した。航空機設計班長の三木忠直少佐が計画を聞いた。三木は、既存の機体誘導システム技術では本機を操縦できないとの考えから本案を却下した。大田が究極の誘導システムを説明すると三木は驚いた。人間が操縦するものだった。

三木は計画の検討を拒否したが、大田が志願して自らこれを操縦するというので、本計画の実現性を認識した。上層部が本計画を支援しているので、三木は本計画を配下の技術チームに任せた。三木、山名正夫、服部六郎以下で設計を見直し、機体製造の準備ができた。1944年9月末までに桜花一一型10機が飛行可能になった。その後の試験に4か月間を要したが、製造は試験が完了する前に始まった。米軍の沖縄侵攻前に755機の桜花一一型が製造された。米軍が本機の存在と任務の特性を知ると「バカ（BAKA）」と名付けた。

海軍航空技術廠のテスト・パイロット大平吉郎大尉は桜花の試験を支援した。戦後の尋問に対して「母機から投下される時の機体の速度が重要だった。140ノット（約260km/h）でなくてはならなかった。これよりも早くても遅くても桜花が母機とぶつかる可能性があった。また目標との滑空比が7：1になる投下高度が必要だった」と話している。(1)

桜花搭乗員の募集は1944年8月から始まった。海軍全部隊から志願者を募り、10月1日に721空を百里原海軍航空基地で編成した。海軍は、一人っ子、長男、一人親の子息、妻帯者の志願者を除いた。それと、取得に長期間を要する技術を持つ者も除かれた。艦上爆撃機と艦上攻撃機の搭乗員は、機種転換に時間を要するので、除かれた。

11月7日、721空は神之池海軍航空基地に移動した。航空隊司令岡村基春大佐の指揮下、志願者から600名が選ばれた。要員の士気は高く、まもなく自分たちを神雷部隊と名乗った。野中五郎少佐が721空K711の飛行隊長になった。

桜花に志願した搭乗員の訓練時間は限られていた。訓練時間の多くを零戦で行なった。高々度から零戦で桜花と同じ滑空比の7：1で飛行場に急降下で向かう滑空練習を行なった。急降下の時はエンジン・スロットルを絞り、実際の滑空に似せた。桜花を体験させるため、練習機型K-1が開発された。ロケット・モーターと弾頭はなく、その代わりに水をバラストに使用した。搭乗員がバラストの水を投棄して、速度を落としたならば、引込式のそりを使用して着陸した。通常、搭乗員は2回から3回訓練用桜花で訓練すると再び

零戦で訓練を行なった。

　桜花およびほかの特攻機の搭乗員は、全員志願者で死を厭わないので、同じような考えを持っていると考えられることが多い。しかし、実際の搭乗員はそれぞれ違う見方をしている。桜花搭乗員で721空の桜花第3分隊長の湯野川守正中尉は、初めて桜花を見た時、＜「ギョッ」としたがすぐ「コレ」かと云う冷たい澄み切った気持ちになれた＞と戦後書いている。(2)　湯野川は敵艦に向かって飛行する経験をせずに生き残った。しかし、ほかの者は桜花で飛行できることについてそれほど畏敬の念に打たれることはなかった。搭乗員の大久保理蔵は＜帝國海軍、否、日本の最後の切札と目された櫻花機この隊員たる身の、危機に際し限りない複雑な心境であった。果して櫻花機が切札としての威力と戦略的價値があれば問題は又別だ。確實にこの一身の死によって敵艦一隻を沈め得るのだったらそれほどの苦悩はないだろう。然し多くの疑問を懐かざるを得なかった。絶対的死を宣告され、死に対す精神的苦悩は、到底筆舌に盡せるものではない＞と書いた。(3)　捕虜になった岡部憲一上飛曹は尋問で、特攻隊搭乗員は特攻機として通常の機体よりも桜花を好んでいたと次のように言っている。「特攻で最も好まれる任務を議論した時、訓練生は皆桜花で出撃することを望んだ。次の選択は、特攻隊で出撃する機会を与えてくれるなら、どのような任務でもよかった」(4)

　フィリピンの戦況が確実に日本軍に不利になると、現地の米軍に対して桜花の使用を決定した。桜花を呉からフィリピンに輸送するため、新たに建造された空母信濃が桜花一一型を積載して、1944年11月28日に横須賀から呉に向けて出港した。しかし、潮岬沖南東で信濃は桜花もろとも米潜水艦アーチャーフィッシュ（SS-311）の雷撃で沈没した。*1

　1945年1月、721空は鹿屋などの九州の海軍航空基地に進出した。平野晃大尉は2月15日に編成された桜花部隊、722空に配属されて神之池に残った。この部隊は自らを神雷部隊に倣って、龍巻部隊と名乗った。1945年の1月から3月中旬まで、桜花部隊は来るべき運命に備えていた。米第58任務部隊が九州の南360海里（約665km）に進出して来たので、桜花でこれを阻止することを決定した。

　3月21日、第1神風桜花特別攻撃隊神雷部隊が鹿屋から出撃した。0945、桜花を搭載した15機を含む18機の一式陸攻が離陸した。直掩のため721空と笠之原の203空から55機の零戦が同行する予定だった。離陸直後、燃料ポンプの不具合などで帰投した戦闘機があり、実際に一式陸攻の護衛に就いた零戦は30機だった。攻撃隊を率いたのは、親分肌で経験豊富な一式陸攻飛行隊K711飛行隊長の野中五郎少佐だった。彼の機体は桜花を搭載していなかっ

沖縄の読谷飛行場で捕獲した桜花を調査する米海兵隊員。1945年6月11日撮影（NARA 80G 323641.）

戦後撮影された無動力訓練機の桜花（練習機型K-1）。ロケット・モーターと弾頭の代わりに水のバラストを使用して、着陸の寸前に水を投棄する。車輪の代わりにスキッドが付いている（NARA 80G 193349.）

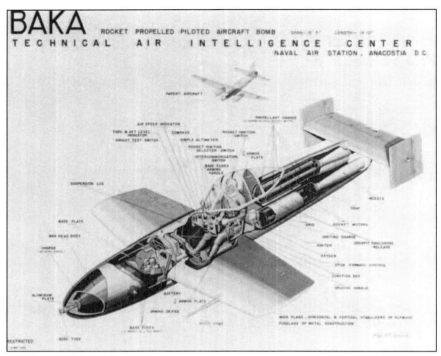

桜花一一型のイラスト（解剖図）は1945年４月の沖縄侵攻作戦時に読谷飛行場で捕獲した機体を基にアナコスチアの技術航空情報センターが作成した（NARA 80G 192694.）

桜花二二型はジェット・エンジンを使用。*2　ジェット・エンジン用空気取り入れ口が後部胴体横に見える（NARA 80G 193444.）

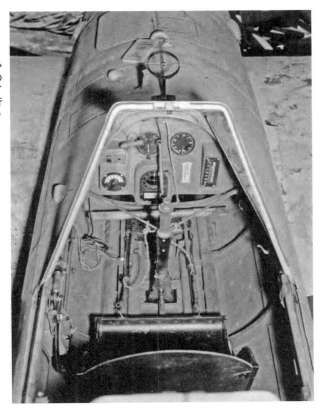

有人爆弾は任務の特性から操縦装置は簡単なものだった。目標に向かって突進するので、最大飛行時間は約10分であろう
(NARA 342-FH-3A-3211.)

た。新しい有人爆弾の最初の出撃だったので、宇垣纒海軍中将が飛行場に見送りに来た。桜花搭乗員は最後の言葉を記し、搭乗した。代表的なのものは島村中一飛曹のもので＜これより私は笑ひながら唄ひながら散ってゆきます。今春、靖国神社に詣って下さい。そこには幾多の戦友と共に、桜花となって微笑んで居ることでせう。私は笑って死にました。どうか笑って下さい。泣かないで私の死を意義あらしめて下さい＞と遺書を書いた。(5)

　1400頃、ラングレー（CVL-27）が任務部隊の北西85海里（約155km）に襲来を捕捉した。大規模な攻撃だったので、150機の戦闘機に発艦が命じられた。ホーネット（CV-12）から第17戦闘飛行隊（VF-17）および第17爆撃戦闘飛行隊（VBF-17）のグラマンF6Fヘルキャット、ベローウッド（CVL-24）からVF-30のF6Fヘルキャットが任務部隊から距離60海里（約110km）で桜花特別攻撃隊を迎撃した。これに戦闘空中哨戒機（CAP機）が加わり、米軍機は24機になった。一式陸攻は桜花が重いので110ノット（約

3月21日、野中五郎少佐率いる桜花初出撃直前の鹿屋の風景。野中少佐は18機（そのうち桜花搭載は15機）の一式陸攻を率いたが、米第58任務部隊の戦闘機に全機撃墜された。右に見えるのが「非理法権天」と書かれた幟。野中は湊川の戦いで自害した楠木正成に自らを重ねており、楠木正成が掲げていたとされるこの幟を神雷部隊の象徴にしていた（Photograph courtesy the Naval History and Heritage Command. NH 73101.）

205km/h）の速度しか出せず、逃げようがなかった。戦闘開始後10分で11機が撃墜された。残る一式陸攻も桜花を投棄して必死に回避運動をしたが、一式陸攻、戦闘機の合計48機のうち、鹿屋に帰投したのは大きな損傷を受けた零戦9機だけだった。

　VF-30のF6Fヘルキャットは「敵は攻撃を受けた時、爆撃機と低空の護衛戦闘機は急降下して北に向かった。高空の護衛戦闘機が我々に向かって来た。攻撃を受けた敵戦闘機は米戦闘機よりも数で勝っていたが、爆撃機を見捨てたので、爆撃機は自分たちでできるだけ防戦せざるを得なかった」(6)

　日米の多くの機体が飛んでいたので混乱が起きた。米軍の報告では、攻撃隊は爆撃機24機、護衛戦闘機は約24機で構成されていたとなっている。戦闘している機数が多いので、撃墜機数に矛盾が生じるのはやむを得ない。第58.1任務群は、一式陸攻26機、零戦12機、雷電2機を撃墜、ほかに零戦2機、一式陸攻1機、飛燕1機を撃破したと主張している。この報告は、VF-30のW・H・スミス少尉の一式陸攻3機撃墜、J・V・レバー少尉の一式陸攻2機と零戦2機撃墜、H・W・スチューデバント中尉、J・G・ミラー少尉の各戦闘

721空の搭乗員が愛機の前でくつろいでいる。一式陸攻の下には桜花が搭載されている。1945年初めに鹿屋基地で撮影（NARA 80G 90097.）

機4機撃墜、VF-17のムレー・ウインフィールド中尉の一式陸攻4.5機撃墜を含んでいる。VF-86のパイロットは一式陸攻8機と零戦数機を撃墜した。艦艇と飛行隊の戦闘報告はこれを「七面鳥狩り」と称している。*3　桜花の攻撃隊は艦艇から30海里（約55km）以内に近付けなかった。

　次に桜花が使用されたのは沖縄戦だった。1945年4月1日、桜花搭載の一式陸攻6機が鹿屋を離陸した。*4　桜花搭乗員の1人、山村恵助上飛曹が搭乗していた一式陸攻が沖縄近くで米戦闘機に撃破され、桜花を投棄して海上に不時着水した。山村は生き残り、出撃した6機のうち、基地に帰投できたのは1機だけだったことを知った。(7)　それ以降、桜花は九州の基地から何回も出撃したが、攻撃が成功したのはわずかで、ほとんどは失敗だった。次第に訓練を積んだ搭乗員が減少し、新しい部隊に交代させる計画は廃止された。1945年2月に編成された722空は準備ができなかったので、選考した300名を神雷部隊（721空）に送り込んだ。

　時を経るにつれて、沖縄戦は日本軍にとって良い方向に向かっていないことが明らかになった。沖縄戦の最終段階で桜花は最後の出撃を鹿屋から行なった。6月21日から22日の菊水10号作戦で桜花搭載の一式陸攻6機が出撃した。桜花を搭載したまま2機の一式陸攻が任務を達成できずに帰投した。残る桜花搭載の一式陸攻4機は藤崎俊英中尉ほかの桜花搭乗員とともに海兵隊

特攻機　57

米戦闘機のガンカメラが捉えた桜花搭載の一式陸攻が撃墜される一連の映像（NARA 80G 185585.）。これは1945年4月1日に沖縄で最初に桜花が使用された時に撮影されたもの。この時、米軍パイロットは一式陸攻はヘンシェルHs293を搭載していたと報告している。*5

のヴォートF4Uコルセアの餌食になった。1機はRPS#15Aで第224海兵戦闘飛行隊（VMF-224）に、ほかの3機はRPS#16A近くでVMF-314に撃墜された。*6 その後、桜花は来る本土決戦に備えて温存された。小松海軍航空基地が神雷部隊の新しい基地になった。

　少なくとも12機の桜花が沖縄侵攻初日に捕獲された。最初の米軍の猛攻で損害を受けた機体もあった。しかし、完全な状態の1機がメリーランド州アナコスチアの技術航空情報センターに調査のために送られた。海軍情報局は

次のように報告している。

　　BAKA（桜花）が高度27,000フィート（約8,200m）で投下され、滑空角5度24分で降下する時の理論上の最大水平飛行距離は54.3マイル（約87km）である。このうち52マイル（約84km）を滑空して、その滑空最大速度は230mph（約370km/h）になり、残る2.3マイル（約3.7km）はロケット・モーターを使用して速度を535mph（約861km/h）に上げる。降下角度の増大とともに速度が増加する。
　　降下角度が50度以上になると、最大速度は620mph（約998km/h）になる。
　　甲板の重火器で守られた艦艇を攻撃するBAKAは、喫水線の近くに突入するため雷撃のように接近してその最後の段階でロケット・モーターを点火すると推測する。BAKAが艦艇から遠くで発進した場合、有効な攻撃を行なうためにはロケット・モーターを点火する空域に到達する前に戦闘機で攻撃するのが良いであろう。BAKAは機動性が悪いため、無動力滑空では回避行動はほとんどできず、逃げる方法はロケット・モーターを1基以上点火することだった。戦闘機の攻撃を受けて、滑空開始時にロケット・モーターを使用すると速度を出すことはできたが、BAKAが目標に到達する前に燃料を消費し、最終地点での速度は相当低下する。(8)

　さらにアナコスチアの技術航空情報センターの調査でキャノピーが投棄可能なことが判明した。技術航空情報センターは訓練か試験に使用された機体であろうと推測した。
　桜花の全幅は5.1m、全長は6.1mである。胴体はアルミニウム合金製で、翼は合板応力外皮を羽布で覆っている。母機から投下されて適当なところまで滑空すると、パイロットはロケット・モーターを点火し、目標に向かって突進する。1.2トンの弾薬が爆薬のトリニトロアニソールとともに機首に詰められ、目標艦艇に体当たりすると衝撃で爆発する。大型戦闘艦の船殻を貫通するには高速で激突する必要があり、ロケット・モーターに点火する適切なタイミングが重要だった。
　新兵器の桜花が出現したので米海軍指導者は評価を始めた。400ノットから600ノット（約740km/hから約1,100km/h）の高速で飛行し、操縦舵面が小さいので、運動性は悪かった。沖縄戦の初期、桜花の攻撃は別の機種の攻撃と連携しているようだった。これは桜花の接近を発見されないように、艦艇

Angle of Dive (Prior to Levelling Out)	Terminal Speed in Dive (Initial Speed Level Run) mph	Horizontal Range from 27,000' Glide miles	Level Flight Impact Speed after Firing Rockets			Horizontal Distance Travelled Under Rocket Power (S.L.)			Total Horizontal Range
			1 Rocket	2 Rockets	3 Rockets	1	2	3	
5°24'	230	52.0	350	455	535	0.6	1.3	2.3	54.3
30°	280	9	375	465	535	0.75	1.6	2.6	11.6
45°	325	5	400	475	535	0.75	1.75	3.0	8.0
60°	365	3	430	500	535	1.0	2.1	3.4	6.4
70°	420	1.8	475	520	535	1.0	2.3	3.8	5.6
80°	535	0.9	535	535	535	1.7	3.4	5.1	6

米軍が作成した有人爆弾桜花の降下角と速度を示す表

の見張員の注意をそらすためだった。一式陸攻が高々度を飛行して、艦艇から5海里（約9km）のところで反転するのが警戒すべき兆候の一つだった。桜花が接近する時、降下して来るのか海面ギリギリに来るのか、標準的な接近方法はないようだった。

　現実には、桜花を艦艇に近い発進空域まで進出させるのがいちばん問題だった。一式陸攻は桜花を搭載していると、速度を出せず、満足に飛ぶことができなかった。目標海域近くの高度20,000フィート（約6,100m）で、桜花搭乗員はロケット・グライダーの桜花に乗り移り、発進の準備を行なった。母機は投下準備が完了したなら、桜花搭乗員にランプの点滅とブザーによる信号で「ト・ト・ト・ツー・ト」と連絡した（これは「終わりマーク」といわれた）。(9)　そして桜花は母機から切り離され、高度を下げるにつれて増速しながら何キロかを滑空降下する。水平飛行に移り、目標艦艇に機首を向けると、突入速度を上げるため、搭乗員はロケット・モーターを点火する。桜花を迎撃する最適なタイミングは、米戦闘機が追い付けない速度になる前の、投下された直後だった。

　敵の新たな武器の実態を把握すると米軍はこれと戦う各種の戦術を考え始めた。桜花は旋回するのが難しかったので、艦艇は体当たりを受けないように急激な回頭を行なった。対空砲弾の近接信管を桜花の速度に対応できるよ

うに調整した。射手はMk.14照準器よりも曳光弾を追って狙うほうがはるかに命中率を上げることができた。

桜花の航続距離は非常に短かったので、発進空域まで母機で運ぶ必要があった。通常は一式陸攻だが、ほかの機種も搭載能力はあり、実際に使用されたこともある。*7　桜花の重量が約２トンなので、母機の航続距離、速度が大幅に低下した。一式陸攻の通常の航続距離は2,000海里（約3,700km）だが桜花を搭載するとその四分の一になり、*8　速度は230ノット（約425km/h）から140ノット（約260km/h）になった。操縦性能にも影響した。母機は攻撃を受けると自分を守るために身軽になろうとして桜花を投棄した。米戦闘機はしばしばこの状況を戦闘報告に記載している。

ほとんどの戦闘報告に、桜花は一式陸攻に搭載されて運用されたと書かれている。しかし、沖縄戦の初期の４月16日、VMF-323のデューイ・ダーンフォード海兵隊少尉が伊江島の北30海里（約55km）で桜花を搭載している呑龍と遭遇して撃墜した。(10) *9　1945年５月４日、第90混成飛行隊（VC-90）のパイロットはRPS#12の近くで百式司偵が桜花を運んでいたと報告した。*10　しかし、母機が百式司偵でないことはほぼ確実である。沖縄戦の初期、連合軍情報報告は日本軍の中型爆撃機ならどれでも桜花搭載が可能であろうと指摘している。(11)

その後の連合軍情報報告には「７月７日の天航空部隊命令で日本軍が双発爆撃機銀河を桜花の母機とする計画を立てていることが明らかになった。命令には762空司令に対し、『桜花搭載可能な銀河』９機で12組の特攻隊を編成すること」と書かれている。さらに桜花搭載試験は中型爆撃機飛龍でも行なわれていた。(12)　飛龍と銀河には胴体上部に機銃を備えている型があった。飛龍が百式司偵にいちばん似ているであろうが、大きさは２倍である。百式司偵は重い桜花を搭載するには小さすぎる。パイロットが母機の機種を見誤ったのは確実であろう。(13)

この時までに技術航空情報センターは桜花を詳細に調査していた。有人爆弾は母機に適切な改造を施せばどの中型爆撃機にでも搭載可能なのは明らかだった。調査結果はこう結論づけている。

　　一式陸攻に加え、次の機種が桜花の母機に適しているか、大きな改修なしに搭載できる。
　　　　飛龍一型　　　　　　十分搭載可能。尾脚延長が必要であろう。
　　　　呑龍二型　　　　　　可能。尾脚を長くするか、水平尾翼収納のため爆

弾倉に切り込みを入れる必要あり（最近の報告ではすでに呑龍にも桜花を搭載している可能性あり）。

　九七式重爆二型　　搭載可能。後部爆弾倉の延長と尾脚延長が必要。
　十六試泰山　　　　一式陸攻の後継機で疑いなく使用される。生産機数は限定的。*11

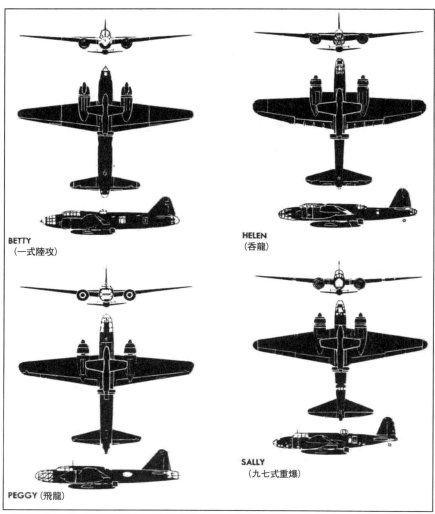

1945年5月、連合軍は桜花有人爆弾に遭遇し、一式陸攻、飛龍、呑龍、九七式重爆が母機になりうると識別した（War Department—Navy Department Recognition Journal. Number 22, June, 1945, p. 5.）

| 連山一一型 | 桜花を２機以上搭載可能であろう。 |
| 銀河一一型 | 桜花の改良型を搭載可能。(14) |

　1945年３月18日から６月22日の沖縄戦の間、米軍は57機の桜花と遭遇した。*12　このうち、42機の桜花は母機から発進する前に撃墜された。ロケット推進で滑空した４機が米艦艇に体当たりしたが、実際に撃沈できたのは４月12日のマナート・L・エーブル（DD-733）だけだった。*13　米軍報告のうち、２機は違う可能性が高い。米情報機関は母機が運んでいたのは魚雷であり、桜花ではないと推測している。(15)

*1：著者はこの部分の引用元を明記していないが、『桜花 非情の特攻兵器』pp. 83-87から引用している模様。なお原書には「信濃が桜花を積載して1944年11月28日に東京からフィリピンに向けて出港して、日本の南西で雷撃で沈没」との記述がある。桜花を積載してフィリピンに向かう途中、雷撃で沈没したのは空母雲龍で12月19日。著者が信濃と雲龍を混同しているので、本文では修正した内容を記述した。
*2：このジェット・エンジンは現在一般に使用されているターボ・ジェットではない。レシプロ・エンジンで圧縮空気を作り、それに燃料を噴射して燃やすモーター・ジェット。
*3：機種誤認、撃墜機数の二重計上などあり。
*4：第２神風桜花特別攻撃隊神雷部隊。
*5：ヘンシェルHs293はドイツの動力付き誘導爆弾
*6：第10神風桜花特別攻撃隊神雷部隊。（桜花搭乗員は藤崎俊英中尉、堀江眞、山崎三夫両上飛曹、片桐清美一飛曹）
*7：米航空部隊には一式陸攻以外の母機を撃墜した戦闘報告もあるが、日本側の記録では母機として使用したのは一式陸攻だけなので、この撃墜記録は誤認。ただし終戦間際には銀河に桜花二二型を搭載する試験が行なわれた。
*8：性能値の根拠は不明。
*9：第５神風桜花特別攻撃隊神雷部隊で、呑龍は誤認。
*10：第７神風桜花特別攻撃隊神雷部隊で、百式司偵は誤認。（pp. 388-390参照）
*11：泰山は度重なる要求性能の変更と装備予定のエンジンの都合で開発は中止になった。
*12：桜花の未帰還機数は58機。（『海軍神雷部隊』巻頭ページ）
*13：第３神風桜花特別攻撃隊神雷部隊。（pp. 344-347参照）

最終兵器

　ロケット動力機は桜花だけではなかった。1945年4月に、体当たり突進中の速度を上げるため、補助ロケットを装備した零戦の試験をした。*1　胴体に2基の噴射機と呼ばれる小型のロケット・モーターを装着しようとしたが、難しいことが判明したので、両主翼の下に装着することにした。装着試験の結果は「作動させていない時は5ノット（約9km/h）の速度低下になるが、高度6,000mで作動させると30ノット（約56km/h）の速度増加」になった。(16)　沖縄戦の間に、日本軍がこのようなロケット装置を使用したとの

終戦時に開発中だった特攻兵器の一つに川西の特殊攻撃機梅花がある。これは戦時中、ロンドンを攻撃したドイツの飛行爆弾V-1（バズ爆弾）を有人化したものだった。*3　終戦時はまだ開発中だった。本機は終戦時に発見され、調査のためメリーランド州アナコスチアの技術航空情報センターに送られた。翼幅5.7m、胴体長7.4m、全体長（含むエンジン）8.0m（NARA 80G 400870.）

中島陸軍キ115特殊攻撃機 剣は本土防衛用の低価格特攻機だった。105機が生産されたが、実戦には投入されなかった。

報告はない。*2

　戦争が長引き、米軍の爆撃で日本の生産能力が落ちていなかったら、開発中だったイ号誘導爆弾が桜花に代わったかもしれない。海軍は弾頭が300kgと800kgの2種類を試験していた。母機の飛龍か九九式双軽が高度5,000フィート（約1,500m）で投下して、目標まで無線操縦した。誘導装置に問題があると陸軍が反対したので、計画は遅れた。

　日本軍はドイツのV-1飛行爆弾（バズ爆弾）を独自の用法に改良しようとした。*3　梅花（ばいか）と名付けられた改良型は終戦時、まだ開発中だった。これは有人特攻機だった。

　日本陸軍の計画立案者は新型機開発に対して実用的なアプローチを行なった。本土防衛にはさらなる特攻機が必要との認識から、中島飛行機に特攻目的の新型機の製造を打診した。1945年1月20日、同社に対して最初の指示が出た。のちに中島キ115剣（つるぎ）となる機体だった。機体に対する要求は、使用可能なエンジンならばどれでも搭載可能とするものだった。安価で、製造工期が短いことが目標だった。爆弾1発を搭載してある程度の速度で飛行する計画だった。機銃と降着装置を除くことで軽量化を図った。特攻任務なので離陸すると降着装置は不要なので、離陸後投棄した。訓練時は降着装置を取り付けたが、滑走に問題があった。剣の最大速度は342mph（550km/h）で航続距離は745マイル（約1,200km）だった。これならば侵攻して来る米軍に対して本土から立ち向かうのに十分だった。800kgまたは500kg爆弾1発を搭載する計画だった。しかし、操縦性と機体性能が悪かったので生産が遅れ、終戦までに完成したのは105機だけで、実戦には使用されなかった。(17)

特攻機　65

*1：敵戦闘機の追撃を振り切ることを目的にしていた。（『海軍神雷部隊』p.21）
*2：試験を行なったが「ロケット装備は効果なし」と判定され、採用されなかった。（『海軍神雷部隊』p.21）
*3：動力のパルス・ジェットの音がハチのブーンという羽音に似ていることから「バズ」と呼ばれた。

第4章　特攻隊の発展

カミカゼの歴史と発展

　日本軍の航空機によるカミカゼ攻撃は1944年秋のフィリピン戦の時からよく知られるようになったが、これ以前から個別の事象として体当たりは行なわれていた。搭乗機が大きな損傷を受けて基地に帰投できない時、敵艦艇に対して体当たりを試みていた。これは個人の判断および行為であり、日本軍としての公式なものではなかった。マニラのニコルス飛行場の第293海軍航空部隊（ママ）所属ナカムラサダオ海軍少尉は尋問で次のように答えた。

　　このような攻撃は、機体の主要部分が撃破されたり、機体が炎に包まれたりしてパイロットが逃げるのが不可能と考えた時に行なわれた。無益に墜落するのでなく、連合軍の航空機や艦艇に突入して可能な限り損害を与えようとした。このような攻撃をするかどうかは、その場における個々のパイロットの判断による。(1)

　日本のエースパイロット坂井三郎は、このような行為は日独英米どこのパイロットでも「不文律」になっていたと話した。(2)
　戦争初期の次の例は日本軍関係者ではかなり有名だった。淵田美津男大佐によるとミッドウェイ海戦でこのような事例があった。戦闘が進むに連れて、赤城、加賀、蒼龍が被害を受け、飛龍だけが作戦可能だった。飛龍の飛行隊長で攻撃隊を率いた友永大尉は発艦準備をした。戦後、淵田は尋問に対して次のように語った。

　　第2次攻撃の発艦前、搭乗機の燃料タンクの一つに第1次攻撃で被弾した穴があるのを見つけた。しかし、緊急に戦術行動を起こす必要があり修理する時間はなかった。そして、片道飛行をするだけの燃料はあったので、彼はそのまま雷撃に向かった。何も言わず発艦したが、黙って体当たり攻撃を決心したことは十分推測できる。(3)

スミス（DD-378）は1942年10月26日のサンタ・クルーズ諸島海戦でカミカゼ機の体当たりを受け、爆発した。米国の文書は、これを米艦艇に対する最初のカミカゼ攻撃だとしている（NARA 80G 33333.）

　この日、米艦艇に対するカミカゼ攻撃があったとの米海軍の記録はない。
　1942年10月26日、サンタ・クルーズ諸島海戦でスミス（DD-378）に体当たりしたのが最初に成功したカミカゼだった。エンタープライズ（CV-6）、サウス・ダコタ（BB-57）、ポートランド（CA-33）、サンファン（CL-54）、ポーター（DD-800）、カニンガム（DD-371）、ショー（DD-373）、カッシング（DD-797）、プレストン（DD-795）、マハン（DD-364）とともに第61任務部隊の1隻だった。0800、任務部隊はエンタープライズから艦載機を発艦させるための運動をしていた。スミスとカッシングは対潜直衛をしていた。0944、レーダーが飛来する日本軍機を捕捉し、艦艇は回避運動をとった。0944から昼までの間、日本軍雷撃機は米艦艇を苦しめた。1148、艦艇は砲火を開き、九七式艦攻を炎で包んだ。そのパイロットはたぶん生き残れないと悟り、スミスを目標にした。スミスの戦闘報告は次の通り。

　　1148、炎に包まれた日本の雷撃機が右舷正横から少し艦尾の方向から

スミス（DD-378）の51番（5インチ1番）砲塔の損害。サウス・ダコタ（BB-57）から給油を受けている（NARA 80G 20675.）

降下して来て、2番砲塔のシールドにぶつかり、左舷船首楼甲板の1番砲塔の横に体当たりした。すぐに閃光が走り、ガソリン・タンクの爆発で生じた炎の幕と煙が艦の前部を覆った。雷撃機の胴体の主要部分は炎に包まれ、舷側を越えて艦の後方に沈んだ。1149、艦橋を放棄した。(4)

消火を続けたが、1153、大爆発が起きて小さな火災が甲板に広がった。別の弾薬が昇温発火して弾薬庫が爆発するのを防ぐため、前部弾薬庫に注水した。スミスがサウス・ダコタに接近したので、サウス・ダコタから消火が可能になった。1212、爆発を防ぐため、前部の魚雷4発を投棄した。スミスは前進して直衛任務を再開した。その時点で20機以上の急降下爆撃機が任務部隊を襲っていた。スミスは体当たりを受けたが、それ以上の損害はなかった。戦死28名、負傷23名だった。当時、米軍はカミカゼ攻撃の概念を知らなかったが、のちの報告でこの攻撃をカミカゼ攻撃だとしている。(5)

1943年秋と1944年1月、大本営の陸軍航空参謀田中耕二中佐はニューギニアで状況調査をした。田中によると、現地の航空部隊は飛燕の不具合、補充

特攻隊の発展　69

操縦者に対する訓練、指揮命令・施設の問題から運用可能機が不足していた。恒常的な米軍の襲撃を阻止するために、米軍のB-17、B-24爆撃機に自ら体当たりする操縦者がいた。陸軍のこのような体当たり攻撃は、1943年に始まり、1944年春まで続いた。戦後の尋問で田中は次のように語っている。

　　　1943年5月8日、第8飛行師団飛行第11戦隊の小田忠夫軍曹が東部ニューギニアで輸送船団護衛中にB-17に自機をぶつけて撃墜して、輸送船団を護衛する任務を達成した。1944年5月27日、飛行第5戦隊長の高田勝重少佐率いる戦闘機4機がビアク島南岸の敵艦艇に体当たりして撃沈しようとした。4機のうち3機が駆逐艦に体当たりし、1機は外したと考えられている。
　　　この2例はそれぞれの地域担任の陸軍指揮官から大本営と陸軍省宛無線で公式に報告されており、表彰されたと考えられている。(6)

　高田の編隊がサンプソン（DD-394）に接近したが、日本の記録ほどは攻撃に成功していない。高田の編隊は屠龍4機で、隼5機が護衛していた。1944年5月27日1641頃、サンプソンはビアク島の上陸地域を防御していた時、東から飛来した単発戦闘機4機に襲われた。1機を搭載砲で撃墜し、もう1機を陸上部隊が撃墜した。

　最初の攻撃とほぼ同時に高田が率いる屠龍4機が北東から樹木の高さで襲来した。海岸を機銃掃射して爆弾を投下したが、戦車揚陸艦を外した。高田機と思われる1機目は撃たれ、戦車揚陸艦の近くに墜落した。2機目は桟橋の近くに墜落した。3機目はサンプソンの上を通過した時、40mm、20mm機関砲弾をエンジンに受けて火を噴いた。被弾した機体は旋回してサンプソンに向けて突進した。しかし、この日本軍機はサンプソンからの激しい砲火を受けて主翼の一部分を落とされ、サンプソンの艦橋の少し上を通過した。サンプソンの右舷舷側から400ヤード（約370m）の海面に墜落して、近くを航行していた駆潜艇SC-699に炎をまき散らした。4機目は追い払われた。

　SC-699の艇長J・W・フォリステル中尉は3機目が旋回して自分の方に向かって来るのを見た。屠龍は艦艇からの砲火を受けた後、SC-699の左舷舷側横30ヤード（約27m）の海面に左主翼の翼端を接触させた。機体は海面を弾んで喫水線近くに体当たりして、ガソリンの炎がSC-699の中央部を包み、檣（マスト）の高さまで巻きあがった。艇長を含む18名が海に放り出されるか自ら海に飛び込んだ。混乱していたので、どうなっていたのか分からなかっ

た。旧型航洋曳船ソノマ（ATO-12）が接近し消火を支援した。戦死者は2名で、無線員のウィリアム・H・ハリソン二等水兵は20mm機関砲の持ち場でそのまま死亡していたので、最期まで射撃をしていたことが分かる。

　田中は帰国後、所見を陸軍上層部に報告し、特攻作戦の検討を具申した。陸軍上層部間に思想の相違があった。議論の中心は、特攻隊の戦術とこの飛行隊を陸軍の統制下に置くか、その隊員は厳密に志願者とするか、だった。戦後の尋問で陸軍航空総監部次長河辺虎四郎中将は「陸軍航空総監阿南惟幾大将と河辺は厳密に志願者だけに限るべきと考えていた。陸軍参謀本部第1部長宮崎周一少将と議論ののち、陸軍空中勤務者に特攻隊の訓練を行わないことを決めた」と語った。(7)

　1944年7月、航空総監部は全飛行学校校長に対して、特攻隊志願者名簿の提出を要求した。戦後、大本営の陸軍航空参謀秋山大佐は「同様の指示は陸軍省から全航空部隊指揮官に対しても出された」と語っている。(8)　すぐに陸軍は志願者50名を選定した。爆撃機は浜松と鉾田の教導飛行師団で、戦闘機は常陸と明野の教導飛行師団で要員の訓練を実施した。翌月さらに60名の志願者を受け入れて、特攻計画は始まった。

　1944年秋、陸軍が操縦者を訓練している時、海軍も特攻隊を検討していた。海軍の特攻隊は特攻隊に志願するように促された通常の戦闘部隊の搭乗員を参加させることで始まった。

　日本の資料では、マニラを基地とする海軍第26航空戦隊司令官有馬正文少将がフィリピンの特別攻撃を発案したように書いてあることが多い。1944年10月15日、通常ならば彼のような高級士官が行なわない方法で、ルソン島近くの空母に攻撃を行なった。日本の報告では有馬は自らフランクリン（CV-13）に体当たりしたとなっているが、事実ではない。その日、フランクリンおよびほかの空母もカミカゼ機の体当たりを受けていない。

　日本海軍の神風特別攻撃隊は大西瀧治郎中将がフィリピンのマバラカット基地の201空を訪問した1944年10月19日に始まったとされている。大西は10月20日に第1航空艦隊司令長官に着任する予定で、日本の状況が非常に危ういものだと認識していた。訪問して1時間足らずで究極の攻撃方法と201空の志願者27名を決定した。*1　隊員は訓練不足の初心者でなく、航空隊で最も優れた搭乗員だった。彼らを率いる指揮官に海軍兵学校卒業の関行男大尉を指名した。

　新たな作戦なので、マバラカットで攻撃方法の計画、部隊編成、調整が行なわれた。マリアナ沖海戦が行なわれた6月だけで1,500名の有能な搭乗員を

特攻隊の発展　71

大西瀧治郎（1891～1945年）。1944年10月、第１航空艦隊指令長官（Photograph courtesy the Naval History and Heritage Command. NH 73093.）

失っていた。それだけの人数の交代要員を短時間で補充するのは不可能だった。特別攻撃はそれに対応する新たな方策だった。

　マバラカットで最初に編成された第１神風特別攻撃隊は朝日隊、敷島隊、大和隊、山桜隊の４隊で、すぐに出撃した。*2　1944年10月21日、米艦艇を求めて海上を捜索したが発見できず、任務を達成できなかった。*3　10月25日の0730頃、朝日隊と大和隊の零戦６機と直掩機４機がサマール島でトーマス・スプレイグ少将率いる第77.4.1任務隊（タフィー１）を発見した。*4　これとほぼ同時刻、関が率いた敷島隊の零戦６機と直掩機４機がマバラカットから出撃し、1045にクリフトン・スプレイグ少将率いる第77.4.3任務隊（タフィー３）を発見した。*5　この攻撃は成功し、空母１隻を撃沈、数隻に損害を与えた。*6　フィリピンで特攻隊が成功したので、大西の作戦は正しかったことが証明された。これ以降、どの作戦においても特攻隊の運用に重きを

置くようになった。

　フィリピン作戦の結果、特攻隊が実行可能な新たな方策であることが実証された。米艦艇に高い確率で打撃を与えることができる最も有効な攻撃方法であることが証明された。フィリピン作戦中に650回の体当たり攻撃があり、成功したと見られるのは約27パーセントだった。(9)　この成功は、零戦を使用したことが効いている。早い速度と優れた機動性でのちに沖縄で使用された多くの時代遅れの機種よりも有利だった。さらに最初の特攻隊員はベテランで操縦技術が高かった。これは基礎訓練しか受けていなかった沖縄戦に参加したパイロットとの大きな違いだった。

　この戦術でどのようにすれば日本が勝てると思ったのか、疑問を持つ者がいるだろう。米軍の沖縄侵攻前に、日本人が戦争で勝利する可能性は消え、本土侵攻の時期だけが問題だった。日本軍上層部は若い搭乗者を確実な死に追いやって何を望んだのだろう。壊滅的な戦死者数に直面すると、選択肢はほとんどなかった。戦後の米軍による尋問で、神風特別攻撃隊がフィリピンで始まる時に立ち会っていた第10航空艦隊の猪口力平大佐（第1神風特別攻撃隊編成当時は第1航空艦隊首席参謀）は特攻隊の目標を「日本はこのような手段でも勝てないと確信していた。しかし、停戦時の条件を受容可能なものにすることが可能だと考えていた。特攻隊で米軍が受容できない戦死者数を被るならば、米軍はより日本軍にとって好ましい条件で戦争終結を望むだろう」と話した。(10)　沖縄戦の間、陸軍第32軍航空参謀だった神直道中佐は、戦後の尋問でカミカゼ戦術をとる四つの理由を明かした。

　　1. 通常の航空戦で勝利を収められない見通しになった。
　　2. 特攻は、体当たり時に機体の衝撃が爆弾に加わり、ガソリンで火災を生じさせ、適切な角度で突入することで、通常の爆撃よりも速く正確に攻撃できる。
　　3. 体当たり攻撃は地上部隊と国民の精神を最大限に鼓舞できる。
　　4. 燃料不足で訓練時間が限られる要員が実行できる（しなくてはならない）唯一の確実で信頼性の高い攻撃だった。(11)

　特攻隊による宣伝効果も考慮していた。大本営海軍部のシマカツオ大佐は、連合国に対して、日本は降伏よりも国家の自滅を望んでいると知らしめることを目的にした計画を作成した。*7　特攻隊は連合国軍が予想できることの一例だとした。日本の報道機関は特攻隊員の英雄的行為と成功の物語を感動的に伝えた。自暴自棄になり、米国の脅威を終わらせることのできる兵

器を望む日本人の心は常識を超えていた。初期の特攻隊の過剰な成功報告が特別攻撃の概念をさらに発展させる推進力だった。本土で民間労働者は日々の業務の中で特攻隊員の自己犠牲を見習うよう奨励された。兵士が国家のために死を望むなら、労働者は本土で同様の犠牲を払うことを期待されることになる。特攻隊員が自らの究極の犠牲を誓うことで褒章を受ける。フィリピン作戦の特攻作戦開始以降、特攻隊員は戦死後に昇進している。最初は1階級だけだったが、すぐに2階級特進が普通になった。

　珍しい例として、特攻隊員の中に少数の朝鮮出身者がいた。ルース（DD-522）の乗組員は撃墜した機体から朝鮮人パイロットを救助した。彼の話では、農民だったが徴兵されて特攻隊員になった。(12)　日本軍は1938年から朝鮮人を軍務に受け入れており、徴兵を1944年4月から始めた。資料によると、11名の朝鮮人が特攻隊員になった。(13)　金尚弼（結城尚弼）陸軍少尉、金光栄（金田光栄）陸軍伍長、卓庚鉉（光山文博）少尉、朴東薫（大河正明）伍長ほかで、全員靖国神社に祀られ、その名前は知覧特攻平和会館に朝鮮出身者として展示されている。(14)

*1：著者が参考にしたであろう『神風特別攻撃隊』（p. 105）では「必死隊は24名選んだ（関を含む）」となっている。10月20日に最初に選ばれた隊員数には複数の説がある。『神風特攻の記録』（p. 50）では体当たり攻撃隊員が関以下13名と直掩隊員10名の合計23名としている。これに関たちが突入した10月25日に彗星2機4名も未帰還になっているのでそれを含めると27名になる。
*2：最終的に第1神風特別攻撃隊はこの4個隊に零戦の菊水隊、若桜隊、初桜隊、葉桜隊に彗星隊も加わり9個隊になった。（『特別攻撃隊全史』pp. 134-135）
*3：大和隊の久納好孚中尉が10月21日に、佐藤肇上飛曹が10月23日にそれぞれ出撃しているが、両日ともカミカゼ攻撃を受けた米艦艇はない。
*4：朝日隊、山桜隊、菊水隊の3隊から爆装8機、直掩5機の零戦が出撃した。爆装4機が空母に命中または至近海面に激突。1機が米戦闘機により撃墜された。（『神風特攻の記録』pp. 98-99）（pp. 164-165参照）
*5：敷島隊から爆装6機、直掩4機の零戦が出撃した。爆装5機が空母に命中または至近海面に激突した。（『神風特攻の記録』p. 100））（pp. 165-169参照）
*6：10月25日、彗星は大和隊の1機（誘導機）と彗星隊の彗星1機が出撃したがともに未帰還で戦果は不明。（『特別攻撃隊全史』pp. 134-135））（pp. 167-169参照）
*7：大本営海軍部参謀部第1部付の柴勝男大佐を指している模様。

天号作戦

　米軍の沖縄侵攻に対して最大限の勝利を収めるには日本陸海軍の協力が必要だった。陸海軍はそれぞれで協同作戦案を作成したが、陸軍案が採用された。大本営の陸軍作戦参謀だった杉田一次大佐は戦後の尋問に対して「1945年1月に帝国陸海軍作戦計画大綱を作成する際、海軍は非常に否定的で消極的な態度だった。新しい作戦計画は陸軍が熱心に提案し、海軍と取り決めて作ることができた」と述べている。(15) これは3月に天号作戦を作成する時も同じだった。この時期、海軍軍令部で第1部第1課長だった大前敏一大佐はのちに尋問で次のように語った。

　　　当時の海軍航空兵力の実態、特に訓練の観点から、海軍は3月または4月に行なわれると予想される沖縄の航空作戦に残念ながら参加できる状況ではなかった。海軍は訓練が十分でない者が、漸次減耗するようなことを避けようとしていた。そして5月まで、沖縄とほかの戦線、ましてや本土で作戦をしたくなかった。5月になれば、十分な兵力を集合させることができただろう。(16)

　沖縄の米軍に対して協力することを約束した日本陸海軍だが、計画は問題にぶつかった。陸軍の攻撃目標は輸送船団と輸送船だった。これらの艦船を攻撃するのは容易で訓練が少なくて済む。これに対して海軍の目標は空母機動部隊で、攻撃が困難で高度な操縦技術が必要だった。海軍の計画では特別攻撃の訓練が必要だった。軍令部の航空参謀だった寺井義守中佐は次のように語っている。「最初から、航空準備（特攻機）は5月末までに完了するとは考えていなかった。第2次丹作戦（ウルシー環礁の米艦隊泊地攻撃）で米軍の沖縄に向けた前進を遅らせようとしたが、この作戦が失敗したので海軍は沖縄戦を準備できないまま、対決せざるを得なかった」(17)

　状況は陸軍にとっても良くなかった。海軍のウルシー環礁の米艦隊泊地に対する攻撃が失敗し、沖縄に向けた米軍の前進が加速されたので、陸軍も同様に時間の罠に陥った。天号作戦立案に携わった寺井によれば「陸軍第6航空軍の準備は海軍のものより遅れていた」(18) それでも陸海軍の協力は必要だった。

　1945年3月1日「大海指510号 別冊」で陸海軍は航空作戦における協定を次の通り定めた。

航空作戦に関する陸海軍中央協定
　昭和二十年三月一日
　大本営海軍部
　大本営陸軍部
　（注）本協定は昭和二十年前半期に於ける航空作戦に関するものとす
　一、方針
　陸海軍航空戦力の綜合発揮により東支那海周辺地域に来攻を予想する敵を撃滅すると共に本土直接防衛態勢を強化す
　右作戦遂行の為特攻兵力の整備竝に之が活用を重視す
　二、各方面航空作戦指導の大綱
　（一）東支那海周辺地域（臺湾、南西諸島、東南支那、九州、朝鮮）に於ける航空作戦
　陸海軍航空兵力は速に東支那海周辺地域に展開し敵来攻部隊を撃滅す
　陸海軍航空部隊の主攻撃目標を海軍は敵機動部隊陸軍は敵輸送船とす
　但し陸軍は為し得る限り敵機動部隊の攻撃に協力す[19]

1945年3月20日に軍令部総長及川古志郎大将が発した「大海指第513号別紙」は、天号作戦の目標を次のように示した。

　第二、作戦指導の大綱
　　（中略）
　五、天号作戦に於ては先づ航空兵力の大挙特攻攻撃を以て敵機動部隊に痛撃を加へ次で来攻する敵船団を洋上及水際に捕捉し各種特攻兵力の集中攻撃により其の大部を撃破するを目途とし尚上陸せる敵に対しては靭強なる地上作戦を以て飽く迄敵の航空基地占領を阻止し以て航空作戦の完遂を容易ならしめ相俟て作戦目的を達成す[20]

海軍搭乗員訓練

海軍の搭乗員選考は非常に厳しかった。水兵は下士官による体罰などの野蛮な新兵教育が終わると、艦艇か陸上部隊に送られた。体罰は下士官になるまで続き、そこで状況が少しは良くなった。普通の水兵の階級から上がるには砲術などの各種術科学校の生徒に、搭乗員の場合は霞ケ浦空の操縦練習生にそれぞれ応募して試験に合格しなくてはならなかった。1930年代後半、こ

れが搭乗員になる道だった。江田島の海軍兵学校に入学した生徒も肉体的に厳しい扱いを受けたが、水兵・下士官兵が受けるほど厳しいものではなかった。

　東京の北東の土浦に海軍の飛行学校である霞ヶ浦空がある。そこで海軍から選考された者が厳しい飛行訓練に耐えていた。選考された者は、海軍兵学校卒業生、下士官、新兵だった。1939年、有名な日本海軍のエースパイロット坂井三郎が操縦訓練を開始した時、1,500名の応募者のうち選考されたのは70名だけだった。*1　訓練は基礎訓練やほかの術科学校よりも厳しかった。日常的に柔道や剣道、水泳、棒登り、10分以上の片手下がり、体操、飛び板飛び込みなどの肉体的訓練が行なわれて、バランス、筋肉の調整力、精神を鍛えた。退学はいつでも起こり得た。坂井は、同期は最初70名だったが10か月間の訓練を終えて卒業できたのは25名だったと書いている。(21)　選考された者は才能があり、有能だった。訓練が終了すると、海軍搭乗員は海の荒鷲といわれた。最初にこの名前を使用したのは霞ヶ浦海軍飛行学校の山木（山本）大佐だった。*2

　三重海軍航空基地も搭乗員基礎訓練基地だった。今村とともに5,000名が第13期海軍飛行専修予備学生になり、三重空と土浦空で半数ずつが基礎訓練を受けた。今村は1943年9月に三重に到着し、三重空で訓練を受けたのち、出水空で羽布貼りの九三式中練で飛行訓練を受けた。

　鈴木幸久は訓練の様子を次のように述懐している。百里原航空基地で、特攻隊で使用するのと同じ雷撃機の九七式艦攻で特攻訓練を受けた。燃料が不足していたので、訓練時間は厳しく制限されていた。特攻は片道飛行なので、それは関係ないと鈴木は考えた。離陸と通常の飛行ができればそれで十分で、着陸訓練は不要だった。百里原で鈴木と同期の予備学生は基礎訓練の時と同じような厳しい訓練を受けた。ある時、普段通りの訓練を行なった後、予備学生は何列にもなって整列させられた。主任教官が訓練にがっかりしたと告げて、4人の教官に交代した。教官は数分間予備学生を叱責し、隊列の間を通りながら一人ひとりの顔を何回も殴った。よろめいたり倒れたりした者はもっと殴られた。これは典型的な1日の終わり方だった。鈴木は姫路での初期の訓練で鉄拳制裁を何発も顔に受けて死んだ訓練生を見たことがある。(22)　これは明らかに海軍では日常的に行なわれていた。今村も出水空で訓練中に制裁が日常茶飯事だったと話している。(23)

　日本海軍搭乗員で捕虜になった岡部憲一上飛曹は1943年から訓練を始めた。土浦空で3か月間飛行前の基礎教程を受け、その後、谷田部空で5か月間練習機教程を受けた。名古屋空で急降下爆撃機搭乗員の訓練を3か月受

け、飛行教員の助手になった。それを３か月務めて教員の資格を取得した。1945年３月１日、鹿屋のK1に移動した。３月16日、部隊は大分に移動して対艦攻撃訓練を積んだ。１か月後、彗星三三型に搭乗して鹿屋から沖縄に特攻任務に就いたが、撃墜された。(24) *3

　戦闘結果に影響を与える重要な要素は、戦闘員の訓練である。日本陸海軍では戦争の進展にともない、訓練は減少した。米国と戦争を始めた時は多くの訓練を積んだパイロットがいた。戦闘部隊に配属される前、海軍は650時間、陸軍は500時間の飛行訓練を完了していた。採用基準が高いので、厳しい訓練で能力のある者以外を配置転換した。このように厳しい養成課程を経たことと、中国での戦闘経験で、戦争初期の日本軍パイロットは敵国のパイロットと対等またはそれ以上に優れていた。パイロットの訓練に加え、零戦が敵国機に比べ優れていた。

　戦争初期に日本軍パイロットが大きな成功を収めた理由を見つけるのは容易である。しかし、日本軍にとっての問題は、戦争初期にパイロット数と訓練計画を拡大しなかったことと、経験を積んだパイロットの重要性を認識していなかったことだった。戦争を開始して最初の１年半で多くの経験を積んだパイロットを失い、慌てて交代要員の育成を開始した。このようなパイロットが搭乗する航空機は防弾装備が不十分だったので、被弾すると助かる確率が非常に低かった。日本軍の海空救難体制はお粗末だった。

　別の問題として新型機の開発生産があった。零戦が高性能だったので、海軍計画者は新型機開発の代わりに零戦の改修・改造を続けた。戦争後期に高性能の戦闘機を開発したが、それを大量生産して戦争の流れを変えるには遅すぎた。さらに利用可能な航空燃料が減少したことでパイロット訓練生が操縦技術を磨くために必要な飛行時間を確保するのが困難になった。当初、日本軍パイロットの飛行時間は米軍と同等だったが、終戦の頃には特攻隊パイロットの多くは飛行時間が100時間にも満たなかった。今村が大分で訓練を終了した時、飛行訓練は九三式中練と九六式艦戦で70時間だった。これは平均600飛行時間の米軍パイロットと大きな違いで、空中戦は一方的なものになった。戦後の尋問で寺井は1940年12月までの海軍航空隊の練習生の訓練課程を次のように話している。

　　1. 初等または基礎の教程で三式陸上初歩練習機か九〇式水上初歩練習機による30時間の訓練。
　　2. 練習機教程で九〇式陸上練習機か九三式中間練習機による40時間の

訓練。

　3．実用機教程で新旧の戦闘用機種を使用した。訓練生は零戦、九六式艦戦、九七式艦攻、九九式艦爆、九四式水偵、零式観測機、九六式陸攻で30時間の訓練。

　4．そして作戦部隊に配属された。艦上機の搭乗員であればさらに50時間の錬成訓練。

　1940年12月、初等と中等の教程が統合されたが、飛行時間は10時間短縮された。

　1943年7月1日、第1航空艦隊が編成されると、初等教程または基礎教程、練習機教程を修了した者のうち、約20パーセントを「飛び級」として実用機教程を経ずに実戦部隊に送り込んだ。送り込まれた要員は優秀な者だった。第1航空艦隊司令長官は自身の下で実用機教程を行なうほうが最終的には良い訓練を受けさせることができると考えた。実用機教程で所要の操縦技術を修得できない者がしばしば出たので、第1航空艦隊司令長官はこれを避けようとした。

　しかし、1944年春に海軍軍令部は次の理由で実用機教程の「飛び級」を停止した。（1）実戦時の戦死者数が多すぎる。（2）新型戦闘機で長期間訓練をするほうが実用機教程部隊に配備された旧式機で訓練するよりも航空燃料を多く消費する。（3）実戦部隊で紫電、天山、彗星、彩雲、銀河などの新型機の配備が始まったが、これらの機種は経験を積んだ搭乗員でないと操縦が難しかった。(25)

　訓練教程は数種類あった。捕虜になった日本海軍搭乗員によると、最初の飛行訓練は九六式陸攻で、通常の訓練よりも飛行時間が長かった。*4　米軍の情報部門担当官は、これは試験的な試みだったのではないかと推測している。(26)

　訓練時間が減少したので、訓練時期により搭乗者の間で操縦技術に大きな格差が生じた。通常、飛行時間の多い者がほかの者を訓練する飛行教官・教員を務めていた。沖縄戦の時には飛行時間の多い搭乗者は不足していた。訓練を修了したばかりの者の多くが教官・教員の仕事をさせられた。経験豊富な搭乗者なら効率の良い訓練をすることができただろうが、新米教官・教員にはそれまでの者と比べると倍の負荷がかかった。沖縄戦中に徴兵された練習生は、14歳という若さだった。飛行時間の多い搭乗者は貴重だったので特攻隊の任務に就かずに、本土の基地に戻された。この搭乗者はほかの者の訓

練、必要になれば本土防衛の支援もできた。

　燃料不足で練習生の飛行時間は大幅に減少した。訓練には低オクタン価のガソリンまたは使用を許可されていなかったガソリンとアルコールの混合燃料を使用した。特攻隊搭乗員の必要性が高まるにつれて、航法などの基礎訓練が教程から削除された。特攻機は目標海域まで経験を積んだ搭乗者に誘導されれば良かった。要するに、沖縄戦が進むにつれて、沖縄に向かった搭乗者は、太平洋のほかの空域で米軍機と戦った搭乗者よりも練度が落ちていた。

　腕の良い搭乗者が特攻任務に就くとすれば、直掩と帰投して戦果を報告するためだった。特攻機の搭乗者は経験を積んでいないので、米軍パイロットは日本の最高の搭乗者でないことをすぐに見抜いた。大型揚陸支援艇LCS(L)-115艇長のA・P・グリエンケ大尉は次のように考えた。

　　カミカゼ機のパイロットは経験を積んでいるようには見えなかった。体当たりする時の角度30度で降下する速度で機体を操縦したことがなかったようだった。特攻機は目標艦艇を飛び越える傾向があった。飛び越えそうになると操縦桿を前に倒して目標に体当たりしようとした。目標が前方か後方に離れている場合、上昇反転をして目標に体当たりしようとした。(27)

*1：坂井は海軍内部各科から搭乗員になる「操縦練習生」として霞ケ浦空で飛行訓練を受けており、予科練の出身ではない。この70名は操縦練習生として選考された人数。予科練は航空兵を目指す新兵の基礎訓練を行なうもので、ここでの飛行は適性検査だけだった。訓練を終了すると「飛行練習生」として飛行訓練を開始した。海軍兵学校卒業生、予備学生から操縦を目指した者は「飛行学生」として飛行訓練を受けた。

*2：山木大佐についてはp. 25-26の訳注*1参照。英国情報省極東局（Far Eastern Bureau, British Ministry of Information）が翻訳した岡繁樹著の『日本の防空』に記載してあった可能性あり。岡は別の著書で「海の荒鷲」の名前は＜霞ケ浦海軍飛行練習場の副長兼教頭山本大佐によって発案されたもの＞と記述している。

*3：彗星は4月3日、6日、7日、17日に601空K1から第3御盾隊601部隊として出撃しているが、鹿屋からでなく第1国分から出撃している。

*4：実用機教程で最初の飛行訓練のことであろう。

中島陸軍キ27乙 九七式戦闘機乙型は1930年代の第一線機だった。フィリピン作戦の頃には練習機になっていたが、沖縄では特攻機として使用された（NARA 342 FH 3B 35009.）

陸軍空中勤務者訓練

　陸軍空中勤務者の訓練は前述の海軍と同様で厳しかった。一般論として、下士官兵は、士官になる者よりも訓練担当下士官から残忍な仕打ちを受けた。1944年、15歳で日本グライダー大会に優勝したクワハラヤスオは戦後、「陸軍に下士官兵空中勤務者としてすぐに徴兵された。広航空基地で最初の3か月間基礎訓練を受けた。この間、同期の新兵は担当の下士官から連続的に鉄拳制裁を受けた。扱いが残忍で、広（航空基地）の3か月間の訓練が終わるまでに新兵9名が自殺した」と書いた。(28)

　そして「広（航空基地）における基礎訓練の3か月間は地獄で、軍事教科で埋まっていた。続く6か月間、訓練生は中等訓練を受けた。最初の3か月間は航空力学と航空関連の軍事教科を詰め込まれた。後半は九五式練習機で初めて飛行を経験した。続いて単座戦闘練習機で訓練して、最後は隼を操縦した」と記述している。(29)

　すべての訓練が順調だったのではない。戦争後期には訓練が中断されることがあった。1944年9月、長塚隆二が陸軍航空部隊の士官になるための第2段階の訓練を受けている時、燃料不足で飛行訓練が10日間中断した。代替品のガソリンとアルコールの混合燃料で2か月間切り抜けた。訓練期間は1か

特攻隊の発展　81

月短縮され、双発機屠龍の訓練のため前線に送られた。そこで１か月半過ごした後、九七式戦の訓練のため小月に戻った。最終段階で、熊谷陸軍飛行学校で隼を操縦した。(30)

　特攻隊の訓練を受けているパイロットは各種の技術を学ぶ必要があった。特攻隊のために特別な訓練時間を設けたのは陸軍が先だった。しかし、陸海軍とも同じような方法だった。『日本空軍』を著したN・ブルネッティ米陸軍大佐によると次のようだった。

　　　日本軍パイロットの操縦技術が優れていることは（陸軍は厚木、海軍は鹿屋で）志願特攻隊パイロットが受ける訓練の内容で分かる。*1　最も複雑な訓練は、航空機が曳航するゴム風船（ママ）を撃つものだった。パイロットはどのような空中機動を行なってでも、敵機に接近して弾丸を命中させる必要があった。(31)

　爆装した戦闘機をカミカゼで多数使用した。これは機体重量が軽い戦闘機にとって通常の形態ではなかった。爆弾を搭載した時に必要な長い滑走距離に習熟するため、戦闘機空中勤務者はダミーの爆弾を胴体に搭載して訓練を行なった。爆弾を模擬するため丸太を機体の下に取り付けたこともあった。

　長塚によると、隼または同様の戦闘機で目標に接近する方法には、高々度からと海面ギリギリの低高度からの２種類があった。高度16,000フィート（約4,900m）と20,000フィート（約6,100m）からの高々度接近は雲に隠れることができた。目標に向かって45度から55度の角度で急降下した。一度急降下に入ったならば、戻ることも針路を修正することもできなかった。低高度からの接近はレーダーと敵艦艇の大口径砲を避けることができた。大口径砲は特攻機に砲弾を命中させることができるほど俯角を十分にとることができなかった。(32)

　1945年４月、陸軍航空部隊の空中勤務者訓練は突然中止になった。訓練飛行場が継続的に爆撃と機銃掃射を受けたので、訓練を完了させることが困難になった。九州の唐瀬原は特攻隊訓練の最大の基地だったので、米爆撃機の優先爆撃目標だった。*2　加えて、空中勤務者不足のため教官を戦闘任務に充てる必要が出てきた。航空基地の悩みの種だった燃料不足が続いていた。知覧などの飛行場は鉄道が爆撃を受けたことで燃料の補給が困難な状態だった。限定的な訓練が７月に開始されたが、戦争を遂行するには遅すぎた。

　空中勤務者の質は低下していた。必要な空中勤務者数を確保するため、訓練生の訓練開始時と訓練終了時の基準を下げた。岐阜の第51教育飛行師団参

謀長林順二大佐によれば、訓練生の事故率はわずか10パーセントだったが、卒業時に20パーセントが卒業基準に達していなかった。しかし、空中勤務者が必要だったのでこのような状況でも卒業を許した。(33)

*1：「陸軍の厚木」は熊谷陸軍飛行学校相模分教場の相模原飛行場（中津飛行場）（1944年7月20日に閉鎖）および第1錬成飛行隊（1944年7月31日編成）を指している模様。「海軍の鹿屋」は鹿屋空（2代）を指している模様。原書引用元著者のブルネッティが数ある陸海軍の教育訓練部隊からこの2か所を選んだ理由は不明。

*2：陸軍挺進練習部があり、義烈空挺隊などの空挺部隊が訓練を行なった。

第5章　特攻作戦の戦術

カミカゼの戦術

　組織的な特攻隊はフィリピン作戦中に始まり、沖縄作戦で特別攻撃はより激しく、より計画的になった。通常、フィリピンでは3機から4機で攻撃を行なった。この時、日本の航空作戦立案者は、少数の特攻機と少数の直掩機であれば発見されずに米艦艇に接近できる可能性が最も高いと考えた。沖縄の大規模攻撃ではさらに多くの機数を使うことで効果的に作戦を行なうことができた。1945年5月4日沖縄のRPS#1に対する攻撃をイングラハム（DD-694）は次のように報告している。

　　40機から50機が攻撃に投入されたようだった。第1陣は新型で高速の機種で少数機ごとに、あるいは単機ごとに広く分かれて方々から接近した。このような攻撃を行なう敵機の機数が増加して戦闘空中哨戒機（CAP機）が対応できなくなると、CAP機の防御を通り抜ける敵機が出てきた。まもなく米戦闘機から逃れる敵機が増え、艦隊の対空防御が対応できなくなった。この頃、敵機は全方向、異なる高度から攻撃するようになった。敵機のパイロットはそれぞれが攻撃機会を窺って攻撃したのは明らかだった。モリソン（DD-560）が最初の2機から体当たりを受けた。水上機の最初の編隊が現れたのはこの時だった。[*1]　水上機は北から低高度で飛来し、多くの米戦闘機から攻撃を受けていた。水上機の攻撃に続いて、高速陸上機の激しい攻撃があった。本艦に対して組織的攻撃が行なわれ、広がった編隊から各機が分かれて、可能な限り同時に攻撃しようとしていたと本艦の観測員が報告している。最初の高速陸上機2機が撃墜された後、別の水上機の2個編隊が現れた。この2個編隊は敵の主力が撃墜されるまで攻撃地点まで来なかった。(1)

　日本軍のパイロットがカミカゼ攻撃でとった戦術の多くは、使用する機種、パイロットの訓練状況により決定された。日本軍は米軍の沖縄侵攻まで

に多くの経験豊富なパイロットを失っていた。訓練時間は航空燃料の不足で短縮され、カミカゼ攻撃のパイロットは任務達成のための最小限の訓練しか受けることができなかった。終戦時、特攻隊パイロットは、陸軍は70時間、海軍はわずか30時間から50時間の飛行訓練しか受けていなかった。*2

　米海軍情報機関はカミカゼの接近方法が３種類あることを発見した。まず一方向接近は、１機または１個編隊が同一高度で接近する。日本軍機は陸地を利用すればレーダーの陰から接近できるので、海岸近くの艦艇に対する攻撃に使用した。次の両方向接近は、二つのグループが異なる方向、高度から接近するものだった。一つのグループは機数が多く、囮だった。この方法だと艦艇の射手が同時に両方向に撃つことが難しかった。機数の多いグループが艦艇の射手を引き付けている間に、少数機のグループが反対方向から忍び込んだ。そして多方向接近は、一つのグループまたは複数のグループの機体が各機に分かれて行なうものだった。この戦法はいろいろな高度、角度から攻撃してくるので、艦艇にとって防御が難しかった。これだと特攻機は必ず防空網を通り抜けてくるので、最も危険なカミカゼ攻撃と考えられた。(2)

　直衛ステーションの駆逐艦などの艦艇は日本軍機を正横に見て撃つのを好み、大型揚陸支援艇は艦首から45度に見ることを好んだ。いずれもこれで艦艇の火砲を最大限活用することができた。日本軍機はこれを知ったのでしばしば艦尾からの攻撃を試みた。1945年５月29日、RPS#9でプリチェット（DD-561）、ダイソン（DD-572）、オーリック（DD-569）が大型揚陸支援艇LCS(L)-11、-20、-92、-122と単縦陣で哨戒している時、零戦３機からこの戦法で攻撃を受けたことをプリチェットは報告している。*3　日本軍機は左舷正横から艦艇に向かって飛来し、艦尾から攻撃しようと旋回した。駆逐艦は舷側を日本軍機に向けようとして回頭すると日本軍機も艦尾の位置を保とうと旋回した。(3)

　　*1：第１魁隊の九四式水偵および零式水偵。(pp. 392-393、p. 396参照)
　　*2：実際は海軍の場合、予科練出身者で100時間から150時間、予備学生出身者で約100時間だった。
　　*3：飛行第20戦隊およびその誘導の隼を零戦に誤認している。

攻　撃

　標準的な特攻隊は特攻機、直掩機、間接掩護機の三つのグループで構成されていた。直掩機はまず特攻機出撃時に基地上空で直接援護を行ない、沖縄

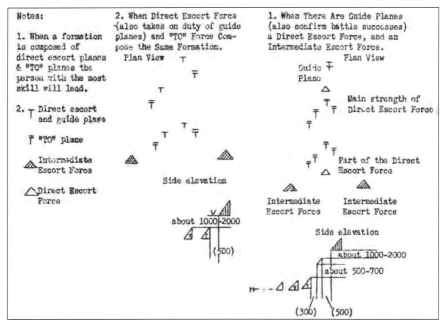

攻撃隊の機数、機種、遭遇するであろう敵によりカミカゼは各種の編隊を組んだ。図はよく使用された２種類を描いている。日本語から翻訳されたものなので、右上から左下に向かって読む（CinCPacCinCPOA Bulletin No. 129–45. Suicide Force Combat Methods Special Translation Number 67. 27 May 1945, p. 7.）

　周辺の艦艇に向かうと特攻機を掩護して一緒に攻撃に向かった。間接掩護機は特攻機と直掩機に先行して攻撃地点に到着していた。間接掩護機の任務は特攻機と目標の間の米戦闘機と交戦することだった。米戦闘機を排除して通路を作ったら、特攻機はそこを通って目標に体当たりした。間接掩護機は戦果の確認もすることになっていた。間接援護機は米戦闘機を引き付けるため、特攻機、直掩機と別の経路を飛ぶこともあった。

　特攻機搭乗者は敵艦艇を見つけたら爆弾の信管の安全解除をする必要があった。フィリピンにおける初期の攻撃では特攻機は追撃砲や野砲の砲弾も爆弾同様使用したこともあった。沖縄作戦時には機種ごとに指定された爆弾を搭載した。

　陸軍機が搭載する爆弾は海軍機よりも小型のものが多かった。それまで陸軍戦闘機が搭載していたのは500kgまでだった。特攻隊の主な目標が連合軍艦艇だったので、陸軍機でも大型爆弾が必要になった。沖縄の任務で海軍から800kg爆弾を借用した。*1　1944年５月から陸軍の飛龍の部隊で魚雷運用の

86

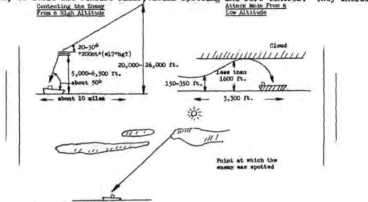

カミカゼの部隊はその場の状況を生かして接近方法を変えた。押収した日本軍文書、図を基に再作成した本図は、雲を遮蔽にすることや低高度の奇襲を示している（Suicide Weapons and Tactics "Know Your Enemy!" CinCPac-CinCPOA Bulletin 126–45. 28 May 1945, p. 6.）

訓練を開始し、1945年4月に実際に出撃したことがあった。*2　海軍は大型爆弾の開発を続けていたが、大型爆弾を運べる重爆撃機がなかったので、爆弾の大きさに制限があった。

　天候、機種、米戦闘機の有無など各種の条件を考慮して、攻撃を低高度、高々度のいずれにするか決定した。1機の攻撃の場合、機体の高度、速度、降下角度を事前に検討して決定した。パイロットが考慮すべき重要な要素は体当たり時の速度だった。速度が遅いと効果が小さくなり、機体と爆弾が艦艇の船殻・甲板を貫通しない可能性があった。急降下攻撃などで速度が早いと機体が浮きあがって、目標を外すことになる。パイロットは自分の機体特性を学んだ。

　特別攻撃を多数機で行なう場合は、ほかのことにも考慮する必要があった。誘導機は特別攻撃で重要な任務を持っていた。特攻機の進路が互いに干渉しないようにして、攻撃で最大限の効果を発揮させることだった。『と號空中勤務必携』は次のように記している。

特攻隊の戦術　87

機　種	爆　弾	搭載数	搭載位置
百式司偵一型	80番（海軍弾：800kg）	1×800kg	胴体下
疾　風	250kg	2×250kg	翼下
隼三型	250kg	2×250kg	翼下
九七式戦	250kgまたは500kg	1×500kg または 2×250kg	胴体下
屠　龍	250kg	2×250kg	翼下
九九式襲撃機	250kgまたは500kg	1×500kg または 2×250kg	胴体下
九八式直協	250kgまたは500kg	1×500kg または 2×250kg	胴体下
一式高練	80番（海軍：800kg）	1×800kg	胴体下
二式高練	250kg	1×250kg	胴体下
九五式一型	100kg	2×100kg	胴体下
二式基練	50kg	1×50kg	胴体下
九九式双軽	80番（海軍：800kg）	1×800kg	爆弾倉
四式重爆飛龍	80番（海軍：800kg）	2×800kg	1×爆弾倉 1×胴体内

陸軍航空部隊特攻機が用いた爆弾 (4)

僚機はどうする
　攻撃が下令されたら
　速く指揮官を基準として
　稍々距離の伸びた梯隊となり乍ら
　急いで接敵に移れ
　爾後指揮官の突進に伴って
　自分の道連れを選んで征く
　　　（予め命ぜられた目標中の）
　此の際1機1艦は原則だ
　　　（2機1艦は割が悪い）

突撃時の注意
◎体當りは容易ならん事だ
敵としてはこんな割の悪いことはないから敵として出来る最大限の逃

手を打つに決っている
　　　○混亂もあるだろう―錯誤も起きるだろう
　　　　だが　各機は
　　◎「必らず沈める」信念を絶對に動かさず
　　○「必殺」の喚声を挙げて撲り込め
　　　（斯くして靖國の櫻花は微笑む）(5)

　さらにパイロットは最終突進の時に各種の異なる高度と方向から目標敵艦艇を狙うように指示された。
　カミカゼ攻撃の多くは低高度、おそらく海面上20フィートから30フィート（約6ｍから約9ｍ）で行なわれた。この高度で接近するとレーダー探知の下をくぐり抜けることができた。しかも、海面上を突進するので体当たりが容易だった。一方、非常に高い角度から攻撃してくる航空機は艦艇からは難しい目標になるので、攻撃にはいちばん効果的だった。日本軍機が艦艇の真上にいる場合は、艦艇から撃墜することはほぼ不可能だった。1945年4月28日、沖縄のRPS#1でベニオン（DD-662）艦長のR・H・ホルムズ中佐は何機ものカミカゼから攻撃を受けた。ベニオンの見張員は頭上に1機が旋回しているのを見つけ、螺旋降下するのを苛立って見ていた。「この時点で敵機は80度から90度の回転角度で旋回しており、追尾は不可能で、砲が追えたのは一度に数秒だった。特に40mm機関砲で照準を合せようとすると砲の仰角を最大にしながら旋回するので、砲弾を装塡するのは難しかった」(6)　ベニオンの射手が砲火を命中させることができたのは、日本軍機が艦尾方向から急角度で突入しようとしてからだった。(p.373参照)

　日本軍航空部隊指揮官は特攻機の接近方法、突進角度を検討した。日本陸軍は検討した結果をマニュアルにして1945年2月に『と號空中勤務必携』として発行した。この中で屠龍、九九式襲撃機、飛龍、九八式直協・九九式高練などの理想的な突進角度を説明している。そのほかに攻撃開始時の高度、速度を記載している。(7)
　緩降下突進は奇襲か、明け方、夕暮れ、悪天候など視程の悪い時に用いられた。急降下突進は大規模攻撃の時にしばしば用いられた。1945年5月、米海軍情報機関は低高度接近を多用していることに気づいた。多くの場合、カミカゼ機は海面近くの高度で接近した。この方法だと目視またはレーダーで探知することが難しかった。高々度を飛行しているCAP機は急降下して接近しなくてはならないので、これを撃墜することが難しかった。特にヴォート

F4Uコルセアは質量があるので急降下から引き起こすのが難しく、海面に激突する危険があった。カミカゼ機の高度が非常に低い場合、目標艦艇の火砲は俯角を十分とることができずカミカゼ機に対して大量の砲火を浴びせることができなかった。もしも艦艇が砲火を浴びせようとすると、周辺の艦艇が被弾する危険があった。そして、低高度で接近するカミカゼ機から離れるように運動するのはもっと難しかった。(8)

低高度接近を用いるかを決定する要因の一つにパイロットが急降下した時に直面する問題があった。爆弾で機体が重く、最大速度で急降下している機体には二つの問題が生じる。操縦舵面にかかる圧力が高くなり、パイロットが移動目標に向かう進路を調整するのが難しくなることと、速度が増えると揚力が増加して飛行針路を保つのが難しくなることだった。

クワハラヤスオ伍長はカミカゼ攻撃で掩護機としての経験を次の通り話している。

> 私が思うに、太陽を背にして、高度5,000フィートから10,000フィート（約1,500mから約3,000m）のどこかの高度から降下するのが最も良い手順で、降下角は45度から60度だった。目標から500ヤード（約460m）で水平飛行に移り、できるだけ海面近くの低高度で艦尾に向けて攻撃した。
>
> このようにして、大型搭載砲の俯角の下から接近すると効果的だった。都合の良いことに、敵艦艇同士で危険な友軍誤射をしてくれることがあった。(9)

カミカゼ機が低高度で接近する優位性をグレゴリー（DD-802）艦長のブルース・マカンドレス中佐が次のように述べている。「急降下爆撃は人目を引き、成功すれば大きな損害を与えることができるが、目標を飛び越える傾向がある。水平飛行または緩降下で突進するほうが命中精度は高い」(10)

特攻隊員は米艦艇と米軍機の識別を学ぶ必要があった。艦種ごとに攻撃する優先順位が定められており、陸海軍とも最重要目標は空母だった。戦艦、巡洋艦、輸送艦艇の優先順位は空母より低かった。空母の前部エレベーターに命中すれば、戦線から離脱させることができた。特攻機は空母の後方から接近して、空母が体当たりを回避する運動を制限しようとした。沖縄のレーダー・ピケット艦艇は、特攻機は艦艇中央部か艦橋を目標にしてそこに最大

限の損害を与えようとしていたことに気づいた。
　『と號空中勤務必携』は次のように指示している。

　　衝突點（致命部）
　　◎何處が一番良いか
　　◎急降下衝突の時は
　　○艦船は
　　○甲板中央部
　　煙突と艦橋との中間附近
　　煙突の中に這入るもよし
　　艦橋　砲塔は避けよ
　　○空母は昇降機位置
　　已むを得ざれば飛行甲板後部
　　◎超低空水平衝突の時は
　　○中央
　　吃水より稍々上部
　　已むを得ざる場合
　　○空母　格納甲板入口
　　煙突根本
　　艦船　後部推進機関部位 (11)

　突進の最後で、目標艦艇に機銃掃射を加える特攻機がいたが、その数は多くなかった。これで艦艇乗組員が混乱することがあった。特攻隊員は機銃射撃の訓練をほとんどしていないか、全くしていなかったので、特攻機の多くが機銃を装備していなかったことを艦艇乗組員は知らなかった。大型揚陸支援艇LCS(L)-85は戦闘報告に次のように書いた。

　　パイロットは艦艇に接近しても多くの場合で体当たりすることができなかったのは、訓練不足か判断が間違っていたからだった。爆弾を搭載していない体当たり機は自機のガソリンで火災を起こして艦艇に損害を与えようとした。ほとんどのカミカゼ機は機銃を装備していなかった。装備していたら、もっと機銃掃射をしていたであろう。(12)

　経験の少ないパイロットにとって、各種の米艦艇を識別して艦艇の目標点に照準を合わせるのは難しかった。油槽艦、戦車揚陸艇、中型揚陸艦を空母

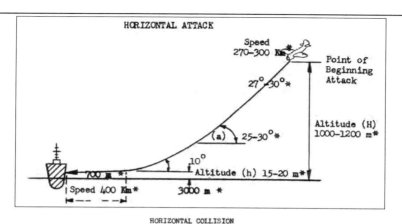

HORIZONTAL COLLISION

Standard Data for Various Types of Planes

Data Type of Planes	Point of beginning peel off and run in.			On entering extreme low altitude.			Remarks
	Altitude (H) (meters)	1 Km (Speed)	Angle (a)	Altitude h(meters)	1 Km (Speed)	X meters	
Fighters	1000 to 15 (Ill.) Probably 1500	320-350	25°-30°	Below 20	450-450 (TN:Sic)	30-35	It is important to decrease the altitude of the point of the beginning peel off and run in even more depending on weather and atmospheric conditions. In such circumstances, when colliding, it is especially important to maintain sufficient colliding power.
Hq Recce Plane (DINAH)	800 to 1000	"	25°		"		
Ki 45 (NICK 1)	"	300	25°-30°		"		
Ki 48 (LILY 1)	1200	270-300	20°-30°		"		
Ki 51 (SONIA 1)	"	270	30°		400-450		
Ki 67 (PEGGY)	800 to 1000	320-350	"		450-500		
Ki 27 (NATE)	1200	300	20°-25°		450		
Ki 79 (Type 2 Advanced Trainer)	"	250	30°		350		
Ki 36 (IDA)	"	"	"		"		
Ki 59 (THERESA)	"	"	"		"		
Ki 9 (SPRUCE)	"	180	"		250		

Horizontal attacks were preferred when surprise was a possibility. *Suicide Weapons and Tactics "Know Your Enemy!"* CinCPac-CinCPOA Bulletin 126–45. 28 May 1945, p. 10.

米軍が作製した特攻機の機種別の突入時の飛行諸元を示した資料（何らかの方法で入手した『と號空中勤務必携』を元にした模様）。奇襲が可能な時は水平攻撃が多用された（Suicide Weapons and Tactics "Know Your Enemy!" CinCPac-CinCPOA Bulletin 126–45. 28 May 1945, p. 10）

92

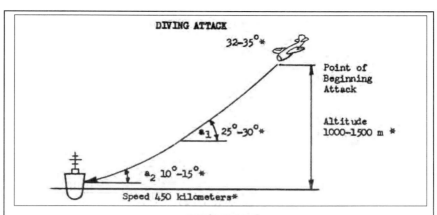

Diving attacks from a high altitude were preferred, particularly when the attacking formation included a large number of aircraft. *Suicide Weapons and Tactics "Know Your Enemy!"* CinCPac-CinCPOA Bulletin 126–45. 28 May 1945, p. 10.

高々度からの急降下攻撃は、特に攻撃隊の機数が多い時に行なわれた（Suicide Weapons and Tactics "Know Your Enemy!" CinCPac- CinCPOA Bulletin 126–45. 28 May 1945, p. 10）

と間違えることが多かった。目標近くの上空にCAP機が多数いたので、多くのカミカゼは空母を探している間に撃墜されるよりは、近くて手ごろな目標に体当たりするほうを選んだ。沖縄でカミカゼが最初に接触するのはレーダー・ピケット艦艇や直衛の艦艇だった。このため、駆逐艦、護衛駆逐艦、ロケット中型揚陸艦、大型揚陸支援艇が主な目標になった。

*1：沖縄では出撃飛行場と沖縄の距離が遠く、直掩機が付かないので、特攻機が

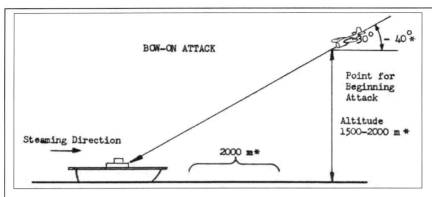

米空母に対する前方からの攻撃はしばしば行なわれた(Suicide Weapons and Tactics "Know Your Enemy!" CinCPac-CinCPOA Bulletin 126–45. 28 May 1945, p. 10.)

軽快な機動をとれるように小型の爆弾を搭載することが多かった。(『陸軍航空特別攻撃隊史』p. 150)

*2:初陣は1944年10月だがこの時の攻撃は失敗だった。(『沖縄方面海軍作戦』(戦史叢書第17巻)p. 394、『沖縄・臺湾・硫黄島方面 陸軍航空作戦』(戦史叢書第36巻)pp. 219-221)

誘導機

　通常、カミカゼ機が沖縄に向かう時、目標まで経験豊富なパイロットが誘導・護衛を行なった。迎撃する米戦闘機パイロットにとって経験と訓練が不足しているカミカゼ機を撃墜するのは簡単だった。しかも、カミカゼ機はグラマンF6FヘルキャットやヴォートF4Uコルセアと比べると空中戦の装備が貧弱だった。多くの艦艇の戦闘報告によると、少し離れて飛行する2機の誘導機がカミカゼ機に攻撃を指示しているようだった。イングラハム（DD-694）は次のように報告している。

　　さらに、この2個編隊のパイロットの操縦技術は低かった。編隊はリーダーの後ろに広がって、不規則な縦列で海面近くを飛ぶペリカンの群れを思い出させる。単独で接近しようとした1機だけが編隊から離れた。全機とも米戦闘機の餌食になった。各編隊長は経験を積んだパイロットだが、ほかの者は単独飛行ができるほどの飛行時間がないような印象を受けた。[13]

　沖縄のカミカゼ作戦が始まった時は、カミカゼ機は十分な支援を受けていた。カミカゼ機が目標に到達できるように多くの日本軍機がカミカゼ機を掩護した。しかし、その後は支援する戦闘機の戦力が減少した。直掩機がいた時はカミカゼ攻撃が成功していたが、掩護能力がなくなったので1機だけの場合や練習機を用いるカミカゼ攻撃は夜間に実施することが多くなった。同時にカミカゼ機の機体品質も低下した。
　前述の通り、沖縄の米軍に対する菊水作戦の初期は、多くの機体と腕の良いパイロットが出撃していた。作戦が進行すると、日本軍は経験豊富なパイロットを本土防衛に確保し始めた。時折、沖縄上空に新型のカミカゼ機が現れることもあったが、時代遅れの零戦がいちばん多く使用された。零戦は早い速度と機動性の良さで、フィリピンと沖縄で最もカミカゼ機として成功を収めた。

チャフの使用

　カミカゼ攻撃隊は艦艇に接近していることを隠すため、攻撃隊の中の指定された機体がレーダーを欺瞞するための細長い金属のチャフを空中に散布し

た。4月16日の攻撃で、沖縄の艦艇攻撃のため鹿屋から3機の彗星が出撃した。目標を目視できる距離まで来ると、艦艇から砲火を受けたので、編隊長はチャフを散布した。特別な装置を使用したのではなく、後席の観測員が箱を開けて機体の横にチャフをばらまいただけだった。多くの場合、このような防御策は有効だった。1945年5月4日、RPS#1に対する攻撃でチャフが使用されたことが、モリソン（DD-560）が沈没した大きな要因だった。

攻撃のタイミング

　昼間、CAP機が多いので、カミカゼ機はCAP機が空母か基地に帰投する時間を狙って攻撃した。この時刻は日没時で、CAP機はすでに帰投していたが、特攻隊員が目標を目視できる明るさはあった。駆逐艦の乗組員はこれを知っていた。
　5月17日、沖縄のRPS#9のダグラス・H・フォックス（DD-779）で戦闘機指揮・管制士官だったB・M・デマレスト大尉は、揚陸指揮艦エルドラドー（AGC-11）がCAP機を帰投させる命令を出した数分後に日本軍機が現れたと報告した。日本軍機は戦闘機指示（FD）と敵味方識別（IFF）をモニターしており、CAP機が目標海域から離れるのを待っていたのは明らかだった。デマレスト大尉による詳細は次の通り。

　　敵は西方の水平線の向こう側、レーダーとCAP機の見通し線の下の低高度で、CAP機に帰投命令が出るまで待っていた。急に暗闇に覆われたが、海面上の目標ははっきりと見えた。敵機は夕方の空では屈折する光の中の小さな黒い点だった。戦闘機指揮士官が夕方のCAP機が帰投したことを連絡した2分後に、突然敵味方不明機1機が現れた。これは撃墜されたが、すぐに少なくとも10機以上が攻撃態勢に入っていた。ダグラス・H・フォックスはRPS内の艦艇の中では大型であり、指揮艦だったので主要目標としてこの攻撃隊に狙われた唯一の艦になった。1、2分の間、各機は適切な攻撃開始点をとろうとして全方向に散開していた。そして、明らかに号令とともに協調した攻撃を開始した。少なくとも1機、たぶん2機が本艦の注意を引き付けようと挑発したが、体当たり攻撃をしようとしなかった。(14) (p.423参照)

　天候が悪い時はカミカゼが来ないので、雨で見通しの悪い夜を艦艇は歓迎した。最悪なのは、月明の夜で、日本軍機は米艦艇をはっきりと見ることが

でき、米艦艇は格好の目標になった。夜間、特に低高度から接近する日本軍機を見つけるのは難しかった。月明かりが反射する海面では、航跡は艦尾を示す海面の大きな矢になり、艦艇の存在を示す決定的な目印になった。昼間の攻撃はカミカゼ機が艦艇の砲火にさらされ、CAP機から迎撃される脅威があった。カミカゼ機は雨天の昼間は雲に隠れて接近できるので、攻撃に最も望みをかけることのできた日だった。

　米軍が味方機であるかを識別する方法は敵味方識別装置（IFF）を使用することだったが、常に信頼できるとは限らなかった。敷設駆逐艦シャノン（DM-25）艦長のW・T・イングラハム少佐は次のように語っている。

　　敵は我が軍のMk.6 IFF装置を持っていることが何回も証明された。[1]「味方」と表示された機体がわが軍の艦艇に体当たり突進をすることで、それが敵機と判明することが起きていた。現時点（1945年7月15日）では、「味方」と示されたすべての機体を味方機と考えることは止めた。IFFによる識別は、現時点では夜間における識別の主要手段だが、その価値は疑わしい。カミカゼ機は体当たり攻撃を行なう際、航法灯を点灯していると信じられている。カミカゼのパイロットは自機の航法灯に向かって来る40mm機関砲の曳光弾の流れを追えば艦艇に向かうことができた。艦艇は夜間の曳光弾発射数を最小限にした。40mm機関砲の効果的な管制ができるようにそれ専用のレーダーを可能な限り早く装備することが必要だった。(15)

　日本軍は特別攻撃という極端な手法を使う必要性を説明できると考えていたが、米軍指揮官は正当化できないと感じていた。特別攻撃が成功するかはパイロット訓練と技能・技術で決定される。イシャーウッド（DD-520）艦長のL・E・シュミット中佐は次のコメントをした。

　　体当たり攻撃の成功率は緩降下爆撃、急降下爆撃、雷撃の成功率と同じであろう。敵が自らの機体を体当たりさせる必須の経験、技術を持っていて、撃墜されることを厭わないならば、その敵は疑いもなく我々に対して通常の攻撃を行なうことが可能である。爆撃や雷撃を成功させるのに必要な才能を与えられていない者は、体当たり攻撃も成功させることは難しいと考えられる。

　それゆえ結論は、体当たり攻撃のいちばん大きな価値は我が軍の戦闘

員に対する心理的な効果だった。(16)

　このようにシュミットは、日本軍が体当たり機を使用する最大の理由は精神的な効果だと考えた。日本軍の計画立案者は訓練が不十分なパイロットは目標に到達する前にほとんどが撃墜されることを知っていた。それゆえ、米軍の恐るべき物質的強さに打ち勝つ確実な方法は精神的な方法だけだった。日本人にとって、この方法で戦うことは受容できることだった。猪口力平大佐は戦後の尋問で次のように説明している。「我々は自らの命を天皇と国家に捧げなくてはならない。これは生来の感覚である。あなた方がそれをよく理解できないことを心配している。さもなければ自暴自棄または馬鹿だと言うだろう。日本人は天皇と国家に対する忠誠心で生きている。一方、武士道に従い、最善の場所で死ぬことを望んでいる。特攻隊は最初このような感覚から誕生した」(17)　猪口は特攻機を操縦したこともなく、戦争から生き延びたことに注意すべきである。

　*1：IFF装置を搭載しているCAP機などがRPSに戻る時にその後ろに付いて米艦艇に接近したことはある。

日本軍機の識別

　艦艇と航空機の識別は最重要事項である。艦艇に接近する航空機が敵か味方か調べる確かな方法は目視である。米軍の航空機識別関係者を支援するために多くの訓練教材とマニュアルが開発された。米艦艇の射手に誤って撃墜された米軍機が多数記録されている。さらに日本軍機が陸軍、海軍のいずれの機体か判断することで、出撃したのが陸上基地か空母かを明らかにすることができた。

　沖縄作戦では米艦艇の上空に現れる日本軍機の機数は多く、多機種にわたっていた。戦闘の最中に飛行中の日本軍機の型式を識別するのが難しいことはよくあることだった。同時に出会った日本軍機について艦艇とパイロットが異なる報告をして、識別が混乱するのは普通だった。多くの場合、隼、零戦、鍾馗は誤認された。ほかには、スパッツ（脚カバー）付固定脚の九九式艦爆、九九式襲撃機、九七式軽爆もよく間違えられた。

　これについて米太平洋艦隊司令長官兼太平洋戦域最高司令官ニミッツ海軍元帥名の文書は次のように記している。「たぶん九九式艦爆が体当たり攻撃で最も多く使用されたようだ。これは、九九式艦爆と脚を下げているほかの

三菱海軍零式艦上戦闘機五二型（A6M5）。連合軍のコードネームは「Zeke」（NARA 80G 248975.）

中島陸軍キ44Ⅱ甲 二式戦闘機二型甲 鍾馗。連合軍のコードネームは「Tojo」（NARA 80G 192160.）

中島陸軍キ43-1 一式戦闘機 隼。連合軍のコードネームは「Oscar」（NARA 80G 167062.）

三菱陸軍キ30 九七式軽爆撃機。連合軍のコードネームは「Ann」。1944年12月撮影 (NARA 80G 169802.)

愛知海軍九九式艦上爆撃機二二型 (D3A2)。連合軍のコードネームは「Val」(NARA 80G 345604.)

三菱陸軍キ51 九九式襲撃機。連合軍のコードネームは「Sonia」(NARA 80G 169862.)

機種を混乱していることからもある程度説明できる」(18) *1

　1945年6月3日、沖縄のRPS#11Aで哨戒中のカッシン・ヤング（DD-793）、敷設駆逐艦トーマス・E・フレイザー（DM-24）、ロバート・H・スミス（DM-23）、大型揚陸支援艇LCS(L)-16, -54, -83, -84が日本軍機2機に襲われた。1機はCAP機に撃墜されたが、もう1機がLCS(L)-16に体当たりした。ロバート・H・スミスとLCS(L)-16は、2機とも零戦だと報告した。しかし、LCS(L)-54はLCS(L)-16に体当たりしたのは隼だと報告した。LCS(L)-84は1機が零戦、もう1機を隼と報告し、LCS(L)-83は撃墜された機体は隼だと報告した。*2

　1945年6月7日のアンソニー（DD-515）の戦闘報告は、見張員は接近した2機が九七式戦か九九式艦爆か分からなかったと書いている。*3　別の事象だが、第40空母航空群（CAG-40）の戦闘報告では日本軍機5機を九九式艦爆としたが、ガンカメラで撮影した映像を調査した結果では5機中4機が九九式襲撃機だった。（pp. 450-451参照）

　川崎の双発戦闘機屠龍は三菱の双発偵察機百式司偵と間違えられやすかった。1945年5月4日、沖縄のRPS#2でロウリー（DD-770）、マッシイ（DD-778）、ジェームズ・C・オーエンス（DD-776）、大型揚陸支援艇LCS(L)-11, -19, -87, ロケット中型揚陸艦LSM(R)-191が哨戒中に百式司偵1機から攻撃を受けたと報告したが、第85戦闘飛行隊（VF-85）の戦闘報告では当該機を屠龍としている。*4　機種識別で混乱するのはよくあることだった。大規模で陸海軍の機種が多岐にわたる攻撃の時には、さらに識別が問題になった。

*1：九九式艦爆は4月末の第2正統隊でほぼ全機出撃し尽くして、それ以降はごく少数機のみが出撃した。したがって5月以降の固定脚機の多くは陸軍の九九式襲撃機、九七式戦などである。

*2：2機とも第44、第48振武隊の隼。零戦も出撃しているが任務が沖縄上空制空なので、損傷を受けていなければ艦艇に向かうことはない。

*3：九九式艦爆は出撃していない。アンソニーの見張員は第63振武隊の九九式襲撃機を九七式戦、九九式艦爆に誤認している。（pp. 450-451参照）

*4：第24振武隊の屠龍。（VF-85が関係していることから、VF-85の戦闘機に撃墜されて意識不明のまま海面に浮かんでいるところを捕虜になり、その後生還した三浦秀逸少尉の可能性あり。（『陸軍航空特別攻撃隊各部隊総覧』（第1巻）p. 154））百式司偵1機も出撃しているが偵察任務のため艦艇を攻撃することはない。

資源の減少

　沖縄の天号作戦の初期に日本軍が使用した航空機は特攻機に改修した戦闘用の機種を中心にして多岐にわたった。部品供給が不足すると日本軍は修理に優先順位を付けた。沖縄作戦開始時、日本軍機の状況は非常に厳しかった。米海軍情報機関が傍受した1945年3月30日付けの海軍航空本部の通信は、戦争による重圧で航空補給廠が影響を受けていたことを示していた。航空本部は優先度の高い航空機と機体修理の優先度を定めたリストを作った。第3、第5航空艦隊は陸上機と水上機の、第10航空艦隊は陸上機の修理を指示された。実用訓練機、中等陸上練習機も同様の担当区分だった。軽微な機体修理を行なうのは、一式陸攻、雷電、月光、九七式艦攻、流星、九九式艦爆、DC-2型輸送機、雷電、零式水上観測機、九四式水偵、九五式水偵、九六式艦爆、二式水戦、強風と陸上輸送機型の一式陸攻と九六式陸攻だった。大規模修理を行なうのは戦争遂行に非常に重要な零戦、紫電、天山、銀河、彩雲だった。二式飛行艇と九七式飛行艇で始まっていた大規模修理は完了する予定だった。(19)

　1945年4月18日付け第10航空艦隊司令部から隷下の航空補給廠宛の通信でも問題が起きていることが分かる。

　　　新型機製造の減少にともない本航空艦隊に割り当てられた部品材料を機体修理に使用している。しかし、現時点では体当たり攻撃要員数の70パーセント分の機体しか用意できていない。現在の戦況に鑑みるに、この不足を早急に解消しなくてはならない。それゆえ、修理作業を加速するためにできることは何でも実施せよ。納入可能な航空機の機種、機数を連絡せよ。(20)

　海軍は新製機の官領収後の整備、飛行試験の促進および工場疎開を円滑に行なうため、整備、飛行試験方法を見直した。新製機を製造会社または製造航空廠の飛行場（領収基地）で検査官が領収していたが、領収基地と異なる海軍指定飛行場（供給基地）でも領収可能にした。供給基地では空輸部隊である第101航空戦隊が担任航空廠などの協力を得て部隊に輸送するまでの整備・飛行試験を行なうことにした。

　しかし、供給基地で問題が起きた。まず、空襲や熟練工の不足などで製造段階の品質が悪く、部隊に新製機を空輸する前に追加の作業が必要だった。

九州の鹿屋飛行場は日本で最も重要な飛行場の一つと考えられ、常に米軍機の攻撃を受けた。第58任務部隊から飛来したカーチスSB2Cヘルダイバー2機とヴォートF4Uコルセア1機が攻撃している。1945年5月13日撮影（U.S.S. Bennington CV 20 Serial 0021 3 June 1945. Action Report of USS Bennington (CV 20) and Carrier Air Group Eighty-Two in Support of Military Operations at Okinawa 9 May-28 May (East Longitude Dates) Including Action Against Kyushu.）

　しかも、供給基地で修理を協力する航空廠などでも機体の熟練工が不足していたので、修理しても良くならず、部隊に空輸するまでに時間がかかった。
　新製機ではエンジンがいちばん重要な部品で試験が必要だった。1945年以前は、エンジンは製造工場の単体試験で5時間、機体搭載後の飛行試験で10時間の運転を行なっていた。試験に使用できる燃料が減少したので、大きな影響を受けた。1945年には製造工場の単体試験で1.5時間、分解して不具合部品の有無を確認して再組立てをしてから再度の単体試験で0.5時間の合計2時間になった。機体搭載後の飛行試験は2時間になった。航空機が航空廠に引き渡された後、3時間の飛行試験をした。その後、航空機は航空廠から九州の飛行場に輸送するため空輸部隊に引き渡された。九州の飛行場に到着するまでのエンジンの合計試験時間は10時間以下だった。日本軍の経験では、エンジンは製造してから10時間以内にあらゆる不具合が発生していた。そのため、九州の前線に送られた航空機の不具合発生率は高かった。前線の飛行場

に空輸の途上から部隊運用開始直後の間に多くの機体が墜落した。

　沖縄戦が激しくなり本土に対する継続的な米軍の攻撃が増加すると、状況が変わり始めた。米軍のB-29などによる空襲の戦果評価によると、沖縄の米艦艇に対する出撃能力は非常に阻害されてきた。空襲で大刀洗の大刀洗陸軍航空廠、大分の第12海軍航空廠、大村の第21海軍航空廠の航空機修理整備施設は被害を受け、日本陸海軍の航空機修理能力が大幅に妨げられた。多くの基地の格納庫、修理施設が被害を受けたので、通常はそこで行なう機体整備が困難になった。機体の稼働率は45パーセントに落ちた。ほかの基地も同様だが、鹿屋の航空部隊は特にひどくて出撃できないほどになった。出撃準備をしていると、B-29が襲来して作戦が妨害された。多くの米軍機が空襲に来るので、沖縄戦に使う予定だった４個戦闘飛行隊を九州上空の迎撃任務に充てた。

　減耗する日本の航空戦力を守る手段の一つが「飛び逃げ」戦略だった。事前に余裕を持って米爆撃機の空襲を探知できれば、日本軍機は空襲で破壊される前に四国、本州、朝鮮の基地に退避できた。九州の基地だと毎日のように警戒警報が発令され、爆撃を受けた滑走路、格納庫、そのほかの施設の修復が妨げられた。基地がこのような困難な状況に置かれているので、陸海軍が計画した協調攻撃が不可能になった。(21)　米軍の空襲で、日本軍の沖縄の米艦艇に対する航空攻撃能力が減少した。もしも九州の基地が空母、沖縄の基地、マリアナの基地から出撃した米陸海軍の爆撃機などの継続的な攻撃を受けなかったら、米艦艇の悲惨な地獄の戦いはさらに悪いものになっていただろう。

　沖縄作戦が最終局面に近付いても日本が降伏しないのは明らかだった。工業生産が大きな損害を受けているが、降伏する兆しは見えなかった。日本軍指導者は日本の精神である「大和魂」は連合軍の物質的な優位性に勝ると確信していた。いくら数で劣っていても勝利は可能だと考える者がいた。戦後すぐに、河辺正三陸軍大将は尋問者のラムゼイ・D・ポッツ陸軍大佐に次のように語った。

　　日本人は、ほかの方法では比較にならないが、精神的な方法ならば米国と互角に戦えると信じていた。勝利に対する精神的な確信はいかなる科学的な優位性にも対抗できると考え、戦争を諦めるつもりはなかった。極めて日本人に固有なもののように見えるだろう。日本人的な感覚なので、たぶん米国人には理解できないであろう。最後の１人になろうとも戦う決心をした。そしてまだ戦えるだろうと考えた。(22)

南方では台湾と先島諸島の飛行場がH・B・ロウリング英国海軍中将隷下の任務部隊の空母艦載機から攻撃を受けた。この攻撃は1945年3月26日から4月20日までと5月3日から25日まで行なわれた。4月8日から6月にかけてダージン中将隷下の米護衛空母も先島諸島の飛行場を定期的に攻撃していた。

　1945年4月末、部品不足と戦闘による減耗で通常の戦闘機部隊は厳しい状況になっていた。日本軍は海軍訓練部隊の機体を特別攻撃に使用し始めた。米陸軍省の軍事情報部隊の報告によると、複葉練習機1,550機、単葉練習機650機が海軍第10航空艦隊で特攻機として使用される予定だった。(23)　5月初めの見直しでは機数はさらに増加していた。谷川一男陸軍少将は次のように話した。

　　実戦部隊の戦闘用航空機に加え、見積りでは訓練部隊に戦闘用航空機1,460機、高等練習機2,655機、初等練習機3,100機があった。陸海軍の訓練部隊の戦闘用航空機はすでに作戦で使用されていた。陸軍高等練習機も戦闘に参加した。海軍は相当数の練習機を琉球の作戦で使用する用意を

小沢治三郎海軍中将（1886～1966年）。1945年5月海軍総司令長官兼連合艦隊司令長官兼海上護衛司令長官（NARA 890JO 63425）

特攻隊の戦術　105

不格好な九州海軍機上作業練習機白菊（K11W）は沖縄作戦の後期にはカミカゼ機として次第に役立ってきた。この写真の機体は1945年9月中旬から10月中旬まで終戦処理連絡飛行に使用された。米軍の指示で白色の機体に緑十字を描いている。1945年9月に佐世保航空基地で撮影（NARA USMC 138377.）

していた。作戦報告では少数の複葉機も琉球空域に使用した。5月5日に新たに編成した2個航空戦隊には訓練部隊の海軍航空隊10個があり、第3航空艦隊に配置される予定だった。*1　500機と推定される練習機は実戦部隊に送られ、作戦の準備をしたと考えられる。(24)

菊水7号作戦のために、5月25日、海軍に第72航空戦隊が編成され、第5航空艦隊に編入された。(25)　5月27日から29日の菊水8号作戦では海軍練習機が体当たり機として夜間攻撃に出撃した。*2

5月末には日本軍が沖縄の戦闘で敗北することが明らかになった。陸軍は米軍に対する特別攻撃に消極的になり、間近に迫った本土での戦いに兵力を温存することを望んだ。5月4日から5日の陸軍第32軍の最終攻撃は失敗し、谷川は「陸軍は天号作戦の成功を諦めた」と言っている。(26)

この時以降、陸軍は戦争遂行努力を本土防衛に焦点を合わせた。その頃、連合艦隊司令長官豊田副武海軍大将は新たな任務を命じられた。豊田は海軍軍令部総長になり、小沢治三郎海軍中将が豊田の後を継いだ。小沢は日本海軍の中でも最も優秀な艦隊司令官の1人で、優れた戦略家だった。綿密な計

立川陸軍キ9乙 九五式一型練習機乙型。陸軍飛行学校で使用され、戦争末期には特攻機としても使用された。写真は逓信省航空局乗員養成所で使用した機体。連合軍のコードネームは「Spruce」。

画が彼の戦略の特徴で、一度目的を達成する約束をしたならば、完遂に固執した。小沢は陸軍第6航空軍司令官菅原道大中将より後任だった。そうなると連合艦隊司令長官が第6航空軍を指揮下に入れたままだと、後任が先任を指揮命令する問題が起きる。そこで1945年5月26日付け大陸命第1336号で第6航空軍を連合艦隊指揮下から外し、再び航空総軍司令官河辺正三の隷下に置いた。(27) 大西瀧治郎中将が小沢の後任として海軍軍令部次長になった。

1945年6月初旬、白菊練習機が体当たり攻撃に使用されているとの報告が

特攻隊の戦術 107

あった。軍事情報部隊は「最近の通信で、白菊練習機を広範な戦術目的に使用する計画が明らかになった。（中略）軍事情報部隊は、白菊の月産機数を約100機と見積っている」としている。(28)　予想される米軍の本土侵攻に対応して、さらに多くの練習機が日本各地で体当たり機として使用される予定だった。6月初めの報告によれば、本州中央部に新たな飛行場を10か所建設中で、陸海軍合わせて6,170機の各種練習機を製造していた。(29)　訓練部隊の実戦部隊への変更は1945年に行なわれ、6月末には米軍報告は「実戦部隊と訓練部隊の違いはなくなった」と確信している。(30)

　複葉練習機もカミカゼ機として使用された。6月13日に海軍航空本部から海軍航空基地宛「現在の戦況に鑑みると、九三式中練は今後体当たり攻撃に使用する重要な機種の一つである」と通知された。(31)

*1：第13航空戦隊の鈴鹿、大井、三岡崎、二河和、大和、峯山、青島、鹿島空および第53航空戦隊の名古屋、豊橋空の10個航空隊は訓練部隊。5月5日に第53航空戦隊に210空も編入されたが、これは実戦航空隊。

*2：5月27日に菊水部隊白菊隊、徳島第2次菊水隊が出撃した。白菊はこれに先立つ5月24日の菊水7号作戦で菊水部隊白菊隊が未帰還8機、徳島第1白菊隊が未帰還9機を出した。白菊は沖縄陥落後の6月25日まで出撃した。

第6章　海と陸のカミカゼ

爆装高速特攻艇：陸海軍

　いちばん有名な特別攻撃方法は航空機を使用したものである。しかし、日本軍は究極の犠牲を払うためのほかの特攻兵器も開発した。このような戦術で最も効果的だったのは爆装高速特攻艇で、フィリピンと沖縄で大きな脅威だと考えられた。この特攻艇の操縦者の中にはわずか15歳から16歳の若者もいた。中学校か高等学校を卒業してから入隊して、特別な栄誉と死後昇進を約束されていた。ほかの操縦者はもう少し年長で、学歴があった。

　陸海軍とも爆装高速特攻艇を実用化していた。しかし、運用法は異なっていた。

　海軍の特攻艇は震洋と呼ばれた。震洋が目標艦艇の舷側に体当たりすると船首に搭載した250kgの炸薬が爆発した。1945年2月16日、フィリピンのマリベレス港で震洋は大型揚陸支援艇3隻を沈めた。これに対抗するため、米軍の大型揚陸支援艇、歩兵揚陸艇、魚雷艇にとって特攻艇の警戒、掃討が重要な任務になった。沖縄侵攻でも大型揚陸支援艇などが特攻艇の掃討を行なった。

　多くの中小造船所が特攻艇を製造したので、構造、寸法、エンジンが少しずつ異なっていた。木造で、全長は約5mから約6.5m、全幅は約1.8m、速力はエンジンで異なるが20ノットから25ノット（約37km/hから約46km/h）だった。

　陸軍の特攻艇はマルレ（連絡艇）と呼ばれた。この言葉は特攻艇自体と運用部隊の両方を指していた。大本営では部隊をマルレ、または連絡隊といっていた。陸軍の特攻艇は乗員の後ろに爆雷2個を搭載した。理論上は「乗員は目標艦艇に高速で接近し、最後の瞬間に回頭して目標艦艇の舷側横に爆雷を投下する。投下後3秒から4秒後に爆発するように設定すると、爆雷は水深10フィート（約3m）で爆発する」。爆発深度設定装置はない。特攻艇が離脱する前に爆雷が爆発すると、乗員が死ぬかもしれない。目標艦艇に接近しようとしている時に射撃を受けて沈没、戦死した者が多かった。

震洋計画

　米海軍が戦後作成した資料によれば、日本海軍は7種類の震洋を開発し、制式名称を震洋一、二、三、五、六、七、八型艇とした。*1　四型艇は「四」が「死」を意味する忌み数であることから作られなかった。(1)　作戦に使用されたのは一型艇と五型艇だけだった。

　震洋の計画は、1930年代末に海軍が行なった研究までさかのぼることができる。この時期、日本軍は米国、英国、イタリアの設計者が開発した各種の船体設計を研究していた。目的は魚雷艇の開発で、18m級魚雷艇の最終設計はこの研究の成果だった。

　米国との戦争が3年を経過して、日本軍は費用面と要員面で費用対効果が最大になる各種兵器の研究を開始した。この結果、1944年4月に震洋計画を採用した。小型艇を体当たりさせることで、敵の貨物輸送艦船または兵員輸送艦船を撃沈でき、震洋搭乗員1人で多くの敵兵を倒せるので費用対効果の条件を満たしていた。

　震洋の最初の制式名称は震洋一型で、18m級魚雷艇を小型化したものだった。しかし、魚雷艇は浮上性船体の設計なので高速運用が必要だった。震洋は攻撃地点までひそかにゆっくりと移動し、最後に最大速力で攻撃を行なう必要があった。浮上性船体は低速時、特に三角波の時には船首が海水を被り、凌波性が良くなかった。木製の2隻を鶴見で、薄鋼板製の6隻を横浜で製造した。1944年5月27日に初号艇が完成して試運転を行なった。*2　船首は再設計が必要だった。薄鋼板製の高速艇は部材の供給と職工が不足したので量産化には難があった。木製にすることで運用場所がどこであろうと、製造、修理が可能だったので、それが唯一の解決策だった。船首を再設計した型式の制式名称が震洋一型改一になった。

　震洋一型改一は木造で、エンジンを艇内部に搭載してスクリューを直結していた。1944年7月に最初の試験を行ない、仕様が固まった。全長5.1mで、最大速力23ノット（約43km/h）を目標にしていた。動力は豊田6気筒自動車用エンジンで、信頼性が高いことが証明された。250kgの炸薬を船首に搭載した。これならば小型艦艇を十分撃沈できた。炸薬は衝撃で爆発させることも、また搭乗員が適宜爆発時間を設定することもできた。終戦間際に製造された型は1発23kgの4.7インチ（12cm）ロケット弾（四式焼霰弾：ロケット式焼霰弾：ロサ弾）用簡易発射装置を操縦席の両脇に設置した。ロケット弾は散弾のようなペレット状の対人用で、攻撃目標艦艇の機関銃手に対して

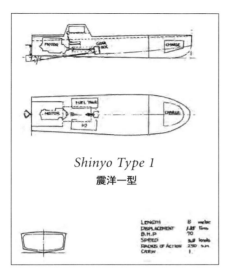

Shinyo Type 1
震洋一型

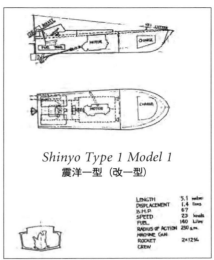

Shinyo Type 1 Model 1
震洋一型（改一型）

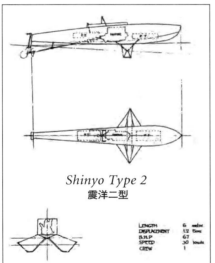

Shinyo Type 2
震洋二型

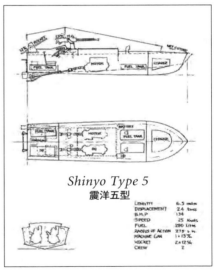

Shinyo Type 5
震洋五型

(U.S. Naval Technical Mission To Japan. Ships and Related Targets Japanese Suicide Craft. January 1946, pp. 10–21.)

海と陸のカミカゼ　111

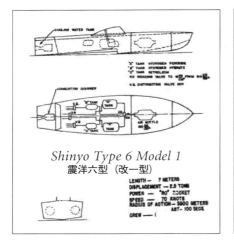

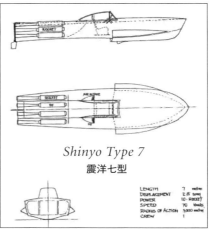

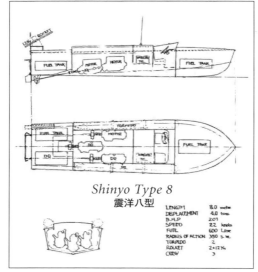

(U.S. Naval Technical Mission To Japan. Ships and Related Targets Japanese Suicide Craft. January 1946, pp. 10–21.)

終戦間際に製造された震洋五型は操縦席の両側にロケット発射装置を装備した。1945年10月18日佐世保で撮影（Army Signal Corps Photograph.）

沖縄で捕獲された震洋一型のエンジン（NARA 80G 31429.）

海と陸のカミカゼ　113

コレヒドールのトンネルの外でトロッコに置かれた震洋で、中島健兒中尉が指揮した第9震洋隊のもの。艇の前方ハッチが横の地面に置かれている（Commander Task Force SEVENTY-EIGHT. Serial 0907. Action Reports, MARIVELES—CORREGIDOR Operation, 12–16 February 1945. Enclosure (G).）

前方ハッチが取り外されて震洋の船首に置かれた250kg炸薬が見える（Commander Task Force SEVENTY-EIGHT. Serial 0907. Action Reports, MARIVELES—CORREGIDOR Operation, 12–16 February 1945. Enclosure (G).）

（写真左）炸薬正面の金属製突起がトリガー機構とつながっていた。艇が敵艦艇に体当たりすると錆防止のためにゴムで覆われている金属バンドが炸薬正面の金属製突起に押し込まれ、金属製突起が金属バンドのゴムに穴をあけ、金属バンドに接触して爆発回路を作る。（右）震洋から取り外した炸薬 (Commander Task Force SEVENTY-EIGHT. Serial 0907. Action Reports, MARIVELES—CORREGIDOR Operation, 12-16 February 1945. Enclosure (G).)

1945年4月6日、アモイでリウイ・クオ中華民国海軍中佐と大型揚陸支援艇LCS(L)-96の消防員ジョン・ケイヌレ二等水兵が震洋のエンジンを調査している (Official U.S. Navy Photograph.)

使用するものだった。

*1：日本側資料には震洋三型艇はない。

*2：5月27日は日露戦争の日本海海戦を記念して制定された海軍記念日。

震洋のフィリピンにおける部隊の組織と展開

コレヒドールに進出した震洋隊は7個と司令部小隊だった。部隊は1944年9月から12月にかけて何回かに分けて送られた。米軍は次のように報告していた。

> 8月に作成された計画によるとミンダナオ島のダバオとサランガニ湾、レイテ島のタクロバン、ルソン島のラモン湾に海上攻撃基地の建設が必要だった。特攻艇部隊と整備要員はルソン島に9月初旬から到着し始めた。しかし、フィリピンの南部と中部で計画した基地は完成せず、レイテ島侵攻の前に部隊展開は間に合わなかった。ルソン島では水上攻撃部隊は予想米軍侵攻地点のリンガエン湾、マニラ湾、バタンガス、ラモン湾に集中して配備された。(2)

マニラ湾のコレヒドールが米軍に再占拠される前に、日本軍は地域の残存部隊でコレヒドール守備隊（マニラ湾口防衛部隊）を編成した。指揮官は板垣昂大佐で、海軍第31特別根拠地隊の首席参謀だった。震洋で構成する水上特攻隊の指揮官は小山田正一少佐だった。米軍が把握したコレヒドールを基地にした震洋隊は次の通り。

部隊名	指揮官[*1]	士官数	下士官兵数	合計
水上特攻隊司令部小隊	—	0	18	18
第9震洋隊	中島健兒中尉	7	169	176
第10震洋隊	石川大尉	8	175	183
第11震洋隊	ヤマザキシゲオ中尉	7	194	201
第12震洋隊	松枝義久中尉	7	192	199
第13震洋隊	ホリカワ中尉	6	181	187 (3)

派遣された部隊の一つに1944年11月初めに日本を出港したホリカワ中尉が指揮をした第13震洋隊があった。11月14日、フィリピンに向かう途中で乗っていた輸送船が米潜水艦の魚雷攻撃を受け、震洋全艇と要員の多くを失った。[*2] 沈没から生き残った者はコレヒドールに到着したが、部隊が解隊し

たので陸上戦闘の配置に就いた。震洋隊はコレヒドールでさらに損害を出した。コレヒドールの基地内のトンネルに保管されていた震洋で何回も惨事が起きた。1944年12月23日、接近する米軍を攻撃する準備をしていた第7震洋隊の1隻に火が付いた。火災が広がり、震洋50隻と要員100人を失った。このような爆発の原因は作業者が配線訓練をほとんど受けていないためで、事故が何回も起きたと米軍は言っている。(4)　翌年の1月23日、24日に米軍の空襲でトンネル内の震洋約25隻が破壊された。2月10日の艦砲射撃によるトンネル内爆発で別の45隻が吹き飛ばされた。残る震洋をマニラのトンネルに移動した。このトンネルはもともと1922年に米軍が兵器庫として岩の下に造った巨大施設だった。のちに日本軍がコレヒドールを攻撃した時、マッカーサーはトンネルを司令部、病院として使用していた。トンネルには出入口が海に近いものも含めいくつもあった。日本海軍はそこを震洋の保管と出撃に使用した。コレヒドールとマニラを攻撃するまでに震洋隊の兵力が大幅に減少し、100隻程度になった。

　震洋隊は震洋以外にも必要に応じて使用する武器を支給されていた。1945年2月8日、捕虜になった上等兵曹はコレヒドールの第12震洋隊の武器を次の通りだと話した。

震洋	55隻
三八式歩兵銃	63丁
九三式13mm機銃	4丁
拳銃	15丁
手榴弾	4個/人 (5)

　米軍はコレヒドールを占拠した後、震洋を調査して初めて炸薬の取り付け場所を知った。炸薬は円形で、表面前部には金属製突起の列が付いている。突起と離して錆防止のゴムで覆われている金属バンドが炸薬の周りに置かれている。金属バンドには炸薬後部に挿入されたヒューズから電流が流れている。震洋が敵艦艇に体当たりすると、正面の木製部品がゴムで覆われている金属バンドを炸薬表面の金属製突起方向に押し込み、金属突起がゴムに穴をあけ、金属バンドと金属突起が接触する。回路が通電して電気起爆装置を作動させる。予備の手動起爆装置が炸薬後部に設置されており、電気回路が不作動の時でも手動で作動させることができた。回路をモニターする配電盤が操縦席の近くにあり、搭乗員が回路の試験や必要な場合は手動で作動させる

海と陸のカミカゼ

ことができた。(6)

*1：日本側資料による氏名は次の通り：中島健児、石川誠三、中島良次郎、松枝義久、安藤末喜。（『人間兵器 震洋特別攻撃隊』p.124）フィリピン到着時の第13震洋隊指揮官は堀内中尉の説もあり。（『還らざる特攻艇』p.64）
*2：魚雷攻撃を受けた日にちは11月2日の説もあり。（『特別攻撃隊全史』p112）

震洋の沖縄における部隊の組織と展開

　第22、第42震洋隊が沖縄防衛の任務に就いた。それぞれ沖縄南西部の知念と与那原に基地を置いた。*1　震洋は沖縄侵攻開始前の航空攻撃で多くが破壊されたが、ここから中城湾の米艦艇を攻撃した。
　米軍の沖縄侵攻が始まる4月1日以前に爆装高速特攻艇隊は何回か出撃したが、早期に存在を知られ、日本軍は運用できなかった。特攻艇隊は可能な限り米艦艇を攻撃したが、その多くを警戒していた大型揚陸支援艇、砲艇型上陸支援艇に破壊された。震洋、マルレに対する哨戒を公式には「フライ・フィッシング」と言い、水兵は「スカンク・パトロール」と言った。

*1：それぞれ金武と屋嘉の説もあり。（『特別攻撃隊全史』p.113）

マルレ計画

　1943年遅く、日本陸軍の戦争立案者は海軍同様日本の将来は衰退していくと認識していた。戦後、日本の軍事歴史家は次のように話した。

> 1944年4月、広島県宇品の陸軍船舶司令官鈴木宗作中将は、小さな島々の防衛は航空部隊だけに任すのではなく、海上防衛は隷下の現地部隊が直接担当すべきと提案して部下の士官から強い支持を得た。鈴木が考えた新しい戦術構想は、簡単な構造の軽量有人魚雷を敵の想定上陸地点の近くの海岸にひそかに数多く展開させるものだった。(7)

　その軍事歴史家は次のようにも話している。「鈴木中将の詳細計画が大本営で承認され、新兵器の研究が開始された。魚雷と爆装高速特攻艇の試作開発が1944年5月に完了した。続く1か月から2か月間試験を行なった。その後サイパンが陥落し、弱体化する防空を補強するため特攻を適用させること

が陸軍の方針になった。これは米軍の侵攻にさらされている航空支援を期待できない多くの島にとって重要なことだった。この方針は『沖縄における陸軍海上挺進隊の作戦』で説明された」(8)

陸軍は訓練型と実戦型の2種類のマルレを開発した。訓練型は宇品型と呼ばれ、全長5.6m、全幅約1.5mだった。ヒノキなどの木造だった。実戦型はヘイホン型と呼ばれて宇品型より全長、全幅が少し大きく、合板を常温成型して製造する。両方の型も入手可能な数種類のエンジンを使用できる。いちばん使用されたのは豊田の60馬力と日産の70馬力のエンジンだった。豊田のスパーク・プラグが濡れにくいので好まれた。シボレー6気筒85馬力エンジンだと速力は35ノット（約65km/h）を出せた。(9) 艇の整備を行なう基地大隊に出された指示によると、すぐにエンジンから火が噴き出すので、1時間から5時間ごとに点検が必要だった。また高速になると水しぶきがエンジン区画に入り、スターター・モーターが壊れた。スターター・モーターは濡れると1か月以内に壊れた。(10)

陸軍はマルレ約100隻と乗員104名で海上挺進戦隊を編成した。各戦隊は本部要員とマルレ中隊3個で、各中隊に中隊本部要員が配置されていた。1944年遅くに江田島で最初の戦隊30個が編成され、任務を割り当てられた。*1 軍事歴史家が戦後語った内容は次の通り。

> 海上挺進戦隊30個を次のように配備する予定だった。フィリピンは東海岸のラモン湾に5個、マニラに1個、リンガエン湾に1個、テルナーテに1個、バタンガスに8個の合計16個戦隊。沖縄は慶良間諸島に3個、沖縄本島に4個、宮古島に2個の合計9個戦隊。30個戦隊中残る5個戦隊は台湾だった。本土防衛のために第31から第40、第51、第52の海上挺進戦隊の編成を完了させて日本各地に展開した。(11)

*1：海上挺進戦隊の兵力は戦隊長以下104名、100隻。挺進戦隊を支援する海上挺進基地大隊は大隊長以下約900名。（『特別攻撃隊全史』p. 119）

マルレの武装

船首に炸薬を搭載する海軍の艇と異なり、陸軍は爆雷2個を艇から敵艦艇の舷側横に投下する攻撃方法が主だった。爆雷の大きさの制限から装甲された戦艦などには大きな損害を与えることができず、目標は兵員輸送艦船、補給艦船、そのほかの装甲のない艦艇だった。初期型のヘイホン型は32kg爆雷

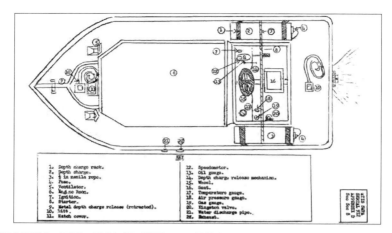

爆雷を操縦席の両側に置く初期の陸軍マルレ爆装高速特攻艇の平面図（Allied Translator and Interpreter Section South West Pacific. Interrogation Report No. 749. Corporal Nobuo Hayashi. Appendix D.）*1

1945年4月10日、慶良間諸島で陸軍のマルレ五型を調査する米軍人。操縦席後方の架台に爆雷2発を搭載した。攻撃時、乗員は敵艦艇の横で回頭して、浅い深度で爆発して船体を破壊する爆雷を投下する（Official U.S. Navy Photograph.）

を操縦席の両側に搭載した。しかし、すぐにこれでは小さすぎることが判明して、後期型は120kgの爆雷2個搭載になった。この爆雷は水圧感応方式でなかったので、水深10フィート（約3m）で爆発するようにタイマーをセットした。乗員は高速で目標艦艇に接近して最後の瞬間に回頭して爆雷を投下するので、攻撃に際してタイミングは重要だった。後期型では操縦席後方の架台に爆雷2個を搭載した。ほかに武装はなかったが、乗員は攻撃時に敵に接近していてほかの手段がない場合に備えて手榴弾を携行することを推奨された。

　マルレの乗員は爆雷投下時、死亡する危険性があった。時間設定を間違えて爆雷の爆発から逃れる時間がなく、爆雷で自分の艇が吹き飛ばされて死亡するか、海に投げ出される乗員が多数いた。多くの米艦艇が逃げるマルレを見ているので、生き残ることは可能だった。1945年4月9日、沖縄でチャールズ・J・バッジャー（DD-657）は特攻艇が突進してくるのを見つけた。高速で突進してきたので対応できず、特攻艇は攻撃に成功して逃げ去った。[2]

　　*1：前ページ図上部の②が操縦席右側の爆雷。左側の爆雷に番号は付与されていない。
　　*2：日本側の記録では4月7日に海上挺進第26戦隊が攻撃を行ない、駆逐艦1隻ほかに損害を与えている。（『特別攻撃隊全史』p.123）

マルレの戦術

　海上挺進第19戦隊分隊の伍長が1945年2月1日にルソン島で捕虜になった。連合国翻訳通訳部は捕虜から陸軍の特攻艇について情報を入手した。

　捕虜によるとマルレを夜間攻撃で使用した。昼間はマルレを小さな河川、川岸、海岸近くに隠し、木の枝、樹木、草などで偽装して航空機、砲艦、魚雷艇の目を避けた。日没後に発進して陣形1（次頁図参照）の単縦陣で河川を下って海水面まで行った。そこで敵艦艇に接近するため陣形2の複縦陣に陣形を変える。陣形変更の合図は指揮艇が白色灯を各種方向に向けて、マルレ戦隊内の位置変更を示した。攻撃陣形に移る時には目標艦艇の手前100mで赤色灯を使用した。各艇がそれぞれ1隻の艦艇を狙う。攻撃対象の艦艇数よりも攻撃するマルレの隻数が多い場合は攻撃経路をふさがないようにして2隻で目標艦艇の両側から攻撃した。敵の艦艇が多数の場合には、敵に最も近い指揮艇が最も遠い艦艇を目標にした。最終突進速力は15ノット（約28km/h）で、目標艦艇から5mでマルレは90度回頭して爆雷を投下した。爆雷の爆発から逃れるために最大速力に増速したが、実際に逃げることがで

海と陸のカミカゼ　121

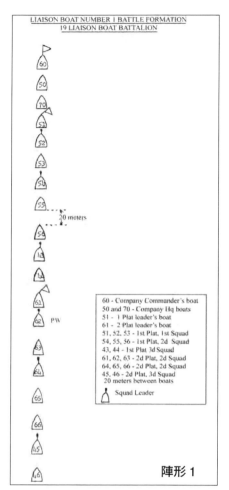
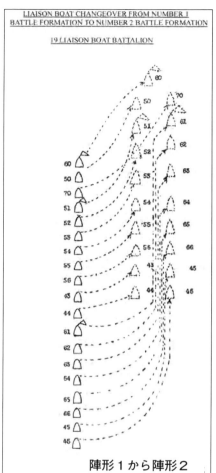

マルレは隠れ場所から開けた海水面まで陣形1で航行し、そこで陣形2に変えた（Allied Translator and Interpreter Section—Southwest Pacific Area Serial 912. Appendices F and G.）

きたのはわずかだった。(12)　これはルソン島バタンガスの海上挺進第19戦隊の標準的な攻撃方法だった。敵艦艇数が少ない場合は、輸送艦船に1隻から2隻だけで攻撃するなどのほかの戦術を使用した。敵艦艇が基地から100海里（約185km）以内であれば格好の目標だったが、マルレの最大航続距離だった。この距離だと基地に帰投することはできなかった。長距離任務で目標に向かう時は燃料の節約と大きなエンジン音を出さないようにするため5ノット（約9km/h）の速力で航行した。

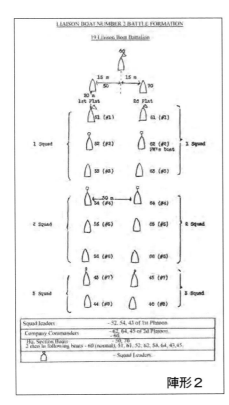 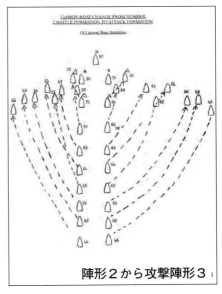

陣形2で目標艦艇に向かって前進し、攻撃準備のため陣形3に変えた（Allied Translator and Interpreter Section—Southwest Pacific Area Serial 912. Appendix K.）

マルレの訓練

捕虜が、マルレ部隊に志願した後に受けた訓練を話した。

　1944年7月頃から瀬戸内海の豊島で訓練を受けた。1944年8月、宇品の訓練場に移動して、そこで訓練生は1か月から3か月間の訓練を受けた。8月中旬に訓練生は宇品に集合して装備を準備した。江田島の幸の浦で部隊編成を行ない、1週間の陸上訓練を行なった。*1　その後、江田島近くの鯛尾に送られ部隊の艇を組み立てた。そこに10日ほどとどまり、エンジンとエンジン修理の簡単な説明を軍曹から聞いた。江田島に戻ると、まず宇品型連絡艇に教官の小隊長とほかの4名が乗り込んだ。

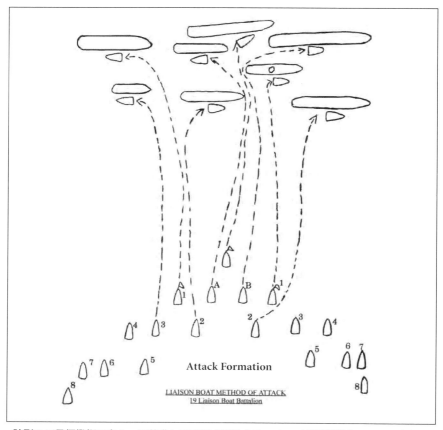

陣形3で目標艦艇に向かって前進して攻撃を開始する。ここで敵艦艇数とマルレの攻撃可能数を比べて目標選択を行なう。2艇で攻撃が可能なら、1艇は左舷からもう1艇は右舷から接近した（Allied Translator and Interpreter Section—Southwest Pacific Area Serial 912. Appendix K.）

　1週間、交代で操舵訓練を行なった。宇品型が各自に割り当てられ、指揮官に従って不規則な航路を通る訓練を2日間行なった。この段階の訓練では陣形の艇数を決めていなかった。そして1週間、陣形2の訓練を行なった。この訓練はナカムラ大尉が指導した。これが終了して江田島を離れるまで陣形3、陣形2から陣形3への陣形転換、攻撃突進の訓練を行なった。(13)

　次の段階で、訓練生は日本の各種の上陸艇や商船を相手に突撃突進の訓練を行なった。突撃突進訓練では本物の爆雷は使用しなかった。付近にほかの

艦艇がいない場合は爆雷を投下することもあった。訓練が終了すると訓練生は「新しい制服、刀、水筒、ヘルメット、救命胴衣、認識票、海中爆発防護用の胴体に巻く20cm幅のバンドを支給された」(14)

*1：船舶部練習部第10教育隊（『特別攻撃隊全史』p. 119）

マルレのフィリピンにおける部隊の組織と展開

陸軍のマルレの編制は、30名編制の中隊3個で100名から150名で構成された海上挺進戦隊だった。各戦隊には担当する海域に応じてすぐに使用可能な75隻から100隻の艇が配置された。捕虜の説明によると、可能な限り戦隊の存在と目的を秘匿するため、連絡艇隊を「特殊漁撈班」と仮称した。*1 各海上挺進戦隊には整備補給を担当する海上挺進基地大隊が付随した。(15) 基地大隊は基地建設、維持、艇の補修を担当した。基地大隊に対する命令は次のような内容だった。

　　部隊指揮官は部隊の駐屯場所を告げられたら、詳細な指示を受ける。
　　そして地域を偵察して計画立案する。
　　　ア．選定地偵察の際の確認項目
　　　（1）海岸へ艇、補給品を輸送する容易さ
　　　（2）海岸の傾斜角度、地形特徴
　　　（3）波、潮、風
　　　（4）海岸沿いの障害物
　　　（5）駐屯地建設の難易度および建設可能場所の広さ
　　　（6）駐屯地建設に必要な装備、人員
　　　（7）水の供給（湯または蒸留水）
　　　（8）宿舎（洞窟）
　　　（9）対空防御
　　　（10）周辺の修理工場の有無
　　　（11）他部隊の修理補給施設の状況
　　　（12）現地の民間技術者の協力
　　　（13）偽装施設
　　　（14）爆雷、燃料の集積容易性 (16)

多くのマルレが米軍の空襲と魚雷艇、歩兵揚陸艇などの艦砲射撃で失われ

たので、これらは深刻な問題だった。

　1945年初め、連合軍は捕虜の情報でいくつかのフィリピンの海上挺進戦隊の場所を把握していた。*2

海上挺進戦隊番号	日付	場所
1	1945年1月	サン・フェルナンド
2	1945年1月3日	バタンガス
3	1945年1月21日	パンガシナン
9	1944年11月22日	サン・フェルナンド
11	不明	テルナーテ
12	1945年1月2日	ポート・スワル
13	フィリピンに輸送中に沈没。残る中隊は海上挺進第19戦隊とともにビヌビューザンに
15	1944年12月	マニラ
16	不明	不明
17	1944年12月26日	オバンド
18	1945年1月19日	ダンパリット
19	1945年2月1日	ビヌビューザン
20	不明	不明
105	1945年1月	バタンガス
106	1945年1月	バタンガス
107	不明	テルナーテ
111	1945年2月	レガスピー
112	1945年1月17日	ポート・スワル
114	1945年1月	バタンガス
115	1944年11月25日	タリン湾
117	1945年2月	オバンドおよびブラカン
118	1945年2月13日	オバンド (17)

*1：連絡艇を「運搬車」と称した。（『連絡艇隊運用要綱』）

*2：本表は連合国翻訳通訳部の捕虜に対する尋問結果などに基づいて米軍が作成したもの。捕虜がどの程度話したのか不明だが、日本の記録と相当異なっている。海上挺進戦隊で部隊番号が100番台のものはない。海軍の震洋部隊で100番台の部隊はフィリピンに行っていない。（『特別攻撃隊全史』pp. 109-111、pp. 119-120）

マルレの沖縄における部隊の組織と展開

　戦後、日本の軍事歴史家は「日本軍は沖縄の状況評価を早め、米軍の予想上陸地点を特定した。この想定に基づいて海上挺進戦隊の個別配置場所を決めた。予想上陸地点は可能性の高い順に（1）渡具知から大山海岸、（2）那覇から糸満、（3）嘉手納海岸、（4）湊川（港川）海岸、（5）中城湾だった。5地点のいずれの防御にでも素早く緊急発進するため、海上挺進第1戦隊が座間味島に、海上挺進第2戦隊が阿嘉島に、海上挺進第3戦隊が渡嘉敷島に展開した」と話した。(18)

　この海上挺進戦隊3個が配置されたのは沖縄南西部の慶良間諸島で、のちに沖縄で最初の米軍上陸地点になった。上陸作戦開始直後に海上挺進戦隊は3個とも出撃できないまま作戦不能になった。約300隻のマルレが米軍に捕獲されたが、要員は内陸部に撤退し、終戦までそこから陸戦隊として米軍に攻撃を仕掛けた。沖縄本島南部には海上挺進第26、第27、第28、第29戦隊が配置された。

沖縄本島および慶良間諸島の陸軍海上挺進戦隊

戦隊番号	指揮官	到着日	場　所
第1	梅澤裕大尉*1	1944年9月10日	慶良間諸島、座間味島
第2	野田義彦大尉*2	1944年末	慶良間諸島、阿嘉島、慶留間島
第3	赤松嘉次大尉*3	1944年9月26日	慶良間諸島、渡嘉敷島
第26	足立睦生大尉	1944年12月14日	慶良間諸島、渡嘉敷島*6
第27	岡部茂己大尉*4	1944年12月-45年1月	与那原、中城湾
第28	本間俊夫大尉*5	1945年2月中旬	湊川・具志頭、那覇
第29	山本久徳大尉	1945年2月17日	北谷

軍事歴史家によると、部隊は挺進「戦隊」と呼ばれたが、実際の規模は中隊と同規模 (19)

　*1、*2、*4、*5：1944年12月に少佐に昇進。（『特攻』（第121号）p. 46、『特攻』（第136号）p. 42、『特攻』（第137号）p. 26）
　*3：1945年6月に少佐に昇進。（『特攻』（第125号）p. 32）
　*6：1945年初旬に糸満に移動。（『陸海軍水上特攻部隊全史 マルレと震洋、開発と戦いの記録』p. 60）

震洋、マルレの台湾、硫黄島、日本本土における部隊の組織と展開

　震洋とマルレは小笠原、台湾にも送られたが、あまり運用されなかった。小笠原では防御が不十分だったので、震洋隊は米軍の侵攻準備段階の空襲で損害を出した。

　マッカーサーが陸軍の主力をフィリピンの再占拠に向けたため台湾は迂回された。これで台湾に兵力を集中する必要がなくなったので米海軍にとって都合が良かった。台湾は日本から遠く離れており、日本侵攻には役に立たなかった。しかし、日本軍としては侵攻に備えた準備をしなくてよいことではない。

　陸海軍は特攻艇部隊を日本で編成した後、台湾、沖縄、フィリピンに送った。最初の計画では台湾には1944年10月に到着する予定だったが、12月から1945年1月に遅れた。フィリピンで戦果がなかったのは、特攻艇を準備する時間がなかったからだった。台湾侵攻に備えた計画はフィリピンに比べると時間があり、学んだ貴重な経験があったのでうまくできた。陸海軍は特攻艇の使用を含む台湾防衛計画で協定を結んだ。

　海上挺進作戦に關する陸海軍現地協定

　　　　　　　　　　　　　　　　　　第十方面軍司令官
　　　　　　　　　　　　　　　　　　高雄警備府司令長官

　　第一　方針
　　陸軍連絡艇及び海軍震洋艇は、統一せる計畫の下南部臺灣に之を秘匿し敵の上陸企圖に對し其の輸送船團を一擧に奇襲攻撃し之を覆滅す本作戰を㊁作戰と稱す

　　第二　指導要領
　　1. ㊁作戰部隊の配置左の如し
　　海上挺進第20戰隊　　　　　　東石附近
　　　同　　　第21戰隊　　　　　枋山附近
　　　同　　　第22戰隊　　　　　獅子頭（枋山枋寮中間）
　　　同　　　第23、第8戰隊　　 高雄外港（西子灣）
　　　同　　　第24戰隊　　　　　臺南高雄中間（二層行溪河口南側）

同　　　第25、第5戰隊		臺南南側二層行溪口附近
海軍震洋隊	1隊	海口（恆春郡）
同	1隊	東港附近
同	2隊	壽山北（左營）
同	1隊	澎湖島

　2. 陸軍連絡艇部隊は作戰に關し高雄海軍警備府司令長官の指揮を受く
　3. ㈧作戰實施の時機は敵輸送船團泊地進入翌日早朝（黎明迄）とす但し狀況之を許せば泊地進入當夜とする事あり
　4. 攻撃目標は泊地にある敵の輸送船とす狀況に依り輕艦艇を攻撃する事あり
　5. 攻擊の要領は逐次使用を避け大量一擧攻擊とす又奇襲に徹底す
　6. 攻擊細部の要領は海軍統一の下實施部隊更に之を協定するも豫想する泊地の位置に應じ數案を準備し單純にして巧妙複雜を避く (20)

この背景は次のようなことだった。

　　次期の進攻目標としては南西諸島臺灣若くは南支沿岸地區を豫想せられ（中略）天號各作戰準備態勢整理上從來の南部臺灣に重點を置きたる態勢を變更するの要あるに至れり　此に於て方面軍は1月頃より航空各機關の態勢を逐次北部臺灣中心に改め北部臺灣の基地強化を圖りたり（中略）臺灣に於ては概ね同樣の目的を以て編成せられたる海軍震洋隊との關係もあり海軍（高雄警備府司令長官）と決定し別紙海上挺進作戰に關する陸海軍の現地協定の如く使用するに決定せり當時陸軍の連絡艇は總數約四五〇隻（中略）海軍震洋艇を合し約九〇〇隻の海上特攻舟艇を使用しうることとなれり. (21)

日本軍にとって本土への侵攻のほうがはるかに大きな関心事だった。間近に迫った侵攻から防衛するため、日本軍は沖縄作戦の終了に向けて兵力の温存を図り始めた。日本本土に対する攻撃に備えて、航空機のほか多くの震洋とマルレの部隊が日本中に配置された。

回　天

　有人魚雷の開発は黒木博司中尉と仁科関夫少尉の2人の若い士官の発想から生まれた。2人は甲標的の搭乗員で、甲標的の価値と欠点を認識していた。小型潜水艇と高速魚雷を組み合わせた新型兵器が必要になり、九三式三型魚雷「長槍（ロング・ランス）」を基に改造する計画を進めた。*1

　2人はまだ若くて海軍の計画、政策への影響力がほとんどなかったので、専門家の支援を求めた。幸いにも呉海軍工廠の設計者鈴川溥技術大尉がこれに応じた。2人の構想を見た鈴川は新兵器を開発できる機会だと考えた。3人の技術を結集して1943年に新型艇の計画を発展させた。軍令部に拒否されたが、計画を進め、見直して修正した。1944年2月、試作艇建造が許可され、努力が実った。

　新型兵器は特攻兵器でないかとの懸念から、海軍上層部は脱出装置の設置を要求した。これは懸念を軽減するものであったが、脱出しても近くで巨大な弾頭が爆発すれば、どのような搭乗員でも生き残ることは実質的に不可能だった。試作艇は秘密裏に呉海軍工廠で製作された。(22)

　有人魚雷回天の試作作業は1944年3月から始まり、8月から製作を開始した。九三式三型魚雷を基にした回天は搭乗員が誘導する究極の魚雷だった。1,550kgの炸薬は攻撃が成功すれば、米艦隊のほとんどすべての艦艇を撃沈できることは確実だった。一、二、四、十型の4種類が設計されたが、実戦に使用されたのは一型だけだった。

　回天一型は九三式三型魚雷の部品を活用した。弾頭は大型化され、弾頭と空気タンクのある前部と魚雷本体の機関室などを流用した後部の間に操縦席が設けられた。酸化剤は酸素で、基になった魚雷と同じだった。セイルに手動操作の潜望鏡を装備した。操縦席の上下のハッチから操縦席に入ることができた。4隻から6隻の回天が伊号潜水艦の甲板に搭載され、搭乗員は回天と潜水艦の間に設けられた筒を通って回天に入った。潜水艦が浮上していれば搭乗員は上部ハッチから入ることもできた。搭乗員は自分で針路を設定するか、ジャイロ・スコープを使って操舵装置で手動操縦した。炸薬の点火は体当たりにともない自動的に作動する慣性信管か、搭乗員が作動させる電気信管かのいずれかの方法で行なった。

　回天一型の目標到達深度は100mだった。その深度では漏水が起きたが、60mなら耐えた。敵艦艇に向かう時は針路を設定するまでは高さ1mの潜望鏡が使える深度で航行し、その後の最終突進では深度5mで航行した。速力

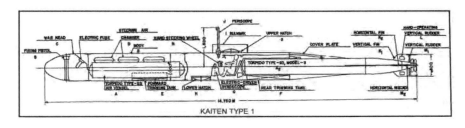
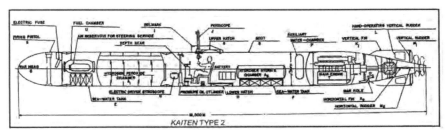
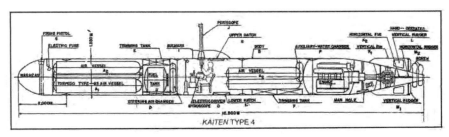
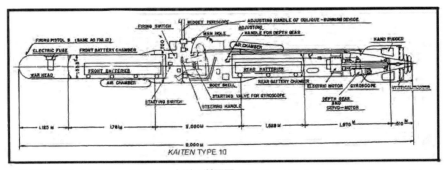

米軍が作成した回天一、二、四、十型の断面図（U.S. Naval Technical Mission to Japan. Ships and Targets Japanese Suicide Craft. January 1946, pp. 23, 26.）

は搭乗員が制御可能で、最大速力は30ノット（約56km/h）だった。この速力だと航続距離は約23kmで、12ノット（約22km/h）の場合は77kmまで可能だった。回天が接近時の初期段階で使う遅い速力から、突撃距離に入って

トラック島で捕獲された回天。改造型で海岸から発進して上陸襲撃隊か停泊中の輸送船に対して使用されるものであろう（NARA 809G 276351.）

1945年9月11日、米水兵が横須賀海軍工廠で回天を調査している。この回天はいずれも弾頭を搭載している（NARA 80G 338383.）

から増速する最大速力までの各種速力で試験も行なわれた。(23)

　回天二型は有人魚雷として最初から設計したもので、通常の魚雷の改造ではなかった。一型よりも大型で、最大速力が40ノット（約74km/h）で航続距離24kmだった。過酸化水素と水化ヒドラジンを燃料とするエンジンを使用しており、ケロシン（灯油）と酸素を燃料とする一型とは全く異なっていた。エンジンは開発が難しく製造が遅れ、試験段階で不具合が恒常的に発生していたので、本型は開発中止になった。

　回天四型は二型の改良型で、エンジンは二型と同じだが、燃料をケロシンと酸素にして燃料重量を軽減し、弾頭を1,800kgに増大したものだったが、これも問題にぶつかった。1945年1月から3月の間に5隻が建造され試験に供された。エンジンが再び問題になった。弾頭の重量増加はできたが、エンジン問題を解決できず、これも計画は中止になった。

　回天十型は最後の改良型だった。蓄電池を新規に開発してモーターの使用が可能になった。しかし、出力不足のため艇の全長を一型の14.75mから約7mにして、弾頭はわずか300kgになった。(24)　艇体下部のハッチがなくなり、潜水艦から海中発進ができなくなった。本型は侵攻して来る米艦艇に向けて海岸から発進するか、水上艦で運ばれて作戦海域の海上から発進するのであろうと考えられた。十型の製造隻数は不明で、終戦時はまだ計画段階だったと考えられる。

　　*1：いわゆる酸素魚雷。「長槍（ロング・ランス）」は米軍の俗称。

回天隊員の選考と訓練

　爆装高速特攻艇と比べると回天の搭乗員のほうが年長で、より訓練を受けていた。神風特攻隊に使用する航空機の機数が減少したので、操縦訓練を受けた搭乗員が多くなりすぎた。このため操縦技術と資格を有する者を新たに編成した回天隊に充てることができた。

　1944年8月、土浦、奈良、宝塚などの海軍航空基地で訓練中の予科練生に示されたのは、彼らの急成長する才能を生かせる新しい可能性だった。練習生にとって回天は敵艦艇を全滅できるスーパー・ウエポンだった。土浦で1,000名以上が新たな任務に志願したが、選考されたのはわずか100名だけだった。新兵器の候補者に選ばれたのは、身体健康で意志強固な者、攻撃精神旺盛で責任感の強い者、家庭的に後顧の憂いのない者だった。予科練の訓練を修了すると、将来の回天搭乗員は次の段階として山口県大津島に送られ訓

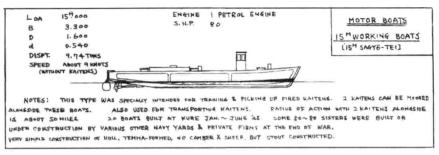

回天の訓練航走は随伴艇をともなっていた。これは全長15mの艇で、訓練生を搭乗させ、舷側の回天1〜2隻を訓練海域まで曳航し、そこで訓練生を回天に移乗させた。すべての機器のチェックが終わると、回天は発進し、随伴艇が追った。回天が浮上しないと捜索を支援したり、回天が衝突しそうになると警告を発した（Shizuo Fukui, Compiler. Japanese Naval Vessels at the End of War. Administrative Division, Second Demobilization Bureau, Japan. April 25,1947, p. 165.）

練を受けた。(25)

　大津島で練習生は有人魚雷の訓練を始めた。すぐに計画は極秘で「回天」の名称が使われていないことを知った。回天の名称ではなく、どのような工作物かわからない「マル6金物」と言われていた。(26)　すべての有人魚雷と小型潜水艇は、敵に存在を知られないように「○○金物」と呼ばれていた。回天練習生は多かったが、訓練艇が不足して訓練が進まなかった。訓練の最初は、同期生同士の講習、情報共有、回天の機構に関する講義で、2か月間続いた。

　訓練は危険だった。回天ごとに特性があり、常に注意する必要があった。保守管理、可動部へのグリース塗布、回天と周囲の艦艇などとの間隔を保つための距離管理が問題だった。しかし、海軍上層部は航空機の搭乗員ならうまく取り扱えるようになると考えた。回天には兆候なしに降下、上昇する傾向があった。下向きに発進して湾の海底の泥に突き刺さることもあった。回天が訓練で発進する時、練習生を訓練海域まで連れてきた随伴艇にぶつかることがあった。早い段階で人命を失う事故があり、随伴艇は訓練の間は回天の航跡を追うようになった。

　回天が浮上しない場合、回天から漏れる気泡で場所を特定できると考えられた。潜水士が海底に下り、回天に索をつないで海面に引き上げることがよくあった。この方法で来るべき日のために練習生の命を救った。回天搭乗員は自らの命は自ら守るものであり、救助してもらえない可能性があることを知っていた。回天の訓練期間中に将来性のある搭乗員15名が命を失った。その中には1944年9月7日に死亡した回天の共同発案者の黒木もいた。

伊58および伊53甲板上の回天を搭載する架台

回天の任務

　回天搭乗員が厳しい訓練をしたにもかかわらず、攻撃成功率は高くなかった。日本から何回出撃しても、攻撃に失敗したか母艦とともに沈められた。回天の戦果は1944年11月20日にウルシー泊地で給油艦ミシシネワ（AO-59）、1945年7月24日にフィリピン沖でアンダーヒル（DE-682）を撃沈しただけだった。1945年1月11日、ニューギニア島ホーランジアでリバティ船のポンタス・H・ロスが攻撃を受けたが、損害はほとんどなかった。*1　目標艦艇に向けて発進したが、敵に見つかり砲撃で吹きとばされた回天もあった。一方、岩礁に衝突し任務を達成できなかった者もいた。日本の資料では、回天の作戦で搭乗員約75名が戦死し、回天作戦中に撃沈された潜水艦が8隻（伊37、44、48、56、165、361、368、370）あった。(27) *2

　艦隊潜水艦の伊36、37、44、47、48、53、56、58、156、157、158、159、162、165および輸送潜水艦の伊361、363、366、367、368、370、372、373は回天が搭載できるように改造された。1945年には回天を搭載できるように改

1945年4月20日、回天を甲板に搭載して光基地から出撃する伊47。天武隊として沖縄に向かい、回天2隻を発進させたが、米艦艇の撃沈はできなかった。

ガダルカナル島などの南方の島を失ってから、日本軍は人員、物資を迅速に島の拠点に輸送できる艦艇の必要性を認識した。そこで第一号型輸送艦が1943年中頃に設計された。人員、補給品のほかに上陸用舟艇の大発動艇4隻または蛟龍小型潜水艇2隻、または回天6隻を搭載可能だった。写真の蛟龍1隻を搭載している第5号艦はフィリピンで沈没した。

造された水上艦もあった。この中で最大の艦は軽巡洋艦北上で、回天8隻を艦尾から発進させることができた。峯風型駆逐艦の波風、汐風および松型駆逐艦の竹なども改造された。改造された駆逐艦の多くは戦闘で受けた損害の修理中に改造された。(28)　しかし、戦闘で回天を発進させた駆逐艦はなかった。

回天搭載潜水艦

艦名	型	全長 (m)	改造年	回天搭載数
伊36	巡潜乙型	108.7	1945	6
伊37	巡潜乙型	108.7	1945	4
伊38	巡潜乙型	108.7	1945	4 *3
伊41	巡潜乙型	108.7	1944	6
伊44	巡潜乙型	108.7	1944	6
伊46	巡潜丙型	109.3	1944	6
伊47	巡潜丙型	109.3	1945	6
伊48	巡潜丙型	109.3	1944	4
伊53	巡潜丙型	108.7	1945	6
伊56	巡潜乙型	108.7	1944	4
伊58	巡潜乙型	108.7	1944	6
伊156	海大3b型	101.0	1945	2
伊157	海大3b型	101.0	1945	2
伊158	海大3a型	100.5	1945	2
伊159	海大3b型	101.0	1945	2
伊162	海大4型	97.7	1945	5
伊165	海大5型	97.7	1945	2
伊361	丁型	73.5	1945	5
伊363	丁型	73.5	1945	5
伊366	丁型	73.5	1945	5
伊367	丁型	73.5	1945	5
伊368	丁型	73.5	1945	5
伊370	丁型	73.5	1945	5
伊372	丁改型	74.0	1945	5 *4
伊373	丁改型	74.0	1945	5 *5

伊47、53、58などは最初回天4隻搭載だったが、のちにより多く搭載するように改造された。上記の回天搭載数はそれを反映している。(29) *6

　ガダルカナル島陥落後は、人員、補給品、装備品を太平洋の島々の拠点に送る高速輸送艦が必要なことが明らかになった。1943年中頃、日本海軍は必要な人員と装備品を運ぶ第一号型輸送艦の設計を始めた。これは大発動艇（上陸用舟艇）4隻・蛟龍小型潜水艇2隻または回天6隻を搭載可能だった。蛟龍は輸送艦が航行中でも発進可能で、迅速に運搬することが可能だった。輸送艦の多くを戦時中に失った。終戦時、松型駆逐艦および改松型（橘

型）駆逐艦は建造中だったが、日本中に回天を届けるのも任務の一つだった。

*1：日本側の記録では1月12日（『特別攻撃隊全史』p. 240）。ポンタス・H・ロスが記録した時刻は米国時間で、日本よりも1日遅い。

*2：著者はこの人数を「回天会」のHPから得たとしているが、『特別攻撃隊全史』pp. 239-243では潜水艦からの出撃で80名、前進基地出撃で9名が戦死、15名が殉職になっている。

*3：原書のこのリストには伊8が記載されており、伊38が記載されていない。伊38と書くべきところを伊8と誤記している。

*4：原書注29の Japanese Naval Vessels at the End of War および『海軍軍戦備〈2〉－開戦以降－』（戦史叢書第88巻）のp. 109に記載されているが、p. 177には記載さ

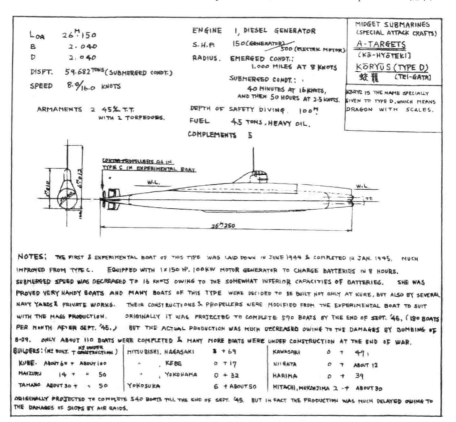

米軍が作成させた蛟龍の技術資料。蛟龍小型潜水艇は前部に45cm二式魚雷2発を搭載した
（Shizuo Fukui, Compiler. Japanese Naval Vessels at the End of War. Administrative Division, Second Demobilization Bureau, Japan. April 25, 1947, p. 197.）

れていない。

*5： 原書注29の *Japanese Naval Vessels at the End of War* に記載されているが、『海軍軍戦備〈2〉－開戦以降－』（戦史叢書第88巻）ではp. 109、p. 177のいずれにも記載されていない。

*6： 上記の型と全長は『潜水艦史』（戦史叢書第98巻）付表第二から引用。

蛟龍、海龍

真珠湾攻撃の成功と限定的ながらも回天が成功したことで、小型潜水艇の開発が加速された。この小型潜水艇には蛟龍と海龍の２種類があった。侵攻して来る米軍から本土を防衛するための計画と考えられる。

蛟龍は存在を隠すため甲標的丁型と呼ばれた。全長26.3m、全幅2.0mで、45cm魚雷２発を前部の魚雷発射管に搭載した。蛟龍は長距離を航行できる

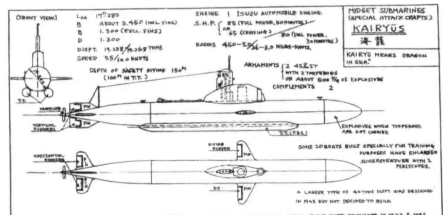

海龍は当初魚雷１発搭載で設計された。*1　戦争末期、魚雷不足になり炸薬を搭載するのは理論的な考えだった。これで体当たり兵器になった（Shizuo Fukui, Compiler. Japanese Naval Vessels at the End of War. Administrative Division, Second Demobilization Bureau, Japan. April 25, 1947, p. 198.）

横須賀海軍工廠の海龍。4018号（手前）と4016号（いちばん奥）に潜望鏡２基と高いセイルがあるので、訓練型である。1945年９月11日撮影（NARA 80G 338384.）

本格的な潜水艇で、乗員５人、耐圧深度100m、水上巡航速力８ノット（約15km/h）で航続距離は1,000浬（約1,850km）、水中最大速力は16ノット（約30km/h）だった。初号艇は完成していたが、1945年の初めまで運用可能にならなかった。(30)

　主要建造拠点は呉で、ほかに舞鶴、横須賀、玉野、長崎、神戸、横浜、川崎、播磨、新潟、尾道でも建造された。戦争末期、魚雷が不足したので体当たり兵器に転用しようとしていたと考えられているが、米軍の空襲で断続的な生産になった。1945年９月までの計画隻数540隻に対して約110隻しか完成せず、米軍の記録では１隻も実戦に参加しなかった。

　より小型の海龍も終戦間際に開発された。本艇の乗員は２人で、全長17.3m、耐圧深度は650フィート（約200m）で、*2　速力は蛟龍より遅く、水上航続距離はわずか450海里（約835km）だった。当初の設計では45cm魚雷２発を艇体の外に取り付けることになっていたが、蛟龍を悩ませた魚雷不足が本艇も悩ませた。

　戦後、横須賀海軍工廠で1,300ポンド（約600kg）炸薬を艦首に搭載した艇が見つかっており、回天同様の体当たり攻撃を想定していたことが分かる。1945年９月までに760隻製造する予定であったが、実際には約250隻にとどま

140

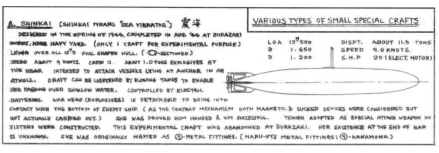

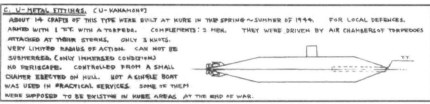

戦争が最終段階に向かうと新たな特攻兵器の開発に重点が置かれた。2種類の小型特攻艇が開発されたが、戦争には使われなかった。震海（上）は全長12.5mで、海岸近くで停泊している艦艇の攻撃が目的だった。乗員2人で、速力は9ノット（約17km/h）だった。呉で1隻だけ製造されたが、海上試験で実用性が低いことが判明した。U金物（下）は開発時の秘匿名しかなかった。呉で14隻が製造されたが、戦闘部隊には配備されなかった（Shizuo Fukui, Compiler. Japanese Naval Vessels at the End of War. Administrative Division, Second Demobilization Bureau, Japan. April 25,1947, p. 204.）

死に物狂いになった日本軍は終戦までに利用可能な資源を活かして各種の特攻兵器を製造した。写真は航空機の増槽タンクを利用した急造兵器で、サイパンで発見された。潜舵があるので、少し潜水可能かもしれないが、キャノピーは水圧にほとんど耐えられないような設計である。おそらく海面の少し下を航走したのであろう。写真は1949年1月6日、サイパン海軍基地で撮影（NARA 80G 452861F.）

った。*3

　建造の中心は横須賀で、そのほかに横浜、浦賀、函館、桜島、笠戸、大阪、因島、浦崎、下関でも製造した。横須賀ではセイルを伸ばし、潜望鏡を２基装備した訓練艇も建造した。(31)

　さらに小型の震海は存在を秘匿するため「マル９金物」と呼ばれた。全長12.5mで、乗員２人だった。計画では敵艦艇の船体に磁石または吸着装置で機雷を取り付ける設計だったが、非現実的だったので、衝撃で爆発する弾頭を取り付けた。呉海軍工廠大浦崎工場で１隻完成したが、動力が電気モーターで速力が９ノット（約17km/h）だったので、量産は取りやめになり、使用されなかった。

　潜水艇の開発を秘匿するため、単にU金物と呼ばれた小型艇（潜航は非常時のみに限定）があったが、名前は付けられなかった。乗員２人で、３ノット（約5.6km/h）しか出せなかった。前部に魚雷１発を搭載した。航続距離も短く、局地防衛にしか使用できなかった。1944年の春から夏にかけて14隻が呉海軍工廠で建造されたが、運用には至らなかった。(32)

　もう一つの小型潜水艇はM金具と呼ばれ、甲標的丙型とほぼ同じ大きさだった。海底をゆっくりと移動できて、敵艦艇攻撃用に音響または磁気機雷４個を積んだ。呉海軍工廠大浦崎工場で試作艇１隻が完成したが、量産されなかった。

*1：引用元には魚雷は２発と記載。
*2：原書は650フィート（約200m）だが、引用元の Japanese Naval Vessels at the End of War p. 198では150m。
*3：224隻の説もあり。(『特別攻撃隊全史』p. 127)

特攻兵士

　米軍を打ち負かすために物理的な兵器が数知れぬ戦闘で使用されたことをここまで説明した。しかし、第２次世界大戦のアジアの戦場で日本軍の個々の兵士が使った戦術について触れてこなかった。そこでは、日本軍の全滅を図る米軍を掩蔽壕、坑道、タコツボで待つよりも、米軍に対して歩兵の死の集団突撃から小型爆発物で戦闘車両を走行不能にすることまでの各種の戦法をとるほうが好ましいと考えられ、実行された。

　日本軍に関する多くの報告によると肉迫攻撃が一般的な戦術だとされている。日本陸軍が作製した対戦車戦闘資料には次のように書かれている。

1945年初めまでには対戦車特攻はよく知られるようになった。米軍作成のこの図は日本軍兵士が刺突爆雷で戦車を攻撃する様子を示している。炸薬が爆発すると兵士は確実に死ぬ
（War Department, Military Intelligence Division. Intelligence Bulletin Vol. III, No. 2, March 1945. Washington, D.C., p. 65.）

　対戦車戦闘は基本的に接近襲撃戦である。訓練でも、そして実際の攻撃でも本質は特攻である。爆発物を携行する襲撃者は自己犠牲の精神で戦車に向かって走り、その間対戦車兵器は戦車と交戦しなくてはならない。もしも1人と対戦車砲1門が戦車1両と乗員を破壊できれば、特に戦車が大型または超大型の場合、それで任務が十分に達成されたことになる。(33)

　米戦車と戦う最も単純な兵器は刺突爆雷だった。これは円錐形の炸薬を約1.8mの棒の先に付けたものだった。爆薬は約9kgの炸薬で、戦車の装甲面に対して棒を90度にして立てると、厚さ6インチ（約15cm）の戦車の装甲板に穴をあけることができる。米軍情報機関は使い方を次のように説明している：

　　対戦車爆雷の中でも最も奇妙なのが、レイテ島で出合ったいわゆる

海と陸のカミカゼ　143

日本軍歩兵が米軍のM3スチュアート軽戦車を攻撃している1942年頃の日本軍の宣伝写真。撮影時期、場所は不明だが、スチュアート軽戦車は1942年に米軍がバターン半島で、オーストラリア軍がニューギニアで使用した。写真下に「軍人は武勇を尚ふへし」と記されている。

「刺突爆雷」である。棒の先に装甲板貫通炸薬が付いたこの兵器は、戦車の側面に突き刺して爆発させるのでこの名前になっている。

爆雷は爆薬を埋め込んだ鉄製の円錐形で、長さが約30cm、底面の直径が約20cmだった。空洞炸薬同様、円錐の底面の空洞が爆発の力を目標の装甲板に向ける。円錐の頂点と棒の先端の間にある金属スリーブ内に釘を使った簡単な起爆装置が付いている。起爆装置は円錐の頂点部にある通常の雷管で、棒がスリーブ内で円錐の方向に押し込まれると釘が雷管に当たるようになっている。長さ13cmの小さな棒が3本円錐の底部に取り付けられており、日本軍はこの棒が兵器の貫通力を向上させていると言っている。装甲面から少し離れて爆発すると、貫通力は大きくなる。

日本軍の特攻兵士はこの兵器を小銃や銃剣同様に巧みに使うことを教え込まれる。兵士が教えられた使用方法は次の通りだった。攻撃する戦車に接近する時に安全ピンを抜く。左手で棒の中心を、右手で棒の後端を握る。そして爆雷を正面に向け、棒を水平にして銃剣突撃のように突進する。爆雷底部にある3本の小さな棒を戦車の側面に押し付ける。接

触の衝撃で剪断線が切れて、雷管の釘が発火装置に押し込まれ、装甲面に向けられた爆雷が爆発する。この時点で日本兵の任務は永遠に終わる。(34)

軍の情報機関によれば、刺突爆雷は「純然たる体当たり兵器」だった。

日本陸軍の別の滅私奉公の方法は、地雷または梱包爆破薬を戦車に対して使用するものだった。1944年5月末、インドネシアのビアク島で「戦車の前で横たわる日本兵を見つけて撃つと腹に付けていた対戦車地雷が爆発した。中部太平洋で日本兵捕虜が、任務は前進してくる戦車に爆破薬を持って飛び乗り爆破薬が爆発するまで戦車に押し付けていることだと説明した。(35) この戦法は米戦車が日本軍陣地に対して戦果を上げてきたフィリピンと沖縄で顕著になった。

日本軍の兵器廠で開発する新兵器は航空機と艦艇に主眼が置かれており、個人用武器の開発はほとんど行なわれていなかった。その結果、日本軍の軍事技術は米軍の武器の開発速度に追いつかず、兵士一人ひとりが炸薬を抱えて戦車を攻撃することが多くなった。

斬り込み隊は、もともとは士官が指揮官となって部隊ごとに作戦を立てていた。フィリピンおよび沖縄では戦闘が長期化して士官が減少した。このため、先任の下士官兵が指揮をして、士官の減少を補った。

日本陸軍の士官は部下に犠牲を強いる方法をいくらでも持っていた。陸軍省の情報文書には次のように書いてある。

> 日本軍は対戦車人間地雷ともいうべき手法を指導している。東京の軍中央部の指示で防衛拠点の日本軍がこの戦法を使う場合、前線の小隊の予備兵力から10人で戦車襲撃隊を編成することになる。この隊は2列横隊になり、対応する小隊の100ヤード（約90m）前方に展開する。横隊の前後の間隔を30ヤード（約27m）、横隊内の兵士間の左右の間隔を50ヤード（約45m）にする。後列は前列の兵士間の間を担当するため横にずれて並ぶ。このように展開したら、各兵士はタコツボを掘り、偽装で覆う。米軍の攻撃が想定されると、特攻兵士は対戦車武器の箱入り地雷1個を肩にかけ、小型発煙筒1個、手榴弾2個、もしも拳銃1丁を携行していたならばそれも持ってタコツボに入る。(36)

米戦車がタコツボの上か近くを通過したら、兵士はタコツボから現れて、

対戦車炸薬を持ってタコツボに隠れて、明らかに特攻をしようとする兵士を描いたイラスト。戦車がタコツボの上を通過する時、兵士が現れて地雷を爆破させる。戦車と兵士自身の両方が吹き飛ばされる（War Department Military Intelligence Division. Intelligence Bulletin Vol. III, No. 11, July 1945, p. 1.）

戦車の下か近くで地雷を爆破させた。タコツボは、戦車に随伴する歩兵に見つからないようにうまく偽装されていた。

　日本兵は米軍の地雷原に来ると、いちばん目的に適う方法で地雷を見つけ

た。通常の状況であれば、地雷探知機を使用して、地雷を１個ずつ掘り出した。ソロモン諸島で任務に就いた２人の米兵は新しい日本軍の地雷探知法を報告している。「日本軍指揮官は指名した兵士を地雷原の全幅に並ばせて歩かせた。兵士が地雷に触れて吹き飛ばされると、交代要員が送られて歩き続けた。この人間地雷探知方法は主力を速やかに通過させることができるので、日本軍は使用した」(37) この方法がどのくらい広まっていたのか不明だが、日本軍の兵士、指揮官の考えを示している。

日本陸海軍の兵士は陸上の目標に加え、米艦艇も追いかけた。地雷、小型炸薬、手榴弾などを携えて海岸から停泊している米艦艇まで泳ぐことはよくあった。この方法が1945年１月の『連合軍陸上軍S. E. A.週刊情報』誌に掲載されている。

　　日本軍と徴用された現地人からなる新たな特攻部隊がペリリュー島に現れた。この中に捕虜になった海軍二等兵曹がいた。
　　この捕虜がいた部隊は、もともと水泳のうまい者で構成されていたが、さらに海中を自由に泳ぐ訓練を受けた。特攻要員は敵の上陸用舟艇内に手榴弾を投げ込める距離まで海中を泳ぐように教えられた。安全ピン解除後４秒から５秒で爆発するように設定した手榴弾を投げる訓練も受けた（手榴弾を濡れないようにする方法は記録されていない）。
　　要員は上陸用舟艇攻撃に際し、機雷を胸に抱えて泳ぐことも教わった。これに使用された単触角の対舟艇用機雷は木枠に固定され、ロープで結ばれた。特攻泳者は可能な限り見つからないようにして、近付いてくる舟艇に向かって機雷を押し出した。
　　昼間に特攻泳者が舟艇に接近できるとは考えられないので、作戦は夜だけだった。しかしペリリュー島は連合軍上陸部隊を支援する航空攻撃と艦砲射撃が激しかったので、捕虜のいた部隊は一度もこの戦法を使わなかった。(38)

多くの艦艇の戦闘報告書が、特攻泳者の攻撃を小銃、拳銃で全滅させたと書いている。1945年１月８日、パラオ島ユー海峡で砲艇型上陸支援艇LCI(G)-404が哨戒中に、特攻泳者がこの海域で攻撃しているとの連絡を受けた直後に襲われた。

のちにLCI(G)-404の艇長は、「この時、艇長以下全員が特攻泳者に射撃をして、応急対処をした」と話している。パラオ時間の0300、LCI(G)-404が第13砲艇型上陸支援艇群に、炸薬を持った特攻泳者がLCI(G)-404を攻撃してい

ると連絡した。敵の特攻泳者は艦首と艦尾から接近したが、艦尾張出部の下に潜り込んだ1名を除き全員が撃ち殺された。その後すぐに爆発が起き、操舵機械室に穴があいた。浸水を止めて、防水水密を確保した。爆発の直後、LCI(G)-404は敵の筏を艦尾後方200フィート（約60m）で発見し、破壊した。
(39)

　この攻撃による負傷者はいなかったが、左舷の舵が吹き飛ばされ、右舷の舵も修理不能になった。艇体下のフィンは裂け、船殻外板は大きな損害を受けた（p.236参照）。このような攻撃を太平洋の島々で頻繁に受け、米艦艇は沖縄でも特攻泳者から攻撃を受けることになる。

　カミカゼ特攻機が艦艇に体当たりするのは目を見張らせるもので、体当たり攻撃の中でいちばん目立つが、日本兵はもっと簡単な方法で死と向き合った。地雷、梱包爆破薬、刺突爆雷、小銃で武装した数千人とも数万人とも知れない日本兵が、天皇のために米戦車に爆発物を仕掛けようと砲火の中を突進し、米艦艇に向かって爆発物を持って泳いだ。そして、捕虜になることを拒み米軍の砲火に向かって突進した兵士もいた。このようにして戦死した人の数を誰も知ることができない。

第Ⅱ部
特攻作戦史

第7章　大混乱の前兆

　1894年から1895年の日清戦争が終結した直後から米国の戦争計画者は日米戦争の可能性について検討を開始した。1904年から1905年の日露戦争で日本が強い国力を見せつけたので、将来起きるかもしれない対日戦争に備え、不測事態への対応計画を作成する必要性が高まった。この計画は、一般にはオレンジ計画といわれて、1930年代にはレインボー計画となり、第2次世界大戦中に米国の軍事行動を正確に予言したものであることが証明された。米国は対日戦争の可能性を長期にわたり検討していたので、日本軍の攻撃を受けても全く準備不足だったわけではなかった。

　第2次世界大戦が進展するにつれて、日本に向かう米軍には大きな進路が二つできた。南太平洋ではダグラス・マッカーサー将軍の部隊がフィリピンに向かい、その後、北の島を通って日本本土に向かう弧を描くルートを通っていた。太平洋ではチェスター・ニミッツ海軍大将の部隊が上陸作戦で島を一つずつ前進していた。1944年の早い時期にマッカーサーとニミッツの両軍が日本の絶対国防圏を挟むように近付いた。(1)

　この時、次の目標で議論が起きた。フィリピン人に親近感を持つマッカーサーの案はフィリピンを再奪取するものだった。海軍の立案者は、マリアナ、台湾、中国を攻撃することで日本本土を攻撃するのに都合の良い拠点に米軍を配置できるとして、フィリピンは迂回できると考えてこれに同意しなかった。

　1944年7月26日、ホノルルでマッカーサー、ニミッツ、ルーズベルト大統領が会議をしてマッカーサーの案を採用した。これは中国海岸の日本軍の前進を攻略することが難しかったこともその理由の一つだった。日本軍が押さえている地域で次の攻撃目標はフィリピンのレイテ島になった。

航空掩護　1944年10月

　1944年10月　レイテ島　サンホセ、タクロバン、ドラッグ
　フィリピン侵攻で問題が多発した。その中に日本軍の航空攻勢の脅威があ

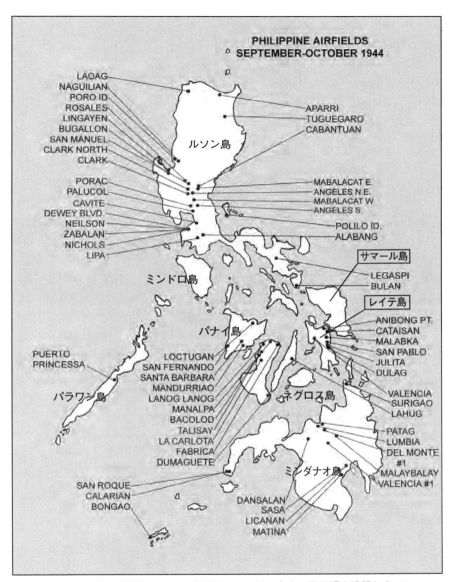

レイテ島に対する侵攻開始までに日本軍はフィリピン全土に飛行場を建設した（General Staff, Supreme Commander for the Allied Powers. Reports of General MacArthur The Campaigns of MacArthur in the Pacific Vol. 1 (Washington, D.C.: U.S. Government Printing Office, 1966), pp. 177, 248 を基に作成）

レイテ島上陸で海岸に殺到する上陸用舟艇。1944年10月20日撮影 (Official U.S. Navy Photograph.)

レイテ島タクロバン飛行場の近くで補給品を上陸させる戦車揚陸艦。滑走路上に山のように積み上げられた補給品のため、第305飛行場隊の地上要員はすぐに飛行場を建設できなかった。ケニー中将は補給品をすぐに移動させなければ海に押し出すと脅した (U.S. Coast Guard Photograph.)

った。グラマンF6Fヘルキャット、ジェネラル・モーターズFM-2ワイルドキャットなどの空母艦載機は艦艇防御の第一線に立った。しかも、海軍はレイテ島上陸支援も担当しており、手いっぱいだった。しかし、いったん侵攻軍が拠点を確保するとジョージ・C・ケニー陸軍中将が率いる陸軍極東航空軍の航空機も戦闘に参加した。

タクロバン飛行場は未完成だったが、サマール島沖の戦闘で母艦の護衛空母が日本軍機に取り囲まれ、帰投できなくなった海軍戦闘機の仮の基地になった。海軍戦闘機はタクロバンにひどい状況で着陸し、給油を受け、戦闘に戻った。このFM-2ワイルドキャットは荒っぽい着陸をした（NARA 342 FH 4A 40839.）

滑走路北側上空から見たタクロバン飛行場。サンホセの町の北側でタクロバンの街と海を隔てたカタイサン岬の海に突き出た場所に位置する。1944年10月下旬撮影（NARA 80G 102183.）

大混乱の前兆　153

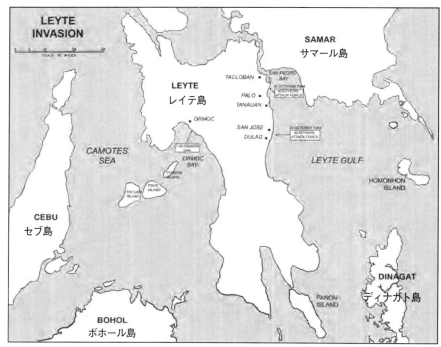

レイテ島上陸は、レイテ島の東側で開始され、その直後に西側でも始まった。

リチャード・I・ボング陸軍少佐と愛機のP-38ライトニング「マージ」。ボングは40機を撃墜して撃墜機数1位のエースだった。1945年8月6日、ロッキードP-80Aジェット戦闘機の試験飛行中に死亡した（NARA 342 FH 4A 06742.）

第432戦闘飛行隊トーマス・B・マクガイア陸軍少佐が愛機のP-38ライトニング「パジィ」の主翼の上でポーズをとっている。マクガイアは38機を撃墜して撃墜機数2位のエースだった。フィリピンで飛行任務中に死亡した（NARA 342 FH 4A 10405.）

エセックス（CV-9）艦載の第15空母航空群（CAG-15）のディビッド・マッキャンベル海軍中佐がグラマンF6Fヘルキャットの操縦席に収まっている。1944年10月29日撮影。マッキャンベルは34機撃墜しており、そのうちの15機はレイテ島の作戦の時にフィリピン上空で撃墜したものだった（NARA 80G 258195.）

大混乱の前兆　155

レイテ湾でカミカゼ3機が被弾した後、艦艇の近くに墜落した。1944年11月に撮影
(NARA 80G 1022358.)

　レイテ島上陸はレイテ湾北部のサンホセ付近とその南のドラッグを中心にして行なわれた。その両方に滑走路があり、上陸軍支援と日本軍機制圧のために重要な場所だった。サンホセ上陸地点のすぐ北の海に突き出た陸地にタクロバンの滑走路があった。滑走路は戦車揚陸艦から補給品を陸揚げするのに理想的だった。しかし、滑走路に積み上げられた資材が山のようになり、航空部隊の地上要員はすぐには飛行場の建設ができなかった。苛立ったケニーは「ブルドーザーを持ち込んで、補給品を海に押し込んででも飛行場をきれいにする」と脅した。ケニーの脅しがどのくらい真面目に受け止められたかは分からないが、サンホセの海岸に侵攻開始してからわずか4日間で、極東航空軍は第49、第475戦闘航空群、第421夜間戦闘飛行隊、第305飛行場隊の地上要員をタクロバンの航空基地建設に送り込んだ。
　1944年10月27日、第49戦闘航空群第9戦闘飛行隊のロッキードP-38ライトニング34機がタクロバンに到着し、日本軍飛行場の攻撃を行なうとともにタクロバン飛行場と米艦艇の攻撃に飛来する日本軍機を迎撃した。数週間のうちにほかの飛行隊も到着し、11月中旬頃にはP-38ライトニングの戦闘航空群2個がレイテ島で作戦を行なった。

ドラッグ飛行場を1944年10月21日に奪取したが、飛行場の状態がタクロバンほど良くなく、第475戦闘飛行隊は11月21日まで使用できなかった。
　米航空部隊は航空基地建設で苦労していたが、すぐに日本軍の恐ろしい敵になった。フィリピン上空で戦って、第2次世界大戦のトップエースになった者もいる。リチャード・I・ボング、トーマス・B・マクガイア両陸軍少佐はP-38ライトニングでそれぞれ40機と38機撃墜している。海軍のエセックス（CV-9）艦載の第15空母航空群指揮官でエースのディビッド・マッキャンベル海軍中佐は34機撃墜した。

カミカゼ、台湾沖航空戦に出現

[10月13日 台湾沖 フランクリン（CV-13）]
　レイテ島でフィリピン侵攻が始まる直前、正式なカミカゼが始まる数日前にカミカゼ攻撃が何回かあった。*1　1944年10月13日、フランクリン（CV-13）がラルフ・E・デイヴィソン少将が率いる第38.4任務群の旗艦として台湾沖で作戦中だった。任務群にはエンタープライズ（CV-6）、ベロー・ウッド（CVL-24）、サン・ジャシント（CVL-30）、ニューオリンズ（CA-32）、ビロクシ（CL-80）とこれを直衛する10隻の駆逐艦がいた。空母は台湾の左営、高雄地区に対して2日間で254機を出撃させた。
　クランクリンが艦載機を帰投させていた1825、一式陸攻4機が直衛の駆逐艦を通り抜けて空母に対して攻撃を開始した。*2　海面上50フィートから75フィート（約15mから約23m）の低高度で飛来したことが探知できなかったいちばん大きな要因だった。フランクリンとほかの空母は40mm、20mm機関砲を撃ち始めた。一式陸攻の1機がフランクリンから500ヤード（約460m）で魚雷を投下したので、フランクリンの艦長J・M・シューメーカー大佐は取舵（左転舵）いっぱいを命令した。魚雷はフランクリンの艦尾張出部から数メートルのところを通過した。一式陸攻は対空砲火を何発も被弾し、操縦不能になった。一式陸攻は緩降下して空母のアイランド後方の甲板に軽くぶつかったが、大きな損害を与えることなく甲板横の海面に落ちた。サン・ジャシントとフランクリンは2機目に砲火を浴びせた。フランクリン艦載の第13戦闘飛行隊（VF-13）のポープ大尉は着艦しようと接近していたが、機体を操り一式陸攻に砲火を浴びせ、撃墜を支援した。エンタープライズとベロー・ウッドは協同で3機目を撃墜した。4機目はフランクリンに向かう攻撃針路をとって魚雷を投下して、フランクリンの艦首のすぐ上を通過したが、砲火を浴びて墜落した。フランクリンの艦長の操艦が良かった。フ

ランクリンの戦闘報告によると「彼は面舵（右転舵）いっぱいを命じ、自ら右舷エンジンの『全速後進』を伝えた。この運動で艦の前進速力が遅くなり、艦首と向かって来る魚雷の間合いを空けることができた。魚雷は艦から50フィート（約15m）以内を通過し、そのまま任務群の艦艇の間を航走した」(2) 艦の損害は小さかったが、乗組員1名が戦死、10名が負傷した。

*1：本書の本文でこのフランクリンから「カミカゼ」の話をしているが、巻末の資料-1では1942年10月26日に攻撃を受けたスミス（DD-378）が最初に「カミカゼ」攻撃を受けた艦艇としている。
*2：通常攻撃（T攻撃部隊）の一式陸攻。（『海軍捷号作戦〈2〉－フィリピン沖海戦－』（戦史叢書第56巻）p. 16)

10月14日

[10月14日1711 台湾沖 リノ（CL-96）]
1944年10月12日から14日、台湾沖でリノ（CL-96）は第38.3任務群の1隻として作戦に就いていた。台湾の日本軍飛行場は活動中で、日本軍機はそこから米艦艇に対して猛攻撃を加えていた。10月14日、リノは日本軍機6機を撃墜した。1711に天山が体当たりを試みた。*1 天山は対空砲火を通り抜け、主甲板後部に体当たりして6番砲塔とその周辺に損害を与えた。艦の損害は最小限だったが、乗組員9名が負傷した。砲塔は射撃を継続できたが、衝撃で照準がずれたので、射撃精度がどのくらいだったかは疑問だった。

*1：通常攻撃（第7基地航空部隊）の天山。（『海軍捷号作戦〈2〉－フィリピン沖海戦－』（戦史叢書第56巻）p. 17)

フィリピンのカミカゼ　10月24日

[10月24日 レイテ島サン・ペドロ湾 LCI(L)-1065、ソノマ（ATO-12）、リバティ船オーガスタス・トーマス、ディビッド・ダドリー・フィールド]
1944年、台湾沖でカミカゼ攻撃があったが、大規模な攻撃があったのはフィリピンだった。台湾では大型艦が目標だったが、フィリピンでは魚雷艇から空母まで攻撃を受けた。旧型航洋曳船ソノマ（ATO-12）はほかの大型艦ほど幸運ではなかった。艦齢42年の小型の曳船は敵の航空攻撃から生き残るという最大の難関に直面していた。ソノマは不名誉にも第2次世界大戦で最

旧型航洋曳船のソノマ（ATO-12）がフィリピンのサン・ペドロ湾ディオ島近くで着底している。1944年10月20日撮影。ソノマは第2次世界大戦で最初に沈没した2隻のうちの1隻である（NARA 80G 325819.）。

初にカミカゼに撃沈された艦艇の1隻になった。ソノマはレイテ島侵攻が始まると第78.2.9任務隊の1隻として作戦に参加し、10月20日にほかの艦艇とともにサン・ペドロ湾に入った。10月24日0805、ソノマは中型揚陸艦LSM-21が紛失した錨を探すために7名を乗せた短艇を出した。その後、水の補給を受けるためにリバティ船オーガスタス・トーマスに向かった。

これに先立つ10月20日、オーガスタス・トーマスはニューギニア島ホーランジアからサン・ペドロ湾に到着し、停泊して荷物の陸揚げを待っていた。10月24日0820から日本軍機がこの海域の艦艇に攻撃を始めた。九七式重爆1機がオーガスタス・トーマスの船尾近くを通過したが、近くの艦艇に撃墜された。*1　0839、九七式重爆4機が艦艇を攻撃したが砲火を受け炎に包まれた。オーガスタス・トーマスの砲火で損傷を受けた1機がその正面を通過して大型歩兵揚陸艇LCI(L)-1065の左舷舷側に体当たりし、爆発して火を噴いた。九七式重爆の950kg以上の爆弾と艇の全長の三分の一の長さの機体は大型歩兵揚陸艇には大きすぎた。LCI(L)-1065は数分で沈没した。戦死13名、負傷は少なくとも8名だった。

ソノマも飛来する日本軍機に砲火を開き始めた。ソノマは狙われていたオーガスタス・トーマスから離れようとしていたが、遅すぎた。0845、ソノマは航行を始める前にカミカゼ機の体当たりを受けた。爆発で全長53mの船が

震え、海水の浸水が始まった。ソノマの戦闘報告は次のように書いている。

> 敵機は甲板室を貫通して前部機関室の中間縦隔壁2か所と両舷の外側隔壁を破壊した。燃えるガソリンが噴出して機関室と艦中央部に広がり、上の階の無線室に火が回った。機体が体当たりする前に投下された爆弾2発が船底の下を潜り抜け、本船とオーガスタス・トーマスの間で爆発した。しかし、本船の左舷舷側から水が大量に入り一瞬のうちに火を消したので、多くの人が逃げる時間ができたと考えられる。(3)

砲艇型上陸支援艇LCI(G)-72が艦隊随伴航洋曳船チカソー（ATF 83）とともにソノマの消火の支援に来た。消火が終わるとLCI(G)-72は離れ、クワパウ（ATF 110）がソノマの横に来て排水を支援した。ソノマが沈没する前に浅海に移動させることになった。チカソーは近くのディオ島の海岸までソノマを押そうとしたが、座礁する危険があった。取り外せるすべての用具、砲を取り外した。ソノマは早々と戦線から離脱し、最後は18フィート（約6m）の海底に沈められた。主甲板は海面下わずか2フィート（約60cm）だった。

投下された爆弾でオーガスタス・トーマスは大きな損害を受けた。その後の潜水士の調査で、船底に10フィート×16フィート（約3m×約5m）の穴があき、そのほかにも多数の小さな穴があいているのが見つかった。数分で機関室の水位は26フィート（約8m）になり、排水が試みられた。機関室から排水できなかったので、11月3日近くの海岸に乗り上げた。(4)

10月24日、サン・ペドロ湾ではリバティ船デイビッド・ダドリー・フィールドも攻撃を受けた。カミカゼ1機が右舷船橋に体当たりしたが、7番、8番ガン・タブ（機関砲などの周囲に設けられている囲い）に弾き飛ばされてから舷側を越えた。デイビッド・ダドリー・フィールドは4,500トンのガソリンなどの補給品を積載しており、非常に危険だった。しかし、カミカゼ機が起こした火災はすぐに鎮火したので、船自体が受けた損害は小さく、負傷者は4名だった。

*1：通常攻撃の第7飛行団（飛行第12戦隊、飛行第62戦隊）の重爆。（『比島捷号陸軍航空作戦』（戦史叢書第48巻）p.332）

レイテ沖海戦　10月25日

1944年10月25日、フィリピンで正式なカミカゼの一斉攻撃が始まった。こ

れに先立つ1944年10月20日、米軍主力がレイテ島東海岸タクロバンからドラッグの間に上陸を開始した。日本軍は、フィリピンに米軍が橋頭堡を確保すると、重大な影響を受けることを認識しており、適切な対応策を作成した。上陸と補給部隊を阻止するため、輸送艦艇・船舶と支援の戦闘艦艇を撃破する大軍をレイテ湾に送る計画だった。

小沢治三郎中将の第1機動艦隊（第3艦隊基幹）の囮部隊を米軍侵攻地点の北方のルソン島東海岸沖に進出させて、ウィリアム・ハルゼー大将の空母を牽制・誘出して、その間に栗田健男中将が率いる部隊がレイテ島上陸の米軍を攻撃する予定だった。しかし、それまでの作戦で小沢の空母の艦載機は減少しており、実際の脅威にはならず、10月25日にはわずか29機になる。栗田自らが率いる部隊は戦艦大和、武蔵を含めて戦艦3隻、重巡洋艦6隻、軽巡洋艦1隻、駆逐艦9隻、合計19隻の第1遊撃部隊第1部隊で、鈴木義尾中将が率いる戦艦2隻、重巡洋艦4隻、軽巡洋艦1隻、駆逐艦6隻合計13隻の第1遊撃部隊第2部隊とともにボルネオからシブヤン海、サンベルナルディーノ海峡を通り、レイテ島の北方を回ってレイテ島東海岸に向かう予定だった。

23日、途中のパラワン島西方で、第1遊撃部隊第1部隊は潜水艦の雷撃を受けて、重巡洋艦愛宕、摩耶が沈没し、高雄と駆逐艦の一部も戦線を離脱した。

24日朝、米第3艦隊（ハルゼー大将）は第38任務部隊（ミッチャー少将）をルソン島からサマール島にかけたフィリピンの東側に配置した。北からシャーマン少将が率いる第38.3任務群がポリロ島東側を、ハルゼー大将の旗艦ニュージャージー（BB-62）を含むボーガン少将が率いる38.2任務群がサンベルナルディーノ海峡付近を、デイヴィソン少将が率いる第38.4任務群がレイテ湾付近を担任した。

24日午前からシブヤン海でこの米軍第38任務部隊の航空攻撃が始まった（シブヤン海海戦）。武蔵が沈没して、重巡洋艦妙高ほかが戦線離脱し、大和ほかの艦が損害を負った。24日午後、第1遊撃部隊第1、第2部隊は一時反転するような動きをしたが再びレイテ島を目指した。この間、日本海軍第6基地航空部隊が米艦隊を攻撃して、第38.3任務群のプリンストン（CVL-23）を撃沈した。

西村祥治中将が率いる第1遊撃部隊第3部隊は志摩清英中将が率いる第2遊撃部隊と合流した後、栗田が率いる第1遊撃部隊第1、第2部隊と反対にレイテ島の南から東海岸に向かう予定だった。しかし25日未明、西村の部隊がレイテ島南方のスリガオ海峡を通過しようとした時にオルデンドルフ少将が率いる第77.2任務群（戦艦部隊）の攻撃を受けて壊滅し、その後ろを追っていた志摩の部隊は反転した（スリガオ海峡海戦）。

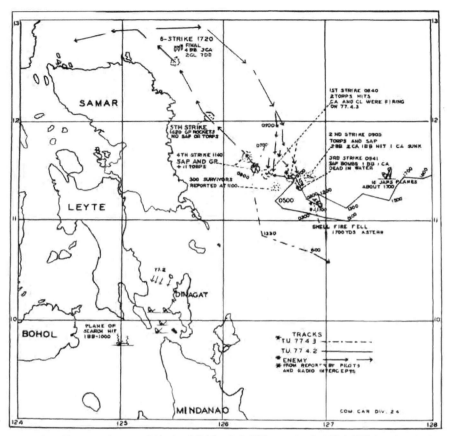

1944年10月25日、サマール島沖で日本海軍の主力部隊はレイテ島上陸を掩護する米軍と戦った。日本軍が侵攻阻止に成功すれば侵攻の運命は決まるはずだった。最初の大規模なカミカゼが始まった（Commander Task Unit 77.4.2 (Commander Carrier Division 24) Serial 00114. Reoccupation of Leyte Island in the Central Philippines During the period from 18 October 1944 to 29 October 1944, including the Air-Surface Engagement with Major Units of the Japanese Fleet on 25 October 1944. 2 November 1944, p. 24.)

　ハルゼーは栗田の部隊が反転して退却したと考え、25日の朝、第38任務部隊の艦載機で第1機動艦隊を攻撃して、瑞鶴などの空母4隻、軽巡洋艦1隻、駆逐艦2隻を撃沈した（エンガノ岬沖海戦）。
　栗田が率いる第1遊撃部隊第1、第2部隊は25日の朝、大和がサマール島沖を通過中に米空母を発見して砲撃を開始した（サマール沖海戦）。クリフトン・A・F・スプレイグ少将が率いる第77.4.3任務隊（タフィー3）の護衛空母と駆逐艦は栗田の第1遊撃部隊第1、第2部隊の攻撃の矢面に立った。

162

ガンビア・ベイ（CVE-73）は砲撃で沈没し、空母を守ろうとした駆逐艦は大きな損害を出したが、栗田の部隊が攻撃を中止したので助かった。

　ハルゼーが第1機動艦隊を追って北におびき寄せられ、ジェシー・B・オルデンドルフ少将が西村の部隊との戦闘を終えて再編成をしている最中だったので、スプレイグは隙をつかれた。さらに栗田の部隊はフェーリックス・B・スタンプ少将が率いる第77.4.2任務隊（タフィー2）も発見したがこれには逃げられた。

　そのほかの米空母も生き残ることは無理だと見られていたが、25日1236、栗田は部隊を反転させたので、空母はもう一日生き延びた。空母は栗田の部隊と航空部隊を撃退したが、その後カミカゼの攻撃を受けることになる。

　トーマス・L・スプレイグ少将が率いる第77.4任務群は三つの任務隊に分かれ、それぞれタフィーのコール・サインで呼ばれた。

第77.4.1任務隊（タフィー1）：指揮官　トーマス・L・スプレイグ少将（直卒）
ミンダナオ島北部沖
旗艦：サンガモン（CVE-26）
護衛空母：スワニー（CVE-27）、シェナンゴ（CVE-28）、サンティー（CVE-29）、サギノー・ベイ（CVE-82）、ペトロフ・ベイ（CVE-80）
直衛の駆逐艦、護衛駆逐艦：マッコード（DD-539）、トラセン（DD-530）、ヘイゼルウッド（DD-531）、エドモンズ（DE-406）、リチャード・S・ブル（DE-402）、リチャード・M・ローウェル（DE-403）、エヴァーソール（DE-789）、クールボーグ（DE-217）
第77.4.2任務隊（タフィー2）：指揮官　フェーリックス・B・スタンプ少将
レイテ湾口沖
旗艦：ナトマ・ベイ（CVE-62）
護衛空母：マニラ・ベイ（CVE-61）、マーカス・アイランド（CVE-77）、カダシャン・ベイ（CVE-76）、サヴォ・アイランド（CVE-78）、オマニー・ベイ（CVE-79）
直衛の駆逐艦、護衛駆逐艦：ハガード（DD-555）、フランクス（DD-554）、ヘイリー（DD-556）、リチャード・W・スーザンス（DE-342）、アバークロンビー（DE-343）、オバレンダー（DE-344）、ルレイ・ウイルソン（DE-414）、ウォルター・C・ワン（DE-412）
第77.4.3任務隊（タフィー3）：指揮官　クリフトン・A・F・スプレイグ少将
サマール島沖

大混乱の前兆　163

旗艦：ファンショウ・ベイ（CVE-70）
護衛空母：セント・ロー（CVE-63）、ホワイト・プレーンズ（CVE-66）、カリニン・ベイ（CVE-68）、キトカン・ベイ（CVE-71）、ガンビア・ベイ（CVE-73）
直衛の駆逐艦、護衛駆逐艦：ホーエル（DD-768）、ヒーアマン（DD-532）、ジョンストン（DD-821）、デニス（DE-405）、ジョン・C・バトラー（DE-339）、レイモンド（DE-341）、サミュエル・B・ロバーツ（DE-823）

　各任務隊はレイテ湾の異なる場所で配備に就いた。任務部隊は栗田艦隊から逃げたが、カミカゼは任務部隊の場所を探して攻撃を開始した。この任務部隊の場所を退役海軍人で歴史家のモリソンは「敵の通常の作戦海域は30海里から50海里（約55kmから約95km）離れているので、南方をタフィー1（トーマス・L・スプレイグ少将）がミンダナオ島北部沖、中央をタフィー2（スタンプ少将）がレイテ湾入口、北方をタフィー3（クリフトン・A・F・スプレイグ少将）はサマール島沖」に配置された」と書いている。(5)

[10月25日 ミンダナオ島北部沖 サンティー（CVE-29）、スワニー（CVE-27）]
　10月25日、米艦艇は201空で編成された正式なカミカゼの最初の攻撃を受けた。タフィー1の艦艇は早朝から攻撃を受けた。*1　0740、日本軍機が艦隊の上空に忍び込み、サンティー（CVE-29）の左舷飛行甲板に急降下して、最初のカミカゼ機になった。*2　体当たりを受けた場所は前部エレベーターだったが昇降には差し支えなかった。火災が飛行甲板と格納庫甲板に広がった。すぐに消火、修理したので、サンティーは0751に運用可能になった。戦死16名、負傷27名だった。しかし、地獄の戦いはまだ終わらなかった。数分後、サンティーを追いかけていた日本軍潜水艦伊56の放った魚雷が命中した。これで船体の一部が損害を受け、右舷に6度傾いた。0935、傾斜が回復したのでサンティーはすぐに戦闘に戻り、任務隊のほかの艦艇とともに配置にとどまった。(6)
　サンティーが攻撃を受けた頃、スワニー（CVE-27）の砲手が1機のカミカゼが突進してくるのを見つけた。カミカゼ機はスワニーの対空砲火を受けて、サンガモンのすぐ横に墜落した。*3　サンティーが体当たりを受けた24分後、スワニーも体当たりを受けた。0804、急降下した日本軍機が体当たりして後部エレベーターの少し前の甲板を貫通したので、空母は戦闘不能になった。*4　250kg爆弾が飛行甲板と格納庫甲板の間で爆発し、多くの乗組員

1944年10月25日、カミカゼが体当たりして飛行甲板を貫通した後のスワニー（CVE-27）の火災（NARA 8OG 270662.）

が戦死、負傷した。爆発で格納庫甲板に直径25フィート（約8m）の穴があいた。応急員が消火と飛行甲板の応急修理を行ない、まもなくスワニーは艦載機を発艦させることができた。戦闘の最中にペトロ・ベイは、突進して来たカミカゼ1機を撃墜した。*5

*1：ダバオから出撃した朝日隊、山桜隊、菊水隊と見られている。（『神風特攻の記録』pp. 98-99）
*2：菊水隊加藤豊文一飛曹と推測されている。（『神風特攻の記録』pp. 98-99）
*3：菊水隊宮川正一飛曹と推測されている。（『神風特攻の記録』pp. 98-99）
*4：山桜隊滝沢光雄一飛曹（『神風特攻の記録』pp. 98-99）
*5：朝日隊上野敬一一飛曹（『神風特攻の記録』pp. 98-99）

[10月25日 サマール島沖 キトカン・ベイ（CVE-71）、セント・ロー（CVE-63）、ホワイト・プレーンズ（CVE-66）、カリニン・ベイ（CVE-68）敷島隊]
　タフィー3の空母もカミカゼ攻撃を受けた。栗田艦隊の注意を引くことは

なくなったが、マバラカットから出撃したカミカゼ機の攻撃を受けた。タフィー3の空母が栗田艦隊を攻撃する艦載機を発艦させたのち、キトカン・ベイ（CVE-71）の見張員が5機の零戦が向かって来るのを発見した。これはマバラカットを0725に出撃した関行男大尉が率いる敷島隊の爆装した零戦5機で、上空には直掩の零戦4機がいた。*1　1049、キトカン・ベイは対空砲火を浴びせた。キトカン・ベイは次のように報告している。

　　零戦1機が本艦の前方を左から右に横断した。砲火を受けて急上昇してから横転して、機銃掃射をしながらアイランドに向かって体当たり降下突進して来た。零戦はアイランドの上を通過してから左舷のキャットウォークに体当たりして、左舷艦首の25ヤード（約23m）先に落下した。機体が墜落すると爆弾が爆発して、火災が発生して損害が広がった。(7)

　この爆発で戦死1名、負傷20名を出した。1052、キトカン・ベイの乗組員がほかの日本軍機がいないか見ていると、近くを航行中のセント・ロー（CVE-63）の飛行甲板に日本軍機が体当たりして貫通するのが見えた。炎と煙が飛行甲板から上がり、爆発が続いた。零戦の爆弾でセント・ローが搭載している魚雷と爆弾が引火した。それでセント・ローは終わりだった。1104、乗組員は総員離艦という情けない作業に取りかかり、1121にセント・ローは海底に沈んだ。*2　この戦闘で、戦死114名と数え切れない負傷者を出した。

　セント・ローが体当たりを受けた直後、零戦1機がホワイト・プレーンズ（CVE-66）に向かって突進した。ホワイト・プレーンズは零戦が急降下して来たので、取舵を鋭く切ると、零戦は左舷舷側すぐ横に墜落した。続く爆発で、零戦の部品とパイロットが甲板に投げ出された。零戦はホワイト・プレーンズに体当たりできなかったが、乗組員11名が負傷した。*3

　キトカン・ベイは残るファンショウ・ベイ（CVE-70）、ホワイト・プレーンズ（CVE-66）、カリニン・ベイ（CVE-68）と空母の陣形を組み直した。キトカン・ベイは第5混成飛行隊（VC-5）のFM-2ワイルドキャット2機を発艦させて、艦艇上空の戦闘空中哨戒（CAP）に就かせた。1123、彗星1機がキトカン・ベイの艦尾方向から飛来して、体当たり突進をした。キトカン・ベイの正確な射撃で主翼が2枚とも胴体から取れ、胴体は左舷艦首の50ヤード（約45m）先の海に突っ込んだ。搭載していた爆弾が右舷艦首の25ヤード（約23m）先に落下して爆発した。彗星の破片が前甲板に雨のように

1944年10月25日、カミカゼ攻撃を受けて炎上するセント・ロー（CVE-63）。この写真はカリニン・ベイ（CVE-68）から撮影された（NARA 80G 270511.）

降り注いだが、艦自体の損害は大きくなかった。*4

　カリニン・ベイはキトカン・ベイとほぼ同じ頃に攻撃を受けた。カリニン・ベイに攻撃を加えたのは零戦3機だった。1機目を右舷の高度5,000フィートから6,000フィート（約1,500mから約1,800m）で発見した。零戦はカリニン・ベイに向けて急降下を開始して、途中何度も被弾しながらも雨霰のような対空砲火を通り抜け、カリニン・ベイの飛行甲板に体当たりして大きな穴をあけた。機体の大部分は飛行甲板を貫通できずに舷側から落下した。直後の2機目も同じように急降下で突進して来た。被弾して火を噴き、「後部左舷煙突、キャットウォーク、20mm砲架に体当たり」して海に落下したが、艦の損害はほとんどなかった。(8) *5　この零戦のすぐ後ろに続いていた零戦はカリニン・ベイを完全に外した。左舷艦尾から50ヤード（約45m）離れた海面に墜落し、搭載していた爆弾が爆発したが、カリニン・ベイへの影響はなかった。*6　カリニン・ベイが受けた攻撃で戦死5名、負傷55名を出した。ヒーアマン（DD-532）、デニス（DE-405）、ジョン・C・バトラー（DE-339）、レイモンド（DE-341）が生存者の捜索と哨戒を行なった。

*1：敷島隊から爆装零戦が6機出撃したが、1機途中で引き返した。キトカン・

1944年10月25日、ホワイト・プレーンズ（CVE-66）攻撃の連続写真。（写真上）零戦を発見した乗組員が慌てて退避しようとしている（NARA 80G 272870）。（写真下）艦尾に体当たりしようとしている零戦を捉えている。ホワイト・プレーンズは体当たりを免れたが、爆発による損害で、修理のため米国に送り返された（NARA 80G 272842）

ベイに体当たりをしたのは関行男大尉。(『神風特攻の記録』p. 100)

*2：敷島隊大黒繁男上飛兵（『神風特攻の記録』p. 100)

*3：敷島隊永峰肇飛長（『神風特攻の記録』p. 100)

*4：この日彗星が2機出撃している。爆装しているのは彗星隊の操縦 須内則男二飛曹、同乗 浅尾博上飛曹の機体（『神風特攻の記録』p. 100）。もう1機は大和隊とともに出撃した操縦 大西春雄一飛曹、同乗 国原千里少尉の機体で直掩機。(『神風特攻の記録』p. 102）両機とも未帰還になっている。

*5：1機目と2機目は敷島隊中野磐男、谷暢夫両一飛曹。敷島隊から爆装6機、直掩4機の零戦が出撃し、爆装5機が空母に命中または至近海面に激突した。爆装1機と直掩3機は帰投した（直掩1機は作戦中に撃墜された)。(『神風特攻の記録』p. 100)

*6：これは直掩の管川操飛長と推測されている。(『神風特攻の記録』p. 100)

10月26日

[10月26日 ミンダナオ島北部沖 スワニー（CVE-27)]

翌26日の昼頃、タフィー1の空母は彗星12機と多くの零戦の攻撃を受けた。*1 このうちの多くをサンティー（CVE-29）から発艦したCAP機が追い払った。しかし、スワニー（CVE-27）が前日に続いて再び体当たりを受けた。攻撃を受ける前、スワニーの雷撃機がペトロフ・ベイ（CVE-80）を攻撃した飛燕1機を撃墜した。*2 日本軍機が攻撃した時、スワニーは艦載機を着艦させていた。

1238（フィリピン時間)、雷撃機1機が着艦した。その直前、艦尾後方距離3海里から4海里（約5.6kmから約7.4km)、高度10,000フィート（約3,000m）に敵機3機を発見していた。零戦1機がゆっくりと少し旋回してから45度の急降下をして、高度3,000フィート（約1,000m）で機銃掃射を開始して30秒前に着艦したばかりで前部エレベーターに駐機していた雷撃機に激突し、2機とも爆発した。雷撃機のパイロットのバイデルマン大尉とほかの搭乗員2人は行方不明になった。1分から3分後、カタパルトで二度目の爆発が起きた。たぶん零戦の爆弾によるもので、エレベーターの吹き抜け部から火災が発生した。(9) スワニーの前部エレベーターは爆発で破壊されて、すぐに艦載していたFM-2ワイルドキャット7機とアベンジャー2機が炎に包まれ、吹き飛んだ。*3 鎮火するまでに数時間かかった。10月25日から26日の間で戦死85名、行方不明102

大混乱の前兆　169

名、負傷58名を出した。

*1：10月26日に彗星の特攻隊は出撃していないので、これらの所属は不明。零戦は大和隊。（『神風特攻の記録』p. 103）
*2：飛燕は出撃していない。攻撃隊不明。
*3：スワニーに体当たりした２機は大和隊の勝又富作、移川晋一両一飛曹の零戦。（『神風特攻の記録』p. 103）

10月27日

[10月27日 レイテ島 リバティ船ベンジャミン・イデ・ウィーラー]
　10月27日1045、兵員とガソリンなどの補給品を積載していたリバティ船ベンジャミン・イデ・ウィーラーがレイテ島に停泊している時、体当たりを受けた。ほかの艦艇の対空砲火を受けて火を噴いた日本軍爆撃機が喫水線に体当たりして船体に穴をあけ、積荷のガソリンに火を付けた。*1　消防士と応急員が損害を抑えた。戦死２名、負傷３名を出した。(10)

*1：特攻隊の出撃時刻より早いので、通常攻撃の機体。（『比島捷号陸軍航空作戦』（戦史叢書第48巻）p. 354）

10月30日

[10月30日 フィリピン沖 イントレピッド（CV-11）、フランクリン（CV-13）、ベロー・ウッド（CVL-24）]
　イントレピッド（CV-11）はジェラルド・F・ボーガン少将が率いる第38.2任務群の１隻としてハンコック（CV-19）、バンカー・ヒル（CV-17）、カボット（CVL-28）、インディペンデンス（CVL-22）とともにフィリピン沖で作戦中だった。10月30日、イントレピッドの第18空母航空群（CAG-18）の航空機がクラーク飛行場攻撃に向かった。この間に、日本軍が反撃に出た。カミカゼ１機がイントレピッドの左舷ガン・タブ１基に体当たりして、戦死10名、負傷６名を出した。*1　幸い、艦自体の損害は小さく、まもなく通常の作業を再開した。
　近くでフランクリン（CV-13）がラルフ・E・デイヴィソン少将が率いる第38.4任務群の１隻としてエンタープライズ（CV-6）、サン・ジャシント（CVL-30）、ベロー・ウッド（CVL-24）とともにフィリピン沖で作戦をし

1944年10月30日、ルソン島沖でフランクリン（CV-13、写真右）とベロー・ウッド（CVL-24）はカミカゼ攻撃を受けた後、炎上した。2隻がウルシー泊地に戻る時は護衛が必要だった（NARA 80G 326798）。

ていた。カミカゼ5機がCAP機を逃れ、2機がフランクリンとベロー・ウッドに体当たりしようと通り抜けて来た。1機目はフランクリンの舷側近くの海面に墜落し、2機目はフランクリンに体当たりして飛行甲板に穴をあけた。3機目が投下した爆弾はフランクリンから外れたが、機体はベロー・ウッドに体当たりして、飛行甲板に穴をあけた。*2　ベロー・ウッド自体の損害は戦死92名、負傷54名、第12空母航空群（CAG-12）の機体12機だった。フランクリンの損害は戦死56名、負傷14名、第13空母航空群（CAG-13）の機体33機だった。2隻とも修理のためにウルシー泊地に戻った。

*1：イントレピッドが特攻隊の攻撃を受けたのは10月29日との文献もあるが、著者によるとこれは米国時間で、フィリピン時間では10月30日。
*2：葉桜隊（『神風特攻の記録』p. 103）

1944年10月30日、フィリピン沖でベロー・ウッド（CVL-24）艦上で応急員が炎と戦っている（Official U.S. Navy Photograph.）

日本陸海軍機出撃機数

　米軍が戦時中にまとめた10月25日から31日までの日本陸海軍機出撃数は次の通り。

月　日	陸軍第4航空軍	海軍第1連合基地航空部隊 [1]
10月25日	162	195（18）
10月26日	161	70　（5）

10月27日	70	52 (14)
10月28日	98	51 (0)
10月29日	43	31 (14)
10月30日	2	6 (6)
10月31日	51	28 (0)

注：括弧内はカミカゼの機数を示す (11)

*1：海軍第1連合基地航空部隊は、最初に特別攻撃を実施した201空などで構成する第5基地航空部隊と、その後特別攻撃の実施を決定した第6基地航空部隊で、1944年10月25日に編成された。

11月1日

[11月1日 レイテ湾 アンメン（DD-527）、アブナー・リード（DD-526）、クラックストン（DD-571）、アンダーセン（DD-411）]

　1944年11月1日、カミカゼはレイテ湾で哨戒中の第77.1任務群の一部を攻撃した。任務群はG・L・ウエィラー少将が指揮を執り、ミシシッピー（BB-41）を旗艦として、カリフォルニア（BB-44）、ペンシルベニア（BB-38）、フェニックス（CL-46）、ボイス（CL-47）、ナッシュヴィル（CL-43）、豪海軍重巡洋艦HMASシュロップシャー*1、キレン（DD-593）、アブナー・リード（DD-526）、アンメン（DD-527）、ブッシュ（DD-529）、リューツ（DD-481）、ニューコム（DD-586）、ベニオン（DD-662）、ヘイウッド・L・エドワーズ（DD-663）、リチャード・P・リアリー（DD-664）、ロビンソン（DD-562）、ブライアント（DD-665）、クラックストン（DD-571）、豪海軍駆逐艦HMASアランタで編成していた。

　カミカゼ機はシュロップシャーを目標にしたが、同艦の砲手が撃退した。アンメンが次の目標になった。0952、銀河がアンメンの煙突の間、艦中央部に体当たりしたが、そのまま猛スピードで海に突っ込んだ。*2 戦死5名、負傷21名を含む損害は大きく、火災も発生したが、アンメンは持ち場にとどまった。キレンとブッシュも爆撃で損害を受けたが、戦闘を続けた。

　1339頃、アブナー・リードの艦長A・M・パーディ中佐は艦をクラックストンに近付けようとした時、九九式艦爆2機が飛来するのを距離10海里（約19km）で発見した。*3　総員配置を発令し、回避運動を開始した。2機が射程距離に飛来したので、砲火を浴びせたが、撃墜できなかった。

大混乱の前兆　173

40mm、20mm機関砲の激しく正確な射撃で、敵機を炎に包み、左主翼を吹き飛ばした。しかし、敵機はそのまま急降下して、3番40mm機関砲座と後部魚雷発射管の間を横切って左舷横の海に落下した。右主翼かエンジンが後部煙突右舷の40mm機関砲方位盤操作台、後部魚雷発射管後端（それぞれ275度動く）、左舷20mm機関砲にぶつかったので、激しい火災が周囲を覆った。(12)

　九九式艦爆がアブナー・リードに体当たりする直前に投下した爆弾がアブナー・リードの右舷舷側前部から突入して後部缶室で爆発した。艦長が炎上を防ぐため、艦の停止、後進を命令したが、火災は広がった。クラックストンが支援のため近付こうとしたが、アブナー・リードの後部で激しい爆発が起きたので、近付けなかった。最悪の事態を想定して、アブナー・リードの乗組員は搭載している機雷と魚雷が爆発しないように安全化して投棄した。しかし、後部魚雷発射管の魚雷5発に近付けないでいると、衝撃炸薬が昇温発火して魚雷が自動的に発射した。その後数分間、アブナー・リードとクラックストンは不規則な動きをする魚雷から逃げ回っていたが、アブナー・リードの運命の時が近付いていた。内部爆発で弾薬庫などの可燃物が燃え始め、艦を揺さぶった。主消火設備とポンプが損害を受けたため、消火用水の水圧を上げることができなくなり、急速に広がる火災に対応できなくなった。火災が続いて艦の運動を制御できなくなり、艦尾が沈み、傾き始めた。パーディ艦長は総員離艦を発令した。1358、総員が離艦するとアブナー・リードは20度傾いた。1417、アブナー・リードは90度横転して艦尾から水深65mの海底に沈んだ。(13)

　アブナー・リードの近くで哨戒していたのはクラックストンで、アブナー・リードに接近して生存者を救助した。救助作業をしているクラックストンに向かって、カミカゼ1機が上空の雲から抜け出して急降下した。カミカゼ機は海面にぶつかり、舷側近くで爆発したので、クラックストンの船体の継ぎ目が裂けて、海水が後部居住区に浸水した。*4　戦死5名、負傷23名だった。この損害にもかかわらず、救助作業を継続し、アブナー・リードから187名を救助した。

　1812、アンダーセン（DD-411）がカミカゼ攻撃を受けた。パンソン島上空から隼3機が飛来した。*5　アンダーセンが砲火を浴びせて撃退した。しかし、1機が引き返し、急降下で向かって来た。40mm、20mm機関砲弾を浴びながらも弾幕を通り抜け、右主翼先端をアンダーセンの煙突にぶつけて左舷に体当たりした。体当たりした場所の甲板が燃えるガソリンで覆われ、第

1、第2汽缶（ボイラー）が衝撃で機能を停止した。火災が広がったので、魚雷を投棄した。1855、鎮火したので、ブッシュに掩護してもらい、医療支援を受けた。戦死16名、負傷20名だった。(14)

 *1：HMASはHer/His Majesty's Australian Shipで英連邦オーストラリア（豪）海軍艦艇を表す。
 *2：銀河の雷装、爆装各4機（いずれも通常攻撃）がタクロバン、ドラッグ飛行場およびその沖合の艦艇を攻撃した。（『海軍捷号作戦〈2〉－フィリピン沖海戦－』（戦史叢書第56巻）pp. 512-513）
 *3：天兵隊 操縦 有馬敬二飛曹同乗、同乗 伊達喬上飛曹の九九式艦爆。（『写真が語る「特攻」伝説』p. 71）
 *4：神兵隊 操縦 塚本貞雄飛長、同乗 加藤壮一一飛曹の九九式艦爆。（『写真が語る「特攻」伝説』p. 72）
 *5：薄暮出撃の通常攻撃の天山を隼に誤認した可能性あり。（『海軍捷号作戦〈2〉－フィリピン沖海戦－』（戦史叢書第56巻）p. 513）

11月3日

[リバティ船、ヴィクトリー船、C1型輸送船、C1-M型輸送船]
 民間船のリバティ船とその後出現したヴィクトリー船（緊急造船計画で大量建造されたリバティ船より大型の貨物船）は、攻撃輸送艦、貨物輸送艦などの米陸海軍輸送艦艇とともに侵攻艦隊にとって不可欠だった。兵員の上陸と荷物の陸揚げは侵攻に欠かせない任務なので、輸送船も同じように攻撃を受けた。
 リバティ船は1941年の進水以来、第2次世界大戦の間に2,751隻が建造された。全長441フィート（約134m）で、速力は10ノットから12ノット（約19km/hから約22km/h）だった。
 より高速の船が必要になり、新型で同様のヴィクトリー船が設計された。ヴィクトリー船は全長455フィート（約139m）で速力は15ノット（約28km/h）を出せた。534隻建造され、1番船は1944年2月28日に進水した。各種の武装があったが、多くは5インチ（12.7cm）砲か4インチ（10.2cm）砲を船尾に、3インチ（7.6cm）砲を船首に、それと20mm機関砲が6門から8門で、船首に37mm砲2門を設けた船もあった。砲には海軍の下士官兵28名と士官1名の武装衛兵が配置に就いていた。(15) 士官の階級は大尉から少尉だった。

リバティ船に乗っている武装衛兵が5インチ砲の照準合わせを練習している。武装衛兵は海軍に属し、リバティ船とヴィクトリー船の防御に必須の搭載兵器に配置された（Photograph from the Library of Congress-Farm Security Administration-Office of War Information Photograph Collection.)

　このような船のほかに、173隻建造された米国海事委員会のC1型とC1-M型があった。全長はそれぞれ418フィートと412フィート（約126mと約127m）で、14ノット（約26km/h）の速力を出せた。多くのこれらの貨物船がレイテ島、ミンドロ島、リンガエン湾の上陸に参加した。1944年11月にその多くがカミカゼで損害を受けた。

[11月3日 レイテ湾 リバティ船 マシュー・P・デディ]
　10月29日、K・D・フライが船長のリバティ船マシュー・P・デディはニューギニア島ホーランジアからサン・ペドロ湾に貨物船10隻、護衛艦艇7隻とともに到着した。11月3日0535、タクロバン湾で停泊中に攻撃を受けた。日本軍急降下爆撃機が爆弾を投下したが、マシュー・P・デディから外れた。爆撃機は引き返し、船尾方向から機銃掃射をした。船の砲手は爆撃機に20mm弾を撃ち尽くすくらい撃ち込んだので、パイロットは負傷しただろう。瀕死のパイロットにとって最期の行為はカミカゼ体当たりだった。2番ガン・タブに体当たりし、爆発して火の玉になった。火災で近くの酸素とア

リバティ船とヴィクトリー船はメリーランド州バルチモア近郊のベツレヘム・フェアフィールド造船所などで建造された。船首の旗の後ろに5インチ砲のガン・タブが見える（Photograph from the Library of Congress-Farm Security Administration-Office of War Information Photograph Collection.）

セチレンのタンクが爆発して、何人も船外に放り出された。この攻撃による人員の損失は大きかった。武装衛兵は2名が行方不明になり戦死したと考えられ、4名がやけどを負った。この攻撃で乗船していた陸軍兵士は戦死22名、行方不明35名、負傷100名以上を出した。最初の攻撃後、小型船が海面に漂う者を救助していると、日本軍機5機が漂流者に機銃掃射を加え、対人

大混乱の前兆　177

爆弾を投下した。2機が艦艇の砲火で撃墜された。(16) *1

*1：11月2日夜から3日の払暁にかけてタクロバンを攻撃した零戦（夜戦用）または3日朝、銃撃でタクロバンに向かった零戦が爆弾を搭載していた可能性あり。いずれも通常攻撃。（『海軍捷号作戦〈2〉－フィリピン沖海戦－』（戦史叢書第56巻）p. 514）

11月4日

[11月4日 レイテ湾 ヴィクトリー船 ケープ・コンスタンス]
　翌11月4日、資材を積載したヴィクトリー船ケープ・コンスタンスがタクロバンに停泊していると攻撃を受けた。双発爆撃機がケープ・コンスタンスに向かって突進した。*1　船から武装衛兵の砲火を受けて、ブームの1本に体当たりしてから粉々になり、甲板を滑って海に落下した。破片が方々に散ったが、応急員が消火をして甲板を片付けた。船の損害は小さく、人員も1名の軽い負傷で済んだ。

*1：通常攻撃で出撃した銀河、一式陸攻の可能性あり。（『海軍捷号作戦〈2〉－フィリピン沖海戦－』（戦史叢書第56巻）p. 514）

11月5日

[11月5日 ルソン島東方 レキシントン（CV-16）]
　レキシントン（CV-16）はフレデリック・シャーマン少将が率いる第38.3任務群の1隻として転進する日本海軍艦隊に最後の攻撃を加える作戦を終えた。11月5日、レキシントン艦載の第19空母航空群（CAG-19）は重巡洋艦那智撃沈に参加した。1300頃、日本軍機7機が接近しているとの報告を受けた。CAP機が1機を撃墜したが、ほかは雲に隠れたので撃墜できなかった。1325、零戦1機がレキシントンに向かって急降下したが、距離1,000ヤード（約900m）で撃墜された。*1　その後にレキシントンが受けた攻撃の戦闘報告は次の通り。

　その後すぐに、別の零戦1機が同様に攻撃してくるのを見つけた。零戦は砲火を受け、40mm、20mm機関砲弾を何発も被弾して火を噴いたが、何とか爆弾を投下してアイランド右舷後部に体当たりしようとし

1944年11月5日、レキシントン（CV-16）に突進して来る零戦に弾幕射撃で応戦している。カミカゼ攻撃は成功して戦死50名、負傷132名を出した（NARA 80G 270495.）

1944年11月5日、カミカゼ攻撃後のレキシントン（CV-16）右舷第7群20mm機関砲の損傷状況（NARA 890G 270499.）

大混乱の前兆　179

た。爆弾はバトル2（レキシントンのコール・サイン）の装甲鈑で爆発してそれを粉々にし、その区画の第2操舵機器と通信機器も破壊した。その破片、ガソリンの爆発、爆弾の爆風、破片で信号艦橋が大きな損害を受けた。40mm、20mm機関砲砲座で負傷者が多く出た。消火の応急処置を施した。弾薬の爆発とアーク放電があったが、20分で完全に消火した。(17)

戦闘が終わると、死者50名、負傷132名を出していた。作戦継続は可能だったが、11月7日に任務群のほかの艦艇とともにウルシー泊地に戻った。

*1：白虎隊、左近隊の零戦。

11月12日

[11月12日 レイテ湾 リバティ船 レオニダス・メリット、マシュー・P・デディ、トーマス・ネルソン、ジェレミア・M・デイリー、モリソン・R・ウェイト、アキリーズ（ARL-41）、エゲリア（ARL-8）、LCI(L)-364、アレキサンダー・メジャーズ、ウィリアム・A・コールター]

リバティ船レオニダス・メリット、マシュー・P・デディ、トーマス・ネルソン、モリソン・R・ウェイト、アレキサンダー・メジャーズ、ウィリアム・A・コールターはニューギニア島ホーランジアからレイテ島に向けて何事もなく航行して、11月12日にレイテ島ドラッグ港に停泊した。同じ航路を航行したリバティ船ジェレミア・M・デイリーがレイテ湾の近くに停泊した。各種の積荷に加えアレキサンダー・メジャーズとトーマス・ネルソンはガソリンと弾薬も積載していた。この日最悪の惨事になったのはトーマス・ネルソンとジェレミア・M・デイリーだった。

11月12日1127、カミカゼ3機が西北西に現れ、貨物船に向かって急降下した。*1　1機がレオニダス・メリットに命中した。レオニダス・メリットは前部甲板に体当たりを受け、船自体は大きな損害を出したが、人員は戦死3名、負傷36名だけだった。

2機目がマシュー・P・デディに接触した。マシュー・P・デディは11月3日にカミカゼ機の体当たりで損害を受けたが、今度は危機一髪だった。接近した日本軍機に砲火を浴びせてその針路を変えた。カミカゼ機は船橋の横を通過してアンテナに接触し、左舷舷側から30フィート（約9ｍ）の海に突っ込んだ。

3機目がトーマス・ネルソンの船尾に体当たりした。このカミカゼ機はハッチの上のブームにぶつかり、機体の破片が左舷ブルワークまで飛んだ。爆弾は甲板を貫通して爆発した。甲板で火災が発生し、下甲板との間で4.5時間燃え続けた。体当たりで乗船中の兵士133名を含む戦死136名、負傷88名を出した。(18)

　1420、日本軍機4機が停泊中の船舶の上空に現れ、兵士を輸送中のジェレミア・M・デイリーに体当たりした。*2　海域には100隻以上の船舶が停泊しており、ジェレミア・M・デイリーだけがほかの船舶と離れた場所にいたわけではないので生き残れるだろうと思われたが、違った。1機が別の船に爆弾を投下し、編隊から離脱してジェレミア・M・デイリーに向かった。この機体は操舵室に体当たりしてガソリンを甲板に撒き散らし、備蓄燃料に火を付けた。武装衛兵指揮官の勇敢な部下に関する報告は次の通り。

　　カール・メイザー・キュービー米海軍予備役中尉（認識番号342997）は最上船橋で非常警報を発令すると、砲手に電話で各自配置に就くように命令した。ルイ・C・ティアスは自分の砲に就き、キュービーの命令で射撃を開始した。キュービーとティアスは、敵機が2人に真っすぐ向かって来たが、爆弾が爆発し終わるまで戦闘配置から離れなかった。敵機が体当たりした時、爆発でキュービーは船橋の反対側に吹き飛ばされた。全身の90パーセントにやけどを負って、左目の上を切った。数分後、やけどと傷の応急手当を受けるため、船橋から1人で出て来た。ティアスは腹から上にやけどを負った。ティアスがいたガン・タブは破壊された。彼は船橋から助けなしで離れた。(19)

　1800、燃料から広がった火災が鎮火したが、それまでに多くの者が戦死した。体当たりで兵士100名を含む戦死106名、負傷43名を出した。(20)

　これより先の1029、リバティ船モリソン・R・ウェイトに零戦が炎に包まれながら体当たり急降下した。*3　「1番20mm機関砲の配置に就いたウィリアム・マクニーズ一等水兵は撃ち続けたが、零戦の体当たりでガン・タブから吹き飛ばされた」(21) 零戦は左舷舷側に体当たりして船に穴をあけた。15分で消火が終わると、モリソン・R・ウェイトは戦死21名、負傷43名の対応にあたった。

　その日、揚陸艇修理艦アキリーズ（ARL-41）とエゲリア（ARL-8）が撃沈させられた。1300、アキリーズの見張員が零戦3機を発見した。2機目が編隊から離脱すると、砲火を受けながらもアキリーズの前部甲板に体当たりし

て甲板を貫通した。*4　零戦の胴体の破片が甲板上で跳ねて船尾を飛び越えた。数分後、炎が上がり、乗組員は消火のためにできるかぎりのことをした。カミカゼ機が体当たりすると、衝撃とその後の爆発で主消火設備が破損することが多かった。アキリーズでもそれと同じことが起きて、乗組員の消火努力が阻害された。1900、火災がほとんど鎮火したので、いやな仕事だが戦死者数の集計が本格的に始まった。アキリーズは戦死33名、負傷28名を出した。アキリーズはサン・ペドロ湾に11月27日までとどまったのち、修理のためニューギニア島ホーランジアに戻った。

　アキリーズが体当たりを受けた時、エゲリアは1,000ヤード（約900m）離れていた。エゲリアは左舷舷側に中型揚陸艦LSM-138、大型歩兵揚陸艇LCI(L)-430、右舷舷側にLCI(L)-364を係留していた。4隻は格好の目標だった。爆装零戦1機が近くに停泊していた非分類補助用雑役船カリブー（IX-114）に突進したが、砲火で反撃された。すると、エゲリアとほかの3隻の方に向きを変えた。揚陸艦艇3隻のうち、零戦に射撃ができたのはLCI(L)-430だけだった。その砲火で零戦は向きを変えて3隻の周囲を旋回し、LCI(L)-364の左舷方向から攻撃した。LCI(L)-430の砲火で零戦はLCI(L)-364から距離25フィート（約8 m）で撃破された。爆弾が爆発して、LCI(L)-364の左舷舷側に大きな穴をあけた。*5　エゲリアの船自体の損害はわずかだったが、乗組員のうちLCI(L)-364に修理に行っていた21名が負傷した。LCI(L)-364の浸水量が増加したので、LCI(L)-977に曳航されて浅瀬に乗り上げた。

　トラック、兵員、オイル、ガスを積載していたアレキサンダー・メジャーズは潜在的に浮かぶ爆弾だった。1718、アレキサンダー・メジャーズを襲った零戦は主檣に当たり、甲板の上で爆発した。*6　甲板のガソリン入りドラム缶から火災が発生したが、爆風が甲板を貫通しなかったので、近くにいた歩兵揚陸艦の支援を得て消火できた。戦死2名、負傷15名だった。(22)　何日にもわたり、貨物船は競うように陸揚げをして、一時的な修理をしてから本格的な修理のためサンフランシスコに戻った。

　1745、ウィリアム・A・コールターは3,500トンの資材を輸送中に船尾に零戦の体当たりを受けたが、機体は甲板上を滑り、海中に没した。*7　船に小さな損害があったが、戦死者はいなかった。数分後2機目の零戦が船の砲火を受けた後、舷側近くに墜落したが、爆弾による船自体の損害はなかった。69名の士官、乗組員、武装衛兵、兵員が負傷した。

　　*1：第5聖武隊の零戦。（馬場俊夫、石岡義人両上飛曹、關根利三郎二飛曹）
　　　（『神風特別攻撃隊々員之記録』p.8）

*2、*4、*5：時宗隊、第2桜花隊（以上零戦）（この当時は有人爆弾の「桜花」はまだ開発中で、この部隊は「桜花」の部隊ではない）時宗隊の直掩機として出撃して生還した海保上飛曹は帰還後、1400頃レイテ湾突入と報告しているので、1420にジェレミア・M・デイリーを攻撃したのは時宗隊の可能性が高い。ただ、時宗隊は1115にマバラカットから出撃しており途中迂回したにしても少し時間がかかり過ぎ。一方、第2白虎隊の先発は1230、第2桜花隊は1300にそれぞれアンヘレスから出撃しているので、1300にアキリーズ、エゲリアを攻撃することは不可能で、時宗隊が攻撃したことになる。以上のことから1300にアキリーズ、エゲリアを攻撃したのは時宗隊、1420にジェレミア・M・デイリーを攻撃したのは第2桜花隊と考えるのが妥当であろう。第2白虎隊の未帰還機数は1機なので、エゲリアを攻撃した機体の可能性はある。

*3：攻撃隊不明。ただし11日夜から12日の朝、タクロバン飛行場を攻撃した第2飛行団の戦闘機の可能性あり。（『比島捷号陸軍航空作戦』（戦史叢書第48巻）p. 392）

*6：梅花隊の零戦。

*7：第2白虎隊（後発）

11月18日

[11月18～19日 レイテ島 アルパイン（APA-92）、リバティ船ニコラス・J・セネット、ギルバート・スチュワート、C1型アルコア・パイオニア、ケープ・ロマノ]

11月18日0729、攻撃輸送艦アルパイン（APA-92）がカミカゼ攻撃を受けた。レイテ島で兵員を下船させている時、日本軍機2機が接近した。*1 射撃を開始して1機を右舷後方に撃墜したが、2機目が雨霰のような対空砲火をかいくぐり左舷舷側に体当たりして炎を上げた。爆発が2回起こり、爆弾の炎がアルパインを覆ったが、30分で鎮火した。兵員の下船を続け、修理のためパプアニューギニアのマヌス島に向かった。戦死5名、負傷12名だった。(23)

11月18日から19日にかけて、リバティ船のニコラス・J・セネット、ギルバート・スチュワート、C1型輸送船のアルコア・パイオニア、ケープ・ロマノの4隻の商船もカミカゼに襲われた。ニコラス・J・セネットは11月12日0724にレイテ島でカミカゼ機の突進を受けたが、それは海面に激突する直前に船体に軽く当たっただけだったので、危機一髪だった。*2 18日にも攻撃を受けたが船と乗組員に損害はなかった。*3

18日、ギルバート・スチュワートもニコラス・J・セネットと同時にカミカゼ機から体当たりを受けた。*4 ギルバート・スチュワートも浮かぶ爆弾

大混乱の前兆　183

だった。資材と兵員のほかにガソリン714キロリットルを積載していたが、幸い兵員は下船していた。カミカゼ機は正面から飛来して、煙突と右舷ガン・タブにぶつかり、船尾で止まった。爆弾が爆発して、機体から船内に流れ出たガソリンが燃え、火が広がった。幸い、火は船内のガソリンまで届かなかった。(24)　ギルバート・スチュワートは艦隊随伴航洋曳船チカソー（ATF-83）から消火支援を受けたが、戦死6名、負傷11名を出した。

アルコア・パイオニアは1,200トンのガソリンを積載しており、4隻の商船の中でいちばん懸念された船だった。11月19日0710、アルコア・パイオニアは体当たりを受けたが、火災を甲板だけで抑え込み5分で消火した。*5　乗組員全員が果敢な消火の必要性を認識しており、対応は素晴らしかった。大損害が予想されたが、戦死6名、負傷13名で済んだ。武装衛兵の勇気が船長のアンドリュー・W・ガヴィン海軍予備役少佐（非現役）の目にとまり、船長は次のように報告した。

　　以下の報告は、私が観察したものと敵機突入数秒後に私が撮影した30フィート（約9m）分の映画で、これをサンフランシスコの武装衛兵本部に送る予定である。映画に問題がなければ、文字では描写できないほどの勇気と不屈の精神を見ることができる。2番20mm機関砲ガン・タブには爆弾の破片が燃えて散らばっており、パトリック・ヘンリー・スティーブンス一等水兵（認識番号306-32-38）はひどいやけどで、片腕がほとんどちぎれそうだったが、銃で空を狙っていた。

　　4番、6番ガン・タブではオーティス・B・カラレイ一等水兵（認識番号938-61-47）、ウィリアム・エリス・ヨーク一等水兵（認識番号932-59-12）、カール・ウイントン・リー一等水兵（認識番号861-17-31）の全員が砲に就いたが、砲座の床は燃えていた。カラレイとリーは負傷している。3番ガン・タブは爆弾の破片で穴だらけになっており、リーロイ・ビンセント・カーク一等水兵（認識番号313-27-62）は重体で、エドワード・ラーシィ・グリッチィ一等水兵（認識番号382-99-75）はひどいやけどを負ったが配置に就いていた。このような光景はすべての砲で見ることができた。

　　煙突の右舷で横に並んでいた5番、7番ガン・タブにロイド・アール・チャプダ射撃兵曹（認識番号613-13-16）、エドワード・ヘンリー・コカルドア一等水兵（認識番号661-46-34）、ギルバート・C・ベイカー一等水兵（認識番号867-25-92）が配置に就いていた。周囲は修羅場で、チャプダ射撃兵曹とコカルドア一等水兵は負傷していた。近くに停泊し

ていたジェネラル・フライシャーを狙ったカミカゼ機を撃墜したのは彼らの砲で、そのおかげでジェネラル・フライシャーはカミカゼ機の命中から逃れることができた。(25)

ケープ・ロマノは3週間前に爆撃を受けていた。11月19日はカミカゼ機が左舷船橋に当たり、ガン・タブにぶつかって船外に落ちた。*6　爆発で船は軽い損害を受けたが、人員の損害はなかった。侵攻作戦に参加した船で最も損害が小さかったであろう。(26)

　　*1、*3、*4、：第8聖武隊（零戦）、出撃時刻不明の飛行第200戦隊の疾風。
　　*2：万朶隊の九九式双軽、直掩の独立飛行第24戦隊の隼。ただし、本書に記載して
　　　ある時刻（0724）よりも約1時間遅い時刻に突入電を発信している。
　　*5、*6：第9聖武隊の零戦。（原正彦、磯野清夫両上飛曹、高橋許人二飛曹）
　　（『神風特別攻撃隊々員之記録』p. 8）

11月23日

[11月23日 レイテ島 ジェームズ・オハラ（APA-90）]
　攻撃輸送艦ジェームズ・オハラ（APA-90)はグァムから陸軍第77師団を乗せた15隻の輸送船団の1隻として到着した。11月22日、レイテ島に停泊して、翌23日兵員を降ろし始めた。1114、零戦1機がP-38ライトニング4機に追われて船から距離2海里（約3.7km）に現れ、ジェームズ・オハラに向かって体当たり突進をした。*1　零戦は砲火を受けて船から100フィート（約30m）で主翼を失い、操縦不能になった。機体の胴体などがジェームズ・オハラの舷側に当たり、爆発して分解した。ほかの機体部品は海に落ち、小さなガソリン火災が付近に広がったが、すぐに消えた。艦自体の損害はほとんどなく、人的損害もなかった。(27)

　　*1：この日は陸海軍の特攻機は出撃していない。通常攻撃機であろうが攻撃隊不明。

11月25日

[11月25日 ルソン島東沖．イントレピッド（CV-11）、カボット（CVL-28）、ハンコック（CV-19）、エセックス（CV-9）]
　第38任務部隊の空母はフィリピンの作戦が進むにつれて、再びカミカゼの

1944年11月25日、エセックス（CV-9）に体当たりしようとしている航技廠海軍艦上爆撃機彗星三三型（D4Y2）。連合軍コードネームは「Judy」 (NARA 80G 270710.)

猛攻を受けた。11月25日ゲラルド・F・ボーガン少将の第38.2任務群の空母がルソン島中部の東60海里（約110km）から作戦を行ない、艦載機はクラーク飛行場とマニラ近郊の攻撃で忙しかった。

　1253、零戦1機がCAP機を通り抜けてイントレピッド（CV-11）の左舷ガン・タブに体当たりして、戦死10名、負傷6名を出した。*1　機体はそのまま突進して飛行甲板に穴をあけると、搭載していた爆弾が爆発した。イント

左頁写真に続くエセックス（CV-9）に体当たり直前の彗星三三型。対空砲火の命中で左主翼の付け根付近から煙を吹いている（NARA 80G 270649.）

レピッドは体当たりで発生した火災を鎮火して配置にとどまった。イントレピッドの戦闘報告は、これが戦闘の終わりでないことを示している。

　1258、任務群は針路を175度に変針した。零戦1機が7.7mm機関銃と20mm機関砲を撃ちながら本艦を目がけて来た。1259、零戦は左舷のフレーム140番から142番の付近に体当たりして艦首まで滑って行き、エンジン部品、パイロットの胴体、機体の残骸が飛行甲板に残った。*2　本機は爆装しており、爆弾が飛行甲板を貫通して、格納庫甲板のフレーム107番で爆発した。この爆発で士官、兵士が戦死し、格納庫甲板の艦載機と周辺区画で火災が発生した。最後の体当たりの後、撃ち方止めになった。その後も敵機は近くにいたが、空母の射撃範囲内には飛来しなかった。(28)

攻撃終了までにイントレピッドは体当たりを受けた2機を含む日本軍機5機に砲弾を浴びせた。その日、戦死69名、負傷35名を出した。
　1254、零戦1機がカボット（CVL-28）の艦尾方向の高空から飛来して左舷飛行甲板の端にぶつかった。*3　3分後、2機目の零戦が左舷艦首方向の高空から飛来して左舷舷側近くで爆発した。カボットの甲板に零戦の破片が降り注いだ。火災をすぐに鎮火し、検査で艦の損害が小さいことを確認した。(29)
攻撃の結果は、甲板上の小さな穴2か所、戦死36名、負傷16名だった。

大混乱の前兆　187

1944年11月25日、カミカゼ攻撃によって炎上しているエセックス（CV-19）。サウスダコタ（BB-57）から撮影（NARA 80G 270748.）

11月25日、エセックス（CV-9）がカミカゼ攻撃で受けた損害。艦は火災を消火したのち、まもなく戦闘に戻った（NARA 80G 270731.）

第38.2任務群の空母の中でハンコック（CV-19）がいちばん幸運だった。ハンコックを襲った零戦は高度1,000フィート（約300m）でバラバラに吹き飛ばされた。破片が飛行甲板に落下して小さな火災が起きた。10フィートから12フィート（約3mから約4m）の大きさの胴体が飛行甲板中央部に落下した。破片から起きた火災をすぐに消火したので、大きな損害はなく、2名が負傷しただけだった。(30)

　フレデリック・シャーマン少将が率いる第38.3任務群の1隻だったエセックス（CV-9）は、1255に左舷飛行甲板に彗星の体当たりを受けた。*4　彗星は爆弾を搭載していなかったが、ガソリンの爆発で飛行甲板とキャットウォークで火災が起きた。*5　飛行甲板、第4群20mm機関砲床、この近くの格納庫甲板が体当たりで損害を受けた。消火の結果、1326に飛行作業を再開できた。艦自体が受けた損害は軽微だったが、戦死15名、負傷44名を出した。(31)

　*1、*2、*3：吉野隊の零戦。（高武公美中尉、河内山精治、長谷川達、池田末廣、布田孝一、村松文雄各上飛曹、西尾芳朗二飛曹、永原茂木飛長）（『神風特別攻撃隊々員之記録』p. 10）
　*4：米国資料によれば、体当たりした機体の搭乗員は山口善則一飛曹となっており、そうであれば香取隊で、同乗者は酒樹正一飛曹になる。
　*5：香取隊の彗星は出撃時500kg爆弾を搭載していた。彗星は爆弾を胴体内の爆弾倉に搭載したので、外見では爆弾搭載しているかは分からない。

11月27日

［11月27日 レイテ島沖 コロラド（BB-45）、モントピーリア（CL-57）、セント・ルイス（CL-49）］

　コロラド（BB-45）、メリーランド（BB-46）、ウエストバージニア（BB-48）、ニューメキシコ（BB-40）、ミネアポリス（CA-36）、コロンビア（CL-56）、デンヴァー,（CL-58）、モントピーリア（CL-57）、セント・ルイス（CL-49）はT・D・ラドック少将が率いる第77.12任務群（重装備援護・空母群）の艦艇だった。これを直衛するのはマスティン（DD-413）、ラング（DD-399）、オーリック（DD-569）、ソーフレイ（DD-465）、レンショー（DD-499）、ウォーラー（DD-466）、コンウエイ（DD-507）、プリングル（DD-477）、イートン（DD-510）、コニー（DD-508）、ニコラス（DD-449）、ジェンキンス（DD-447）、ラフェイ（DD-724）だった。最初のレイテ島侵攻が完了したので、任務群はレイテ湾を通過する輸送船団の護衛に就

いた。

　11月27日の朝、日本軍機の動きが見えず、次第に天気が悪くなったのと、燃料補給が必要になったので艦艇には不利な状況だった。カミカゼが攻撃を開始した時、任務群の艦艇は給油を受けるためタンカーの非分類補助用雑役船カリブー（IX-114）の周りを回っており、ウエストバージニアはちょうど燃料を積み込んでいる最中だった。1125、約30機の敵味方不明機が艦艇に接近しているのを探知した。*1　ウエストバージニアが爆撃機の目標になったが、損害はなかった。

　コロラドの左舷に体当たりしたのが最初のカミカゼ機の命中になった。「機体と爆弾が８番５インチ砲塔で爆発して砲を壊し、砲塔内の人員と６番、18番40mm機関砲砲座の人員が負傷した。２機目の機体と爆弾が海中で爆発したが、艦と人員に損害はなかった」(32)　戦死19名、負傷72名の損害が出たが、艦自体の被害はわずかだった。

　1145、モントピーリアは４機から攻撃を受け、艦自体の損害はほとんどなかったが、負傷11名を出した。艦艇は合計11機を撃墜した。

　セント・ルイスが次の目標になり、彗星から攻撃を受けた。彗星は爆弾を投下すると錐もみに入り、セント・ルイスから距離1,500ヤード（約1.4km）に墜落した。セント・ルイスの戦闘報告は次の通り。

　　1137、４機編隊の敵機に本艦の左舷対空火器の砲列が火を噴いた。これに続いて事態は急速に動き、1215までに本艦は連続６回の急降下爆撃を受けた。1138、左舷艦尾というよりほとんど艦尾方向からの体当たり急降下が始まった。*2　機体は炎に包まれ、上下逆になっていたが、128番隔壁の右舷舷側から10フィート（約３m）中心線よりの水上機格納庫区画前方右舷の角に体当たりした。*3　この時、本艦は円陣形になるよう指示を受け、陣形速力の15ノット（約28km/h）で右にゆっくりと回頭していた。爆弾は瞬発信管を使用していたと考えられる。爆弾は格納庫区画の126番隔壁前方下部右舷の角を貫通した。手足がもげたパイロットの遺体がパラシュート、スカーフ、エンジン、背中の防弾板、セルフ・シーリング燃料タンク材、タイヤ１個、12.7mmらしき機関銃２門と各種の小物とともに第３甲板の倉庫の後ろ端で止まった。機体のガソリンによる火災とそれにより発火した格納庫区画内のほかの資材の火災で、さらに大きな火災が起きた。これが、本艦が損害を受けていることを示すことになり、カミカゼに「これをやっつけよう」と思われて、引き続き攻撃を受けることになったと考えられている。(33)

別の5機もセント・ルイスに襲いかかった。多くは艦から遠くで撃墜された。しかし、1機だけ左舷舷側近くの海面に激突して、船体の装甲帯の少し下を切り裂いた。見張員によるとこれらは彗星、零戦三二型、*4　天山、九九式艦爆で、*5　この攻撃が日本海軍機によることを示している。セント・ルイスの戦死16名、負傷43名だった。

*1、*2：八紘第1隊八紘隊の隼（八紘第1隊八紘隊は田中秀志中尉、藤井信、森本秀郎、善家善四郎、竹内健一、寺田行二、細谷幸吉、白石国光、道場七郎、馬場駿吉各少尉）（『陸軍航空特別攻撃隊各部隊総覧　第1巻』p. 11）。その直掩の隼、疾風。（『比島捷号陸軍航空作戦』（戦史叢書第48巻）p. 447）
*3：艦尾甲板下にカーチスSOCシーガル水上機を収納する格納庫を設けており、甲板の格納庫蓋に特攻機が激突した。
*4：零戦三二型は零戦五二型を誤認したもの。零戦三二型は主翼翼端を切り落として矩形に成形して機体全幅を短くした。このため米軍は当初零戦と異なる機種と考え、コード・ネームをZekeでなくHampとした。
*5：陸海軍から通常攻撃を含め九九式艦爆またはそれと誤認するような機体は出撃していない。攻撃隊不明。

[11月27日 レイテ島沖 SC-744]

　ドナルド・S・ストレーッエル大尉が艇長の駆潜艇SC-744はタクロバン港から魚雷艇基地を建設中のセブ島リロアンに向けて高オクタン値のガソリンを積載した艀を護衛中だった。11月27日1133、この海域に日本軍機がいるとの無線連絡を受けて、総員配置を発令した。(34)　数分で、2機のP-38ライトニングに追われた零戦1機を発見した。*1　乗組員が見ていると、零戦のほうの腕が良かった。P-38ライトニングの1機を撃墜すると駆潜艇に機銃掃射をしようと旋回した。駆潜艇が対空火器を撃つと、零戦は操縦不能になったように見えた。零戦が降下中に撃った弾で小型木造の駆潜艇は穴だらけになった。乗組員はパイロットを殺したと思ったが、何も変わらなかった。すでに体当たりコースに入っていた零戦は真っすぐ駆潜艇目がけて飛行して艦尾近くに体当たりした。体当たり前に投下された爆弾は駆潜艇を外し艦首近くの海で爆発した。煙が収まると、駆潜艇はまだ浮いており、火災は起きていなかったが、人的損害はあった。行方不明6名で、左舷の20mm機関砲に配置されていた者は大けがをした。最終的に、戦死7名、負傷3名だった。陸軍の曳船TP-114は船外に放り出された1人を引き上げてから駆潜艇の支援に向かった。駆潜艇はタクロバン港に曳航されたが、11月30日0420、ドックに

係留中に沈没した。生き残るには傷は深すぎた。(35)

*1：八紘第1隊八紘隊の隼（操縦者は前述の通り）およびその直掩の隼、疾風を零戦に誤認している。

11月29日

[11月29日 レイテ島沖 メリーランド（BB-46）、ソーフレイ（DD-465）、オーリック（DD-569）]

11月28日、任務群に攻撃がなかったが、翌29日カミカゼは戻って来た。日本軍が攻撃を開始したのは、艦艇がレイテ島沖を離れる命令を受けて、パプアニューギニアのマヌスに戻り始めた時だった。*1　日没直後に雲を通り抜けたカミカゼ1機がメリーランド（BB-46）の1番砲塔と2番砲塔に体当たりして多くの死傷者を出し、大きな炎に包まれて爆発した。火災が鎮火した時もメリーランドは航行していた。体当たりで戦死31名、負傷30名を出した。

この攻撃と同じ頃、ピケット任務に就いていたソーフレイ（DD-465）とオーリック（DD-569）も攻撃を受けた。*2　2隻ともレイテ湾口で対潜直衛に就いていた。ソーフレイに1機が体当たりしたが、艦自体の損害は軽微で戦死1名だった。しかし、オーリックの損害は大きかった。1750、オーリックは隼6機の攻撃を受けた。1機は霰のような対空砲火を通り、投下した爆弾は外れたが、機体が舷側近くの海面に激突した。オーリック艦長のJ・D・アンドリュー中佐の巧みな操艦で攻撃から逃れることができた。全速後進を命じたので、たぶんパイロットはタイミングが狂い、的を外したのだろう。2機目が艦尾方向から飛来したが、5インチ砲、40mm、20mm機関砲の弾を何発も被弾したので、たぶんパイロットは死亡した。主翼が艦橋右舷に当たり、胴体は回転しながら前部甲板に落ちて爆発した。爆発で鋭い破片が周囲に飛び散り、戦死32名、負傷64名を出した。オーリックの2番砲塔は動かなくなった。当面の脅威が去ったので、まだ状況を調査中だったソーフレイを支援するために向かった。(36)

*1、*2：八紘第3隊靖国隊の6機とその直掩機5機（以上隼）。（八紘第3隊靖国隊は大坪明、秦音次郎両少尉、河島鉄蔵、寺島忠正、石井一十四、松井秀雄（印在雄）各伍長）（『陸軍航空特別攻撃隊各部隊総覧　第1巻』pp. 14-15）（『比島捷号陸軍航空作戦』（戦史叢書第48巻）pp. 448-449）

第8章　1944年12月のカミカゼ

　12月初旬、レイテ島東側のレイテ湾で最初の上陸は完了したが、島の反対側では戦闘が始まったばかりだった。12月7日からレイテ島西側のオルモック湾で米軍の増強部隊が上陸を開始した。レイテ湾からオルモック湾に移動する多数の米艦艇は日本航空部隊の魅力的な目標だった。

12月5日

［12月5日 スリガオ海峡 ドレイトン（DD-366）、LSM-20、LSM-23］
　12月5日、真珠湾から3年目が近付こうとしていたので、レイテ島沖の艦艇はそれに思いを馳せていた。ラムソン（DD-367）、フラッサー（DD-368）、ショー（DD-373）、ドレイトン（DD-366）は第78.3任務群所属の任務隊として陸軍第77師団のオルモック湾上陸作戦に参加していた。兵員は戦車揚陸艦で輸送された。任務隊は駆逐艦12隻、高速輸送艦9隻、戦車揚陸艦4隻、歩兵揚陸艦31隻、中型揚陸艦12隻、艦隊掃海艇9隻、駆潜艇2隻、救難曳船1隻で編成されていた。その日は日本軍航空兵力にとって成功した日になった。最近、特攻隊3個隊がフィリピンに到着した。この日のカミカゼは陸軍の富嶽隊で、これが最初の作戦参加だった。(1) *1

　前日の夕方、日本軍機がこの海域に現れたが、天候が悪かったので攻撃してこなかった。5日0105、艦艇は日本軍機の爆撃を受けたが、爆弾はすべて外れた。*2　このような攻撃がしばらく続いた。0450、1機がドレイトンを目がけて投下した爆弾はわずかに外れたが、爆発で戦死2名、負傷7名が出た。*3　これはその後の前兆だった。0900、百式司偵が艦艇の偵察に飛来したが、ラムソンの砲火で撃墜された。*4　ドレイトンの戦闘報告がこの日の出来事を次のように述べている。

　　1100、任務隊は到着してスリガオ海峡を北に向かいディナガット島の西へ航行していた。空の9割を雲が覆い、雲高は6,500フィート（約2,000m）だった。対空捜索レーダーの探知距離は、陸地が干渉して5海

里（約9.3km）だった。本艦は警戒態勢に就いていた。4機のロッキードP-38ライトニングがラムソンの管制を受けて戦闘空中哨戒（CAP）に就いていた。1103、戦闘機から、敵味方不明機が2個グループいるとの連絡があった。*5　レーダー・スクリーン上では敵味方不明機は頭上にいた。ほとんど同時に体当たり機1機が近くのショーに体当たりするのが見えた。本艦は左舷後方で急降下している機体に砲火を浴びせて、火の玉に包んで撃墜した。ほかの何機かにも砲火を浴びせたが、結果は不明だった。固定脚の九九式艦爆が右舷艦尾方向から350ノット（約650km/h）以上で本艦の右舷に急降下接近した。*6　主翼が艦橋をかすめたので本艦を外すと思ったが、左主翼を下に90度傾けて1番砲塔近くに体当たりした。機体の残骸のほとんどはそのまま海面に落ちたが、主翼と脚が艦に損害を与えた。燃えるガソリンでいたるところで火災が発生し、装薬と砲弾は収納箱が壊れたので、炎が覆う甲板上に散乱した。高熱にもかかわらず、爆発したものはなかった。装薬に着火したが、爆発というよりも燃焼だった。装薬と砲弾をすぐに投棄して海水と二酸化炭素ガスで消火をした。(2)

　この攻撃でドレイトンは艦自体の損害は小さかったが、戦死6名、負傷12名を出した。ドレイトンの乗組員が火災と戦っていたので、ほかの日本軍機もドレイトンを襲って来たが、手際よく処理された。少なくとも1機が撃墜、3機が撃破された。

　ドレイトンへの攻撃と同時に隼1機が中型揚陸艦LSM-20に体当たりした。*7　致命的な打撃で、中型揚陸艦は戦死8名、負傷9名を出してこの攻撃で沈没した。数分後に九九式艦爆1機がLSM-34を目がけて突進したが外れた。

　2機目の九九式艦爆がLSM-23を目標にした。*8　艦長のK・K・ヒックマン大尉は攻撃を避けるため最大戦速と面舵いっぱいを命じた。九九式艦爆は右舷正横50フィート（約15m）の海面で弾き飛ばされ、上部構造物の最下部にぶつかった。250kg爆弾が中型揚陸艦の喫水線の30cm上で船殻を貫通した。幸いなことに爆弾は不発だった。一方、体当たりの衝撃で、海図室と無線室に地獄のような火災が発生したが、火災を15分で消火した。戦死8名、負傷7名だった。(3)

　CAPに就いていた陸軍第9戦闘飛行隊のP-38ライトニングは九九式艦爆3機と隼3機を撃墜した。*9　飛来した日本軍機の数は12機から15機だったが、それだけではこの海域の米艦艇に損害を与えるには不十分だった。生き

残った艦艇は基地に戻った。

*1：富嶽隊の初陣は11月7日だが、著者が引用した『比島航空作戦記録 第二期』（「日本軍戦史 No.12」）の英訳には12月7日と書かれていた可能性がある。巻末の注を参照。ただし、古い「日本軍戦史」の英文翻訳版を引用したにしても12月5日の記述に12月7日の富嶽隊を記載した理由は不明。
*2：米軍資料によると双発爆撃機。通常攻撃隊で攻撃隊不明。
*3、*4：通常攻撃隊で攻撃隊不明
*5：八紘第2隊一宇隊の隼（天野三郎、大谷秋夫、愛敬理各少尉（『陸軍航空特別攻撃隊各部隊総覧 第1巻』p. 12））、八紘第6隊石腸隊の九九式襲撃機（高石邦雄大尉、市原哲雄、大井隆夫、片岡正光、下柳田弘、山浦豊、増田憲一各少尉）（『陸軍航空特別攻撃隊各部隊総覧 第1巻』pp. 20-21）。これらの部隊の直掩機の可能性あり。日本側の記録に残っている特攻隊の出撃時刻と米軍の記録に残っている攻撃を受けた時刻がほぼ同じであり、どちらかの記録が間違っている可能性あり。
*6、*8：八紘第6隊石腸隊の九九式襲撃機を九九式艦爆に誤認している。（操縦者は前述の通り）
*7：八紘第2隊一宇隊の隼。（操縦者は前述の通り）
*9：八紘第2隊一宇隊の隼、八紘第6隊石腸隊の九九式襲撃機を九九式艦爆に誤認している。（操縦者は前述の通り）

[12月5日 ミンダナオ島沖 リバティ船マーカス・デイリー、ジョン・エバンズ]

リバティ船マーカス・デイリーは、41隻の輸送船団の1隻として5隻の艦艇に護衛されてニューギニア島ホーランジアからレイテ島に向かっていた。12月5日、艦艇・船舶はミンダナオ島沖で航空攻撃を受けた。1500、日本軍機1機がマーカス・デイリーの砲火を受けながら急降下で向かって来た。*1 機銃掃射をしていたので、それがカミカゼ突進なのか不明だった。マーカス・デイリーの砲火で日本軍機は大きな損傷を受けた。よくあることだが、パイロットは墜落するならば機体を敵艦艇に体当たりさせようとする。日本軍機は船尾方向から飛来し、主翼が前檣に接触して機体は前甲板に落下した。250kgと推定される爆弾が機体とともに爆発した。マーカス・デイリーは火の玉になり、炎は100フィート（約30m）にも達した。船首は大きく壊れ、船首近くの両舷舷側は吹き飛ばされた。消火作業を開始して、数時間後に鎮火させた。貨物のほかに1,200名の陸軍の兵員を乗せていたが、体当たりで62名が戦死した。そのほかに戦死3名、負傷49名を出した。(4)　船に損害

があったが、レイテ島タラゴナ湾に自力で向かった。
　1515、リバティ船ジョン・エバンズは零戦1機から攻撃を受けた。報告では零戦は何度も被弾している。パイロットは死亡したと考えられているが、機体は主檣と煙突の間の甲板室の上に体当たりして右舷の海に沈み、爆弾が爆発した。船自体の損害はほとんどなかったが、負傷4名を出した。(5) *2

　*1、*2：第11聖武隊の零戦。（永島眞上飛曹、宮田實飛長）（『神風特別攻撃隊々員之記録』p. 9）

[12月5日 スリガオ海峡 マグフォード（DD-389）]
　12月5日、レイテ島アマグセン岬とスリガオ海峡南方の水路の間で対潜・レーダー・ピケット哨戒していたのはマグフォード（DD-389）だった。マグフォードはドレイトン（DD-366）と中型揚陸艦が攻撃を受けるのを見て、ラ・ヴァレット（DD-448）とともに攻撃を受けた艦艇に向かって速力を上げた。ドレイトンとショー（DD-373）は損害を受けていない中型揚陸艦をレイテ島まで護衛した。ラ・ヴァレットはスリガオ海峡の哨戒に向かった。
　マグフォードはフラッサー（DD-368）とともに残る艦艇の直衛をした。すぐに別の攻撃があった。1710、九九式艦爆1機がマグフォードに爆撃を試みたが、爆弾は200ヤード（約180m）外れた。九九式艦爆は飛び去ったが数分すると戻ってきてマグフォードに突進した。マグフォードの砲手はこれを狙ったが、撃墜できなかった。1716、九九式艦爆はマグフォードの左舷舷側に体当たりした。約2分後、九九式艦爆1機が接近したが、2機のP-38ライトニングに撃墜された。*1　マグフォードは一時的に推進力が落ち、LSM-34に曳航してもらった。マグフォードは火災を1時間で鎮火させ、自力で航行できるようになった。戦死8名、負傷16名だった。

　*1：八紘第5隊鉄心隊の九九式襲撃機を九九式艦爆に誤認している。（松井浩中尉、西山敬次少尉、長浜清伍長）（『陸軍航空特別攻撃隊各部隊総覧　第1巻』pp. 18-19）

12月7日

[12月7日 レイテ島オルモック湾 マハン（DD-364）]
　12月7日、マハン（DD-364）はオルモック湾とポンソン島の間、レイテ島の西端で第78.3任務群の対潜・ピケット任務に就いていた。戦闘機指揮・

管制チームを乗せており、上空で陸軍のP-38ライトニング7機をCAPに就かせていた。0943、海域に日本軍機襲来の報告があり、5分で艦艇の近くに現れた。マハンは速力を最大戦速に上げ、交戦準備をした。日本軍機は双発爆撃機9機、戦闘機4機で、マハンの左舷80度から接近した。*1　マハンは砲火を浴びせたが、P-38ライトニング3機が日本軍機と交戦に入ったので射撃を停止した。P-38ライトニングの1機目がすぐに日本軍戦闘機1機を、P-38ライトニングの2機目がさらに2機を撃墜した。P-38ライトニングの3機目は爆撃機2機を撃墜したが、ほかの1機が右にバンクしてマハンに向けて突進し、爆撃機何機かもこれに続いた。マハンの戦闘報告は次のように明かしている。

　　1機目の敵機は海面上50フィート（約15m）で水平飛行に移り、右舷正横距離2,000ヤード（約1.8km）から艦橋構造物に向かって来た。ほかの敵機も1,500ヤード（約1.4km）間隔でこれに続いた。1機目は40mm、20mm機関砲弾を浴びて火の玉になり、艦の3番5インチ砲の横50ヤード（約46m）、海面上30フィート（約10m）で爆発した。衝撃で3番5インチ砲から4人が海に放り出されたが、ほかに損害はなかった。2機目は明らかに高度の判断を間違ったか、1機目の爆発で目が眩んだようだった。いずれにしろ、それは煙突の上を通過して左舷正横を距離2,000ヤード（約1.8km）まで行ったが、海面上低高度で反転した。3機目が突進して来たが、艦の5インチ砲が右舷距離2,500ヤード（約2.3km）で撃墜した。4機目を40mm、20mm機関砲で甲板室の右舷距離200ヤード（約180m）で撃墜した。5機目は艦首上甲板の艦橋右舷後部に体当たりして煙突と前檣を倒した。6機目は2番5インチ砲右舷の喫水線付近に体当たりした。先ほど上空を通過してから反転した2機目が2番5インチ砲の横の喫水線と船首楼甲板の間に体当たりしたのはちょうどこの時だった。P-38ライトニング1機が来て、この敵機が艦に到達する前に撃墜しようとしたが、間に合わなかった。7機目は怖気づいたのか、艦はすでに十分損害を受けていると判断したのか、艦に体当たりしようとしなかった。代わりに右舷から艦の後部に機銃掃射を加え、艦尾方向に抜けてから戻ってきて左舷方向から艦橋と艦の前部に機銃掃射を加えた。(6)

ほかの3機の爆撃機もマハンに機銃掃射を加えた。2機は艦とP-38ライトニングからの砲火を受けて墜落し、1機は逃げた。陸軍の第71偵察航空群第110偵察飛行隊のカーチスP-40ウォーホークが戦闘に参加して、大規模な空

1944年12月7日、オルモック湾でカミカゼ攻撃を受けて炎上する高速輸送艦ワード(APD-16)。ワードは損害がひどかったので廃棄となり、オブライエン(DD-725)が砲撃で沈めた(NARA 80G 270774.)

中戦が続いた。マハンは戦闘でほかの艦艇と離れたので34ノット(約63km/h)で合流しようとした。艦長のE・G・キャンベル中佐は高速で航走すると炎が煽り立てられるのに気づいた。艦内火災が手を付けられない状態になっていて、しかも主消火設備が故障しているので前部弾薬庫に海水を注入できないことも考慮した。1001、艦長は負傷者と任務に就いていない乗組員の離艦を命じた。最悪の場合に備えて、爆雷に安全装置をかけ、魚雷を投棄した。1020、前部弾薬庫が爆発したので、総員離艦を発令した。ウォーク(DD-723)とラムソン(DD-367)が接近し、生存者の救助を開始した。第78.3任務群(オルモック湾攻撃群)指揮官A・D・ストラブル少将はマハンの状況に望みはないと考えた。ストラブル少将はマハンが燃える残骸になり航行の障害にならないように、ウォークに撃沈を命じた。1150、砲撃と雷撃でマハンは波間に滑り落ちた。戦死6名、負傷31名だった。

*1:双発爆撃機は八紘第8隊勤皇隊の屠龍。(山本卓美中尉、二瓶秀典、東直次郎

両少尉、林長守(林長守)(山本機に同乗)、入江直澄、大村秀一、片野茂、白岩二郎、増田良次各伍長)(『陸軍航空特別攻撃隊各部隊総覧 第1巻』p. 24)戦闘機はその直掩の疾風。(『比島捷号陸軍航空作戦』(戦史叢書第48巻) pp. 474-475)

[12月7日 レイテ島オルモック湾 ワード(APD-16)、ラムソン(DD-367)
高速輸送艦ワード(APD-16)は陸軍第77師団の士官4名と下士官兵104名を上陸させた。ワードは揚陸艇3隻を回収して、対潜哨戒中のマハン、艦隊掃海艇スカウト(AM-296)、ソンター(AM-295)の近くの定位置に就いた。マハンの攻撃に向かった爆撃機9機がワードの上空を通過したので、射撃をしたが命中弾はなかった。*1 その後すぐに、ワードはマハンが攻撃を受けているのに気づいた。マハンとP-38ライトニングの砲火を逃れた何機かがワードに向かって来た。

> 先頭の機体は煙を引いているので被弾しているようだった。本艦は3インチ砲と20mm機関砲の砲火を浴びせた。敵機は20mm機関砲弾を被弾したようだが、本艦に近付いて水平飛行に移ると兵員収容室と缶室の近くの左舷舷側に体当たりした。すぐに本艦の兵員収容室下の燃料タンクが破裂して引火し、大火災が発生した。艦内の機器では消火できないことが明らかになり、注水できない弾薬庫が危険になったため、総員離艦の命令が出た。(7)

ストラブル少将は1時間で2回も指揮下の艦に撃沈命令を出した。オブライエン(DD-725)がワードを砲撃で撃沈した。攻撃で何人かが重度のやけどを負ったが、戦死者はいなかった。

マハンの窮状は任務群の上層部に伝わり、ラムソン(DD-367)が交代命令を受けてピケットで戦闘機指揮・管制任務に就くことになった。ラムソンが現場に行くと、上空の空中戦が見えたので日本軍機迎撃のため戦闘機を送り込んだ。1045から1145の間、敵味方不明機5機に対する迎撃誘導をした。*2 1130、揚陸艦艇は兵員を上陸させ、海域から離れようとしていた。ラムソンにとって幸いにも1400まで航空攻撃は一時休止状態だった。その時、百式司偵1機が突進して爆弾を投下したが、爆弾は外れた。*3 ラムソンの目ざとい砲手が百式司偵に弾丸を何発も当てたので、それは艦の上を通過して海面に墜落した。この時、ラムソンは12機のP-38ライトニングを指揮・管制していたが、百式司偵はこれを通り抜けていた。ラムソンの戦闘報告は次の

通り。

　この攻撃の後、約1分間の戦闘中断があり、我々は準備できた。その時、敵機3機がヒムキタン島の上空を通ってエドワーズ（DD-619）に向かって低高度高速雷撃接近した。*4　3機中2機は撃墜されたようで、3機目はたぶんエドワーズの主檣に当たり、その上を通過してから消えた。同時に飛燕1機がヒムキタン島の陰から現れ、艦の右舷後方から低空高速接近した。*5　敵機を何とか距離1,000ヤード（約900m）で捉えたが、1番砲と2番砲が不発だった。敵機は蛇行しながら接近し、機銃掃射をした。艦の右舷後方から海面上30フィート（約10m）で接近したが、艦が取舵を鋭く切ったので敵機は急角度で艦と交差した。敵機の右主翼が第2煙突に当たると、機体は回転しながら無線室の左舷後部に体当たりして左舷の後部隔壁にプロペラが引っかかるまで潜り込んだ。(8)

　ラムソンの艦中央部は炎に呑み込まれ、体当たりで発生した火災から逃げようとする生存者は艦の最前部と最後部の両端に追いやられた。そのそれぞれからは艦全体が炎に包まれているように見えた。救難航洋曳船ATR-31が舷側に近付いて消火支援した。ATR-31のエドガー・H・ウッズ大尉は消火隊を編成してラムソンを救い始めた。ウッズは鋭い破片で両足にけがをしたが、ラムソンを生き残らせるために消火がいちばん大事なことを証明しようとした。しかし、船のポンプの水圧が低かったのと、携帯ポンプが対応しなかったので、消火隊は十分活躍できなかった。

　ラムソンの火災は消火不可能と判断され、第5駆逐戦隊指揮官W・M・コール大佐はラムソンを撃沈することを決定した。しかし、ATR-31はラムソンの乗組員が離艦した後も消火を続けたので、ついに消火に成功した。撃沈の決定は取り消され、ATR-31は曳航を開始した。ラムソンとATR-31はフラッサー（DD-368）に付き添われて安全に泊地に戻り始めた。しかし、すぐに次の攻撃が始まり、フラッサーは自分を守るため運動しなくてはならなかった。混乱の最中、フラッサーは4発の至近弾を受けたが、百式司偵1機を撃墜した。*6　暗くなり攻撃が弱まったので、ラムソンの艦長J・V・ノエル少佐と士官2名、下士官兵4名がラムソンに戻り、サン・ペドロ湾に曳航してもらう準備をした。その後の航海では何事もなかったが、この時の攻撃で戦死4名、負傷17名を出していた。ノエルは、カミカゼは明らかに新たな戦術を考えたと次の通り報告している。

12月の初めから日本軍は体当たり攻撃で新しい接近法を用いた。11月、体当たり攻撃機は急降下爆撃機と同じように高々度から急降下した。しかし、12月初めから雷撃と同じように低高度を高速で回避機動をしながら、ただし、斜め後方または艦尾の方向から接近した。この接近方法は明らかに次の4点で有利である：
　（1）レーダーと目視による早期探知を回避できる。
　（2）死角に入ることで、方位盤追尾が困難になる。
　（3）前部火砲が使用できない。
　（4）この結果、命中率が向上する (9)

*1：八紘第8隊勤皇隊の屠龍。（操縦者は前述の通り）
*2：第5桜井隊の零戦。（尾谷保上飛曹、本田今朝美一飛曹、脇坂寅夫、廣瀬静両飛長、矢野徹郎中尉）（『神風特別攻撃隊々員之記録』p. 11）
*3、*6：颱風隊の銀河を百式司偵に誤認している。
*4：千早隊の零戦。（横林高文上飛曹、佐藤繁雄一飛曹、池淵眞上飛曹、金高菊雄一飛曹）（『神風特別攻撃隊々員之記録』p. 12）
*5：千早隊の彗星を飛燕に誤認している。（操縦 稲垣茂二飛曹、同乗 篠崎福四郎上飛曹）（『神風特別攻撃隊々員之記録』p. 12）

［12月7日 レイテ島オルモック湾 リドル（APD-60）］

　日本軍は特攻手法を向上させた。離岸する輸送艦艇・船舶を掩護する艦艇も攻撃を受けた。スミス（DD-378）、ヒューズ（DD-410）、高速輸送艦コーファー（APD-62）はカミカゼ機から素早く逃げたが、リドル（APD-60）は幸運ではなかった。零戦1機を左舷舷側から30フィート（約10m）で撃墜したが、その直後の1120、別の零戦1機が最上艦橋に体当たりした。*1　艦長のL・C・ブローガー少佐は爆発で即死した。最初の零戦の機銃掃射攻撃と2機目の体当たりで戦死36名、負傷22名を出した。リドルは損害の修復をしてから、ほかの艦艇の方に向かった。

*1：第5桜井隊の零戦。（搭乗員は前述の通り）

［12月7日 レイテ島オルモック湾 LST-737］

　12月7日0740、オルモック湾で戦車揚陸艦LST-737から第718、第536水陸両用トラクター大隊が兵員の上陸と機材の陸揚げを開始した。上陸と陸揚げは攻撃を受けずに完了したが、その日はまだ終わらなかった。1434からLST-

737が輸送船団の中の定位置に向かおうと運動している間、輸送船団の艦艇は立て続けに日本軍機から攻撃を受けた。1619、LST-737は艦尾方向から接近した零戦1機に砲火を浴びせると、それは火を噴いた。*1 零戦が距離500ヤード（約460m）で投下した爆弾はLST-737に届かず、後方100ヤード（約90m）の海中で爆発した。零戦は被弾していたが飛行を続けてLST-737の右舷舷側に体当たりした。戦死2名、負傷4名を出したが艦自体の損害は小さかったので、LST-737は航行を続けた。1626、別の日本軍機がLST-737を攻撃したが、砲手が右舷艦首方向で破壊した。(10) *2

*1、*2：第7桜井隊の零戦、八紘第1隊八紘隊、八紘第3隊靖国隊の隼の可能性あり。

[12月7日 レイテ島オルモック湾 LSM-318]

　中型揚陸艦LSM-318が攻撃を受けたのは、陸揚げを完了して離岸しようとした時だった。一式陸攻3機と隼4機が上空を通過して爆弾を投下したが、艦艇には当たらなかった。*1　LSM-18、-19と歩兵揚陸艇の1隻は無防備だったが、難を逃れた。各艦艇は離岸すると輸送船団に向かった。陸軍のP-38ライトニングが日本軍機からオルモック湾を防衛していたが、1525から隼4機が艦艇攻撃を始めた。*2　1機がLSM-18を攻撃している間に2機がLSM-318に突進したが、3機とも砲火を浴びた。LSM-318の砲手が狙いを定めた隼1機は墜落してLSM-318の方に弾み、LSM-18を追いかけていた別の1機も撃墜された。LSM-318は戦闘報告に「隼の3機目は本艦の上空を通過した（敵機は本艦の高さを見誤り、飛び越したのは明らかだった）。敵機は海面上を低高度で飛行を続け、本艦の右舷正横方向、推定距離8,000ヤード（7.3km）まで行った。そこで明らかに次の攻撃に備えて高度をとるため、本艦の左舷方向に上昇旋回した」と書いた。(11) 隼が旋回したのでP-38ライトニングが撃墜しようとしたが、弾丸は外れた。隼はP-38ライトニングに追われながら海面上を低高度でLSM-318の方に接近した。LSM-318の砲手の日本軍機を撃墜しようとする努力は実らず、右舷の喫水線に体当たりを受けた。爆弾が舷側を貫通して機関室で爆発した。LSM-318は操舵ができなくなり、左舷の機関、両舷の発電機が動かなくなった。しかも、舵が面舵いっぱいで固定されたので艇は回頭し続け、消火作業も必要だった。このような攻撃を受けている時によくあることだが、消火設備、配管、ポンプ、そのほかの機器が損害を受け、効果的な消火作業は難しかった。継続的に日本軍機が攻撃するので、ほかの艦艇が消火支援をしようとしてもできなかった。LSM-318に総員離艦が発令され、12月8日の早い時刻に艇は沈没した。

*1：1200頃オルモック湾を攻撃した通常攻撃の屠龍を一式陸攻に誤認している。（『海上護衛戦』（戦史叢書第46巻）p. 475）隼は不明。
*2：八紘第4隊護国隊の隼。出撃時刻不明の八紘第1隊八紘隊、八紘第3隊靖国隊（以上隼）の可能性あり。

12月10日

[12月10日 レイテ島ドゥラグ リバティ船ウィリアム・S・ラッド]
　リバティ船ウィリアム・S・ラッドは、リバティ船マーカス・デイリーとともに41隻の輸送船団の1隻だった。10月29日にニューギニア島ホーランジアを出港してレイテ島に向かい、12月10日0858、ドゥラグの南で停泊中に攻撃を受けた。積載していた貨物は600トンのガソリンと爆発物で非常に危険だった。マーカス・デイリーが攻撃を受けた時、九九式艦爆4機のうちの1機がウィリアム・S・ラッドに突進して体当たりした。*1　その胴体と爆弾が第4船倉に落ちて爆発を起こした。2時間半にわたる消火作業が始まったが、戦いに負けた。ガソリンのドラム缶が次々と爆発し、船内に浸水が始まった。炎が弾薬貯蔵区画に近付いて来た。1000、ネルス・F・アンダーソン船長は総員離船を発令した。残骸になった船は船尾から沈むまで炎上を続けた。2100、船尾が水深18mの海底に着底するまで炎上し、その後船全体が沈んだ。奇跡的に16名が負傷しただけだった。(12)

*1：九九式艦爆およびその類似機の出撃がなく、攻撃隊不明。

[12月10日 レイテ島 PT-323]
　カミカゼが小型戦闘艦艇を目標にするのが不思議だった。12月10日の午後早い時刻にレイテ島でカミカゼが魚雷艇4隻を追いかけた攻撃もそうだった。魚雷艇PT-323は艇中央部に体当たりを受け、小さな艇体はほぼ半分に切断された。艇長ハーバート・スタッドラー中尉と副長ウィリアム・エーデルマン少尉は衝撃で戦死し、11名が負傷した。小型高速の魚雷艇は難しい目標だが、PT-532に別のカミカゼ機が体当たりしようとした。PT-532は最大戦速で急回頭したので、カミカゼ機はその航跡に水没した。(13)　*1

*1：疾風、屠龍が舟艇に対して通常攻撃を行なった。（『比島捷号陸軍航空作戦』（戦史叢書第48巻）p. 479）

［12月10日 レイテ島タラゴナ湾 リバティ船マーカス・デイリー、LCT-1075］

　リバティ船マーカス・デイリーは12月5日レイテ島に向かう途中で大きな損害を受けており、12月10日1700にもレイテ島タラゴナ湾で補給品の陸揚げ中に再び突入を受けた。零戦か鍾馗のいずれかの4機が海域の艦艇に接近し、2機は撃墜された。*1　1機がマーカス・デイリーの左舷に体当たりし、破片が補給品を受け取っていた戦車揚陸艇LCT-1075にぶつかった。火災はすぐに鎮火し、全体の損害は大きくなかったが、マーカス・デイリーでは負傷8名を出した。(14)　LCT-1075では1名が即死し、10名が負傷してのちに1名は戦死した。全長36mの戦車揚陸艇は炎の塊になり、救いようがなかった。燃える残骸は鎮火後、海岸に引き上げられた。

　*1：八紘第7隊丹心隊の隼。第20戦隊の隼（直掩、爆装）を零戦、鍾馗に誤認している。（『比島捷号陸軍航空作戦』（戦史叢書第48巻）p. 479）

［12月10日 レイテ島沖 ヒューズ（DD-410）］

　12月10日、ヒューズ（DD-410）はレイテ島南端で一式陸攻の体当たりを受けて機械室が破壊され、艦に大きな損害が生じた。*1　サン・ペドロ湾まで曳航され、そこで応急処置を受けた。死傷者は33名だった。

　*1：八紘第8隊勤皇隊の屠龍を一式陸攻に誤認した可能性あり。

12月11日

［12月11日 レイテ島スリガオ海峡 リード（DD-369）］

　リード（DD-369）は第78.3.8任務隊の一隻として、オルモック湾の米軍に補給品を輸送する中型揚陸艦10隻と大型歩兵揚陸艇3隻を護衛していた。任務隊のほかの駆逐艦はコールドウエル（DD-605）、コグラン（DD-606）、ドワーズ（DD-619）、スミス（DD-378）とカニンガム（DD-371）だった。上空ではヴォートF4Uコルセア4機がCAPに就いていた。12月11日1500、任務隊の様子を覗う機影がレーダー・スクリーンに現れ始めたが、火砲の射程外に方向を変えた。*1

　1700、敵味方不明機12機が輸送船団の正面から現れた。輸送船団はとりあえず天山と判断して警戒態勢に入った。*2　F4Uコルセアはすぐに行動を起こし、追跡を開始した。リードは輸送船団の先頭にいたので距離10,000ヤード（9.1km）で日本軍機に射撃を行ない、右に回頭して火砲の有効活用を図

った。艦艇が日本軍機に射撃を開始したので、F4Uコルセア2機が天山の後ろから攻撃した。リードは天山3機を撃墜した。4機目の主翼が右舷の救難艇に引っかかり、機体が回転して喫水線にぶつかった。爆弾が爆発して、船体が裂けた。5機目が機銃掃射をしてから左舷艦首近くに墜落した。別の1機が機銃掃射をしてから上部構造物の上を通過し、右舷艦首近くに墜落した。とどめの一撃となる7機目が後方から飛来して3番砲塔に体当たりして、前方の左舷40mm機関砲ガン・タブまで滑り、そこで火の玉になり止まった。爆弾は船殻を貫通し、後部弾薬庫で爆発して効果的に艦尾部分を引き裂いた。15秒間で、リードは命中2機、近接墜落5機を食らった。戦闘報告に次のように書いている。

　　本艦は横転というより、さらに急速に右舷に傾いた。最初に激しく60度に傾いたのが復原力を失った兆候だった。次に30度、70度、そして50度に戻り、89度になると横倒し状態のまま20ノット（約37km/h）で海面を滑っていた。缶室では汽缶を止め、安全弁を開いた。機関室の前進、後進の両方のスロットルは固定された。総員離艦の命令が艦長から出されたが、電話、艦内放送では伝えられなかった。知りうる限り、艦長のサムエル・A・マコーノック中佐が最後の離艦者だった。左舷方位盤支柱の上に立ち、本艦を注意深く見た。その時には本艦は艦尾が沈んだ状態で右舷を下にして横たわり、第1煙突まで海面下になりそこから海水が流れ込んでいたが、まだ少し行き足があった。生存者は本艦の後方に300ヤード（約270m）連なっていた。本艦は15秒後に沈没し、水深1,100mの海底に横たわった。2番砲塔下の喫水線に体当たりした特攻隊員の上半身が1番砲塔の射手の1人にぶつかった。(15)

艦の爆雷が爆発し、海面にいた何人かが戦死または負傷した。ほかにも日本軍機がF4Uコルセアに追い払われる前に行なった機銃掃射で犠牲者が出た。リードはこの攻撃で150名を失った。

　　*1：日本軍輸送船団護衛の制空隊の可能性あり。（『比島捷号陸軍航空作戦』（戦史叢書第48巻）p.480、『海軍捷号作戦〈2〉−フィリピン沖海戦−』（戦史叢書第56巻）pp.568-569）
　　*2：天山は出撃していない。第1金剛隊の零戦を天山と誤認している。（龍野彦次郎、朝倉正一、鈴木清、杉尾忠各中尉、松葉三美上飛曹、澳博二飛曹）（『神風特別攻撃隊々員之記録』pp.15-16）『海軍捷号作戦〈2〉−フィリピン沖海

戦―』（戦史叢書第56巻）p.569によると特攻機4機で機数が合わない。このほかに直掩7機の合計11機なので、米軍が1機余計に数えている。

[12月11日～12日 レイテ島オルモック湾 コールドウエル（DD-605）]
　12月11日、コールドウエル（DD-605）は体当たり零戦1機を右舷正横20フィート（約6m）で撃墜して危機一髪だった。船体は海水とガソリンに覆われたが、艦自体と人員に損害はなかった。12月12日0805、オルモック湾で上陸艇を護衛している時に日本軍機数機に襲われた。百式司偵数機に砲火を浴びせて撃退した。すると百式司偵を掩護していた零戦3機が突進してくるのに気づいた。*1　コールドウエルの戦闘報告が詳細を記している。

　　零戦2機が分かれて急降下爆撃に入ったが、本艦の主砲の砲火を浴びていた。3機目の零戦は左舷からの機関砲弾を受け続けながら飛来して、艦尾を過ぎると急なバンクをした。主脚の1個が飛び出した。0807、90度傾いた機体が背面飛行になろうとした時に本艦にぶつかった。主翼の1枚が艦橋に、もう1枚が艦首上甲板の端に、胴体が無線室にぶつかった。本艦は（別の艦艇からの目撃によると）夾叉爆撃を受け、1発が2番砲塔給弾薬室を爆破した。体当たり機の爆弾が2番砲塔をかすめ、1番砲塔の右側で爆発した。この攻撃計画は完璧で、素晴らしい協同攻撃だった。(16)

　火災が発生したが、艦の応急員がすぐに消火した。戦死33名、負傷40名で損害は大きかった。応急修理が完了した後、サンフランシスコに向かいオーバーホールを受けた。

　*1：通常攻撃の屠龍。（『比島捷号陸軍航空作戦』（戦史叢書第48巻）p.481）零戦は屠龍とともに出撃した八紘第1隊八紘隊（作道善三郎少尉）、八紘第6隊石腸隊（井樋太郎少尉）、八紘第7隊丹心隊（岡二男少尉）（『陸軍航空特別攻撃隊各部隊総覧　第1巻』p.11、p.20、p.23）の隼を誤認したもの。

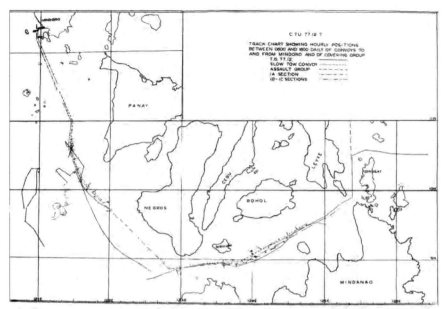

1944年12月13日から17日の間、レイテ島からミンドロ島の戦闘地域の補給路。航行する艦艇は常にカミカゼの脅威にさらされていた（Commander Task Unit 77.12.7 (Commander Carrier Division 24) Serial 00130. Action Report Covering Operations in Connection with Occupation of Mindoro Central , Philippine Islands, 13 December 1944 to 17 December 1944, Inclusive. 25 December 1944, p. 14.）

12月13日

［12月13日 ネグロス島沖 ナッシュヴィル（CL-43）］

　12月13日、カミカゼは艦艇を沈めることはできなかったが、ナッシュヴィル（CL-43）、ハラデン（DD-585）に多くの戦死者・負傷者を出した。オルモック湾の上陸が完了したので、米軍はミンドロ島に目を向けた。第78.3任務群指揮官A・D・ストラブル少将はミンドロ島襲撃の艦艇を護衛した。ストラブル少将と陸海軍士官を乗せたナッシュヴィルはほかの駆逐艦12隻、高速輸送艦9隻、戦車揚陸艦30隻、中型揚陸艦12隻、大型歩兵揚陸艇16隻、掃海艇16隻とそのほかの補助艇からなる攻撃部隊を先導した。これにラッセル・S・バーキー少将が率いる巡洋艦3隻、駆逐艦7隻、魚雷艇23隻の直掩群が同行した。日本軍を欺瞞するためにこの2個群は分かれてパラワン島に陽動作戦を仕掛けた。日が落ちると、2個群は当初の航路に最大戦速で戻り、ミンドロ島の海岸を目指した。そこに飛行場を設営して今後のフィリピ

ンにおける作戦に使用する予定だった。さらに上陸支援としてT・D・ラドック少将の護衛空母6隻、旧型戦艦3隻、軽巡洋艦3隻、駆逐艦18隻からなる重装備掩護・空母群が合流した。上空の掩護はP-38ライトニングとヴォートF4UコルセアのCAP機が担当した。(17)

　日本軍を騙そうとしても多数の艦艇を隠すのは困難だった。日本軍の偵察機と潜水艦はミンドロ島に向かう米軍を観測していた。1415、艦艇がネグロス島南端を通過しようとすると、50kg爆弾2発（ママ）を搭載した日本軍戦闘機がシキホール島の上空から飛来してナッシュヴィルの左舷上甲板中央部に体当たりした。*1　爆弾は2発とも甲板で爆発し、ガソリンの火が体当たりを受けた場所の近くを覆った。収納箱に入っている5インチ砲弾が近くの40mm、20mm機関砲砲座の弾薬とともに昇温発火した。(18)　艦自体の損害は大きくなかったが、135名が戦死、190名が負傷して、護衛のスタンリー（DD-478）とともにレイテ島に戻った。ストラブル少将は旗艦をダッシール（DD-659）に移し、第78.3任務群はミンドロ島に向かった。体当たりによる負傷者の中に陸軍攻撃部隊の指揮官ウィリアム・C・ダンケル陸軍准将がいた。ダンケル陸軍准将の参謀長のブルース・C・ヒル陸軍大佐はストラブル少将の参謀長エヴァレット・W・アブディル大佐とそのほかの高級士官とともに戦死した。(19)　わずか1機だけの攻撃だったが、損害は甚大だった。

*1：飛行第27戦隊の屠龍。（平出英三少尉、佐藤正男伍長）（『陸軍航空特別攻撃隊各部隊総覧　第1巻』p. 48）

[12月13日 スールー海 ハラデン（DD-585）]

　ハラデン（DD-585）はラドック少将の第77.12任務群（重装備援護・空母群）の1隻としてミンドロ島に向かっていた。1715、ハラデンが25ノット（約46km/h）で航行していると右舷正横から航空機4機が飛来した。1機はジェネラル・モーターズFM-2ワイルドキャットで九九式艦爆1機と隼2機を追っていた。ハラデンはこれに射撃を加えたが、当たらなかった。FM-2ワイルドキャットは九九式艦爆と隼1機を撃墜した。*1　ハラデンの戦闘報告は次のように記している。

　　残る隼は鋭く左にバンクして少し高度をとって、60度の方向から真っすぐ本艦に向かって来た。煙を引き、40mm、20mm機関砲弾を被弾していた。浅い角度の接近で、ほとんど高度の変化はないようだった。体当たり寸前、左にバンクして右主翼が操舵室と魚雷方位盤に当たり、胴体

は前部煙突に当たって爆発した。(20)

　ハラデンの上甲板と前部機関室は大きな損害を受けた。トウイッグス（DD-591）が海上で動けなくなっているハラデンの横に来て消火を支援した。2時間から3時間するとハラデンは状況が落ち着いてきたので、仮修理のためサン・ペドロ湾に戻り、その後ハワイ経由米本土ワシントン州ピュージェット湾に戻って、さらに修理を受けた。戦死14名、負傷24名だった。

　　*1：攻撃隊不明。通常攻撃を行なっている陸軍機の可能性あり。（『比島捷号陸軍航空作戦』（戦史叢書第48巻）pp. 484-485）

12月15日

[12月15日 スールー海 ラルフ・タルボット（DD-390]
　12月13日から16日の間、ラルフ・タルボット（DD-390）はスールー海で第77.12任務群の1隻として直衛をしていた。任務は第78.3任務群がミンドロ島に上陸する間、対空掩護を行なうものだった。ラルフ・タルボットと一緒にいたハラデン（DD-585）は12月13日にカミカゼ機の体当たりを受けていた。12月15日、任務群は再び攻撃を受けた。少なくとも15機が飛来し、9機が艦艇およびCAP機に撃墜された。0400、攻撃が始まり、*1　午前中続いた。0813、ラルフ・タルボットが飛来する隼を距離1,100ヤード（約1,000m）で発見して砲火を浴びせた。*2　隼は距離300ヤード（約270m）で爆発して、その破片が艦の右舷舷側と上甲板にぶつかった。ラルフ・タルボットに損害はほとんどなく、負傷者が1名だけだった。(21)

　　*1：通常攻撃で、634空の水爆（瑞雲）の可能性あり。（『海軍捷号作戦〈2〉－フィリピン沖海戦－』（戦史叢書第56巻）p. 576）瑞雲は水上偵察機だが、急降下爆撃などもできる機体で、瑞雲を含む水上機を爆撃機として使用する場合は「水爆」（水上爆撃機）と呼ばれた。
　　*2：通常攻撃の隼。（『比島捷号陸軍航空作戦』（戦史叢書第48巻）p. 492）第9金剛隊の零戦を隼に誤認した可能性あり。

[12月15日 ミンドロ島マンガリン湾 ハワース（DD-592）、LST-738、モール（DD-693）、LST-472]
　12月15日から28日の間にも攻撃があった。カミカゼでハワース（DD-

592)、モール（DD-693）、ラルフ・タルボット（DD-390）、フート（DD-511）、ブライアント（DD-665）、マーカス・アイランド（CVE-77）、魚雷艇PT-84、掃海駆逐艦サウサード（DMS-10）とリバティ船ファン・デ・フカ*1、ウィリアム・シャロンが損害を受け、戦車揚陸艦LST-460、-472、-479、-738、PT-300が沈没した。これらの艦艇が経験した状況は次のようなものだった。

12月15日、ハワース（DD-592）は南西部ミンドロ島のマンガリン湾にいた。ハワースの任務は来る上陸に備えて陸地を砲撃することだった。0850、見張員が湾内で瑞雲一一型1機を発見したので、ハワースは空襲の時に運動しやすいように水深の深いところに向かった。*2　0855、零戦7機が現れ、1分後にハワースは砲火を開いた。さらに零戦3機が別の方向から飛来したので、ハワースの砲手は1機を撃退した。*3　火を噴いたのでたぶん墜落したであろう。残る零戦2機はハワースに体当たり突進した。ハワースは20ノット（約37km/h）で航行して左に急回頭して砲火を浴びせると、零戦1機は距離500ヤード（約460m）で被弾して、パイロットは操縦不能になった。この機体はハワースのすぐ上を通過して右舷舷側から20フィート（約6ｍ）の海面に墜落した。爆弾が海中で爆発したが、艦には損害がなかった。のちに機体部品とパイロットの遺体が艦上で発見された。ハワースはその後の攻撃を次のように報告している。

　　艦長のE・S・バーンス大尉は1機目が外したのを見て舵を反対に切った（面舵いっぱい）。20秒から30秒後に2機目の主脚が対空捜索レーダーのアンテナに激突し、主翼内燃料タンクに穴があきガソリンを艦上にまき散らした。その機体は降下しながら右主翼で左舷艦首のフレーム8番から33番の手摺りチェーンを引きちぎって左舷艦首に当たり、艦首上甲板のフレーム14番の舷側から3フィート（約0.9m）内側に小さなへこみを作った。幸い、火災は発生しなかった。敵機はそのまま左舷艦首のすぐ横に落下して大きな水柱を上げ、海水は方位盤にもかかった。本艦は右に回頭を続け、北に向いたところで取舵を切った。その状態で耐えながら1海里（約1.9km）西の広い海域に移動して、そこの掃海艦艇を掩護した。0900、艦から北西の方向距離3海里（約5.6km）の輸送海域でLST-738、-472が炎上しているのが見えた。駆逐艦3隻がLSTの消火と生存者救助をしようとしていた。(22)

12月15日、LST-738はミンドロ島上陸作戦でリチャード・ウエッブ大佐が

1944年12月15日、カミカゼの突入を受けたLST-738の横で支援しているモール（DD-693）。両艦の間の海面に多数の乗務員がいるのが見える（NARA 80G 294593.）

率いる第78.3.4任務隊の戦車揚陸艦30隻の1隻だった。任務隊の戦車揚陸艦が上陸に適した場所を探している間に零戦、九七式艦攻、鍾馗、隼の合計10機から攻撃を受けた。*4　0900過ぎ、艦艇は協同射撃で日本軍機を何機か撃墜した。空襲の最中、九七式艦攻2機がLST-738に向かって低高度で突進した。LST-738と近くにいたモール（DD-693）が弾丸を浴びせたが、撃墜できなかった。

　1機目はLST-738の「艦中央部、喫水線のすぐ上。爆発と火災が発生……。その敵機は爆弾を搭載していた。2機目は艇の艦橋と司令塔を目がけて急降下したが突進コースから外れ、モールの弾丸を受けて本艦の左側に落下した」(23)　LST-738の応急員が消火作業に向かったが、体当たりで主消火設備が損害を受けたので消火ははかどらなかった。陸軍の兵員が混乱状態になり、艦長が総員離艦を発令した。爆発防止のため乗組員は弾薬庫に注水を始めたが、これで消火作業はより難しくなった。これに加えて積荷に問題があった。船倉には航空用ガソリンのドラム缶と酸素ボンベが多数あり、大爆発には好都合な条件だった。やがて2回目の爆発が起きると、船体は裂け、ほとんどの乗組員は離艦した。0850、LST-605は、被弾した零戦が艦を5フィート（約1.5m）の差でかすめ、左舷艦尾方向20フィート（約6m）の海面に激突したので、危機一髪だった。*5　海中で機体が爆発して艦尾張出部に

1944年12月のカミカゼ　211

1944年12月15日、ミンドロ島でカミカゼに体当たりを受けて炎を上げるLST-472（NARA 80G 294601.）

いた者が軽いけがをした。LST-738は戦闘報告に次のように書いている。

　この時、艦長のJ・T・バーネット大尉、一等薬剤兵曹、通信員の3名が艦上にいた。艦長は自らIFFレーダーとSCレーダーを壊した。通信員を艦尾から離艦させた。別の大きな爆発で艦長と一等薬剤兵曹が艦橋楼甲板に投げ飛ばされた。艦長はすべての望みは絶たれ、モールが横に来ても役に立たないだろうと判断した。艦長は上甲板に行きモールが舷側に接近しようしているのか見守っていたが、最後の爆発が起きて甲板に倒された。モールは急いで後進した。すでに本艦の周囲の海面ではオイルが燃えており、何人かが懸命に逃げようとしているのが見えた。艦長は一等薬剤兵曹に離艦の命令を出した後、両舷の喫水線から上のロープに人が掴まっているか確認した。何人かを見つけたので、本艦から離れるよう命令した。彼らが本艦から離れると、艦長は舷側を越えた。(24)

1944年12月15日、カミカゼ攻撃の後、海上を漂うLST-472の生存者をPT-297が救助している（NARA 80G 294583.）

　最後の爆発はモールの艦首に穴をあけるほど激しいものだった。モールは戦死1名、負傷10名を出した。LST-738に戦死者はいなかったが数名が負傷した。LST-738は燃える残骸になり、翌日火砲で沈められた。
　LST-472も兵員と補給品の陸揚げ準備をしている時、同じような目にあった。LST-738の最後を見届けた攻撃隊がLST-472も仕留めた。*6 　LST-472の戦闘報告は次の通り。

　　敵機の編隊が現れ、ほかの上陸用舟艇が陸揚げ中の海岸に向かったが、鋭いバンクをして待機海域にいる艦艇に向かって来た。1機が本艦右舷艦首方向に現れたが、砲火を浴びて本艦の左舷の海面に墜落した。同時に2機が右舷正横から飛来して、先頭の敵機は艦尾に向かったが砲火を浴び、後部ガン・タブにぶつかり主翼の一部をガン・タブ内に残して胴体などが左舷後方に落下した。これに続いて3機目が距離3,500ヤード（3.2km）から緩降下を始めたようで、海面上を真っすぐ右舷舷側に向かって来たが、本艦の砲火を浴びた。敵機は射撃可能なすべての火砲の砲弾を最後まで浴びていたが、上部構造物前方の甲板の舷側に体当たりした。機体のエンジンと本艦の燃えている部品が上甲板の右舷から左舷まで散らばった。一方、爆弾は戦車デッキに落ちて爆発した。敵機が本艦に接近中に主翼と尾部の部品が落下していたので、激しく撃たれた

1944年12月のカミカゼ　213

ようである。(25)

　ほかの数機も機銃掃射をしながらLST-472に体当たりしようとした。LST-472の砲火で日本軍機は被弾してその近くに墜落した。LST-472の艦内では体当たりと爆弾の爆発による火災がガソリンを積載している船倉に近付いた。2回の爆発がLST-472に弔鐘を鳴らした。1100、総員離艦が発令され、LST-472の状況に望みが持てなくなったので、夜中に砲撃で沈められた。

　*1：戦後海軍に調達されてアラナー（IX-226）になった。
　*2：未明に索敵に出撃した瑞雲。（『海軍捷号作戦〈2〉－フィリピン沖海戦－』（戦史叢書第56巻）p. 576）
　*3、*5：第9金剛隊の零戦（青木進大尉、松岡英雄、荒木輝夫、生嶋活人、出井政義、太田雄三、梶原一郎、鈴木稔各中尉、石塚茂上飛曹、山本俊夫、大桑健児各二飛曹）『神風特別攻撃隊々員之記録』pp. 17-18）、直掩機。
　*4：第9金剛隊の彗星（操縦 松本岩視飛長、同乗 恒岡喜代則一飛曹）『神風特別攻撃隊々員之記録』p. 18）、零戦（搭乗員は前述の通り）を九七式艦攻および鍾馗に誤認している。
　*6：第9金剛隊の彗星と零戦。（搭乗員は前述の通り）

12月17日

[12月17日 ミンドロ島マンガリン湾 PT-75]
　この頃、マンガリン湾で多数の魚雷艇が作戦を行なっていた。12月15日、何隻かがカミカゼから身をかわしていた。PT-77、-223、-230、-298の各艇長は最後の瞬間の運動、機敏な操艦で艇を守った。2日後の12月17日、PT-75、-84、-224は3機から攻撃を受けた。*1　2機は目標を外して海面に墜落し、1機は撃墜された。PT-75は日本軍機と15フィート（約4.5m）しか離れておらず、最も危うかった。爆発で5名が艇外に投げ出され、そのうち4名は鋭い破片で負傷した。(26)

　*1：精華隊の疾風（松本一重伍長）、八紘第7隊丹心隊の隼（加治木文男少尉）。（『陸軍航空特別攻撃隊各部隊総覧　第1巻』p. 45、p. 23）通常攻撃の疾風。（『比島捷号陸軍航空作戦』（戦史叢書第48巻）p. 493）

12月18日

[12月18日 ミンドロ島マンガリン湾 PT-300]
　12月18日、魚雷艇の運が尽きた。PT-300の戦闘報告は次の通り。

　　1944年12月18日1600頃、第70.1.4任務隊の魚雷艇はミンドロ島カミマニット岬の沖300ヤード（約270m）で九九式艦爆3機の攻撃を受けた。本艇は回避運動をしていたが、降下して来た敵機の体当たりを受けた。*1 敵機は右舷後方から低高度飛行で艇中央部の機関室に当たり、本艇を二つに割いた。船尾はすぐに沈んだが、船首は海面から2フィート（約0.6m）出た状態で、燃えるガソリンの炎に覆われて約8時間浮いていた。(27)

　体当たりで3名を除く乗組員全員が海面に投げ出された。戦死8名、負傷7名で艇長も含まれていた。

　　*1：八紘第5隊鉄心隊長尾熊夫曹長がこの頃魚雷艇を特攻しているが、隊からは単機出撃。（『陸軍航空特別攻撃隊各部隊総覧 第1巻』p. 18）　陸軍が通常攻撃を行なっているので、通常攻撃の陸軍機と協同または通常攻撃の陸軍機単独の攻撃の可能性あり。（『比島捷号陸軍航空作戦』（戦史叢書第48巻）p. 493）

12月21日

[12月21日 スールー海 LST-460、-749、リバティ船ファン・デ・フカ、フート（DD-511）]
　ミンドロ島侵攻軍に対する再補給が第一優先だった。12月19日、「駆逐艦11隻に護衛された戦車揚陸艦14隻、チャーター貨物船6隻などの輸送艦艇・船舶25隻がレイテ湾を出発」(28) してミンドロ島に向かった。
　12月21日1600、パナイ島の西方のスールー海で攻撃を受けた。1705、一式陸攻を含む日本軍機10機を発見した。*1　すぐに隼と鍾馗の単発戦闘機が現れた。*2　リバティ船ファン・デ・フカの武装衛兵の砲手が1機を撃墜したが、この間に隼2機がLST-460と-749に体当たりした。LST-460は大量のガソリンと弾薬を積載していた。隼の体当たりで火災が発生し、消火ができなくなり総員離艦になった。*3

LST-749は艇中央部に体当たりを受けた。体当たりした隼は爆弾2発を搭載しており、艦尾を炎で包み、操舵装置を壊した。この最中、別の機体が攻撃して来たので、消火作業が邪魔された。最終的にLST-749も総員離艦になった。戦車揚陸艦2隻の乗組員の死傷者は多かったが、このほかにも2隻に乗艦していた兵員774名中107名が戦死した。

　ファン・デ・フカは対空砲火を撃ったが、第2倉口に体当たりを受けた。幸運にも積載品に爆発物はなく、火災はすぐ鎮火した。戦死2名、負傷17名だった。(29) *4

　輸送船団を護衛していたフート（DD-511）は同時に攻撃を受けた。鍾馗1機を撃墜し、2機目を左舷の海面に激突させた。*5　1738、九九式双軽を撃墜した。*6　これらの攻撃による損害はほとんどなく、死傷者はいなかった。

　　*1：旭光隊の九九式双軽を一式陸攻に誤認している。（『陸軍航空特別攻撃隊各部隊総覧　第1巻』p. 34）ほかの機体は八紘第10隊殉義隊の隼など。
　　*2、*3、*4、*5：八紘第10隊殉義隊の隼。隼を鍾馗に誤認している。（敦賀真二中尉、日野二郎、若杉是俊各少尉、山崎武夫軍曹、門倉好也伍長）（『陸軍航空特別攻撃隊各部隊総覧　第1巻』p. 28）
　　*6：旭光隊の九九式双軽。（小林智軍曹）（『陸軍航空特別攻撃隊各部隊総覧　第1巻』p. 34）

12月22日

[12月22日　ミンドロ島沖　ブライアント（DD-665）]
　12月22日、ブライアント（DD-665）はミンドロ島南端で第78.3.13任務隊の駆逐艦7隻と直衛任務に就いていた。0945、零戦1機が右舷艦首方向から飛来した。*1　艦長のP・L・ハイ中佐は最大戦速を指示して取舵いっぱいを命じた。零戦はそれに合わせて右にバンクしてブライアントの右舷艦尾方向に付いた。艦長は火砲を零戦に向けることができるように今度は面舵いっぱいを命じた。ブライアントの40mm、20mm機関砲弾を多数被弾した零戦は突進針路が変わり、ブライアントの左舷正横50ヤード（約46m）で爆発してばらばらになった。破片と鋭い金属片が甲板に落ち、1名が負傷した。ブライアントにとって危機一髪だったが、無傷だった。(30)

　　*1：八紘第10隊殉義隊の隼（樋野三男雄少尉、林興次伍長）（『陸軍航空特別攻撃隊各部隊総覧　第1巻』p. 28）および援護機を零戦に誤認している。（『比島捷号

陸軍航空作戦』（戦史叢書第48巻）p. 532）

12月28日

[12月28日から30日 ミンドロ島]
　ミンドロ島の南西部は飛行場として最適だった。すでに飛行場が4か所あったが、使用されていなかった。米軍はこの島全体を攻略する必要はなかったが、飛行場の保全を確保するためサンホセの町の周辺に前線を構築する必要があった。12月15日、ウィリアム・C・ダンケル准将の陸軍第24師団第19連隊戦闘団、第503空挺連隊戦闘団ほかの部隊はサンホセ近くの海岸に無抵抗で上陸した。上陸軍に補給が必要だが、補給は海軍艦艇を危険にさらすことになる。
　プリングル（DD-477）とガンスヴォールト（DD-608）は戦車揚陸艦、大型歩兵揚陸艇、リバティ船、水上機母艦、魚雷艇約30隻の各種合計60隻からなるミンドロ島補給部隊の直衛として第78.3.15任務隊で作戦に就いていた。直衛部隊のほかの駆逐艦はブッシュ（DD-529）、スティーブンス（DD-479）、フィリップ（DD-498）、エドワーズ（DD-619）、スタレット（DD-407）、ウイルソン（DD-408）で、掃海駆逐艦はハミルトン（DMS-18）だった。

[12月28日 ミンドロ島 リバティ船ウィリアム・シャロン、ジョン・バーク、陸軍貨物補給艦、LST-750、貨物船フランシスコ・モラサーン、PT-332]
　ミンドロ島補給部隊はレイテ湾のドラッグ泊地を出発して輸送船団を組み、12月27日にスリガオ海峡を通ってミンドロ島に向かった。翌28日の1020、最初のカミカゼ攻撃があった。リバティ船のウィリアム・シャロンとジョン・バークが体当たりを受けた。
　ウィリアム・シャロンが輸送船団とともに航行していた1022、九九式艦爆3機が艦艇の上空に現れた。*1　1機がウィリアム・シャロンに急降下して甲板に機銃掃射をした。船の武装衛兵が撃ち返して機体を炎で包んだが、機体は4番ガン・タブにぶつかり、左舷最上船橋に跳ね返った。武装衛兵の指揮官ゲールハルト・E・アーネスト中尉は戦死した。戦闘後、首、片腕、片足のない胴体は中尉だと確認された。ウイルソン（DD-408）が支援に来た時、ウィリアム・シャロンは燃え盛る炎で内部は破壊されていた。4時間後、ついに火災は鎮火したが、航行できる状況ではなかった。生存者が船から移送された後、ウィリアム・シャロンは廃棄された。翌日（29日）、ウィ

1944年12月のカミカゼ　217

リアム・シャロンの戦死者の遺体は沿岸警備隊巡視船スペンサー（WPG-36）が輸送し、船は救難艦グラップル（ARS-7）がサン・ペドロ湾まで曳航した。ウィリアム・シャロンは戦死11名、負傷11名を出した。

ジョン・バークは弾薬を満載しており、不運だった。九九式艦爆の体当たりによる爆発で船はバラバラになり乗組員68名全員が戦死した。「爆発で飛ばされた破片で近くにいたほかの船舶の24名以上が負傷した」(31)

ジョン・バークの後ろを陸軍の貨物補給艦が続いていたが、爆発が巨大だったので、これも沈んだ。この艦の生存者2名を救助したが、1名はその直後に死亡した。(32)

LST-750もこの爆発で多数の死傷者を出し、艦自体も損害を受けたので輸送船団の後方に移動したが、一式陸攻の雷撃の犠牲になった。*2　損害が大きかったので、LST-750は廃棄になり、エドワーズ（DD-619）に沈められた。

フランシスコ・モラサーンは近くの船の陰になっていたので損害は小さく、負傷3名だけだった。PT-332は船体継ぎ目が爆風で裂けた。

*1：攻撃隊不明
*2：攻撃隊不明

12月28日〜29日

[12月28日　ミンドロ島　プリングル（DD-477）]
　12月28日1845、日本軍機4機が輸送船団を攻撃したが、1901にプリングル（DD-477）が一式陸攻1機を撃墜した。*1　12月29日、日本軍機は相変わらず輸送船団につきまとっていた。0716から0722の間、零戦が輸送船団を襲ったが撃退された。*2　1703、零戦1機がプリングルに体当たりしようとしたが、煙突の間を通過して左舷舷側から50ヤード（約46m）の海面に激突したので、プリングルは危機一髪だった。*3

*1：出撃時刻不明の月光隊の月光を一式陸攻に誤認した可能性あり。
*2：出撃時刻不明の八紘第10隊殉義隊の隼を零戦に誤認した可能性あり。
*3：第15金剛隊の零戦。

12月30日

[12月30日 1530 ミンドロ島 プリングル（DD-477）、ガンスヴォールト（DD-608）、ポーキュパイン（IX-126）]

　12月30日、輸送船団はミンドロ島マンガリン湾に到着し、各船は補給品の陸揚げを開始した。早朝から日本軍機が近くにいた。ガンスヴォールト（DD-608）は0416に1機撃墜し、0707にもう1機に砲火を浴びせた。*1 0700、戦車揚陸艦は海岸に荷物を陸揚げし、駆逐艦は直衛に就いた。1530、日本軍機が接近中との連絡が入り、各艦艇はそれぞれで戦闘準備を行なった。プリングル（DD-477）は体当たり突進して来る九九式艦爆を発見したが砲火を浴びせるには遅く、5番40mm機関砲の砲座に体当たりを受けた。*2　プリングルはすぐに消火して、配置に戻った。戦死11名、負傷20名だった。

　1548、ガンスヴォールトの見張員は日本軍戦闘機1機が爆弾を非分類雑役船ポーキュパイン（IX-126）に投下してから自分たちに向って来るのを見た。*3　ガンスヴォールトは最大戦速にして全火砲を飛来するカミカゼ機に向けたが役に立たなかった。カミカゼ機はガンスヴォールトの左舷の載貨機近くに体当たりした。爆弾は甲板下の3番汽缶と4番汽缶近くで爆発し、カミカゼ機も火を噴いた。数分でガンスヴォールトは右へ6度傾いた。フィリップ（DD-498）とウイルソン（DD-408）が横に来て消火支援をしたので、火災は1620に鎮火した。戦死17名、負傷15名だった。ガンスヴォールトは近くの泊地に曳航されたが、ミンドロ島の戦闘はまだ終わらなかった。(33)

　ミンドロ島の部隊の航空ガソリンを積載していたポーキュパインは、その日は全くついていないというより運が悪かった。12月28日に弾薬輸送船ジョン・バークが体当たりを受けて吹き飛ばされた時、ポーキュパインはその近くにいて損害を受けた船の1隻で、1名が戦死していた。12月30日は安全を考慮して停泊地点を選んだが、そこも安全ではなかった。1550、日本軍機12機が接近中との連絡が入った。*4　ポーキュパインの戦闘報告は次の通り。

　　P-38ライトニング迎撃機が敵機と交戦したが、急降下爆撃機5機が通り抜けた。急降下爆撃機の1機が本艦の左舷正横から海面上を低高度で飛来したので、左舷のすべての火砲で射撃をした。左舷の20mm機関砲4基が砲弾を命中させたが、九九式艦爆の突進コースを変えることはできなかった。九九式艦爆は機銃掃射をしながら飛来した。1555、敵機か

第8戦闘航空群第36戦闘飛行隊のP-38ライトニング戦闘機。1944年12月20日、ミンダナオ島サンホセで撮影（NARA 111-SC-A30104.）

ら投下された爆弾が船体中央部甲板室後方の上甲板に落下し、機体はその後ろに体当たりした。爆弾の爆発と機体の体当たりで第2深水タンクが破裂して、発電機と配電盤が壊れ、機関室は潤滑油とディーゼル燃料であふれた。敵機が中央部甲板室を裂いたので、火災が発生して火が広がった。敵機のエンジンは喫水線近くの右舷機関室の少し後ろまで船殻を貫通して大きな穴をあけ、第6貨物タンクが爆発した。医務室内にて手当を受けていた応急員の2名、機銃掃射で負傷した1名を含む全員が戦死傷した。(34)

　ポーキュパインはすぐに救援を受けることはできず、しかも火災が広がったので、総員離船になった。すでに損害を受けていて近くに停泊していたガンスヴォールトが、消火のためにポーキュパインの舷側に魚雷を撃ち込む命令を受けた。しかし、水深が浅かったので魚雷は外れた。ポーキュパインは、火災がガソリン・タンクまで広がったので、炎に包まれ、喫水線まで燃え広がった。乗組員7名が行方不明になったが、たぶん戦死で、負傷は8名だった。翌々日の1945年1月1日、生き残った乗組員が空路ミンドロ島からレイテ島に向かう時、上空からポーキュパインがまだ燃えているのが見えた。(35)

220

*1：1機は皇華隊の屠龍。(秦友善曹長)（『陸軍航空特別攻撃隊各部隊総覧　第1巻』p. 42）もう1機は攻撃隊不明。
*2：八紘第12隊進襲隊の九九式襲撃機を九九式艦爆に誤認している。(久木元延秀、大石豊両少尉、沢田源二准尉、天池孝志、向瀬忠男両軍曹)（『陸軍航空特別攻撃隊各部隊総覧　第1巻』p. 32）
*3、*4：八紘第12隊進襲隊の九九式襲撃機。(操縦者は前述の通り) 通常攻撃の機体。(『比島捷号陸軍航空作戦』（戦史叢書第48巻）p. 536)

[12月30日 ミンドロ島 オレステス（AGP-10）]

輸送船団の魚雷艇30隻は哨戒艇母艦オレステス（AGP-10）から支援を受けていた。1600、プリングル（DD-477）、ガンスヴォールト（DD-608）、非分類雑役船ポーキュパイン（IX-126）が攻撃を受けていた時、オレステスは九九式艦爆1機が右舷艦中央部へ体当たりしたので、大きな損害を受けて火災が発生した。*1 爆弾が艦内部で爆発して多数の戦死傷者を出した。近くの歩兵揚陸艇に死傷者を移乗させたが、オレステスは戦闘ができなかった。修理のため近くの海岸に引き上げられ、その後レイテ島に曳航された。仮修理の後、2月27日にレイテ島を出港して5月13日にサンフランシスコに到着した。大規模修理の後サマール島に戻ったが、戦争は直前に終わっていた。カミカゼ攻撃で事実上オレステスの戦歴が終了した。死傷者は戦死59名、負傷106名に上った。

*1：八紘第12隊進襲隊の九九式襲撃機を九九式艦爆に誤認している。(操縦者は前述の通り)

第9章　リンガエン湾の戦い

1945年1月2日

［1945年1月2日 ルソン島リンガエン湾 給油艦コーワンスク（AO-79）、水上機母艦オルカ（AVP-49）］

　レイテ島とミンドロ島に海岸堡を確保した米軍の次の目標はルソン島北西部のリンガエン湾だった。上陸に成功すれば部隊を編成して100マイル（約161km）南のマニラに向けて進軍する予定だった。小型戦闘艦を除いても685隻の艦艇の第77任務部隊がT・K・キンケイド中将に率いられてリンガエン湾地区を攻撃し、1945年1月9日に上陸する計画だった。上陸に先立ち、1月6日から7日の間にウィリアム・F・ハルゼー大将の第3艦隊の空母がリンガエン湾周辺に航空攻撃を行なう予定だった。空襲に続き、J・B・オルデンドルフ中将が率いる第77.2任務群（砲撃・火力支援群、リンガエン火力支援群）が攻撃を行なうことにした。

　オルデンドルフの部隊は旗艦カリフォルニア（BB-44）、コロラド（BB-45）、ニューメキシコ（BB-40）、ミシシッピ（BB-41）、ウエストバージニア（BB-48）、ペンシルベニア（BB-38）のほかに巡洋艦、護衛空母、駆逐艦そのほか多くの艦艇を含む164隻だった。その後、数日で何隻もが体当たりを受けて沈没することになる。

　1月2日、各種任務群ごとに速力の遅い艦艇からレイテ島を出てリンガエン湾に向かった。艦隊は日本軍に見つかり、九九式艦爆1機が給油艦コーワンスク（AO-79）の甲板に体当たりした。*1　艦自体の損害は最小限だったが、戦死2名、負傷1名を出した。

　水上機母艦オルカ（AVP-49）の近くにカミカゼ1機が墜落した。艦自体に損害はなかったが負傷6名を出した。

*1：攻撃隊不明

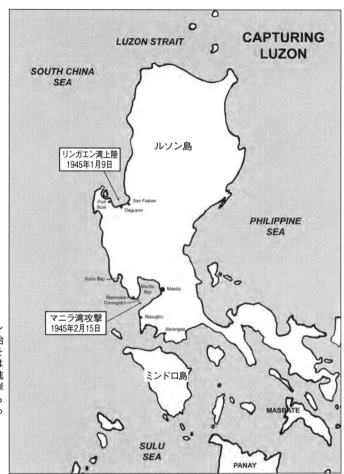

ルソン島攻略はリンガエン湾上陸から始まった。この地域を攻略すると米陸軍はマニラに向けて南進し、米海軍は西海岸沖を南下して海からマニラ湾に向かった。

1月4日

[1月4日 ミンドロ島 リバティ船ルイス・L・ディシェイ]
　この日、リバティ船ルイス・L・ディシェイも体当たりを受けて沈没した。リバティ船はウェイン・R・ラウド中佐が率いる掃海・水路群に属していたが本隊から離れてミンドロ島に停泊していた。0820、九九式艦爆が海面上高度20フィート（約6m）で飛来して船体中央部に体当たりした。*1　弾薬を運搬していた船と乗組員に勝ち目はなかった。ルイス・L・ディシェイは巨大な火の玉となり蒸発して、乗船していた69名は全員戦死した。破片が

リンガエン湾の戦い　223

1945年1月4日カミカゼ攻撃の後、オマニー・ベイ（CVE-79）が炎上している（NARA 80G 273153.）

港中に飛び散り、付近の艦艇に死傷者が出た。

　　*1：攻撃隊不明。

［1月4日～5日 スールー海 オマニー・ベイ（CVE-79）、サヴォ・アイランド（CVE-78）］
　護衛空母は日本軍の攻撃を阻止するために大規模な戦闘空中哨戒（CAP）を配置した。しかし、スールー海では日本軍の攻撃が本格的に始まった。1月3日、サランガニの飛行場から出撃したカミカゼ機にマキン・アイランド（CVE-93）が体当たりを受けそうになった。*1　CAP機は1月3日から5日の間に15機から20機の日本軍機を撃墜した。
　1月4日1712、双発爆撃機がオマニー・ベイ（CVE-79）に向かって急降下した。*2　爆撃機はオマニー・ベイの左舷に体当たりする直前に爆弾を2発投下した。1発目は飛行甲板を貫通して、ガソリン満載の航空機が並ぶ下の格納庫甲板で爆発した。2発目は格納庫甲板を貫通して主消火設備に損害を与えたので、消火作業が不可能になった。火災は艦内に広がり、魚雷弾頭庫に近付いたので弾薬が昇温発火を始めた。消火の術がないので、総員離艦もやむをえなかった。ついに魚雷弾頭が爆発し始め、艦の運命は決した。バーンズ（DD-588）の魚雷で処分された。戦死93名、負傷65名を出した。

翌5日、姉妹艦のサヴォ・アイランド（CVE-78）に体当たりしようとしたカミカゼ機はかすめる程度にぶつかっただけで、艦自体にはほとんど損害はなく、死傷者もなかった。*3

*1：攻撃を受けた時刻が不明。第30金剛隊の零戦、旭日隊の彗星。
*2：八紘第9隊一誠隊の都留洋中尉操縦の隼。（『陸軍航空特別攻撃隊各部隊総覧 第1巻』p.26）米海軍の記録では双発機による攻撃となっているが、単発機による攻撃との資料もある。
*3：旭日隊（彗星）、第18金剛隊（零戦）、八紘第9隊一誠隊（隼）、八紘第6隊石腸隊、八紘第12隊進襲隊（以上九九式襲撃機）

１月５日

［１月５日 ルソン島西沖 ルイヴィル（CA-28）］

翌1月5日、カミカゼは大挙して出撃した。犠牲になった艦艇は7隻だったが、沈没したものはなかった。この日、旗艦のルイヴィル（CA-28）はマバラカットから轟音とともに飛来したカミカゼ3機の攻撃を受けた。*1　ルイヴィルの戦闘報告は次のように記している。

> 1機が本艦の左舷正横に配置されていた豪海軍駆逐艦HMASアランタに体当たりした。1機が本艦左舷艦首方向の駆逐艦近くに墜落した。3機目が直衛を通り抜けて本艦に直進した。これは駆逐艦の横を通過するまで本艦の砲火を受けなかった。高速で接近しているので撃墜する時間はなかった。本艦の対応可能なすべての火砲が撃っていた。敵機は煙を吹きだしたが針路を保ち前檣構造物に向かって来た。艦長は急な取舵を切って、体当たりの衝撃を比較的壊れやすくて被害を受けやすい前檣構造物でなく2番砲塔と操舵室で受けようとした。体当たりを受けるまで砲手全員が射撃を続けた。(1)

機体は右舷舷側艦中央部前方に体当たりし、爆弾2発が爆発して甲板に穴をいくつもあけ、海図室の横に損害を与えた。艦長のR・L・ヒックス大佐はやけどを負って、指揮を執れなくなったので副長のW・P・マッカーティ中佐が指揮を執った。ほかに58名が負傷した。この攻撃でもルイヴィルは任務を達成することができた。戦闘報告の決裁で第4巡洋艦隊参謀長J・R・ハムリーは「カミカゼ攻撃のパイロットの腕は高く、艦艇にとって重大な脅威

リンガエン湾の戦い　225

になることを示しており、この新たな兵器と戦う新兵器の開発が必要」と書いた。これは「射程が300ヤードから400ヤード（約270mから約370m）の超大型火炎放射器で、敵機の主翼を覆って爆破か炎上させて、敵機が艦艇に体当たりする前に海上に墜落させるもの」となるだろう。*2 この兵器は興味深かったが開発されなかった。

    *1：第18金剛隊（零戦）、八紘第6隊石腸隊、八紘第12隊進襲隊（以上九九式襲撃機）、八紘第9隊一誠隊の隼、出撃時刻不明の旭日隊（彗星）

［1月5日 フィリピン沖 LCI(G)-70、ヘルム（DD-388）、スタフォード（DE-411）、アパッチ（ATF-67）］

　小型艦艇でもカミカゼから逃れることはできなかった。1月5日朝、第8水中処分隊がリンガエン湾ホワイト・ビーチ1と2を偵察した時、これを掩護していたのは砲艇型上陸支援艇LCI(G)-70だった。任務は完了し、LCI(G)-70は海岸上の各種目標を攻撃した。夕方、艦尾方向から現れた零戦1機が主檣とアンテナに接触してから艦首上甲板の3インチ砲ガン・タブに突っ込んだ。*1　砲は使用不能になり、艦は通信ができなくなった。戦死6名、負傷9名だった。

　1644、カミカゼ1機がヘルム（DD-388）の主檣と探照灯を取り去って舷側横の海面に激突した。*2　艦の重要部分は損害を受けず、負傷は6名だけだったので危機一髪だった。

　スタフォード（DE-411）がヘルムとほかの2隻とともにツラギ（CVE-72）を直衛している時にカミカゼ機が襲って来た。1747、スタフォードは右舷舷側に体当たりを受けて戦死2名、負傷12名を出した。*3

　艦隊随伴航洋曳船アパッチ（ATF-67）はカミカゼ機の体当たりで少し損害を出したが、小修理をして任務を継続した。人的損害は負傷3名だけだった。*4

    *1：第18金剛隊の零戦。八紘第9隊一誠隊の隼を零戦と誤認した可能性あり。
    *2、*3、*4：第18金剛隊（零戦）、出撃時刻不明の旭日隊（彗星）、八紘第9隊一誠隊（隼）、八紘第6隊石腸隊、八紘第12隊進襲隊（以上九九式襲撃機）およびその直掩機。

［1月5日 ルソン島西沖 マニラ・ベイ（CVE-61）］

　マニラ・ベイ（CVE-61）はF・B・スタンプ少将が率いる第77.4.2任務隊

1945年1月5日、ナトマ・ベイ（CVE-62）に急降下するカミカゼ。機体は空母に命中しなかった（NARA 80G 273553.）

（サン・ファビアン空母隊）で作戦中だった。午後、6機から8機の零戦が空母と直衛を攻撃した。*1　マニラ・ベイの戦闘報告は次の通り。

　少なくとも1機が直衛に撃墜されたと考えられる。1機は豪海軍重巡洋艦HMASオーストラリアの艦中央部に体当たりした。1機はサヴォ・アイランド（CVE-78）のレーダー・アンテナに接触して横の海面に突っ込んだ。1機はナトマ・ベイ（CVE-62）に達する前に被弾して、その横の海面に激突した。2機が本艦を攻撃し、1機目は砲弾を40発受けながらも飛行甲板まで達した。2機目は右舷の桁端にぶつかり右舷舷側から30フィート（約10m）の海面に突っ込んだ。(3)

　2機とも経験豊富なパイロットが操縦していた。蛇行して砲火を避け、機銃掃射をしながらマニラ・ベイに接近した。1機目はアイランドの付け根に体当たりし、爆弾は飛行甲板を貫通して格納庫甲板とレーダー送信機室で爆発した。火災がそこを覆ったがすぐに鎮火した。24時間以内に戦闘に戻った

リンガエン湾の戦い　227

1945年1月5日、カミカゼの突入を受けて炎上するマニラ・ベイ（CVE-61）（NARA 80G 337999.）

が、戦死22名、負傷56名を出した。

*1：第18金剛隊（零戦）。旭日隊の彗星、八紘第9隊一誠隊の隼を零戦と誤認した可能性あり。

1月6日

［1月6日 ルソン島リンガエン湾 ニューメキシコ（BB-40）、ウォーク（DD-723）、アレン・M・サムナー（DD-692）］

　1月5日は艦艇にとって悪い一日だったが、翌6日はさらに悪い日になった。カミカゼのために艦艇15隻が損害を受け、そのうち1隻は沈没した。「大物」の戦艦2隻、巡洋艦4隻は駆逐艦5隻などとともに攻撃を受けた。

　1月6日1159、ニューメキシコ（BB-40）はミシシッピ（BB-41）、ウエストバージニア（BB-48）、豪海軍重巡洋艦HMASオーストラリア、同HMASシュロップシャー、そのほかの駆逐艦とともに第77.2.1任務隊サン・ファビアン火力支援隊の主力としてサン・フェルナンド岬・ポロ地峡地区を砲撃し

ていた時にカミカゼ攻撃を受けた。

　1157、ニューメキシコの見張員が艦尾方向から接近する日本軍機4機を発見したので、艦は砲火を浴びせた。*1　零戦が艦尾方向から飛来し、1機は近くの駆逐艦の横に墜落したが、1機が何とか砲火を通り抜けて航海艦橋の左舷翼に体当たりした。250kgと推定される爆弾で艦長のR・W・フレミング大佐および士官と乗艦していた高官が戦死した。上部構造物の損害は大きかったが戦艦としての任務に支障はなかった。副長のJ・T・ウォーレン中佐が指揮を引き継いだが、数分で次の攻撃を受けた。1209、隼が左舷艦首に体当たりした。*2　1305、火力支援を再開したが、まだカミカゼに悩まされた。1437、機銃掃射を受けた。*3　昼過ぎから1939まで、この海域に日本軍機と米軍のCAP機が飛来して状況は混乱状態だった。ニューメキシコは何機にも砲弾を放ち命中させたので、体当たりできるほど接近した日本軍機はいなかった。ニューメキシコはこの日の攻撃で戦死30名、負傷87名を出した。(4)

　ウォーク（DD-723）はニューメキシコと同じ頃攻撃を受けた。1155、ウォークの見張員が距離6海里（約11km）で日本軍機4機が低高度を飛行しているのを発見し、隼と識別した。*4　1機目は艦の砲火が命中して空中分解し、2機目は艦の上を横切り付近の海面に墜落した。3機目は途中から機銃掃射をして艦橋左舷に体当たりした。4機目は左舷艦尾方向で撃墜された。体当たりで生じた火災をすぐに鎮火して、ウォークは配置に戻った。カミカゼ攻撃で戦死12名、負傷34名が出た。艦長のジョージ・F・デビス中佐も戦死した。ウォークの戦闘報告によるとカミカゼは各種の接近方法を使用したが、低高度からの攻撃が最も成功した。また艦橋が第一目標だったように見えた。(5)

　0130、アレン・M・サムナー（DD-692）が掃海艦艇支援の任に就いていたバートン（DD-722）と交代した。1時間もしないうちに日本軍機が艦艇に忍び寄って来た。*5　その後約2時間、アレン・M・サムナーとほかの艦艇は上空に砲火を浴びせ続けながら、日本軍機を撃退する運動を激しく行なった。1158、零戦または彗星と識別された3機がアレン・M・サムナーに突進した。*6　最初の2機を避けることができたが、3機目が左舷艦首に機銃掃射をしながら接近した。カミカゼ機は2番煙突にぶつかり、後部魚雷発射管に体当たりした。搭載していた爆弾は2番魚雷発射管に当たり、右舷上甲板で爆発した。機体は甲板を滑り右舷の海面に落下した。同じ頃、別の機体が艦橋左舷にぶつかった。艦自体の損害は大きくなかったが戦死14名、負傷19名が出た。損害を受けたアレン・M・サムナーはイングラハム（DD-694）と交代した。

リンガエン湾の戦い　229

*1、*4：攻撃隊不明。ニューメキシコ、ウォークを攻撃したのは第22金剛隊の零戦4機の可能性が高いが、両艦に体当たりしたのは合計4機で、墜落、被撃墜を含めると4機以上の機数になる。いずれかは、ほかの攻撃隊の可能性あるが、戦史叢書によると通常攻撃を実施したのは「襲撃機」で、零戦、隼ではない。（『比島捷号陸軍航空作戦』（戦史叢書第48巻）p.546）

*2：隼は出撃していない。第22金剛隊の零戦を隼に誤認している可能性あり。

*3：第19金剛隊、出撃時刻不明の第30金剛隊および金鵄隊（以上零戦）、出撃時刻不明の旭日隊（彗星）、皇華隊（屠龍）、旭光隊（九九式双軽）、八紘第5隊鉄心隊（九九式襲撃機）、第4航空軍の通常攻撃隊（『比島捷号陸軍航空作戦』（戦史叢書第48巻）』p.546）。（以下1月6日の第30金剛隊、金鵄隊、旭日隊の説明で、「出撃時刻不明」は省略）

*5：八幡隊の天山。（操縦 藤田二飛曹、同乗 磯野博之少尉、繁縄精一飛長）（『神風特別攻撃隊々員之記録』p.25）

*6：旭日隊の彗星。第22金剛隊、第30金剛隊、金鵄隊の零戦を彗星に誤認した可能性あり。

[1月6日 ルソン島リンガエン湾 コロンビア（CL-56）、オブライエン（DD-725）、ミネアポリス（CA-36）]

　コロンビア（CL-56）は第77.2任務群（砲撃・火力支援群、リンガエン火力支援群）の1隻として作戦に就いていた。1424、日本軍機1機がコロンビアに急降下したが、わずかに外れてすぐ横の海面に激突した。*1　爆弾が海中で爆発したので艦に激震が走ったが、損害は日本軍機が艦の上を通過した時に接触したアンテナが壊れただけだった。1730、九九式艦爆1機が対空砲火の雨霰の中を突進して「左舷上甲板の4番砲塔に体当たりした。*2　エンジンは上甲板を貫通し、爆弾は第1甲板まで貫通して4番砲塔砲座に当たり爆発した。上甲板と第2甲板に大火災が発生した。死傷者と損害は非常に大きい」(6)　4番砲塔は使用不能になり、3番、4番砲塔の弾薬庫に注水した。鎮火したのち、損害を仮修理して、コロンビアは配置に戻った。戦死13名、負傷44名だった。

　1427、オブライエン（DD-725）は掃海駆逐艦サウサード（DMS-10）、ホプキンス（DMS-13）、チャンドラー（DMS-9）からなる掃海部隊を護衛していた時、カミカゼ攻撃を受けた。*3　オブライエンがバートン（DD-599）の横を通過している時、2機がオブライエンに急降下した。1機はバートンの近くの海面に激突した。2機目がオブライエンの艦尾張出部に体当たりして、大きな塊を引きちぎった。アイルランドの幸運がオブライエンに味方し、死傷

者は出なかったが、修理のため海域から離れなくてはならなかった。*4

　ミネアポリス（CA-36）はサン・フェルナンド岬・ポロ地峡地区砲撃のためリンガエン湾口の東側を航行していた。この部隊の周囲で空襲が1121に始まり1829まで続いた。1159、ミネアポリスの見張員はカミカゼ1機がニューメキシコに体当たりするのを見ていた。1437、ミネアポリスは攻撃を受けた。カミカゼ1機が左舷から降下して艦首を横切り、右舷舷側すぐ横の海面に墜落した。*5　右舷の防雷具が取り去られたが、艦自体の損害は実質的になく、負傷は2名だった。(7)

　　*1、*3、*5：第19金剛隊、金鵄隊（以上零戦）、旭日隊（彗星）、出撃時刻不明の皇華隊（屠龍）、旭光隊（九九式双軽）、八紘第5隊鉄心隊（九九式襲撃機）、第4航空軍の通常攻撃隊（『比島捷号陸軍航空作戦』（戦史叢書第48巻）p. 546）。（以下1月6日の皇華隊、旭光隊、八紘第5隊鉄心隊の説明で、「出撃時刻不明」は省略）

　　*2：九九式艦爆は出撃していない。八紘第5隊鉄心隊の九九式襲撃機、第4航空軍の通常攻撃隊（『比島捷号陸軍航空作戦』（戦史叢書第48巻）p. 546）の機体を誤認している。

　　*4：オブライエンはアイルランド系の名前なので「アイルランドの幸運」と言っている。

[1月6日 ルソン島リンガエン湾　リチャード・P・リアリー（DD-664）、ニューコム（DD-586）]

　リチャード・P・リアリー（DD-664）は第77.2任務群で対潜直衛をしていた。左舷艦首方向から飛来したカミカゼ1機は明らかに近くの大型艦艇に向かっているようだった。*1　リチャード・P・リアリーがこれに砲火を浴びせると、カミカゼ機はバンクしてリチャード・P・リアリーに向かって来た。カミカゼ機は40mm、20mm機関砲弾を浴びたので、艦から100ヤード（約90m）で少し突入コースが曲がり、主翼を艦に接触させて舷側すぐ横の海面に突っ込んだ。パイロットはすでに死亡していたので、負傷1名以外は大きな損害を受けずに済んだと考えられた。(8)

　1700、近くで直衛をしていたニューコム（DD-586）も攻撃を受けた。激しいカミカゼ攻撃で、この海域の砲手は大忙しだった。飛燕2機が艦艇に体当たりしようとしたので、これに砲火を浴びせた。*2　1機はニューコムの左舷後方25ヤード（約23m）で海面に突っ込み、その金属片が艦に降り注いで戦死2名、負傷15名を出した。

*1：第19、第20、第22、第30金剛隊、金鵄隊（以上零戦）、旭日隊（彗星）、第23金剛隊（零戦、彗星）、八紘第11隊皇魂隊、皇華隊（以上屠龍）、旭光隊（九九式双軽）、八紘第5隊鉄心隊、八紘第6隊石腸隊（以上九九式襲撃機）。第4航空軍の通常攻撃隊（『比島捷号陸軍航空作戦』（戦史叢書第48巻）p.546）

*2：第30金剛隊、金鵄隊（以上零戦）、旭日隊（彗星）、第23金剛隊（零戦、彗星）の機体を飛燕に誤認している。

［1月6日 ルソン島リンガエン湾 カリフォルニア（BB-44）、ルイヴィル（CA-28）、サウサード（DMS-10）］

　1月6日1719、ニューメキシコはカリフォルニア（BB-44）が体当たりを受けたとの連絡を受けた。カリフォルニアはJ・B・オルデンドルフ中将が率いる第77.2任務群（砲撃・火力支援群、リンガエン火力支援群の旗艦だった。1718、任務群がリンガエン湾を航行中に零戦五二型2機が島の近くに現れて艦艇と並行した。*1　どこからともなく飛来した零戦が1分もしないうちに海面上25フィート（約8m）で艦艇に突進して来た。カリフォルニアは1機を5インチ砲で破壊したが、「何発も被弾した敵機はカリフォルニアに体当たりした。1720、敵機は鋭いバンクをして上昇旋回してカリフォルニアの右舷正横に来て、主檣の05レベルの後部で艦中央線からやや左舷側に体当たりした。同時に4番砲座の中で爆発した5インチ砲弾が砲座を貫通した」(9)　零戦は爆弾を搭載しているようには見えなかったが、爆発の大きさから搭載していたようだった。爆風と同時に発生した艦の5インチ砲弾の爆発で広範囲にわたり火災が生じた。戦死48名、負傷155名を出した。応急員が状況を収めたが、艦の火砲の多くが破壊された。戦闘報告によると「戦闘効率は75パーセントに下がった」(10)

　ルイヴィル（CA-28）は前日の1月5日にカミカゼ2機から攻撃を受けていた。翌6日の1731、カミカゼ1機が艦橋構造物近くの右舷舷側に体当たりして艦橋とその周辺に大きな損害を与えた。激しい火災だったが、41番砲座の装弾室の弾薬が昇温発火する前にすぐに鎮火した。*2　この機体による火災と戦っている間に別の1機を発見して舷側近くで撃墜したが、右舷で火災が発生した。この火災はすぐに鎮火した。ルイヴィルは作戦不能になり、戦死は第4巡洋艦隊指揮官セオドール・E・チャンドラー少将を含む36名、負傷56名だった。(11)

　サウサードは艦艇を直衛していた掃海艦だった。1732、左舷にカミカゼ機の体当たりを受けて出火したが30分で鎮火したので、敷設駆逐艦ブリース（DM-18）が安全な場所まで曳航した。*3　サウサードは戦闘で負傷6名を

出したが、翌日には戦線に復帰した。

*1：第20、第23、第30金剛隊、金鵄隊（以上零戦）
*2、*3：第20、第30金剛隊、金鵄隊（以上零戦）、旭日隊（彗星）、第23金剛隊（零戦、彗星）、皇華隊（屠龍）、旭光隊（九九式双軽）、八紘第5隊鉄心隊（九九式襲撃機）

[１月６日 ルソン島リンガエン湾 ロング（DMS-12）]

　掃海駆逐艦ロング（DMS-12）は1919年に進水した旧型の４本煙突の駆逐艦を掃海駆逐艦に改造したものだった。零戦２機が襲って来た時、掃海作業を行なっている最中だった。*1　艦長のスタンリー・カプラン大尉は25ノット（約46km/h）を命じ、零戦に砲火を浴びせた。１機は体当たりできなかったが、もう１機が艦中央部左舷喫水線の上30cmに体当たりした。ロングは炎に包まれて艦内部は実質的に分断され、前部弾薬庫が爆発する危険性があったので、カプランは艦橋にいる者に退去の許可を与えた。これが総員離艦と間違って解釈され、全員が艦から離艦した。別の４本煙突の駆逐艦だったホーヴェイ（DMS-11）が支援のために横に来て、海面に漂っていたロングの乗組員を引き上げた。ホーヴェイ艦上でカプランと乗組員が再集合して消火要員を編成しようとしたが、継続的に空襲があるので、作業は遅れた。数時間待って戦闘が一段落した時、別の日本軍機がロングの先ほどと同じ場所に体当たりしてキールを破壊した。*2　ロングは横転して、翌朝海没した。戦死１名、負傷35名だった。

*1：第19、第22金剛隊、金鵄隊（以上零戦）
*2：第20、第30金剛隊、金鵄隊（以上零戦）、旭日隊（彗星）、第23金剛隊（零戦、彗星）、八紘第11隊皇魂隊、皇華隊（以上屠龍）、旭光隊（九九式双軽）、八紘第５隊鉄心隊（九九式襲撃機）、第４航空軍の通常攻撃隊（『比島捷号陸軍航空作戦』（戦史叢書第48巻）p.546）

[１月６日 ルソン島リンガエン湾 ブルークス（APD-10）]

　その日、高速輸送艦ブルークス（APD-10）はカミカゼ機に左舷に体当たりを受け、出火して行動不能になった。*1　戦死３名、負傷11名だった。修理のため商船のウオッチ・ヒルに曳航されてサン・ペドロ湾に戻ったが、８月初めに除籍になった。

*1：第20、第30金剛隊、金鵄隊（以上零戦）、旭日隊（彗星）、第23金剛隊（零戦、彗星）、八紘第11隊皇魂隊、皇華隊（以上屠龍）、旭光隊（九九式双軽）、八紘第5隊鉄心隊（九九式襲撃機）、第4航空軍の通常攻撃隊（『比島捷号陸軍航空作戦』（戦史叢書第48巻）p. 546）

1月7日

[1月7日 ルソン島リンガエン湾 パーマ（DMS-5）]

1月7日、掃海駆逐艦パーマ（DMS-5）はリンガエン湾でホプキンス（DMS-13）とともに掃海に従事していた。1834、艦艇の方に敵味方不明機が向かっているとの通報で総員配置が発令された。パーマは銀河1機の攻撃を受けた。*1 1837、銀河は檣の高さで突進して来た。艦長のW・E・マクガーク大尉はこれが体当たり突進すると考えて然るべき対応をした。飛来する機体を避けるため緊急全速力と取舵いっぱいを命じた。狙いは当たった。炎に包まれた銀河はわずかなところでパーマを外し、艦の右舷150ヤード（約135m）の海面に墜落した。しかし、銀河は飛来中に炎に包まれていたが、冷静な搭乗員は爆弾2発をパーマから100フィート（約30m）のところで投下していた。(12) 爆弾は的を射てパーマの左舷喫水線に命中して舷側に大きな穴をあけた。すぐに海水が流れ込み、6分も経たずに艦尾から沈んだ。(13) ホプキンスとブリースは生存者を引き上げた。パーマは戦死26名、負傷38名だった。

*1：攻撃隊不明。若桜隊の九九式双軽を銀河に誤認した可能性があるが、12時間ずれている。日米どちらかの記録間違いの可能性あり。

1月8日

[1月8日 ルソン島リンガエン湾 LST-912]

1月8日0545、戦車揚陸艦LST-912は配置場所を守るため煙幕を張っていた。発煙機の騒音で九九式艦爆1機が接近する音がかき消され、煙幕で飛来する機体を見つけることができなかった。LST-912の戦闘報告によると「九九式艦爆は体当たり急降下をしようとしたのかもしれないが、空中で遭遇した米夜間戦闘機に上空から低空に追いやられて雲に入り、偶然本艦に体当たりしたとも考えられる。護衛していた駆逐艦の1隻は、日本軍機は本艦の発煙機に向かって行ったと報告している」(14) となっており、これは偶発的な

カミカゼだった可能性がある。*1　パイロットの間違いであろうとなかろうと結果は同じだった。LST-912は短艇甲板に損害を受け、戦死4名、負傷4名を出した。

*1：八紘第6隊石腸隊、八紘第12隊進襲隊の九九式襲撃機を九九式艦爆に誤認している。

［1月8日 ルソン島西沖 カダシャン・ベイ（CVE-76）、キトカン・ベイ（CVE-71）、キャラウェイ（APA-35）］

　この日、カダシャン・ベイ（CVE-76）とキトカン・ベイ（CVE-71）も攻撃を受けた。早朝零戦の一群が護衛空母を追ったことから攻撃は始まった。*1　1機がCAPを通り抜けてマーカス・アイランド（CVE-77）に爆撃突進を行なった。爆弾が外れたので、零戦は旋回してカダシャン・ベイに向かい、艦中央部の艦橋近くに体当たりして舷側に穴をあけた。カダシャン・ベイに浸水が始まり、まもなく艦首が下がった。消火と応急修理が完了したので、空母は何とかほかの艦艇とともにとどまることができたが、帰投する所属艦載機をマーカス・アイランドに着艦させた。1月12日、カダシャン・ベイは修理のためレイテ島に戻り、その後オーバーホールのためにサンフランシスコに向かった。これでカダシャン・ベイの戦闘艦としての任務は終わり、次の任務は新製機を戦地のほかの空母に輸送するものになった。カミカゼ攻撃は艦自体にとっては厳しいものだったが、負傷は3名で済んだ。

　キトカン・ベイ（CVE-71）とシャムロック・ベイ（CVE-84）はT・S・ウィルキンソン中将が率いる第79任務部隊がリンガエン上陸に向かう時の空中掩護機を艦載していた。1月8日午後遅く、任務部隊を日本軍機6機が襲った。豪海軍補助巡洋艦HMASウエストラリアが主目標だったようだが、際どいところで爆弾が外れた。しかし、1857に隼1機がキトカン・ベイに向かって急降下して左舷舷側中央部の喫水線に体当たりし、同時に海岸からの砲撃が左舷に命中したので、二重の命中になった。*2　キトカン・ベイは配置にとどまろうとしたが、すぐに13度左舷に傾いた。戦死16名、負傷37名だった。艦隊随伴航洋曳船チョワノック（ATF-100）が域外に曳航した。応急修理を完了させてレイテ島でさらに修理を行ない、カリフォルニア州サン・ペドロでオーバーホールを受けた。

　1月8日、艦艇に空襲から束の間の休息があったが、攻撃輸送艦キャラウェイ（APA-35）は艦橋右舷に体当たりを受けて戦死29名、負傷22名を出した。*3　応急修理の後、乗艦していた兵員を降ろしてから修理のためウルシ

リンガエン湾の戦い　235

ーに戻った。

*1：八紘第9隊一誠隊の隼、精華隊の疾風を零戦に誤認している。
*2：攻撃隊不明。
*3：八紘第6隊石腸隊、八紘第12隊進襲隊（以上九九式襲撃機）、八紘第9隊一誠隊（隼）、八紘第11隊皇魂隊の屠龍、精華隊の隼。

[1月8日 パラオ諸島 LCI(G)-404 特攻泳者]
　迂回路のパラオでも艦艇は重大な危機にさらされていた。この海域に対する日本軍の航空機または艦艇の攻撃能力ははるか前になくなっていたが、簡単な方法の攻撃は実施されていた。1月8日、砲艇型上陸支援艇LCI(G)-404がパラオ島ユー海峡に停泊している時、日本軍特攻泳者が襲って来た。0208、見張員のディーン・デシラントとレイ・ベイダが配置に就いていた時、艇の後方に小さなライトを見つけた。海面を探照灯で照らすと艇の後方に12名くらいの日本軍特攻泳者を見つけた。総員配置を発令し、特攻泳者に射撃を加えた。数分後、大きな爆発とともに海面が持ち上がった。LCI(G)404に乗っていたロバート・F・ヒース一等水兵はのちに次のように書いた。

　　大きな爆発で寝棚からたたき出されたのは2000から2400の当直を終えてかなり経ってからだった。総員配置が発令されたのは0200頃だった。全員が持ち場の砲に突進した。敵兵は本艇近くに磁気吸着爆雷を浮かせていた。錨収納部にロープを結び、爆雷を海中に沈めて、安全栓を抜いた。爆雷は艇体後部の底に穴をあけ、甲板全体を座屈させ、スクリュー2個を壊した。これで機関室がめちゃめちゃになり、機関が動かなくなった。穴はジープが通れるくらい大きかった。(15)

　特攻泳者の全員を射殺して射撃を終えたが、LCI(G) 404は動けなかった。幸い死傷者はいなかった。艇は修理のためペリリュー島に曳航され、ウルシー経由で本土に戻った。これでLCI(G) 404の戦時の経歴は終わった。

1月9日

[1月9日 ルソン島リンガエン湾 ホッジス（DE-231）]
　1月9日0650、ホッジス（DE-231）は、ニコルス飛行場から飛来した双発カミカゼ機が前檣にぶつかり横の海面に墜落したので、危機一髪だった。*1

死傷者はいなくて、ホッジスは任務を継続した。

*1：陸海軍とも双発特攻機を出撃させていない。通常攻撃機であろうが攻撃隊不明。

［1月9日 ルソン島リンガエン湾 コロンビア（CL-56）］

　コロンビア（CL-56）は侵攻のため前進している上陸用舟艇に周囲を囲まれていた。混雑した海域だったので運動はできず、カミカゼ機の目標になった。1月9日0745に起きたことをコロンビアは次の通り報告している。

　　250kg爆弾搭載の鍾馗は前部主砲方位盤に体当たりし、方位盤と敵機は舷側を飛び越えた。*1　爆弾の爆発で大火災が起きたので、上部構造物に大きな損害を受け、死傷者が出た。前部火器管制室は破壊されて砲術士官および防空士官が負傷したが、後部火器管制室が指揮・管制を引き継いで、0818に上陸準備の砲撃を計画通り開始し、上陸は0930に始まった。(16)

　コロンビアは数時間で、完全に任務を再開した。攻撃輸送艦ハリス（APA-2）が戦死者24名、負傷者68名を連れて行った。

*1：第24金剛隊の零戦、出撃時刻不明の八紘第9隊一誠隊の隼を鍾馗に誤認している。

［1月9日 ルソン島リンガエン湾 ミシシッピ（BB-41）、HMASオーストラリア］

　ミシシッピ（BB-41）が近くで作戦中だった。任務はダグパンとカラジアオの町の目標に砲撃を加えることだった。その日の砲撃が終了してミシシッピは要求射撃の準備をした。その直前、カミカゼ任務の九九式艦爆4機が護衛戦闘機4機をともなってツゲガラオ飛行場から出撃した。煙霧が地表を覆っていたので、リンガエン湾まで見つからずに接近できた。1303、ミシシッピの見張員が4機中の1機目が爆弾を投下したのを見たが、爆弾は外れた。*1　2機目が太陽の方から現れたので艦の対空砲火を浴びせた。九九式艦爆のエンジンが動いていなかったとの報告があるので、明らかに艦の砲火がエンジンに命中していた。「この機体は緩降下突進から水平飛行に移ってから、艦首上甲板の上を通過して艦橋左舷にぶつかり、真っすぐ進んで6番対空砲にぶつかってから左舷舷側に落ちた。搭載していた爆弾が海面に落ちた直後に

リンガエン湾の戦い　237

爆発した」(17)　まもなくミシシッピはほかのカミカゼ機に砲火を浴びせたが、1機は近くで作戦中だった豪海軍重巡洋艦HMASオーストラリアに体当たりした。ミシシッピは火災をすぐに鎮火し、負傷者の手当をしたが、戦死26名、負傷63名を出した。

*1：陸海軍とも固定脚機を出撃させていないので攻撃隊不明。この時刻に第25金剛隊の零戦が出撃、突入しているので、それを誤認した可能性あり。

1月10日

[1月10日　ルソン島リンガエン湾　リレイ・ウイルソン（DE-414）]
　1月10日、リンガエン湾口の西で対潜哨戒を行なっていたのはリレイ・ウイルソン（DE-414）だった。0710、双発機のカミカゼ機が正面から海面上25フィート（約8m）で向かって来たが、リレイ・ウイルソンはこれに気づくのが遅すぎた。*1　リレイ・ウイルソンの砲火でカミカゼ機は左主翼とエンジンから出火したが、その針路は変わらなかった。機体は左舷舷側に体当たりし、右主翼は近くのガン・タブに大きな損害を与えた。戦死6名、負傷7名だった。翌日、艦長のM・V・カーソン少佐とリレイ・ウイルソンは修理のためパプアニューギニアのマヌス島に向かった。

*1：皇華隊の屠龍。（池内貞男中尉）（『陸軍航空特別攻撃隊各部隊総覧　第1巻』p. 42）

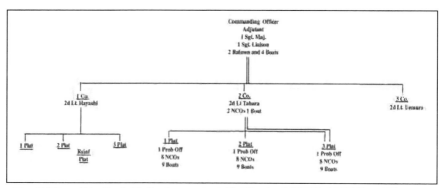

フィリピン　リンガエン湾ポート・スアルに駐屯していた陸軍海上挺進第12戦隊の組織図。連合国翻訳通訳部南西太平洋課資料を元に作成（Adapted from Allied Translator and Interpreter Section South West Pacific. Serial No. 938 Interrogation Report No. 775, p. 12.）

［１月10日 ルソン島リンガエン湾 LST-925、ウォー・ホーク（AP-168）、ロビンソン（DD-562）、LST-610、LST–1028、イートン（DD-510）、LCI(G)-365、LCI(M)-974、LST-548、ベルナップ（APD-34）　マルレ］

　艦艇に対する空からのカミカゼは一時休止になったが、安全ではなかった。日本軍はリンガエン湾で特攻艇の水上カミカゼ攻撃で命中９隻、沈没１隻の戦果を上げた。

　リンガエン湾南西のポート・スワルには高橋功大尉が率いる陸軍海上挺進第12戦隊の基地があった。当初、攻撃隊はマルレ特攻艇約100隻で編成していたが、減耗して約70隻になった。１月９日から10日にかけての夜、第12戦隊は総力を挙げて湾内の米艦艇を攻撃することにした。マルレは林基弘、田原弘吉、植村緑各少尉が率いる３個中隊から出した。*1

　１月10日0320、フィリップ（DD-498）は襲来する小型艇をレーダーで探知し、警報を発した。この時から１時間15分の間、フィリップ、ロビンソン（DD-562）、ロイツエ（DD-481）で警戒に就いた砲手は状況に応じて射撃をした。停泊地に艦艇が多く、混んでいたので、駆逐艦は通常の速力を出すことが困難だった。しかもマルレとの距離が近いので、駆逐艦の砲を下に向けることができず、マルレに砲火を浴びせることが不可能だった。マルレの１隻がフィリップから25ヤード（約23m）で20mm砲弾を浴びて爆発した。

　マルレの多くが停泊している艦艇の攻撃に成功して致命傷を負わせた。この海域に停泊していた戦車揚陸艦LST-925はマルレに最初に攻撃を受けた艦艇の１隻だった。0335、艦の見張員が左舷から接近するマルレを見つけたが、右舷からも別のマルレが接近していた。左舷のマルレは見つかったことに気づいて逃げたが、右舷のマルレは攻撃を仕掛け、爆雷を投下して逃げた。マルレが遠くに行く前に、LST-925の砲手が砲弾を命中させて乗員を殺した。報告ではこのマルレの乗員は普通と異なり６名だった。砲手がマルレを撃ったのと同じ頃、爆雷が爆発して艦は広範囲にわたり損害を受けたので、乗組員はすぐに修理に取りかかった。さらに別の攻撃もあった。0705、LST-925は九九式艦爆１機から攻撃を受けたが、これを撃墜した。*2　３日後、乗艦していた兵員の上陸と荷物の陸揚げを終了したので修理に向かった。

　輸送艦ウォー・ホーク（AP-168）は兵員の上陸と補給品を陸揚げするため１月９日からリンガエン湾に入っていた。艦長も乗組員も前方に何が待っているか知らなかった。0410、ウォー・ホークは特攻艇の命中を受けて舷側に25フィート（約８m）の穴があき、戦死61名を出した。(18)　修理チームがすぐに対応したので艦を救うことができ、その後も戦闘支援ができた。

　0414、ロビンソンは左舷に現れた小型艇から攻撃を受けたと報告した。小

型艇は爆雷を投下して高速で逃げ去った。艦自体に損害はなく、軽傷者が少し出ただけだった。

　LST-610はリンガエン湾で停泊していた。1月10日0436、気づかぬ間にマルレから攻撃を受けた。爆発で機関の1基が壊れ、大きな損害を生じた。のちに海岸で陸揚げをする時にこれが問題になる。苦労しながら修理している時、マルレがLST-735に向かって行くのを見張員が発見した。砲手がマルレに砲火を浴びせて沈めた。LST-610の乗組員に重傷者はおらず、切り傷と打撲傷を負った者だけだった。

　LST-1028は攻撃を受けた時、LST-925の東450ヤード（約410m）にいた。LST-925の横に何かが向かったので、錨を揚げてLST-925の方に向かった。0358、LST-1028は左舷をLST-925に結びつけて状況を調べたが、それを曳船に引き継いだ。

　LST-1028は後進して250フィート（約75m）離れて停泊した。0441、見張員が右舷後方800ヤード（約730m）に小型艇を発見した。LST-1028の砲手が警戒態勢に入ると、2、3分で小型艇のエンジン音が聞こえた。マルレはLST-1028に突進した。距離300ヤード（約270m）でLST-1028の砲手は砲火を浴びせ始めたが、火砲を下に向けることができず、小型艇に弾丸を命中させることができなかった。ライフル銃でも撃つことができなかった。LST-1028の戦闘報告は次の通り。

> 　魚雷艇は本艦のフレーム31番の左舷舷側に当たったようだった。ふらふらと10ヤード（約9m）進むと、戻って来て左舷舷側の艦外板をこすって艦首方向に向かった。魚雷艇が左舷前部艙口蓋の位置まで行った時、巨大な爆発が艦を揺らした。左舷が水上に持ち上がり、何トンもの海水が司令塔より高く空中に吹き上げられた。艦内のほとんど全員が激しく倒され、隔壁、ガン・タブなどに投げ飛ばされて重傷を負った者もいた。司令塔の我々も倒された。信号灯は吹き飛ばされて下の甲板に落ち、羅針儀は羅針儀台から落ちた。爆発の影響が収まると、右舷の魚雷艇が50フィート（約15m）離れたところを艦尾方向に向かっているのが見えた。(19)

　数分してマルレがLST-1028から十分離れたので、LST-1028はこれに射撃ができるようになった。LST-1028の前後の砲でマルレを吹き飛ばした。LST-1028は電力が落ちたので曳船で海岸まで曳航してもらい、そこで修理を行なった。14名が負傷した。

0320、イートン（DD-510）はマルレがLST-925を攻撃したので、マルレに対する警戒を始めた。0439、イートンの見張員が左舷に未確認物体を発見したので、イートンは調査のため回頭して誰何したが、無視された。0500に運動して小型艇を左舷艦首に発見した。信号探照灯で照らすと、小型艇の船尾に高く積んだ爆雷のような大きな物の上に敵の制服を着た２人がかがんでいるのが見えた。0519、左舷正横に来た小型艇を自動火器で撃つと最初の数連射で爆発したのが見えた。(20)　爆発で多くの金属片がイートンの方に飛んで、戦死１名、負傷14名が出た。

　イートンはマルレに加え特攻泳者とも戦った。0830、見張りが救命胴衣を着けた特攻泳者２人を左舷方向に発見した。手榴弾かそのほかの爆発物の包みを持って泳いでいるようだった。イートンが特攻泳者に近寄ると、１人がピストルを取り出してもう１人を撃ってから自分も撃ち、捕虜になることを拒否した。(21)

　１月10日、砲艇型上陸支援艇LCI(G)-365はリンガエン湾の海岸から３海里（約5.6km）沖に停泊していた。0430、当直士官が右舷距離800ヤード（約730m）に巨大な爆発があったことを報告した。迫撃砲歩兵揚陸艇LCI(M)-974がマルレに爆破されて沈没したのだが、その時には状況が分からなかった。ロビンソン（DD-562）、ロイツェ（DD-481）、フィリップ（DD-498）の射撃が見えたが、LCI(G)-365の乗組員は原因を推測することしかできなかった。LCI(G)-365が聞いた無線通信によるとLCI(M)-974の生存者が海中にいるとのことなので、全員で目を凝らして海面を探した。0443、LCI(G)-365の見張員が左舷正横距離150ヤードから200ヤード（約140mから約180m）に小型艇がいるのを発見した。誰何しても応答がなかった。20mm機関砲砲手が射撃を命じられたので、砲身が加熱して弾詰まりを起こすまで弾を浴びせたが、遅かった。0445、マルレは最後の突進をして爆雷をLCI(G)-365の横に投下した。爆発で飛ばされた司令塔内の羅針儀台が艇長のジョン・M・ホクター中尉に当たりけがを負わせた。上甲板の下の甲板で負傷者が出たが、重傷者はいなかった。LCI(G)-442が支援のため舷側に来たので、総員離艦の準備を始めた。0720、LCI(G)-365は左舷に傾き、排水が浸水に追いつかなかった。LCI(G)-365が沈没しないようにLCI(G)-442、-676が海岸に曳航し始めた。1530、艦隊随伴航洋曳船ヒダッサ（ATF-102）が到着して支援を開始した。全員を離艦させてから安定を回復させ、真珠湾までの長い航海に備えて基幹要員だけが乗艦した。これでLCI(G)-365は戦線から離脱した。(22)

　この海域ではほかにLST-548が0524に左舷舷側にマルレから攻撃を受けたが、損害は小さかった。

0946から1310の間、ほかにも日本軍の特攻泳者がいて、高速輸送艦ベルナップ（APD-34）は背中に爆発物を背負った特攻泳者が何人かがいるのを報告した。その多くが機関銃で射殺されて、ベルナップに近付いた者はいなかった。(23)

　　*1：高橋戦隊長以下で植村少尉の第3中隊が主力。（『特攻』（第130号）p. 17）
　　*2：陸海軍とも固定脚機の特攻機を出撃させていない。攻撃隊不明。
　　*3：マルレを魚雷艇に誤認している。

[１月10日 ルソン島リンガエン湾 マルレ隊員]
　その日の夜遅く海岸を歩いていたのは海上挺進第12戦隊の見習士官だった。0300、リンガエン湾に停泊中の艦艇攻撃のため海上挺身隊のほかの隊員とともに出撃した。乗っていたマルレが艦艇に接近すると砲火を浴び、艦艇が撃った曳光弾で爆雷を取り付けていたロープが切断された。落下した爆雷が爆発するまでに見習士官はそれほど避難できず、乗っていたマルレが転覆した。見習士官は浮いている箱にしがみつき、その日の夜ポート・スアルの北にたどり着いた。翌日、疲労と飢えからフィリピンの現地人に食料を乞うたのが間違いだった。フィリピン人は食料を与えて、見習士官が寝ている間に地元のゲリラを呼ぶと、ゲリラは彼を拘束し、米海軍に突き出した。見習士官は海上挺進第12戦隊の小隊長だった。一般に信じられているのに反し、マルレ乗員の多くは高等学校か専門学校を卒業した大学生だった。1943年12月、この見習士官は京都帝国大学で１年生終了時に陸軍に徴兵された。その後、各種の訓練を受けた。*1　江田島幸ノ浦の船舶練習部第10教育隊に送られて1944年9月10日から10月1日まで訓練を受けた。卒業後、見習士官になりフィリピンのルソン島に送られ、ポート・スアルの海上挺進第12戦隊に配属された。そこで下士官8名とともに連絡艇9隻の小隊の指揮を執った。戦隊は「３個小隊からなる中隊３個で、連絡艇100隻」だった。(24)　１月９日から10日の攻撃に先立ち、戦隊は空襲と対地艦砲射撃で連絡艇約30隻を失っていた。その日の攻撃は残る全兵力で行なった。明らかにこの夜間攻撃でほとんどの連絡艇を失ったので、これは戦隊の終焉だった。

　　*1：在学中に徴兵されているので、いわゆる学徒出陣の世代。

[１月10日 ルソン島リンガエン湾 デュページ（APA-41）]
　１月９日、攻撃輸送艦デュページ（APA-41）はサン・ファビアン付近の

海岸に兵員を上陸させた。翌10日、艦艇乗組員と陸軍兵員の死傷者を乗せてそこからレイテ島に向かう予定だった。出発する輸送船団に合流しようと運動をしている時、カミカゼ1機の目標になった。機体は双発の屠龍と識別された。*1 1915、屠龍は航海艦橋に体当たりした。燃える破片がゆっくりと進む輸送艦の甲板に飛び散った。応急員がすぐに対応して消火したので、デュページはそのまま航海を続けた。艦自体の損害は大きくなかったが、死傷者数は多く、戦死32名、負傷157名を出した。

*1：八紘第11隊皇魂隊の屠龍（入江千之助伍長）。（『陸軍航空特別攻撃隊各部隊総覧　第1巻』p. 30）

1月11日

［1月11日 ニューギニア島ホーランジア リバティ船ポンタス・H・ロス 回天］
　前線が移動したが、前線から離れていても艦艇はまだ危険にさらされていた。後方海域で作戦可能な日本軍潜水艦と回天がまだ脅威だった。1944年12月後半、金剛隊の伊47がニューギニア島ホーランジアに向かった。
　1945年1月11日、回天搭乗員の川久保輝夫、原敦郎両中尉、村松実上飛曹、佐藤勝美一飛曹は艦艇攻撃のため回天に搭乗した。伊47艦長折田善次少佐がホーランジア港内に停泊している米艦艇の間に艦を進めた。回天は4隻発進したが1隻が小さな損害を与えただけだった。
　リバティ船ポンタス・H・ロスはトラック、弾薬、ガソリン、食料を輸送し、乗組員はそれぞれの持ち場で働いていた。0615、何かをこするような音が左舷から聞こえた。回天が船底部をかすめるように当たり、左舷船首から離れたところで爆発した。船殻の外板がへこんだが、大きな損害はなかった。爆発が近くで起きたので船が揺れたが、乗組員にけがはなかった。(25)ほかの回天1隻も近くで爆発したが、4隻発進して艦艇の近くまで達したのは1隻だけで、しかも沈めることができなかった。日本軍は輸送船4隻を撃沈したと報告しているが、いつもの通り不正確だった。

1月12日

［1月12日 ルソン島リンガエン湾 ギリガン（DE-508）、リチャード・W・スーセンス（DE-342）、ベルナップ（APD-34）］
　1月12日から13日にカミカゼが再び大挙して現れ、12隻の艦艇が損害を受

けた（1隻は2回損害を受けた）。特に損害の大きかったのはリバティ船と輸送艦だった。12日早朝の0658、ギリガン（DE-508）とリチャード・W・スーセンス（DE-342）はリンガエン湾口の西で対潜直衛をしている時に攻撃を受けた。

ギリガンの見張員は一式陸攻を距離わずか1,000ヤード（約900m）で発見した。*1　ギリガンは左に回頭して右舷の火砲をこれに向けた。しかし、1人の乗組員が持ち場を放棄して近くの5番砲塔方位盤オペレーターを驚かすという過ちをしでかしたので、カミカゼ機の犠牲になった。結果として5番砲塔は14発しか撃てなかった。こうでなかったら違っていたかもしれないが、一式陸攻は真っすぐ突進して40mm機関砲ガン・タブと方位盤に体当たりして戦死12名、負傷13名以上を出した。高くついた過ちだった。航空機のガソリンが大きな火の玉になったが、最終的には鎮火した。1月17日、ギリガンは修理のためレイテ島に戻り、数週間後に修理を完全に行なうため真珠湾に戻った。

0729、リチャード・W・スーセンスも攻撃を受けた。リチャード・W・スーセンスの正確な砲火でパイロットは死亡したようで、機体は針路を外れ、リチャード・W・スーセンスにぶつかりそうになりながら舷側横の海面に墜落して、11名を負傷させた。(26)

高速輸送艦ベルナップ（APD-34）も空襲を受けた。0750、飛燕4機が輸送艦周辺に現れ、1機が対空砲火網を突破してベルナップの第2煙突に体当たりした。*2　戦死38名、負傷49名を出した。(27)

*1：一式陸攻は特攻機として出撃していない。富嶽隊の四式重爆を一式陸攻に誤認している。皇華隊の屠龍、出撃時刻不明の旭光隊の九九式双軽を一式陸攻に誤認した可能性あり。（以下1月12日の旭光隊の説明で、「出撃時刻不明」は省略）

*2：飛燕は特攻機として出撃していない。精華隊の疾風を飛燕に誤認している。

[1月12日 ルソン島リンガエン湾 ヴィクトリー船エルマイラ・ヴィクトリー、リバティ船オーティス・スキナー、エドワード・N・ウエスコット、カイル・V・ジョンソン、ディビッド・ダドリー・フィールド]

貨物船で最初に体当たりを受けたのはヴィクトリー船エルマイラ・ヴィクトリーだった。0800、カミカゼ1機が煙幕から輸送船海域に現れて、エルマイラ・ヴィクトリーの第5船倉に当たり、軽い損害を与えた。*1　2機目は周囲の艦艇からの砲火を通り抜けてエルマイラ・ヴィクトリーに体当たりして喫水線の上に穴をあけた。体当たりで火災が発生したが、すぐに鎮火し

た。7,542トンの弾薬と75発の魚雷を甲板に積載していたのでこれは幸運だった。もしもエルマイラ・ヴィクトリーが爆発したら、乗組員全員は死亡し、周辺の艦艇にも多数の死傷者が出るところだった。エルマイラ・ヴィクトリーは負傷6名で済んだ。

1253、リバティ船オーティス・スキナーが攻撃を受けた。7,000トンの爆発物とガソリンを積載しており、これも時限爆弾だった。*2　右舷舷側に体当たりを受けて、火災が発生し、船殻に穴があいた。火災が下の甲板にも広がったが、奇跡的に貨物が爆発する前に鎮火した。わずか2名だけの負傷で奇跡だった。夕刻、ほかのリバティ船もカミカゼ攻撃に耐えた。

1800頃、リバティ船エドワード・N・ウエスコットは飛来するカミカゼ機を発見した。*3　配置されていた武装衛兵が船首の砲と20mm機関砲で砲火を浴びせると、カミカゼ機は舷側からわずか30ヤード（約27m）で空中分解した。カミカゼ機の機体主要部分は船に当たらなかったが、破片で後部甲板は損害を受けた。負傷11名だった。

1830、リバティ船カイル・V・ジョンソンの右舷舷側にカミカゼ機が体当たりして船内に飛び込んだ。*4　積載物にガソリンがあったが、乗組員がその区画に注水を行ない、爆発を防いだ。火災は1時間以内で鎮火したが、機体の爆発で兵員に死傷者が出た。下甲板には陸軍の兵員506名がリンガエン湾上陸のため乗船していた。この体当たりで兵員128名と乗組員1名が戦死、武装衛兵2名と乗組員9名が負傷した。この損害にもかかわらず、カイル・V・ジョンソンは接岸して兵員の上陸と荷物の陸揚げをした。(28)

リバティ船ディビッド・ダドリー・フィールドも同じ頃カミカゼ機の体当たりを受けた。*5　積載品は陸軍の一般の補給品と艀だったのでほかの船より危険ではなかった。ディビッド・ダドリー・フィールドに体当たりすると考えられたカミカゼ機は武装衛兵の射撃で針路がずれて主翼が船に当たっただけだった。搭載していた爆弾が左舷海中で爆発したが、重大な損害はなかった。軽傷8名を出した。(29)

*1：皇華隊（屠龍）、精華隊（疾風）、旭光隊（九九式双軽）
*2、*3、*4、*5：精華隊（疾風）、旭光隊（九九式双軽）

[1月12日〜13日　ルソン島リンガエン湾 LST-700]

1月12日0810、戦車揚陸艦LST-700が攻撃を受けた。補給品をリンガエン湾で陸揚げした後にレイテ島に戻る輸送船団の1隻だった。零戦7機が輸送船団に向かい、1機が攻撃輸送艦ゲージ（APA-168）に爆弾を投下したが、

爆弾は外れた。*1　その零戦は体当たり突進を行なったが、戦果を上げることなく途中で海面に墜落した。２機目がLST-268に突進したが、LST-268、-700の砲火で撃墜された。３機目がゲージに突進したが、ゲージとCAP機４機の砲火に挟まれて逃げた。４機目はLST-700に向かって来たが追い払われ、CAP機に追撃された。LST-700とCAP機がこれを撃破したのでカミカゼ攻撃が終了したように見えた。しかし、４機目のパイロットは最後の瞬間に操縦を回復して近くの機動掃海艇に向かったが、それにたどり着く前に墜落した。1015、攻撃は終わり、艦艇は航行を再開した。LST-700では砲弾の破片で負傷者が多数出たが、艦自体の損害はほとんどなかった。しかし、翌13日の朝は違った。１機で飛来した零戦が右舷艇中央部に体当たりした。２日間に２回損害を出した。*2　LST-700の戦闘報告は次の通り。

　　　敵機は高速急降下で本艇の左舷から近付き、明らかに艦橋を狙っていた。敵機が近付くと左舷の40mm砲１基、20mm砲２門の砲火を開いた。何発か命中したのが見えた。敵機は左舷舷側の上を通過してフレーム27番と28番の間の右舷舷側から３mの露天甲板に体当たりした。すぐに本艦の行き足が落ちた。主機関室と補助機関室が浸水した。LST-268に曳航の依頼をした。LST-911が横に来た。海面で発見された乗組員２名は駆潜艇に救助された。戦術・指揮士官が掃海駆逐艦２隻を我々の直衛に派遣した。本艇は右舷に傾き始め、約15度で止まった。(30)

体当たりで発生したLST-700の小火災はすぐに鎮火した。機動掃海艇YMS-47と敷設艦モナドノック（CM-9）が甲板から舷側の喫水線下まで穴があいているLST-700を支援した。LST-268がミンドロ島マンガリン湾に向けてLST-700の曳航を開始し、途中で交代した艦隊随伴航洋曳船ATF-104が曳航を完了させた。LST-700では戦死２名、負傷８名を出した。

　　*1：零戦は出撃していない。精華隊の疾風を零戦に誤認している。
　　*2：精華隊の疾風。

１月13日

[１月13日 ルソン島リンガエン湾 ゼイリン（APA-3）、サラマウア（CVE-96）]
　１月13日朝、R・L・コナリー少将が率いる艦隊がリンガエン湾を出発する準備をしていた。この中にT・S・ウイルキンソン中将乗艦の揚陸指揮艦

マウント・オリンパス（AGC-8）がいた。0821、日本軍機が現れてマウント・オリンパスに急降下したが、最後の瞬間に針路を変えて、近くを航行中の攻撃輸送艦ゼイリン（APA-3）に体当たりした。*1　体当たりと火災でゼイリンは戦死8名、負傷32名を出したが、航海を続けた。

　ルソン島におけるカミカゼの脅威はいつも通りだったが、もう1隻犠牲者が出た。1月6日から13日の間、サラマウア（CVE-96）がリンガエン湾沖から上陸した地上部隊とリンガエン湾内の艦艇に対する航空支援作戦を行なった。サラマウアの戦闘報告は次の通り。

> 　1月13日明け方、どんよりとした空模様で、高度8,000フィート（約2,400m）に雲がかかっていた。CAP機は高度20,000フィート（約6,000m）と7,000フィート（約2,100m）で旋回しており、定常飛行作戦を行なっていた。0858、警報なしに200kg爆弾2発を主翼の下に搭載した敵の体当たり機1機が飛行甲板に飛び込み、燃料タンクの上まで到達した。*2　爆弾の1発は爆発して、飛行甲板、格納庫甲板、その下の区画で火災を起こし、右舷喫水線下までの約10か所に穴をあけた。2発目は不発だったが右舷喫水線から艦内に突入した。すぐに電源が落ち、通信、操舵ができなくなった。後部機関室とその後ろの区画が浸水して、右舷機関が動かなくなった。乗組員に総員配置を発令し、その後の10分間で敵機2機を撃墜した。本艦は左舷の機関だけで航行したが、1925に撤退命令が出るまで第77.4.1任務隊と行動をともにした。(31)

　攻撃の状況が頻繁に変わるので、艦艇の砲手が飛来する日本軍機に死をもたらすことができる時間があまりなかった。最善のことは2機目の命中を防ぐことだった。リンガエン湾に仮修理の艦艇が殺到しているので、サラマウアは時間をかけながらレイテ島に戻ったが、フィリピン作戦で最後のカミカゼの犠牲者になった。

　1月12日、13日の攻撃で空からのカミカゼの脅威は終わった。日本軍はフィリピンを失ったことを認識して、残った戦力を確保しておくために台湾に航空機を撤退させた。全航空機を使い果たし、航空部隊としての組織を解体して地上軍として戦うことにした部隊もあった。

　マバラカットの201空の中島正少佐は、リンガエン湾に向かった海軍の最後の攻撃は1月5日だったと述べている。その時点で実質的に部隊解隊を余儀なくされ、整備員は1月6日の攻撃のために部品を組み合わせて何とか零戦5機を作った。日本軍の最後の攻撃のわずか1週間前だった。(32) *3

*1：精華隊の疾風。
*2：サラマウアは、艦内に残された銘板から体当たりした機体を紫電と判断している。日本側の記録では1月13日に紫電は出撃していないが、この時期は組織としての航空部隊がフィリピンから撤退した後なので正確な記録が残っていない可能性はある。
*3：フィリピンの特攻隊は、海軍は1月9日の第24、第25、第26金剛隊の零戦が、陸軍は1月13日の精華隊の疾風が最後の出撃。

特攻艇、再び現れる

[1月31日～2月1日 ルソン島ナスグブ PC-1129 マルレ 海上挺進第19戦隊]

　陸軍のマルレはフィリピン各地に展開しており、米艦艇に攻撃を続けていた。海上挺進第19戦隊はマニラ湾の南のビヌビューザンに司令部を置いていた。この戦隊は1944年11月にフィリピンに向かっている時、乗っていた輸送船が撃沈され、要員の多くとマルレ全艇を失った。海上挺進第19戦隊の当初の隊員で生き残ったのはわずかだった。ビヌビューザンに到着すると、海上挺進第15戦隊の第2中隊が海上挺進第19戦隊に移り、1個中隊、マルレ19隻、乗員28名の部隊になった。

　1月31日深夜、海上挺進第19戦隊は河川の秘匿基地を出発してナスグブに停泊している米艦艇に向かった。米第8上陸群は陸軍第11空挺師団の兵員を戦車揚陸艦に乗せて到着したばかりだった。停泊地に到着した艦艇の中で哨戒任務に就いたのがラッセル（DD-414）、カニンガム（DD-371）、ショー（DD-373）、フラッサー（DD-368）、ラフ（DE-586）、プレスリー（DE-371）、駆潜艇PC-1129、-623だった。

　海上挺身隊の伍長が捕虜になった。この伍長はマルレ乗員の1人だった。階級が伍長なので戦隊では分隊長だったが、マルレの艇数が少ないので階級に関係なく各種の業務を行なう必要があった。伍長は21歳で1944年4月に陸軍に志願したので、入営から捕虜になるまでにわずか10か月だった。ビヌビューザンの基地を分隊の副長と一緒のマルレで出撃してナスグブ湾に向かい、タリン北のナスグブ沖で停泊した。暗闇の中で輸送艦艇・船舶と思っていたものが、よく見ると戦闘艦艇だと分かったが、攻撃を開始した。スロットルを全速にして高速で向かい、目標艦艇の船殻近くで爆雷を投下した。爆雷が爆発するまでに遠くに逃げることができず、爆発で乗っていたマルレは壊れ、副長は戦死した。伍長は海に浮いていたが、艦上からライフルで撃たれた。何とか泳いで逃れ、海岸に到着した。海岸に沿って基地に向かった

が、基地は放棄されていた。補給品を集めてから戦隊の川沿いの隠れ場所に向かったが、フィリピンのゲリラに捕まり、翌日米軍に引き渡された。

　これに先立つ1月31日の夜、海上挺進第19戦隊は忙しかった。2230、駆潜艇PC-1129が最初に襲来する特攻艇を発見し、ラフ（DE-586）に知らせた。PC-1129はラフから調査を命ぜられたが、PC-1129は数分で周囲をマルレに囲まれた。

　ニュージャージー州マーサービル出身のアール・O・グリフィスSr.は1942年12月15日に18歳で海軍に入隊した。五大湖で基礎訓練を受けて、フロリダの操艦学校に行き、新造の駆潜艇PC-1129の受領準備をした。駆潜艇はミシガン州ベイ・シティで建造されて、ミシシッピ川を下り、マイアミで乗組員に引き渡された。グリフィスを乗せたPC-1129は太平洋の島々に向かい、グリーン諸島、ブーゲンビル島、ペリリュー島、ニューギニア島、そしてフィリピンで戦い、最期を迎えた。

　グリフィスは給養員として乗艦していた、調理室でパンを焼き終わったので、甲板に出て新鮮な空気を吸おうとした。左舷40mm機関砲のガン・タブ近くに立っていると、マルレが接近するのを発見した。直後に爆発を感じ、艦尾張出部に吹き飛ばされた。マルレが爆雷を艇中央部に投下して機関室近くの船体に穴をあけた。機関兵曹マック・マクガイアーが下に閉じ込められた。数秒すると艇は傾き始めた。爆発で両足を骨折した艇の電気兵は階段を両手でよじ登って助かった。総員離艦の命令が出て、乗組員は救命胴衣を着けて舷側を越え、救命筏に乗った。グリフィスは海面に浮かびながら、PC-1129が転覆して沈むのを見ていた。そして、救命筏に向かって泳ぎ、ラフに引き上げられるまで4時間もそれに摑まっていたことを覚えている。(33)　ラフは海面に漂っていたPC-1129の士官7名、下士官兵56名を引き上げた。駆潜艇の定員が64名なので、戦死はわずか1名だけだった。(34)　翌日、彼らはアンダーソン（DD-411）で安全なところに向かった。すぐに休養とリハビリに送られたので、負傷者が何名いたかは不明である。

　ラフは1,000ヤード（約900m）先に多くのマルレを見つけ、20ノット（約37km/h）で距離を縮めながら40mm、20mm機関砲を撃った。ラフは一連の戦闘で少なくとも6隻を沈め、艦自体は無傷だった。クラックストン（DD-571）は魚雷で狙われたが、これは外れた。マルレは魚雷の運搬、発射能力を持たないので、魚雷艇の支援を受けていた可能性がある。翌朝、マルレ基地の発見と破壊のため海岸線を捜索して、2隻を破壊した。(35)

リンガエン湾の戦い　249

1945年1月31日、LCI(G)-442がフィリピンのナスグブ近くで40mm機関砲をタリン岬の特攻艇庫と疑わしき場所に向けて射撃をしている。この海域はマニラ湾の南で、この任務にLCI(G)-73、-558が同行した（NARA 80G 273135）

[スカンク・パトロール]

　マルレが現れたので、米軍はマルレの捜索と破壊に多くの魚雷艇と歩兵揚陸艇を配置した。これ以降、小型戦闘艦艇は「スカンク・パトロール」と呼ばれる雑用にも就くことになった。第28、36魚雷艇戦隊は1月中旬からこの海域で艀を迎撃して破壊する任務に就いていた。しかし、ナスグブの戦闘以来哨戒が増えて、海岸に引き上げられた多くの特攻艇を魚雷艇が破壊することになった。1月14日から2月11日までの間、魚雷艇は特攻艇24隻、艀51隻、小型帆船3隻、40フィート・クラス発動機付短艇1隻と貨物6,000トンを破壊した。(36)

　当面のマルレの脅威が去ると、この海域に残るどのような舟艇でも破壊することがいちばん重要になった。タリン湾付近に捜索で派遣されたのは砲艇型上陸支援艇LCI(G)-73、-442、-558だった。LCI(G)-558の戦闘報告がマルレの秘匿場所を探し出すことの困難さを記載している。

　　　1945年2月1日1210、本艇はLCI(G)-73、-442とともにタリン湾に入っ

た。駆逐艦支援隊は湾の奥まで入った。任務は敵の小型舟艇を発見して破壊することだった。夜間停泊している米艦艇に対する体当たり攻撃の支援用と考えられる手漕ぎ舟3隻を発見した以外に疑わしい艇を見つけることはできなかった。我々の目から見ると敵の小型艇が隠れていそうな無数の灌木が海面上にかかっていた。双眼鏡で覗こうと思っても視程は200ヤード（約180m）しかなく、中を見ることはできなかった。疑わしい大きな灌木に向かって掃射をしたが、効果は疑わしかった。(37)

[2月16日 ルソン島 マリベレス港・コレヒドール島 LCS(L)-7、-49、-26、-27、第9、第12震洋隊]

米陸軍がリンガエンからマニラに向かって南進したので、米海軍部隊はマニラ奪取の兵力を上陸させる前哨戦としてコレヒドール島と付近の島に対する攻撃を開始した。米軍の前進を遅延させるため、日本軍は再び特攻艇を使用した。1945年2月16日朝、コレヒドール島近くのマリベレス港で行なわれた戦闘は、日本海軍の震洋で最も成功したものの一つだった。

昼間、ロケット歩兵揚陸艇6隻、大型揚陸支援艇6隻がマリベレス港とコレヒドールを攻撃した。任務は米軍の上陸に備えて海岸地区に近接砲撃を行なうものだった。これには第1大型揚陸支援艇戦隊第1群の新型の大型揚陸支援艇LCS(L)-7、-8、-26、-27、-48、-49が参加した。夕闇が落ちると、大型揚陸支援艇は着岸している上陸用舟艇の直衛のために、マリベレス港の入口でゴロダ岬とコキンズ岬の間に停泊するよう命令を受けた。

大型揚陸支援艇に気づかれずに、小山田正一少佐は41隻の震洋に出撃を命じた。41隻はわずか4海里（約7.4km）しか離れていないコレヒドールの洞窟から出撃した。33隻は松枝義久大尉指揮下の第12震洋隊、8隻は中島健児中尉指揮下の第9震洋隊だった。8隻はマルブルズ港攻撃に、残る25隻はスービック湾に向かう予定だった。25隻はスービック湾に到達できずに、途中で魚雷艇などの米艦艇の餌食になった。のちに特攻艇部隊の捕虜は尋問に対し「1945年2月15日夜、最初乗組員全員で別盃を交したが、そのうちの10隻は攻撃できない言い訳をいろいろ言いながら戻った」(38)と語っている。

0305、フランクリン・L・エルダー大尉が艇長のLCS(L)-7は震洋の体当たりを受けて数分で沈没した。同じ頃、LCS(L)-49、-26、-27も震洋の体当たりを受けた。

LCS(L)-49のクラウド・ハドック一等水兵は司令塔で当直に就いており、艇長のハリー・W・スミス大尉は下の階で寝ていた。ハドックがLCS(L)-7が体当たりを受けたのを見てすぐに艇長を起こすと、艇長は総員配置を発令し

リンガエン湾の戦い　251

震洋3隻が洞窟から海まで通るトロッコの上に載っている。崖の横に洞窟が並んでいるのが見える。このような状況なので、空または海から震洋を破壊するのが難しかった。もしもトンネルの中で1隻が出火すると大きな損害を出すことになった。1945年2月27日撮影（NARA 111-SC-263697.）

マニラ湾で米軍侵攻に対抗するための震洋を隠していたコレヒドールのトンネル（NARA 111-SC-263698.）

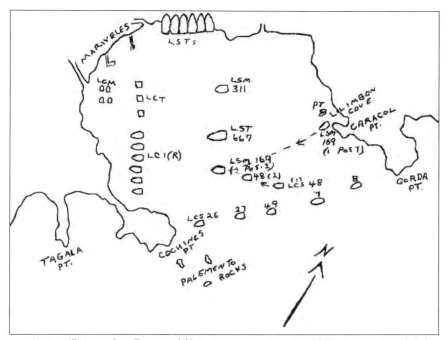

マリベレス港は1945年2月16日の攻撃で、LCS(L)-7、-26、-49が沈没、LCS(L)-27が大きな損害を受けた（Commander Task Force SEVENTY-EIGHT (Commander SEVENTH Amphibious Force) Serial 04. Action Reports—Special MARIVELES-CORREGIDOR Operation, 12–16 February 1945. 12 April 1945, p. 31.）

た。その時、LCS(L)-49は最初の命中を受けた。ハドックは機関室に消火の支援に行ったが、電力が落ちていた。震洋の2隻目が左舷舷側に命中して、艇に望みはなくなった。すでに救命筏は艇外に吹き飛ばされ、艇の底は爆発で壊されていた。ハドックは舷側に行き、救命筏に向かって泳いだ。ほかの乗組員と一緒に漕いで何とか岸まで到着した。彼は負傷しなかったが、のちに数週間耳鳴りがしたことを覚えている。(39)

　LCS(L)-26のディーン・ベル二等水兵は艇が体当たりを受けた時、居住区画にいた。区画の後部で火災が発生した。2人が梯子を使って上に逃げようとしたが、2人とも逃げられずに焼け死んだ。その時点で、海水がベルの胸の高さまで来た。前方階段を使って上に行こうとすると、誰かに待つように言われたが、すぐに進むように言われた。ベルは手摺りをつかむと非常に高温で、手の皮膚にやけどをした。上まで行き、甲板に出た。彼の救命胴衣が甲板にあるのが見えた。士官が救命筏を艇から取り外そうとしていた。ベルは救命胴衣を着ようとしたが、手がやけどをしているので、うまく紐を結ぶ

リンガエン湾の戦い　253

ことができなかった。海に飛び込むように言われた。海面に降りた時、救命胴衣の紐を結んでいなかったので、脱げた。仲間の水兵が来て彼を両足で挟み、救命胴衣を着せた。近くの救命筏まで泳ぐように言われたが、たどり着いた時には大勢の人の重みで筏は沈んでいた。そこで近くの海岸まで泳ぐように言われた。多くの乗組員が同じ岩場を目指していたことを知った。のちに戦車揚陸艇1隻が救助に来て、ベルは病院船に送られた。やけどで勤務不能になり除隊するまで入院することになった。(40) 大型揚陸支援艇LCS(L)-49、-26は爆発で転覆して沈没した。

　LCS(L)-27の艇長リズリー・ローレンス大尉は艇を何とか航行させていた。目ざとい砲手が震洋3隻を撃破したが、4隻目が左舷正横の近くで爆発した。ローレンスの機転が艇を救った。沈没しないように艇を海岸に乗り上げた。途中で砲手は5隻目を仕留めた。LCS(L)-27の機関長ハリー・G・マイスターはのちに次のように書いている。

　　LCS(L)-49が体当たりを受けた時、本艇の艇長は特攻艇が艦艇に殺到していると考え、すぐに艦尾の錨を上げて航走の準備を命じた。全火砲に対して小型艇とその航跡を監視して、何でも射撃をするように指示した。この時までに艇のすべての機関砲は目標および疑わしい目標目がけて砲火を開いていた。0326頃、LCS(L)-26が左舷舷側に体当たりを受け、30秒後には右舷舷側にも体当たりを受けた。これによりLCS(L)-26は1隻目の震洋の命中から1分も経たずにキールを上にして沈没した。この時、本艇に向かって特攻艇が何隻も接近するのが見えた。1隻が執拗に本艇の左舷を狙ったが、本艇からのライフル銃の射撃でまず同乗者が撃たれ、その叫び声を本艇の何人もが聞いた。その特攻艇は方向変更したが、40mm機関砲で沈められた。特攻艇は両舷にいた。左舷の1隻は40mmと20mm機関砲の集中砲火を浴びて沈没したのが見えた。この時、両舷の各1隻が艇の中央部を狙っていた。左舷の1隻は左舷の前部と後部の40mmと20mmの機関砲弾を何発も浴びたが、全砲の俯角以下を通り、艇から3フィート（約0.9m）で爆発した。本艇は航行を続け、その時点で最寄りの海岸に向かった。右舷の特攻艇は20mm機関砲で何発も撃たれながらも接近した。なんらかの理由、たぶん本艇の速力が遅かったので、特攻艇は爆発せずに、機関砲の俯角の下を通って舷側と並行になった……。特攻艇は右舷艦首の陰から現れたがすぐに20mm機関砲で撃たれて沈没したようである。(41)

254

オレゴン州ポートランドで就役直後のLCS(L)-27 (Official U.S. Navy Photograph.)

　戦闘が終わると、大型揚陸支援艇LCS(L)-7、-49、-26が沈没し、LCS(L)-27は大きな損害を受けたが修理可能だった。特攻艇の攻撃で60名が戦死したので、第12震洋隊にとって作戦が大成功した夜だった。

［５月10日〜11日 ミンダナオ島ダバオ湾 震洋隊］
　マリベレスの震洋攻撃はフィリピンの特攻艇で最後の大攻撃だった。多くの島で連合軍が日本軍の抵抗を制圧しても、フィリピンの各地で散発的な攻撃は続いた。ダバオの戦闘中に特攻艇の攻撃が再開された。５月10日から11日の夜、ダバオ湾タロマ入江に停泊している艦艇が小型艇に襲われた。陸軍貨物補給船FS-225が体当たりを受けて沈没した。*1
　この蜂の巣をつつくようなことが数日続き、砲艇型上陸支援艇LCI(G)-21、-22、魚雷艇PT-106、-342、-343、-335、エドウィン・A・ハワード（DE-346）、キー（DE-348）、レランド・E・トーマス（DE-420）、フラッサー（DD-368）がこの海域の疑わしい基地を攻撃して多くの魚雷艇を撃沈し、魚雷艇と特攻艇の基地を破壊した。(42) これでダバオ湾の水上特攻の脅威はなくなった。

　*1：FS-255の可能性あり　ただしFS-255はこの日に特攻艇でなく魚雷で沈没となっている。

第10章　台湾、硫黄島、ウルシー

《台　湾》

1月18日

[1945年1月18日 台湾]
　カミカゼはフィリピンから撤退した後、再編成して、台湾沖の攻撃を準備した。フィリピンの飛行場は米艦隊の攻撃には使用されなくなったが、台湾は違った。1945年1月18日、第1航空艦隊は台湾に到着するとすぐ台南で新高隊と呼ばれる新たな特攻隊を編成した。(1)　フィリピンの米艦艇を攻撃するカミカゼ攻撃を阻止するためにハルゼー大将率隷下で第38任務部隊の空母部隊が台湾の航空基地を攻撃した。

1月21日

[1月21日 台湾 空襲]
　1月21日、ハルゼーの空母部隊は台湾南端の東距離100海里（約185km）から台湾の主要航空基地を攻撃して地上の日本軍機104機と、港湾の艦艇を撃破した。防空戦闘機はほとんどなく、米海軍戦闘機を迎撃しようとした戦闘機3機中2機を撃墜した。(2)

[1月21日 台湾沖 タイコンデロガ（CV-14）、マドックス（DD-731）]
　日本軍は台湾から離れたところにいる米空母に気付いた。21日朝、新高隊は彗星6機と零戦11機をカミカゼとして出撃させた。攻撃隊は新竹、台南、台中の飛行場を離陸した。彗星6機と零戦4機は体当たり機で残る零戦7機は直掩だった。(3) *1
　1208、タイコンデロガ（CV-14）がカミカゼ攻撃を受けた時、艦載の第80空母航空群（CAG-80）は通常の航空作戦を行なっていた。*2　体当たりしたカミカゼ機は飛行甲板を貫通し、爆弾は格納庫甲板のすぐ上で爆発した。格

1945年1月21日、台湾沖でタイコンデロガ（CV-14）がカミカゼ2機の体当たりを受けて炎上している。マイアミ（CL-80）から撮影（NARA 80G 273151.）

納庫甲板の機体に火が付き、多数の乗組員が爆発で戦死した。乗組員の死傷者が多かったが、CAG-80のパイロットは何とか無傷で脱出した。応急員が50分間消火活動を行なった。タイコンデロガの戦闘報告は次の通り。

  2機目のカミカゼは何発も被弾しても飛行していたので防弾板を装着していると考えられた。右舷からアイランド上の前部5インチ砲用方位盤右舷の付け根に体当たりして付近が大火災になった。爆弾がアイランド内部で爆発したのは明らかで、艦載機に火が付いて、飛行甲板に穴があいた。100名以上が死傷した。艦長は重傷で、飛行長はこの2発目の爆発で戦死した。砲術長は跡形もなく、行方不明になった。2機目が体当たりする直前、副長は並走していたほかの艦からの破片を受けて重傷を負った。(4)

  2時間もしないうちに鎮火し、乗組員は戦死者を丁重に取り扱った。戦闘が始まったばかりなので、負傷者は手当を受け、多くの者が艦の医療チーム

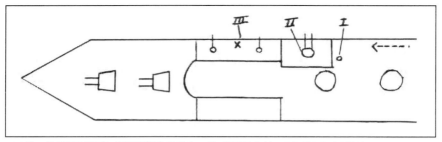

マドックス(DD-731)の戦闘報告のスケッチ（USS Maddox DD 731 Serial 0010. Action Report 21 January 1945—Forwarding Of. 26 January 1945, p. 4.）

のおかげで救われた。艦長のデキシー・キーファー大佐は自身が重傷なのにもかかわらず艦と乗組員の安全が確認されるまで艦橋に残った。医務室に入るまで12時間も経っていた。空母は戦死・行方不明143名、負傷202名を出した。午後遅く、護衛されながら修理のためウルシーに戻った。

　マドックス（DD-731）、ブラッシュ（DD-745）は空母のピケット艦だった。1310、タイコンデロガが2機目の体当たりを受けた1時間後にマドックスが零戦の体当たりを受けた。*3　零戦は空母に戻るグラマンF6Fヘルキャットと一緒に艦に近付いて来た。マドックスの戦闘報告は次の通り。

　　分析の結果、敵の体当たり機は攻撃から戻る友軍戦闘機とともに飛来し、発見されないように雲の切れ目を利用して、レーダーでも敵と分からないように友軍機の近くを飛行して……。体当たり機が急降下を開始した時、高度1,000フィート（約300m）に戦闘空中哨戒機（CAP機）1個編隊の4機、高度1,500フィート（約450m）には日本軍攻撃から戻ったF6Fヘルキャット2個編隊の11機がいた。全機が友軍機と思われていた。体当たり機は3機編隊の中にいて、外側の2機は高度1,500フィート（約450m）で旋回中のF6Fヘルキャットだった。体当たりの10秒前、体当たり機は主翼を小刻みに振ると、機銃掃射をしながら急降下を開始した。水平飛行に移ったのは（別に示す図にⅠで印をした）無線アンテナの後方まで来た時で、敵機の左翼がアンテナに接触して、Ⅱで示す41番40mm機関砲の方に機体が落ちて、機体の降着装置が激突して機体がひっくり返ってⅢで示すフレーム68番の上部構造物甲板に落ち、132kgらしき爆弾はその直後に爆発した。もしも敵機が10フィート（約3m）後方に体当たりしたなら、艦は二つになっただろう。(5)

マドックスの死傷者は戦死7名、負傷33名で、カミカゼ機が艦のほかの場所に当たっていたならば、もっと多くなったであろう。実際、船体の強度に懸念が生じた。マドックスは艦隊を再編成して、タイコンデロガとともにウルシーに戻った。

*1：『神風特別攻撃隊』（猪口、中島）pp. 251-257による出撃状況は次の通り。爆装彗星6機と爆装零戦4機、直掩零戦8機が台南から出撃した。出撃直後に空中戦があり、直掩機は、離陸直後に1機が被弾墜落、2機が爆装機と離れ帰投したので、爆装彗星・零戦に同行出撃した直掩機の機数は実際には5機。「直掩零戦7機」は帰投した2機も含めた機数。台南離陸後3隊に別れ、新港（《台東の北》彗星2機、爆装零戦2機、直掩零戦3機）、台東（彗星2機、爆装零戦2機）、大武《台東の南》彗星2機、直掩零戦2機）の上空を経由して米空母に向かった。

*2、*3：新高隊（彗星）、第1航空戦隊零戦隊、第3新高隊（以上零戦）

《硫黄島》

2月21日

[2月21日 硫黄島沖]
　リンガエン湾の攻撃を実施していた時、米軍は硫黄島攻撃の最終的な準備を行なっていた。1944年末には米爆撃機は定期的にサイパンの基地から日本に飛行していた。しかし、もしも爆撃機が燃料切れや損害を受けた場合を考えると、日本とサイパンの間に安全に着陸できる場所がないので長距離飛行は困難だった。硫黄島はサイパンに戻れない航空機の避難場所になる。さらに、爆撃機よりも航続距離が短い戦闘機をそこに配置すれば爆撃任務の護衛にあたらせることができる。この結果、硫黄島が侵攻計画の対象になった。硫黄島の激戦の話は長くなるので、本書では大規模戦闘の間のカミカゼだけに焦点を当てる。硫黄島では空母2隻が体当たりを受けることになる。米艦艇の艦砲射撃と航空攻撃で日本航空戦力が壊滅したため、日本軍は特別攻撃で対抗することになり、空母2隻に対する攻撃を2月20日と21日に行なった。

　米艦艇を攻撃したのは第2御盾隊だった。部隊は関東平野の香取航空基地にあった。2月16日、第3航空艦隊司令長官寺岡謹平海軍中将は特攻隊の編

成を承認した。この第2御盾隊は5隊からなり、艦上爆撃機12機、艦上攻撃機・雷撃機8機、戦闘機12機で編成された。*1　2月21日香取航空基地から出撃し、八丈島で給油して硫黄島に向かった。(6)

*1：彗星12機（爆装）、天山（爆装）4機、天山（雷装）4機、零戦12機（直掩）。『神風特別攻撃隊』（p. 259）によると第1攻撃隊　戦闘機×4、艦爆×4、第2攻撃隊　戦闘機×4、艦爆×4、第3攻撃隊　戦闘機×4、艦爆×4、第4攻撃隊　艦攻×4、第5攻撃隊　雷撃×4。一方、『特別攻撃隊全史』（pp. 149-151）によると機種は零戦（直掩）、彗星、天山で一部の機体は機材不具合、被弾などで進出を取りやめ、後日出撃している。

［2月21日 硫黄島沖 サラトガ（CV-3）］

　サラトガ（CV-3）はL・A・モーバス大佐が率いる第52.2.4任務隊の旗艦として作戦中だった。2月21日1700、零戦と彗星6機が最初に攻撃して来た。サラトガの戦闘報告は次の通り。

　　東の雲から日本軍体当たり機6機が現れて、協同攻撃が始まった。これに向けて砲火を開いた。敵機が高速で飛来しながら機銃掃射を行なった（1機か2機）。1番機が被弾して火を噴き、フレーム104番の右舷に体当たりして格納庫甲板まで突入した。激しい爆発。2番機は被弾して火を噴き、海面にぶつかってから弾んでフレーム147番の右舷喫水線に体当たりした。激しい爆発。右舷に5度傾斜。本艦は3機目を撃墜してこれをかわした。4機目は艦尾方向から飛来して、投下した爆弾は左舷カタパルトから揚錨機に達し、機体は海面に激突した。1703、5番機が被弾して火を噴きながら艦橋に向かい、アンテナと信号旗揚降索を持ち去って、左舷カタパルトに体当たりして大爆発した。6番機は被弾・炎上し、爆弾を右舷飛行甲板フレーム25番に投下してから右舷の航空機用クレーンに体当たりした。機体の一部は1番ガン・ギャラリー（飛行甲板の下層の舷側に設けられた火砲などを配置するスペースおよび通路）に落ち、そのほかは左舷の海面に落下した。(7)

　乗組員は次の攻撃までの1時間半、消火を行なった。1846、カミカゼ3機がサラトガ目がけて突進した。最初の2機は撃墜されたが、3機目は飛行甲板に爆弾を投下してから甲板に体当たりして甲板上を滑って海に落ちた。熟練の消火作業でサラトガは救われ、2031には着艦を再開できた。死傷者は多

1945年2月21日、サラトガ（CV-3）は硫黄島侵攻作戦中に前部飛行甲板にカミカゼの命中を受けた。本写真は体当たり直後に撮られたもの（NARA 80G 273674.）

く、戦死143名、負傷202名だった。2130、修理のためエニウェトクに向かった。

[2月21日 硫黄島沖 LST-477、-809]

　2月21日、カミカゼは硫黄島における最後の攻撃を行なった。1718、零戦三二型5機が硫黄島の上空を飛行した。1機がLST-477に急降下して右舷舷側前部に体当たりしたので、LST-477はこの攻撃で最初に体当たりを受けた艦になった。250kg爆弾の爆発で艦内に大きな損害が生じた。これは致命的ではなかったが、戦死9名、負傷5名を出した。その直後、LST-477は左舷正横にいた姉妹艦に突進していた2機目を撃墜し、3機目を撃退した。約3,000発の20mm機関砲の弾薬が火災で昇温発火したので、艦上の消火は困難だった。(8)

　別の零戦三二型が目標にしたのはLST-809で、太陽を背にして右舷から向かって来た。LST-809の砲火でパイロットは死亡して、機体は司令塔をかすめ、主檣支索の動索と絶縁体を切り落とした。(9)

台湾、硫黄島、ウルシー　261

［2月21日 硫黄島沖 ルンガ・ポイント（CVE-94）ビスマーク・シー（CVE-95）］

　ビスマーク・シー（CVE-95）は侵攻軍に航空支援・掩護を行なうC・T・ダージン少将が率いる第52.2支援群に属していた。支援群のほかの空母はマキン・アイランド（CVE-93）、ルンガ・ポイント（CVE-94）、サギノー・ベイ（CVE-82）、ラディヤード・ベイ（CVE-81）、アンツィオ（CVE-57）だった。

　ビスマーク・シーは艦載機を一度着艦させたが、飛来する敵味方不明機迎撃の命令を受け、1730に再発艦させた。のちにそれは友軍機だと判明した。再度艦載機を着艦させ、ほかの空母艦載機3機も着艦させることになったので、ビスマーク・シー所属機4機はガソリンを抜かずに格納庫甲板に下ろすことにした。これが数分後に大問題となる。この時点で攻撃襲来が伝えられた。1845、日本軍機が艦隊に接近するのが見えた。夕刻で視程が悪かったので、一式陸攻1機が低高度でルンガ・ポイントに突進して来るのが見えにくかった。*1　ビスマーク・シーの砲手が砲火を浴びせて撃墜した。

　1846、硫黄島の東距離21海里（約39km）にいたルンガ・ポイントが攻撃を受けた。艦載機8機がCAPに就いて周囲を飛行し、雷撃機4機が対潜哨戒に就いていた。攻撃襲来の報告があったのは、CAP機増強のため戦闘機4機を発艦させたところだった。

　天山5機が北東から接近し、これにビスマーク・シーと駆逐艦が砲火を浴びせた。*2　1機がルンガ・ポイントに雷撃突進を行なったが、魚雷は艦首をかすめた。天山は左舷距離200ヤード（約180m）の海面に墜落した。2機目が1機目に続いたが、この魚雷も外れた。この天山は墜落を免れて飛び去った。最初の2機に引き続き、3機目がルンガ・ポイントの右舷正横から魚雷を投下したが、魚雷はこの護衛空母の艦尾後方を通過した。この天山はルンガ・ポイントの砲火で被弾して炎に包まれ大破したので、体当たり突進をした。ルンガ・ポイントのすぐ横で爆発し、主翼を失った。それ以外の部分は甲板にぶつかって左舷の海面に滑り落ちた。(10)　艦自体の損害は小さかったが負傷11名を出した。この3機のすぐ後ろにいた4機目は5インチ砲弾が命中してばらばらになった。ルンガ・ポイントは最小限の損害で済んだ。ビスマーク・シーの砲手はルンガ・ポイントに向かった1機を撃墜したが、別の1機がビスマーク・シーの右舷から接近しているのに気づかなかった。*3　それが1,000ヤード（約900m）まで近付いた時に命中弾を与えたが、撃墜できなかった。低高度からの攻撃のため、砲の俯角が不十分で、接近の最後を妨げることはできなかった。ビスマーク・シーの戦闘報告は次の通り。

1945年2月21日、ルンガ・ポイント(CVE-94)の乗組員が体当たりした天山の残骸を調査している（U.S.S. Lunga Point (CVE 94) Serial 020. Action Report—Occupation of IWO JIMA, 10 February 1045 to 11 March 1945. 11 March 1945, Enclosure I.）

　敵機は後部エレベーター横に体当たりした。機体が本艦へ突入した時、右舷魚雷架から魚雷4本が落ちて格納庫甲板に散らばった。エレベーター・ケーブルが外れてエレベーターが格納庫甲板に落下した。後部主消火設備が損害を受けた。火災指揮所がウォーター・カーテンとスプリンクラーを作動させた。後部のウォーター・カーテンとスプリンクラーには水の補給ができなかった。火災は消火可能と思われたが、2分後にエレベーターの前方で2回目の爆発が起きて応急員多数が戦死した。証言によると、2回目の爆発は飛行甲板を貫通した2機目によるもので、戦闘機が駐機している場所で起きた。駐機していた機体はガソリンが満タンだったので火災が大きくなり、消火不能になった。この爆発で格納庫甲板後部が吹き飛び、ギャラリー・デッキ（飛行甲板の強度を確保するために飛行甲板と格納庫甲板の間に設けられた甲板および構造物）の隔壁が曲がった。弾薬装填室の上の甲板は破壊され、多くの40mm、20mm機関砲弾が爆発し始め、手が付けられなかった。(11)

ビスマーク・シーの艦尾全体が燃えており、乗組員はほとんど炎を消せなかった。この艦の運命は決定的だった。1905、艦長のJ・L・プラット大佐が総員離艦を指示したので、乗組員は暗い海に入った。生存者を救うには良い夜ではなかった。荒れた海が救助を妨げ、日本軍機が海面の乗組員に機銃掃射をした。艦長が離艦の準備をしている時に、魚雷の昇温発火と思われる大きな爆発で艦が揺れた。ビスマーク・シーの艦尾部分は爆発で消え、艦は右舷に大きく傾いた。2115、横転して沈没した。戦死119名、負傷99名を出した。

*1：第2御盾隊から一式陸攻を含む双発機を出撃させていない。すでに夜間に入っているので機種を誤認している。2月18日から3月9日までに陸攻が夜間攻撃しているので、その機体の可能性あり。(『沖縄方面海軍作戦』(戦史叢書第17巻) p. 240)
*2：第2御盾隊の雷装天山3機。(操縦 村井明夫上飛曹、同乗 櫻場正雄中尉、窪田高市上飛曹、操縦 稗田一幸一飛曹、同乗 中村伊十郎上飛曹、竹中友男二飛曹、操縦 笹川保男少尉、同乗 岩田俊雄上飛曹、小川良知二飛曹)、爆装天山3機(操縦 原口章雄一飛曹、同乗 清水邦夫、川原茂両二飛曹、操縦 中村吉太郎少尉、同乗 小島三良上飛曹、叶之人二飛曹、操縦 和田時次二飛曹、同乗 信太廣藏二飛曹、鈴木辰藏一飛曹)(『神風特別攻撃隊々員之記録』pp. 122-123)
*3：第2御盾隊の雷装天山3機。(搭乗員は *2 の通り)

《ウルシー》

1944年11月20日

[1944年11月20日　ウルシー　ミシシネワ(AO-59)、リバティ船ポンタス・H・ロス 回天]
　　第2次世界大戦の間、カロリン諸島ヤップ島の東北東100kmのウルシー環礁は米艦隊にとって最も重要な基地の一つと考えられていた。敵地に近く、フィリピン、沖縄、最終的には日本を攻撃する際の前進基地として使われた。巨大な港湾と多数の島があり、補給基地として使用することも可能だった。戦闘海域で損害を受けた艦艇は修理のためウルシーに向かった。多くの侵攻軍がここを前進集結基地として使用した。米軍がここを確保した1944年9月22日から1945年初めまでに、毎日300トンの補給品が搬入された。モグモッグ島にはレクリエーション施設が設けられて、幸運な水兵は「温かい」

ウルシー環礁には多数の艦艇が停泊できる礁湖があった。米軍が沖縄侵攻を準備している1945年3月15日に撮影された写真（Official U.S. Navy Photograph by Ensign Steinheimer. NARA 80G 305606.）

ビールを飲み、水泳や望むなら野球もできた。楽団が頻繁に訪れ、戦争の緊張を束の間やわらげてくれた。ここを攻撃するのは不可能ではない。ただ、日本軍航空兵力が大きな損害を被ったので、それをしないだけだった。これは回天搭乗員には当てはまらなかった。

　1944年11月8日から1945年8月18日の間に回天を搭載していた伊37、44、48、56、165、368、370が米軍の攻撃で撃沈された。潜水艦の攻撃目標はウルシー環礁、パプアニューギニアのビスマルク諸島北部のアドミラルティ諸島、ニューギニア島ホーランジア、グァム島のアプラ港、硫黄島で、沖縄侵攻が始まると沖縄周辺海域も含まれた。任務が成功したのは2回だけで、1回目は1944年11月20日にウルシー環礁の給油艦ミシシネワ（AO-59）、2回目は1945年7月24日のルソン島東方沖のアンダーヒル（DE-682）だった。1月11日、リバティ船ポンタス・H・ロスがホーランジアで回天により軽い損害を受けたが、日本軍潜水艦乗りにとって勝利と言えるものではなかった。

　1944年11月8日、ウルシー・パラオ攻撃に出撃したのは伊36、37、47で、

台湾、硫黄島、ウルシー　265

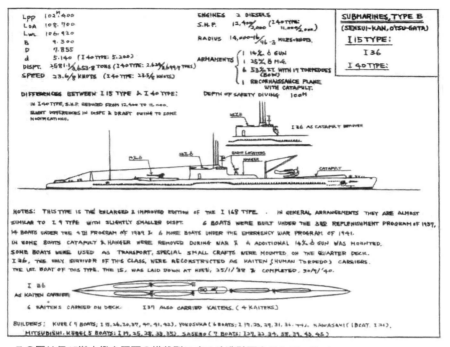

この図は伊15潜水艦を回天の搭載型にする改造計画を示している（Shizuo Fukui, Compiler. Japanese Naval Vessels at the End of War. Administrative Division, Second Demobilization Bureau, Japan. April 25,1947, p142）

　各艦が回天４隻を搭載していた。これは回天特別攻撃隊菊水隊として編成された回天攻撃隊だった。*1　神本信雄中佐が艦長の伊37の回天搭乗員は上別府宜紀大尉、村上克巴中尉、宇都宮秀一、近藤和彦両少尉だった。伊37はパラオ諸島北端のコッソル水道の米艦艇を攻撃するのが目的だった。11月19日0900前、伊37は浮上して針路を確認したところを設網艦ウインターベリー（AN-56）に発見された。ウインターベリーはすぐにマッコイ・レイノルズ（DE-440）、コンクリン（DE-439）に場所を連絡した。護衛駆逐艦２隻の爆雷で、伊37は乗組員全員とともに沈没し、回天は出撃できなかった。

　寺本巌少佐が艦長の伊36には菊水隊指揮官で第15潜水隊司令揚田清猪大佐が乗艦し、吉本健太郎、豊住和寿両中尉、今西太一、工藤義彦両少尉が操縦する予定の回天を搭載していた。目標はウルシー環礁北部停泊地だった。11月20日、今西が操縦する回天が発進したが、たぶん機械的不具合が発生したのであろう。今西は浮上したところを第45海兵航空群の航空機に爆撃されて、米艦艇攻撃に失敗して任務中に戦死した。ほかの３隻は不具合が発生し

たので発進できなかった。伊36は山口県大津島に帰投した。

　折田善次少佐が艦長の伊47号の回天搭乗員は仁科関夫、福田斉両中尉、佐藤章、渡辺幸三両少尉だった。この4名の攻撃隊だけが菊水隊で任務を達成することになる。11月19日、伊47はウルシー環礁内に潜望鏡深度で潜入し、停泊して目標になりそうな艦艇を探した。環礁は空母、巡洋艦から小型艦艇まで各種の艦艇でいっぱいだった。翌日の攻撃が成功するのは明らかだった。

　11月20日0415、仁科中尉操縦の回天が伊47から滑り出た。仁科は一緒に回天を開発した黒木博司大尉の遺骨を持ち込んだ。その後15分間にほかの3隻も発進した。(12)

　0530、停泊中の給油艦ミシシネワ（AO-59）で乗組員は起床ラッパで飛び起き、眠気を覚ました。その時、仁科操縦と思われる回天がミシシネワに体当たりした。(13)　数分で火災と爆発で艦が揺れ、総員離艦が発令された。舷側から飛び降りた者は炎上するオイルの炎に呑み込まれた。ほかの者は安全な逃げ道を探した。0900、ミシシネワは転覆して沈没した。乗組員定員298名中戦死者が士官・下士官兵合計60名で済んだのは奇跡だった。

　一方、モガイ水路でチェスター（CA-27）を攻撃しようとして突進している回天をケイス（DD-370）が見つけた。ケイスは回天に激突してこれを二つに折って撃沈し、チェスターを守った。3隻目の回天はモービル（CL-63）に体当たりしそこねて、その直後にラール（DE-304）ウィーヴァー（DE-741）、ハローラン（DE-305）の爆雷で撃沈された。もう1隻回天がいたが、岩礁にぶつかり爆発した。これで菊水隊の出撃が終了した。潜水艦1隻を失い、回天5隻中4隻が任務に失敗したが、給油艦ミシシネワの撃沈には成功した。いつもの通り「有人魚雷は空母3隻と戦艦2隻を撃沈」との誇大な報告が司令部に提出された。

*1：第1次玄作戦。命令電報（電令作戦第400号）記載の目的地は「西カロリン諸島」

1945年3月11日

[1945年3月11日　ウルシー　第2次丹作戦]
　1945年3月11日、日本軍はウルシーに注目して航空攻撃を実施した。
　日本軍は1944年秋頃から米艦隊の前進基地に停泊している艦艇を攻撃することを考えていた。1945年2月17日、連合艦隊は宇垣纒第5航空艦隊司令長官（第1機動基地航空部隊指揮官）にウルシー攻撃の第2次丹作戦部隊の編成を発令した。*1

1944年11月20日、回天の体当たりを受けた給油艦ミシシネワ（AO-59）は巨大な爆発の煙で覆われている。給油艦パトカ（AO-49）から撮影（NARA 80G 272777）

2月20日、これを受けて宇垣は762空に梓特別攻撃隊の編成を命じた。3月9日、日本軍偵察機がウルシーを偵察して、正規空母6隻、護衛空母など9隻が停泊していると報告した。宇垣は第58任務部隊がウルシーに戻ったと考え、第2次丹作戦の実行を指示した。梓特別攻撃隊に可能な限り早急に離陸することを命じたが、天候不良の情報を受けて出撃を1日延期した。

　3月10日、ウルシーの状況が一部不明だったので出撃をさらに1日延期したが、宇垣はウルシーに正規空母5隻と軽空母・護衛空母10隻が投錨中と考えた。3月11日0900頃、鹿屋から出撃したのは双発爆撃機銀河24機だった。(14) *2　長距離飛行の途中で機体不調により帰投、緊急着陸を強いられた機体もあった。それでも宇垣は報告を聞いて『戦藻録』に＜（前略）1905「正規空母に命中」（中略）1908「我奇襲に成功」（中略）等の電に接し愁眉を開く＞と書いて喜んだ。*3　しかし、実際にウルシーに到達できたのは6機で、続く報告でこの作戦が失敗だったことを知ることになる。翌日、偵察機がウルシーを偵察して、全く損害を受けていないと報告した。(15)

　　*1：第1次丹作戦は1944年10月にマリアナ方面の米艦艇奇襲だったが、作戦は中止になった。（『沖縄方面海軍作戦』（戦史叢書第17巻）p. 246）
　　*2：銀河24機のほかに801空の二式飛行艇3機も誘導・天候偵察で本作戦に参加した。（『沖縄方面海軍作戦』（戦史叢書第17巻）pp. 254-255）
　　*3：762空は過剰な戦果を報告した。（『第二次丹作戦戦闘詳報　昭和二十年三月十一日ウルシー在泊敵航空母艦特攻攻撃』：＜一八五八指揮官機にて体當1機を確認更に機上にて一八五五より一九二七の間に火柱延十一本を確認『ヤップ』島陸軍見張にて一九四〇『ウルシー』方向に大火柱一分間持続さらに五分後大火柱に二分間持続せるを確認せる外不明なるも（省略）」

［3月11日　ウルシー　ランドルフ（CV-15）］

　3月1日、ランドルフ（CV-15）は東京方面の任務と硫黄島上陸作戦支援任務からウルシーに戻って来た。ウルシーで乗組員は訓練を行ない、下船して必要な休養をして、空母に補給品を積み込んだ。3月11日、停泊中のランドルフは5インチ連装砲2基と40mm4連装機関砲5基などの対空火器に砲手が就いている警戒態勢2の状態だった。1945、近くで停泊していたハンコック（CV-19）が最初に飛来する4機を探知して、各艦艇は総員配置を発令した。ランドルフの戦闘報告は次の通り。

　2007、本艦は日本海軍双発爆撃機銀河1機の体当たりを受けた。銀河

1945年3月11日から12日のウルシーに対するカミカゼ攻撃で破壊されたランドルフ（CV-15）の飛行甲板（USS Randolph CV 15 Serial 004. Action Report for 11–12 March 1945, Attack by Enemy Plane at Ulithi. 20 March 1945.）

は低高度を高速で本艦の120度から130度の方向から接近した。降下角度はあったとしても浅かった。体当たりを受けた場所は右舷飛行甲板の端で、艦尾から15フィート（約4.5m）だった。直前に投下されたと思われる爆弾は船殻と飛行甲板の下の隔壁を貫通して激しい爆発を起こした。銀河の部品が海面に落下するのが見え、ほかの部品は爆発で生じた飛行甲板の穴から下に落ちたが、飛行甲板に散らばった部品もあった。日本兵と識別された3人の遺体が見つかり、1人は海軍大尉の階級章を付けていた。(16) *1

　カミカゼ機が体当たりした区画は乗組員が映画を見終わった格納庫甲板で、片付けが終わったところだった。体当たりは次の映画が始まろうとした時で、艦尾張出部に集まっていた乗組員が上映場所に向かって歩き始めていた。もしも上映中にカミカゼ機が突入したら死傷者数はさらに多くなったであろう。体当たりの炎と爆発は激しく、弾薬が昇温発火を始めた。消火作業が進み、0050までには鎮火した。修理と死傷者の手当が最優先だった。戦死25名、負傷106名だった。多くの者がウルシーは安全でないと感じた。

　　*1：梓特別攻撃隊の銀河。（操縦 福田光悦大尉、同乗 井貝武志、太田健司両上飛曹）（『写真が語る「特攻」伝説』p. 163）。

第11章　沖縄 天号作戦

作戦概要

　日本陸海軍が米軍の沖縄侵攻に勝つには互いの対抗心を捨てる必要があった。陸海軍はそれぞれで相互の協力を必要とする計画を立案したが、最終的に陸軍案が採用された。

　1945年1月、帝国陸海軍作戦計画大綱が策定されたが、陸軍が海軍に大きな圧力をかけて採用させたものだった。大本営の陸軍作戦参謀杉田一次大佐は「大綱策定に際し海軍参謀から非常に大きな抵抗があった」と述べている。(1)　天号作戦立案でも同様だった。海軍軍令部参謀大前敏一大佐は「海軍は経験豊富な搭乗員を失い、次世代の搭乗員はまだ訓練段階なので、沖縄作戦には1945年5月まで参加できる準備ができていない」と語った。(2)

　陸海軍の伝統的な任務との折り合いが新たな問題になった。陸軍空中勤務者は通常地上の動きの少ない敵兵力または目標に対して作戦を行なうので、海軍搭乗員ほどの訓練は不要だった。海軍搭乗員は通常移動する艦艇に対して作戦を行なう。このためより多くの訓練時間が必要で、沖縄作戦までに搭乗員を育成することが不可能だった。この陸海軍の協力の問題は意思の問題でなく、現実に考慮しなくてはならないことだった。

　海軍軍令部航空参謀寺井義守中佐は、1945年5月末までに特攻隊員の訓練を完了させることはできなかったと言っている。海軍ができる最善のことは1945年3月10日から11日のウルシーの米軍に対する攻撃だった。これが失敗したことで海軍は準備が整う前に沖縄の米軍に対して航空兵力を投入することになった。(3)

　陸軍の沖縄作戦計画が採用されたが、海軍同様準備はできなかった。陸軍はウルシーの米軍が大きな打撃を受けて前進速度が遅くなることを望んでいた。米軍の侵攻が早められたことで、陸軍も沖縄戦の準備ができていないことを認識した。海軍関係者は、陸軍の第6航空軍は海軍航空部隊よりも準備ができていなかったと主張している。(4)

　沖縄の米軍に対する大規模航空攻撃を天号作戦と名付けた。作戦の特徴は

渡具知停泊地と沖縄周辺海域の艦艇に対する一連の10回の航空攻撃だった。爆撃機と戦闘機を組み合わせた菊水作戦で米軍の防御を圧倒する予定だった。この大規模攻撃の間に個別に目標を選定して小規模の攻撃を実施した。

天号作戦の目的が1945年3月1日付「大海指第510号 別冊」に書かれている。それによると、来攻する米軍を撃退するためには陸海軍の航空戦力の総合発揮が必要で、特攻機を活用し、海軍は機動部隊を陸軍は輸送船（可能ならば機動部隊も）を攻撃することになった。(5)

天号作戦が、日本軍作戦立案者が常に模索していた伝統的な「決戦」の概念に従って計画されたことは明らかである。優勢で精神力に勝る日本軍が米軍を打ち負かす状況に米軍を追い込めたら、日本にとって有利な形で終戦になるだろう。

3月20日、このような認識に基づき、軍令部総長及川古志郎大将は「大海指第513号」を発令した。及川は作戦の第1目標を日本の海岸近くに遊弋して都市と軍施設を壊滅させようとしている空母部隊にした。作戦は航空機、特攻艇、有人魚雷、小型潜水艇などの特別攻撃に重点を置いたあらゆる種類の攻撃を行なうものだった。最初に空母部隊を片付けたなら沖縄攻撃に備えている侵攻軍を攻撃することにした。読谷と嘉手納の飛行場は、米軍がそこから日本本土攻撃に出撃できるので、特に重要だった。(6) 空母部隊を撃破したなら、沖縄の米軍が最優先目標になる。

しかし、4月1日以降の米侵攻軍の作戦進行にともない、日本軍の作戦計画立案者は状況認識を変えた。決戦の可能性はなくなり、決戦から米軍に出血させてそれ以上の前進を諦めさせることに重点が移った。戦後、軍令部第1部長富岡定俊少将はこれを消耗戦と称した。(7)

天号作戦の間、1945年3月19日の「大海指第512号」で＜防衛総司令官隷下の第6航空軍を南西諸島方面に於ける作戦に関し一時連合艦隊司令長官の指揮下に入らしめる＞として、連合艦隊司令長官豊田副武大将の指揮下に第6航空軍司令官菅原道大中将を入れて陸海軍の航空部隊の一体化を始めた。

陸海軍間の協力は進み、1945年4月8日の「大海指第516号 別冊」で日本と朝鮮の航空基地を互いに使用する合意を定めた。

　一、要旨
　1、　（中略）
　2、陸海軍共用基地は本協定に拠るも作戦の必要に依りては前号趣旨に則り陸海軍相互一時基地を融通使用し以て我航空作戦目的の達成を容易ならしむるものとす

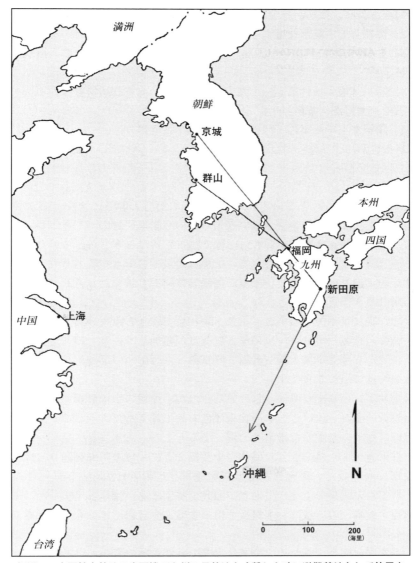

朝鮮の日本軍航空基地は米軍機が九州の母基地を攻撃した時に避難基地として使用された。航空機は攻撃を受けるのを避けるため「飛び去り」戦術を使った。ここに示すルートは鹿屋、新田原、福岡を母基地とする航空機の典型的なものである（Magic FES 421, 15 May 1945.を基に作成）

二、陸海軍共用基地
1、陸軍基地中海軍共用するもの

磐城、矢吹、横芝、東金、大島、新島、都城（東）
2、海軍基地中陸軍共用するもの
高知（連絡用）、大分（連絡用）、鹿屋（連絡用）、八丈島、済州島、種子島
3、陸軍基地中飛行第七、第九十八戦隊の為、海軍共用するもの
浜松、大刀洗、新田原
4、陸軍基地中海軍の一時避退の為共用するもの
群山、泗川
（以下略）(8)

　日本軍は沖縄に対する米軍の攻勢が迅速に行なわれることを想定していた。しかし、反攻準備が整っていなかったので素早い対応ができなかった。一方、米軍指揮官は日本軍がもっと強く抵抗するだろうと考えていたので、安心感を持てなかった。4月6日に始まった最初の菊水作戦とともに米軍の懸念が現実のものになった。米軍が沖縄戦終結を宣言した6月22日までに合計10回の菊水作戦が行なわれた。
　この作戦に日本海軍の第3、第5、第10航空艦隊と陸軍の九州の第6航空軍、朝鮮の京城（現ソウル）の第5航空軍が参加して、多くの基地を使用した。台湾からは海軍第1航空艦隊と陸軍第8飛行師団の部隊がそれぞれの航空機を沖縄に出撃させた。
　フィリピンのカミカゼは非常に成功したが、沖縄の米軍に対するカミカゼの出撃数の多さと比べるとその戦果は色あせて見えるだろう。この出撃機数の違いは作戦に参加した搭乗者の質によるところもある。フィリピンでは最高の搭乗者がよく整備された機体で少数機ごとに米軍の防御を通り抜けて艦艇攻撃に向かった。沖縄作戦では経験豊富な搭乗者は少ししか残っておらず、数多くの経験の少ない搭乗者が旧式で整備の悪い機体で出撃した。米軍に到達する唯一の方法は、多機数で出撃して、少数機だけでも攻撃を成功させるものだった。
　この状況を調査するため、筆者は実際の特別攻撃の全貌と日本軍が出撃させた特攻機数のリストを作成しようとした。米艦艇の記録は入手可能で、戦闘報告、戦闘日誌、航海日誌を使用して攻撃を受けた艦艇の完全なリストを作成することが可能だった。しかし、広範な日本軍特攻隊の出撃を確定することはできなかった。終戦後、多くの日本軍記録が破棄されたことがその大きな原因である。沖縄作戦のカミカゼに関する統計的なリストは米国戦略爆撃調査団が作成し1946年に発行した『日本航空兵力』に含まれている。この

リストに日本陸海軍の出撃数が含まれている。しかし、日本海軍に関しては
のちに極東軍総司令部の指示で第二復員局が1949年に作成した「日本軍戦
史」のほうが多い出撃数を示している。のちに調査された陸軍の特攻隊出撃
数も異なっている。全体として陸軍の出撃数はもっと多いであろうが、利用
可能なデータで作成したのが以下の表である。

出撃数：海軍第1、第3、第5、第10航空艦隊（1945年2月14日～年8月19日）

月　　日	海軍特攻隊	海軍通常攻撃	合計
2月14日～3月25日	259	520	779
3月26日～5月4日	1,207	2,529	3,736
5月5日～6月22日	368	1,609	1,977
6月23日～8月19日	62	5,195　*1	5,257
海軍合計	1,896	9,853	11,749

出撃数：陸軍第5、第6航空軍（1945年4月6日～6月22日）

月　　日	陸軍特攻隊	陸軍通常攻撃	合計
4月6日～7日	125	＊	＊
4月12日～13日	60	＊	＊
4月15日～16日	45	＊	＊
4月27日～28日	50	＊	＊
5月3日～4日	50	＊	＊
5月10日～11日	80	＊	＊
5月24日～25日	100	＊	＊
5月27日～28日	50	＊	＊
6月3日～7日	30	＊	＊
6月21日～22日	15	＊	＊
陸軍合計	605 (9)	＊	＊

＊：データなし

海軍の出撃機数は米軍の沖縄周辺攻撃開始に先立つ硫黄島の戦いから
沖縄戦終結までの期間を対象にしている。陸軍の出撃数は4月から6
月までの菊水作戦時期のみを対象にしている。

沖縄 天号作戦　275

*1：著者が引用した元資料の『沖縄方面の海軍作戦 附録 沖縄方面作戦（自一九四五年二月至一九四五年八月）に於ける海軍航空兵力使用状況諸統計』（「日本軍戦史 No. 141」）p. 10では537機になっており、原書の5,195機は誤記の可能性がある。これにより、「海軍通常攻撃」の「海軍合計」は9,853機でなく、5,195機が正しい。これとともに「合計」の「6月23日〜8月19日」は5,257機でなく599機になり、「合計」の「海軍合計」は11,749機でなく7,091機になる。

日本海軍航空隊

　1945年3月末の沖縄作戦開始前に日本軍は米軍に対する航空部隊を再編成した。沖縄南方の台湾は戦略的に重要な場所だった。沖縄に近いことから沖縄の侵攻軍に対して出撃が可能だった。台湾と沖縄の間には石垣島、宮古島を含む先島諸島が飛び石のように連なっている。台湾から沖縄に飛行する航空機はこの島々で給油、任務達成のための待機期間の調整を行なった。

　大西瀧治郎中将が指揮を執る第1航空艦隊は台湾の台中、虎尾、松山、高雄、新竹、台南、宜蘭に基地があった。第3、第5、第10航空艦隊は日本本土から出撃した。第3航空艦隊は寺岡謹平、第5航空艦隊は宇垣纏、第10航空艦隊は前田稔の各中将がそれぞれ指揮をした。これらは連合艦隊司令長官豊田副武大将の指揮を受けた。

　豊田は1905年に海軍兵学校を卒業して、1931年に少将に昇任した。海軍将官で最も有能な人間と思われていた。1930年代半ばに海軍省軍務局長を務め、立場上、陸軍高官と衝突した。それ以来、彼は陸軍とは対立的な関係にあった。沖縄作戦の最中に軍令部総長に就いた。

豊田副武大将。1944年9月頃撮影（NARA 80JO 63365.）

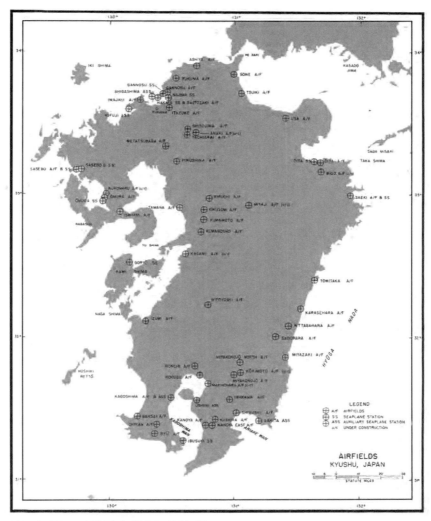

沖縄戦の間、日本陸海軍が使用した飛行場（CinCPac-CinCPOA Bulletin No. 166–45. Airfields in Kyushu. 15 August 1945.を基に作成）
福岡県：築城、曽根、芦屋、福間、雁ノ巣、雁ノ巣（水上機）、名島（水上機）、博多［福岡］（陸上機・水上機）、西戸崎、志賀島（水上機補助）、板付［席田］、今宿、小富士（水上機補助）、大刀洗北、大刀洗、甘木（建設中）、福島。**大分県**：宇佐、大分（水上機）、大分、豊後（建設中）、佐伯（陸上機・水上機）。**宮崎県**：富高、唐瀬原、新田原、砂土原［木脇］、宮崎、崎田（水上機補助）。**鹿児島県**：志布志、串良、鹿屋、鹿屋東［笠之原］、都城北、都城［都城東、西］、郡元（建設中）、岩川、牛根（水上機補助）、牧之原（建設中）、国分［第1国分］、論地［第2国分］、鹿児島（陸上機・水上機補助）、指宿（水上機）、頴娃（えい）［上別府］、知覧、万世、出水。**熊本県**：人吉、鏡［八代］、隈庄、熊本［健軍］、幾久富［黒石原］、宮地（建設中）、菊池、玉名（高瀬）、御領［天草］（水上機）。**佐賀県**：目達原。**長崎県**：佐世保（陸上機・水上機）、佐世保東（水上機）、黒丸（建設中）、大村、大村（水上機）、諫早

沖縄 天号作戦　277

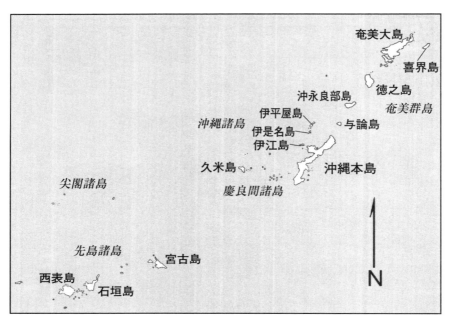

沖縄の北と南の基地は沖縄の米軍を攻撃する前進集結基地だった。台湾の基地を出撃した航空機は石垣島、宮古島を使用した。九州からの機体は喜界島、徳之島を使用した。

　宇垣中将の第5航空艦隊は九州の鹿屋を基地として、豊田大将から直接命令を受けた。沖縄の米軍を協同で攻撃するため、海軍と陸軍との調整が必要だった。4月1日に第10航空艦隊を主力とする第8基地航空部隊が宇垣の指揮下に入り、すでに宇垣の指揮下に入っていた陸軍第6航空軍と合わせ、大部隊を指揮することになった。*1　3月20日付けで陸軍第6航空軍司令官菅原道大中将が海軍連合艦隊司令長官豊田大将の指揮下に入り、第1機動基地航空部隊（第5航空艦隊が主力）指揮官である宇垣と調整しながら作戦を行なうことになった。

*1：4月1日に宇垣の指揮下に入ったのは、第8基地航空部隊のうち鈴鹿山脈より西の部隊だった。その東の部隊は第7基地航空部隊（第3航空艦隊主力）の指揮下に入った。第7基地航空部隊は5月12日に第1機動基地航空部隊とともに天航空部隊と称する連合基地航空部隊を編成することになり、これを宇垣が指揮を執ることになる。

海軍飛行場と主要用途

九州を中心とする本土

天草［御領］	水上機特別攻撃隊
博多［福岡］	瑞雲などの水上機、零式水上偵察機・九四式水上偵察機の特別攻撃隊（牧場）
指宿	瑞雲などの水上機、零式水上偵察機・九四式水上偵察機の特別攻撃隊
出水	戦闘機、双発爆撃機
鹿屋	第1機動基地航空部隊司令部、第5航空艦隊司令部、戦闘機、迎撃機、零戦爆戦隊、一式陸攻/桜花などの双発攻撃機部隊
鹿屋東［笠之原］	戦闘機
鹿児島	戦闘機
木更津	第3航空艦隊司令部
霞ヶ浦	第10航空艦隊司令部
国分［第1国分］	戦闘機、第10航空艦隊特攻機（零戦、九九式艦爆）
論地［第2国分］	第10航空艦隊特攻機（零戦、九九式艦爆）
小松	一式陸攻/桜花などの双発攻撃機部隊
串良	単発雷撃機部隊、第10航空艦隊隷下教育部隊
美保	一式陸攻/桜花などの双発攻撃機部隊
宮崎	一式陸攻/桜花などの双発攻撃機部隊
大分	陸上機、水上機
大村	迎撃機、哨戒機、特攻機
佐伯	単発雷撃機部隊、第5航空艦隊の教育、整備
詫間	水上機、水上機特攻隊
富高	零戦爆戦隊、一式陸攻/桜花などの双発攻撃機部隊
築城	戦闘機
宇佐	単発雷撃機部隊、一式陸攻/桜花などの双発攻撃機部隊

台　湾

新竹	第1航空艦隊司令部（1945年4月中旬以降）、戦闘機
台中（豊原）	戦闘機
松山（台北）	偵察機
高雄（小崗山）	第1航空艦隊司令部（1945年4月中旬まで）
淡水	水上機
花蓮港	戦闘機

朝　鮮

元山	戦闘機、練習機(10)

宇垣は第1機動基地航空部隊の司令部を鹿屋に置き、九州の鹿児島、大村、人吉、都城、宮崎、国分、串良、笠之原、指宿、岩川、築城、大分、出水、宇佐などの基地から通常攻撃隊と特別攻撃隊を沖縄の米軍に向けて出撃させた。米軍を混乱させるため日本軍機は九州の基地を出撃してから迂回飛行を行なったので、米軍が攻撃隊の出撃基地を特定するのが難しい時があった。

　鹿屋は日本軍航空基地で最も重要な基地と考えられた。基地の訓練・修理施設は戦争遂行に非常に重要だった。技術力は充実しており、部品が到着すればすぐに機体を組み立てることができた。基地の近くに附属飛行場（鹿屋東［笠之原］）があり、鹿屋基地と機能を統合していた。(11) 奄美群島は九州最南端から沖縄まで連なっている。この中の喜界島、徳之島は九州の飛行場から沖縄の前線に向かう航空機の既存の中継地だった。作戦の進行にともない、この飛行場はカミカゼ攻撃を阻止しようとする米軍の重要な目標となった。

日本陸軍航空部隊

　沖縄戦の間、陸軍は第6航空軍、第8飛行師団、第5航空軍の一部が米軍攻撃を担任した。1945年3月10日、第6航空軍は司令部を福岡に移し、菅原道大中将が作戦を練った。九州のほかの主要基地は菊池、大刀洗、新田原、知覧、都城、熊本、隈庄だった。菅原は航空総軍司令官河辺正三大将の下で作戦を行なった。陸軍は徳之島、喜界島の飛行場を海軍と共用した。そこで九州から南に進出する航空機は給油、出撃までの待機をした。この飛行場は米空母部隊の攻撃に脆弱だったので、1945年3月18日のように米軍攻撃が差し迫ると、配備機を待避場所になっている朝鮮の飛行場に避難させた。米軍の空襲が増大したので、朝鮮の基地を強化させることが急務になった。以前、中国、九州に配備されていたいくつかの部隊を沖縄または九州の基地防衛で必要とする場合に備えて群山、京城に移動させた。(12)

　本土侵攻がそれほど遠くない状況になったので、残っている日本軍航空戦力を維持しておくことが重要になった。それが第6航空軍の朝鮮への退避の目的だった。群山は退避場所としてだけでなく下山琢磨中将が指揮を執る第5航空軍の部隊も展開していた。中西良助中将によると、沖縄の米軍に対する第5航空軍の攻撃は多くなかったが、第8飛行団飛行第16、第90戦隊の九九式双軽が延べ30機から40機沖縄の米軍に対して出撃を行なった。(13) *1

　前述のように、特攻隊は九州の基地から中継地の南の島に向かった。これで航続距離を伸ばせたが、沖縄戦の進行にともなう米軍の航空優勢が増す

と、この方法は難しくなった。徳之島は米軍の格好の標的だったので、日本軍機がここを使おうとすると大きな損害を出した。機体に増槽タンクを付けて航続距離を伸ばして、九州から直接飛行しようとしたが、飛行時間が増えるので搭乗者は疲労し、整備の悪い機体は不具合を起こした。

　沖縄侵攻が間近になると第6航空軍は沖縄の米軍との戦闘に備えて特攻隊9個を九州で編成した。これで陸軍の特攻機60機が海軍特攻隊に追加された。別の6個は東日本に残った。九州に送られた特攻隊のうち、第20、第21、第23振武隊の3個だけが出撃準備が整っていた。この特攻隊数だけでは任務に追いつかないので、短期間のうちに16個を追加したが、空中勤務者、機材に負担がかかった。飛行学校を卒業したばかりの空中勤務者が特攻隊に配属されたが、米軍の防空網を通り抜けて沖縄の大軍を攻撃できる望みはほとんどなかった。旧式で整備が悪く貧弱な装備の機体なので、さらに厳しい状況だった。それでも、空中勤務者は最大限の努力をして、命令を忠実に実行した。

　1945年3月19日、陸海軍間の協同作戦を実施しやすくするため防衛総司令官東久邇宮稔彦王陸軍大将は3月20日付けで第6航空軍が連合艦隊司令長官豊田海軍大将の指揮下に入るように命令した。それぞれの得意分野を生かして、海軍は戦闘艦艇を、陸軍は輸送艦艇・船舶を集中的に攻撃することにした。海軍搭乗員は速力の速い目標を攻撃する訓練を行なっていたので、陸軍の空中勤務者よりも巡洋艦、駆逐艦に体当たりできる確率が高かった。速力の遅い輸送艦艇・船舶は経験の少ない陸軍の空中勤務者にとって良い目標だった。これで陸海軍は米侵攻軍との戦闘で、最大限の効果を発揮するはずだった。しかし、実際は豊田の参謀が攻撃計画を作成して、菅原と宇垣に伝え、菅原と宇垣が攻撃の詳細を調整することになった。菅原は宇垣の指揮下にあるとはいえ、使用航空機数、戦術、そのほかの詳細を決定することができた。特攻隊の重要な問題は戦闘機の援護だった。この任務に使用できる海軍機の機数は陸軍機より多かった。協同作戦でいちばんの問題が相互の意思疎通だった。陸海軍とも相互に協同することへの不満と、資源の使い方と戦略の相違に関して伝統的な対抗心を持っていた。

　1946年3月25日、福岡で開催された陸軍飛行団指揮官会議で沖縄防衛の陸軍参画方法を次の通り決定した。来るべき戦闘の計画では多くの航空部隊を特定の基地に配備することになった。

　　（イ）第一攻撃集團（飛行第五十九戦隊、特攻五隊）は兵力の集中、準備の進捗に伴ひ速かに南西諸島（喜界島をも利用す）に推進展開し攻撃

沖縄 天号作戦　281

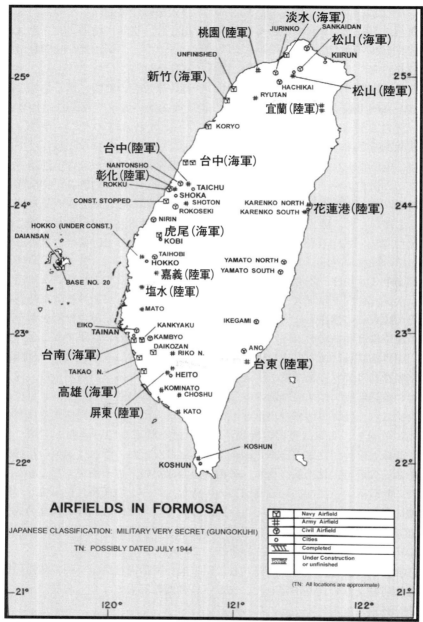

台湾の飛行場は日本陸軍第8飛行師団と日本海軍第1航空艦隊の基地だった（CinCPac-CinCPOA Bulletin No. 102–45. Translations Interrogations Number 26 Airfields in Formosa and Hainan. 25 April 1945, p. 6を元に作成）

を準備し軍攻撃の第一波となる

　（ロ）第二攻撃集團（飛行第百一戰隊、第百二戰隊、特攻二隊）は都城、第三攻撃集團（飛行第百三戰隊、飛行第六十五戰隊、飛行第六十六戰隊、特攻二隊）は知覧及万世に夫々兵力を集結して爾後の攻撃を準備し

　（ハ）重爆兩戰隊は熊本及大刀洗に於て爾後の艦船攻撃を準備するの基本部署に基き更に諸事急速促進を圖ることとせり (14) *2

　陸海軍とも沖縄侵攻の初期段階では戦闘の準備ができていなかった。このため、陸海軍とも計画を実行しようとすると常に遅れたり、実行不能になったりした。攻撃準備のため、3月28日に第三攻撃集団の第6飛行団飛行第103戦隊の疾風8機、飛行第66戦隊の九九式襲撃機10機が徳之島の前進集結基地に前進した。飛行第65戦隊も出撃することになった。3月29日0600、飛行第103戦隊および飛行第66戦隊が徳之島から、飛行第65戦隊が知覧から沖縄海域の艦艇に向かって出撃した。*3

　日本軍の戦果報告は例によって誇大なもので、戦闘艦3隻、輸送艦1隻だったが、(15)　米軍のこの日の報告で損害を受けたのはロケット中型揚陸艦LSM(R)-188と砲艇型上陸支援艇LCI(G)-560の2隻だけだった。日本軍はその後の攻撃のため、九州南方の島に航空機を継続的に前進させた。

　1945年4月1日、米軍の沖縄侵攻が開始されたので、日本陸軍航空部隊が反撃に出た。徳之島と知覧で飛行第65、103戦隊の戦闘機と第20、第23振武隊の特攻機が夜明けに出撃して沖縄に向かい、運命に身を委ねた。

　台湾には山本健児中将が指揮を執る第8飛行師団があり、司令部を台北の松山に置いていた。台湾の松山以外の主要基地は花蓮港、桃園、彰化、屏東、潮州、宜蘭、龍潭、塩水、麻豆、八塊、嘉義、台東、台中だった。第8飛行師団の航空機は石垣島、宮古島を沖縄の米軍攻撃で前進集結基地として使用した。

　特攻隊の組織は海軍と陸軍で異なった。海軍は航空隊ごとに特攻隊を編成したが、陸軍は特攻機だけの部隊である振武隊を編成した。陸軍は「志願者」の部隊だが、やがて志願者は減少する。志願の手続を経ずに搭乗者を訓練部隊と実戦部隊から特攻隊に異動させた。

　陸軍特攻隊は12機編成だったが、沖縄戦が厳しくなった1945年6月には平均機数を6機に減らした。日本の作戦立案者は沖縄戦終了までに特攻隊を200個編成する予定だったが、沖縄戦に勝利する可能性が減ったので、このうちの約三分の二を本土防衛の予備とした。沖縄戦はもはや決戦とは言えなくなった。決戦と言うならば勝者は米軍だった。

陸軍飛行場と主要用途

九州
知覧	偵察機、特別攻撃機
福岡	第6航空軍司令部
唐瀬原	輸送機、空挺隊訓練
熊本	双発爆撃機
隈庄	双発爆撃機
都城	戦闘機
新田原	双発爆撃機
大刀洗	双発爆撃機 (16)

台湾
塩水	訓練
宜蘭	戦闘機
花蓮港	戦闘機
嘉義	中型爆撃機
台中（豊原）	戦闘機
台北（松山）	第8飛行師団司令部、双発爆撃機、偵察機

朝鮮
群山	戦闘機訓練
京城	第5航空軍司令部、戦闘機 (17)

*1：中西の尋問調書によると第16、第90戦隊の九九式双軽2〜3機が7〜8回出撃したと回答。このほかに飛行第82戦隊の百式司偵も出撃した。（『沖縄・臺湾・硫黄島方面　陸軍航空作戦』（戦史叢書第36巻）p. 522）

*2：重爆両戦隊は飛行第60戦隊と飛行第110戦隊の四式重爆。（『沖縄・臺湾・硫黄島方面　陸軍航空作戦』（戦史叢書第36巻）p. 402）ここに記載されている第一、第二、第三攻撃集団は、沖縄作戦のために陸軍第6航空軍が特別に編成した部隊で、通常攻撃と特別攻撃を行なう部隊で構成している。隷下部隊の準備などの都合で、番号順に出撃してはいない。

*3：いずれの飛行戦隊とも通常攻撃隊として出撃しており、特攻隊ではない。

航空機

　日本陸軍航空部隊は、鍾馗、隼、九七式戦、疾風、飛燕、屠龍の戦闘機、百式司偵の偵察機、九九式双軽、呑龍、九七式重爆、飛龍、九八式軽爆の爆

撃機、九九式襲撃機／九九式軍偵の襲撃機を使用した。各機とも良い設計で、海軍士官の多くが同種の海軍機よりも優れていると考えていた。特攻機として九七式重爆、隼、九九式襲撃機／九九式軍偵を多用した。しかし、米軍の報告では、隼と飛燕が最も多く遭遇した機体だった。(18)

九七式戦は多くの任務に就いたが、古い機種で機体の状態が悪いので良い選択ではなかった。頻繁に起きる故障、困難な部品入手、エンジンの摩耗が問題だった。これに加えて整備・修理員の多くが、連合軍が飛び石作戦で迂回した島に取り残されたり、フィリピンで行方不明になったりしたので、不足していた。訓練不足の代替要員が整備・修理を行なうのは難しく、経験不足のため十分な成果を上げることができなかった。日本国内の生産施設が継続的に米爆撃機の空襲を受けるとともに熟練航空機製造労働者が不足して、生産する機体の品質が悪くなった。終戦が近付くと生産機数と品質が落ちた。

九州の陸軍航空部隊は別の問題も抱えていた。空母、沖縄、硫黄島、マリアナから出撃した米軍機の継続的な攻撃で苦しめられた。鉄道線路が爆撃されたので航空用ガソリンの輸送が遅れ、出撃に支障を来した。トラックで輸送されたガソリンの多くは各種の可燃物を混合した品質の悪いもので、航空機の航続距離と性能を悪化させた。

海軍航空隊も同様の問題を抱えていた。特攻機に各種の戦闘機、爆撃機、練習機を使用した。零戦、雷電、二式水戦、月光、紫電戦闘機は沖縄に数多く飛来した。爆撃機の一式陸攻、銀河、九九式艦爆、彗星、九七式艦攻、偵察機の零式観測機、練習機の九三式中練、白菊も米軍攻撃に多用された。

零戦は優れた機動性と速度で特攻任務に使用された航空機の中で最も効果的だった。しかし、体当たりの効果を高めるために爆弾を搭載したので機動性が悪くなり、操縦が難しくなった。九九式艦爆は急降下ブレーキを装備しており、特攻機として成功した機体だった。特攻機に九三式中練が加わった。低速だったが機動性は良かった。木製骨組羽布張り構造なのでレーダーで探知するのが難しく、米軍が使用した近接信管が機体近くで作動しなかった。この機体の唯一の欠点は、戦闘用の機体ではないので爆弾搭載量が小さいことだった。プリチェット（DD-561）がRPS#9Aで攻撃を受けた時、「しかし、敵機は砲火を浴びながら高機動で効果的な回避戦術をとった」(19)と報告している。

在来機はいずれも特攻機として設計されていないので、任務に合わせた改造が必要だった。霞ヶ浦の海軍第1航空廠で九三式中練に250kg爆弾搭載用の爆弾架を取り付けた。九三式中練のエンジンは、アルコール燃料で始動は

できず通常のガソリンが必要だったが、アルコール燃料が使用可能なように改造された。

　沖縄の体当たり攻撃を調べると、米軍の報告で、特別攻撃にいちばん多く使用されたのは九九式艦爆で、次が零戦、そして彗星だった。(20) *1　しかし、その多くは部品不足で整備不良だった。生産ラインで発生した不具合もあった。品質管理は不十分で、機体装備品に不具合が多かった。たとえば紫電は降着装置に多くの問題があった。源田實大佐は戦後の尋問で「非常に粗悪で、平均的な日本軍機よりも悪かった。急降下爆撃、機銃掃射で機速が420mph（675km/h）になると降着装置が機体から落下する傾向があった。我が軍が戦闘で失った搭乗員の四分の一はこれが原因だった。終戦に近付くにしたがって良い機体になった」(21) と話している。紫電の別の問題は飛行中にエンジンが停止することで、墜落が多発した。

　*1：九九式艦爆は特攻機として多数使用された。しかし、米軍が固定脚機の九九式襲撃機、九七式戦を九九式艦爆に誤認していることも多く、米軍から見ると実際の使用機数よりも多く使用されたようになっている。

《侵攻の前触れ》

3月18日

［3月18日　鹿児島県東沖　イントレピッド（CV-11）、エンタープライズ（CV-6）］

　1945年4月1日、アイスバーグ作戦と名付けられた沖縄侵攻が開始されたが、米軍は沖縄本島上陸に先立つ何週間も前から攻撃準備のため、艦艇が危険をともないながら沖縄海域で各種の任務を行なっていた。沖縄侵攻に先立ち、マーク・ミッチャー中将が率いる第58任務部隊は九州の飛行場攻撃の任務に就いていた。日本軍機を地上で破壊できれば、侵攻の間に米艦艇が攻撃を受ける可能性が減る。イントレピッド（CV-11）はA・W・ラドフォード中将が率いる第58.4任務群でヨークタウン（CV-10）、ラングレー（CVL-27）、インディペンデンス（CVL-22）とともに作戦を行なった。

　3月18日、一式陸攻がイントレピッドに向かって突進して来てもう少しで体当たりするところだった。*1　一式陸攻はイントレピッドのすぐ近くで撃墜され、機体が爆発したので空母の格納庫甲板に火災が発生した。艦自体の

1945年3月18日、第58任務部隊のイントレピッド（CV-11）が四国沖で作戦中に、一式陸攻が舷側すぐ横の海面に激突して格納庫甲板に火災が発生した。この写真はエンタープライズ（CV-6）から撮影（NARA 890G 274205.）

損害は小さかったが、戦死2名、負傷43名を出した。
　エンタープライズ（CV-6）にも爆弾が落ちたが不発だったので損害はなかった。*2
　*1：3月18日一式陸攻は出撃していない。菊水部隊銀河隊の銀河を一式陸攻に誤認している。
　*2：米国資料によるとエンタープライズを攻撃したのは彗星。彗星であれば菊水部隊彗星隊。

3月19日

[3月19日 高知県南沖 ワスプ（CV-18）]
　3月19日、米空母は艦載機が瀬戸内海近辺と呉港、神戸港を攻撃している間に攻撃を受けた。0710、O・A・ウェラー大佐が艦長のワスプ（CV-18）は爆撃を受けた。爆弾は飛行甲板を貫通して格納庫甲板まで達し、第3甲板で爆発して戦死101名、負傷269名を出した。その直後の0834に書かれた戦闘報告は次の通り。

沖縄 天号作戦　287

天山1機を頭上に発見した。*1　雲の間から本艦に向かって50度の急降下を始めた時だった。距離4,000ヤード（約3.6km）で51番砲塔を管制している方位盤番号スカイ1と43番砲塔と53番砲塔を管制しているスカイ3が弾幕射撃開始を指示し、52番、54番、44番砲塔を管制するスカイ4がこれに続いて、射撃可能なすべての40mmと20mm機関砲が射撃を開始した。敵機は距離2,500ヤード（約2.3km）で近接信管付き5インチ砲弾をエンジンに被弾するまで真っすぐ接近した。何発も被弾して機体全体が炎に包まれ、操縦不能になった。機体を破壊する勢いの火災と本艦が急な面舵を切ったことで、カミカゼ機は本艦の甲板横にある左舷エレベーターすぐ横の海面に激突した。(22)

この体当たりによる艦自体の損害は小さく、人的損害もなかった。*2

*1：菊水部隊彗星隊の彗星を天山に誤認している。
*2：この日、フランクリン（CV-13）も攻撃を受けて、戦死796名、負傷265名を出しているが、米軍はフランクリンに対する攻撃を双発爆撃機による水平爆撃攻撃としており、カミカゼ（体当たり攻撃）とみなしていないため、本書には記載されていない。日本側では特攻隊の菊水部隊銀河隊による攻撃としている。

3月20日

[3月20日 高知県南沖 ハルゼー・パウエル（DD-686）]

　3月20日1400、空母任務部隊を直衛掩護していたハルゼー・パウエル（DD-686）がハンコック（CV-19）に横付けして燃料補給をしていた時に攻撃を受けた。午前中日本軍はこの海域を攻撃していたが、この時間には減っていた。空襲があった時、ハルゼー・パウエルはハンコックから離れようとしていた。零戦1機がハンコックに向かって急降下をしたが、ハンコックに当たり損ねてハルゼー・パウエルに体当たりした。*1　これでハルゼー・パウエルの機関が損害を受けたが、検査のために機関を一時停止したかは不明である。ハルゼー・パウエルにとって不幸なことに、零戦が5番5インチ砲近くに体当たりして甲板を貫通したので、操舵装置が損害を受けた。操舵ができないので、ハンコックに衝突しそうになったが、最後の瞬間に速度を上げてハンコックを避けた。スチーブン・ポッター（DD-538）、その後、ザ・サリヴァンズ（DD-537）がハルゼー・パウエルの掩護を行なった。日本軍

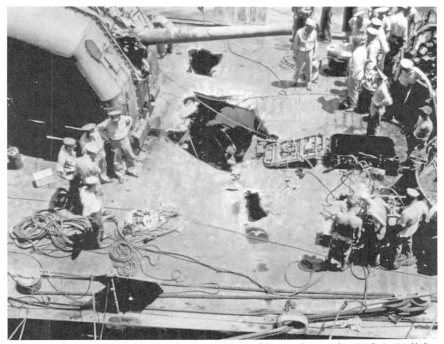
1945年3月20日、直衛任務に就いていたハルゼー・パウエル (DD-686) がカミカゼの体当たりを受けた後、乗組員が甲板の穴を調査している (Official U.S. Navy Photograph.)

機が艦艇を攻撃していたが、一部はハルゼー・パウエルとザ・サリヴァンズの砲火を受けて撃退された。ハルゼー・パウエルは機関の出力操作で操艦できると判断されたので、安全な海域に向けてゆっくりと戻った。攻撃で戦死12名、負傷29名を出した。(23)

*1：菊水部隊彗星隊の零戦。（寛應隆中尉、佐藤清一飛曹）（『神風特別攻撃隊々員之記録』p. 87）

3月26日

[3月26日 慶良間諸島 ビロクシー (CL-80)、ロバート・H・スミス (DM-23)]
　3月26日、ビロクシー (CL-80) が軽い損害を受けた。0618、沖縄で作戦中、カミカゼ機が左舷喫水線に体当たりして穴をあけた。爆弾は不発弾だったので大きな損害は受けなかったが、負傷2名を出した。
　この日は敷設駆逐艦ロバート・H・スミス (DM-23) もカミカゼ機が頭上

を通過してから左舷正横の25ヤード（約23m）離れた海面に激突したので、軽い損害を受けた。*1

*1：誠第17飛行隊の九九式襲撃機、独立飛行第23中隊の飛燕。

［レーダー・ピケット艦艇の地獄の戦い］

沖縄で各種の任務に就いた多くの艦艇が日本軍機の攻撃を受けた。最も多くの戦死者と艦艇の損失を出したのは沖縄を囲むレーダー・ピケット・ステーション（RPS：Radar Picket Station）の任務に就いたレーダー・ピケット艦艇（RP艦艇）だった。フィリピンで日本軍は新たな特別攻撃を多く用いたので、米海軍上層部は沖縄では状況はさらに悪くなると予想していた。九

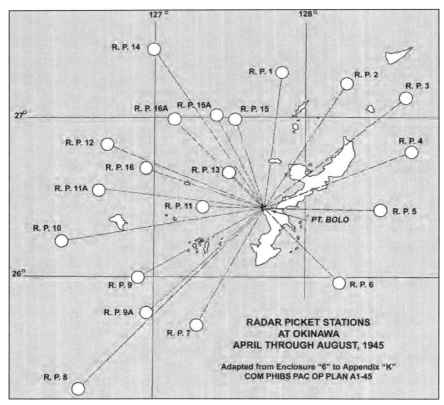

沖縄作戦中、最も重要な直衛任務で最も戦闘が多かったのはレーダー・ピケット・ステーション（RPS）だった。各RPSでは戦闘機指揮駆逐艦がほかの駆逐艦および支援武装艦艇をともない戦闘空中哨戒機に九州および台湾から飛来する日本軍機の迎撃にあたらせた。

州南部と台湾から飛来する日本軍機を迎撃するために、沖縄の周囲をRPSで一連の輪のように取り囲む戦術を考えた。

　RPSで任務に就くのはレーダーを装備した駆逐艦で、襲来する日本軍機を米艦艇主力部隊と沖縄に上陸している部隊に到達する前に探知した。RPSの駆逐艦と連携して戦うのは戦闘空中哨戒（CAP）を行なう戦闘機だった。理論上はRPSの駆逐艦が襲来する日本軍機を探知してCAP機を迎撃に誘導して日本軍機が沖縄に到達しないようにしていた。CAPの有効性は高く、CAP網を通り抜けた日本軍機は多かったものの、ほとんどの日本軍機を阻止した。

　まもなく日本軍はRP艦艇の有効性を認識し、早期警戒システムの目と耳をつぶそうとしてこれを目標にした。RPS運用開始後1、2週間でRPSの駆逐艦を支援するほかの艦艇が必要になり、ほかの駆逐艦および駆逐艦改造艦、大型揚陸支援艇、ロケット中型揚陸艦、機動砲艇がともに哨戒にあたった。206隻がこの任務に就いた。このうちの60隻がカミカゼで沈没したか損害を受けたので、第2次世界大戦で最も困難な水上艦艇の任務だったことはほぼ間違いない。(24)

[3月26日 RPS#9　キンバリー（DD-521）]
　沖縄のレーダー・ピケット任務（RP任務）は1945年3月26日に始まり、8月14日まで続いた。地獄の戦いが始まった3月26日、RPS#9でキンバリー（DD-521）がカミカゼ1機の体当たりを受けて最初の犠牲者になった。台湾の第1航空艦隊の九九式艦爆2機がPR艦艇を葬ろうと現れた。*1　キンバリーの砲手が目標を定めたが、九九式艦爆は何発も被弾しながらもキンバリーの後部40mm機関砲に体当たりした。戦死4名、負傷57名だった。数日後、キンバリーは米本国に向かい、キンバリーの戦争は終わった。

　　*1：3月26日、九九式艦爆は特別攻撃、通常攻撃とも出撃していない。誠第17飛行隊の九九式襲撃機を九九式艦爆に誤認している。（伊舎堂用久大尉、川瀬嘉紀、柴崎茂両少尉、黒田釈軍曹）（『陸軍航空特別攻撃隊各部隊総覧』（第1巻）p. 86））誠第17飛行隊に独立飛行第23中隊の飛燕が同行出撃した。（『沖縄・臺湾・硫黄島方面　陸軍航空作戦』（戦史叢書第36巻）pp. 404-407）

3月27日

[3月27日 渡具知沖 キャラハン（DD-792）、ネバダ（BB-36）、ドーセイ（DMS-1）、フォアマン（DE-633）、オブライエン（DD-725）、ギルマー

1945年3月27日、沖縄沖で九七式戦の体当たりを受けたネバダ（BB-36）の後部甲板にあいた穴から炎と煙が吹き出ている（Official U.S. Navy Photograph.）

（APD-11）］

　沖縄侵攻が近付くと、兵員の上陸前に多くの艦艇が上陸地点を砲撃した。3月27日0605、キャラハン（DD-792）は向かって来た九九式艦爆の降着装置が檣に接触して危機一髪だった。九九式艦爆は左舷舷側から50フィート（約15m）の海面に墜落した。*1

　モートン・L・デイヨ少将が率いる第54任務部隊の砲撃・掩護軍も沖縄沖で作戦を行なった。3月27日、ネバダ（BB-36）がカミカゼ機の体当たりを受けた。*2 朝、カミカゼ7機が頭上に現れた。0621、九七式戦3機が艦艇に向かった。1機がネバダを狙ったが、ネバダがこれに砲火を浴びせると火を噴いた。ネバダの戦闘報告は次の通り。

　　0621、最初に発見した時、九七式戦は正面にいた。これに5インチ砲が射撃を開始した。九七式戦はすぐに90度旋回して、本艦の前檣から上甲板後部に向かって「体当たり突進」を開始した。敵機が旋回した時から射撃を継続していたので事態は好転した。5インチ砲弾1発が命中したのが見え、敵機は煙を吹きだした。40mm、20mm機関砲の射程に来た

292

3月27日、ネバダ（BB-36）に体当たりしたパイロットの手足のない遺体が機体の残骸から回収された（NARA 80G 274504.）

ので、射撃を開始した。5インチ砲の集中射撃が一瞬敵機を覆い隠し、敵機は激しく火を噴き始めた。40mm、20mm機関砲弾が命中するのが見えた。(25)

　九七式戦は射撃で右主翼を撃ち落されたが、上甲板後部に体当たりした。体当たりしたのが機体の全部であろうとその一部であろうと結果は同じだった。炎上するガソリンで周囲はめちゃくちゃになり、機体が搭載していた爆弾がさらに損害を与えた。すべてが終了するとネバダは戦死11名を出し、主砲塔に損害を受けていた。
　ネバダが攻撃を受けていたのと同じ頃、掃海駆逐艦ドーセイ（DMS-1）も攻撃を受けた。補給を受けるため慶良間諸島に向けて航行中、右舷艦首方向から九九式艦爆3機が接近した。*3　これに砲火を浴びせると編隊は二つに分かれた。1機は右舷を通過してから後方で旋回して艦尾方向から降下した。何回も被弾しながらも弾幕を通り抜け、0620にドーセイの左舷主甲板に体当たりした。艦外に投げ出された乗組員がいたが、後で引き上げられた。艦自体の受けた損害は小さかったが、戦死3名、負傷2名を出した。数分す

沖縄 天号作戦　293

ると一式陸攻が爆弾２発を投下したが、爆弾は外れた。一式陸攻は近くの艦艇に撃墜された。(26) *4

この日はフォアマン（DE-633）も損害を受けた。0623、九九式艦爆がフォアマンの右舷艦首をかすめた後、舷側近くの海面に墜落した。１名が負傷しただけだった。

0624、オブライエン（DD-725）が慶良間諸島付近を航行中に上空に大編隊が現れた。そのほとんどは米軍機だったが、少なくとも２機は違った。その１機目は戦闘機で、オブライエンに向かって突進したが、艦から距離300ヤード（約270m）で40mmと20mmの機関砲弾に被弾した。機体は炎に包まれ、右舷正横75ヤード（約69m）の海面に墜落した。次に九九式艦爆がほとんど真上からオブライエンに急降下した。*5 その状況のオブライエンの戦闘報告は次の通り。

別の敵機１機が本艦に急降下して来るのが見えた。本艦は前方の砲塔をこれに向けようとして急な運動を行ない、対応可能なすべての砲で砲火を浴びせた。40mm、20mm機関砲弾が何発も命中したが、敵機は急降下を続け、左舷艦中央部の前方に体当たりして、上部構造物甲板を貫通して右舷に抜けた。敵機が搭載していた250kgと考えられる爆弾が艦橋構造物直後の右舷で爆発した。行き足を10ノット（約19km/h）に落し、風上に向きを変えて消火作業を容易にした。対応可能な応急員と必要な砲手以外の全員が消火作業に携わり、負傷者の救出と治療を行なった。(27)

九九式艦爆の爆弾が爆発して弾薬庫に火が回った。近くを航行中の敷設駆逐艦グウィン（DM-23）とシャノン（DM-25）が接近して消火支援を申し出たが、両艦には近くで対空支援をしてもらうことにした。オブライエンの乗組員による消火は効果的で、25分後には鎮火させた。この一連の惨事で戦死50名、負傷76名が出た。シャノンはオブライエンを護衛して輸送海域に戻り、グウィンは生存者を捜索した。オブライエンは修理のためメア・アイランド海軍工廠に送り返された。

オブライエンが攻撃を受けていた頃、高速輸送艦ギルマー（APD-11）は九九式艦爆の体当たりを受けて軽い損害と若干の死傷者を出した。*6

*1、*2、*3、*5、*6：九七式戦、九九式艦爆は出撃していない。赤心隊の九九式軍偵、誠第32飛行隊の九九式襲撃機を九七式戦、九九式艦爆に誤認している。
*4：第１銀河隊の銀河を一式陸攻に誤認している。

3月28日

[3月28日 徳之島 LCI(G)-461 マルレ]
　フィリピンで厄介物だった特攻艇が沖縄にも現れた。3月28日0515、前夜から徳之島付近で哨戒中だった砲艇型上陸支援艇LCI(G)-461がマルレを発見した。LCI(G)-461が撃った20mm機関砲弾がマルレに命中すると、マルレは戦闘不能になった。数秒後、巨大な爆発が起きた。攻撃の際中にそのマルレが搭載していた爆雷の起爆装置が作動して、爆発したのは明らかだった。続いてLCI(G)-461は筏に射撃をして破壊した。日本兵2人が岸に向かって泳いで行くのが見えた。

3月29日

[3月29日 沖縄本島西沖 LCI(G)-558 マルレ]
　3月28日から29日、第6砲艇型上陸支援艇戦隊の小型艦艇が沖縄のすぐ西で対小型舟艇直衛の配置に就いた。3月29日0037、砲艇型上陸支援艇が哨戒中に攻撃を受けた。砲艇型上陸支援艇LCI(G)-452、-558、-559、-560は射撃で双発機1機を撃退した。*1

　3月29日0300、砲艇型上陸支援艇LCI(G)-558の見張員が右舷方向からマルレ1隻が向かって来るのを発見した。距離1,000ヤード（約900m）でこれに向けて40mm機関砲の砲火を開いた。マルレは針路を変えたが、また攻撃して来た。マルレが20ノット（約37km/h）で接近するので、LCI(G)-558の50口径12.7mm機関銃弾を何発も命中させた。当直士官は最大戦速を命じ、取舵いっぱいを切ったので、マルレはLCI(G)-558の艦中央部に軽く当たっただけだった。マルレ乗員が爆雷を適切な時に投下できなかったのは明らかで、爆雷はLCI(G)-558の艦尾から50ヤード（約46m）で爆発した。爆雷が爆発するとマルレは消えた。その後もLCI(G)-558は射撃を行なって何隻ものマルレを撃退したのでマルレは1隻も接近しなかった。マルレ乗員の1人は賢くもLCI(G)-558の火砲に敬意を払って爆雷を艇から離れたところに投下して逃げ、後日戦うことを選択した。(28)

　同じ日の0330、LCI(G)-452が渡具知沖で哨戒しているとマルレ1隻に襲われたが、40mm、20mm機関砲の集中砲火を浴びせて撃退した。同じ頃、LCI(G)-646が慶良間諸島のさらに西の沖で哨戒していると、夜明け頃に特攻艇3隻を発見し、誰何した。1隻が向かって来たので40mm機関砲で撃破し

た。さらに近くの駆逐艦、砲艇型上陸支援艇と協同でほかの2隻を撃沈した。その後すぐにバートン（DD-722）、ロケット中型揚陸艦LSM(R)-189、敷設駆逐艦ヘンリー・A・ワイリー（DM-29）が砲艇型上陸支援艇各艇の近くを航行中に、LSM(R)-189の見張員が砲艇型上陸支援艇LCI(G)-560の艦首近くにマルレが爆雷を投下したのを発見した。LSM(R)-189が支援しようと接近した時、マルレがLSM(R)-189に向かって突進した。LSM(R)-189は5インチ砲でこれを吹き飛ばした。すぐに別のマルレがLSM(R)-189に接近したが、その40mm機関砲で沈められた。LCI(G)-560は損害を受けなかったが危機一髪だった。

*1：第5基地航空部隊の月光、陸攻で、いずれも通常攻撃。（『沖縄方面海軍作戦』（戦史叢書第17巻）p. 314）

[3月29日 沖縄本島東沖 LSM(R)-188]

　LSM(R)-188は建造中に中型揚陸艦からロケット中型揚陸艦に改造された12隻（LSM(R)-188から-199）のうちの1隻だった。ロケット中型揚陸艦の任務は沿岸に対する火力支援で、この任務に理想的なまでに適応していた。喫水は満載時でわずか7フィート9インチ（約2.4m）なので、上陸地点の砲撃または海岸目標に接近してロケット攻撃、砲撃を行なうことができた。

　LSM(R)-188から-199は初陣として沖縄戦に配備された。武装は艦尾38口径5インチ単装両用砲1門、40mm対空単装機関砲2門、20mm対空単装機関砲3門、Mk.36 4連装ロケット発射機75基、Mk.30 6連装ロケット発射機30基だった。LSM(R)-196から-199のロケット発射機は改善され、Mk.51自動ロケット発射機85基になった。本来の目的に使用される時は恐ろしい艦になった。しかし、沖縄では本来の目的である沿岸攻撃以外に使用されたので、多くの艦が損害を受けた。全長63mで、速力は13ノット（約24km/h）で遅く、対空能力が低いことで、カミカゼにとって格好の目標になった。レーダー・ピケット・ステーションに配置した論理的根拠は大型揚陸支援艇より大型で、損害を受けた駆逐艦を曳航する能力があるというものだった。LSM(R)-188はこの艦種で最初に沖縄で損害を受ける艦になる。

　沖縄本島に対する侵攻の3日前の3月28日夕刻から29日の間、LSM(R)-188は那覇の東8海里（約15km）で哨戒していた。3月29日0600、攻撃を受けた時、見張員が日本軍機を右舷方向に発見し、これに砲火を浴びせた。*1 1機に艦の砲弾が命中したようだった。2機目は命中弾を受けたが、LSM(R)-188の周囲を旋回して向かって来た。艦の上空を通過して砲火を浴び

た。機体部品が艦に落下して、爆発が始まった。機体は右舷舷側から75ヤード（約69m）の海面に墜落した。LSM(R)-188にとって危機一髪で損害は大きく、戦死15名、負傷32名を出して戦線から離脱した。

> *1：攻撃隊不明。誠第41飛行隊の九七式戦の可能性があるが、沖縄北飛行場から出撃して目的地の嘉手納西方洋上に向かうのに沖縄本島東側を通るだろうか。また離陸してから1時間30分が経過しており、時間が経過しすぎている。

[3月29日 沖縄沖　LCI(G)-560]

3月29日0615、九七式戦3機が砲艇型上陸支援艇を攻撃した。*1　1機がLCI(G)-560の艦首近くに墜落、2機目は上空を通過して飛び去り、3機目は司令塔に軽く触れて、檣を取り去った。これによるLCI(G)-560の損害は軽微で、負傷1名だった。

> *1：攻撃隊不明。飛行第66戦隊の九九式襲撃機の可能性があるが、目的地は慶良間諸島で、那覇の東側ではない。（『陸軍航空特別攻撃隊各部隊総覧 第1巻』p. 264）誠第41飛行隊の九七式戦の可能性もあるが、沖縄北飛行場から出撃して目的地の嘉手納西方洋上に向かうのに沖縄本島東側を通るだろうか。また離陸してから1時間30分が経過しており、時間が経過しすぎている。（『陸軍航空特別攻撃隊各部隊総覧 第1巻』p. 102）

3月31日

[3月31日 沖縄本島西沖 インディアナポリス（CA-35）]

3月31日0708、インディアナポリス（CA-35）はソールト・レイク・シティ（CA-25）とともに残波岬の西11海里（約20km）を航行中に攻撃を受けた。隼1機が雲の中から現れ、インディアナポリスの右舷舷側に向かって来た。*1　隼は20mm機関砲弾を被弾したが何とか飛行を続け、上甲板の左舷舷側の縁に体当たりした。隼が搭載していた爆弾は甲板を貫通し、舷側から飛び出して艦の横で爆発した。インディアナポリスは翌日慶良間諸島で修理を行ない、戦闘に復帰した。戦死9名、負傷20名だった。侵攻はまだ始まっていなかったが、艦艇と乗組員はカミカゼの攻撃ですでに損害を出し始めた。

> *1：攻撃隊不明。3月31日に特攻隊は誠第39飛行隊の隼だけである。ただし、徳之島離陸が0700で攻撃が0708なので、どちらかの時刻が間違っている可能性あり。

第12章　沖縄侵攻 第1週

4月1日

[沖縄侵攻]

　フィリピンに堅固な足場を確保した米軍指導部は次の陸海軍の統合目標を日本の九州から350マイル（約565km）南方の沖縄にした。沖縄の防衛は固く、攻撃部隊の艦艇、兵員は南の台湾と北の九州から航空攻撃を受けることが予想された。沖縄侵攻作戦に携わる陸軍、海軍、海兵隊の人員は450,000名以上だった。海軍は艦艇1,213隻と支援艦船104隻を運用する予定だった。日米両軍とも沖縄が最も重要だと考えていたので、戦闘は血みどろなものになる。ここからもカミカゼに対抗する艦艇とその戦闘に焦点を当てる。

[4月1日 沖縄本島南沖 LST-884、-724、ヒンズデール（APA-120）]

　4月1日、米軍は渡具知で上陸を開始するのと同時に沖縄南東部で偽装上陸を行なった。第51.2任務群の揚陸艦艇と輸送艦が陽動上陸を実施した。0549、陽動作戦の海兵隊員300名を乗せたLST-884の左舷艦尾にカミカゼ機が体当たりして弾薬庫に火が回った。*1　火災が激しくなり、ヴァン・ヴァルケンバーグ（DD-656）、大型揚陸支援艇LCS(L)-115、-116、-118、-119が舷側に来て支援を開始した。各艦艇の応急員が消火を支援し、消火のために各艦艇から消火ホースで海水を送り込んだ。LCS(L)-118のアール・ブラントン三等射撃兵曹はのちにこう書いている。

　　LCS(L)-118からLST-884に移乗して甲板下の火災に対処する消火隊が編成されたので、それに参加したかったができなかった。その後の攻撃に備えて砲の持ち場にほかの者とともに残らなくてはならなかった。移乗した戦友はしっかりと消火作業を行なっており、事態が好転するかと思った時、弾薬が爆発し始めた。幸いにも全部が同時に爆発したのではなかった。初めて少し怖くなった。小さな爆発だったが、艇内の全員を吹き飛ばすほど強烈だった。艇内部で爆発音が鳴り響き、まるで戦闘を行

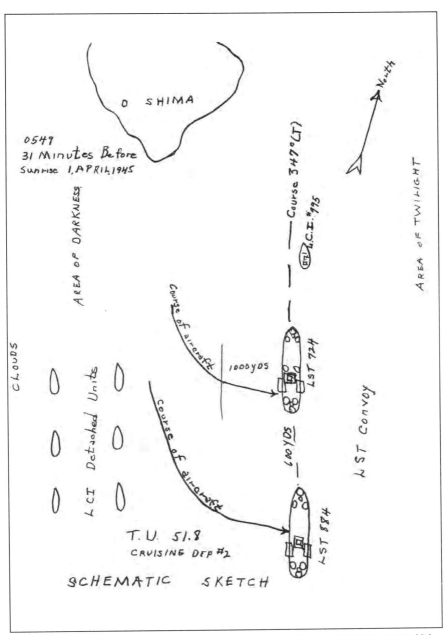

このスケッチはLST-724の戦闘報告からのもので、1945年4月1日、LST-724、-884に対する攻撃を示している（U.S.S. LST 724 Serial 121. Anti-aircraft Action Report—submission of. 3 April 1945, p. 5.）

沖縄侵攻 第1週

なっているような音がしていた。応急員が弾薬庫の横の隔壁に穴をあけ、噴霧ノズルを付けたホースを突っ込み冷やした。この弾薬庫が冷却された後、火災の多くは鎮火した。火災は0600に始まり、今は1200だった。ホースで大量の海水が入り、LSTは右舷に傾斜したので、左舷舷側のカミカゼ機があけた穴は海面上に上がった。(1)

1225から排水を始め、傾斜を直した。戦死24名、負傷21名を出した。

同じ頃、LST-724はLST-884のすぐ前を航行していて攻撃を受けた。飛燕1機が攻撃して来たが、LST-724の砲火を浴びてLST-724から50フィート（約15m）の海面に墜落した。*2 乗組員2人が舷側から投げ出され、飛燕のエンジン部品が左舷艦尾に降り注いだ。艦自体に損害はなく、2人ともLST-884の搭載艇で救助された。

この陽動作戦中に海兵第2師団の部隊を輸送していた攻撃輸送艦ヒンズデール（APA-120）もカミカゼ1機の攻撃を受けた。ヒンズデールは偽装上陸で定位置に就くため運動していた時に攻撃を受けた。0550、爆弾3発搭載の飛燕が左舷喫水線に体当たりした。*3 爆弾1発が機関室で、もう1発が缶室で爆発した。3発目は不発で、後日撤去された。火災が発生し、艦が海上で停船したので、乗組員は艦を守るために働き始めた。火災はすぐに鎮火し、ヒンズデールの状況は安定した。艦は慶良間諸島に曳航され仮修理を受けた。戦死16名、負傷39名を出した。(2)

*1：第20振武隊の隼。（山本秋彦少尉）（『陸軍航空特別攻撃隊各部隊総覧』（第1巻）p. 143）直掩、戦果確認などで飛行第103戦隊（疾風）が同行。（小川大尉）慶良間諸島に向かったとなっているが、沖縄本島南方で発見した艦艇を狙った模様。または飛行第65戦隊の隼（久保卓次軍曹）（『陸軍航空特別攻撃隊各部隊総覧』（第1巻）p. 263）。（『沖縄・臺湾・硫黄島方面　陸軍航空作戦』（戦史叢書第36巻）pp. 433-435）

*2：飛行第17戦隊の飛燕。これの直掩、戦果確認などで独立飛行第41中隊（九九式軍偵）が同行。（『沖縄・臺湾・硫黄島方面　陸軍航空作戦』（戦史叢書第36巻）pp. 433-435）

*3：飛行第17戦隊の飛燕。飛燕は通常爆弾2発までなので、3発目の爆弾は不明。攻撃を受けた時刻が4月1日の「0550」になっている。米国の資料にはヒンズデールが攻撃を受けたのは3月31日と4月1日で、異なる記述がある。「0550」は「戦時時間（現在の夏時間に相当）の東部標準時「3月31日午後5時50分」の可能性あり。そうであれば攻撃を受けた日本標準時は「4月1日午前6時50分」に

なり、飛行第17戦隊の出撃時刻の0601から50分後なので、攻撃隊は飛行第17戦隊となる。ヒンズデールに対する攻撃があったタイム・ゾーンの日付と時刻を日本標準時に修正していない可能性あり。

［4月1日 渡具知沖 アルパイン（APA-92）、ウエストバージニア（BB-48）］

4月1日、攻撃輸送艦アルパイン（APA-92）は第51.13任務群の1隻として沖縄侵攻に向かう兵員を輸送していた。117輌の戦闘車両のほかに59トンのガソリン、125トンの爆発物、11トンの爆薬を積載しているアルパインはまさに爆発を待っている爆弾そのものだった。乗艦している陸軍兵員がそれを知っているかは不明だったが、知ったとしてもそれが安心感を増すことはなかった。陸軍兵員は士官48名、下士官兵828名で、歩兵、野戦砲兵、衛生兵などの部隊だった。幸いなことに、カミカゼ機の命中を受けた時にはすでに兵員を下船させ、アルパインは離岸した後だった。アルパインの戦闘報告は次の通り。

1904頃、「フラッシュ・レッド－コントロール・イエロー　全艦煙幕展張」が音声通信で伝えられた。1905頃、第51任務部隊司令部から「発煙停止。別途命令するまで発煙停止」と連絡があった。すべての火砲が警戒態勢に就いた直後に右舷正横の少し艦尾寄りの位置角25度に2機が飛来中との報告があった。機体を目視して敵機と判断した（低翼単発戦闘機、たぶん零戦または鍾馗）。*1　敵機は発見されると同時に多くの艦艇から砲火を浴びた。多くの砲火が入り乱れ、敵機を狙うよりもほかの曳光弾の跡を追っていた。その時、目標を狙っていた本艦のすべての砲手に射撃開始の命令が出た。1番と2番の20mm機関砲が砲火を開いたが、30発撃つと目標を失った。敵機は分かれて、1機目は右舷正横で降下を始め、2機目は左に向かい艦尾を横切った。1機目が本艦に近かったので、そちらに注意を取られたので、一瞬2機目の照準を失った。すぐに注意を2機目に戻し、後部20mm機関砲が砲火を浴びせると、2機目は左舷艦尾方向、高度300m（1,000ft）から急降下で接近して、最後は本艦に体当たりした。最初の印象は、敵機は本艦を通り過ごすだろう、だった。敵機は左に半回転して主翼が垂直になり、胴体の下側が右舷信号艦橋に向かった。(3)

体当たりを受けたアルパインの右舷上甲板で火災が発生して爆発が起きた。すぐにアルパインは左舷に7度傾いた。しかし、応急員の作業が効い

て、2300に鎮火した。ガソリン、弾薬、爆発物のいずれにも着火しなかった。それでも、戦死16名、負傷19名を出した。残った貨物を陸揚げした後、修理のため米国に戻った。

ウエストバージニア（BB-48）も同じ攻撃隊から攻撃を受けた。ウエストバージニアは上陸支援として渡具知の海岸堡近くの海岸と内陸部を砲撃していた。1910、敵味方不明機3機が海域に接近と報じられた。1913、250kg爆弾1発搭載の隼がウエストバージニアの対空砲火を通り抜けて上部構造物甲板に体当たりした。*2 爆弾は甲板を貫通したが不発だったので、艦自体にそれ以上の損害はなかった。それでも戦死4名、負傷23名を出した。ウエストバージニアは損害を修理して任務を継続することができた。(4)

*1：誠第39飛行隊の隼を零戦または鍾馗に誤認している。（宮永卓、吉本勝吉、面田定雄各少尉、内村重二、松岡巳義、税田存邪各軍曹）（『陸軍航空特別攻撃隊各部隊総覧』（第1巻）pp. 100-101）誠第39飛行隊の出撃、攻撃時刻は『陸軍航空特別攻撃隊史』pp. 181-182によると「午後7時10分出撃」、「7時10分ころ必中の体当たり攻撃を敢行」となっており、出撃時刻と攻撃時刻が同じ時刻になっているが、攻撃実施時刻は「1900過ぎ」と考えるのが妥当と考える。

*2：誠第39飛行隊の隼。（操縦者は前述の通り）

[4月1日 慶良間諸島 アダムズ（DM-27）]

敷設駆逐艦アダムズ（DM-27）が慶良間諸島南東で哨戒中に日本軍機の攻撃を受けた。1機が突進して来たが砲火を浴びて操縦不能になり、アダムズの艦尾直後の海面に墜落した。アダムズは、船底の下で爆弾2発が爆発したので、舵が右に固定されて、運動できなくなった。アダムズが回頭を続けていると2機が攻撃して来た。ムラニー（DD-528）が1機、アダムズが1機撃墜した。*1 アダムズは修理のため慶良間諸島に曳航された。(5)

*1：次の攻撃隊：飛行第17、飛行第24戦隊（以上飛燕）、第20振武隊、飛行第65戦隊、誠第39飛行隊（以上隼）、第23振武隊、誠第17飛行隊、独立飛行第41中隊（以上九九式襲撃機）。

4月2日

[4月2日 沖縄本島南部 アチャーナー（AKA-53）]

4月2日、攻撃貨物輸送艦アチャーナー（AKA-53）、ティレル（AKA-

80）、高速輸送艦ディッカーソン（APD-21）、攻撃輸送艦テルフェアー（APA-210）、グッドヒュー（APA-107）、ヘンリコ（APA-45）の輸送艦がカミカゼ攻撃を受けた。

　0043、アチャーナーが夜間撤収のため慶良間諸島の南を航行中に攻撃を受けた。沖縄に第543海兵夜間戦闘飛行隊（VMF(N)-543）の人員を輸送中だった。海兵夜間戦闘飛行隊は慶良間に基地を置く予定だった。九九式襲撃機1機が右舷上甲板に体当たりし、搭載していた爆弾が甲板を貫通した。日本側の記録によると、この攻撃は日本陸軍航空部隊が最初に実施した特別攻撃の一つだった。長谷川實大尉、山本英四少尉が特攻機を操縦した。第三攻撃集団の飛行第66、第103戦隊の9機に護衛されて徳之島から出撃した。(6) *1　体当たりで機体と爆弾の2回の爆発が起きた。爆発はほぼ同時に起きて体当たりを受けた付近で火災が発生したが、乗組員が熟練の技ですぐに消火した。アチャーナーは左舷に傾いたがすぐに直り、負傷者の手当が行なわれた。戦死5名、負傷41名だった。

　　*1：筆者が引用した『硫黄島及南西諸島方面航空作戦記録』（「日本軍戦史 No. 51」）p. 46には長谷川大尉、山本少尉が4月2日に出撃したと記載されているが、『沖縄・臺湾・硫黄島方面 陸軍航空作戦』（戦史叢書第36巻）pp. 432-433および『特別攻撃隊全史』p. 268によると「第20振武隊の第一陣は4月1日0500に長谷川大尉、山本少尉ほか計5機が出撃した（原書の攻撃を受けた時刻が0043となっているが誤記と考えられる）。山本少尉のみ未帰還で、長谷川大尉は目標を発見できず、2日に再出撃、もう1名とともに未帰還になった」。ほかの隊員は2日と12日に出撃、未帰還になった。この時、第6航空軍は海軍作戦指揮下にあったので連合艦隊司令長官は1日、2日、12日に出撃した第20振武隊の計7名に対して布告を行なった。

［4月2日 渡具知沖 ティレル（AKA-80）］

　ティレル（AKA-80）は渡具知の海岸堡で兵員の上陸を完了させたが海域に留まり上陸を支援していた。0555、双発爆撃機が体当たりをしようとして艦橋をかすめたので危機一髪だった。*1　双発爆撃機はアンテナを切り落とし、クレーンのブームにぶつかって、海中に突っ込み、舷側近くで爆発した。破片が甲板に降り注いだが、大きな損害はなかった。

　　*1：第2銀河隊（762空K262）の銀河。誠第114飛行隊の屠龍の可能性あり。

[４月２日 慶良間諸島 ディッカーソン（APD-21）、ヘンリコ（APA-45）、テルフェアー（APA-210）、グッドヒュー（APA-107）］

　高速輸送艦ディッカーソン（APD-21）は第51.7任務群の１隻として慶良間諸島の慶伊瀬島で兵員と補給品の陸揚げを行なった。慶伊瀬島侵攻が完了したので、陸軍第77師団の兵員の一部を再度艦に乗せて別の地点に輸送するところだった。ディッカーソンは沖縄から20海里（約37km）南西の輸送海域フォックスに後退し、その後の命令を待っていた。近くで敷設駆逐艦シャノン（DM-25）が双発機に砲火を浴びせ追い払っていた。双発機は何発も被弾し、煙を吹きながら海域のほかの艦艇に向かった。

　1830、ディッカーソンの見張員が輸送艦の上空に集まってきた零戦３機と屠龍２機を発見した。*1　屠龍の１機はシャノンの砲火を受けながらその上空を旋回していたが、ディッカーソンに艦尾方向から向かって来た。ディッカーソンは艦尾の砲火を浴びせたが、役に立たなかった。1825に当直を終えたジェームズ・D・エバート少尉は何が起きたか、次のように書いた。

　　敵機が１番煙突の上部にぶつかるのを見た。その時、私は大きな爆風で甲板に投げ出された。数秒後に意識が回復すると状況が深刻なことに気付いた。搭載艇甲板の前部で生き残っていたのはジョージ中尉と２人の火器管制員と私の４人だけだった。敵機が体当たりして搭載艇甲板上のものを取り去ったので、そこの砲塔２か所の砲手がほとんど戦死したが、若干の者は体当たり寸前に海中に飛び込み助かった。敵機が艦橋構造物の付け根に体当たりして主檣を前方に倒したのは明らかだった。私の下の凹甲板と艦橋構造物は大きな火の玉だった。我々４人は後方に移動できなかったので、脱出するために前方に向かった。最上艦橋から艦橋の前にある20mm機関砲の砲座に飛び下り、さらに艦首上甲板に飛び下りた。そこで筆舌に尽くしがたい恐怖の光景を見た。原因不明だが、巨大な爆発力で１番３インチ砲がなくなり、甲板に幅20フィートから25フィート（約６mから約８m）、長さ12フィートから15フィート（約3.6mから約4.5m）の穴が残されていた。下の兵曹区画は瓦礫の山だった。１番砲の砲手は手足がバラバラだった。個人的な見解だが、破壊状況から本艦の上空から投下された爆弾が原因だと思う。敵機が接近した時の角度から体当たり機ではなかったと思う。(7)

　バンチ（APD-79）が横に来て消火を支援し、ハーバート（APD-22）が生存者を救助した。ディッカーソンの艦長ラルフ・E・ラウンズベリー少佐と

副長A・G・マキュアン大尉が戦死したので、混乱が起きていた。残った士官が指揮を執り消火を行なったが、火災が弾薬庫に接近し、夜間でもあったので総員離艦を決定した。バンチは鎮火するまで消火を続けた。翌日、生き残った士官と基幹要員がディッカーソンに戻り、艦が慶良間諸島に曳航される間、乗艦していた。ディッカーソンは全損となり、4月4日に停泊地から曳航されて沈められた。戦死54名、負傷97名だった。
　攻撃輸送艦ヘンリコ（APA-45）も同じ頃に攻撃を受けた。ヘンリコは第53.4任務群の1隻として陸軍第305連隊戦闘団の予備兵力と第77師団司令部中隊を輸送していた。ディッカーソン同様、慶良間諸島南西の夜間停泊地に撤収していた時に銀河の攻撃を受けた。*2　1830、艦艇が距離7海里（約13km）に4機を発見したが、4機はすぐに雲に隠れた。数分後、飛燕1機が現れてヘンリコに向かったが方向を変えた。*3　1836、銀河1機が雲から現れてヘンリコに突進した。*4　陸軍の砲手が配置に就いていた右舷40mm機関砲とヘンリコ乗組員が就いていた20mm機関砲各1門が砲火を浴びせたが、突進を阻止することはできなかった。2分後、銀河はヘンリコの右舷艦橋甲板に体当たりした。多くのカミカゼ機同様、爆弾を搭載しており、爆弾は甲板を貫通してその下で爆発した。主消火設備が衝撃とその後の爆発で損害を受け、消火作業に問題が生じた。機関に電力を供給できなくなり、ヘンリコは停船した。敷設駆逐艦ホブソン（DM-26）と攻撃貨物輸送艦サフォーク（AKA-69）が横に来てヘンリコの消火を支援した。2100、鎮火したが、ヘンリコは自力航行できなかった。2330、ホブソンが慶良間諸島に向けて曳航を開始し、翌朝0530に艦隊随伴航洋曳船ユマ（ATF-94）が引き継いだ。この体当たりは米軍にとって大きな損害だった。49名戦死、125名負傷を出した。ヘンリコは戦闘報告で、ヘンリコの臨時艦長W・C・フランス大佐、第50輸送艦隊指揮官E・キール大佐、陸軍第305連隊長V・J・タンツラ大佐、同副連隊長L・O・ウィリアムズ大佐が戦死したことを報告している。(8)　ヘンリコは戦線を離脱した。
　4月2日の夜、ヘンリコと一緒にいた攻撃輸送艦テルフェアー（APA-210）とグッドヒュー（APA-107）が海岸から撤収していた時カミカゼ攻撃を受けた。1830、約10機の日本軍機がこの海域の艦艇を攻撃し、そのうちの3機が輸送艦2隻に突進した。1機は2隻の協同射撃弾が命中して海面に墜落したが、2機目と3機目は輸送艦に体当たりした。テルフェアーに体当たりしたのは九七式重爆で、右舷と左舷の間のキングポスト（給油・貨物荷役装置の垂直支柱）に体当たりしてから舷側の海面に滑り落ちた。(9) *5　1849、屠龍がグッドヒューの後部20mm機関砲ガン・タブに当たり、舷側近

くの海面に墜落した。*6　テルフェアーは戦死１名、負傷16名で、グッドヒューは戦死24名、負傷119名だった。

*1：屠龍は誠第114飛行隊。（竹田光興、原輝雄、矢作一郎各少尉、井上忠雄軍曹、藤井広馬、伊藤喜三、馬締安正各伍長）（『陸軍航空特別攻撃隊各部隊総覧』（第１巻）pp. 106-107）誠第114飛行隊に同行して誘導・戦果確認、爆撃を行なった飛行第24戦隊の隼を零戦に誤認している。（『沖縄・臺湾・硫黄島方面　陸軍航空作戦』（戦史叢書第36巻）p. 442）
*2、*4：誠第114飛行隊の屠龍を銀河に誤認している。(操縦者は前述の通り)
*3：飛行第24戦隊の隼（爆撃任務）を飛燕に誤認している可能性あり。（『沖縄・臺湾・硫黄島方面　陸軍航空作戦』（戦史叢書第36巻）p. 442）
*5：誠第114飛行隊の屠龍を九七式重爆に誤認している。(操縦者は前述の通り)
*6：誠第114飛行隊の屠龍（操縦者は前述の通り）

［４月２日沖縄本島中部沖 LCI(G)-568＞

　４月２日、砲艇型上陸支援艇LCI(G)-568、-465がカミカゼ攻撃を受けた。２隻は本部半島と伊江島の間の海域で特攻艇、魚雷艇、小型潜水艦を探す「スカンク・パトロール」に就いていた。４月２日の昼間、２隻は海岸の目標を識別して、陸揚げされた特攻艇を発見次第射撃を行なった。1845、飛燕か彗星の１機がLCI(G)-568の後部砲列甲板に体当たりした。*1　LCI(G)-568の砲手が突進中のカミカゼ機に砲火を浴びせていたので、カミカゼ機は被弾して目標から少しずれたようだった。衝撃とその後の爆発で艇の20mm機関砲は破壊された。戦死１名、負傷４名を出した。同じ頃、別の１機がLCI(G)-465に向かって急降下したが、LCI(G)-465の砲火を浴びて、わずかに届かず墜落した。(10)

*1：神雷部隊第１建武隊の零戦を飛燕または彗星に誤認している。（『第七二一空爆戦隊戦闘詳報第一號　昭和二十年四月二日　沖縄周邊敵艦船攻撃』：1832から1847.5の間に零戦３機〔矢野欣之または米田豊各中尉、岡本耕安、佐々木忠夫各二飛曹〕から突入電あり）（戦闘詳報の隊名は桜花隊となっている。721空桜花隊の搭乗員が桜花で出撃する時の特攻隊名は神風桜花特別攻撃隊神雷部隊桜花隊だが、零戦で出撃する時の特攻隊名は建武隊になる）

4月3日

[4月3日 慶良間諸島 LST-599、LCT-876]
　4月3日0715、戦車揚陸艦LST-599は第322海兵戦闘飛行隊（VMF-322）の人員を輸送して慶良間諸島沖に停泊していて飛燕1機の体当たりを受けた。この機体は飛燕8機から成るカミカゼのうちの1機で、別の飛燕5機とともに飛来した。このカミカゼは台湾の松山飛行場の飛行第105戦隊所属で、石垣島から出撃した。*1　飛燕は甲板を貫通し、船体と貨物に大きな損害を与えた。VMF-322は多くの機材を失い、負傷21名を出した。(11)　この攻撃はカミカゼにとって二重の成果になった。LST-599の甲板に積載されていた戦車揚陸艇LCT-876も大きな損害を受けた。LST-599で21名、LCT-876で2名の負傷者を出した。

　　*1：飛行第105戦隊の飛燕。（長谷川済少尉、永田一雄、山元正巳、丸林仙治、石田勝、小川多透各軍曹）（『陸軍航空特別攻撃隊各部隊総覧』（第1巻）pp. 106-107）このほかの1機（直掩機）は途中で被弾、自爆（山口敏行中尉）、もう1機も直掩機で帰路に不時着しており、この合計で8機。

[4月3日 沖縄本島東沖 ウェーク・アイランド（CVE-65）]
　4月3日、ウェーク・アイランド（CVE-65）は沖縄南東で作戦中だった。1730、レーダーが接近する日本軍機を探知した。同時に大波が艦に当たり、ジェネラル・モーターズFM-2ワイルドキャット2機が甲板から落下して、ほかの何機かが駐機位置からずれ動いた。カミカゼ2機が体当たりしようとしていたが、1機は左舷艦首間際の海面に、もう1機は右舷舷側横の海面に墜落した。*1　右舷のカミカゼ機が爆発したので、ウェーク・アイランドの喫水線下の船殻に穴があき浸水が始まった。甲板下の船体に大きな損害を受けたが、2140に慶良間諸島に向けて自力で航行を開始した。仮修理後の4月6日にグアムに向かい、5週間の追加修理を行なった。この攻撃による死傷者はなかった。(12)

　　*1：第3御盾隊（252部隊）の彗星、第23振武隊、誠第32飛行隊（以上九九式襲撃機）。

[4月3日 沖縄西沖 ハンブルトン（DMS-20）]
　4月3日、掃海駆逐艦ハンブルトン（DMS-20）はエリソン（DMS-19）、

沖縄侵攻 第1週　307

ロッドマン（DMS-21）、エモンズ（DMS-22）、敷設駆逐艦リンゼイ（DM-32）と航行中にカミカゼから損害を受けた。1745、九九式艦爆1機が正面から飛来したが、全艦の砲火を浴びた。*1　パイロットはハンブルトンの艦橋を目がけて突進したが、明らかに艦からの砲火を被弾していた。九九式艦爆の右主翼がハンブルトンに軽く当たり、機体は左舷後方の海面に墜落した。艦自体の損害は最小限度で、戦死傷者はいなかった。

*1：第23振武隊と誠第32飛行隊の九九式襲撃機を九九式艦爆に誤認している。

4月4日

[4月4日 沖縄本島東海岸 LCI(G)-82 震洋]
　4月3日、沖縄本島東海岸で哨戒したのは第51.92任務群（第6砲艇型上陸支援艇隊）の砲艇型上陸支援艇LCI(G)-79、-82、-453、-725だった。各艇は指定された縦3海里、横2海里（約5.6km、約3.7km）の海域を担任し、これと重複して敷設駆逐艦トレーシー（DM-19）が海岸から沖に向かって哨戒を行なった。哨戒を始めた時、月はまだ出ておらず、空は暗かった。4日0125、LCI(G)-82が前方に震洋を発見した。LCI(G)-82の戦闘報告は次の通り。

　　射撃開始の命令が出た。司令塔上部の7.62mm機関銃の弾丸は震洋の後方に流れたようだ。40mm、20mm機関砲の砲手は撃つことができなかった。20mm機関砲の砲手は保持金具をゆるめて砲身を向けることができず、射撃ができなかったと言っている。40mm機関砲の照準手は砲座で恐怖のあまり動けなくなったか目標が見えなかったかのいずれかである（震洋は月が照らす方向から来たので、どちらがありえないか分かる）。40mm機関砲の照準手はまだ行方不明なので、彼の証言はここで示すことはできない。震洋は高速で本艇に接近し、回頭して司令塔直前の左舷舷側に体当たりした。爆発が2回起き、舷側に大きな穴があいた。爆発で艇内の電灯が消え、すぐに右舷に傾いた。(13)

　前方区画で炎が噴き出し、すぐに弾薬が爆発し始めた。消火ポンプが爆風で破裂したので消火作業はできなかった。艇長のセオドール・アーナウ中尉は総員離艦を発令した。負傷者は救命筏に乗せられ、20分後にその多くをLCI(G)-347が、残りの乗組員をトレーシーが救助した。1500、調査隊が乗艦して司令塔前方で艇がほとんど二つに切断されていることを知った。爆風が

左舷に20フィート（約6m）の穴をあけた。調査隊は機密の書類と機器を処分、破壊して離艦した。1600、LCI(G)-82は転覆して二つに分かれて海中に沈んだ。戦死8名、負傷11名を出した。

菊水作戦／航空総攻撃

菊水作戦のほかに海軍機140機、陸軍機45機が散発的で小規模な体当たり攻撃を実施した。台湾からは250機が体当たり攻撃を行ない、このうち50機が海軍機、200機が陸軍機だった。沖縄作戦中の米水上部隊に対する体当たり攻撃機の出撃機数は1,900機で、海軍機が延べ1,050機、陸軍機が延べ850機だった。

体当たり攻撃のほかに通常方式の雷撃、急降下爆撃による攻撃も行なわれたが、正確な総延べ出撃機数は海軍の3,700機以外は不明である。

体当たり攻撃の効果は、沈没したり損害を受けたりした艦艇数と上記の体当たり攻撃機数で考えることができる。米太平洋艦隊司令長官の報告による

「天号作戦」参加航空機兵力 海軍菊水作戦/陸軍総攻撃

菊水/総攻撃作戦	期間	海軍特攻機数	陸軍特攻機数	合計機数
1号/1次	4/6～4/7	230	125	355
2号/2次	4/12～4/13	125	60	185
3号/3次	4/15～4/16	120	45	165
4号/4,5次	4/27～4/28	65	50	115
5号/6次	5/3～5/4	75	50	125
6号/7次	5/10～5/11	70	80	150
7号/8次	5/24～5/25	65	100	165
8号/9次	5/27～5/28	60	50	110
9号/10次	6/3～6/7	20	30	50
10号	6/21～6/22	30	15	45
合計		860	605	1,465

(United States Strategic Bombing Survey (Pacific) Naval Analysis Division. The Campaigns of the Pacific War. (Washington, D.C.: U.S. Government Printing Office, 1946), p. 328.)

と、菊水作戦期間中に26隻が沈没し、164隻が損害を受けた。*1

前頁の表は4月6日から6月22日までの10回の菊水作戦に出撃した機数を示す。

> *1：ここで示す「特攻」は体当たりを示しており、日本で言う「特別攻撃」とは異なる。海軍が菊水4号作戦を実施している間に、陸軍は第4次航空総攻撃と第5次航空総攻撃を実施している。この後は菊水作戦の番号は航空総攻撃の番号より一つ少ない番号で同時に攻撃を行なった。ただし海軍の菊水10号作戦時に陸軍は航空総攻撃を取りやめたので、合計作戦回数は菊水、航空総攻撃ともに10回である。菊水10号作戦で陸軍特攻機数が15機と記載されている。この時、陸軍は総攻撃を実施していないが、特攻隊は出撃させている。米国戦略爆撃調査団が作成した海軍特攻隊の出撃機数が1945年2月14日から8月19日の間で1,896機となっている。（p.275参照）　この期間と前頁の表の期間は異なるが、それを考慮しても機数差が約1,000機で違いすぎる。その理由は不明。

4月6日

[菊水1号作戦]

1945年4月6日、日本軍は沖縄の米軍に対して10回にわたる一連の大規模攻撃を開始した。この陸海軍の協同攻撃は天号作戦と呼ばれ、10回の攻撃は菊水1号作戦から10号作戦と呼ばれた。最初で最大のものは4月6日から7日に行なわれたもので、米国戦略爆撃調査団の調査によると海軍から230機、陸軍から125機のカミカゼ機、陸海軍から直掩と支援に344機が出撃した。2日間の攻撃でカミカゼは沖縄の26隻の艦艇を撃沈するか損害を与えた。このうちブッシュ（DD-529）、コルホーン（DD-801）、戦車揚陸艦LST-447は沈没し、メリーランド（BB-46）、リューツ（DD-481）、モリス（DD-417）、マラニー（DD-528）、ニューカム（DD-586）、ベネット（DD-473）、ウィッター（DE-636）、掃海駆逐艦ロッドマン（DMS-21）、艦隊掃海艇デフェンス（AM-317）は大きな損害を被った。

[4月6日 与論島東沖 ヘインズワース（DD-700）]

4月6日1250、ヘインズワース（DD-700）は攻撃を受けた。この日の朝、ヘインズワースの任務群は散発的な攻撃を受けていた。任務群に接近する敵味方不明機1機を探知した数分後、彗星がヴォートF4Uコルセア2機に追われて現れ、ヘインズワースに急降下した。*1　ヘインズワースが対空砲火を

開始すると彗星は方向を変えた。数分後、それは急旋回をして戻って来た。今度はF4Uコルセアが3機で追いかけた。彗星が急旋回した時、搭載していた爆弾が落下して海面で爆発したが、ヘインズワースに損害はなかった。しかし、彗星は針路を保ったままだった。激しい対空砲火にもかかわらず、ヘインズワースの無線室に体当たりした。甲板の上下に火災が広がった。艦長のロバート・A・ブローディJr.少佐は勢いを増す火災に送られる風の影響を少なくするため機関を止めて、風が起きないようにした。消火に1時間かかった。濃い煙が火災の場所をさえぎり、消火に支障を来していた。ブローディは時々艦を回頭させて煙が消火作業を邪魔しないようにした。ヘインズワースは戦死14名、負傷20名を出した。

*1：第210部隊彗星隊の彗星。

[4月6日 伊江島沖 モリス（DD-417）]

　4月6日、モリス（DD-417）は伊江島沖で哨戒中に日本軍機と遭遇した。1330、九七式重爆1機がモリスに突進して来たが、モリスの砲手が何発かを命中させて撃退した。*1　数秒後、戦闘空中哨戒機（CAP機）がそれを捕らえて撃墜した。1640、モリスは接近して来た九九式艦爆3機に砲火を浴びせた。*2　1811、再びモリスが狙われた。飛来する九七式艦攻を距離20海里（約37km）でレーダーが探知して追尾した。*3　距離10,000ヤード（約9.1km）で主砲が砲火を開き、すぐに40mm、20mm機関砲も続いた。日本軍機は被弾したように見えたが、モリスの1番と2番の5インチ砲の間に体当たりし、爆発と火災が発生した。多くのカミカゼ機の体当たりと同様、衝撃と爆発で主消火設備が損害を受けたので、消火能力が落ちた。高速輸送艦ダニエル・T・グリフィン（APD-38）が消火支援のため接近した。2020、モリスの火災は鎮火し、ほかの損害を受けた艦艇とともに速力を落として慶良間諸島に戻った。モリスは戦死13名、負傷45名を出した。(14)

*1：九七式重爆は出撃していない。攻撃隊不明。
*2：第1草薙隊、第1正統隊の九九式艦爆。
*3：菊水部隊天山隊と第3御盾隊天山隊の天山を九七式艦攻に誤認している。（菊水部隊天山隊の可能性が高い。『第一三一海軍航空隊戦闘詳報第一三號　自昭和二十年四月六日至昭和二十年四月七日　串良基地に於ける菊水一號作戦（南西諸島方面特攻攻撃及雷撃戦）第三航空艦隊　第五航空艦隊　第十航空艦隊　第一三一空串良基地派遣隊（ほか）』：菊水部隊天山隊の1機（操縦 山村英三郎少尉、

沖縄侵攻 第1週　311

同乗 植島幸次郎少尉、飛田與四郎二飛曹）が1813に我戦艦に体当りすと連絡して、1817に長符連絡が絶えた。もう1機（操縦 田中和夫二飛曹、同乗 大倉由人、川瀬厚両二飛曹）が1759に体当たりすと連絡した。第3御盾隊天山隊の1機（操縦 吉田信太郎少尉、同乗 澤泰三、皆川淳両二飛曹）が1800に我戦艦に体当りすと連絡し、1802.5に長符連絡が絶えた）

［4月6日 沖縄本島・伊平屋島間 ロッドマン（DMS-21）、エモンズ（DMS-22）］

4月6日、掃海駆逐艦ロッドマン（DMS-21）、エモンズ（DMS-22）、マコーム（DMS-23）は沖縄本島と伊平屋島の間の海峡を掃海する第11掃海隊を支援していた。1515、マコームは日本軍機2機が接近しているとの連絡を受け、マコームほかの艦艇は総員配置を発令した。沖縄に向かう日本軍機の大編隊が艦艇の近くを通過した。飛燕、九九式艦爆、零戦がいたことから陸海軍がこの攻撃に動員されたことを示していた。*1

1機がロッドマンに向かって急降下して左舷艦首に体当たりした。体当たり直前に投下された爆弾が艦の下で爆発した。この攻撃にもかかわらず幸いロッドマンの機関は損害を受けず、運動を続けることができた。2機目が投下した爆弾は外れた。エモンズが消火支援に来たが、ロッドマンの乗組員は自分たちで消火を行なった。エモンズとマコームは回頭しながら損害を受けたロッドマンに対空支援を行なった。その後の調査で、この海域に飛来した敵味方不明機は50機から75機だった。このうちの多くがこの3隻を襲った。ロッドマンはこのほかにも2機の体当たりを受けた。この攻撃でロッドマンは戦死16名、負傷20名を出し、慶良間諸島に仮修理のため曳航された。その後、本国に戻り、ロッドマンの戦争は終わった。

次にエモンズが攻撃を受けた。エモンズは戦闘報告に次のように記している。

　　本艦がロッドマンを支援している間、多くの敵機が本艦を狙って来た。飛燕、九九式艦爆、零戦と識別できた。本艦は6機を海面に落とした後、5回体当たりを受けることになり、その1機目が命中した。5回の体当たりとは別に4機が本艦を攻撃したが数メートルのところで外れた。5回の体当たり攻撃は一瞬といえるほどの短時間に連続して行なわれ、よく調整されていた。1機目は艦尾張出部のフレーム175番に、2機目は操舵室の右舷に、3機目は戦闘情報センターの左舷に、4機目は3番5インチ砲の右舷に、5機目はフレーム30番の右舷喫水線に体当たり

1945年4月6日、モリス（DD-417）は伊江島沖で哨戒中にカミカゼ攻撃を受けた（NARA 80G 330109.）

モリス（DD-417）の右舷は激しく損傷した（NARA 80G 330101）

した。フレーム175番後部の船体は失われ、大きな損害で左舷スクリューが動かなくなった。艦橋構造物はすべて破壊され、フレーム67番から前方の1番5インチ砲までの間の主甲板から上の部分が激しく炎上した。

沖縄侵攻 第1週　313

この区画の上甲板から艦橋の天井までで残っているものはほとんどなかった。(15)

艦長のユージン・N・フォス少佐が負傷したので、ジョン・J・グリフィンJr.大尉が指揮を引き継いだ。体当たりした機体とその爆弾で最大限の損害を受けた。攻撃に際し、各機は爆弾を搭載していたと考えられる。弾薬箱の弾薬が連続的に昇温発火しており、エモンズ後部の消火は難しかった。主消火設備の水圧が低下し、体当たりと爆発による金属片でホースに穴があいた。損害が大きかったので、浸水が始まって、艦尾が沈み、右舷に10度傾いた。2機目と3機目の体当たり直後に、乗組員は命令が出ていないにもかかわらず離艦を始めた。グリフィンは艦橋まで来てエモンズの最先任を務めていることを認識した。乗組員は艦に留まり、負傷者を救命筏に横たわらせてエモンズの横に押し出した。重傷者は救命筏への移乗が困難だったのでエモンズに乗ったままだった。1800、火災は収まらず、艦は沈み続けたので、グリフィンは総員離艦を命じた。1930、機動哨戒砲艇PGM-11が接舷して負傷者を移乗させた時、運命を告げるかのように大きな爆発がエモンズの内部を揺らした。エモンズは戦死64名、負傷71名を出し、損害も大きかったので放棄され、翌日、エリソン（DMS-19）に沈められた。

*1：上空を通過したのは次の攻撃隊：第3御盾隊（252部隊）（零戦、彗星）、第1八幡護皇隊（艦攻隊）、第1護皇白鷺隊（以上九七式艦攻）、第1八幡護皇隊（艦爆隊）、第1草薙隊、第1正統隊（以上九九式艦爆）。この時間帯、飛燕は出撃していない。第3御盾隊（252部隊）の彗星を飛燕に誤認した可能性あり。

[4月6日 沖縄本島東沖 ウィッター（DE-636）]
4月6日、ウィッター（DE-636）は沖縄南東沖で哨戒中に攻撃を受けた。1611、日本軍機2機が接近したので砲火を浴びせた。*1　2機とも被弾し、1機は少し離れた海面に墜落したが、もう1機は砲火を通り抜けてウィッターの右舷喫水線に体当たりした。多くの攻撃同様、カミカゼ機は爆弾が船殻を貫通して艦内で爆発するように、機体が体当たりする直前に爆弾を投下した。体当たりした箇所はカミカゼにとって完璧な位置で、ウィッターはすぐに浸水した。攻撃で発生した火災をすぐに消し止め、モリス（DD-417）、リチャード・P・リアリー（DD-664）、グレゴリー（DD-802）、艦隊随伴航洋曳船アリカラ（ATF-98）の支援を得て、最終的には自力で慶良間諸島に戻った。戦死6名、負傷6名だった。(16)

1945年4月6日、ロッドマン（DMS-21）が艦首に受けた激しい損傷（Official U.S. Navy Photograph.）

*1：次の攻撃隊：第3御盾隊（252部隊）（零戦、彗星）、第1草薙隊、第1正統隊（以上九九式艦爆）、第1八幡護皇隊（艦攻隊）、第1護皇白鷺隊（以上九七式艦攻）、第44振武隊（隼）、第1特別振武隊（疾風）。

[4月6日 慶良間諸島 LST-447]

　4月6日、戦車揚陸艦LST-447は渡具知の海岸堡に積荷の陸揚げを終えて慶良間諸島の停泊地に向かっていた。1627、港に向かう零戦2機を発見して砲火を浴びせた。*1　1機は被弾すると旋回して1630にLST-447の喫水線の上に体当たりした。搭載していた爆弾は喫水線の下の船殻を貫通して爆発した。火災が発生して艦の消火能力が低下したので、1640に艦長のポール・J・シュミッツ大尉は総員離艦を命じた。ウィルマース（DE-638）と救難航洋曳船ATR-80が勇敢にも消火しようとしたが、失敗した。LST-447は翌日も燃え続け、最後は沈められた。戦死5名、負傷17名だった。(17)

*1：第1七生隊、第1神剣隊の零戦。第44振武隊の隼、第1特別振武隊の疾風を零

沖縄侵攻 第1週　315

戦に誤認した可能性あり。

[４月６日 慶良間諸島 ヴィクトリー船ローガン・ヴィクトリー、ホッブス・ヴィクトリー]
　弾薬運搬船はカミカゼにとって特に価値のある目標で、４月６日に慶良間諸島で３隻が攻撃を受けた。ヴィクトリー船ラス・ベガス・ヴィクトリーは損害を受けなかったが、ローガン・ヴィクトリーとホッブス・ヴィクトリーは損害を受けた。1645、慶良間諸島で日本軍機が３隻に急降下した。*1　ラス・ベガス・ヴィクトリーは１機を撃墜したので体当たりから免れたが、ローガン・ヴィクトリーは体当たりを受けた。
　ローガン・ヴィクトリーは9,033トンの爆発物とドラム缶入りオイルを輸送していた。カミカゼ機は海面上空を低高度で飛来して船体中央部に体当たりした。爆発で火災が甲板から船倉に広がり、船倉の積荷に着火した。巨大な爆発の危険と火災が手の打ちようがなくなることを心配して船長のチャールズ・ヘンドリックスは総員離船を命じた。攻撃で戦死15名を出した。ヘンドリックスは昇温発火した20mm機関砲弾で負傷し、のちに戦死した。巨大な爆発が港に損害を与えかねないので、ローガン・ヴィクトリーは米軍の砲撃で沈められた。
　ラス・ベガス・ヴィクトリーとローガン・ヴィクトリーに対する攻撃が始まるとすぐにホッブス・ヴィクトリーのケニス・F・イザント船長は錨を揚げて航行を命じた。しかし、２時間も経たないうちにカミカゼ２機の攻撃を受けた。*2　ホッブス・ヴィクトリーに乗船していた武装衛兵の報告は次の通り。

　１機が港湾からの集中砲火で撃墜されて港湾防御網の内側に墜落した。２機目は突進経路を変更して相対角度265度で接近し、本船に直接向かって来た。全火砲で要員が配置に就き、集中弾を浴びせ続けた。敵機は煙を吹いていたが完璧に操縦されていた。海面上30フィートから40フィート（約９mから約12m）で接近し、短艇甲板の船体中央部前方に体当たりした。体当たりで恐ろしい爆発が起き、炎が甲板を覆った。機銃掃射はなかった。６番20mm機関砲ガン・タブは体当たりを受けた場所のすぐ後ろだった。ラッセル・リロイ・エヴジェン一等水兵（認識番号USN-I 869 71 53）は６番ガン・タブにいて負傷して海中に投げ出され、しばらくしてから艦隊掃海艇AM-310に引き上げられたが死亡した。チェスター・リー・マクニーリ一等水兵（認識番号V-6 USNR 982 08 58）も６

番ガン・タブにいて海中に投げ出され、引き上げられることはなかった。ガン・タブを覆う炎と爆発でマクニーリは戦死したものと考えられた。

　1915、武装衛兵に対しては先任士官から、それ以外に対してはイザント船長からの命令で救命艇と救命筏で総員離船することになった。本船の無線員のゴードン・ブラウンは死亡し、チャールズ・ヒックマンは脚に重傷を負った。ヒックマンが救命艇に乗せられている時、グレイディ・ドライバー二等射撃兵曹（認識番号311 79 84）、ドン・タイラー・コームズ一等水兵（認識番号803 45 86）、ロイ・クレオ・ゴールドマン一等水兵（認識番号624 77 72）の3名が、ヒックマンが出血多量で死亡しないように、とっさの判断で脚のけがに止血帯を当てたので、ヒックマンは命を取り留めることができた。(18)

　イザントが総員離船の命令を出したので、全員が救命艇、救命筏に乗り込むか舷側を越えた。艦隊掃海艇AM-310が生存者を救助したが、13名が戦死した。その夜、ホップス・ヴィクトリーは燃え続け、翌日の0300に爆発して沈没した。

*1：次の攻撃隊：第1八幡護皇隊（艦爆隊）、第1草薙隊、第1正統隊（以上九九式艦爆）、第1護皇白鷺隊（九七式艦攻）、第1七生隊、第1神剣隊（以上零戦）、勇武隊（銀河）、第44振武隊（隼）、第1特別振武隊（疾風）。（第1八幡護皇隊（艦攻隊）の可能性が高い。『第一三一海軍航空隊戦闘詳報第一三號　自昭和二十年四月六日至昭和二十年四月七日　串良基地に於ける菊水一號作戦（南西諸島方面特攻攻撃及雷撃戦）　第三航空艦隊　第五航空艦隊　第十航空艦隊　第一三一空串良基地派遣隊（ほか）』：第1八幡護皇隊（艦攻隊）の4機（操縦 貫島正明中尉、同乗 成田金彦大尉、富田常雄二飛曹、操縦 水野郁男二飛曹、同乗 田中斌少尉、東山稔二飛曹、操縦 高橋光淳少尉、同乗 根岸敬次少尉、皆川二三夫二飛曹、操縦 寺田泰夫少尉、同乗 松村嘉吉一飛曹、大和久睦夫二飛曹）が1641に戦艦に突入と記載されているので、そのうちの3機）

*2：次の攻撃隊：第1八幡護皇隊（艦攻隊）（九七式艦攻）、菊水部隊天山隊（天山）、第1筑波隊、第1七生隊、第1神剣隊（以上零戦）、第43振武隊（隼）、第62、第73振武隊（以上九九式襲撃機）。（第1八幡護皇隊（艦攻隊）の可能性が高い。*1の戦闘詳報に第1八幡護皇隊（艦攻隊）の3機（操縦 福田東作中尉、同乗 藤井慎治大尉、大野憲一一飛曹、操縦 尾川義雄上飛曹、同乗 伊藤浜吉二飛曹、操縦 黒木七郎少尉、同乗 浅田正治少尉、鈴木米雄二飛曹）が1837に目標に突入と記載されているので、そのうちの2機）

[４月６日 沖縄本島西沖 ハワース（DD-592）、ニューカム（DD-586）、リューツ（DD-481）、デフェンス（AM-317）］

　ニューカム（DD-586）はセント・ルイス（CL-49）の直衛に就いていた時に激しい攻撃を受けた。CAP機がレーダー・ピケット艦艇とともに多くの日本軍機を迎撃し、撃墜したが、攻撃の規模が大きく全機を阻止することはできなかった。多くの日本軍機が大きな青い毛布（守り神：CAP網）を通り抜けて、各種艦艇が侵攻軍の補給、支援を行なっている渡具知海域まで侵入した。ニューカムの近辺には少なくとも40機の日本軍機がいて、7機がニューカムを攻撃して、4機が体当たりし、3機はニューカムに撃墜された。

　ニューカム（DD-586）はハワース（DD-592）とともに伊江島の南6海里（約11km）で哨戒している時に最初の日本軍機が現れた。CAP機が伊江島の近くで日本軍機を多数撃墜しているのが見えた。ニューカムは、日本軍パイロットは経験不足と見た。基本的な回避機動以外の能力はなく、グラマンF6Fヘルキャットは日本軍機に接近して簡単に撃墜することができた。

　1612、ハワースの5インチ砲の方位盤と上部構造物に1機目が体当たりして戦死9名、負傷14名を出した。1624、今度はニューカムが攻撃目標になった。ニューカムとハワースの協同射撃で九九式艦爆1機を撃墜した。1分後、別の九九式艦爆が急降下してニューカムの右舷正横で、わずか20フィート（約6m）しか離れていない海面に墜落した。ニューカムとハワースはほかの2機を協同撃墜したが、日本軍機はハワースを目標にしていたようだった。さらに両艦で4機を撃墜した。*1　1710、ニューカムとハワースは夜間撤収海域に移動するよう命令を受けた。続く30分間で2機がハワースを狙ったが、外れて海面に墜落した。*2

　1800、ニューカムに1機目が体当たりした。*3　その約1分前に見張りが海面のすぐ上を左舷正横から向かって来るこの機体を発見していた。ニューカムの砲手がこれに砲火を浴びせたが突進を止めることができなかった。日本軍機はニューカムの後部煙突に体当たりし、3番5インチ砲近くの上部給弾薬室で火災が発生した。1分も経たないうちに、2機目が狙って来たが撃墜された。3機目は阻止されることなく艦中央部の魚雷調整所近くに体当たりした。3機目の爆弾が大規模な爆発を引き起こした。ニューカムの戦闘報告は次の通り。

　　動力が失われ、両機関室と後部缶室は吹き飛ばされて平らな瓦礫になった。後部煙突、魚雷架2基、艦中央部上部構造物、40mm機関砲架、弾薬庫は粉砕され、吹き飛ばされて、舷側を越えた。フレーム102番から

1945年4月6日、ニューカム（DD-586）はセント・ルイス（CL-49）の直衛に就いた時カミカゼ攻撃を受けた（NARA 80G 330100.）

　137番の間の甲板が前後方向に切断されて左舷側は45度めくれ上がり、右舷側は艦内に沈み込んだ。後部甲板室、3番砲給弾薬室、後部便所に大火災が起きた。煙と炎が本艦の上空1,000フィート（約300m）まで立ち昇った。状況は深刻で、第54.2任務群の直衛艦艇から3,000ヤード（約2.7m）東方で停止した。本艦を仕留めようと4機目が左舷正横から突進

1945年4月6日、攻撃を受けた後のニューカム（NARA 80G 330105.）

して来た。本艦の前部砲台の砲火を浴びながら前部煙突に体当たりして新たなガソリンを撒き散らしたので、艦中央部に大火災が起きた。(19)

　1811、リューツ（DD-481）が支援のため横に来た。リューツが消火支援の準備を行なっている間、別の日本軍機がニューカムに突進して軽くぶつかり、リューツの喫水線に突っ込んだ。*4　爆弾は海中で爆発し、リューツに魚雷が命中したような効果を与えた。リューツは自らの損害対応のためニューカムから離れ、代わりにビール（DD-471）がニューカムの消火支援を行なった。爆弾はうまくリューツを戦力外に追いやった。リューツは艦後部の激しい浸水に加え、スクリュー軸が2本とも曲がり、艦の動力である機関は右舷だけになった。リューツが沈没する危険があるので、姿勢を安定させるため上甲板で投棄できるものを艦上から投げ出した。艦長のレオン・グラボウスキー大尉は乗組員を元気づけ、人並みはずれた努力でリューツの沈没を防いだ。リューツよりも先に戦闘に巻き込まれていた艦隊掃海艇デフェンス（AM-317）がリューツを慶良間諸島に曳航した。(20)

1945年4月6日、リューツ（DD-481）はニューカム（DD-586）を支援中にカミカゼ攻撃を受けた（USS Leutze DD 481 Serial 0080. Action Report , War Damage Report , 6 April 1945. 5 May 1945. Enclosures.）

リューツ（DD-481）は攻撃で左舷後部に大きな損害を受けた。

　デフェンスは1800に九九式艦爆4機の攻撃を受けていた。*5　1機を撃墜したが、2機の体当たりを受け、負傷9名を出した。艦の損害は最小限だったので、海域にそのまま残り、その後ニューカムとリューツの生存者を救助した。(21)
　ニューカムはトウィッグス（DD-591）、ポーターフィールド（DD-682）に直衛されながら艦隊随伴航洋曳船テケスタ（ATF-93）に曳航され、4月7日0930、慶良間諸島に到着して停泊した。ニューカムとリューツはスクラ

ップになりそうな状況だったが、修理を受けて任務に戻ることができた。

*1：次の九九式艦爆攻撃隊：第1八幡護皇隊（艦爆隊）、第1草薙隊、第1正統隊。
*2：次の攻撃隊：第1筑波隊、第1七生隊、第1神剣隊（以上零戦）、勇武隊（銀河）、第1八幡護皇隊（艦攻隊）（九七式艦攻）、第1特別振武隊（疾風）、第62振武隊（九九式襲撃機）。
*3、*4：次の攻撃隊：第1筑波隊、第1七生隊、第1神剣隊（以上零戦）、勇武隊（銀河）、菊水部隊天山隊、第3御盾隊天山隊（以上天山）、第22、第43振武隊（隼）、第62、第73振武隊（以上九九式襲撃機）。
*5：第62、第73振武隊の九九式襲撃機を九九式艦爆に誤認している。

[4月6日 沖縄本島西沖 ファシリティ（AM-233）、フィーバーリング（DE-640）]

　4月6日1710、艦隊掃海艇ファシリティ（AM-233）は九九式艦爆1機と零戦1機から攻撃を受けた。*1　全長185フィート（約55m）の掃海艇は1機を撃墜し、1機を撃退した。1723、零戦1機を艦首から20フィート（約6m）に撃ち落した。その破片が艦の下を通過してスクリューに損害を与えた。*2　1833、零戦2機が連なって攻撃しようとしたが、CAP機に撃墜された。*3　攻撃で受けた損害は最小限で死傷者はいなかった。

　同じ頃、フィーバーリング（DE-640）はカミカゼ機の直撃から免れた。日本軍機は上部構造物のすぐ上を通過して主檣に軽く当たった。死傷者はいなかった。

*1：第1正統隊の九九式艦爆。零戦は第1神剣隊、第1筑波隊、第1七生隊。
*2：第1神剣隊、第1筑波隊、第1七生隊の零戦。（第1神剣隊の零戦の可能性が高い。『第七二一空爆戦隊戦闘詳報第三號　昭和二十年四月六日　菊水一號作戦』に「第1神剣隊の第6区隊長の遠藤益司少尉から1723に突入中との連絡あり。さらに1733にも突入中との連絡あり」1723に突入したのは同じ区隊で無線機を搭載していない西田博治少尉候補生で、1733の突入中の1機は遠藤益司少尉となる）
*3：第1神剣隊、第1筑波隊、第1七生隊の零戦（上記*1、*2の突入時刻よりも約1時間半遅いが、各攻撃隊は何回かに分かれても出撃している）。

[4月6日　伊江島沖 ハイマン（DD-732）、ハワース（DD-592）]

　4月6日、ハイマン（DD-732）は伊江島の北5海里（約9.3km）で対小型舟艇哨戒に就いていた。1553、海域に日本軍機が報告されたので総員配置に

なった。伊江島上空で日米の戦闘機が空中戦を始めた。1615、零戦1機がF6Fヘルキャット2機に追われながらハイマンに向かって来た。5インチ砲が距離2,500ヤード（約2.3km）で機体をバラバラにした。続く5分間で零戦1機と屠龍1機を撃墜したが、1626に零戦三二型1機が突進して来た。この攻撃は先ほど撃墜した屠龍との協同攻撃だった。*1　ハイマンの砲手が零戦三二型の主翼1枚を撃ち落した。しかし、胴体などが2本の煙突の間の前部魚雷発射管にぶつかった。零戦三二型が搭載していた爆弾またはハイマンの魚雷の昇温発火のいずれかですぐに大爆発が起きた。機体のエンジンが甲板上を疾走し、爆発して甲板に穴をあけた。ガソリン火災でその区画が破壊された。40mm機関砲弾が暴発防止のため投棄された。この零戦と別の機体をハイマンの砲手は撃墜して、フレッドと呼ばれるドイツのフォッケウルフFw190と識別した。この識別が正しいかは不明である。*2　この機体はハイマンの左舷艦首から離れた海面に墜落した。

　同じ頃、別の零戦が急降下して来たが、ハイマンの砲火に直面して目標を変更してハイマンを支援に来たハワース（DD-592）に体当たりした。ハワースは主砲方位盤に体当たりを受けたが、火災をすぐに消火した。戦死9名、負傷14名を出した。（p.318参照）ハイマンが苦労して消火をしている間にもカミカゼ機が襲来したが、そのうちの2機を撃墜した。スタレット（DD-407）、ルクス（DD-804）、ハワース、ハイマンの協同射撃で九九式艦爆2機を撃墜した。(22)　*3　高速輸送艦ダニエル・T・グリフィン（APD-38）とグレゴリー（DD-802）は攻撃を受け、何とか3機を撃墜したが、グリフィンはそのうちの1機にもう少しで体当たりを受けるところだった。

　1725、近くを航行していたスタレット（DD-407）が九九式艦爆1機を撃墜した。*4　ハイマンは消火をして、負傷者の手当をしながら渡具知に戻り、負傷者を移乗させた。ハワースは修理のため慶良間諸島に戻った。

*1：零戦は第1筑波隊、第1七生隊、第1神剣隊。屠龍は出撃していない。勇武隊の銀河を屠龍に誤認している。（操縦 佐藤安善二飛曹、同乗 吉村一誠一飛曹）（『神風特別攻撃隊々員之記録』p.31）零戦三二型は第1特別振武隊の疾風を誤認した可能性あり（疾風の主翼翼端は零戦三二型同様角張っている）。

*2：第1特別振武隊の疾風をFw190に誤認している。

*3：第1正統隊の九九式艦爆。第62振武隊の九九式襲撃機を九九式艦爆に誤認した可能性あり。

*4：第62振武隊の九九式襲撃機を九九式艦爆に誤認している。

[4月6日 沖縄本島東沖 ムラニー（DD-528）]

　1745、ムラニー（DD-528）はほかの艦艇とともに沖縄東沖で哨戒している時にカミカゼ攻撃を受けた。日本軍機は低翼機で、鍾馗、隼、零戦のいずれかといわれた。*1　ムラニーは距離6,000ヤード（約5.4km）で砲火を開いて命中弾を与えたが、攻撃を阻止するには不十分だった。カミカゼ機はムラニーの左舷後部甲板室に体当たりした。ムラニーの戦闘報告は次の通り。

　　　1746に敵機が体当たりして爆発し、ガソリンを吹き上げ、大火災が起きた。3番と5番の5インチ砲は燃上し、その付近の40mm機関砲弾が爆発した。甲板室、40mm機関砲架、方位盤は引きちぎられ、残骸になった。操舵装置が壊れ、後部甲板室から後方との通話ができなくなった。5インチ砲と40mm機関砲の砲架の電源が失われたが非常電源に切り替わり、20秒で1番、2番5インチ砲、41番、42番、43番、44番40mm機関砲の電源は回復した。最初の爆発で後部機関室の後部隔壁の部品が破壊され、燃料と沸騰した湯が隔壁近くの補機からしぶきになって噴き出ていた。これにより機関室の要員は前方に追いやられ、上甲板のハッチ上部の破片を取り除いたのち、機関室から脱出した。乗組員は全員無事だが、1人が首と耳に第1度熱傷を負った。この時、後部発電機が壊れた。(23)

　ムラニーの安全を確保するため、魚雷と爆雷が投棄された。しかし、爆雷の何発かを投棄することができず、それが昇温発火した。1809、最初の爆発が起きて多くの乗組員が戦死して、艦はさらに損害を出した。別のカミカゼ1機が突進しようと機会を窺っていたが、ムラニーの5インチ砲で撃墜された。3機目がこれに続いていたが、これも撃墜された。

　最初にムラニーの支援に来たのは砲艇型上陸支援艇LCI(G)-461で、ホースで海水をかけて消火を支援した。パーディ（DD-734）、掃海駆逐艦ゲラルディ（DMS-30）、掃海艇エグゼキュート（AM-232）、機動哨戒砲艇（PGM-10）もすぐにムラニーの支援に駆けつけた。1829、弾薬が昇温発火を続けているため、艦長のアルバート・O・モム中佐はゲラルディが横に来た時に総員離艦を発令した。駆逐艦直衛部隊指揮官フレデリック・ムースブラッガー大佐はパーディ（DD-734）にムラニーを支援するよう命令した。ムラニー艦長のモム中佐はパーディの艦上に来てパーディ艦長のフランク・L・ジョンソン中佐と調整し、ムラニーを救うためさらに努力することを決めた。パーディは燃え上がるムラニーに海水を放水して消火を始めた。モム

大佐は再び基幹要員とともにムラニーに戻り、ムラニーは慶良間諸島にのろのろと戻った。ムラニーは戦死30名、負傷36名を出した。

*1：次の攻撃隊：第１神剣隊、第１次筑波隊、第１七生隊（以上零戦）、第22、第43振武隊（以上隼）。（『第七二一空爆戦隊戦闘詳報第三號　昭和二十年四月六日　菊水一號作戦』：第１神剣隊の平田善次郎二飛曹から1746に突入するとの連絡あり）

[４月６日 RPS#1 ブッシュ（DD-529）、コルホーン（DD-801）]
　４月１日、沖縄本島に対する侵攻が始まり、１週間も経ずにRPSは再度攻撃を受けた。４月６日RPS#1で哨戒したのはブッシュ（DD-529）と大型揚陸支援艇LCS(L)-64だった。近くのRPS#2ではコルホーン（DD-801）が孤独の不寝番を務めていた。
　RPSに向かったのは最初の菊水作戦の機体で、カミカゼと通常攻撃を合わせると６日と７日で700機だった。攻撃は６日の早朝から始まり、その日が終わるまでにブッシュとコルホーンは撃沈された。
　0245、最初の敵味方不明機が現れてブッシュ、コルホーン、LCS(L)-64の３隻を攻撃した。３隻はその後の３時間、断続的に攻撃を受けた。*1　夜明けとともにCAP機が掩護を行なったので、数時間で状況は良くなっていた。1420、RP艦艇のレーダーが多数の日本軍機編隊を探知すると、1500には50機から60機の日本軍機がRP艦艇に群がって来た。日本軍機の攻撃はブッシュと近くのRPS#3で哨戒していたカッシン・ヤング（DD-793）に集中していた。ブッシュは九州の串良海軍基地から飛来した天山１機の体当たりを受けた。天山は右舷舷側艦中央部に体当たりし、爆弾が爆発した。*2　前部機関室は損害を受け、すぐに艦は左舷に10度傾いた。
　近くのRPS#2でコルホーンはブッシュが体当たりを受けたことを聞いた。ホーネット（CV-12）、ベニントン（CV-20）、ベロー・ウッド（CVL-24）、サン・ジャシント（CVL-30）、アンツイオ（CVE-57）の艦載機が上空に群がり多くの日本軍機を撃墜した。コルホーンはブッシュとLCS(L)-64を支援しようとしてRPS#1に向かった。1630、コルホーンがRPS#1に到着するとブッシュが「ひどく煙を出し艦尾から沈みかけて海上で停止していた。ブッシュの右舷艦中央部の舷側には一式陸攻のような残骸が張り付いていた。*3　ブッシュの周囲を零戦３機が高度10,000フィート（約3,000m）、九九式艦爆７機が高度7,000フィート（約2,100m）、零戦２機が高度5,000フィート（約1,500m）で旋回していた」(24) *4

沖縄侵攻 第１週　325

1945年4月6日、RPS#1でブッシュ（DD-529、写真左）がカミカゼに対して回避運動をしたが成功せず、その日に沈没した。コルホーン（DD-801、写真右下）はカミカゼの体当たりで生じた煙に隠れている（NARA 80G 317258.）

　コルホーンはLCS(L)-64にブッシュから人を移乗させる指示をして、自らを飛来する日本軍機とブッシュの間に置いて掩護射撃を行なった。コルホーンが九九式艦爆と零戦各1機を撃墜した後、零戦1機がコルホーンの左舷艦首に体当たりした。これが最初の体当たりだった。搭載していた爆弾が甲板を貫通して後部缶室で爆発した。コルホーンの喫水線下に穴があき、火災が発生した。消火中に別の九九式艦爆2機と零戦1機が体当たり突進を行なった。ブッシュとLCS(L)-64で九九式艦爆の1機を、コルホーンが零戦を撃墜した。九九式艦爆の2機目がコルホーンの右舷舷側に体当たりし、爆弾がコルホーンのキールを破壊した。コルホーンの艦内に猛火が広がり、コルホーンはまもなく停止した。日本軍機は駆逐艦2隻に対してさらに爆撃を行ない、体当たりした。1830、ブッシュは沈没し、乗組員はLCS(L)-64に救助された。

　一方、コルホーンの状況も絶望的になった。その後も体当たり、爆撃、機銃掃射を受け、望みがなくなった。艦を救うことができなくなったので、艦長のG・R・ウイルソン中佐は乗組員に総員離艦を命じた。LCS(L)-84、-87に

4月6日、コルホーン（DD-801）はRPS#1でカミカゼ攻撃を受け、その後の攻撃から逃げようとした。この日遅く体当たりを受けた（NARA 80G 317257.）

乗組員を移乗させている間にカッシン・ヤングが横に来た。カッシン・ヤングはコルホーンを曳航しようとしたが、海が荒れていたため索をほどいた。曳船が到着した時にはコルホーンは23度傾いており、時間が経つにつれて傾きが増えた。船体の半分が海水に浸った。コルホーンを救うことができなくなったので、真夜中にカッシン・ヤングが砲撃で沈めた。(25)

*1：通常攻撃の706空と出水空の陸攻。（『沖縄方面海軍作戦』（戦史叢書第17巻）p. 375）

*2：第１八幡護皇隊（艦攻隊）の九七式艦攻を天山に誤認している。（『第一三一海軍航空隊戦闘詳報第一三號　自昭和二十年四月六日至昭和二十年四月七日串良基地に於ける菊水一號作戦（南西諸島方面特攻攻撃及雷撃戦）第三航空艦隊　第五航空艦隊　第十航空艦隊　第一三一空串良基地派遣隊（ほか）』：第１八幡護皇隊（艦攻隊）の３機（操縦 若麻績隆少尉、同乗 長澤善亮少尉、帆北主水二飛曹、操縦 片桐實二飛曹、同乗 大西久雄二飛曹、操縦 地主善一一飛曹、同乗 渡邊吉徳、松木昭義両二飛曹）が1523から1525に突入したとしている。突入を連絡し

たのは若麻績機1機だけだが、同行した機体と合わせて3機が突入したとしている）

*3：体当たりしたのは天山（実際は九七式艦攻）なので、この「一式陸攻」は不明。

*4：次の攻撃隊：第1八幡護皇隊（艦爆隊）、第1草薙隊、第1正統隊（以上九九式艦爆）、神雷部隊第3建武隊、第1七生隊、第1神剣隊（以上零戦）。

[大和出撃]

　米軍の沖縄侵攻で日本海軍上層部は常識では考えられないような決断を迫られた。それは最大の戦艦大和を特攻作戦に出撃させるものだった。この作戦は4月6日から7日の菊水1号作戦と同時に行なわれた。大和と付属艦艇は菊水作戦の一部の海上特攻隊と考えられた。第2艦隊とその旗艦大和は沖縄の渡具知停泊海域にいる米侵攻艦隊を攻撃する命令を受けた。(26) 予想では大和以下の艦艇が沖縄に到達できる可能性は小さかったが、連合艦隊司令部は大和が出撃することで、沖縄から米軍機を多数引き付けることになり、沖縄の第32軍に対する圧力を減らして、米侵攻軍に対する攻撃が可能になり、米軍に大きな損害を与えるだろうと考えた。まさに身を挺した攻撃だった。

　出撃前の作戦会議で、第2艦隊の指揮官たちは「戦闘で自らと艦艇を犠牲にすることはいとわないが、沖縄の指定された目的地に航空援護がないと到達できる見込みがほとんどない」と異論を唱えた。米航空戦力は圧倒的で、航空掩護がない艦艇にとって作戦が成功する可能性は小さかった。

　4月6日朝、沖縄に向けて出撃したのは大和以下、軽巡洋艦矢矧、駆逐艦雪風、磯風、浜風、冬月、涼月、初霜、霞、朝霜で編成する第1遊撃部隊だった。各艦には片道分の燃料が割り当てられた。*1　大和以下の艦隊が沖縄に到達したならば海岸に乗り上げて日本軍地上部隊を支援する固定砲台になる予定だった。

　4月6日1500、艦隊は瀬戸内海の停泊地から出航した。まもなく米軍のB-29と潜水艦に発見され、外洋に出ると影のように追跡された。10機が航空掩護に就いたが、まもなく基地に帰投した。艦隊を包囲して攻撃したのは何百機もの米軍機だったので、この機数では問題にならず、少し米軍を煩わせるだけの話だった。

*1：実際には大和は満載量の6割以上、駆逐艦は満載まで燃料を搭載した。（『沖縄方面海軍作戦』（戦史叢書第17巻）p.629）

4月7日、雷撃隊を回避しつつ戦闘中の大和。後部15.5cm副砲付近が火災を起こしているのがわかる（L42-09.06.05）

4月7日

[4月7日 RPS#1 ベネット（DD-473）]

　4月6日、RPS#2でCAP機を誘導していたコルホーンがブッシュを助けようとしてRPS#1に移動したので、ベネット（DD-473）が配置場所のRPS#4からRPS#2に移動していた。ブッシュとコルホーンが沈没したのでベネットはさらにRPS#1に移動して生存者救出にあたっていた。4月7日0857、ベネットと大型揚陸支援艇LCS(L)-39がカミカゼを撃退していた時、ベネットに九九式艦爆1機が体当たりした。*1　九九式艦爆はベネットの舷側にぶつかり、跳ね返って沈んだ。爆弾が喫水線付近で船殻を貫通し、艦内部で爆発した。損害は大きくなかったが、戦死3名、負傷18名を出した。LCS(L)-109、-110、-111、-114はRPSで火力支援を行ない、数機の日本軍機を撃退するか撃墜した。

*1：九九式艦爆は出撃していない。第46、第74、第75振武隊の九九式襲撃機を九九式艦爆に誤認している。

[4月7日 伊江島沖 ウエッソン（DE-184）、YMS-81]
　4月7日、ウエッソン（DE-184）は伊江島沖で砲艇型上陸支援艇LCI(G)-452と迫撃砲歩兵揚陸艇LCI(M)-588と直衛中に攻撃を受けた。0917、日本軍機3機が艦首を通過したので砲火を浴びせた。これはたぶん陽動作戦で、直後に別の1機が右舷から急降下して艦中央部に体当たりした。*1　体当たりで火災と浸水が発生したが、すぐに事態は収拾された。ラング（DD-399）が消火支援を行ない、慶良間諸島まで護衛して戻った。戦死8名、負傷23名だった。(27)
　この日、機動掃海艇YMS-81は危ういところだった。日本軍機が艇の近くの海面に墜落して軽い損害を受けた。死傷者はいなかった。

*1：第46、第74、第75振武隊の九九式襲撃機

[4月7日 喜界島南沖 ハンコック（CV-18）]
　ハンコック（CV-18）は第58任務部隊の1隻として沖縄に向かう大和、軽巡洋艦矢矧、駆逐艦8隻の日本軍を迎撃するため北に向かって航行していた。4月7日1000、ハンコックの艦載機が出撃したが、大和の艦隊を発見できなかった。1212、ハンコックは日本軍機1機に爆撃された。*1　その機体は戻って来ると、体当たりをして飛行甲板に穴をあけ、近くで駐機中の機体を炎上させた。すぐに応急員が消火して、ハンコックは通常任務を再開した。1630、艦載機を着艦させた。戦死62名、負傷71名だった。

*1：神雷部隊第4建武隊の零戦。

[4月7日 坊ノ岬沖 大和沈没]
　4月7日1230、米軍機が大和の艦隊上空に現れ始めた。10分後、最初にベニントン（CV-20）の艦載機が大和に対して爆弾と魚雷で攻撃をした。この後、何発もの爆弾が投下された。続く3時間で大和に魚雷15発とさらに多くの爆弾が命中した。
　1500、艦長の有賀幸作大佐は大和とともに波間に沈むことを決心した。巨大戦艦は沖縄に向かう途中、日本からわずか90海里（約165km）しか進めなかった。矢矧はサン・ジャシント（CVL-30）艦載機の爆弾12発、魚雷7発

を受けて海底に沈んだ。同様に浜風も空母艦載機に狙われ、沈没した。朝霜、霞、磯風も大きな損害を受け、大和の北方で沈没したり、海没処分になったりした。冬月、涼月、雪風、初霜だけが大きな損害を出しながらも、よろよろと日本の母基地に戻った。

[4月7日 沖縄本島西沖 メリーランド（BB-46）]

　4月7日、メリーランド（BB-46）は第54任務部隊の1隻として沖縄西方で作戦中に大和の攻撃に向かった。1846、日本軍機接近の連絡で総員配置を発令した。数分後、メリーランドは攻撃してくる1機に砲火を開き、エンジンに砲弾を命中させた。*1　しかし、カミカゼ機はそのまま突進して3番砲塔上部に体当たりした。その250kg爆弾が爆発し、大殺戮が起きた。メリーランドの軍医は次のように報告した。

　　敵機は爆発して炎に包まれた。爆弾が爆発した。砲塔の上の20mm機関砲座が破壊され、燃える破片と20mm砲弾が艦尾甲板にばらまかれた。砲座の配置に就いていた者の多くが配置場所から吹き飛ばされた。何人かが艦外にも吹き飛ばされたのは明らかだった。吹き飛ばされなかった者の肉片が艦尾甲板に散らばり、主檣から垂れ下がっているものもあった。

　　黒煙に覆われた大きな炎が3番砲塔から立ち昇り、下にも広がった。炎のまばゆい光の中で艦尾甲板に破片、遺体、負傷者が散らばっていた。これに加え、炎の熱で20mm砲弾が爆発していた。爆発で生じた炎と飛散する破片は主檣の上端まで上がり、艦尾甲板の対空砲砲座まで飛散して、そこの配置に就いていた者にやけど、けがを負わせた。

　　3番砲塔上部の対空砲火座は炎上する機体と爆弾の爆発に近かったので、戦死者や行方不明者の数が負傷者よりも多かった。3番砲塔上にいた18名は4名を除き戦死か行方不明だった。砲塔から吹き飛ばされた1人は肩の関節から3インチ（約8cm）のところで右腕を切断されて、頭に重傷を負い、打撲とやけども負っており、意識は回復せず爆発から15分後に戦死した。2人目は爆発後に砲塔の上から現れたが、煙と炎の中に姿を消して艦尾甲板に落ちた。激しいやけどと打撲、四肢の複雑骨折、頭部損傷を負った。意識を回復せず、懸命な治療にもかかわらず真夜中に死亡した。3人目は砲塔の上から帆布、パラシュート・ハーネス、ストレッチャーで下ろされた。右足首を切断し、砲弾片による傷、やけど、打撲を負っていた。4人目は砲塔から助けを受けずに下りてき

たが、やけど、砲弾片による傷を負っていた。(28)

メリーランドは消火を完了させ、死傷者を集め、任務に戻った。戦死30名、負傷36名だった。4月14日、沖縄を離れてほかの艦艇を護衛しながら米国に戻り、ピュージェット湾の海軍造船所で修理を受けた。

*1：攻撃隊不明。この頃第29振武隊の隼が出撃しているが、攻撃目標は中城湾で方向が異なる。

4月8日

[4月8日 RPS#3 グレゴリー（DD-802）]

4月8日、グレゴリー（DD-802）はRPS#3で大型揚陸支援艇LCS(L)-37、-38、-40とともに哨戒中に攻撃を受けた。1830、九九式襲撃機4機のうちの1機がLCS(L)-38に向かって体当たり突進を行なった。*1 この九九式襲撃機と艦艇に向かっていた別の2機にグレゴリーとLCS(L)-38が砲火を浴びせて撃退した。そのうちの1機がグレゴリーの左舷艦中央部の喫水線近くに体当たりした。幸い積載していた小型搭載艇が衝撃を吸収したので艦自体は重大な損害を受けなかった。浸水が起きたが、すぐに戦闘に戻り、2名が負傷しただけだった。

*1：第42、第68振武隊の九七式戦を九九式襲撃機に誤認している。

第13章　猛攻続く

4月9日

［4月9日 渡具知沖 チャールズ・J・バジャー（DD-657）、スター（AKA-67）マルレ］

　米軍は群れとなって渡具知海岸に上陸し、すぐに嘉手納と読谷の飛行場を占拠した。米軍攻撃の機会を窺っていたのは足立睦生大尉が率いる糸満の海上挺進第26戦隊の乗員だった。4月8日深夜、攻撃命令が出された。

　　これを受け、挺身隊指揮官は＜四月八日（中略）依て二三〇〇時を期し出撃せよ（中略）第一中隊は糸満－慶良間－嘉手納、第二中隊は糸満－小禄－那覇－嘉手納、第三中隊は糸満－慶良間－残波岬－嘉手納の各経路に依り進行すべき作戦なり＞との具体的な命令を出した。挺身隊の戦果は＜多数の犠牲を生じたるも多大の戦果を挙げたりこの戦果確認は当時那覇市北方地区の警備にあたりし第62師団の中隊長よりの報告に依るものなり　即ち輸送船約一〇、駆逐艦、掃海艇等約一〇＞だった。(1)

　日本軍の報告は非常に楽観的だった。米軍の記録では損害を受けたのはチャールズ・J・バジャー（DD-657）と攻撃貨物輸送艦スター（AKA-67）の2隻だけだった。

　4月9日0405、チャールズ・J・バジャーは那覇北方海岸から8,000ヤード（約7.3km）沖にいた。主砲の砲手の報告は次の通り。

　　事前に艦艇間通信回路で何も連絡は来ていなかった。2気筒エンジンのような音が接近しているのが聞こえた。小型艇のような印象だった。すぐに爆発音が聞こえた。艦艇間通信回路に沈黙があったのち、「小型艇が90度の方向に逃げて行く」との報告が来た。管制士官に伝える。方位盤室から出てその方向を見たが、何も見えなかった。(2)

チャールズ・J・バジャーの機関は攻撃で一時的に動かなくなり、船体も損害を受けた。近くにいたパーディ（DD-734）が小型艇1隻に向かって発砲して撃退した。3番目の目標になったスターは舷側に係留していた上陸艇が爆発の衝撃を弱めたので損害を受けなかった。特攻艇の多くが目標に向かう途中で撃破され、残る特攻艇も停泊地で砲火を浴びて、沈没した。(3)　大規模な攻撃にもかかわらず、日本軍は侵攻軍の勢いを弱めることはできなかった。

［4月9日 RPS#4 スタレット（DD-407）］
　4月9日、スタレット（DD-407）はRPS#4で大型揚陸支援艇LCS(L)-24、-36と哨戒中に攻撃を受けた。1825、スタレットはレーダーで飛来する敵味方不明機を探知し、総員配置を発令した。数分すると、九九式艦爆5機が接近するのが見えた。*1　4機がスタレットに向かって来たが、3機が撃墜された。4機目は艦の40mm、20mm機関砲弾を被弾したが、右舷舷側に体当たりした。スタレットの負傷者は2名で、損害をすぐに処置した。航行に支障のない損害だったので、すぐに修理のため真珠湾に向かった。(4)　5機目がLCS(L)-36に向かったが、その砲火を受けたので上を通過してしまった。主

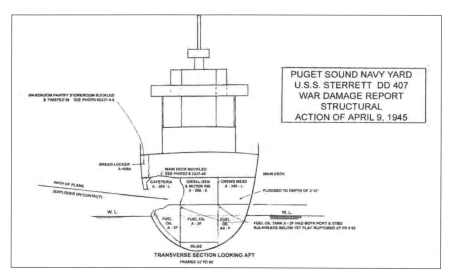

1945年4月9日、スタレット（DD-407）がカミカゼ攻撃で受けた損害を示す図（Industrial Department, Scientific & Test Group, Puget Sound Navy Yard. War Damage Report—USS Sterrett (DD407) Action of 9 April 1945. Appendix B.）

檣の先端に少し当たり、艇の近くに墜落した。攻撃で負傷5名を出した。

菊水1号作戦は10回の大規模攻撃の最初だった。日本軍が沖縄で行なった一連の航空攻撃のうちで、最大で破壊的だった。6隻が沈められ、ほかの19隻が各種の損害を受けた。1,500名以上の死傷者を出し、そのうち半数以上が戦死者だった。

*1：第42、第68振武隊の九七式戦を九九式艦爆に誤認している。

4月11日

［4月11日 沖縄本島東沖 ブラック（DD-666）、バラード（DD-660）、キッド（DD-661）］

4月11日、ブラック（DD-666）は体当たりを受けた。一緒に航行していたバラード（DD-660）はこれを目撃したのでブラックを襲った日本軍機に向けて射撃をしたが、1機も撃墜できなかった。1357、日本軍機1機がバラードに突進し、アンテナと手摺りチェーンを切り取って上部構造物の後を通過して、艦の横に真っ逆さまに落下した。*1 バラードは危機一髪だったが、艦自体に損害はほとんどなく、死傷者はいなかった。

キッド（DD-661）は第58.3任務群の1隻として渡具知上陸地域の対空支援の直衛任務に就いていた。任務群の艦艇が沖縄東方を航海中の1346、ブラックが襲来する攻撃隊を探知した。1354、カミカゼ1機がブラックに向かって急降下したが、ブラックと戦闘空中哨戒機（CAP機）に撃墜された。上空ではほかの日本軍機がCAP機の犠牲になっていた。1408、キッドは別の日本軍機1機に砲火を浴びせて追い払った。キッドの戦闘報告によると、その時日本軍機2機が飛来した。*2

> ブラックの艦尾方向、本艦の右舷正横距離1,500ヤード（約1.4km）で模擬空中戦をしているように見えた。その1機が突然降下旋回を始め、海面上まで下りてきてブラックに突進した。ブラックを本艦の射線上に置くように飛来した。ブラックの砲火を受け、接近すると鋭く機体を引き起こしてブラックをかわして、再び可能な限り海面に近付いて本艦に接近し始めた。本艦の右舷機関砲の砲火を浴び、命中弾を受けて煙を吹き始めたが、機体はまだ飛行を続けた。敵機は本艦の喫水線の上の前部缶室に体当たりした。(5) *3

猛攻続く　335

250kg爆弾を搭載したカミカゼ機はキッドに体当たりして艦内部に突入した。爆弾は船体を貫通し、左舷舷側から飛び出してから爆発した。いつものこの種の攻撃同様、機体の衝撃とその後の爆発で主消火設備が損害を受け、火災が発生した。5分もしないうちに損害を受けた箇所の空気を遮断して火災が広がらないようにしたので、22ノット（約41km/h）で航行可能になった。ヘイル（DD-642）が近付いて軍医をキッドに移乗させようとした。1639、両艦は別のカミカゼ機から攻撃を受けたが、砲撃でこれに煙を吹かせて撃退した。*4　1930、マクネア（DD-679）がヘイルと交代してキッドをウルシーに向かう第50.18.7任務隊まで護衛した。キッドは修理に向かう間も排水作業を続けていた。艦長のH・G・ムーア中佐もカミカゼで重傷を負った。B・H・ブリティン大尉が傷を負いながらも代理として指揮を執り、消火と負傷者の手当のために乗組員の態勢を整え直した。ウルシーに向かう途中、ブリティンも指揮を執れなくなったので、R・L・ケニー大尉が代理で指揮を執った。カミカゼ攻撃で戦死38名、負傷55名でキッドにとって高くついた。

　　*1：神雷部隊第5建武隊の零戦。
　　*2：神雷部隊第5建武隊の零戦の矢口重寿中尉、市毛夫司一飛曹、太田一飛曹（不時着生存）の模様。（『特攻パイロットを探せ』p. 224）
　　*3：キッドに体当たりしたのは神雷部隊第5建武隊の矢口重寿中尉の模様。（『特攻パイロットを探せ』p. 230）
　　*4：第210部隊彗星隊の彗星。（操縦 鈴木文夫大尉、同乗 新谷眞五上飛曹、操縦 宮尾三一二飛曹、同乗 佐守邦美少尉）　（『神風特別攻撃隊々員之記録』pp. 97-98）

[4月11日 沖縄本島東沖 エンタープライズ（CV-6）]
　4月11日、キッドが体当たりを受けた頃、エンタープライズ（CV-6）は第58.3任務群の1隻として作戦中に体当たりを受けた。1410、彗星がエンタープライズ左舷艦尾にぶつかり、すぐ横の海面に墜落した。*1　この攻撃による損害は小さかった。1510に別の彗星が命中して火災が発生したが、すぐに鎮火した。*2　2日後には任務に戻ったが、ウルシーに戻る艦隊に合流し、そこで修理を受けた。(6)

　　*1：神雷部隊第5建武隊の零戦を彗星に誤認している。
　　*2：第3御盾隊（252部隊）の彗星。（『昭和二十年四月十一日菊水一號（ママ）作戦（奄美大島南東方敵機動部隊攻撃）戦闘詳報　第二五二海軍航空隊』：第3御

盾隊（252部隊）から1458に母艦突入中（沖縄北端より80度80浬）と報告あり。連絡したのは操縦 本田實大尉、同乗 塩見李彦少尉の機体だが、同行している操縦 黒谷昇二飛曹と操縦 平野正志二飛曹の2機（いずれも同乗者なし）と合わせて3機が突入したとしている。黒谷機、平野機は無線機を搭載していなかった模様）

［4月11日 沖縄本島南沖 ミズーリ（BB-63）］

　この日、ミズーリ（BB-63）も軽微な損害を受けた。ミズーリは第58.4任務群の1隻で、イントレピッド（CV-11）とヨークタウン（CV-10）の近くにいた時、日本軍機と遭遇した。航空攻撃は1110から始まり2400まで続いた。イントレピッドとヨークタウンのCAP機はこの間多くの日本軍機を撃墜するのに忙しかった。1440、零戦1機がミズーリに突進し体当たりした。*1 ミズーリの戦闘報告は次の通り。

　　海面上低高度で飛行していたパイロットは、機体を上昇させて上甲板に体当たりした。左主翼の先端が右舷のフレーム169番の上甲板の縁から

1945年4月11日、ミズーリ（BB-63）に零戦が体当たりしたが、艦の損害はわずかで、負傷者も1名だけだった（Official U.S. Navy Photograph.）

猛攻続く　337

3フィート（約0.9m）下に当たった。すると敵機の向きが本艦の方に変わり、機首がフレーム160番1/2の目板にぶつかった。プロペラが上甲板のフレーム159番付近のデッキの縁部を切り裂いた。キャノピーとパイロットが甲板上に投げ出され、17番20mm4連装機関砲後部の浮き付き網収納部にぶつかった。エンジン部品、減速機、機関銃が甲板に放り出された。右主翼は胴体から外れ、右舷舷側の横を前方に飛んで行った。機体の残り部分は海面に落下した。主翼は7番5インチ砲の前方の角にぶつかり、砲の付け根部分に損害を与えて、第11群の20mm機関砲を横切り、01甲板フレーム102番の3番5インチ砲の内側の甲板に落下した。(7)

体当たりで生じた火災をすぐに消火したので、戦艦が受けた損害は小さく、負傷者も1名だった。

*1：神雷部隊第5建武隊の石野節雄二飛曹または石井兼吉二飛曹の模様（『特攻パイロットを探せ』p. 228、『戦艦ミズーリに突入した零戦』p. 263）。

[4月11日 奄美大島南沖 ハンク（DD-702）]
1640、ハンク（DD-702）は任務群のレーダー・ピケットに就いていて零戦1機から攻撃を受けた。*1　砲火を浴びせて突進コースを変えさせ、艦の近くで撃墜した。艦自体の損害は小さかったが戦死3名、負傷1名を出した。ウルシーで修理するためほかの艦艇に合流した。

*1：第210部隊彗星隊の彗星を零戦に誤認している。(搭乗員は前述の通り)

[4月11日　慶良間諸島　サミュエル・マイルズ（DE-183）]
サミュエル・マイルズ（DE-183）も損害を受けた。艦の近くにカミカゼ機が墜落して、艦は軽い損害と戦死1名を出した。*1

*1：第22振武隊の隼、第46振武隊の九九式襲撃機、飛行第19戦隊の飛燕。

4月12日

[菊水2号作戦]
　4月12日から13日の菊水2号作戦でカミカゼ185機、通常の護衛・攻撃195機が沖縄の艦艇を猛攻撃した。日本軍機と沖縄の艦艇の間に立ちはだかったのがレーダー・ピケット・サイトだった。

[4月12日 RPS#1 カッシン・ヤング（DD-793）、パーディ（DD-734）、LCS(L)-57、LCS(L)-33、LCS(L)-115]
　4月12日、RPS#1で哨戒したのはカッシン・ヤング（DD-793）、パーディ（DD-734）、大型揚陸支援艇LCS(L)-33、-57、-114、-115だった。その日のうちに5隻がカミカゼ機の体当たりを受け、1隻が沈没した。1112頃、九州から真っすぐ沖縄に向かうコースにあるRPS#1の艦艇は飛来する日本軍機を探知し始めた。RPS上空に現れたのは九九式艦爆、九七式艦攻、零戦、隼、一式陸攻の40機だった。ペトロフ・ベイ（CVE-80）、イントレピッド（CV-11）、ラングレー（CVL-27）、バンカー・ヒル（CV-17）所属のCAP機が艦艇の近くで任務に就いていた。CAP機の英雄的な努力にもかかわらず、眼下の艦船を救うことはできなかった。
　1337、パーディとカッシン・ヤングは九九式艦爆3機の編隊に砲火を浴びせた。協同射撃で1機を撃墜した。2機目は、自らに火砲を向けようとして激しく運動するカッシン・ヤングに向かって、高度500フィート（約150m）から急降下したが、左舷艦尾から15フィート（約4.5m）の海面に墜落した。3機目の九九式艦爆はパーディに突進しようとした時、パーディとカッシン・ヤングに撃墜された。4機目の九九式艦爆が現れたがパーディの右舷艦首方向で撃墜された。さらにもう1機の九九式艦爆がカッシン・ヤングに急降下して前檣に体当たりした。「この機体は急降下中に機銃掃射を行なっていたが、カッシン・ヤングの上空50フィート（約15m）で爆発して、乗組員と艦に損害を出した」(8)　すぐに別の九九式艦爆が右舷正横で撃墜された。上空ではCAP機が10機を片付けていた。*1　カッシン・ヤングは慶良間諸島に戻った。戦死1名、負傷59名を出した。
　パーディは右舷後方から攻撃を受けた。LCS(L)-114とパーディは協同射撃で九九式艦爆1機を撃墜した。続く20分間でパーディは九九式艦爆3機を撃墜した。最後の九九式艦爆1機がパーディとLCS(L)-114の弾幕を抜けてパーディに向かった。九九式艦爆は右舷舷側から20フィート（約6m）の海面に

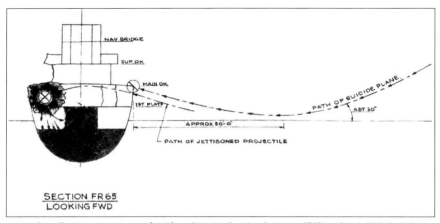

1945年4月12日、RPS#1でパーディ（DD-734）がカミカゼの爆弾で受けた損害を示すスケッチ。爆弾を搭載した九九式艦爆はパーディから20フィート（約6m）離れたところで撃墜され、海面を跳躍してパーディの舷側にぶつかった。爆弾は船体を貫通して内部で爆発した（Commandant, Navy Yard, Mare Island. U. S. S. Purdy (DD734)—War Damage Report, 11 September 1945.）

ぶつかり、弾んでパーディに体当たりした。体当たり前に投下された爆弾は船殻を貫通し、艦内で爆発して戦死13名、負傷27名を出した。爆弾でパーディは操舵ができなくなり、艦内通話と一部の電力が失われた。停泊地に戻り、負傷者の手当と艦の修理を行なった。

　カッシン・ヤングとパーディがカミカゼ機の攻撃を受け、撃退している間にLCS(L)-57も攻撃を受けた。1347、この日LCS(L)-57を襲うことになるカミカゼ8機のうちの1機目が突進して来たが、LCS(L)-57から50ヤード（約46m）で撃墜された。直後に別の機体が機銃掃射をしながら突進したが、パイロットはLCS(L)-57の腕の良い砲手に殺された。その操縦不能になった機体がLCS(L)-57の前部40mm機関砲のガン・タブにぶつかり、機関砲は射撃不能になった。1352、九七式戦3機が突進して来た。2機は撃墜されたが、3機目は何発も被弾しながらも突進し、LCS(L)-57から10フィート（約3m）で爆発した。爆発で舷側に8フィート（約2.4m）の穴があいた。LCS(L)-57艇長のハリー・L・スミス大尉は艇の状況を調べた。40mm機関砲3門のうち2門が動かず、操舵装置が壊れ、右舷に傾きだした。非常操舵装置を動かして沖縄に戻る用意をしたが、地獄の戦いはまだ終わらなかった。別の九七式戦1機が接近したが、CAP機に激しく追跡されていた。九七式戦をLCS(L)-57とCAP機の協同射撃で撃墜した。1430、別の九七式戦がLCS(L)-57とCAP機の砲火を通り抜けてLCS(L)-57の艦首に体当たりした。*2　これで40mm機

関砲が使用不能になり、2名が戦死した。LCS(L)-57は右舷への傾斜が大きいので、沖縄に向けて出発した。

　LCS(L)-33はパーディとLCS(L)-57の横にいて両艦艇から投げ出された者を救助中に攻撃を受けた。1500、九九式艦爆2機が両舷に分かれて攻撃して来た。LCS(L)-33の砲手が左舷の機体を撃墜したが、右舷の機体は艇中央部に体当たりして爆発した。衝撃で主消火設備が壊れ、消火作業が不可能になった。LCS(L)-33は火の玉になり、左舷に大きく傾いたので、総員離艦命令が発令された。弾薬庫が爆発し始め、すぐにかろうじて浮いているだけになった。パーディは残骸となったLCS(L)-33を5インチ砲弾2発で沈め、沖縄に戻った。

　LCS(L)-115はLCS(L)-33の支援に来て生存者を救助しようとした時、九九式艦爆1機から機銃掃射を受けた。それを左舷舷側から25フィート（約7.6m）の海面に撃墜したが、乗組員2名が負傷した。LCS(L)-114は何とか損害から免れたので、パーディの乗組員を救助した。この日RPS#1で戦死20名、負傷175名を出した。

　　*1：次の九九式艦爆攻撃隊：第2草薙隊、第2至誠隊、第2八幡護皇隊（艦爆隊）。
　　*2：第69振武隊の九七式戦。第46、第62、第74、第75、第103、第104振武隊の九九式襲撃機および第2草薙隊、第2至誠隊、第2八幡護皇隊（艦爆隊）の九九式艦爆を九七式戦に誤認した可能性あり。

[4月12日 慶良間諸島 ウォルター・C・ワン（DE-412）、ホワイトハースト（DE-634）、リンゼイ（DM-32）、ラール（DE-304）]

　1418、ウォルター・C・ワン（DE-412）が九九式艦爆を撃墜したが、それは体当たり突進をしていたので、ウォルター・C・ワンは体当たりを受ける寸前だった。その九九式艦爆は左舷艦首から20フィート（約6m）に墜落した。ウォルター・C・ワンで1名が負傷したが、艦自体は無事だった。

　ホワイトハースト（DE-634）も攻撃を受けた。ホワイトハーストは慶良間諸島の南西で対潜哨戒中に九九式艦爆1機の体当たりを受けた。*1　1442、見張員が哨戒海域に九九式艦爆4機が接近するのを見つけた。そのうちの1機が高速輸送艦クロスレイ（APD-87）を攻撃した。ほかの2機はCAP機と空中戦に入った。しかし、4機目が方向を変えてホワイトハーストに突進して来た。左舷から急降下して、ホワイトハーストの20mm機関砲弾を被弾しても止まらず、左舷艦橋に体当たりした。九九式艦爆が最後の瞬間を迎えた

猛攻続く　341

1945年4月12日、九九式艦爆の体当たりを受けたリンゼイ（DM-32）の艦首（NARA 80G 330108.）

　時に別の2機もホワイトハーストを襲った。1機は後方から、もう1機は右舷正横からだった。2機ともホワイトハーストの砲弾を受けて墜落した。艦橋付近は炎に包まれ通信が途絶えた。戦闘情報センターと操舵室にいた者の全員と階下の無線室にいた者の多くが戦死した。前部砲塔の乗組員の多くも戦死して、残った者も重傷を負った。その後1時間、乗組員は消火作業を行ない、1610に鎮火させた。クロスレイと艦隊掃海艇ヴィジランス（AM-324）が横に来て支援にあたった。1745、ホワイトハーストは緊急操舵装置を使用して慶良間諸島に戻り、そこで修理を受けることになった。(9)　戦死37名と同数の負傷者が出た。

　渡具知では敷設駆逐艦リンゼイ（DM-32）が第51.5任務群で直衛任務に就いていた。リンゼイは残波岬方面にいる掃海駆逐艦ジェファーズ（DMS-27）の支援に向かっていた。1445、リンゼイから東の方で第54任務部隊の艦艇が攻撃を受けているのが見えた。数分でリンゼイは右舷艦首方向に雷撃機3機を見つけ、砲火を浴びせた。*2　続けて飛来した九九式艦爆4機にも砲

火を浴びせた。*3　雷撃機は方向を変えたが、九九式艦爆は二手に分かれ、両舷から飛来した。1450、1機が右舷舷側に体当たりし、1分もしないうちに2機目が5インチ1番砲近くの左舷艦首に体当たりした。2機目の爆発で1機目の爆発で生じた火災が鎮火した。しかし、この爆発で艦首が破壊され、その時点で行き足が止まった。燃えるガソリンが海面を覆っていたので、艦長のC・E・チェインバーズ中佐は後進全速を命じ、大火災から逃れた。この時、リンゼイは粟国島から6海里（約11km）にいたので、そこに向かい始めた。艦隊掃海艇チャンピオン（AM-314）が接近して医療支援を行なった。1701、艦隊随伴航洋曳船タワコニ（ATF-114）が到着して曳航した。右舷艦首の外板が大きく剥がれて海中に垂れて「錨と大きな舵」(10)になり、ゆっくりとした航行だった。負傷者を哨戒護衛艇PCE-853に移乗させた。リンゼイは戦死8名、行方不明46名、負傷60名を出した。

　ラール（DE-304）は第51.5任務群の1隻として渡具知上陸地点沖の対潜直衛任務に就いていた。上陸した兵員に対する補給品、増援物資の陸揚げがこの海域で継続して行なわれていたので、直衛任務は重要だった。午後の早い時間まで多くの日本軍機がRP艦艇とCAP機を通り抜けて沖縄海域に到達していた。1335、ラールに総員配置が発令された。その後1.5時間にわたり12回の攻撃があった。10回目の攻撃が厄介だった。北でヴォートF4Uコルセアが日本軍機を撃墜するのが見えた。日本軍機はラールの射程に入るとラールに狙われ、その砲火を浴びた。九七式戦1機が編隊から離脱して、ラールの右舷から飛来した。*4　カミカゼの戦術通り2機目が左舷から飛来した。両機に砲火を浴びせ、ラールは速力を18ノット（約33km/h）に上げた。左舷の機体は撃墜されたが、右舷の機体は海面上10フィート（3m）で砲火を通り抜け、右舷舷側の甲板のすぐ下に体当たりした。その250kg爆弾は船体を完全に貫通し、左舷舷側の15フィート（約4.5m）横で爆発した。この時、九九式艦爆2機が急降下したが、1機は撃墜され、もう1機は煙を噴きながら逃げ去った。*5　九九式艦爆の3機目が右舷艦首方向から接近し、ラールの3インチ砲弾を被弾して距離300ヤード（約270m）で空中分解した。ほぼ同時にラールは隼の機銃掃射を受けた。その弾丸が機雷収納箱に当たり、機雷が爆発して3人が艦外に投げ出された。ラールは3分間で多くのカミカゼ攻撃を受けたが生き残った。艦長のC・B・タイラー少佐はすぐに消火の指揮をした。ラールは戦死21名、負傷38名を出した。負傷者後送艦ピンクニー（APH-2）に横付けして、負傷者を移乗させ、翌日救難艦クランプ（ARS-33）の方に向かった。4月15日、慶良間諸島でさらに修理を行ない、修理を完了させるためウルシーに向かった。(11)

*1、*3、*5：次の九九式艦爆攻撃隊：第2草薙隊、第2至誠隊、第2八幡護皇隊（艦爆隊）。第46、第62、第74、第75、第103、第104振武隊の九九式襲撃機、第69振武隊の九七式戦を九九式艦爆に誤認した可能性あり。

*2：次の九七式艦攻攻撃隊：常盤忠華隊、第2八幡護皇隊（艦攻隊）、第2護皇白鷺隊。（『第一三一海軍航空隊戦闘詳報第一四号　昭和二十年四月十二日　串良基地に於ける菊水二號作戦（沖縄周邊敵艦船に對する特攻攻撃）　第三航空艦隊　第五航空艦隊　第十航空艦隊　第一三一空串良基地派遣隊（ほか）』：1機（常盤忠華隊の操縦　増子定正上飛曹、同乗　川野博幸少尉、奈良榮太郎二飛曹）が1447に、同隊のもう1機（操縦　中西達二中尉、同乗　田澤義治少尉、阿部正二飛曹）が1450に敵戦艦に体当りすと打電、長符連送後連絡が絶えた。第2八幡護皇隊（艦攻隊）の1機（操縦　芳井輝夫中尉、同乗　大崎國夫少尉、高橋忠二飛曹）が1441に敵戦艦に体当りすと打電、長符連送後連絡が絶えた。さらに同隊の1機（操縦　富士原恒城少尉、同乗　井上時郎少尉、堤昭二飛曹）が1430に敵陣に近しと打電。第2護皇白鷺隊の1機（操縦　野元純少尉候補生、同乗　菅田三喜雄少尉候補生、澤田久男二飛曹）が1438に長符連送後連絡が絶えている）

*4：第69振武隊の九七式戦。同時刻に出撃した第46、第62、第74、第75、第103、第104振武隊の九九式襲撃機および第2草薙隊、第2至誠隊、第2八幡護皇隊（艦爆隊）の九九式艦爆を九七式戦に誤認した可能性あり。

［4月12日　RPS#14　ロケット中型揚陸艦LSM(R)-189、マナート・L・エーブル（DD-733）桜花］

　4月12日、ほかのRPSも危険な状況だった。RPS#14で哨戒したのはマナート・L・エーブル（DD-733）、ロケット中型揚陸艦LSM(R)-189、-190だった。1320、九九式艦爆3機の攻撃隊が接近中との報告があった。数分すると日本軍機が現れ、艦艇に向かって急降下した。1機はマナート・L・エーブルとLSM(R)-189の両方から被弾してLSM(R)-189の近くの海面に墜落した。2機目はLSM(R)-190に体当たりしそうだったが、LSM(R)-190に撃墜された。*1　その直後に九七式艦攻2機がLSM(R)-189に体当たりしようとしたが、2機ともその舷側近くで被弾した。*2　1機はLSM(R)-189の司令塔に当たり、2人を船外に放り出した。もう1機はLSM(R)-190の砲火を浴びて海面に墜落した。1400、上空には多くの日本軍機と駆逐艦が要請したCAP機で騒がしくなった。九九式双軽4機が現れ、1機がマナート・L・エーブルに向かって来た。*3　しかし、同機は激しい対空砲火で突進するのを諦めた。その後、零戦3機が飛来した。*4　2機がマナート・L・エーブルに体当たりしようとしたが1機は撃墜された。1445、2機目が後部缶室の右舷に体当たりして

マナート・L・エーブルに大きな損害を出した。爆弾が機関室で爆発して、行き足が遅くなった。攻撃はこれだけではなかった。

鹿屋基地を離陸した桜花を搭載した一式陸攻9機のうちの一部がRPS#14に向かった。RPS#14上空に到着すると、そのうちの1機の搭乗員が有人爆弾の発進準備を始めた。零戦がマナート・L・エーブルに体当たりしたのと同じ頃、桜花は一式陸攻から投下されてマナート・L・エーブルに向かった。*5　滑空速度が増すと、桜花搭乗員の土肥三郎中尉はロケット・モーターを点火した。1、2分で400mph（644km/h）に達した。マナート・L・エーブル艦長のA・E・パーカー中佐はのちにこう書いている。

> 1446、2機目が右舷正横から海面すれすれに猛スピードで飛行して来るのが見えた。機体は、中翼で突起物はなく大きな胴体と短い主翼で明るい青灰色に塗られていたかアルミ地のままだった。この時には艦の行き足はほとんど止まっていた。飛翔体が第1缶室の横の喫水線にぶつかり、大きな爆発と衝撃が起きた。艦はすぐに折れるかのようだった。副長が艦橋に来たので、応急員に離艦命令を伝えるように下に行かせた。1448、艦の前部と後部が分離してそれぞれ艦首と艦尾張出部を海面から突き上げて急速に沈み始めた。艦の前部と後部が離れながら左舷に傾き始めた。艦橋の者は離艦を命じられた。数秒で、海水が後部艦橋甲板の格子まで来て、艦橋の者は海中に飛び込んだ。
> 1449、艦首と艦尾が海中に消えた。(12)

マナート・L・エーブルから逃れた者に別の危険が迫った。零戦1機が生存者に機銃掃射を行ない、爆弾を投下したので、負傷者が増えた。*6　近くのLSM(R)-189に突進しようとした九七式艦攻がその砲火を浴びた。*7　何発も被弾しながらも九七式艦攻は生き残り、LSM(R)-189の司令塔に体当たりして多数の負傷者を出した。当面の戦闘が終了したので、LSM(R)-189、-190がマナート・L・エーブルの生存者を引き上げた。1646、掃海駆逐艦ジェファーズ（DMS-27）、大型揚陸支援艇LCS(L)-11、-13が到着して救助を支援した。

マナート・L・エーブルに桜花が命中したのと同じ頃、RPS#12ではジェファーズが危うく桜花の難を逃れていた。ジェファーズはロケット中型揚陸艦2隻から負傷者を移乗させると停泊地に戻った。マナート・L・エーブルは桜花で沈められた最初の艦だったが、最後の艦ではなかった。

*1：次の九九式艦爆攻撃隊：第2草薙隊、第2至誠隊、第2八幡護皇隊（艦爆隊）。

*2、*7：次の九七式艦攻攻撃隊：常盤忠華隊、第2八幡護皇隊（艦攻隊）、第2護皇白鷺隊。

*3：九九式双軽は出撃していない。通常攻撃の762空K262、706空K405の銀河（『沖縄方面海軍作戦』（戦史叢書第17巻）p.408）を九九式双軽に誤認した可能性があるが、少し時刻が合わない。

*4、*6：第20、第43振武隊の隼を零戦に誤認している。

*5：第3神風桜花特別攻撃隊神雷部隊。（桜花搭乗員は土肥三郎中尉）（『神風特別攻撃隊々員之記録』p.52）母機は帰還したので、体当たりを報告できた。

[4月12日 RPS#2 スタンリー（DD-478） 桜花]

4月12日、RPS#2で哨戒したのはスタンリー（DD-478）、ラング（DD-399）、ロケット中型揚陸艦LSM(R)-197、-198、大型揚陸支援艇LCS(L)-31、-52、-116だった。1351、スタンリーはRPS#1のカッシン・ヤングを支援するよう命令を受けた。1426、九九式艦爆1機がスタンリーに体当たりを試みたが、右舷艦尾方向で撃墜された。*1 20分後、見張員は小型機が高速で接近してくるのを見て驚いた。スタンリーの戦闘報告は「CAP機を振り切った」と書いている。(13) この小型機は砲手からの弾丸を受けることなくスタンリーの艦首を貫通して左舷海面に激突して爆発した。この日、鹿屋基地を離陸した9機の一式陸攻が搭載した有人爆弾桜花のうちの1機が命中した。*2 桜花は弾薬が爆発する前に重装甲鈑を打ち破るように設計されていたので、スタンリーは船殻が薄くて助かった。スタンリーの艦首に穴があき、負傷3名を出した。しばらくして、2機目の桜花がスタンリーに向かって来たのを発見した。桜花は砲火を浴びて何発も被弾した。主翼先端が吹き飛ばされ、軍艦旗を切り取って艦の上を通過した。桜花はスタンリーを200ヤードから300ヤード（約180mから約270m）通過してから次の攻撃をしようとしてバンクしたが、海面にぶつかり爆発した。スタンリーにとって幸運な日だったが、大惨事になる可能性が高かった。

*1：次の九九式艦爆攻撃隊：第2草薙隊、第2至誠隊、第2八幡護皇隊（艦爆隊）。第46、第62、第74、第75、第103、第104振武隊の九九式襲撃機、第69振武隊の九七式戦を九九式艦爆に誤認した可能性あり。

*2：第3神風桜花特別攻撃隊神雷部隊。（桜花搭乗員は岩下英三、今井道三両中尉、山田力也、鈴木武司両一飛曹、飯塚正巳、光斎政太郎、朝霧二郎各二飛曹）

(『神風特別攻撃隊々員之記録』pp. 52-54）マナート・L・エーブルに体当たりした桜花のほかに無線で命中、撃沈を報じた母機が２機、桜花発進を報じたが戦果が不明を報じた母機が２機いたが、いずれも母機が未帰還になったため体当たり時の状況が不明。このため、スタンリーに体当たりした搭乗員および前節で述べたジェファーズを狙った搭乗員は不明である。

[４月12日 沖縄本島東沖 ゼラーズ（DD-777）、テネシー（BB-43）]

４月７日、ゼラーズ（DD-777）は第54任務部隊の１隻として大和の第１遊撃部隊を攻撃していた。大規模な航空攻撃を予想していたので、任務部隊はそのまま残っていた。４月12日1443、最初の日本軍機を距離９海里（約17km）で探知した。ゼラーズの戦闘報告は次の通り。

> 1450、協同攻撃をしようとして海面上15フィート（約4.5m）で本艦の左舷後方から接近する天山３機を見つけた。*1　本艦は25ノット（約46km/h）に速力を上げ、取舵いっぱいを切ってすべての火砲を向けた。距離5,000ヤード（約4.5km）で目視して4,500ヤード（約4.1km）で射撃を開始した。１機目を本艦から1,800ヤード（約1.6km）の海面に落とした。２機目を3,000ヤード（約2.7km）で撃墜して面舵いっぱいを切った。火砲を３機目に向けると40mm砲弾が命中したのが見えたが、コンピューターの演算が追いつかず、敵機は２番砲塔給弾薬室の左舷に体当たりした。それが搭載していた500kgと推定される爆弾は右舷の上甲板を貫通し、本艦の薄い隔壁を何枚か破って標定室近くの流し場通路で爆発した。(14)

応急員がすぐに消火した。戦闘に復帰しようとしている時に別の日本軍機がゼラーズに突進して来たが、ゼラーズは周囲の艦艇と協同射撃で撃墜した。横に来たベニオン（DD-662）から軍医が移乗して負傷者の手当を支援した。カミカゼ攻撃を受けた１時間後にゼラーズは慶良間諸島に向かった。ゼラーズは戦闘報告の「意見具申と結論」に、駆逐艦１隻が単独の場合、攻撃してくる航空機２機を撃墜できるが、３機になると１機には必ず通り抜けられると書いた。また新しい「兵器を開発すべきである。たとえば５インチ砲の射程内の航空機を対象にした、仰角を付けて照準範囲を限定した射程500ヤード（約460m）のクラスター・ロケット弾」(15) を提案としている。このような提案は戦闘報告に時々書かれているが、戦争終了までの月数が短かったので、ほとんど実現しなかった。

テネシー（BB-43）は第54任務部隊の旗艦で、ゼラーズが体当たりを受けた時、近くにいた。まもなくテネシーが攻撃を受ける番になった。テネシーの見張員が九九式艦爆と九七式艦攻からなる7機の編隊を発見した。*2　5機がテネシーに突進し、4機は舷側近くで撃墜された。しかし、九九式艦爆1機が砲火を通り抜けて右舷舷側後部に体当たりして、40mm4連装機関砲1基を破壊し、別の40mm4連装機関砲1基と20mm機関砲2基にぶつかって、舷側に滑り落ちた。125kgと推定される爆弾が甲板を貫通して下で爆発した。そこから火の海が広がり、多くが戦死した。

　海兵隊テネシー分遣隊のW・H・パットナム伍長は奇妙な体験をした。カミカゼ攻撃の時、パットナムは9番40mm4連装機関砲の射手だった。

　　第1装填手のメイヤーは私にバケットに飛び込めと言った。しかし、私は座席から出ることができなかったので、照準具（環型照準具）の支えを掴み、それを乗り越えようとした。乗り越えた時は、バケットの中に入ろうと思っていた。しかし、海面に着くまで舷側を越えていたことに気付かなかった。海面から顔を上げると、機体（日本軍機）またはその部品が海面で燃えているのが見えた。それが航空機だったかは確かでない。その一部か部品だったかもしれない。私の周囲は火に包まれていた。目を閉じて海面下に潜り、海面が燃えていないところで浮き上がった。それがこの筏に来るまでに見た最後のものだった。筏は12フィート（約3.7m）×12フィート（約3.7m）の大きさで、テネシーのものだったと思う。筏は壊れた。私が筏に乗るまでどれくらい経ったのか分からないが、たぶん5分から10分だったのだろう。もっと長いかもしれない。筏にパラシュートが引っかかっており、その上に頭のない遺体が置いてあった（私を引き上げた駆逐艦がそれは日本人パイロットのものだと識別した）。それが私の見た唯一の遺体だった。(16)

　後でパットナムは駆逐艦に引き上げられた。テネシーは戦死22名、負傷73名を出した。

*1：天山は出撃していない。常盤忠華隊、第2八幡護皇隊（艦攻隊）、第2護皇白鷺隊の九七式艦攻を天山に誤認している。（［4月12日 慶良間諸島 ウォルター・C・ワン（DE-412）、ホワイトハースト（DE-634）、リンゼイ（DM-32）、ラール（DE-304）］の*2参照）

*2：次の攻撃隊：第2草薙隊、第2至誠隊、第2八幡護皇隊（艦爆隊）（以上九

九式艦爆)、第2八幡護皇隊(艦攻隊)、第2護皇白鷺隊(以上九七式艦攻)。九九式艦爆については第46、第62、第74、第75、第103、第104振武隊の九九式襲撃機、第69振武隊の九七式戦を誤認した可能性あり。

[4月12日 渡具知沖 ヴィクトリー船ミノット・ヴィクトリー]
　輸送船もカミカゼ機の体当たりを受けた。4月11日、A・ジャンセン船長のビィクトリー船ミノット・ヴィクトリーは輸送船団の1隻として渡具知に到着した。4月12日1455、停泊中に右舷から海面上20フィート(約6m)で接近する単発のカミカゼ機から攻撃を受けた。*1　右舷20mm機関砲が射撃を開始したのは、カミカゼ機がわずか1,500ヤード(約1.4km)に近付いた時だった。効果的な射撃で、日本軍機は操縦不能になり、上昇して船体を外したものの第4キングポストに体当たりした。それに続いて燃え上がるガソリンが船橋にまで達して、武装衛兵がやけどを負い、そのうちの5名はけがも負った。体当たりを受けたにもかかわらずカミカゼ機の7.62mm機銃掃射による銃弾の穴以外の損害は小さかった。(17)

　　*1：次の攻撃隊：第46、第62、第74、第75、第102、第103、第104振武隊(以上九九式襲撃機)、第69振武隊(九七式戦)、第20、43振武隊(以上隼)、常盤忠華隊、第2八幡護皇隊(艦攻隊)、第2護皇白鷺隊(以上九七式艦攻)。

[4月12日 沖縄本島西沖 グラディエイター(AM-319)]
　4月12日、艦隊掃海艇グラディエイター(AM-319)は大きな損害から逃れた。砲火を浴びせてカミカゼ機を右舷正横で撃墜したが、その破片が艇に降り注ぎ、軽い損害を受けた。*1

　　*1：攻撃隊不明。

4月13日

[4月13日 沖縄本島西沖 コノリィ(DE-306)]
　4月13日、コノリイ(DE-306)の上空にグラマンF6Fヘルキャットに追われている九九式艦爆5機が現れたので、危ういところだった。*1　1機が編隊から離脱してコノリイに向かって急降下した。これに腕の良い砲手が砲弾を命中させて操縦不能にして、右舷艦首から30フィート(約9m)に落とした。九九式艦爆の爆弾が爆発して、コノリイのソナーと対水上捜索レーダー

猛攻続く　349

が少し壊れたが、すぐに修理して作戦を続けた。

*1：九九式艦爆は出撃していない。次の攻撃隊の機種を九九式艦爆に誤認している。第107振武隊（九七式戦）、第30、第46、第74、第75、第103、第104振武隊（以上九九式襲撃機）。

4月14日

［4月14日 沖縄本島東沖 ニューヨーク（BB-34）］
4月14日から15日の間は沖縄の艦艇にとって菊水作戦の束の間の休みだった。4月14日にニューヨーク（BB-34）はカタパルトと観測機に軽い損害を受けたが、それ以上の損害はなかった。*1

*1：第10大義隊の零戦、第29振武隊の隼。

［4月14日 徳之島東沖 シグスビー（DD-502）、ハント（DD-674）］
シグスビー（DD-502）はそれほど幸運ではなかった。カミカゼ攻撃で戦死22名、負傷74名を出した。シグスビー、ハリソン（DD-573）、ハント（DD-674）、ダッシール（DD-659）と第58.8任務群の駆逐艦2隻は沖縄北東で哨戒中に日本軍機襲来の連絡を受けた。1355、双発爆撃機1機がCAP機1機に追われながら艦艇に接近した。*1　そのCAP機が炎に包まれて落下するのが見えた。たぶん爆撃機の尾部銃座から撃たれたのであろう。数分後、シグスビーの左舷正横に4機が現れ、空中戦をしているようだった。彗星が混戦から抜け出してシグスビーの横を航行しているハントに向かって急降下した。*2　CAP機4機が彗星を追ったが、彗星が海面に激突しそうに見えたので針路を変えた。しかし、彗星は急降下から回復して海面上25フィート（約8m）でハントに向かった。シグスビーとハントが砲火を浴びせると、1348に彗星はハントをかすめ、その近くに墜落してハントに軽微な損害を負わせ、負傷5名を出した。

ほかの日本軍機はCAP機の攻撃を受けた。零戦1機がシグスビーの右舷艦首方向から接近したが、シグスビーの砲火を浴びた。シグスビー艦長のG・P・チャング・フーン中佐は取舵いっぱいと最大戦速を命じてすべての火砲が零戦に向くようにした。不幸にも、火砲がこれに照準を合わせるにはカミカゼ機が接近しすぎていた。カミカゼ機はシグスビーの艦尾張出部に当たり、爆弾で大爆発が起きた。機関が停止して行き足が落ちた。艦後部のほと

1945年4月14日、シグスビー（DD-502）の艦尾が沈んでいる。マイアミ（CL-89）から撮影（NARA 80G 328580.）

んどの火砲は損害を受け、その後、数分間使用できなかった。シグスビーは暴発防止のため爆雷と魚雷を投棄した。行き足が止まったので、さらに4機が仕留めに来た。零戦1機が編隊から離れて攻撃して来たがシグスビーと周囲の駆逐艦がカミカゼになるであろう機体を撃墜した。別の零戦1機が右舷後方からシグスビーに突進したが、撃墜された。残る零戦2機も駆逐艦に向かって突進したが、炎に包まれて落下した。シグスビーの操舵装置が壊れ、左舷機関は動かなくなった。フレーム170番以降の主甲板はなくなり艦尾が沈みだしたが、排水をして安定性を保った。1623、ダッシール（DD-659）が安全海域に向けてシグスビーの曳航を始めたが、すぐにマイアミ（CL-89）と、そして艦隊随伴航洋曳船マンシー（ATF-107）と交代した。(18) 4月20日、シグスビーはグァムのアプラ港に到着したが、甲板は波に洗われていた。安全のためグァムで仮修理を行なった後、耐航性を回復して真珠湾に戻り、新しい6フィート（約1.8m）の艦尾を溶接した。戦死22名、負傷74名だった。

*1：第4神風桜花特別攻撃隊神雷部隊の一式陸攻。（桜花搭乗員は田村萬策、眞柄嘉一、川上菊臣各上飛曹、町田満穂、富内敬二両一飛曹、佐藤忠、山崎敏郎両二飛曹）（『神風特別攻撃隊々員之記録』pp. 54-57）

*2：次の攻撃隊の零戦を彗星に誤認している可能性あり：神雷部隊第6建武隊、第1昭和隊、第2筑波隊。

4月15日

[4月15日～16日 那覇沖 LCI(G)-659 特攻艇]

　日本陸海軍はフィリピン戦で特攻艇の運用方法を実証した。ここで捕虜にした日本軍特攻艇乗員への尋問結果は、沖縄に多くの特攻艇が存在することを示していた。(19) そこで、米海軍は沖縄侵攻に先立って特攻艇を破壊することが必須だと判断した。多くの特攻艇が慶良間諸島にあることは知られており、ここはほかのことでも価値があることになる。実際の沖縄本島侵攻に先立ち、慶良間諸島攻略の一環として、特攻艇を発進させる日本軍の企てを抑え込むことを決定した。このため、多くの大型揚陸支援艇、砲艇型上陸支援艇、迫撃砲歩兵揚陸艇、ロケット歩兵揚陸艇が動員された。

　米軍の沖縄上陸開始から2週間が経ったが、この海域にはまだ多くの特攻艇が残っており、問題だった。4月15日から16日、砲艇型上陸支援艇LCI(G)-659は那覇近くで哨戒をしていた。その報告は次の通り。

　　4月15日2335と16日0225に本艇は日本軍の小型艇2隻に衝突して沈没させた。1隻目は最初巡洋艦に、その直後に本艇に探知された。その小型艇から300ヤード（約270m）まで接近してから探照灯で照射して、20mm機関砲2門と50口径12.7mm機関銃1挺で射撃をした。小型艇はゆっくりと、しかし次第に速力を上げて本艇の反対方向に航行したが、すぐに砲火を浴び、数秒後に爆発して沈没した。小型艇が搭載していた炸薬が爆発したのであろう。
　　4月16日0218、2隻目をレーダーが探知した。それに接近して距離250ヤード（約230m）まで近付き探照灯で照射して砲火を開いた。20mm機関砲3基、50口径12.7mm機関銃2挺で小型艇をハチの巣にした。しかし、1隻目と異なり、火災や爆発はなかった。2隻目は本艇の探照灯から逃れようとして回避行動をとったが、突然本艇の視界からも、レーダー・スクリーンからも消えた。それ以上の痕跡もなかったので、おそらく沈没したようである。(20)

4月16日

[菊水3号作戦]

　菊水3号作戦は4月16日から始まり、165機が沖縄の米軍に向かって出撃

した。

[4月16日 慶良間諸島南 ウイルソン（DD-408）]

　4月16日、ウイルソン（DD-408）は慶良間諸島で哨戒中に日本軍機2機を見つけ、砲火を浴びせた。*1　1機がウイルソン目がけて突進したが右舷舷側から75ヤード（約69m）で撃墜された。機体は海面を弾んでウイルソンの40mm機関砲ガン・タブに当たった。そして、甲板上を回転しながら横切り、左舷の海面に落下した。100kg爆弾が艦に突入したが、伝爆薬が爆発しただけで損害は小さかった。爆弾本体は後日そのままウイルソンから撤去された。戦死5名、負傷3名を出したが、艦自体の損害は最小限で、数日で修理を終え、戦線に復帰した。

*1：第3護皇白鷺隊、第3八幡護皇隊（艦攻隊）、皇花隊（以上九七式艦攻）、第3八幡護皇隊（艦爆隊）（九九式艦爆）、菊水部隊天桜隊（天山）、第2昭和隊、第3神剣隊、第3七生隊（以上零戦）、第75振武隊（九九式襲撃機）、第40、第42、第69、第106、第107、第108振武隊（以上九七式戦）、第36、第38振武隊（この2個振武隊は『特別攻撃隊全史』（p. 270）では九七式戦、『陸軍航空特別攻撃隊各部隊総覧』（第1巻）pp. 96-98では九八式直協）、第79振武隊（九九式高練）、誠第33飛行隊（疾風）

[4月16日 宮城島沖 LCI(G)-407]

　4月16日朝、砲艇型上陸支援艇LCI(G)-407は沖縄東方で哨戒中に攻撃を受けた。九九式艦爆1機が高離島（宮城島）上空を低空で旋回しながらLCI(G)-407に向かって来るのを見つけた。*1　LCI(G)-407は全火砲を右舷から接近する日本軍機に向けた。「九九式艦爆は接近中に何発も被弾し、50ヤード（約46m）に接近した時には40mm機関砲弾がエンジンに命中するのが見えた。九九式艦爆は火を噴かなかったが、40mm機関砲弾が命中すると機体が傾いた。九九式艦爆は右舷乗降用ランプと艦首上甲板に体当たりした。機体が体当たりした時、艇にガソリンと海水が噴きかかったが、火災は起きなかった」(21)　搭載していた爆弾が艇の近くで爆発して、LCI(G)-407に穴があいたが損害はわずかだった。1名が軽いけがをしただけだった。日本人搭乗員の遺体は機体から放り出され、掌帆長のロッカーで見つかった。

*1：第3八幡護皇隊（艦爆隊）の九九式艦爆。次の攻撃隊の機体を九九式艦爆に誤認した可能性あり：第75振武隊（九九式襲撃機）、第40、第42、第69、第106、

愛知海軍九九式艦上爆撃機二二型（D3A2）の連合軍のコードネームは「Val」（Photograph courtesy the National Archives.）

　第107、第108振武隊（以上九七式戦）、第36、第38振武隊（以上九七式戦または九八式直協）、第79振武隊（九九式高練）。

［4月16日 RPS#1 ラフェイ（DD-724）、LCS(L)-51、116］

　沖縄のRPSで多くの戦闘が行なわれたが、4月16日にRPS#1で行なわれた戦闘は最も激しいものだった。この日、カミカゼと戦ったのはラフェイ（DD-724）、大型揚陸支援艇LCS(L)-51、-116だった。この日が終わるまでに体当たりでこの3隻の合計で戦死43名、負傷84名を出すことになる。

　RPS上空でイントレピッド（CV-11）艦載の第10戦闘飛行隊（VF-10）のCAP機が直衛に就いていたが、海域のカミカゼの機数があまりにも多く、多勢に無勢だった。0827、約50機の攻撃隊が接近してラフェイに対する攻撃が始まった。0830、ラフェイの見張員が九九式艦爆4機を距離8海里（約15km）で発見した。*1　艦の砲手が射撃を開始すると、4機は二手に分かれ、ラフェイの両舷から接近した。右舷の2機を距離3,000ヤード（約2.7km）と9,000ヤード（約8.2km）で撃墜し、左舷の2機を大型揚陸支援艇の支援を得て撃墜した。同時に彗星2機が両舷に分かれてラフェイ目がけて急降下した。*2　両舷の機体とも被弾したが、左舷の機体は途中から艦に機銃掃射し数名を負傷させ、第2煙突近くで爆発して小さな損害を与えた。

彗星は沖縄のカミカゼに多く用いられた。写真の機体は航技廠海軍艦上爆撃機 彗星一一型／一二型（D4Y1／D4Y2）。連合軍のコードネームは「Judy」 (NARA 80G 169285.)

0839、別の九九式艦爆がラフェイの左舷から接近した。*3　5インチ砲弾と左舷の機関砲弾を浴びながら、3番砲塔上部に軽く当たり海面に墜落した。6分後に彗星1機を右舷正横で撃墜した。別の彗星が左舷艦首方向から飛来して第23群の砲架に体当たりしたので20mm機関砲が使用不能になった。ガソリンが周囲を覆い、火災が発生した。その直後にラフェイに九九式艦爆1機が体当たりして、3番5インチ砲が使用不能になった。搭載していた爆弾が爆発して火災が発生し、多数の負傷者が出た。ラフェイの戦闘報告には次のように記されている。

　　この機体に続いて別の機体が右舷後方から接近して右舷甲板の縁から2フィート（約0.6m）内側の3番砲塔後方に爆弾を投下して3番砲塔に体当たりした。すぐに機種不明の日本軍機が太陽から現れ、急降下して海面すれすれで水平飛行に入り爆弾を投下すると、爆弾は左舷後方のプロペラガードの上に着弾した。たぶん跳飛爆撃を試みたのだろう。その機体は第24群の後部20mm機関砲から一瞬砲火を浴びたが、明らかに無傷で飛び去った。爆弾は甲板の縁かその下に当たり、20mm弾薬庫の中で爆発した。この爆発で飛散した破片が舵取機室の油圧配管を破断し、舵が取舵26度で固定された。これ以降、回避運動は急加速・急減速に限定されたが、エンジ

猛攻続く　355

ン出力を最大にして急回頭を行なうことはできた。(22)

これに続いてカミカゼ２機が後部甲板室に体当たりした。激しくF4Uコルセアに追われていた隼１機はラフェイの上を通過する時、SCアンテナを切り取って壊した。*4　隼はラフェイの砲弾を被弾して右舷方向に墜落した。混戦で被弾したF4Uコルセアのパイロットが機体から脱出し、機体は墜落した。彗星１機が舷側近くに墜落し、機体と爆弾の爆発で２番５インチ砲の電力が落ちた。*5　ラフェイの乗組員は束の間の休息を得たが、次の攻撃がすぐに始まった。0906、乗組員が損害箇所の修理、死傷者の対応をしている時、九九式艦爆１機が左舷すぐ横に爆弾を投下したので、さらに損害が出た。CAP機がすぐにその機体を撃墜した。数秒で別の九九式艦爆１機が右舷艦首方向から突進し、爆弾を投下して21群20mm機関砲を破壊した。九九式艦爆はラフェイからの砲火を避けて上を通り過ぎたがCAP機に撃墜された。*6　左舷艦首方向から飛来した彗星１機はCAP機に追われ、F4Uコルセアとラフェイの協同射撃で火を噴いてラフェイの近くに墜落した。*7　これがその日最後の攻撃で、ほとんどの砲は損害を受けたか作動しなくなったがラフェイは生き残った。艦長のジュリアン・ベクトン中佐は状況を次のようにまとめた。

　　80分の戦闘の間、本艦は合計22機に襲われ、８機の体当たりを受けた。そのうちの７機は体当たりが目的だった。もう１機の九九式艦爆は艦尾張出部に爆弾を投下し、桁端にぶつかって本艦の上空を通過した。
　　７機のうちの５機から本艦の乗組員、機材は大きな損害を受けた。本艦に体当たりした機体は爆弾を搭載していた。このほかに爆弾４発が本艦に投下され、そのうちの３発は艦尾張出部に当たった。本艦の砲手は襲って来た22機中９機を撃墜した。(23)

哨戒護衛艇PCE-851がラフェイの負傷者を後送して、その後病院船に移乗させた。掃海駆逐艦マコーム（DMS-23）がラフェイを曳航したが、1430に艦隊随伴航洋曳船パカナ（ATF-108）に引き継いだ。タワカニ（ATF-114）が横に来て傷ついたラフェイの排水作業を支援した。ラフェイは戦死31名、負傷72名を出した。

LCS(L)-51もその日戦闘に参加した。ラフェイが攻撃を受けていた時、九九式艦爆１機がLCS(L)-51を目がけて突進した。LCS(L)-51の40mm、20mm機関砲弾を受けて、その近くに墜落した。0850、LCS(L)-51の正面を通過して

LCS(L)-116はカミカゼ攻撃で後部40mm機関砲に損害を受けた （NARA 80G 342581.）

1945年4月16日、RPS#1で攻撃を受けたLCS(L)-51の舷側にエンジンがくい込んでいる
（Official U.S. Navy Photograph）

猛攻続く　357

ラフェイに急降下する九九式艦爆１機を撃墜した。別の１機がLCS(L)-51の正面を横切ってラフェイに向かったが、LCS(L)-51の腕の良い砲手に撃墜された。*8　50分後、LCS(L)-51の左舷艦首方向から別の九九式艦爆が急降下したので、砲火を浴びせて海の墓場に送った。*9　1010、九九式艦爆が攻撃して来た。これは左舷方向から低高度で飛来したが、LCS(L)-51の砲火でその手前25フィート（約８ｍ）で空中分解した。九九式艦爆のエンジンはそのまま空中を飛んで艇のビーディング下の舷側に当たり、食い込んだ。*10　20分後、見張員が右舷方向に零戦１機がラフェイに向かっているのを見つけた。*11　これをすぐに撃墜したが、別の１機がラフェイに最後の体当たりをするのが見えた。LCS(L)-51にとって幸運な１日だった。６機を撃墜し、死傷者はいなかった。実際の損害は、船殻に九九式艦爆のエンジンが食い込んで記念になっているだけだった。その後、付近を回りラフェイの甲板から吹き飛ばされた乗組員を引き上げ、停泊地に戻るために態勢を回復したラフェイを支援した。(24)

　LCS(L)-116はそれほど幸運ではなかった。0840、最初の九九式艦爆に砲火を開いたが射程外だった。*12　0905、日本軍機３機が突進して来た。*13　LCS(L)-116の砲火で２機を撃退したが、３機目が後部40mm連装機関砲に体当たりした。爆弾が爆発して、その区画にいた者が負傷した。さらに２機がLCS(L)-116を襲って来た。そのうちの１機目をCAPのF6Fヘルキャット１機が炎に包み、艇の砲手が仕留めると距離200ヤード（約180m）に墜落した。２機目はLCS(L)-116の上を通過する時アンテナを切り取った。LCS(L)-116の砲弾を何発も被弾して右舷舷側から100ヤード（約90m）に墜落した。戦闘が終了して乗組員が損害を調査した。負傷者をマコーム（DMS-23）に移乗させた。LCS(L)-32が停泊地に向けて曳航を開始して途中から救難航洋曳船ATR-51と交代した。LCS(L)-116は戦死12名、負傷12名を出した。(25)

　*1、*3、*6、*8、*12：第３八幡護皇隊（艦爆隊）の九九式艦爆。次の攻撃隊の機体を九九式艦爆に誤認した可能性あり：第75振武隊（九九式襲撃機）、第40、第42、第69、第106、第107、第108振武隊（以上九七式戦）、第36、第38振武隊（以上九七式戦または九八式直協）、第79振武隊（九九式高練）
　*2、*5、*7：次の攻撃隊の機体を彗星に誤認している：第３護皇白鷺隊、第３八幡護皇隊（艦攻隊）、皇花隊（以上九七式艦攻）、菊水部隊天桜隊（天山）
　*4：菊水部隊天櫻隊の天山を隼に誤認している。（『第九三一部隊戦闘詳報第二號　昭和二十年四月十六日　第九三一部隊指揮官　中村健夫』：１機（操縦 田熊克省少尉、同乗 屋敷源美一飛曹、田村鉄也飛長）が0844に我戦艦に体当りすと報

じ、長符切断0847戦艦に突入。もう1機（操縦 佐伯昌夫飛長、同乗 山崎憲進上飛曹、安井正一二飛曹）が0850に我戦艦に体当りを1回報じ後感無し戦艦に突入と判定、となっている）

*9、*10：次の攻撃隊：第3八幡護皇隊（艦爆隊）（九九式艦爆）。次の攻撃隊の機体を九九式艦爆に誤認した可能性あり：第75振武隊（九九式襲撃機）、第40、第42、第69、第106、第107、第108振武隊（以上九七式戦）、第36、第38振武隊（以上九七式戦または九八式直協）、第79振武隊（九九式高練）

*11：攻撃隊不明。零戦であれば第2昭和隊、第3神剣隊、第37生隊だが、出撃から時間が経ち過ぎている。神雷部隊第7建武隊、第3昭和隊、第47生隊、第3筑波隊は喜界島方面に向かったので、RPS#1付近は通らないはず。

*13：第3護皇白鷺隊、第3八幡護皇隊（艦攻隊）、皇花隊（以上九七式艦攻）、第3八幡護皇隊（艦爆隊）（九九式艦爆）、菊水部隊天桜隊（天山）、第2昭和隊、第3神剣隊、第37生隊（以上零戦）、第75振武隊（九九式襲撃機）、第40、第42、第69、第106、第107、第108振武隊（以上九七式戦）、第36、第38振武隊（以上九七式戦または九八式直協）、第79振武隊（九九式高練）

［4月16日 RPS#14 プリングル（DD-477）、ホブソン（DMS-26）］

　4月16日、RPS#14で哨戒したのはプリングル（DD-477）、掃海駆逐艦ホブソン（DMS-26）、ロケット中型揚陸艦LSM(R)-191、大型揚陸支援艇LCS(L)-34だった。上空では、CAPに第224海兵戦闘飛行隊（VMF-224）のF4Uコルセア4機、艦艇直掩のレーダー・ピケット哨戒にVMF-323のF4Uコルセア2機が就いていた。航空機によるレーダー・ピケット哨戒は、艦艇から25海里から50海里（約46kmから約93km）に配置されたCAP機の網を通り抜けた日本軍機に備えて、レーダー・ピケット艦艇の近くで待機して行なう哨戒で、嘉手納または読谷の海兵航空群のF4Uコルセア2機から4機が担当していた。

　0815、プリングルの戦闘情報センター（CIC）が飛来する日本軍機を探知した。15分後、艦艇は距離12,000ヤード（約11km）でプリングルに突進する零戦1機を発見した。*1　艦艇は回避運動をとった。プリングルの5インチ砲弾が命中して、零戦は距離2,000ヤード（約1.8km）に墜落した。0910、九九式艦爆3機が接近したのを見つけて砲火を浴びせた。*2　カミカゼになりかねなかった九九式艦爆1機のパイロットは混乱したのか驚いたかで、弾幕の中を低空飛行して来たが撃墜された。九九式艦爆の2機目は急回頭する艦艇からの雨霰のような弾幕を通ってプリングルの第1煙突付け根に体当たりした。この九九式艦爆の500kg爆弾の爆発が致命的な打撃になった。爆風で

プリングルのキールが曲がり、船体が真っ二つになった。艦長のJ・L・ケリー Jr.少佐は総員離艦を命じると、プリングルは5分もしないうちに300m下の海底に沈んだ。戦死65名、負傷110名だった。付近を航行していたホブソンは1機を撃墜したが、仲間を救うことはできなかった。

プリングルが体当たりを受けた直後、九九式艦爆1機がホブソンに突進した。*3 ホブソンの砲手がそれを艦の近くでばらばらに吹き飛ばしたが、125kgらしき爆弾がホブソンの艦中央部から艦内に突入して爆発した。ホブソンは損害を負ったが、まだ浮いており、任務に就くことができた。戦死4名、負傷8名だった。

支援艇のLCS(L)-34とLSM(R)-191もプリングルとホブソンの方に向かう時、攻撃を受けた。九九式艦爆3機がLCS(L)-34に突進したが、1機は撃退され、2機は撃墜された。*4 LSM(R)-191はカミカゼ1機を撃墜し、もう1機を撃退した。支援艇は攻撃が収まると救助作業を開始した。哨戒救難護衛艇PCE(R)-852が到着し、ほかの艦艇から生存者を移乗させた。

*1：攻撃隊不明。
*2、*3、*4：第3八幡護皇隊（艦爆隊）の九九式艦爆。次の攻撃隊の機体を九九式艦爆に誤認した可能性あり：第75振武隊（九九式襲撃機）、第40、第42、第69、第106、第107、第108振武隊（以上九七式戦）、第36、第38振武隊（以上九七式戦または九八式直協）、第79振武隊（九九式高練）。

[4月16日 RPS#2 ブライアント（DD-665）]

ブライアント（DD-665）はRPS#2で哨戒を行なっていたが、ラフェイを支援するためにRPS#1に向かうと自分自身が混戦に巻き込まれた。0934、ブライアントがラフェイに向かっていると零戦6機の攻撃を受けた。*1 1機を撃墜したが、2機目は煙を噴きながらブライアントの艦橋に体当たりした。爆弾が艦橋内に突入して艦橋内部に大きな損害を与えたが、船殻は無事だった。消火作業が成功して火災は短時間で鎮火した。戦死34名、負傷33名を出した。修理のため本国に向かい、ブライアントの戦争は終わった。(26)

*1：次の零戦攻撃隊：第2昭和隊、第3神剣隊、第3七生隊。（『谷田部海軍航空隊鹿屋基地爆戦隊戦闘詳報（菊水三號作戦）　第十航空艦隊　谷田部空鹿屋基地爆戦隊』：第2昭和隊の神原正信少尉から0920.5に突入との連絡ありとなっている。ただし、ブライアントが体当たりを受ける10分前で、実際に体当たり突進するのよりも早めに連絡したか、または再度突入を試みたのか、それともほかの機

体が体当たりしたのかは不明)

[4月16日 伊江島北沖 ボウアーズ（DE-637）]
　4月16日早朝、ボウアーズ（DE-637）は伊江島の北6マイル（約11km）で対潜直衛任務中に1機を撃墜した。しかし0939、九九式艦爆2機の攻撃を受けた。*1　ボウアーズの戦闘報告は次の通り。

　　2機が相対方位320度距離4,000ヤードから5,000ヤード（約3.7kmから約4.6km）で別れた。1機は真っすぐ本艦に向かって来た。これを距離1,000ヤード（約900m）で撃墜した。一方、「のちに隼と判明した」もう1機は本艦と平行に、ただし逆方向に飛行して左舷正横に下りてきた。距離は4,000ヤードから5,000ヤード（約3.7kmから約4.6km）だった。主砲3基と1番40mm機関砲などをこれに向けて射撃を開始した。左舷正横より少し後ろから敵機は本艦に真っすぐ向かって来た。左舷の全火砲が射撃を開始した。1番40mm砲の砲弾と20mm機関砲弾が機体で爆発するのが見えた。しかし、敵機は火を吹かず、部品も飛散しなかった。機銃掃射をしながら突進して来た。敵機の機関銃で1名が負傷した。見張員

4月16日、ボウアーズ（DE-637）がカミカゼ攻撃を受けた後の艦橋の損傷状況（U.S.S. Bowers (DE-637) Serial No. 001. Damage, Detailed Report of. 29 April 1945. Enclosure (S), No. 8.）

猛攻続く　361

の話では、敵機はこの突進で体当たりしようとしたが、激しい対空砲火で混乱して判断を誤り、本艦から3フィート（約0.9m）上に外れた。敵機は後部3インチ砲の上を通過した。もしも砲身がもう少し上を向いていたら撃墜できたかもしれない。敵機は本艦の右舷でもう少しで海面に接触しそうになったが、操縦を回復して高度をとり直した。敵機が距離1,000ヤードから1,500ヤード（約0.9kmから約1.4km）になった時の高度は50フィート（約15m）だった。敵機は反時計回りに旋回して正面または右舷艦首方向から攻撃しようとしているのは明らかだった。艦長は九九式艦爆を右舷正横に見ようとして運動を始めた。敵機は接近しながら機銃掃射を行ない、相対方位60度から飛来して航海甲板前部のソナー区画に体当たりした。敵機は勢いで隔壁を貫通し、ソナー区画にできた長い穴にめり込んだ。一瞬で高オクタン価ガソリンが爆発し、火災が発生して艦橋上部と操舵室を炎が包んだ。(27) *2

鎮火後、安全な場所に向かった。戦死48名、負傷56名を出した。艦長のC・F・ハイフィールド少佐と副長のS・A・ハーヴィック大尉は2名とも重傷を負った。体当たりを受けた時、艦橋にいた砲術士官、通信士官、対潜戦・戦闘情報センター士官、補給士官は戦死した。

*1：第38幡護皇隊（艦爆隊）の九九式艦爆。次の攻撃隊の機体を九九式艦爆に誤認した可能性あり：第107振武隊（九七式戦）、第79振武隊（九九式高練）、第36、第38振武隊（以上九七式戦または九八式直協）
*2：ボウアーズの戦闘報告では九九式艦爆になっているが、著者はボウアーズの艦橋に残っている体当たりした機体の写真を見て、体当たりした機体を隼と判断した。このため著者はこの写真が掲載されているウエブ・サイトの説明に「のちに隼と判明した」との文言を入れている。ただし、日本側にはこれに該当する隼が出撃した記録はない。

［4月16日 沖縄本島西沖 ハーディング（DMS-28）］

ボウアーズ（DE-637）が攻撃を受けた直後に掃海駆逐艦ハーディング（DMS-28）が九九式艦爆2機から攻撃を受けた。ハーディングはRPS#14で敷設駆逐艦シアー（DM-30）に随伴していた。0958、最初の九九式艦爆を左舷方向で撃墜し、右舷正横から飛来する2機目に注意を向けた。*1 砲手が砲弾を何発も命中させたので、九九式艦爆はハーディングの少し手前の海面に墜落した。艦上に海水と機体の破片が降り注ぎ、海中で爆弾が爆発して船

殻に穴をあけた。行き足が速かったので穴から大量の海水が流れ込み、数分で左舷に大きく傾いた。行き足が止まると、右に戻り始めたが、艦首が沈み左舷に10度傾いていた。負傷者を移乗させたのち慶良間諸島に自力で戻った。戦死22名、負傷10名を出した。(28)

*1：第３八幡護皇隊（艦爆隊）の九九式艦爆。次の攻撃隊の機体を九九式艦爆に誤認した可能性あり：第107振武隊（九七式戦）、第79振武隊（九九式高練）、第36、第38振武隊（以上九七式戦または九八式直協）

[４月16日 北大東島北沖 イントレピッド（CV-11）]

第58任務部隊の空母は九州のカミカゼ基地攻撃のため北上してから沖縄海域に戻った。４月16日、イントレピッド（CV-11）は第58.4任務群の１隻として沖縄東方を航行していた。日本軍機を部隊の近くで発見したので、1327に総員配置を発令した。イントレピッドの戦闘報告は次の通り。

　　最初の機体は本艦の正面から接近し、右舷艦首近くで撃墜された。飛燕だった。*1　数秒後、２機目が前方から攻撃して来た。これは零戦で、任務群の各艦艇から砲火を浴びて左舷後方に墜落した。*2　３機目も零戦で、後方から接近して針路を変えてミズーリ（BB-63）に向かって降下したが、任務を達成できずに撃墜された。1336、２機が本艦の後方から攻撃して来た。１機目は被弾して右舷に墜落した。２機目は被弾したが、突進を続けて飛行甲板に体当たりした。エンジンと機体部品は250kgと推定される徹甲爆弾とともに飛行甲板を貫通し、格納庫甲板に達した。爆弾は装甲鈑に覆われた格納庫甲板を４インチ（約10cm）へこませ、最初に落下したところの前方で、格納庫甲板の上３フィート（約0.9m）の空中で爆発した。爆発で、装甲鈑に５フィート×５フィート（約1.5m×約1.5m）の穴があいた。飛行甲板の穴は12フィート×14フィート（約3.7m×約4.3m）だった。体当たりと爆発で格納庫甲板に駐機している機体から大火災が起きた。火災は１時間後に鎮火した。しかし、格納庫甲板の40機が爆発、火災、スプリンクラーの海水散布で使えなくなった。第３エレベーターは修理不能だった。(29)

不屈の空母は配置に戻った。艦自体の損害は小さかったが、戦死10名、負傷87名を出した。

*1：この時刻に飛燕は出撃しておらず、機種、攻撃隊は不明。*2に示す零戦を飛燕に誤認した可能性あり。

*2：次の零戦攻撃隊：第4神剣隊、神雷部隊第8建武隊、第3筑波隊、第4昭和隊。

[4月16日 沖縄本島東沖 ミズーリ（BB-63）]

ミズーリは、向かって来た零戦が艦尾クレーンを切り取って、艦尾後方に墜落して激しく爆発したので危機一髪だった。*1 零戦の破片が艦尾に降り注いだが損害は小さく、死傷者はいなかった。

*1：次の零戦攻撃隊：神雷部隊第7、第8建武隊、第4七生隊、第3、第4昭和隊、第4神剣隊、第3筑波隊、第3御盾隊（601部隊）

[4月16日 慶良間諸島 タルガ（AO-62）]

給油艦タルガ（AO-62）は浮かぶ爆弾だった。30万ガロン（約1,100キロリットル）の航空燃料が爆発したら壊滅的なものになる。艦橋に体当たりしたカミカゼ機は回転して前部凹甲板に落下した。*1 幸いガソリンは発火しなかったので、火災はすぐに鎮火した。周囲の艦艇は救われたが、タルガは負傷12名を出した。

菊水3号作戦で大きな損害が出た。プリングルは沈没し、ボウアーズ、ラフェイは大きな損害を受けた。ほかに12隻の艦艇がカミカゼの体当たりを受けて大小の損害を出した。合計で戦死171名、負傷299名を出した。

*1：第3護皇白鷺隊、第3八幡護皇隊（艦攻隊）、皇花隊（以上九七式艦攻）、第3八幡護皇隊（艦爆隊）（九九式艦爆）、菊水部隊天桜隊（天山）、第2昭和隊、第3神剣隊、第3七生隊（以上零戦）、第75振武隊（九九式襲撃機）、第40、第42、第69、第106、第107、第108振武隊（以上九七式戦）、第36、第38振武隊（以上九七式戦または九八式直協）、第79振武隊（九九式高練）、誠第33飛行隊（疾風）

[4月16日 慶良間諸島／沖縄本島 YMS-331 震洋]

4月16日0120、機動掃海艇YMS-331は慶良間諸島と沖縄本島の間で第52.6.3任務隊として掃海中に1隻の震洋から攻撃を受けた。震洋は艦の左舷後方から接近して後方を通り右舷後方に来た。YMS-331の20mm機関砲が命中弾を与え、わずか距離10フィート（約3m）で吹きとばした。激しい衝撃で艇が

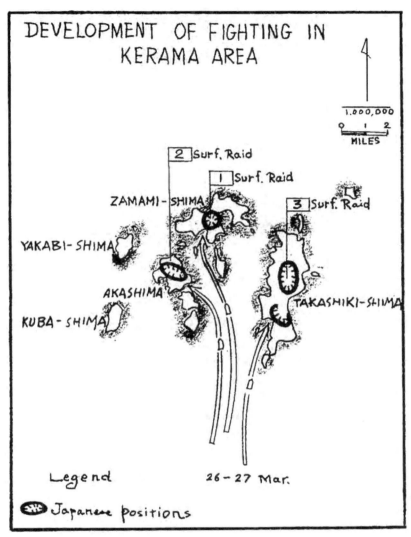

この慶良間諸島の地図は海軍水上特攻隊の場所を示している（Military History Section-General Headquarters Far East Command Military Intelligence Section General Staff. Japanese Monograph No. 135 Okinawa Operations Record, p. 154.）

揺れたが、死傷者は出ず、艇自体にも損害はなかった。(30)

猛攻続く　365

大型揚陸支援艇の乗組員が慶良間諸島で捕獲した震洋を調査している (Photograph courtesy Ed Castelberry)

海兵隊員が慶良間諸島阿嘉島で発見された震洋を警備している。震洋は洞窟に隠されトレーラーで海岸まで輸送された。トレーラーが手前の震洋の下に見える (Official USMC photograph)

7月6日、那覇の東で発見された震洋の派生型の写真。船首の部品は米軍が敷設した防御網を開き、ほかの艇が通過できるようにするためのネット切断具であろう（NARA 80G 325336.）

4月17日

[4月17日 南大東島沖 ベンハム（DD-796）]

　ベンハム（DD-796）は第58.6任務群のレーダー・ピケット艦としてほかの駆逐艦6隻と作戦を行なっていた。4月17日、沖縄東方で攻撃を受けた。15機から20機の大規模な攻撃隊がピケット艦に向かっていた。CAP機を指揮・管制したのはカッシング（DD-797）で、まもなく数機を撃墜した。この戦闘から生き残った日本軍機が散開して違う方向に向かった。0824、紫電2機がベンハムに接近したが、CAP機に撃墜された。*1

　0940、駆逐艦は、協同射撃で1機に砲火を浴びせて駆逐艦の間に撃墜した。この時、ベンハムは攻撃を受けた。0945、紫電1機がコラハン（DD-658）に急降下して最後の瞬間に水平飛行に移り、ベンハムの艦橋に向かった。*2　ベンハムは火砲をこれに向けるため左に回頭して最大戦速に入った。紫電はベンハムの砲火を何発も浴びて、操縦不能になり、最後はベンハムの艦尾張出部から50フィート（約15m）の海面に墜落して、その衝撃で爆発した。爆発の衝撃でパイロットは空中に放り出され、パラシュートが開い

猛攻続く　367

た。ベンハムの乗組員が見ていると遺体は海中に沈んだ。ベンハムの砲手は日本軍機が接近しているので射撃を続けた。5インチ砲弾がベンハムの近くで暴発して戦死1名、負傷8名を出した。(31)

*1：第3御盾隊（252部隊、601部隊）の彗星、零戦
*2：第3御盾隊（252部隊、601部隊）の彗星、零戦を紫電に誤認している。（『攻撃第三飛行隊（第二五二海軍航空隊）戦闘詳報第十八號（天號作戦菊水三號作戦（喜界島南東方敵機動部隊邀撃戦）自昭和二十年四月十七日至昭和二十年四月二十二日　第三航空艦隊　第二五二空　攻撃第三飛行隊』：第3御盾隊（252部隊）の彗星3機（操縦 金縄熊義上飛曹、同乗 福元猛寛少尉、操縦 岩崎豊秀二飛曹、操縦 岡部勇上飛曹〔いずれも同乗者なし〕）が0937、0925頃に敵空母に突入を報じている。同隊の彗星2機（操縦 溜一二三二飛曹、操縦 福本晴雄二飛曹〔いずれも同乗者なし〕）が敵艦船に突入せるものと認む、となっている。『第六〇一海軍航空隊戦闘詳報天一號作戦　第四號ノ一　自昭和二十年三月二十九日至昭和二十年四月十七日　第六〇一海軍航空隊　攻撃第一飛行隊　ほか』：第3御盾隊（601部隊）の彗星2機（操縦 岡田敏男中尉、同乗 和田守圭秀中尉、操縦 眞島豊二飛曹〔同乗者なし〕）が0938に今から突撃に転ず、と報じている）

4月22日

[4月22日] 慶良間諸島 イシャーウッド（DD-520）、スワロー（AM-65）]
4月22日、イシャーウッド（DD-520）は慶良間諸島付近で対潜直衛任務に就いていた。1725、距離11海里（約20km）に飛来する攻撃隊をレーダーで探知した。その直後、九九式艦爆3機が接近した。*1　2機はほかの艦艇に急降下したが外れ、1機がイシャーウッドを目標にした。九九式艦爆は距離11,000ヤード（約10.1km）で砲火を浴びたので方向を変え、数分後に右舷正横に現れた。

イシャーウッドは火砲をこれに向け続けるために急激な運動を行なったが、九九式艦爆は砲火を避け、海面上30フィート（約9ｍ）で最終突進を行なった。九九式艦爆が3番5インチ砲塔に体当たりしたので火災が起きた。爆雷の近くが炎に包まれ、消火を試みたができなかった。1816、爆雷が昇温発火を始め、イシャーウッドの艦尾に大きな損害を与えた。戦死42名、負傷41名を出した。

火災が消え、浸水が止まったので、イシャーウッドは自力で慶良間諸島に向かった。この途中の1857、イシャーウッドは零戦1機に砲火を浴びせた

が、艦隊掃海艇スワロー（AM-65）への体当たりを阻止することができなかった。*2　この体当たりはスワローの右舷艇中央部喫水線に当たり完璧だった。スワローは浸水で45度傾斜して、数分後に50m下の海底に沈んだ。戦死は２名、負傷９名だけだった。(32)

*1：次の攻撃隊の機体を九九式艦爆に誤認している：第79、第80、第81振武隊（以上九九式高練）、第105、第109振武隊（以上九七式戦）、第31振武隊（九九式襲撃機）

*2：飛行第19戦隊の飛燕を零戦に誤認している。（渡部国臣、坂元茂、小野博各少尉）（『陸軍航空特別攻撃隊各部隊総覧』（第１巻）p. 118）

[４月22日 沖縄西方 ワズワース（DD-516）、ハドソン（DD-475）、ランサム（AM-283）]

　イシャーウッドがカミカゼ機と戦っていた時、ワズワース（DD-516）も攻撃を受けた。1829、彗星１機がワズワース目がけて突進したが、ワズワースの40mmと20mm機関砲の砲火を浴びた。*1　彗星は針路から外れ、ワズワースの右舷舷側から15フィート（約4.5m）の海面に墜落した。２機目の彗星も砲火を浴び、煙を噴いて逃げ去った。ワズワースは船体に軽い損害を受けたが、負傷１名だけだった。(33)

　ハドソン（DD-475）は幸運な艦だった。戦争期間中、乗組員から戦死者を出さなかった。いちばん危なかったのは４月22日、カミカゼ機がハドソンの上を通過してから舷側のすぐ横の海面に激突した時だった。*2　途中で１人の兵曹の頭をかすめた。これがハドソンにとって戦争を通じて唯一の人的損害で、しかも負傷で済んだ。(34)

　艦隊掃海艇ランサム（AM-283）は九九式艦爆１機が突進して来た時、危機一髪だった。*3　砲手が九九式艦爆に砲火を浴びせ、200ヤード（約180m）まで接近した時に炎上させた。ランサムが最後の瞬間に鋭い右回頭をしたので、九九式艦爆はランサムを外し、左舷正横15フィート（約4.5m）に墜落した。爆弾が爆発して艇に軽い損害が出た。死傷者はいなかった。

*1：飛行第19戦隊の飛燕を彗星に誤認している。（操縦者は前述の通り）

*2：第79、第80、第81（以上九九式高練）、第105、第109振武隊（以上九七式戦）、第31振武隊（九九式襲撃機）、飛行第19戦隊（飛燕）、誠第119飛行隊（屠龍）

*3：次の攻撃隊の機体を九九式艦爆に誤認している：第79、第80、第81（以上九九

猛攻続く　369

式高練)、第105、第109振武隊（以上九七式戦)、第31振武隊（九九式襲撃機）

[４月22日 RPS#14 LCS(L)-15]

4月22日、RPS#14で哨戒したのはウイックス（DD-578)、ヴァン・ヴァルケンバーグ（DD-656)、ロケット中型揚陸艦LSM(R)-195、大型揚陸支援艇LCS(L)-15、-37、-83だった。1700、RPSに接近する攻撃隊を探知した。読谷の第31海兵航空群（MAG-31）のF4Uコルセア10機が上空で哨戒に就き、飛来する日本軍機の迎撃に向かい、何機かを撃墜した。九九式艦爆１機がコルセアの群れを通り抜けてウイックスに突進したが、ウイックスの砲で撃墜された。[1]

1828、別の九九式艦爆がウイックスに向かったが、ウイックスの砲火を受けると針路を変更してLCS(L)-15を目標にした。九九式艦爆がLCS(L)-15の左舷舷側に体当たりすると爆弾が爆発して、LCS(L)-15は致命傷を負った。数秒で右舷に30度傾斜し、火災が艇内に広がった。1832、総員離艦が命じられ、船尾から沈んだ。1834、負傷者は浮遊している破片に捕まり、海面に浮いていた。RPS#14のほかの艦艇は生存者を引き上げた。戦死15名、負傷11名だった。

[1]：次の攻撃隊の機体を九九式艦爆に誤認している：第79、第80、第81振武隊（以上九九式高練)、第105、第109振武隊（以上九七式戦)、第31振武隊（九九式艦襲撃機）

４月27日

[菊水４号作戦]

菊水４号作戦は４月27日に始まり翌28日に終了した。沖縄の艦艇に向かったのはカミカゼ115機とその直掩、通常攻撃の航空機だった。[1] 多くの艦艇がカミカゼの体当たりを受けたが、それ以前の作戦と比べると損害は大きくなかった。

[1]：この時、陸軍は第４次、第５次と２回の航空総攻撃を行なったので、次回菊水作戦以降の陸軍の総攻撃番号は海軍よりも一つ大きな番号になる。

[4月27日 渡具知沖 ヴィクトリー船カナダ・ヴィクトリー、ラスバーン（APD-25）]

　4月27日2145、渡具知海岸沖に停泊したヴィクトリー船カナダ・ヴィクトリーがカミカゼの犠牲になった。上空を覆っていた小型艦艇からの煙幕が薄くなると、カミカゼ機に見つかり攻撃を受けた。乗船していた武装衛兵の戦闘報告は次の通り。

　　　4月27日1930前後、近くに敵機襲来の連絡が無線で入ったので、総員配置を発令した。小型艦艇は本船の上空に煙幕を張るよう指示された。2115、煙幕のオイルがなくなったので、本船は補給品陸揚げのため海岸に向かうよう指示された。すでに太陽が沈み、月がわずかに照っているだけの時刻だった。日本軍機1機が月に照らされた本船のシルエットを頼りに音もなく突進した。*1　敵機が後檣に体当たりして後方に落下する直前まで、これを見ることができなかった。同時に起きた爆発で舷側が噴き飛ばされ、本船は沈みだした。

　　　2200、ウイリアム・マクドナルド船長が総員離船の命令を出したので、生存者は離船した。生存者を付近にいた小型艦艇が引き上げ、必要に応じ救急処置を施した。

　　　爆発で海軍兵2名が戦死した。W・C・ノア一等水兵（認識番号849 35 39）はやけどで死亡し、沖縄の陸軍墓地に埋葬された。エドワード・O・ジョンストン一等水兵（認識番号850 15 61）は戦闘中に死亡した。ジョンストンの首のない遺体が見つかり、武装衛兵が身元を確認した。遺体は船上に残され、船とともに沈んだ。(35)

　カナダ・ヴィクトリーは船尾から沈んだ。戦死3名、負傷5名を出した。

　4月27日夜、高速輸送艦ラスバーン（APD-25）は輸送船団直衛として渡具知沖で哨戒中に攻撃を受けた。2207、ラスバーンが警戒態勢に入った時、6機編隊の日本軍機のうちの1機が左舷艦首に体当たりした。*2　機体のエンジンと100kg爆弾がラスバーンの船体を貫通して右舷舷側横の海中で爆発した。ラスバーンの前部は炎上するガソリンに覆われたが、すぐに鎮火した。体当たりした機体はラスバーンの左舷に落ちて海没した。ラスバーンは辛くも沈没から免れた。修理を受けるため自力で泊地に戻ったが、艦首にあいた穴のため、最大速力は7ノット（約13km/h）だった。

　　*1、*2：誠第33飛行隊の疾風。（福井五郎、天野博、石垣正嘉、内田雄二、橋場昇

各少尉）（『陸軍航空特別攻撃隊各部隊総覧』（第1巻）p.92）飛行第29、第108戦隊が制空、誘導で同行した。（『沖縄・臺湾・硫黄島方面　陸軍航空作戦』（戦史叢書第36巻）p.531）

[4月27日 沖縄本島東沖 ラルフ・タルボット（DD-390）]
　4月27日、ラルフ・タルボット（DD-390）は哨戒中に日本軍機2機から攻撃を受けた。*1　ラルフ・タルボットの戦闘報告は次の通り。

　　2201、航空機のエンジン音が艦上で聞こえた。単発戦闘機が本艦の正面、高度100フィート（約30m）に現れ、高速、40度の急降下で艦橋に向かって来た。この時、本艦はジグザグ運動中で取舵を切って左に回頭したところだった。これで上部構造物への直撃が避けられたのだと考えられる。カミカゼ機は艦橋のウイングから25フィート（約8m）のところを300ノットから400ノット（約555km/hから約740km/h）で通過し、4番砲塔の前方、フレーム165番の右舷に体当たりした。主翼の1枚が胴体から分離して4番砲塔の後ろまで飛び、爆雷投下軌条と後部発煙器をつぶして、多くの死傷者を出した。エンジンと胴体は喫水線近くの舷側に当たって14フィート×16フィート（約4.3m×約4.9m）の穴をあけ、燃料タンク、弾薬庫、居住区画を破壊した。主翼の残骸からこぼれたガソリンで艦尾張出部に小規模の火災が発生したが、4番砲塔の生存者が消火ホースを使ってすぐに消火した。カミカゼ機が艦橋を通過した時、爆弾および増槽タンクが見えなかったことと、爆発がなかったので、爆弾は搭載しておらず、残燃料も少なかったことが分かる。機体残骸を艦上から洗い流すと、本艦の航跡から大きな炎が上がった。(36)

　3分後、カミカゼの2機目が右舷後方に飛来して、ラルフ・タルボットから25フィート（約8m）の海面に墜落した。*2　ラルフ・タルボットで火災と浸水が発生したが、2213には収まった。戦死5名、負傷9名を出した。この後、修理のため慶良間諸島に自力で向かった。

　*1、*2：誠第33飛行隊の疾風。（操縦者は前述の通り）飛行第29、第108戦隊が制空、誘導で同行した。（『沖縄・臺湾・硫黄島方面　陸軍航空作戦』（戦史叢書第36巻）p.531）

[4月27日〜28日 RPS#1 ベニオン（DD-662）]

　沖縄周辺のRPSの艦艇は再び攻撃対象になった。4月27日、RPS#1で哨戒したのはマスティン（DD-413）、敷設駆逐艦アーロン・ワード（DM-34）、大型揚陸支援艇LCS(L)-11、ロケット中型揚陸艦LSM(R)-191だった。27日夜、アーロン・ワードのレーダーが飛来する日本軍機を探知した。2130、アーロン・ワードは1機を撃墜した。*1　15分後、次の攻撃隊が飛来したが、艦艇の砲火で撃退された。攻撃隊の襲来、艦艇の砲火、攻撃隊の撤退のパターンは28日に入ってからも続いた。

　28日0240、鹿屋から出撃した一式陸攻2機がRPS#1を爆撃しようとしたが、爆弾は全弾外れた。*2　そこで一式陸攻2機はアーロン・ワードに体当たりしようとしたが最終突進で両機とも撃墜された。その後、ベニオン（DD-662）、アンメン（DD-527）、LCS(L)-23がそれぞれアーロン・ワードとマスティン、LCS(L)-11と交代した。

　昼間は比較的静かだったが、1830になり、戦闘が始まった。ベニオンが飛来する攻撃機を探知し、CAP機を迎撃に誘導すると、CAP機は12機を撃墜した。*3　CAP機の勇気ある行動にもかかわらず、攻撃隊の何機かがその防御網を突破した。隼1機がベニオンに急降下して、艦の砲火を何発も浴びながらもベニオンの2番煙突にぶつかり右舷舷側横の海面に落下した。*4　艦自体の損害は軽微で、死傷者は出なかった。

　　*1：誠第33飛行隊の疾風。（操縦者は前述の通り）飛行第29、第108戦隊が制空、誘導で同行した。（『沖縄・臺湾・硫黄島方面　陸軍航空作戦』（戦史叢書第36巻）p. 531）
　　*2：706空の一式陸攻で通常攻撃。（『沖縄方面海軍作戦』（戦史叢書第17巻）pp. 458-459）
　　*3：次の攻撃隊：第2正統隊、第3草薙隊（以上九九式艦爆）、第1正気隊、八幡神忠隊、（以上九七式艦攻）、第61振武隊（疾風）、第6神風桜花特別攻撃隊神雷部隊。（桜花搭乗員は山際直彦一飛曹）（『神風特別攻撃隊々員之記録』p. 59）
　　*4：第61振武隊の疾風を隼に誤認している。

[4月27日〜28日 沖縄沖 ハッチンス（DD-476）　マルレ]

　マルレと震洋は体当たり用に特別に設計した小型艇だったが、時により各種小型舟艇が攻撃に使用された。特攻艇が米軍の航空、海上攻撃で減耗したからだった。4月26日から27日の夜、このような小型舟艇が砲艇型上陸支援艇LCI(G)-763を攻撃した。

猛攻続く　373

4月27日0501、LCI(G)-763は左舷後方距離400ヤード（約370m）に小型舟艇を発見した。小型舟艇は探照灯を当てられて立ち去るように見えたが、方向を変えてLCI(G)-763に向かって来た。LCI(G)-763の艇長H・H・ゴフ大尉は最後の瞬間に艇の速力を上げると、小型舟艇はLCI(G)-763の後ろ10ヤード（約9m）を通過した。LCI(G)-763は回頭して小型舟艇に40mm、20mm機関砲弾を浴びせ、炎上沈没させた。交戦で小型舟艇の乗員2人が戦死した。小型舟艇の乗員は米艦艇をライフル銃と手榴弾で攻撃しようとしたようである。沖縄作戦のこの頃、マルレと震洋は破壊され、日本軍は攻撃のために手元にあるものは何でも使用した。

4月28日0013、LCI(G)-347は左舷方向距離数百ヤード（約数百m）に小型舟艇を発見した。それは震洋がするようにゆっくりと動いていたので、最初は小型舟艇がいることが分からなかった。見張員はそれを白波かと思ったが、よく見ると日本軍の小型舟艇だった。小型舟艇は40mm機関砲弾と50口径12.7mm機関銃弾を浴びると、LCI(G)-347から35ヤード（約32m）で行き足が止まった。砲手は狙いを定めて撃った。巨大な爆発が起き、LCI(G)-347も揺れて数秒間電力が失われた。幸運にもLCI(G)-347は無事だった。

中城湾で作戦を行なったのは岡部茂己大尉が率いる陸軍の海上挺進第27戦隊だった。のちの日本軍の推定によると＜作戦開始直前保有せし出動可能舟艇数約二百八十隻（第二十九戦隊は一中隊のみ到着しありてその主力は乗船沈没の為奄美大島に滞留す）にして出撃命中せりと推定せらゝもの百二十四隻判定せる撃沈敵艦艇数輕巡以下十数隻なり＞で、(37) ほかの舟艇は陸上に置かれたまま地上軍または艦艇の攻撃の犠牲になった。

これに先立つ4月25日、海上挺進第27戦隊は15隻の舟艇で攻撃をしたが、中城港内の米艦艇の防御砲火で多くを失った。

4月27日夜、海上挺進第27戦隊は中城湾の豊見城基地から別の攻撃を仕掛けた。14隻で出撃したが、暗い夜のため目的地に到達したのはわずかだった。その日、ハッチンス（DD-476）は中城湾で擾乱砲撃を行なっていた。停泊した時、見張員の1人が左舷方向に鈍いエンジン音を聞いたが、何も見えなかった。

　0435を30秒過ぎた時、高速で小型の平底型の舟艇が4番40mm機関砲から25フィート（約8m）のところで高速回頭して本艦から離れて行くのが見えた。1番40mm機関砲の見張員もそれを見たが、ボート・ダヴィット（搭載艇揚卸装置）から吊り下がっていた搭載艇で視界を阻まれ、一部しか見ることができなかった。0436、小型艇が本艦から離れた

30秒後に左舷前部爆雷投射機付近で大きな爆発が起きた。(38)

　爆風で多くの乗組員が隔壁に叩きつけられ、倒された。負傷者の多くが捻挫、打撲をしており、2人は背骨を折ったようだった。後部機関室が損害を受け、毎分7.6キロリットルの海水が浸水していた。応急員が応急防水を施して浸水を止め、損害を調査した。ハッチンスは損害を負ったが、致命的ではなかった。翌朝、プレストン（DD-795）に付き添われて慶良間諸島に戻り、そこで修理を受けた。
　大型揚陸支援艇LCS(L)-37は中城湾の海岸線で、LCS(L)-24、-38、-39、砲艇型上陸支援艇LCI(G)-679とともに特攻艇の捜索哨戒に就いていた。特攻艇は中城湾の砂丘に隠れ、夜間に容易に出撃できたので、中城湾で作戦を行なう艦艇は常に特攻艇の脅威にさらされていた。この地域は知名崎といわれ、艦艇が海岸に艦砲射撃をしても特攻艇を破壊できたのか分からない場所だった。

4月28日

［4月28日 沖縄沖 LCS(L)-37、ヴィクトリー船ボウズマン・ヴィクトリー マルレ］
　4月28日0028、大型揚陸支援艇LCS(L)-37の見張員が距離1,000ヤード（約900m）に航行標識ブイらしきものを発見した。LCS(L)-37がそちらに近付くと、それは正面から高速走行を始めた。不幸にも通信員がつまずいて砲術士官の交話装置が外れたので対応が遅れた。砲手に射撃命令が出されたが、マルレは接近しており、俯角を十分にとることができなかった。マルレの乗員は爆雷2発を左舷艇側横に投下して方向転換して速力を上げた。爆雷は2発ともLCS(L)-37の艇底の下で爆発した。マルレが速力を上げて逃げようとした時、LCS(L)-37の砲手がマルレを粉砕して乗員を殺した。マルレから放り出された同乗者はLCS(L)-37の機関銃で射殺された。マルレとの戦闘は数分で終わり、3名が軽い負傷を負っただけだった。LCS(L)-37は沈没しなかったものの、船体に大きな損害をこうむった。主機関は修理不能な損害を受け、舵は固定されたが、LCS(L)-37は攻撃から生き残った。近くで哨戒していたロケット歩兵揚陸艦LCI(R)-648が支援に来て、1発目の爆雷の爆発で舷側から放り出された者を救助した。翌日、慶良間諸島へ修理のため曳航された。(39)　日本軍は駆逐艦1隻と輸送艦1隻を撃沈したと発表したが、実際の戦果はLCS(L)-37だけだった。

その日、小型艦艇はマルレを湾に閉じ込め、称賛に値する仕事をしたが、すべてを阻止することはできなかった。4月28日0210、ヴィクトリー船のボウズマン・ヴィクトリーは停泊中に小型舟艇1隻の攻撃を受け、危機一髪だった。船殻外板、ベアリングなどの部品が損害を受けた。損害は大きかったが、船体に穴はあかず、乗組員に負傷者はいなかった。左舷プロペラ・シャフトのベアリング数個に亀裂が入り、船の機能が損なわれた。ボウズマン・ヴィクトリーは6,000トンの爆発物を積載していたので、この攻撃は大きな破壊につながるところだった。(40)

4月28日0545、LCS(L)-40は哨戒中に知名埼海岸近くの防波堤付近で多数の小型艇を発見した。砲火を浴びせ、8隻を海岸で破壊した。おそらくこれらは特攻艇だった。翌29日0520、知名埼の海岸で別の小型艇4隻を発見した。翌週もこの海域は特攻艇と特攻泳者で騒がしかったが、すべて沈められるか簡単に掃討された。

[4月28日 RPS#2 デイリー(DD-519)、トウィッグス(DD-591)]

4月28日、RPS#2で哨戒したのはデイリー(DD-519)、トウィッグス(DD-591)だった。1700、8機から10機の攻撃隊を探知した。30分後、九九式艦爆の編隊2個が右舷と左舷に分かれて現れた。*1　デイリーの砲手は九九式艦爆3機を簡単に仕留めた。デイリーの艦橋を狙った4機目は40mm、20mm機関砲弾を浴びたが、突進を続けた。九九式艦爆はデイリーの2番魚雷発射管にぶつかり、そのまま左舷から25ヤード(約23m)の海面に落ちて爆発した。数分後にも艦尾方向の1機を撃墜した。艦自体の損害は少なかったが、戦死2名、負傷15名を出した。トウィッグスは2機を撃墜したが、爆発が艦の近くだったので、船体の継ぎ目が裂けた。自力で安全な場所まで戻り、負傷は2名だけだった。

*1：第2正統隊、第3草薙隊（以上九九式艦爆）。

[4月28日 沖縄本島西沖 ピンクニー(APH-2)]

4月28日、負傷者後送艦ピンクニー(APH-2)と病院船コンフォート(AH-6)はカミカゼ機の体当たりを受けた。戦闘艦艇ではないので、敵対行為の対象外と考えていたが、それは誤りだった。1931、ピンクニーが慶良間諸島で停泊しているとその上部構造物の後端部に九九式艦爆が体当たりした。*1　火災が起きて乗組員多数を殺傷した。体当たりで甲板に直径30フィート(約9m)の穴があき、浸水が始まった。救難曳船などの小型艦艇が消

火を支援したが、鎮火まで3時間を要した。ピンクニーは慶良間諸島で仮修理を行なった後、5月9日に本格的な修理のため米国に向かった。(41)　戦死35名、艦長のA・A・ダウニング中佐を含む12名が負傷した。(42)　船体が海軍の灰色標準塗装だったので、カミカゼのパイロットが攻撃輸送艦などと間違えた可能性はある。明らかにカミカゼ機は慶良間諸島に帰投するマーチンPBMマリナー飛行艇の後を飛行して探知されないようにしていた。

　　　*1：次の攻撃隊の機体を九九式艦爆に誤認している：第67、第76、第77、第106、第108、第109振武隊（以上九七式戦）、第102振武隊（九九式襲撃機）

［4月28日 沖縄本島南沖 コンフォート（AH-6）］
　28日2041、コンフォートを攻撃したカミカゼ機はこのような欺瞞を使わず接近した。*1　コンフォートが体当たりを受けたのは、沖縄南端を真南に向かって航行している時で、月に明るく照らされていた。カミカゼ機は檣の高さで船上を通過して、旋回してから高度をとって、上部構造物に体当たりした。カミカゼ機の爆弾が船殻を貫通して手術室に大きな損害を与えた。「攻撃を受けた時、乗船していた陸軍医療部隊の手術要員の全員とコンフォート所属海軍軍医は沖縄から後送された負傷者に手術を行なっていた。手術室全体が破壊されたので、脳しんとうを起こした陸軍の外科医以外のそこにいた全員は瞬時に死亡した」(43)　小規模な火災が派生し、艦は少し傾いたが、まもなく回復した。死傷者の中には医師、看護師、乗組員、患者がいて合計で戦死30名、負傷48名を出した。

　　　*1：誠第34飛行隊の疾風、飛行第105戦隊の飛燕。

［4月28日 RPS#12 ワズワース（DD-516）］
　4月28日、RPS#12で哨戒したのはワズワース（DD-516）、ロケット中型揚陸艦LSM(R)-190、-192だった。2007、各艦艇はカミカゼ攻撃への対応で手いっぱいだった。LSM(R)-190が1機を撃墜し、ワズワースも九七式艦攻1機を撃墜した。ワズワースの2機目も九七式艦攻で、すぐ横を通過してワズワースが艦載していた小型搭載艇に当たり、舷側近くの海面で爆発した。*1これによる死傷者はなかったが、ワズワースは軽い損害を受けた。ワズワースはその後も2時間で2機を撃墜したが、体当たりを受けることはなかった。

猛攻続く　377

*1：白鷺赤忠隊の九七式艦攻。忠誠隊の彗星を九七式艦攻に誤認した可能性あり。

[４月28日　沖縄本島西沖　LCI(G)-580＞
　ワズワースがカミカゼと戦った少し後、砲艇型上陸支援艇LCI(G)-580が体当たりを受けた。沖縄西方の対小型舟艇哨戒ステーションに向かっている時で、沖縄本島と慶良間諸島の中間を航行中に攻撃を受けた。日本軍機は北から南に突進したが、砲手は機体が離れて行くまで見つけることができなかった。数分後の2048、日本軍機は旋回してから突進して来て右舷舷側に体当たりした。*1　爆弾が船体近くで爆発し、40mm機関砲ガン・タブの砲手が負傷した。LCI(G)-580は体当たりを受けて船殻と上部構造物に金属片による穴があいたが、比較的損害は小さかった。LCI(G)-580はすぐに火災を消火して負傷者後送と修理のため慶良間諸島に向かった。負傷者は６名で、多くは前部ガン・タブにいた。(44)
　砲艇型上陸支援艇のような小型戦闘艦艇は小型で船体の板厚が薄いので、このような時には損害が大きくなることがある。カミカゼ１機で容易に沈没し、事実このような小型艦艇がカミカゼ攻撃の後に沈没している。

*1：誠第34飛行隊の疾風、飛行第105戦隊の飛燕、誠第119飛行隊の屠龍。

４月29日

[４月29日 与論島東方 ハガード（DD-555）、ヘイゼルウッド（DD-531）]
　４月の最後の２日間も沖縄の艦艇は休む暇がなかった。常にカミカゼの脅威にさらされていたので、総員配置にしていた艦艇が多かった。４月29日、ハガード（DD-555）、ウールマン（DD-687）、ヘイゼルウッド（DD-531）はA・W・ラッドフォード少将が率いる第58.4任務群の空母を直衛する部隊の艦艇だった。
　1627、海域に敵味方不明機がいるとの報告で艦艇は総員配置を発令した。３機が接近したが、艦艇の射程に入るとすぐに方向を変えた。1653、零戦４機が接近したが、ウールマンの砲火を浴びた。ウールマンはハガードに「零戦４機、我々の周囲にいる。頭上だ。零戦２機がそちらに向けて急降下中」(45)と連絡した。ハガードの見張員は艦尾方向から零戦五二型１機がF6Fヘルキャット４機に追われながら接近するのを見つけた。ハガードは40mm、20mm機関砲の砲火を向けたが、命中させることはできなかった。
　零戦は針路を保ち、F6Fヘルキャット１機が追跡していた。零戦はハガー

ドと並行に飛行して正横に来た時、旋回してハガードに向かい、機銃掃射をした。1657、零戦はハガードの右舷喫水線の下に体当たりした。*1　1分後、零戦五二型の2機目も突っ込んできたが、艦首から10フィート（約3m）の海面に墜落して爆発した。海水と機体の破片がハガードの艦橋に降り注いだ。浸水と火災が始まったが、サン・ディエゴ（CL-53）、ウォーカー（DD-517）、ヘイゼルウッドが支援に来た。ウォーカーがハガードを曳航して慶良間諸島に向かった。ハガードは戦死11名、負傷40名を出した。

　ハガードが体当たりを受けた直後、ヘイゼルウッドはハガード防衛のため横にいるように命令を受けた。1720、別の日本軍機が現れた。1機がヘイゼルウッド目がけて急降下して左舷後方の艦近くの海面に墜落した。10分後、2機目が後方から飛来した。機銃掃射をしながら接近して、右主翼を後部煙突と44番方位盤に当て、最後は上部構造物に体当たりした。搭載していた爆弾が甲板上で爆発し、その一帯は炎で覆われた。*2

　サン・ディエゴ、フリント（CL-97）、マクゴーワン（DD-678）、メルヴィン（DD-680）、コラハン（DD-658）が支援に来て、艦外に投げ出された

4月29日、ヘイゼルウッド（DD-531）がカミカゼ攻撃を受けた後の写真（Official U.S. Navy photograph.）

猛攻続く　379

生存者、負傷者を引き上げた。マクゴーワンとメルヴィンがヘイゼルウッドの舷側に来て海水放水を行なった。(46) ヘイゼルウッドの死傷者は多く、戦死は艦長のV・P・ドウ中佐を含む46名、負傷は26名だった。ヘイゼルウッドはマクゴーワンに曳航された。翌朝までには自力で慶良間諸島に向かえるようになったが速力は遅かった。

*1、*2：次の零戦攻撃隊：第5昭和隊、第4筑波隊、第5七生隊、神雷部隊第9建武隊。（第5昭和隊の可能性が高い。『谷田部海軍航空隊鹿屋基地爆戦隊戦斗詳報（菊水第四號作戦）　第十航空艦隊　谷田部空鹿屋基地爆戦隊』：1702に外山少尉（戦闘詳報が一部欠けているので、機番号などから推測した）、1707に安田弘道少尉、1709に木部崎昇少尉から必中突入中との連絡あり。無線機を搭載していなかった安田少尉僚機の藪田博二飛曹と木部崎少尉僚機の市島保夫少尉も突入したとみなされている）

4月30日

[4月30日 名護湾 リバティ船S・ホール・ヤング]
　4月30日0345、ピーター・F・バトラーが船長のリバティ船S・ホール・ヤングは名護湾で停泊中にカミカゼ1機の体当たりを受け、火災が発生した。*1　積載品はガソリンと爆発物だったが、それに延焼する前に乗組員が消火した。S・ホール・ヤングに穴があき、修理が必要だったが、負傷1名で済んだ。

*1：4月29日に出撃した第18、第19振武隊（以上隼）、第24振武隊（屠龍）の可能性があるが、離陸後約4時間経過している。夜間戦闘機との接触を避けるため迂回飛行をした模様。

5月1日

[5月1日 慶良間諸島 テラー（CM-5）]
　5月1日0400、敷設艦テラー（CM-5）は慶良間諸島で停泊中に体当たりを受けた。テラーの周辺に日本軍機1機が現れ、これに沿岸警備隊のカッター（巡視船）のビッブが砲火を浴びせた。しかし、日本軍機は突進を続け、テラーの右舷舷側に体当たりした。*1　搭載していた爆弾の1発は通信甲板で爆発し、もう1発は甲板を貫通して下で爆発した。艦自体の損害は大きか

ったが、火災は弾薬庫に達しなかった。ビッブはすぐに軍医を支援のため送り込もうとした。しかし、軍医はテラーに移乗しようとした時に負傷してビッブに戻ったので、ビッブから別の軍医がテラーに送り込まれた。テラーは戦死48名、負傷123名を出した。テラーは沖縄で仮修理後、5月8日に完全修理のためサイパンに向かった。(47)

　*1：飛行第19戦隊（飛燕）。4月30日2336に出撃したが、一度帰投した後再度出撃した。（栗田常雄軍曹）（『陸軍航空特別攻撃隊各部隊総覧』（第1巻）p. 118）

第14章　遺体を片付けた

5月3日

［菊水5号作戦］
　5月3日から4日、カミカゼ125機とその支援機からなる菊水5号作戦が実施された。

［5月3日 RPS#9 マコーム（DMS-23）］
　RPS#9で哨戒したのはバッチ（DD-470）、掃海駆逐艦マコーム（DMS-23）、大型揚陸支援艇LCS(L)-89、-111、-117だった。1810、バッチは飛来する敵味方不明機を探知し、各艦艇は総員配置を発令した。戦闘空中哨戒機（CAP機）の指揮・管制は揚陸指揮艦マウント・マッキンレイ（AGC-7）からマコームに移管された。この移管で通信に問題が起き、CAP機が飛来する日本軍機を迎撃するのが遅れた。
　1829、飛燕が最初のカミカゼ機として現れたが、バッチの左舷後方に墜落した。*1　1分後、2機目の飛燕がマコームの3番砲塔に体当たりした。爆弾はマコームの船殻を貫通し、左舷舷側から飛び出して海中で爆発した。そのため、損害は限定的で、体当たりによる火災はまもなく鎮火した。マコームは戦死4名、行方不明3名、負傷14名を出した。(1)

*1：飛行第17戦隊の飛燕。（下山道康、辻中清一、斉藤長之進各少尉、原一道曹長）（『陸軍航空特別攻撃隊各部隊総覧』（第1巻）p. 116）

［5月3日 RPS#10 アーロン・ワード（DM-34）、リトル（DD-803）、LSM(R)-195］
　5月3日、RPS#10で哨戒したのは敷設駆逐艦アーロン・ワード（DM-34）、リトル（DD-803）、ロケット中型揚陸艦LSM(R)-195、大型揚陸支援艇LCS(L)-14、-25、-83だった。リトルとアーロン・ワードは支援艦艇から5海里（約9.3km）離れていた。支援艦艇がいないと、両艦が生き残る可能性

は低くなる。通常、戦術指揮・管制士官は戦闘機指揮・管制駆逐艦に乗艦しており、各種艦艇を配置する権限を持っていた。敵味方不明機 2 機を距離27海里（約50km）でレーダー探知してグラマン F6F ヘルキャット 4 機の CAP 機を迎撃に向かわせた。日本軍機 2 機が CAP 網を通り抜け、F6F ヘルキャットに追われながらアーロン・ワードに突進した。日本軍機は 2 機とも九九式艦爆で、1 機はすぐに撃墜された。この機体の部品が海面を跳躍してアーロン・ワードの艦首に落ちた。2 機目はアーロン・ワードから距離1,200ヤード（約1.1km）で炎に包まれた。*1　九九式艦爆 2 機に気をとられている間に、身を隠していた零戦 1 機がアーロン・ワードの砲火を通り抜けて体当たりした。*2　爆弾の爆発で後部機関室と缶室で火災が発生し、浸水も始まった。乗組員から死傷者が多数出た。アーロン・ワードは大きな損害を受け、行き足が落ちた。さらに舵が固定されて左に回頭した。1859、別の攻撃隊が襲来した。アーロン・ワードは九九式艦爆 1 機と一式陸攻 1 機を撃墜した。*3,*4 しかし、別の九九式艦爆 1 機がアーロン・ワードの砲火を受けながら突進して、煙突に当たり、舷側近くの海面に墜落した。*5　すぐに別の九九式艦爆 1 機も現れて、アーロン・ワードの砲弾を何発も被弾しながらもその上甲板に体当たりした。爆弾は左舷正横近くで爆発して、アーロン・ワードの船体に穴をあけた。*6　数秒後、別の九九式艦爆も体当たりし、1916には零戦も体当たりした。*7,*8　炎上するガソリンが甲板を覆い、40mm機関砲弾が発火して消火と負傷者の手当が妨げられた。九九式艦爆 3 機と零戦 2 機の体当たりを受けてアーロン・ワードは行き足が止まった。地獄の戦いはまだ終わらなかった。1921、煙と火災で周囲が見えにくい時、日本軍機 1 機が忍び寄り、上部構造物甲板の 2 番煙突の付け根に体当たりした。*9　アーロン・ワードの戦闘報告は次の通り。

　　敵機は爆弾を搭載していた。爆発で機体、2 番煙突、探照灯、26番砲と28番砲は空中に吹き飛び、上甲板上の 1 番煙突後方の上部構造物甲板に大量の破片が落下した。後部缶室の上の上甲板に大きな穴があいた。
　　これが本艦にとって最後の体当たりだった。カミカゼ 6 機、そのうち 3 機は爆装で、このほかに 1 番煙突に敵機が当たったが損害は小さかった。一方、4 機を撃墜した。(2) *10

アーロン・ワードの乗組員は必死になって艦が沈まないようにした。
　1843、リトルは最初のカミカゼ機の体当たりを左舷に受け、数分後に別のカミカゼ機の体当たりも受けた。*11　この 2 回の体当たりの間に 1 機を撃墜

遺体を片付けた　383

した。1845、リトルの右舷方向と上空からの零戦2機が同時に体当たりした。*12　零戦が搭載していた爆弾でリトルのキールが壊れ、リトルは右舷に傾いた。艦長のマジソン・ホールJr.中佐は総員離艦を命じた。1855、リトルは波間に沈み、カミカゼ攻撃の犠牲になった。カミカゼ4機の体当たりを受け、2機を撃墜した。LCS(L)-83とニコルソン（DD-442）が生存者を引き上げた。(3)　リトルは戦死30名、負傷79名を出した。

　アーロン・ワードとリトルが攻撃を受けたので、支援艦艇は火力支援のため2隻に向かった。LSM(R)-195は右舷の機関が故障したのでほかの艦艇より遅れ、日本軍にとって格好の目標になった。ロケット中型揚陸艦は上陸作戦に先立って敵の海岸を攻撃するロケット艦として設計されていたので、対空支援として最適な選択ではなかった。双発機2機が現れ、1機がLSM(R)-195の左舷から霰のような砲火の中を突進して左舷舷側に体当たりした。*13　ロケット弾と弾薬が爆発して損害を拡大させて火災が広がった。消火ポンプは体当たりの衝撃で壊れ、火災とロケット弾の爆発が続いていた。艇長のW・E・ウッドソン大尉は総員離艦を命じた。その後25分でLSM(R)-195は沈没した。沈没直後、火災が5インチロケット弾薬庫に達して巨大な海中爆発が起きた。2145、バッチ（DD-470）が到着して生存者の引き上げを開始した。(4)　LSM(R)-195は戦死8名、負傷16名を出した。

　大型揚陸支援艇3隻も戦闘に参加した。1909、LCS(L)-25にカミカゼ機が突進した。LCS(L)-14はこれに砲火を加え、LCS(L)-25の後方で撃墜した。大きな機体部品が海面を跳躍して、LCS(L)-25の檣を壊し、ほかの部品は破片となって艇の上に降り注いだ。戦死1名、負傷8名で2人が甲板から放り出されたが救助された。

　1916、LCS(L)-83に2機が急降下したが、2機とも外れて海面に激突した。LCS(L)-83は、リトルとLSM(R)-195の方に向かう途中で別のカミカゼ1機から攻撃を受けたがすぐに撃墜した。生存者を救出している間、隼1機の接近を防いでいた。*14　LCS(L)-83の砲手はこれに多くの砲弾を浴びせ、艇の近くで撃墜した。

　敷設駆逐艦シャノン（DM-25）は近くで直衛任務に就いていたが、アーロン・ワードの支援に向かった。2100にRPS#10に到着すると、アーロン・ワードとリトルが損害を受けていたのに加えて、LSM(R)-195が沈没しており、LCS(L)-25も損害を受けていたことを知った。戦死45名、負傷49名を出したアーロン・ワードはシャノンに曳航されて慶良間諸島に戻った。

　結果として、5月3日はRPS#10の艦艇にとって悲惨な1日だった。

*1、*3、*5、*6、*7：振天隊の九九式艦爆。振天隊は4機出撃して未帰還は2機だが、本節に記載されている機数は体当たり3機で数字が合わない。(*1のうちの1機は『第五基地航空部隊　新竹攻撃部隊戦闘詳報第一号　自昭和二十年四月十七日至昭和二十年五月十五日　天一號作戦（橘作戦及桜作戦）臺灣空』に1836に敵発見、次いで敵巡洋艦に突入と報じられた操縦　森本賜中尉、同乗　田中良光一飛曹の九九式艦爆の可能性あり）

*2、*8、*12：零戦は出撃していない。次の攻撃隊の機体を誤認している：誠第35飛行隊（疾風）、飛行第20戦隊（隼）。

*4：一式陸攻は出撃していない。誠第123飛行隊の屠龍を一式陸攻に誤認している。（西垣秀夫伍長）（『陸軍航空特別攻撃隊各部隊総覧』（第1巻）p.112）誠第35飛行隊の直掩・戦果確認機として出撃した。

*9、*11：攻撃隊不明

*10：体当たりしたのは本節注*2、*5、*6、*7、*8、*9に記載の6機で、撃墜されたのは*1（2機）、*3、*4に記載の4機。

*13：攻撃隊不明。

*14：第20戦隊の隼。誠第35飛行隊の疾風も一緒にいた可能性あり。

［5月3日　アイダホ（BB-42）］

　5月3日、RPSの艦艇は戦闘で忙しかったが、そこ以外でも危機が迫っていた。1452、アイダホ（BB-42）は九九式艦爆2機と九七式艦攻3機から攻撃を受けた。*1　全機撃墜したが、1機は左舷艦尾後方の離れたところで爆発し、もう1機は左舷艦尾後方のすぐ近くに墜落して爆発した。破片が甲板に飛散したが損害は小さかった。

*1：攻撃隊不明。ただしアイダホは4月12日にカミカゼ機から受けた損害修理のため、4月20日から5月22日の間グアムで修理中だったとの記録もある。4月12日のこの時刻なら次の攻撃隊だったことになる：第2草薙隊、第2至誠隊、第2八幡護皇隊（艦爆隊）（以上九九式艦爆）、常盤忠華隊、第2八幡護皇隊（艦攻隊）、第2護皇白鷺隊（以上九七式艦攻）

5月4日

［5月4日　中城湾　カリナ（AK-74）　マルレ］

　5月3日、陸軍の海上挺進第27戦隊は最後の攻撃を実施したが、大げさな主張とは裏腹に戦果は限定的だった。5月3日から4日にかけて貨物輸送艦

遺体を片付けた

カリナ（AK-74）は中城湾で停泊していた。5月4日0114、近くの掃海艦が特攻艇を発見し、探照灯で照らした。数分後、特攻艇はカリナに係留されていた車両兵員揚陸艇に体当たりした。爆発でカリナの外板に隙間があいたが、車両兵員揚陸艇が爆発の衝撃を吸収してくれた。しかし、夜明けになると甲板と船殻に亀裂が見つかったので、艦長は「カリナは耐航性がなくなり、穏やかな海でも破壊するだろう」と報告した。(5)

0156、ヴィクトリー船パデューカ・ヴィクトリーは、特攻艇が周囲の警戒船を通り抜けて舷側を軽くこすったので、危機一髪だった。特攻艇の爆雷は爆発しなかったので不発爆雷だったのか、マルレの乗員が怖気づいたかのどちらかだ。特攻艇はパデューカ・ヴィクトリーから高速で離れ、暗闇に消えた。(6) この攻撃で海上挺進第27戦隊は特攻艇を使い果たして、その後は手漕ぎ舟を使用した散発的な攻撃になり、まもなくその攻撃もなくなった。(7)

特攻艇は夜間に攻撃してくるので、これと戦うのは難しかった。昼間、海岸で発見して破壊するのが望ましかったが、これも独自の難しさがあった。大型揚陸支援艇LCS(L)-113の報告は次の通り。

　　特攻艇は巧みに秘匿されていた。特攻艇を発見するにはしばらくの間1か所を意識的に注視する必要がある。通常は砂浜に沿って隠されていた。小さな砂丘を利用して砂から少し盛り上がったところの海岸側に特攻艇の一部が突き出ているのが見えるだろう。特攻艇の多くは艇首を海岸に向けていた。敵はヤシの葉を切り取って艇体内に入れ、ヤシの茂みに押し込んだ。ヤシの茂みの低いところにヤシの葉の列が見えたら、特攻艇がそこに隠されていると感じるまでしばらく見ている必要がある。特攻艇があると感じて、その疑いがあったら、砲火を開いてその威力でヤシの葉をどけるのが良い。いちばん良い方法は少なくとも1人の見張員を檣に上げ、よく見張らせることであるが、見張員にとっては少し危険である。

　　通常、敵は何隻もの特攻艇を1か所に置いていた。砂浜に近付いたなら、特攻艇を海岸まで移動させる経路、草が擦り切れていたり倒れていたりするところを探すのは良い方法である。それがあれば、そこは特攻艇の秘匿場所だった。(8)

[5月4日 渡具知沖 スペクタクル（AM-305）小型艇]

特攻艇は依然として脅威だった。5月4日0040、艦隊掃海艇スペクタクル（AM-305）が特攻艇1隻を発見したが、戦闘には至らなかった。しかし、

日本軍は空襲、艦砲射撃から特攻艇を守るため陸揚げして偽装した。この偽装された艇は1945年4月10日に慶良間諸島の座間味島で発見された （NARA 80G 314031.）

0200に何隻も見つけたので砲火を開いた。0232、最初の1隻に命中弾を与えると、特攻艇の炸薬が爆発して特攻艇は吹き飛んだ。スペクタクルは爆発から700ヤード（約640m）離れていたが、185フィート（約56m）の船体が揺れた。0500過ぎ、手漕ぎ舟2隻に発砲して沈めた。手漕ぎ舟は艦艇に接近して手榴弾を投げ込むのに多く使用された。実質的に体当たり攻撃だった。(9)

[5月4日 渡具知沖 LCS(L)-12 特攻艇]

5月3日から4日にかけて、大型揚陸支援艇LCS(L)-12は渡具知停泊地の南で第52.19.3任務隊としてスカンク・パトロールをしていた。5月4日0220、見張員が距離2,500ヤード（約2.3km）に特攻艇2隻が海面で停止しているのを発見した。LCS(L)-12は接近し、右舷艦首が特攻艇に向くように回頭した。近くの艦艇が打ち上げた照明弾が周囲を照らした。LCS(L)-12は2隻に誰何したが、返事がなかった。特攻艇はそれぞれ違う方向に逃げようとして動き出した。0230、LCS(L)-12は向かって来た1隻に距離500ヤード（約460m）で砲火を浴びせた。特攻艇は逃げ出し、LCS(L)-12はこれを見失っ

遺体を片付けた 387

た。近くの艦艇の連絡では、特攻艇は生き残り、海面で停止していたが、艦艇の1隻がこれを沈めた。

[5月4日 RPS#12 ルース(DD-522)、LSM(R)-190]
　5月4日、RPS#12で哨戒したのはルース(DD-522)、ロケット中型揚陸艦LSM(R)-190、大型揚陸支援艇LCS(L)-81、-84、-118だった。日本軍機がRPSに向かっているとの連絡が入った。0145、ルースが砲火を開き、ルースに向かって来た2機を撃退した。*1

　夜明けとともにCAP機が現れ、眼下の艦艇の水兵を少し安心させた。0730、日本軍機襲来の報告があり、CAP機は迎撃に誘導された。CAP機によると多くの日本軍機を撃墜したが、何機かはCAP網を通り抜けた。0805、ルースの見張員が接近する2機の戦闘機を発見したので、ルースは速力を25ノット(約46km/h)に上げた。*2　2機は分かれ、ルースの両舷から突進しようとした。ルースはこれに砲火を浴びせたが、2機は何とかそれを突破した。1機目が右舷正横100フィート(約30m)離れた海面に激突して、一時的にルースの電力が落ちて砲に電力供給ができなくなった。その直後、2機目が左舷舷側後部に体当たりして、ルースの左舷の機関、3番、4番、5番5インチ砲と40mm、20mm機関砲が使用できなくなった。後部から浸水が始まり、3分で右舷に大きく傾いて、艦尾から沈み始めた。沈むのは明らかなので総員離艦が命じられた。

　0815、艦首が空を指して波間に消えた。急速に沈没したことと艦内通信系統が損害を受けたことで、多くの乗組員が下の甲板に閉じ込められて艦とともに消えた。沈没から3分後、海中で爆雷1発が爆発して海上の生存者の多くが負傷した。ルースは戦死149名、負傷94名を出した。(10)

　LSM(R)-190はRPS#12でルースを支援していたが、同じ日に沈没した。ルースが攻撃を受けたのと同じ頃、百式司偵1機がLSM(R)-190の艦尾上空を通過して爆弾を投下したが、これは外れた。*3　百式司偵は砲火で損傷を受けた。パイロットは自分の運命が定まったことを知り、その場でカミカゼになると決心したのかもしれない。百式司偵は上昇反転するとLSM(R)-190の5インチ砲に体当たりした。体当たりによる火災で艦長のR・H・サウンダーズ大尉を含む乗組員が大けがをした。通信長のテニス少尉が艦の指揮を執った。主消火設備が壊れたので消火ははかどらず、炎は広がった。この時、2機目となる九九式艦爆が左舷舷側に体当たりして機関室に火災が発生した。*4　ほかの日本軍機の爆弾1発がMk.51方位盤タブに命中した。ルースが沈没したのはちょうどこの時だった。LSM(R)-190は左舷に大きく傾き始め、火

災は手が付けられなくなった。艇長は司令塔から運び出され、生き残っていた士官と協議して総員離艦を決定した。LSM(R)-190は0850沈没した。LCS(L)-84が生存者の引き上げを開始したが、LSM(R)-190は戦死13名、負傷18名を出した。(11)

*1：通常攻撃の第42、第47、第48独立飛行中隊（九九式襲撃機）、銀河、天山、瑞雲、九四式水偵など。（『沖縄・臺湾・硫黄島方面 陸軍航空作戦』（戦史叢書第36巻）p. 544、『沖縄方面海軍作戦』（戦史叢書第17巻）p. 475)

*2：第5神剣隊（零戦）、第18、第19、第20振武隊（以上隼）、第42、第66、第77、第78、第105、第106、第109振武隊（九七式戦）

*3：第24振武隊の屠龍を百式司偵に誤認している。（片柳経曹長）（『陸軍航空特別攻撃隊各部隊総覧』（第1巻）p. 154）

*4：第42、第66、第77、第78、第105、第106、第109振武隊の九七式戦、独立飛行第47中隊の九九式襲撃機を九九式艦爆に誤認している。（『沖縄・臺湾・硫黄島方面 陸軍航空作戦』（戦史叢書第36巻）p. 544）

[5月4日 久米島北沖 ホプキンス（DMS-13）、ガイエティ（AM-239）]

　5月4日、掃海駆逐艦ホプキンス（DMS-13）はカミカゼ機が艦のすぐ横を通過して近くの海面に激突したので、危機一髪だった。0630、ホプキンスは艦隊掃海艇ガイエティ（AM-239）、機動掃海艇YMS-89、-327、-331、-427とともに慶良間諸島の停泊地から出航した。任務は久米島北方の掃海だった。ホプキンスはこの部隊の火力支援を担当し、艦長のT・F・ドナヒュー中佐は部隊の戦術指揮官を兼ねていた。

　0730、部隊は日本軍機接近の連絡を受け、総員配置になった。0816、一式陸攻が最初に現れ、部隊の南の方を通り過ぎた。*1　1分後、九九式艦爆1機がホプキンスの左舷正横から急降下した。九九式艦爆は艦艇の砲火を浴び、ホプキンスのすぐ上を通過して上部構造物の索や空中線を切り取って、右舷正横20ヤード（約18m）の海面に墜落した。*2

　九九式艦爆の2機目がこれに続いて現れ、ガイエティに向かった。ガイエティの砲火で九九式艦爆のパイロットは目標を見誤り、その艦尾近くの海面に墜落した。墜落海面がガイエティに近かったので、その衝撃で何人かが海面に放り出され、機動掃海艇に救助された。

　0942、別の日本軍機をレーダーで探知した。桜花を搭載した一式陸攻だった。*3　0945、一式陸攻は艦艇から6海里（約11km）に近付いて有人爆弾を投下した。一式陸攻は方向を変えたが、米戦闘機に捕まり撃墜された。桜花

はYMS-331を目標にしているようだったが、YMS-331は桜花の突進コースから外れるように運動した。桜花はYMS-331の動きに追従できなくなったので、ガイエティを攻撃目標にした。ガイエティの戦闘報告は次の通り。

> 0947、BAKA爆弾（桜花）が350ノットから400ノット（約650km/hから約740km/h）の高速で任務群に接近し、少しずつ高度を下げた。本艇は左舷に急回頭し、同時にBAKA爆弾の方に向けることのできるすべての火砲で砲火を浴びせた。BAKA爆弾は先頭の機動掃海艇（本艇に最も近かった）にぶつかるのを避けるため若干高度をとってその上空を通過した。これでBAKA爆弾の目標が機動掃海艇でなく、本艇であることがはっきりした。左舷からの砲火がBAKA爆弾に命中しているのが見えたが、BAKA爆弾は本艇の左舷後方から低高度で真っすぐ向かって来た。距離500ヤード（約460m）でBAKA爆弾からカウリングのようなものが外れて海面に落下した。数秒後、BAKA爆弾は急に分解したように見え、回転しながら本艇の左舷40mm機関砲から15ヤード（約14m）の海面に墜落した。爆発はしなかった。BAKA爆弾の部品が本艇の左舷から右舷に飛んで右舷40mm機関砲の方々に当たり、機関砲は修理不能になった。（パイロットと思われる）人体の肉片とBAKA爆弾の（合板とアルミの）破片が40mm機関砲のある短艇甲板から艦尾張出部までに飛散した。機材の損害は右舷の40mm機関砲だけだった。(12)

分解した桜花の破片がガイエティの甲板に雨のように降り、負傷3名を出した。危機一髪だったが、基本的に艦自体の損害はわずかだった。

*1、*3：第7神風桜花特別攻撃隊神雷部隊。（桜花搭乗員：大橋進中尉、石渡正義、内藤卯吉、上田英二各上飛曹、永田吉春、中川利春両一飛曹）（『神風特別攻撃隊々員之記録』pp. 59-61）

*2：第42、第66、第77、第78、第105、第106、第109振武隊の九七式戦、独立飛行第47中隊の九九式襲撃機を九九式艦爆に誤認している。（『沖縄・臺湾・硫黄島方面　陸軍航空作戦』（戦史叢書第36巻）p. 544）

[5月4日 RPS#2 ロウリー（DD-770）]

5月4日0834、RPS#2で哨戒していたロウリー（DD-770）は左舷艦首近くにカミカゼ機が墜落したので危機一髪だった。*1　艦自体の損害は小さかったが戦死2名、負傷23名を出した。

*1：琴平水心隊（九四式水偵、零式水偵）（琴平水心隊の可能性が高い。『水偵特攻隊戦闘詳報第壹号　自昭和二十年四月二十八日至昭和二十年五月十日　第五航空艦隊　詫間空　水偵特別攻撃隊』：0832に敵艦に体当りすと報じ、0833に長符が消滅した第5小隊の2機（操縦 矢野幾衛少尉、同乗 新山秀夫一飛曹、操縦 関口剛史二飛曹、同乗 中谷榮一少尉）および第7小隊の4機（操縦 笹尾愛上飛曹、同乗 四方正則少尉、操縦 野村龍三二飛曹、同乗 別所啓市少尉、操縦 林眞喜三少尉候補生、同乗 徳田昭夫一飛曹、操縦 宇野茂二飛曹、同乗 中尾武徳少尉）の九四式水偵のうちの1機）、第19、第20振武隊（以上隼）、第66、第77、第105、第106、第109振武隊（以上九七式戦）、第60振武隊（疾風）、第5神剣隊（零戦）

[5月4日 RPS#1 モリソン（DD-560）、LSM(R)-194、イングラハム（DD-694）、LCS(L)-31]

　5月3日から4日にかけて、RPS#1で哨戒したのはモリソン（DD-560）、イングラハム（DD-694）、ロケット中型揚陸艦LSM(R)-194、大型揚陸支援艇LCS(L)-21、-23、-31だった。3日のRPS#10の悲惨な状況を知って警戒心を非常に高めていたが、同じような運命を辿ることになる。

　3日午後、敵味方不明機がレーダー・スクリーンに現れ始めた。1600、モリソンはCAP機を百式司偵2機に誘導すると、CAP機は2機とも炎上させて海面に落とした。*1　夕方は、敵味方不明機が時折レーダーに現れたが、RPSに接近する機体はなく、何事もなかった。

　4日0150の爆撃で状況が変わった。イングラハムは爆弾を避けたが、暗闇のため爆弾を投下した機体を撃つことはできなかった。*2　多くの日本軍機が継続的に海域に接近したので、艦艇は総員配置を発令し続けていた。0540、ヨークタウン（CV-10）艦載の第9戦闘飛行隊（VF-9）のF6Fヘルキャット12機がCAP機として到着した。沖縄の第224海兵戦闘飛行隊（VMF-224）のF4Uコルセアとヨークタウン艦載の別のF6Fヘルキャットも到着して、米戦闘機32機が配置に就いた。0715、最初の敵味方不明機がRPS#1に接近し、モリソンはヴォートF4Uコルセア1個ディビジョン（4機編隊）を迎撃に送った。ディビジョンから隼1機を撃墜したとの連絡があった。*3　九九式艦爆1機をレーダーで探知していたが、F4Uコルセアが気づく前にモリソンの左舷正横に突進して来た。モリソンとF4Uコルセアの砲火を受けながらモリソンの上を通過して、わずか20フィート（約6ｍ）の海面に墜落した。*4　0732、上空はCAP機と空中戦をしたり、駆逐艦および支援艦艇に突進中に撃墜されたりする屠龍、九七式軽爆、九九式艦爆であふれていた。*5　日本軍の攻撃規模が大きいので、モリソンが戦闘機の追加支援を要請すると

ヨークタウン（CV-10）の戦闘飛行隊は沖縄でカミカゼに大きな損害を与えた。有名な飛行隊はVF-9だった。VF-9でユージン・ヴァレンシア大尉の1個ディビジョン（4機編隊）はF6Fヘルキャットを使い、「フライング・サーカス」と呼ばれて有名だった。日本軍機50機撃墜した後、広報用写真のためポーズを取るパイロット。左からハリス・ミッチェル（10機撃墜）、クリントン・スミス（16機撃墜）、ジェイムズ・フレンチ（11機撃墜）の各中尉とユージン・ヴァレンシア（23機撃墜）　（NARA 80G 700016.）

CAP機は48機になった。0745、九九式艦爆1機がモリソンに向かって突進したが、モリソンとCAP機の砲火に挟まれた。*6　0810、同じように別の九九式艦爆が撃墜された。米艦艇は友軍誤射を避けるため日本軍機への射撃が難しくなった。*7　零戦1機がF4Uコルセアに追われながらモリソンに突進して来たが、モリソンとCAP機の協同射撃でモリソンから50ヤード（約46m）で撃墜された。*8　CAP機は無線でこの時点までに隼1機、九九式艦爆6機、零戦2機、屠龍2機、銀河1機、彩雲1機を撃墜したと連絡した。*9　0825、零戦2機が突進して来て、モリソンの運命が尽き果てた。*10　1機目はモリソンの砲火を浴びて火を噴いたが、何とか持ちこたえて前部煙突の付け根に体当たりした。2機目は何発も被弾しながらも持ちこたえ、上甲板の3番5インチ砲付近に体当たりした。複葉双浮舟の水上機7機が現れ、攻撃に加わった。*11　これは木製骨組羽布張りのため、近接信管が機体近くで爆発しなかった。機体の速度は遅かったが、機動性が良くてモリソンの回避運動に付いて行った。0834、1機目が45番40mm機関砲と3番5インチ砲に体

当たりした。衝撃で給弾薬室の火薬が着火して大爆発と火球を生じ、多くの死傷者を出した。5インチ砲の砲架は吹き飛ばされて近くの甲板に落下した。すぐにF4Uコルセアに追われていた別の複葉機がモリソンの航跡に着水し、水上滑走してから離水して、4番5インチ砲に体当たりすると大爆発が起きた。損害は大きく、艦尾が沈んで、右舷に傾いた。モリソン艦長のジェイムズ・R・ハンセン中佐は総員離艦を命じた。0840、モリソンは艦首を空に向けて600m下の海底に向けて波間から沈んだ。(13) 戦死159名、負傷102名を出した。

　RPS#1で次に沈んだのはLSM(R)-194だった。アレン・M・ハーシュバーグ大尉が指揮を執るロケット中型揚陸艦は武装が貧弱なので上空の多数のカミカゼ機から自らを守ることのできる可能性はほとんどなかった。ほかの艦艇はレーダー方位盤火器管制装置、連装または4連装の40mm機関砲を備えていたが、ロケット中型揚陸艦は単装40mm機関砲2門と単装5インチ砲1門だけで方位盤もなかった。0838、爆装飛燕1機がLCS(L)-21とLSM(R)-194の砲火を避けてLSM(R)-194の艦尾に体当たりした。*12　LSM(R)-194の戦闘報告は次の通り。

　　後部舵取機室と機関室から火災が始まった。汽缶は吹き飛んだ。給弾薬室は炎に包まれた。火災用放水システムは破裂した。スプリンクラーは働いたが、どれだけの水を流せるか不明だった。後方応急員は全員大やけどを負ったので、艇長は前方応急員を後方に送り交替させた。本艇は消火ホースを消火栓につなぐ前に艇尾が沈んで、右舷に傾き、海水が後部上甲板を洗い出した。40mm機関砲要員を除き総員離艦が命じられ、そして40mm機関砲要員、最後に艇長が離艦した。本艇は艇尾から真っすぐ沈んだ。5分後、大爆発が起きた。(14)

　海中爆発でLSM(R)-194を支援しようと近付いたLCS(L)-21のジャイロ・コンパスが壊れて、消火ポンプがひずみ、鉄板の継ぎ目が裂けた。イングラハムは戦闘報告にLSM(R)-194は「艇が沈む時、まだ機関砲は射撃を続けていた」と書いた。(15)　LSM(R)-194は戦死13名、負傷23名を出した。

　イングラハムはモリソンに続いて攻撃を受けた。0822、イングラハムは九九式艦爆1機を右舷艦首方向で撃墜した。*13　続く数分間で3機を撃墜した。この時点でモリソンとLSM(R)-194はすでに撃沈されており、イングラハムがいちばんの目標になった。何とか4機を撃墜したが、砲火を通り抜けた零戦1機が左舷喫水線に体当たりした。*14　搭載していた爆弾が前部機関室

遺体を片付けた　393

で爆発して大きな損害を与え、長さ30フィート（約9m）の割れ目が左舷舷側にできた。缶室に浸水が始まり、乗組員は艦を救うために必要なことをした。勇敢な行為に不足はなかった。イングラハムの戦闘報告は次のように書いている。

　　ディーゼル機関室で勤務していた2人は文字通り粉々になり、迎撃管制室と標定室の7名は死亡したと考えられた。しかし、死亡することを当然のことと思わない火器管制員が2名いた。本艦は沈み始め、沈没すると考えられていた時、ジェイムズ・E・ヴォート三等火器管制（レーダー測距）兵曹とチャールズ・J・ピッテンガー三等火器管制兵曹は、大量の水蒸気と濃い煙が立ち込めて、金属が曲がりくねりギザギザになっている間を通り、肩までの深さの海水とオイルの中を苦労して進んで、戦闘情報センター室に向かった。そこにリチャード・E・オコーナー三等電機整備兵曹が爆発の衝撃で気絶してやけどを負い、閉じ込められていた。ヴォートとピッテンガーは不屈の努力でオコーナーを救い出し、甲板に連れて行った。(16)

　浸水が収まったので、イングラハムは伊江島に向かった。途中で会った曳船に曳航してもらい、負傷者は哨戒救難護衛艇に移乗させた。イングラハムは戦死14名、負傷37名を出した。

　5月4日は大型揚陸支援艇にとって忙しい日だった。0817、LCS(L)-21はモリソンが攻撃を受けている時に1機目を撃墜した。九九式艦爆に命中弾を与え、モリソンから距離800ヤード（約730m）で撃墜した。*15　次にモリソンに向かう零戦1機を見つけ、モリソンの艦尾方向で撃墜した。もう1機のカミカゼがLCS(L)-21に向かって来たので距離2,000ヤード（約1.8km）で撃墜した。この時、九九式艦爆1機もLCS(L)-21に突進して来たので、40mm機関砲弾を浴びせて火を吹かせた。九九式艦爆は向きを変え、LSM(R)-194に体当たりして致命的な打撃を与えた。*16　LCS(L)-21は海域を捜索し、モリソンの187名とLSM(R)-194の50名の生存者を艇に詰め込んだ。全長158フィート（約48m）、全幅23フィート（約7m）のLCS(L)-21は定数が71名の小さな艦だが、308名が乗り込んだ。火砲に要員を配置することがやっとだった。このような状況でLCS(L)-23は日本軍機4機を撃墜し、3機を撃墜支援した。

　0822、LCS(L)-31を最初に襲ったカミカゼは左舷正横から急降下した零戦1機だった。*17　零戦にLCS(L)-31の砲弾を何発も浴びせることができたのは距離2,000ヤード（約1.8km）を切ってからだった。零戦はLCS(L)-31の檣か

ら国旗を切り取って艇の上を通過して右舷50フィート（約15m）の海面に墜落した。1分後、別の零戦1機が左舷艦首方向から突進して来た。*18　何発も被弾したが針路を変えることなくLCS(L)-31の司令塔と前方40mm機関砲のガン・タブの間を通過した。主翼が司令塔とガン・タブに当たり、ガン・タブ内で戦死2名、負傷1名を出した。零戦のエンジンが右舷20mm機関砲を切り取り、機体の残り部分は右舷正横で爆発して、戦死3名、負傷2名を出した。LCS(L)-31の火砲の大半が2、3分で失われた。その直後、九九式艦爆1機が左舷正横から司令塔を目がけて突進した。*19　LCS(L)-31の砲手はこれに何発も命中させて針路を変えさせたが、不幸にも針路が変わるまでの距離がなかったので、九九式艦爆は甲板室後方の上甲板に体当たりし、炎上するガソリンが広がった。戦死2名、負傷3名、衝撃で2人が海上に放り出された。乗組員が消火を行なっている時、右舷20mm機関砲の砲手は零戦1機がイングラハムに向かっているのを発見して砲火を浴びせた。*20　これを撃墜したのはLCS(L)-31の左舷後方わずか25ヤード（約23m）だった。0855、LCS(L)-31はもう1機にも砲火を浴びせた。この戦闘でLCS(L)-31は戦死7名、負傷6名を出し、修理のため渡具知の停泊地に戻った。

*1：攻撃隊不明

*2：通常攻撃の独立飛行第47、第48中隊、第9飛行団（以上九九式襲撃機）、銀河、天山、陸攻、重爆、瑞雲、九四式水偵など。（『沖縄・臺湾・硫黄島方面陸軍航空作戦』（戦史叢書第36巻）p. 544、『沖縄方面海軍作戦』（戦史叢書第17巻）p. 475）

*3：第18、第19、第20振武隊の隼。

*4：次の攻撃隊の九七式戦を九九式艦爆に誤認している：第42、第78振武隊。

*5：屠龍は第24振武隊。九七式軽爆、九九式艦爆は次の攻撃隊の九七式戦を誤認している：第42、第66、第77、第78、第105、第106、109振武隊。

*6：次の攻撃隊の九七式戦を九九式艦爆に誤認している：第42、第66、第77、第78、第105、第106、109振武隊。

*7、*13、*15、*16、*19：次の攻撃隊の九七式戦を九九式艦爆に誤認している：第66、第77、第105、第106、109振武隊。

*8、*10、*17、*18、*20：第5神剣隊の零戦。第19、第20振武隊の隼、第60振武隊の疾風を零戦に誤認した可能性あり。

*9：隼は第18、第19、第20振武隊。次の攻撃隊の九七式戦を九九式艦爆に誤認している：第42、第66、第77、第78、第105、第106、109振武隊。零戦は第5神剣隊の零戦。屠龍は第24振武隊（1機は篠原親治郎少尉で撃墜され戦死、もう1機は三

遺体を片付けた　395

浦秀逸少尉で撃墜されたが米艦艇に救助されて生還）（『陸軍航空特別攻撃隊各部隊総覧』（第1巻）p.154)、第7神風桜花特別攻撃隊神雷部隊の一式陸攻を屠龍に誤認した可能性あり。銀河は第24振隊の屠龍を誤認している。彩雲は次の攻撃隊の九七式艦攻を誤認している：第2正気隊、八幡振武隊、白鷺揚武隊。

*11：第1魁隊の九四式水偵。（『神風特別攻撃隊魁隊戦闘詳報第一號　自昭和二十年四月二十九日至昭和二十年五月十二日　第十航空艦隊　北浦空』：第1小隊の3機（操縦 山口龍太少尉、同乗 河野宗明少尉、操縦 佐藤憲次少尉・同乗 碇山達也少尉、操縦 武井清少尉、同乗 中島之夫少尉)、第3（第2？）小隊の4機（操縦 宮村誠一少尉、同乗 玉木麻人少尉、中村正一一飛曹、操縦 舟津一郎少尉、同乗 前原善雄少尉、操縦 渡辺庄次少尉、同乗 林元一少尉、操縦 岩佐忠男一飛曹、同乗 山本謹治少尉）の合計7機の九四式水偵〔搭乗割（編成表）の一部が神風特別攻撃隊々員之記録と異なるが、戦闘詳報の記載に合わせた〕）

*12：第19、第20振武隊の隼、第60振武隊の疾風、第5神剣隊の零戦を飛燕に誤認した可能性あり。ただし、LCS(L)-21に向かい、その後LSM(R)-194に突入した九七式戦を九九式艦爆に誤認していることから（*16参照）、ここの飛燕も九七式戦を誤認している可能性あり。

*14：第60振武隊の疾風（堀本官一伍長）（『陸軍航空特別攻撃隊各部隊総覧 第1巻』p.190)

[5月4日 渡具知沖 バーミンガム（CL-62)]

5月4日、バーミンガム（CL-62）は渡具知沖で停泊していた。0835、渡具知沖に向かう日本軍機の編隊が距離60海里（約110km）で報告された。米戦闘機が多くを撃墜したが、何機かは通り抜けて停泊中の艦艇を脅かした。爆装隼1機がバーミンガムの頭上から真っすぐ体当たりして上甲板を貫通した。*1　爆弾は手術室で爆発してそこにいた者が死傷した。機体の爆発で生じた火災を30分で鎮火した。上甲板には15フィート×18フィート（約4.6m×約5.5m）の穴があき、この区画の甲板は上にめくりあがった。船体の右舷船殻は爆発に近かったので外側に張り出した。パイロット1人で戦死51名、負傷81名を出したので、カミカゼにとって大成功だった。

*1：第19、第20振武隊の隼、第5神剣隊の零戦を隼に誤認した可能性あり。

[5月4日 RPS#14 シアー（DM-30)]

5月4日、RPS#14で哨戒したのはシアー（DM-30)、ヒュー・W・ハドレイ（DD-774)、ロケット中型揚陸艦LSM(R)-189、大型揚陸支援艇LCS(L)-

20、-22、-64だった。明るい晴天の日だったが、停泊地の煙幕が流れてきて視程は2,000ヤード（約1.8km）だった。上空およびその周辺では多くの空中戦が行なわれ、米軍機が日本軍機を撃墜していた。シアーの戦闘報告は次の通り。

　　0959、日本の有人爆弾が本艦の右舷方向から真っすぐ向かって来るのを発見した。*1　霞の中から現れて、高速で西に向かい、最初に見つけた時から3秒から5秒で本艦にぶつかった。あまりにも短時間だったので、40mm、20mm機関砲、50口径12.7mm機関銃のいずれも1基しか撃てなかった。有人爆弾の外見は4月16日発行の太平洋方面統合情報センターの情報報告第40号に掲載の写真と同じだった。有人爆弾は本艦に体当たりした時、進入角度は10度で非常に低い高度だった。速度は非常に速かったとしか言えない。(17)

桜花はシアーの艦橋右舷に当たり、船体を貫通して15フィート（約5m）離れた海中で爆発した。左舷船殻が爆発で大きな損害を受け、桜花が通過した艦内部も損害を受けた。戦死27名、負傷91名を出したが、シアーは浮いていた。桜花は爆発する前に厚い装甲鈑を貫通するよう設計されていたので、シアーの薄い船殻が艦を救ったのであろう。

　　*1：第7神風桜花特別攻撃隊神雷部隊（桜花搭乗員は前述の通り）

[5月4日 RPS#10 カウエル（DD-547）、グウィン（DM-33）、LSM(R)-192]
　5月4日夕刻、RPS#10ではカウエル（DD-547）が九九式艦爆2機から攻撃を受けた。*1　体当たりしようとした1機を撃墜したが、その破片が艦上に落ちてきて4番Mk.51方位盤とMk.14照準器のジャイロ部分に損害を与えた。

　敷設駆逐艦グウィン（DM-33）は8機を撃墜したが、1機が甲板室に体当たりした。艦自体の損害は小さかったが戦死2名、負傷9名を出した。

　ロケット中型揚陸艦LSM(R)-192は支援艦艇として哨戒に就いていた。日本軍機1機が司令塔の横を通ってロケット発射機に当たって海面に落下したので、危機一髪だった。負傷1名だった。

　　*1：攻撃隊不明。九九式艦爆およびそれと誤認されるような機体は特別攻撃隊、通常攻撃隊とも出撃していない。

1945年4月4日、サンガモン（CVE-26）はカミカゼ攻撃で飛行甲板とエレベーターが大きく破損した（NARA 80G 336257.）

[5月4日 慶良間諸島 サンガモン（CVE-26）]

　5月3日、サンガモン（CVE-26）は慶良間諸島で補給を受け、翌4日に第52.1.3任務隊に合流した。4日1902、飛来した日本軍の攻撃隊は沖縄の陸上基地から出撃した海兵隊のF4Uコルセアの目標になった。しかし、1機が通り抜けてサンガモンに突進して体当たりしようとした。1925、フラム（DD-474）は攻撃を探知して近くの夜間戦闘機を迎撃に向かわせた。屠龍は夜間戦闘機を通り抜けてサンガモンに突進した。*1　1933、屠龍はサンガモンに体当たりし、直前に投下した爆弾が飛行甲板を貫通して爆発した。サンガモンは火の玉になり、周囲の艦艇はこれに気づき支援に向かった。ハドソン（DD-475）、中型揚陸艦LSM-14、大型揚陸支援艇LCS(L)-13、-16、-61が接舷して放水を始め、サンガモンの乗組員は上甲板で消火をした。火災は甲板の上下で燃え盛り、40mm、20mm機関砲弾薬と艦載機の50口径12.7mm機関銃弾が昇温発火した。LCS(L)-13の檣がサンガモンの飛行甲板とぶつかり壊れたが、死傷者はいなかった。

　LCS(L)-13は炎上する艦載機を海上に投棄しているサンガモンの乗組員を支援しようと、艦載機に索をかけて飛行甲板から引きずり下ろした。ハドソンの爆雷投下軌条近くの艦尾張出部に艦載機の1機が落下した。ハドソンの乗組員は爆雷を爆発する前に海上に投棄した。ハドソンはサンガモンの飛行

398

川崎陸軍キ45改甲 二式複座戦闘機甲型 屠龍。連合軍のコードネームは「Nick」(NARA 80G 129458.)

甲板の張出部にぶつかり損害が出た。さらに40mm機関砲2基が使用不能になった。ハドソンは15分間サンガモンに放水して離れたが、LSM-14、LCS(L)-13、-16、-61は消火を続けた。2230、ほとんどの火災は鎮火し、サンガモンは生き残った。しかし、艦自体の損害は大きく、戦死46名、負傷116名と死傷者も多かった。

*1：誠第123飛行隊の屠龍（操縦 水越三郎伍長、同乗 高村光春見習士官（飛行第108戦隊所属））（『陸軍航空特別攻撃隊各部隊総覧』（第1巻）p. 112、133）誠第120飛行隊の誘導機として出撃した。

5月5日

[5月5日 那覇北沖 LCS(L)-53 特攻艇]
　5月4日から5日にかけて、大型揚陸支援艇LCS(L)-53は対小型舟艇哨戒に就いていた。哨戒海域は那覇の北、空寿崎の西で、長さは2海里（約3.7km）だった。5月5日0105、海岸近くで特攻艇2隻を発見した。そこには岩礁があるのでLCS(L)-53は注意しながら接近した。近くを航行していた艦隊掃海艇スペクタクル（AM-305）が1隻に発砲した。2隻目が海水面に

遺体を片付けた　399

向かったが、LCS(L)-53はレーダーが干渉したので見失った。0207、LCS(L)-53は400ヤード（約370m）先の沖に特攻艇を発見して40mm機関砲で沈めた。11分後、レーダー・スクリーンに目標輝点が二つ現れた。これは南に向かっており、LCS(L)-53はそちらに向かった。照明弾で周囲を照らすと、特攻艇は1,200ヤード（約1.1km）先にいた。1隻を砲撃で沈めたが、もう1隻には最大速力で逃げられた。(18)

5月6日

[5月6日 沖縄本島西沖 パスファインダー（AGS-1）]
　5月6日、カミカゼ機が測量船パスファインダー（AGS-1）の後部砲座に体当たりした。*1　艦自体の損害は軽かったが、戦死1名を出した。

　　*1：第49、第51振武隊（以上隼）、第55、第56振武隊（以上飛燕）

5月8日

[5月8日　慶良間諸島　セント・ジョージ（AV-16）]
　5月8日、慶良間諸島の水上機基地で作戦中の水上機母艦セント・ジョージ（AV-16）の水上機揚卸用クレーンにカミカゼ機が体当たりし、戦死3名、負傷30名を出した。*1

　　*1：5月8日、特攻機の出撃はなく、夜間に通常攻撃があったのみ。米国の資料ではセント・ジョージが攻撃を受けたのは5月6日の説もある。5月6日であれば第43、第51振武隊の隼、第55、第56振武隊の飛燕が体当たりしたことになる。（『写真が語る「特攻」伝説』p213）（原書が誤記の可能性あり）

5月9日

[5月9日 沖縄本島西沖 オバレンダー（DE-344）]
　5月9日、オバレンダー（DE-344）は慶良間諸島北方の外方直衛で作戦をしていた。1840、日本軍機が海域にいるとの報告で、総員配置を発令した。まもなくオバレンダーに向かう敵味方不明機の報告があり、1850に最大戦速にした。*1　この機体に火砲を向ける運動をして、砲火を浴びせた。日本軍機は5インチ砲弾を受け、外れかかった左主翼をバタつかせながらオバレン

ダーに接近した。250ヤード（約230m）まで接近した時、左主翼が外れて機体の針路が右に変わったが、オバレンダーを外さなかった。1852、日本軍機は体当たりして25番ガン・タブを破壊した。搭載していた爆弾は船殻を貫通して前部缶室で爆発し、オバレンダーは停止した。哨戒救難護衛艇PCE(R)-855が舷側に来て負傷者を移乗させた。艦隊随伴航洋曳船テクスタ（ATF-93）が慶良間諸島に曳航した。(19)　オバレンダーの海軍軍歴は終わった。損害が非常に大きく、7月11日に全損、除籍が決定した。戦死8名、負傷53名を出した。

*1：次の攻撃隊：忠誠隊（忠誠隊の可能性が高い。『第五基地航空部隊　新竹攻撃部隊戦闘詳報第一號　自昭和二十年四月十七日至昭和二十年五月十五日　天一號作戰（橘作戰及桜作戰）』：1850に巡洋艦に突入を報じた操縦 内田秀夫（秀雄？）一飛曹、同乗 中田良三（良藏？）上飛曹の彗星の可能性あり）、振天隊（九九式艦爆）、誠第33、第34、第35飛行隊（以上疾風）、誠第123飛行隊。

[５月９日 沖縄本島西沖 イングランド（DE-635）]
　同じ９日、イングランド（DE-635）は慶良間諸島北西のステーションB11で哨戒に就いていた。1851、ステーションに接近する敵味方不明機3機を探知したので最大戦速に上げた。九九式艦爆3機がイングランドに向かって来た。*1　1855、1機が急降下して上部構造物に体当たりしたが、残る2機はCAP機に撃墜された。イングランドの戦闘報告は次の通り。

　　体当たりした九九式艦爆にはパラシュートを装着した日本兵2人が搭乗し、爆弾を搭載していた。機体は体当たり前に本艦の砲火で大きな損害を受けていた。主脚の1本が撃ち飛ばされ、機体は炎上してエンジンの周囲から煙が出ていた。前席のパイロットは死んだように操縦桿にもたれかかっていた。信号艦橋と最上艦橋は炎と煙に覆われた。しばらくの間、そこの戦闘配置の持ち場にいた乗組員は閉じ込められたようだった。信号艦橋にいた者とそれぞれの持ち場から来た者は多数の負傷者とともに艦橋の縁を越えて飛び下りて助かった。副長などを含む艦橋にいた者の中には2番救命筏を伝わって上甲板に下りた者もいた。下にいた者は下りて来た者に海水をかけた。艦長は艦橋から煙と火災を取り除くよう命じたが、そのような術はなかった。最上艦橋にいた者の多くはソナー室を通って脱出し、3番3インチ砲と4番20mm機関砲ガン・タブ

に飛び下りていた。(20)

　火災の熱で20mm砲弾が昇温発火したので、消火を始めた。ほかの九九式艦爆が撃墜されていたのを知らなかったのでまだ最大戦速だった。1919、艦隊掃海艇ヴィジランス（AM-324）がイングランドに接近した。イングランドは通信機器に不具合が生じたのでヴィジランスと連絡をとるため停止した。ヴィジランスは消火を支援し、海中に投げ出された生存者を救助した。2200、掃海駆逐艦ゲラルディ（DMS-30）が到着して消火を支援し、負傷者の手当のため医官と医療隊を移乗させた。2300、救難艦ギアARS-34が到着した。イングランドは自力航行が可能だったが艦長のJ・A・ウイリアムソン少佐は状況を的確に把握した。イングランドはまだ炎上しており、負傷者が多数乗艦していた。夜間にレーダー、海図、ジャイロ・コンパスなしで慶良間諸島の港に戻るのは危険だった。港はカミカゼから艦艇を守るための煙幕に覆われていた。イングランドはギアに安全な場所まで曳航され、10日0130に停泊した。戦死35名、負傷27名を出した。

*1：振天隊の九九式艦爆。ただし、本書では１機が体当たりを実施し、２機が撃墜されたとなっているが、日本側の記録では２機未帰還となっていて、機数が合わない。振天隊の１時間前に出撃した忠誠隊の艦爆が３機出撃して２機未帰還なので、それを含んでいる可能性あり（日本側の記録では忠誠隊の使用機種は九六式艦爆で複葉機）

5月11日

[菊水６号作戦]
　菊水６号作戦は５月10日から11日に実施された。海軍の70機、陸軍の80機、合計150機のカミカゼが直掩機とともに沖縄に向けて出撃した。RPSの艦艇が最大の目標だった。カミカゼの損害は大きかったが、その精神は生きていた。宮崎航空基地の701空所属マツオイサオ一飛曹は両親あての遺書で次のように書いた。

　　父母上様
　　喜んでください。勲はいゝ立派な死に場所を得ました。今日は最後の日です。皇国の興廃此の一戦にあり、大東亜決戦に南海の空の花と散ります。（中略）あゝ男子の本懐是に過ぐるものが又とありませうか。（中

1945年5月11日、炎上して機首部分を残し焼尽したバンカー・ヒル（CV-17）の艦載機と損害を受けたエレベーター（NARA 80G 259964.）

略）勲は良くも立派に皇国のために死んで呉たとほめてやって下さい。
（中略）あゝ玉と砕けし特別攻撃。

　　於マニラ　　勲　(21) *1

*1：原書では出撃の日に宮崎でマツオイサオ一飛曹が書いた手紙（原書の注では1945年5月11日付け）となっている。ただし原書のこの内容は『神風特別攻撃隊』（猪口、中島）pp. 320-321に第2神風特別攻撃隊義烈隊松尾勲一飛曹が1944年10月28日にマニラで書いた遺書として掲載されているものと同じである。一方、第3御盾隊706部隊松尾巧一飛曹が1945年4月7日に宮崎から出撃して未帰還になっている。著者が何らかの理由でこの2人（両名ともマツオイサオ）を混同した可能性がある。松尾勲一飛曹は1944年10月27日に出撃未帰還になっているが、遺書の日付がそれよりも一日遅い10月28日（『神風特別攻撃隊』（猪口、中島）p. 321）になっている理由は不明。

遺体を片付けた　403

カミカゼ攻撃を受けた後のバンカー・ヒル（CV-17）の火災は激しかった（NARA 80G 274266.）

［5月11日 沖縄本島東沖 バンカー・ヒル（CV-17）］

　5月11日はVMF-221のパイロットにとって実りの多い日だった。0700、バンカー・ヒル（CV-17）から発艦してCAPに就くためRP艦艇の上空に向かった。この日の戦闘で、ヴォートF4Uコルセア7機はRPS#15の艦艇に脅威を与えている多数の日本軍機と対峙した。F4Uコルセアの眼下にいたのはエヴ

カミカゼ2機の体当たりを受けた後、消火中のバンカー・ヒル（CV-17）乗組員と応急員 (NARA 80G 323712)

ァンス（DD-552）、ヒュー・W・ハドレイ（DD-774）、ロケット中型揚陸艦LSM(R)-193、大型揚陸支援艇LCS(L)-82、-83、-84だった。VMF-221が到着した0800からRPSを離脱する0915までの間に桜花搭載の一式陸攻、銀河、天山の各1機を撃墜した。*1　F4Uコルセアは編隊を組み直して帰投した時、バンカー・ヒルが攻撃を受けているのを見た。VMF-221の戦闘報告は次のように書いている。

　　0915頃、2個フライト（7機）が標点タラで集合してバンカー・ヒルに戻ろうとした。高度1,500フィート（約450m）で周回している時、バンカー・ヒルの上空でスエット海兵隊大尉が3,000フィート（約900m）上空に2機を発見した。スエット大尉は2機に向かって旋回上昇すると1機がバンカー・ヒルに向かって急降下を開始した。スエット大尉はバンカー・ヒルにカミカゼ2機が急降下している旨無線で伝えた。しかし、バンカー・ヒルは1機目に対して砲火を開く間がなく、カミカゼ機は多くの艦載機が駐機している飛行甲板後部に体当たりした（時刻は1020頃）。
　　その間にも、グレンダイニング海兵隊中尉のセクション（2機編隊）

遺体を片付けた　405

はカミカゼの2機目を追い始めた。最大速度で追跡したが、接近できなかった。射程外から撃ったが、命中させることはできなかった。2機目のカミカゼは直ちにバンカー・ヒルの中央部分に向けて急降下した（バンカー・ヒルの左舷前部の20mm機関砲が2機目に何発も命中弾を与えるとカミカゼ機は火を噴きながら甲板にぶつかった）。

　この時点でカミカゼの3機目を見つけたが、追いかける前にそれは直衛の駆逐艦に撃墜された。VMF-221のボールドウィン海兵隊大尉のディビジョン（4機編隊）はCAP機に合流したが、スエット大尉は自分のディビジョンの各機に海中の生存者の周囲を旋回するように指示し（1020から1130まで実施）、ダイ・マーカー（海面着色剤）を投下してダンボ・パトロールの飛行艇が救難をしやすいようにした。(22) *2

　バンカー・ヒルが大きな損害を受けたので、VMF-221のF4Uコルセアはエンタープライズ（CV-6）に1130に着艦した。
　バンカー・ヒルに対する攻撃は第2次世界大戦のカミカゼ攻撃の中で最も死傷者数が多かった。396名が戦死、負傷264名だった。バンカー・ヒルを攻撃したカミカゼは鹿屋と国分から出撃した37機の零戦の一部だった。(23) *3
1機目の零戦を操縦したのは安則盛三中尉だった。安則は突進途中でバンカー・ヒルに機銃掃射を行なった。体当たり直前に機体から投下された250kg爆弾は甲板と舷側を貫通し、艦外で爆発した。爆弾の爆発による破片で多くの死傷者が出た。2機目を操縦していたのは小川清少尉だった。小川の機体は途中で被弾して、火を噴きながら体当たりした。小川の爆弾は甲板に直径50フィート（約15m）の穴をあけ、飛行甲板の3層下まで達していた。(24) アル・パーデック一等水兵は飛行甲板の3層下の甲板にある寝棚に入ったところだった。パーデックはカーチスSB2Cヘルダイバーの機付長だった。その日の朝、総員配置が2回、魚雷防衛が2回あり、そのつど総員配置時の持ち場である担当する機体に付いていた。寝棚に横たわると……。彼はこう覚えている。

　どのように表現してよいのか分からないが、バンでもブーンでもなく、雑音だった。それが何か分からなかった。寝棚区画に空気が勢いよく流れ込んで来た。そこで前方に進み、二重ハッチから出ようとして頭を甲板に出した。思わず、「ここから上がれない」と言った。艦載機の折りたたまれた左右の主翼にはそれぞれ機関銃3挺が装備されており、それに着火していた。そこで、私が下した良い判断は、こっちの方から

炎上しているバンカー・ヒル（CV-17）。手前はザ・サリヴァンズ（DD-537）　（NARA 80G 274264.）

1945年5月11日のカミカゼ攻撃の後、バンカー・ヒルの乗組員が戦友の遺体を見ている（NARA 80G 323708.）

遺体を片付けた　407

上がれない、だった。(25)

　結局パーデック一等水兵は後ろに向かうことにした。途中、這って黒い煙の中を通り、戦友の遺体を乗り越えて進んだ。艦尾区画から甲板に上がった。そこで見たものでショックを受けた。遺体が方々にあり、火災が燃え盛っていた。カミカゼ機はうまく仕事をした。火災が弱まると、おぞましい遺体収集が始まった。パーデックは「そして遺体をきれいにした。遺体を第3甲板に運び、第2甲板に、そして格納庫甲板に並べた。ひどい光景だった。手足をもがれた体、肉の付いていない腕があった。甲板に5列くらいに並べてから水葬にした」ことを覚えている。(26)　戦死者があまりにも多いので、衛生兵の遺体運搬袋が底をつき、2人を一つの袋に入れて薬莢を重石の代わりにした。死傷者は多かったが、バンカー・ヒルは生き残った。

*1：第8神風桜花特別攻撃隊神雷部隊の一式陸攻、第9銀河隊の銀河、菊水雷桜隊の天山。
*2：ダンボ・パトロールはマーチンPBMマリナー飛行艇を使用した哨戒・救難任務。
*3：体当たりした2人は鹿屋から出撃した第7昭和隊所属。なお、この日出撃した零戦特攻機は全機鹿屋から出撃した。著者が引用した「日本軍戦史」にも37機は鹿屋から出撃と書いてあり「国分」の根拠は不明。日本語を英訳した時に間違えた可能性あり。5月11日以降鹿屋から出撃する筑波、谷田部、大村、元山各海軍航空隊（特攻隊名はそれぞれ筑波隊、昭和隊、神剣隊、七生隊）の搭乗員は721空S306所属になり搭乗機が零戦二一型から五二型になり500kg爆弾を搭載するようになった（『神雷部隊』p.34）

[5月11日 RPS#5 ハリー・F・バウアー（DM-26）、LCS(L)-88]

　5月11日、RPS#5で哨戒したのは敷設駆逐艦ハリー・F・バウアー（DM-26）、ダグラス・H・フォック（DD-779）、大型揚陸支援艇LCS(L)-52、-88、-109、-114、機動哨戒砲艇PGM-20だった。

　夜明けとともに日本軍機が現れ、0800から攻撃して来た。ハリー・F・バウアーは北西から接近した百式司偵に砲火を浴びせて撃退した。*1　これに読谷のVMF-441のF4Uコルセア4機が追いつき、ウイルズ・A・ドボルザーク海兵隊少尉が簡単に撃墜した。零戦1機がハリー・F・バウアーに体当たりしようとしたが、左主翼先端をハリー・F・バウアーの甲板に残して舷側横の海面に墜落した。0822、別の零戦が爆雷架と索にぶつかって右舷後方30ヤード（約27m）の海面に落下した。投下された爆弾が200フィート（約

1945年5月11日、カミカゼ攻撃で大きな損害を被ったLCS(L)-88（Official U.S. Navy Photograph courtesy Art Martin.）

60m）離れた海面に落下した。

　RP艦艇は飛来する日本軍機に砲火を浴びせ続けた。1機を撃墜したが、2機目がLCS(L)-88の近くに墜落して、艇長のカシミール・L・ビゴス大尉以下8名が戦死した。*2　士官、下士官兵9名が負傷したが、その後2名は死亡した。LCS(L)-88は後部40mm機関砲ガン・タブと舵に損害を受け、戦線に復帰できなかった。

　PGM-20が支援に来た。ハリー・F・バウアーの見張員が右舷後方から4機が接近しているのを発見した。鍾馗らしき1機は撃墜された。*3　その直後、零戦が右舷正横から突進した。ハリー・F・バウアーの砲手は砲火を浴びせ、零戦とハリー・F・バウアーは激しく機動・運動を行なった。零戦は炎に包まれ、右舷後方30ヤード（約27m）に落下した。0833、別の零戦が突進した。ハリー・F・バウアーの戦闘報告は次の通り。

　　北（右舷正横）から接近する零戦に距離8,000ヤード（約7.3km）で砲火を開いた。砲弾が命中しているのが見えたが、近接信管の作動不良で効果的に撃墜できなかった。零戦は突進の最終段階で右に傾けた主翼で左舷前部K-GUN（爆雷投射機）の爆雷を上甲板に叩きつけた。主翼は左

遺体を片付けた　409

舷の上部構造物甲板の手摺りチェーンを引っかけた。この時、投下された爆弾は左舷方向の200フィート（約60m）先に投げ出された。この零戦は接近中に、40mm機関砲弾が尾翼に命中して爆発したので尾翼が機体から外れていた。数秒後左舷方向に墜落した……。最後の3回の突入の間に、CAP機から4機目の戦闘機（零戦）を撃墜したとの連絡があった。これにより、攻撃機が7機いたことになる。逃げ去った敵機はいない。4機の戦闘機に対して、ダグラス・H・フォックも支援艦艇も射撃をしていない。上空で射撃をするのはCAP機の仕事と思っていた。何も撃墜していない。(27)

艦自体の損害は軽く、負傷の1名だけだった。艦隊随伴航洋曳船ユテ（ATF-76）がLCS(L)-88を慶良間諸島に曳航した。

*1：百式司偵は出撃していない。第9銀河隊の銀河を百式司偵に誤認している。
*2：第44、第49、第51、第52、第70振武隊の隼を零戦に誤認している。
*3：鍾馗は出撃していない。第60、第61振武隊の疾風を鍾馗に誤認している。

[5月11日 RPS#15 ヒュー・W・ハドレイ（DD-774）、エヴァンス（DD-552）]

5月10日、RPS#15で哨戒したのはヒュー・W・ハドレイ（DD-774）、エヴァンス（DD-552）、ロケット中型揚陸艦LSM(R)-193、大型揚陸支援艇LCS(L)-82、-83、-84だった。CAPにはシャングリラ（CV-38）艦載のVF-85のF4Uコルセア16機が就いていた。このほかにレーダー・ピケット哨戒にVMF-323のF4Uコルセア2機が就いていた。

5月10日1935、駆逐艦は日本軍機1機を撃墜した。*1　10日から11日の夜、RPSは一晩中日本軍機が担当海域を通過するので忙しく、ほとんどの時間で総員配置が発令されていた。11日0740、RPS#15に向かう敵味方不明機の報告があった。その直後に指宿から出撃した零式水偵1機が突進して来たがヒュー・W・ハドレイに撃墜された。*2　別の攻撃隊がレーダーに現れたのでヒュー・W・ハドレイはCAPのF4Uコルセアを迎撃に向かわせた。飛来する日本軍機の機数は156機に達した。実質上、菊水6号作戦に参加した全機がRPS#15に向かい、この作戦の期間中にRPS上空で行なわれた最大の空中戦になった。

CAP機からの報告では1755までに40機から50機の日本軍機を撃墜したが、100機以上が艦艇を攻撃しようとしていた。何機かはRPS#15の近くを通過したが、多くはRPS#15を襲って来た。多くの日本軍機がこの海域に散開して

いたので、CAP機が艦艇の近くに留まることは不可能だった。空中戦がRP艦艇から10海里から20海里（約19kmから約37km）離れて行なわれる時にはRP艦艇の防御は手薄になった。ヒュー・W・ハドレイの戦闘報告は次のように書いている。

　　本艦とエヴァンスを攻撃した時から、数多くの敵機が１隻に対して４機から６機に分かれて連続的に攻撃をした。最初、敵機はRPS#15の近くを通過して沖縄に向かうように見えた。敵機は艦首の高さを飛行して我々を無視しているようだった。本艦は４機を撃墜した。戦闘のテンポが早くなり、駆逐艦は２隻とも高速で運動したので、本艦とエヴァンスの間隔は２海里から３海里（約3.7kmから約5.6km）になった。これで２隻は個別に戦闘することになった。本艦からエヴァンスに対して接近して相互支援するように３回指示し、本艦も接近しようとしたが、そのつど攻撃を受けて接近できなかった。本艦は戦闘中何回も小型支援艦艇に接近した。(28)

　ヒュー・W・ハドレイは近くを通過しようとした日本軍機４機を撃墜した後、攻撃目標になった。0830から0900の間、ヒュー・W・ハドレイの砲手は全周から突進して来る12機を撃墜した。一方、エヴァンスは攻撃を受けて戦闘不能になり、ヒュー・W・ハドレイを支援できなくなった。艦艇はカミカゼに圧倒されていたのでヒュー・W・ハドレイはCAP機を呼び戻したが、続く20分間は１隻だけになり、周囲を日本軍機に囲まれて、全周から攻撃を受けた。ヒュー・W・ハドレイは10機以上撃墜したが、何機かは対空砲火を通り抜けて来た。ヒュー・W・ハドレイは「この攻撃で本艦に、①後部に爆弾１発命中、②低高度を飛行中の一式陸攻から投下された「BAKA」（桜花）１機命中、*3　③後部に体当たり攻撃機１機命中、④索具に体当たり攻撃機１機命中」と戦闘報告に書いている。(29)　CAP機が支援に来て多くの日本軍機を撃墜している間、ヒュー・W・ハドレイは停止していた。浸水がすぐに始まり、艦内に火災が広がって、弾薬が発火した。艦長のバロン・J・ムラネイ中佐は総員離艦の準備を命じた。負傷者と乗組員の多くは舷側を越えた。艦内に残ったのは士官・下士官兵50名で、急速に傾くヒュー・W・ハドレイを救おうと最後の努力をした。ヒュー・W・ハドレイを沈没から救える見込みはほとんどなかったが、救うのに成功した。ヒュー・W・ハドレイは伊江島に曳航され、最終的に米国に戻ったが、結局除籍になりスクラップにされた。戦死28名、負傷67名だったが、ヒュー・W・ハドレイに体当たりし

たものを含め、カミカゼ23機に砲火を浴びせた。ムラネイ艦長は乗組員についてこう書いている。

　このように勝算がわずかだったにもかかわらず勇敢に戦った乗組員を得た軍艦の艦長は今までにいなかった。乗組員を全滅させようとして急降下する機体の前で砲に就く者の勇気を誰が計れるだろうか。すべてが失われるように見えた時、沈もうとしている艦を救うため命をかけた乗組員の忠誠を誰が計れるだろうか。1945年5月11日に我が海軍の歴史がさらに高められたことを記録してほしいと思う。駆逐艦の乗組員が1時間35分にわたり圧倒的な敵機の攻撃に対抗して23機を撃墜した。このたび、このような前例のない戦闘の報告を初めて作ることができたことを誇りに思う。乗組員は任務を遂行し、卓越した戦闘能力を発揮した。(30)

　航空攻撃が激しいので駆逐艦は高速で航行して、駆逐艦または支援艦艇との間隔が2海里から3海里（約3.7kmから約5.6km）離れ、相互支援できる機会がなくなった。ヒュー・W・ハドレイが地獄の戦いをしている間、エヴァンスも同じだった。0753、エヴァンスは接近する零式水偵に砲火を浴びせた。零式水偵は何発も被弾して右舷後方の1,000ヤード（約900m）で爆発した。*4　爆発の大きさからそれは爆弾を搭載していたことが分かった。その後30分間、エヴァンスに脅威はなかった。しかし0830、九七式艦攻3機が左舷後方から接近しているのをレーダーで追尾し始めた。*5　数分以内でこの3機を撃墜した。日本軍機は続く15分の間に何回も現れた。エヴァンスは飛燕、九七式艦攻、天山、零戦を撃墜した。*6　九七式艦攻1機が被弾して火を噴いていたがエヴァンスに向けて魚雷を投下した。艦長のロバート・J・アーチャー中佐が急な取舵を命じたので、魚雷は艦首から25ヤード（約23m）のところを通過した。危機一髪だった。その直後、飛燕がヒュー・W・ハドレイとエヴァンスの砲火を受けながら距離3,500ヤード（約3.2km）に墜落した。*7　次に九九式艦爆が突進して来たが、エヴァンスの砲火を受けて操縦不能になり、その上空を通過して右舷艦首方向2,000ヤード（約1.8km）に墜落した。*8　隼1機が爆弾を投下したが外れたので、エヴァンスに体当たりしようとしたが撃墜された。隼と天山各1機が左舷から攻撃して来たが、両機ともエヴァンスの近くで撃墜された。*9　1分も経たずに飛燕が突進して来たが、エヴァンスの砲火で撃墜された。0907、彗星が最初に体当たりして、エヴァンスの左舷艦首の喫水線に穴があいて前方乗組員区画に浸水が始まった。*10　エヴァンスの5インチ砲弾が距離8,000ヤード（約

7.3km）で飛燕を撃墜した。*11　0911、エヴァンスの左舷の喫水線下に2機目が体当たりした。後部機関室に浸水が始まった時、さらに2機の隼が体当たりした。*12　1機目はエヴァンスの真上から体当たりし、投下した爆弾が甲板を貫通して艦内部で爆発した。爆弾は前方の汽缶を2基とも吹き飛ばした。2機目は右舷から体当たりした。火災が発生して損害が広がった。カミカゼの体当たりは成功し、エヴァンスは停止した。0925、F4Uコルセア2機にエヴァンスの射程に追い込まれた日本軍機がエヴァンスにとってこの日最後のカミカゼ機になった。*13　CAP機とエヴァンスからの射撃で、カミカゼ機はエヴァンスの艦橋の上を通り過ぎて舷側近くの海面に墜落した。エヴァンスの近くにLCS(L)-84が来て消火を支援した。大型揚陸支援艇は特殊な消火装置を持っており、艦艇にとって大きな助けになるのでともに行動していた。LCS(L)-82とハリー・E・ハバード（DD-748）が舷側に来て消火支援、生存者の引き上げ、負傷者の移乗、機器提供を行なった。

　支援小型艦艇にとっても5月11日は危険な1日だった。続く混戦でLCS(L)-82はカミカゼ3機を撃墜、2機を撃墜支援した。0900まではカミカゼ攻撃の多くは2隻の駆逐艦に絞られていた。0837、小型艦艇が魚雷搭載の天山がエヴァンスに向かっているのを発見したのもその一例だった。LCS(L)-82は3,500ヤード（約3.2km）で砲火を浴びせ、何発か命中させると天山の飛行は不安定になった。天山が投下した魚雷はエヴァンスを外し、天山はゆっくりと海面に墜落した。*14　0845、LCS(L)-82は左舷から接近した飛燕を撃墜してLCS(L)-84を支援した。*15　LCS(L)-82の全周で日本軍機がCAP機、駆逐艦、小型艦艇の犠牲となって海面に落とされていた。隼1機がLCS(L)-82の右舷艦首方向から接近したので、砲手は距離1,000フィート（約300m）で砲弾を命中させた。その隼がLCS(L)-82の上空を通過する直前に機体は半分に壊れ、主翼とエンジンがLCS(L)-82の方に落下した。LCS(L)-82の艇長ピーター・G・バイアール大尉が最大戦速を命じたので、機体の破片が落下したのは航跡の中だった。*16　0940、LCS(L)-82はCAP機に追われた九九式艦爆が艦尾方向から接近したので、直接攻撃を受ける危険があった。*17 LCS(L)-82が距離400ヤード（約370m）で命中弾を与えると、九九式艦爆はLCS(L)-82の横を通ってエヴァンスに当たりそうになった。LCS(L)-82が撃った砲弾がエヴァンスの艦首上甲板に当たり、火災が起きた。LCS(L)-82は舷側に来て消火を支援した。(31)

　この時、LCS(L)-83は戦闘の真っただ中に投げ出された。その戦闘報告は次の通り。

艦尾方向から敵機数機が飛来した。１機が右舷に回り込んだが撃退された。すると敵機はあらゆる方向と高度から攻撃して来た。南東に向かっている駆逐艦が本艇に接近した。これを敵機が高々度から攻撃した。本艇は砲火を浴びせ、１機を駆逐艦の後方で撃墜した。別の１機が艦尾方向から飛来し、上昇してから急降下で本艇右舷後方のLCS(L)-84に向かった。この機体に本艇が砲火を浴びせた。尾翼が外れ、LCS(L)-84の右舷舷側近くの海面に墜落した。次にヒュー・W・ハドレイ上空の２機に砲火を浴びせた。これは逃げたと思う。１機がエヴァンスの後方から低高度で突進し、爆弾を投下して上昇したが、再び海面ギリギリにまで降下した。エヴァンスとLCS(L)-82がそれに砲火を浴びせた。敵機はしばらく飛行していたが墜落した。本艇がヒュー・W・ハドレイに急降下している敵機に砲火を浴びせていると正面から１機が飛来するのを発見した。前部の砲が正面に向きを変えて砲火を浴びせると敵機は炎に包まれ爆発した。気化したガソンリンが司令塔にいる者の視界を遮った。続いて１機が本艇後方のLCS(L)-82に飛来した。本艇が砲火を浴びせると敵機は分解し、LCS(L)-82の後方に落下した。この時点で各艦艇は独自に運動していた。F4Uコルセアが上空掩護のため飛来した。ヒュー・W・ハドレイとエヴァンスは何度も体当たりを受けたので再び別々に運動した。LSM(R)-193と本艇がヒュー・W・ハドレイに向かった。LCS(L)-82、-84はエヴァンスに向かった。(32)

　LCS(L)-83は駆逐艦および小型艦艇と連携しながら、0900から0939の間に零戦３機、錘廼１機を撃墜した。*18　次に生存者の引き上げとエヴァンスの支援を行なった。

　0858、LCS(L)-84は零戦１機が急降下して来るのを発見した。*19　砲手がこれを手際よく右舷舷側から10フィート（約３m）の海面に撃墜した。艇自体の損害はほとんどなく、負傷が１名だけだった。

　ロケット中型揚陸艦の対空能力は特筆すべきものではないが、その日、LSM(R)-193の砲手はRPS#15にいたほかの艦艇と同等の能力を持っていることを実証した。0845、九七式艦攻１機がエヴァンスに向かって急降下爆撃を行なったが、爆弾は外れた。*20　すると、針路を変更してLSM(R)-193に体当たりしようと向かって来た。これを５インチ砲と40mm機関砲で撃墜した。0859、砲手が右舷方向にLSM(R)-193に急降下で体当たりしようとして高度をとっている九七式艦攻１機を発見した。*21　これに５インチ砲弾と40mm機関砲弾を浴びせて撃墜した。13分後、LSM(R)-193は零戦三二型１機を右舷方

向で撃墜し、数分後2機目を撃墜した。別の1機がヒュー・W・ハドレイに急降下したので、この撃墜を支援した。*22

この戦闘が終わるとLSM(R)-193はヒュー・W・ハドレイに向かい、消火と負傷者の手当を支援した。1401、LSM(R)-193は救難航洋曳船ATR-114の支援を受け、ヒュー・W・ハドレイを停泊地に曳航した。LCS(L)-83はヒュー・W・ハドレイの横で必要に応じて支援を行なった。(33)

エヴァンスは状況が落ち着いたので艦隊随伴航洋曳船アリカラ（ATF-98）とクリー（ATF-84）に曳航されて伊江島に戻った。エヴァンスは戦死30名、負傷29名を出したが、日本軍機14機を撃墜した。(34)

*1：薄暮雷撃に出撃したK253の天山の可能性あり。（『沖縄方面海軍作戦』（戦史叢書第17巻）p. 493）

*2、*4：第2魁隊の零式水偵。同一の機体をヒュー・W・ハドレイとエヴァンスの双方で撃墜を主張している。（『神風特別攻撃隊魁隊戦闘詳報第一號　自昭和二十年四月二十九日至昭和二十年五月十二日　第十航空艦隊　北浦空』：＜0800頃沖縄周辺にありたる巡洋艦発見を報じ爾後混信等に依り連絡なきも概ね突入に成功せるものと認む＞とされた第2小隊 操縦 四方厳（巌夫？）中尉、同乗 飯沼孟少尉、大日向俊夫（景介？）一飛曹の零式水偵）

*3：第8神風桜花特別攻撃隊神雷部隊（桜花搭乗員：高野次郎、小林常信両中尉、藤田幸保一飛曹）（『神風特別攻撃隊々員之記録』pp. 61-62）

*5、*7、*14、*20、*21：菊水雷桜隊の天山。通常任務（実質的には特攻）で出撃した宇佐空・姫路空・百里原空の九七式艦攻。（『沖縄方面海軍作戦』（戦史叢書第17巻）p. 495）

*6：飛燕は第55、第56振武隊。九七式艦攻は通常任務（実質的には特攻）で出撃した宇佐空・姫路空・百里原空の機体だが、菊水雷桜隊の天山を九七式艦攻に誤認した可能性あり。天山は菊水雷桜隊。零戦は第44、第49、第51、第52、第70振武隊の隼を零戦に誤認したもの。

*8、*17：九九式艦爆は出撃していない。第41、第65、第76、第78振武隊の九七式戦を九九式艦爆に誤認している。

*9：隼は第44、第49、第51、第52、第70振武隊。天山は菊水雷桜隊。通常任務（実質的には特攻）の宇佐空・姫路空・百里原空の九七式艦攻を天山に誤認した可能性あり。

*10：第60、第61振武隊の疾風を彗星に誤認している。

*11、*15：第55、第56振武隊の飛燕。

*12、*16：第44、第49、第51、第52、第70振武隊の隼。

*13：攻撃隊不明。

*18：第44、第49、第51、第52、第70振武隊の隼を零戦に誤認している。鍾馗は出撃していない。第60、第61振武隊の疾風を鍾馗に誤認している。

*19、*22：第44、第49、第51、第52、第70振武隊の隼を零戦に誤認している。

[５月11日 0904 伊江島沖 貨物船M・S・ジスタン]

　上空からの大規模攻撃が沖縄の艦艇を悩ませている一方で、特攻泳者も海上で活動していた。５月11日早朝、貨物船C・W・ポストが伊江島沖で停泊中に小型艇の近くで泳いでいる敵兵５人に気づいた。特攻泳者であろう彼らを近くの哨戒艇が片付けた。(35)　その直後、C・W・ポストの乗組員は、近くにいたオランダ船籍の貨物船M・S・ジスタンにカミカゼが攻撃を成功させたのを恐怖のまなざしで見ていた。

　５月10日、M・S・ジスタン船長のJ・ナーラボウトは船をC・W・ポストと揚陸指揮艦パナミント（AGC-13）の近くに停泊させた。11日0904、M・S・ジスタンの見張員が接近して来る１機にパナミントが砲火を開いたのを見た。この時点で、この機体はM・S・ジスタンに向かっている３機中の１機と分かった。１機目の天山は被弾したが魚雷を投下した。魚雷はM・S・ジスタンに向かったが、曲がってパナミントの近くを通過した。２機目の天山は被弾してM・S・ジスタンの前方に墜落した。*1　１機目の天山はまだ飛行を続け、低高度で突進してM・S・ジスタンの第２船倉のブームにぶつかり火の玉になった。機体部品が甲板に飛び散り、船外に飛び出たものもあった。少ししてから一式陸攻が貨物船に突進して来たが、後方距離900ヤード（約820m）で撃墜された。*2　M・S・ジスタンの消火はうまくいき、0918に鎮火した。船自体は大きな損害を受けなかったが、戦死４名、負傷９名を出した。(36)　沖縄侵攻は始まって６週間が経ったが、まだ安全な場所はなかった。

*1：菊水雷桜隊の天山。通常任務（実質的には特攻）で７機出撃し、３機未帰還になった宇佐空・姫路空・百里原空の九七式艦攻を天山に誤認した可能性あり。（『沖縄方面海軍作戦』（戦史叢書第17巻）p. 495）

*2：桜花を発進か投棄した後、または発進させることができなくなった一式陸攻。第９銀河隊の銀河を一式陸攻に誤認した可能性あり。

第15章　悲惨な５月

５月12日

[菊水７号、８号作戦]
　５月は11日までに多くのカミカゼ攻撃があったが、残りの日はさらに徹底的なものだった。５月24日から25日までと27日から28日までの２回、日本軍は菊水作戦を実施した。艦艇２隻が沈没し、そのほかにも多くが体当たりを受けることになる。死傷者数は増加した。

[５月12日 渡具知沖 ニューメキシコ（BB-40）]
　５月12日1903、ニューメキシコ（BB-40）は慶良間諸島から渡具知停泊地に戻る途中の海域に敵味方不明機がいるとの連絡を受けた。1910、総員配置を発令し、すぐに機銃掃射をしながら飛来する紫電に砲火を浴びせた。*1
５インチ砲弾が機体の下で爆発したので、機体が持ち上がり、最後の瞬間で紫電はニューメキシコを外して艦尾後方の海面に墜落した。しかし、爆弾が爆発して、破片が艦上に落下した。紫電に気をとられていた数分後に疾風が煙突付け根の砲列甲板中央部に体当たりした。爆発で火災が発生したが、すぐに鎮火してニューメキシコは1920に停泊した。戦死54名、負傷119名を出した。

*1：紫電は艦艇攻撃に出撃していない。誠第120飛行隊の疾風を紫電に誤認している。『筑前町立大刀洗平和記念館　常設展示案内』によると体当たりしたのは荻野光雄軍曹か東局一文（とうぎょく）伍長。

[５月12日〜15日 渡具知沖 特攻艇]
　特攻艇攻撃の可能性があることから、常に対小型舟艇直衛が沖縄の停泊地周辺を哨戒した。この直衛が５月12日から13日にかけて戦闘を行なった。渡具知停泊地の南と西で哨戒したのは第52.19.3任務隊の大型揚陸支援艇LCS(L)-19、-53、-82、-83、-84、-86、-111だった。このうちLCS(L)-19、-82、-84、-86

の4隻が停泊地の南西で哨戒をした。

　12日2330、LCS(L)-84が小型艇と接触すると総員配置を発令した。LCS(L)-84の要請ですぐに照明弾が打ち上げられ、その明かりが特攻艇を照らした。報告によると全長20フィート（約6m）の屋根のない4人乗りの小型艇だった。LCS(L)-84が射撃を行なうと小型艇は急に回頭して近くで哨戒していたLCS(L)-19の方に向かった。敷設駆逐艦トーマス・E・フレーザー（DM-25）はこれに気づいてアーク灯を照らしたので、大型揚陸支援艇から小型艇を見ることができた。これは大型揚陸支援艇の小型信号灯で照らすよりも効果的で、より遠くから特攻艇を見ることができた。LCS(L)-19は速力を上げ、回頭して舷側を特攻艇に向けて40mm、20mm機関砲で射撃を行なった。日付が変わった13日0012、LCS(L)-19が命中弾を与え、数分後に沈没させた。0104、LCS(L)-19の正面前方距離800ヤード（約730m）で震洋が横切ったのを見つけた。距離600ヤード（約550m）に近付くと取舵で回頭して舷側砲火を浴びせた。震洋は20mm機関砲弾を受け、0112に沈没した。(1)

　LCS(L)-82にとって特攻艇との最初の接触は、12日2353に艇長のピーター・G・バイアール大尉が艇の正面の距離75ヤード（約69m）で特攻艇を発見した時だった。最大戦速を命じ、取舵を切って右舷の火砲を特攻艇に向けた。30cm信号灯が特攻艇を照らすと、それは速力を上げてLCS(L)-82の右舷艦首方向に向かった。しばらくの間、特攻艇は硝煙で見えなかったが、すぐに艦首から15フィート（約4.5m）に現れ、LCS(L)-82に向かって来た。LCS(L)-82のほうの速力が早いので、震洋はその後ろを通って海水面に出た。LCS(L)-82はこれを追跡して最後は距離300ヤード（約270m）に発見した。この時、近くの高速輸送艦が何とかアーク灯で震洋を照らすことができた。LCS(L)-82と高速輸送艦が射撃を行なうと特攻艇は停止して0019に炎を上げ、まもなく沈没した。(2)　特攻艇はこの海域で相変わらず脅威になっており、艦隊掃海艇スペクタクル（AM-305）は5月14日から15日の間に6隻を沈めた。

5月13日

［5月13日 RPS#9 バッチ（DD-470）］

　5月13日、RPS#9でバッチ（DD-470）、カウエル（DD-547）、ロケット中型揚陸艦LSM(R)-198、大型揚陸支援艇LCS(L)-23、-56、-87が哨戒に就いた。1745、零式観測機3機がRPSに接近して攻撃を始めた。*1　海兵隊の戦闘空中哨戒機（CAP機）ヴォートF4Uコルセア2機が全機を撃墜した。1時間後、再び攻撃を受けた。今度は九九式艦爆3機だった。*2　2機がバッチ

の両舷から攻撃して来たが、すぐに艦の近くで撃墜された。3機目がバッチの砲火を通り抜けた。主翼が2番煙突近くにぶつかり、機体は甲板上で弾んだ。搭載していた爆弾が衝撃で機体から外れ、甲板から飛び出して空中数フィート（約2mから3m）の高さで爆発した。バッチは蒸気と電力を失い、火砲を手動で操作しなくてはならなかった。ほかのカミカゼ機もバッチを狙っていたが、CAP機、支援艦艇に阻まれた。バッチは発生した火災を1912に鎮火させると重傷者を治療のため大型揚陸支援艇に移乗させた。LCS(L)-56が慶良間諸島に修理のため曳航したが、途中で艦隊随伴航洋曳船ATF-85と交代した。戦死41名、負傷32名を出した。(3)

*1：通常攻撃を含め、この時刻に零式観測機などの水上機が出撃した記録はない。攻撃隊不明。

*2：この時刻に忠誠隊の九六式艦爆が慶良間諸島附近の機動部隊の攻撃に出撃している。（操縦 元木恒夫中尉、同乗 柴田昌里一飛曹、操縦 石原一郎一飛曹、同乗 駒場一司二飛曹、操縦 阿部仁太郎中尉、同乗 福元清則一飛曹、操縦 持田歳雄一飛曹、同乗 森増太郎二飛曹、操縦 佐藤重男上飛曹、同乗 渡邊靖一飛曹、操縦 兒島與吉二飛曹（同乗者なし））　（『神風特別攻撃隊々員之記録』p. 33）5月9日も日本側の記録では九六式艦爆だが、本書では九九式艦爆になっている。戦闘に機種誤認はよくあるが、5月9日、13日のいずれも日没少し前の時間なので複葉機の九六式艦爆と単葉機の九九式艦爆を誤認するのか疑問。

[5月13日 沖縄沖 ブライト（DE-747）]
　ブライト（DE-747）は沖縄沖で対潜哨戒の直衛に就いていた。13日1325、高速輸送艦シムス（APD-50）と交代してステーション・ベイカー12で任務に就いた。1918、日本軍機襲来の連絡があり、総員配置に就いていた乗組員は単発機1機が低高度で左舷正横から突進して来るのを見つけた。*1　単発機はブライトの砲撃でエンジンと左主翼に被弾したが、止まることなく艦尾張出部に体当たりして爆発した。ブライトの舵は取舵いっぱいで固定されたので、ほかの艦艇との衝突を避けるため速力を5ノット（約9km/h）に落とした。後部舵取機室にいた2名が大けがを負った。マックレランド（DE-750）が支援に来た。ブライトの乗組員は何とか消火を行ない、救難艦ギア（ARS-34）に曳かれて慶良間諸島に戻った。ブライトはそこで仮修理を行ない、5月21日、輸送船団とともにウルシーに向かい、さらに修理を受けた。(4)

*1：誠第31飛行隊の九九式襲撃機、誠第26戦隊の隼と直掩機・誘導機、振天隊の九七式艦攻、忠誠隊の九六式艦爆または九九式艦爆。

5月14日

[5月14日 種子島東沖 エンタープライズ（CV-6）]

　G・B・ホール大佐が艦長のエンタープライズ（CV-6）は第58任務部隊の1隻としてほかの空母とともに四国、九州の飛行場を攻撃する作戦を行なっていた。5月14日朝、沖縄に戻る時に攻撃を受けた。日本軍機26機が空母向かって降下し、零戦1機がエンタープライズを狙って来たので、大型空母は零戦の攻撃を避けるため運動した。*1　5インチ砲を撃ったが零戦は雲に出入りしてこれを避けていた。エンタープライズの戦闘報告は零戦の機動を次のように記している。

　降下角度は浅く、最大でも30度は超えなかった。コンピューターの計算によると速度は約250ノット（約465km/時）だった。本艦が回頭すると敵機との相対角度は185度から190度になった。敵機の高度は少し変化したが回避戦術をとっていないので、パイロットは本艦の回頭に合わせて突入点を修正していることを示していた。敵機は突進を始め、本艦との距離が100ヤードから200ヤード（約91mから約180m）になると左に急横転して背面になった。本艦に体当たりする直前の140フィート（約

1945年5月14日、エンタープライズ（CV-6）の飛行甲板に体当たり直前に横転して背面飛行している250kg爆弾搭載の零戦（実際は500kg爆弾）(USS Enterprise CV 6 Serial 0273. Action Report of USS Enterprise— CV6— in Connection with Operations in Support of Amphibious Landings at Okinawa 3 May to 16 May 1945—Phase III. 22 May 1945, p. 26.)

1945年5月14日、エンタープライズ（CV-6）に零戦が体当たりした後、エレベーターの部品が空中高く飛ばされている。バターン（CVL-29）から撮影（USS Enterprise CV 6 Serial 0273. Action Report of USS Enterprise—CV6—in Connection with Operations in Support of Amphibious Landings at Okinawa 3 May to 16 May 1945—Phase III. 22 1945, p. 28.）

40m）まで来ると、パイロットは背面急降下の角度を急にして、最終的には40度から50度で降下した。機体が雲から出て来ると、これを狙えるすべての火砲が射撃をしていたのだが……。搭載していた爆弾が1番エレベーター・ピットで爆発して火災が発生し、1群と2群の5インチ砲（前部の両舷それぞれ）と前方右舷の20mm機関砲座が壊された。火災を約30分で鎮火したので、人員が避難した砲には人員を再配置し、弾薬を投棄した火砲には再補充した。(5)

悲惨な5月　421

5月14日、カミカゼの攻撃を受けた後、飛行甲板で消火作業中のエンタープライズ（NARA 80G 274352.)

　零戦の爆弾は飛行甲板を貫通し、下層甲板で爆発した。*2　前部エレベーターの部品が上空400フィート（約120m）まで噴き飛ばされた。戦死13名、負傷68名を出し、8名が海に投げ出されたが、ウォルドロン（DD-699）に救助された。しかし、攻撃は終わっていなかった。0803、零戦2機が攻撃して来たが撃墜された。*3　10分後、エンタープライズはバターン（CVL-29）に突進していた零戦1機の撃墜を支援した。0817、最後の攻撃があった。零戦1機が真後ろから飛来したが、エンタープライズの火砲で撃退された。攻

撃を受けていた時、「ビッグE」*4 の艦載機13機が飛行中だったが、ほかの空母に着艦した。エンタープライズは給油、作戦のために任務群に復帰した。

*1、*3：第6筑波隊、神雷部隊第11建武隊の零戦。
*2：第6筑波隊富安俊助中尉（『「ビッグE」空母エンタープライズ』（下巻）p. 360）
*4：エンタープライズの愛称。

5月17日

［5月17日 RPS#9 ダグラス・H・フォックス（DD-779）］
　5月17日、ダグラス・H・フォックス（DD-779）はヴァン・ヴァルケンバーグ（DD-656）、大型揚陸支援艇LCS(L)-53、-65、-66、-67とRPS#9で任務に就いていた時、カミカゼに襲われた。1926、台湾の花蓮港南飛行場から出撃した隼4機がRPSを襲った。*1　2機を艦艇の協同射撃で撃墜し、3機目をダグラス・H・フォックスが撃墜した。しかし、4機目が砲火を通り抜けてダグラス・H・フォックスの1番と2番の5インチ砲近くに体当たりした。1番5インチ砲は完全に壊れ、2番5インチ砲もひどく壊れた。爆発で発生した火災は15分後には完全に鎮火した。カミカゼ機の群れは最善を尽くしたが、最終的にダグラス・H・フォックスに5機、ヴァン・ヴァルケンバーグに3機、LCS(L)-53に1機が撃墜された。*2　ダグラス・H・フォックスは戦死9名、負傷35名を出した。(6)

*1：誠第26戦隊の隼（稲葉久光、白石忠夫、辻俊作、今野静各少尉）（『陸軍航空特別攻撃隊各部隊総覧』（第1巻）p. 124）この誘導・戦果確認で出撃した1機は帰還。（『特攻』令和4年11月「沖縄に散ったある特操1期生の戦記」）
*2：誠第26戦隊（隼）、誠第31飛行隊、飛行第108戦隊（誠第31飛行隊機に同乗）。（以上九九式襲撃機）日本側の未帰還機数は合計7機なのに対し、米軍の撃墜機数は合計9機なので、明らかに二重計上している。

5月18日

［5月18日 中城湾 リバティ船ウリヤ・M・ローズ］
　5月18日1950、リバティ船ウリヤ・M・ローズが中城湾で隼1機の攻撃を受けた。*1　ウリヤ・M・ローズの砲手は近くの艦艇の砲手と協力してこれ

に命中弾を与えた。隼は高度60フィート（約18m）で飛来して体当たりしようとしたが、左舷舷側から50フィート（約15m）の海面に墜落した。続く爆発で船体が持ち上げられ、船体に軽い損害を受けたが死傷者はいなかった。ウリヤ・M・ローズは破滅から免れることができた。

*1：第53振武隊の隼の可能性あり。知覧から出撃した時刻は『陸軍航空特別攻撃隊各部隊総覧』p.181では0650から0655だが、『沖縄・臺湾・硫黄島方面　陸軍航空作戦』（戦史叢書第36巻）p.566、『陸軍航空特別攻撃隊史』（p.203）では1650になっている。

[5月18日 渡具知沖 高速輸送艦シムス（APD-50）]

　5月18日、高速輸送艦シムス（APD-50）は渡具知西方海域で直衛に就いていた時、飛燕の攻撃を受けた。飛燕は左舷艦首方向から飛来し、砲火を浴びた。*1　距離200ヤード（約180m）でシムスの砲手は左主翼を撃破した。同時に2機目が右舷艦尾後方から急降下したがシムスの砲火を浴びた。2機とも左舷舷側近くに墜落した。爆発の衝撃で軽い損害を受けたが、死傷者はいなかった。シムスにとって幸運な日だった。

*1：飛行第19戦隊の飛燕。（大立目公雄、飯野武一、中村憲二各少尉）（『陸軍航空特別攻撃隊各部隊総覧』（第1巻）p.120）

5月20日

[5月20日 伊江島 LST-808、ジョン・C・バトラー（DE-339）]

　5月18日、伊江島で停泊中の戦車揚陸艦LST-808に魚雷が命中した。*1　損害は大きく、曳船2隻に曳航されて浅瀬の岩礁の上に船体を預けていた。20日1837、日本軍機がLST-808の上部構造物に体当たりして甲板を貫通し、火災が発生した。*2　保安要員5名が乗艦しており、1名が負傷した。艦隊随伴航洋曳船テクスタ（ATF-93）、大型港内曳船コショクトン（YTB-404）、小型港内曳船YTL-488が支援に来て消火を行なった。この時点で修理不能なほど損害を負っていたので、海軍はLST-808から利用可能な部品を取り外した。

　LST-808が攻撃を受けていた頃、近くのジョン・C・バトラー（DE-339）も攻撃を受けた。1831、零戦2機が近くを通過し、本部半島の周囲を旋回してから伊江島付近の艦艇に接近した。*3　さらに7機が右舷遠くに現れ、2

グループに分かれた。*4　バトラーの対空砲火が5機を撃墜し、1機を撃破した。損害は接近した1機が右舷正横の艦の近くに墜落する前に切り取ったアンテナだけだった。3名が軽いけがを負った。

*1：沖縄泊地を夜間攻撃した通常攻撃の天山、銀河、重爆。（『沖縄方面海軍作戦』（戦史叢書第17巻）p. 511）各機種とも魚雷は搭載可能。
*2：第50振武隊（斉藤数夫、速水修、小木曽亮助各少尉、飯高喜久夫、柳清、松尾登与喜、大野昌文、松崎義勝各伍長）（『陸軍航空特別攻撃隊各部隊総覧』（第1巻）p. 177）の隼。
*3：第50振武隊の隼を零戦に誤認している。(操縦者は前述の通り)
*4：第50振武隊以外の機体の攻撃隊は不明。

[5月20日 慶良間諸島 チェイス（APD-54）]
　5月20日1915、高速輸送艦チェイス（APD-54）が慶良間諸島の北5海里（約9.3km）を航行中に100kg爆弾2発を搭載した零戦1機の攻撃を受けた。*1　零戦はチェイスに体当たりできず、右舷正横10ヤード（約9m）離れた海面に墜落した。搭載していた爆弾が海中で爆発し、機体部品が艦尾に降り注いだ。チェイスの右舷のプロペラ・シャフトが壊れ、舵が固定された。後部機関室に浸水が始まり、総員離艦せざるを得ない状況になった。チェイスが停止すると別の日本軍機が急降下して来たが砲火で追い払われた。艦隊掃海艇インペカブル（AM-320）が支援に来た。チェイスは右舷に傾き、1941に7度、1950には10.5度になった。慶良間諸島から、救難艦シャックル（ARS-9）が曳航に向かっている途中との連絡があった。哨戒救難護衛艇PCER-852とコンヴァース（DD-509）が近くにいたので、チェイスの艦長は総員離艦を決心した。2018、チェイスは右舷に16度傾き、救えない状況になった。必要な要員以外はインペカブルに移乗するよう命令が出た。最終的に傾斜は19度に達し、残っていた者もインペカブルに移乗した。コンヴァースが横に来た。奇跡的に傾斜の増加が止まったので、基幹修理要員がコンヴァースからポンプを借りて戻った。シャックルがポンプを積んで到着し、2300に浸水を止めることができた。チェイスはシャックルに慶良間諸島まで曳航してもらい、そこで緊急修理を受けた。(7)　戦死者はいなかったが、35名が負傷した。

*1：第50振武隊の隼を零戦に誤認している。(多田良政行少尉で1910に「我突入す」と無線連絡)（『陸軍航空特別攻撃隊各部隊総覧』（第1巻）p. 177）

[５月20日 沖縄本島西沖 サッチヤー（DD-514）]
　５月20日、サッチヤー（DD-514）は沖縄の外方直衛で哨戒に就いていた。その南西ではオニール（DE-188）が、北西ではフェア（DE-35）が哨戒に就いていた。1835、この海域に向かって来る攻撃隊の報告があった。ジョン・C・バトラー（DE-339）が、４機から攻撃を受けていると連絡してきたので、アンソニー（DD-515）が支援に向かった。1920、サッチャーは左舷艦首方向から隼１機が低高度で向かって来るのを見つけた。*1　隼はサッチャーの左舷方向を通過して、艦尾方向で旋回した。１、２分後、サッチャーの上部構造物後方の上甲板に体当たりした。爆発で艦は揺れ、火災が発生した。隼に続いて２機がサッチャーの左舷後方から飛来したが、砲火で撃退された。ボイド（DD-544）と高速輸送艦パブリク（APD-70）が消火支援に来た。2030、サッチャーは火災が鎮火したので慶良間諸島に戻った。サッチャーの戦闘報告は次の通り。

　　本艦に体当たりした隼は250kg爆弾２発を搭載していたと考えられている。このうちの１発が檣の下の部分を吹き飛ばし、レーダー通信室と戦闘情報センターを破壊し、甲板室前部と１番煙突、艦橋上部構造物後部に損害を与えた。もう１発の爆弾はわずかに本艦に届かず、海中に入ってから船殻近くか船殻を貫通する瞬間に爆発して、船殻に亀裂を生じさせてディーゼル発電機室を破壊したと考えられる。煙突前方の甲板室は消え去った。上部構造物後部と１番煙突前部と探照灯台は大きな損害を受けた。(8)

サッチャーは戦死14名、負傷53名を出した。

　*1：第50振武隊の隼。（操縦者は前述の通り）

[５月20日 沖縄本島西沖 レジスター（APD-92）]
　５月19日、高速輸送艦レジスター（APD-92）は沖縄に到着し、翌日直衛の配置を命じられた。20日1923、零戦10機がレジスターの方に向かった。*1このうち４機がレジスターに目を付けて２機が右舷方向から、１機が後方から、１機が正面から向かって来た。レジスターの火砲が２機を撃墜し、３機目は煙を噴かせて撃退した。しかし、艦首方向から突進した機体は左舷のキングポストに当たり、舷側近くの海面に落下した。キングポストは３番40mm機関砲ガン・タブに当たり、艦に大きな損害を与えた。戦死者はいな

かったが艦長を含む12名が負傷した。(9)

*1：飛行第204戦隊の隼。（栗原義雄、小林侑両少尉、田川唯雄軍曹、大塚善信、井沢賢治両伍長）（『陸軍航空特別攻撃隊各部隊総覧』（第１巻）p. 134）飛行第204戦隊以外の機体の攻撃隊は不明。

5月24日

[5月24日～25日 伊江島沖 ウィリアム・C・コール（DE-641）]
　5月24日から25日にかけてウィリアム・C・コール（DE-641）は２回攻撃を受けた。24日1830、伊江島沖で哨戒中に隼１機が攻撃して来たので、体当たりを受けそうになった。*1　砲手が対空砲火を命中させると隼は魚雷発射管に接触し、艦上を通過して右舷正横近くの海面に墜落した。ウィリアム・C・コールの戦闘報告は次の通り。

　　本艦全体にエンジン、胴体などの機体部品の破片と肉片が飛び散った。パイロットは本艦に体当たりする寸前にパラシュートが開くような状況で機体から後ろに投げ出された。落下中の短時間であったが、パイロットはぐったりしているようだった。戦闘後の調査で内臓と肉片が体当たりした箇所に散らばっているのが見つかった。パイロットは海面に落下する前に死んでいたと考えるのが妥当である。(10)

　ウィリアム・C・コールは爆発で軽い衝撃による損害を受けたが、重大なものではなかった。25日0600には飛燕１機を距離1,000ヤード（約900m）で撃墜した。*2

*1：誠第28（誠第71飛行隊機に同乗）、誠第71飛行隊の可能性あり。ただしこの攻撃隊は隼でなく固定脚の九九式襲撃機を使用している。
*2：第55、第56振武隊の飛燕。攻撃を受けた時刻は飛燕が出撃して１時間しか経っていない時刻なので、第57、第58、第60、第61振武隊の疾風を飛燕に誤認した可能性あり。

悲惨な5月　427

5月25日

[菊水7号作戦]
　菊水7号作戦は5月24日と25日で、陸海軍のカミカゼ165機が参加した。

[5月25日 渡具知沖 オニール（DE-188）]
　5月25日0025、オニール（DE-188）は渡具知停泊地でキ15(11)から攻撃を受けたと戦闘報告に書いた。*1　機体は煙幕の中から現れて、オニールの周辺を旋回し、正面から突進してきた。オニールは5インチ砲弾を浴びせて、右舷艦首近くで機体を爆発させた。爆発でエンジンが艦首上甲板に落ち、上部構造物に破片が飛び散った。負傷16名が出た。

*1：キ15は低翼固定脚の九七式司令部偵察機。本機は出撃していない。徳島第1白菊隊、菊水部隊白菊隊の白菊（固定脚機だが九七式司令部偵察機にあるスパッツはない）を九七式司偵に誤認した可能性あり。（『徳島海軍航空隊白菊特攻隊戦闘詳報（第一號）』：この日徳島空で未帰還になった全機が無線機を装備していなかった。戦闘詳報のほうが神風特別攻撃隊々員之記録よりも未帰還が2機4名多いが、戦闘詳報記載後に帰還したのであろう。小禄から目撃した部隊の報告として＜2321「嘉手納沖」火柱1、0021より0026の間火柱8、内0021のものは嘉手納沖艦船炎上、0026のものは北飛行場炎上と覚しく＞と記載しており、徳島空はこの頃の攻撃は徳島空によるものとしている。オニールを攻撃した機体以外の機体も渡具知付近に到達していたことになるが、神風特別攻撃隊々員之記録pp. 148-149によると未帰還機のうちの最初の機体が離陸してから最後の機体が離陸するまで1時間以上間隔があいているにもかかわらず8機が数分間に集中して攻撃している。徳島第1白菊隊とほぼ同時に菊水部白菊隊も出撃しているが、戦闘詳報がなく、戦果などは不明）

[5月25日 渡具知沖 シムス（APD-50）]
　この日、もっと幸運な艦艇がいた。高速輸送艦シムス（APD-50）とゲスト（DD-472）だった。5月18日、シムスは危うく損害を受けるところを助かったが、5月25日に再び同じような体験をした。0033、敵味方不明機1機が攻撃して来たが、右舷正横の舷側近くの海面に墜落した。*1　艦自体の損害はほとんどなかったが、機体と爆弾の爆発で負傷11名を出した。

*1：菊水部隊白菊隊、徳島第１白菊隊（以上白菊）、第12航空戦隊水偵隊（零式観測機）

［５月25日 渡具知停泊地 ゲスト（DD-472）］

５月25日0233、ゲスト（DD-472）は読谷飛行場のすぐ北の渡具知停泊地沖で哨戒中に単発機の攻撃を受けた。*1　機体は檣にぶつかり、右舷正横50ヤード（約46m）先に墜落した。ゲストの損害は軽く、死傷者もいなかった。

*1：菊水部隊白菊隊、徳島第１白菊隊（以上白菊）、第12航空戦隊水偵隊（零式観測機）

［５月25日 沖縄本島西沖 バリー（APD-29）］

体当たりを受けた艦艇で最もついていなかったのは、沖縄に来て10日しか経っていない高速輸送艦バリー（APD-29）だった。５月25日0100、沖縄沖で哨戒中に九九式艦爆２機から攻撃を受けた。*1　１機は艦上を通過したが、ほかの艦艇の砲火を受けて墜落した。もう１機は対空砲火を通り抜けて艦橋近くに体当たりした。大火災が起きて弾薬庫が危なくなった。一度総員離艦が発せられたが、最終的に注水で弾薬庫の危機は去り、乗組員はバリーに戻り艦は救われた。しかし、バリーは修理不能な状況だったので除籍になった。30名が負傷した。のちにカミカゼの囮として使用され、沈むことになる。(12)

バリーの戦闘報告を承認するに際し、第12輸送艦隊指揮官のJ・N・ヒューズ大佐は旧型駆逐艦の脆弱性について次のように記している。

1. 本日までに６隻の旧型高速輸送艦（もとは４本煙突の駆逐艦）がカミカゼ機の突入を受けた。*2　基本報告書はこれらの旧型艦が前線海域における現在の問題に対応するにはいかに不適合かを示している。本輸送艦隊の高速輸送艦の平均艦齢は26年以上である（APD-36を含む）。
2. 日本軍パイロットは貧弱な武装で回頭半径が大きく効果的な対抗手段を持たないものを攻撃する傾向がある。このため、設計が古くて取り扱いにくい旧型の高速輸送艦は日本軍パイロットにとって格好の目標になっている。
3. 「４本煙突」駆逐艦の大きな回頭半径は軍上層部も知っている。部隊が攻撃を受けた場合、旧型艦が含まれていると、新型艦、旧型艦の双方が旧型艦の取り扱いの悪さに困り果て、新型艦の運用に支障を来す。

4. 現存している旧型高速輸送艦を後方に下がらせて護衛、訓練などに使用することを具申する。旧型高速輸送艦を前線に送り込んだ者はそれで仕事ができると思ったかもしれないが、何の役にも立っていない。(13)

*1：この時刻に九九式艦爆は出撃していない。菊水部隊白菊隊、徳島第1白菊隊の白菊を九九式艦爆に誤認している。攻撃を受けた時刻が1300になっている米国資料もあり、この場合は、出撃時刻不明の第66、第105振武隊の九七式戦を九九式艦爆に誤認した可能性あり。

*2：高速輸送艦（APD）は旧型の駆逐艦（DD）または護衛駆逐艦（DE）を改造して輸送艦にしたもの。

[5月25日 伊江島 EC(2)型リバティ船セグンド・ルイズ・ベルヴィズ]
　EC(2)型リバティ船セグンド・ルイズ・ベルヴィズが伊江島に停泊中、危機一髪だった。5月25日0130、船首方向からカミカゼ機が真っすぐ向かって来たが、近くの大型揚陸支援艇2隻の正確な射撃でセグンド・ルイズ・ベルヴィズから1,000ヤード（約900m）で撃墜された。*1　甲板上には機体の破片が散らばったが、大きな損害を負わず、死傷者もいなかった。

*1：菊水部隊白菊隊、徳島第1白菊隊（以上白菊）、第12航空戦隊水偵隊（零式観測機）

[5月25日 RPS#16 カウエル（DD-547）]
　5月25日0142、カウエル（DD-547）がRPS#16で哨戒中にすぐ上を双発爆撃機が通過した。*1　爆撃機は檣とアンテナにぶつかり、舷側近くの海面に墜落した。艦上に破片が降り注ぎ、2名が負傷した。RPSの艦艇としては珍しく、ほとんど損害がなかった。

*1：攻撃隊不明。（『伊江島敵飛行場　夜間爆撃戦斗詳報　第一機動基地航空部隊　出水部隊』：一式陸攻1機が未帰還になっているが、25日0251に長音を打電しているので違う可能性あり）

[5月25日 沖縄本島・伊江島間 スペクタクル（AM-305）、LSM-135]
　5月25日、艦隊掃海艇スペクタクル（AM-305）は伊江島・沖縄本島間で特攻艇・潜水艦直衛に就いていた。0505に後部機関ガバナー（調速機）が故障した。それを修理して前部機関だけで航行していた0805に攻撃を受けた。*1

カミカゼ１機が近くの護衛駆逐艦に突進したが外して海面に墜落した。その直後、紫電がその護衛駆逐艦に向かったが機首を引き起こしてスペクタクルに向かった。*2　紫電が全長185フィート（約56m）の掃海艇を攻撃して来たので艇長のG・B・ウィリアムズ大尉は最大戦速と砲手が最大限に射撃できるよう右舷へ急回頭を命じた。スペクタクルの運動にもかかわらず、紫電は右舷正横後部に体当たりした。紫電のエンジンと爆弾が船殻を貫通して後部機関室まで達した。爆発とその後の火災で40mm機関砲弾薬庫の弾薬が昇温発火し、爆雷に火が付いた。多くの者が海上に投げ出され、スペクタクルは危険にさらされた。体当たりを受けて舵が面舵いっぱいで固定されたので、スペクタクルは回頭して海上に落ちた乗組員にぶつかりそうになった。消火が開始され、火災は鎮火した。

中型揚陸艦LSM-135、迫撃砲歩兵揚陸艇LCI(M)-353などが支援に来て乗組員を引き上げ、消火を支援した。その最中、３機目がLSM-135に体当たりし、４機目が艦艇に突進してきたが撃退されて煙を噴いて飛び去った。LCI(M)-353は負傷者を移乗させ、伊江島に戻った。スペクタクルは戦死29名、負傷６名を出し、艦隊随伴航洋曳船テケスタ（ATF-93）に曳航された。スペクタクルの戦闘報告は次の通り。

> 体当たりで水兵と兵曹長の首が飛び、艦中央部上甲板の40mm機関砲２基の弾薬庫、一般作業場、洗濯室、そのほかフレーム52番からフレーム62番までのすべてが破壊された。この間の短艇甲板（01甲板）も裂けて吹き上げられた。両側の船殻は外に膨れた。左舷40mm機関砲は砲架と基盤が壊れ、救難艇は粉砕されて、右舷40mm機関砲は使用不能になった。後部機関室の主機関は破壊され、貫通点近くのすべての配管と附属品は引き裂かれた。フレーム52番の隔壁の上甲板部は前方に張り出て、前方に通じる艦中央部のハッチはフレーム44番の食堂に通じるものを除きすべて吹き飛んだ。右舷の後部上甲板に通じるハッチは吹き飛び、周囲のすべてのハッチは爆発で膨らんだ。残骸から６名の遺体を回収した。機関室の１名は服が脱げていた。このような状況および破壊力、ガソリン火災が広がっていないことから、この機体は衝撃で爆発する小型爆弾を搭載していたと考えられる。(14)

0810、LSM-135は、伊江島の南東３海里（約5.6km）でスペクタクルが火災を起こしているので、支援する命令を受けていた。LSM-135が現場に到着してスペクタクルから生存者を救出している時、飛燕２機から攻撃を受け

た。*3　LSM-135の戦闘報告は次の通り。

　0845、艦首道板（バウ・ランプ）を上げている時、日本軍の飛燕と識別された２機が突然低く垂れ込める雲から現れ、真後ろから浅い角度で接近し（ほぼ檣の高さ）、本艦の20mm機関砲の砲火に向かった。司令塔に当たった１機は、機体部品と爆弾らしきものを慣性力で右舷前部乗組員区画まで押し込み、ガソリンと機体部品を車両甲板と上部甲板に撒き散らしながら艦底まで突入した。別の１機は本艦から外れた。司令塔はすぐに炎に包まれた。同時に、前部燃料タンクが破裂して燃料オイルが漏れたので、炎と燃える燃料オイルが前部乗組員区画に流れ込んだ。燃料オイルの火災が突然起きて、その区画を囲んだので、本艦が救出したスペクタクルの生存者とそれに対応していた本艦の乗組員を救出するのは不可能だった。(15)

　爆発で消火ポンプが壊れたので、消火作業は不可能だった。火災は激しくなり、LSM-135は右舷に傾き始めた。救えないのは明らかだった。燃えるオイルが艦外に流れ出して艦を囲んだ。総員離艦になった。ウィリアム・C・コール（DE-641）とテケスタ（ATF-93）が生存者の多くを救出したが、艦長のH・L・ダービー　Jr.大尉以下11名が戦死、負傷10名を出した。LSM-135は伊江島の岩礁に漂着し、全損になった。

　*1、*3：第55、第56振武隊の飛燕。
　*2：この時刻に紫電は出撃していない。第57、第58、第60、第61振武隊の疾風を紫電に誤認している。

[５月25日　伊江島沖　ベイツ（APD-47）]
　５月24日の夜、高速輸送艦ベイツ（APD-47）は伊江島沖２海里（約3.7km）で哨戒に就いており、非常に忙しかった。５月24日2000から25日0430の間、総員配置を継続的に発令し、近くを航行中の敷設駆逐艦シャノン（DM-25）とともに何機にも砲火を浴びせた。*1　25日0700、ウィリアム・セイヴァーリング（DE-441）と交代して伊江島に向かった。その後も0800から0845の間、絶えず総員配置を発令した。0900、１機に発砲した。*2　1115、最初は伊江島に着陸する米軍機のように見えた九九式艦爆３機がベイツに向かって来た。*3　ウィリアム・セイヴァーリングとベイツはこれに砲火を浴びせたが、１機が左舷からベイツに接近して爆弾を投下した。爆弾は

432

右舷舷側近くで爆発して、ベイツの外板継ぎ目が裂けた。その直後にこの九九式艦爆はベイツの右舷艦尾張出部に体当たりした。

九九式艦爆の2機目はベイツの左舷操舵室に体当たりした。たちまちガソリン火災が広がり、ベイツの電力は落ちた。数分後に電力が回復した時、九九式艦爆の3機目がベイツを爆撃した。爆弾はベイツを外したが、左舷舷側近くで爆発したので、さらに損害が増した。燃料が漏れて引火した。炎上する燃料は船外に流れ出し、ベイツは火の海の真ん中に置かれた。ゴッセリン（APD-126）がベイツに接近しようとしたが、海面の火災がひどいので後退した。火災は広がり続け、消火ポンプが使えなかったので総員離艦が発令された。午後遅くに、艦隊随伴航洋曳船クリー（ATF-84）が索をつなぎ、炎上しているベイツを伊江島の停泊地に曳航したが、遅すぎた。1923、炎上するベイツは転覆して35m下の海底に沈んだ。(16)　戦死21名、負傷35名だった。

*1：第12航空戦隊水偵隊の零式観測機。出水空の一式陸攻（通常攻撃）。（『伊江島敵飛行場　夜間爆撃戦闘詳報　第一機動基地航空部隊　出水部隊』：一式陸攻6機が5月24日2330頃に出水基地から5機出撃して伊江島爆撃に向かい、25日0220以降3機が伊江島付近に到着した。25日0022にもう1機が出撃したが、エンジン停止で引き返した）

*2：第50、第52、振武隊（以上隼）、第54、第55、第56振武隊（以上飛燕）、第26、第57、第58、第60、第61振武隊（以上疾風）、第78振武隊（九七式戦）、第432、第433振武隊（以上二式高練）第3正統隊（九九式艦爆）。出撃時刻不明の次の攻撃隊の可能性あり：第29、第49、第70振武隊（以上隼）第66、第105振武隊（以上九七式戦）。

*3：第66、第105振武隊の九七式戦を九九式艦爆に誤認した可能性あり。

[5月25日 沖縄本島西沖 ローパー（APD-20）]

5月25日0703、高速輸送艦ローパー（APD-20）はその日の0100にカミカゼ攻撃を受けたバリー（APD-29）に技術要員10名を移乗させた。その後アバークロンビー（DE-343）などの護衛駆逐艦3隻と直衛任務に就いていた0921、カミカゼ機の大群と遭遇した。零戦1機がF4Uコルセア3機に追われながら4海里（約7.4km）先の雲間から現れた。零戦はカミカゼとして出撃したのではないようだったが、F4Uコルセアから逃げることは無理だったので、ローパーを突撃目標に選んだ。*1　カミカゼ機はF4Uコルセアの手にかかると考えたローパーは射撃を中断した。しかし、零戦はローパーの艦首上

甲板に体当たりした。ローパーの戦闘報告は次の通り。

　　敵機が艦首上甲板に当たって、ガソリンが爆発して炎の壁が200フィート（約60m）立ち昇り、左主翼が右舷舷側に突入して喫水線の上5フィート（約1.5m）のところに6フィート（約1.8m）角の穴をあけた。エンジンは1番50口径12.7mm機関銃架に当たり、右主翼か胴体の部品は空中を飛んで左舷艦尾方向50フィート（約15m）で海面上30フィート（約9m）の空中で爆発した。エンジン部品の破片が後部甲板で発見された。そこで大尉が死亡していた。後部甲板室の前方で修理班に甲板に向かうようにかがんで命令していた大尉で、破片の一つが当たったと考えられている。パイロットの飛行帽、革の上着の一部、内臓の小さな破片が1番砲にぶら下がっていた。(17)

　爆発で生じた火災は1030に鎮火した。ローパーは負傷者を病院船レリーフ（AH-1）に移乗させ、アバークロンビーとF4Uコルセア2機に護衛されて慶良間諸島に向かい、仮修理を5月30まで行なった。戦死1名、負傷10名を出した。

　　*1：沖縄上空で制空に就いていた零戦の可能性あり。（『沖縄方面海軍作戦』（戦史叢書第17巻）p.519）

[5月25日 RPS#15 ストームズ（DD-780）]
　5月25日、ストームズ（DD-780）はRPS#15でドレックスラー（DD-741）、アンメン（DD-527）、大型揚陸支援艇LCS(L)-52、-61、-85、-89と哨戒していた。艦艇は夕方からストームズが体当たりを受けるまで連続的に日本軍機の脅威にさらされていた。1900、艦艇は総員配置を発令した。これは、CAP機が帰投を始めるのに先立つ予防処置だった。日本軍はCAP機が帰投することを知っており、夕方または明け方のグラマンF6Fヘルキャット、ヴォートF4Uコルセア、ジェネラル・モーターズFM-2ワイルドキャットのいない時を狙って攻撃した。

　1905、ストームズの見張員がアンメンに急降下している鍾馗1機を発見し、砲火を浴びせた。2000、事前調整されたかのようにカミカゼ機が現れ、多くが渡具知の艦艇に向かった。*1　RPS上空に残ったカミカゼ機はRP艦艇を攻撃した。「ストームズは5インチ砲と機関砲の砲火を開いた。日本軍機はハーフ・ロールをして背面に近い姿勢でストームズの後部魚雷発射管に急

降下で向かった。衝撃による激しい振動で艦が揺さぶられ、魚雷発射管と3番5インチ砲から発生した炎のうねりが本艦の後部を襲った」(18) 魚雷発射管は体当たりで破壊され、カミカゼ機が搭載していた爆弾が甲板を貫通し、後部5インチ砲弾薬庫で爆発した。上に向かった爆発力で甲板が壊れ、下に向かった爆発力で艦底に穴があいた。キール最後部は吹き飛ばされ、圧縮材は少し曲がった。浸水は収まったが、艦尾が3.5フィート（約1ｍ）沈んでいた。ストームズの乗組員はすぐに消火を行ない、スプロストン（DD-577）が基地に曳航した。艦長のＷ・Ｎ・ワイリー中佐は日本軍機に敬意を表して次のように書いた。

　　敵機のパイロットは腕が良かった。機体を素早く扱い、難しい角度から常に揺れている目標を狙う攻撃だった。機体の制御を損なわずに機速を最大限に生かした。急降下の最後の500フィート（約150ｍ）で確実に体当たりするためハーフ・ロールを行なった。(19)

　*1：前述の「スペクタクル（AM-305）」で示したようにこの日の特攻隊の多くは午前中に出撃したと考えられるが、出撃時刻不明の次の攻撃隊の一部は午後出撃した可能性あり：第29、第49、第70振武隊（以上隼）、第66、105振武隊（以上九七式戦）

５月26日

[５月26日 中城湾 フォレスト（DMS-24）]
　５月26日、掃海駆逐艦フォレスト（DMS-24）が中城湾を低速で哨戒しているとカミカゼ機の体当たりを受けた。2249、250kg爆弾搭載の九九式艦爆1機が上甲板すぐ下の右舷舷側に体当たりした。*1　フォレストの戦闘報告は次の通り。

　　爆弾は衝撃で壊れ、前半分は艦内の下甲板上の大型冷蔵庫後方左舷船殻まで飛び込んだ。明らかに遅延信管による爆発で、第１甲板が凹み、上甲板が左舷から艦中央部にかけて裂けて裏返しになって近くの支柱にもたれかかり、左舷舷側には穴があき、前部食堂の前後の隔壁が膨らんだ。この爆発で直径20フィート（約６ｍ）の煙の黒い雲ができたが、有害な蒸気やガスは検出されなかった。(20)

艦隊随伴航洋曳船タワコニ（ATF-114）がすぐに来て消火と排水の支援を開始した。フォレストは艦首が沈んでいたが、27時間後に慶良間諸島に自力で戻り、修理のため戦傷修理工作艦ネスター（ARB-6）の横に停泊した。戦死5名、負傷13名を出した。

*1：攻撃隊不明。米国資料によってはフォレストが攻撃を受けたのは5月27日になっているものがある。27日であれば出撃時刻不明の第431振武隊の九七式戦を九九式艦爆に誤認した可能性あり。

［5月26日 津堅島 PC-1603］
　5月26日、駆潜艇PC-1603が津堅島で停泊中に攻撃を受けた。PC-1603がそこの海域に日本軍機3機がいたのに気づかなかったのは明らかだった。飛燕1機が左舷艦首に体当たりして艇内にくい込み、尾部を突き出していた。*1 次のカミカゼ機の時は警報が出たので乗組員はカミカゼ機が飛来するのを見つけることができたが遅すぎた。カミカゼ機は右舷舷側に体当たりし、機体の燃料タンクのガソリンが火の玉となって噴き出た。乗組員にとって幸いだったのは、カミカゼ機の爆弾が爆発しなかったことだった。駆潜艇の舷側は薄いので爆弾は爆発することなく貫通した。戦死3名、負傷15名だった。PC-1603は曳航されて慶良間諸島に戻ったが全損となった。(21)

*1：第110振武隊の飛燕。（田中隼人少尉、大友昭平、中牟田正雄、小浦和夫、清沢広、西村敬次郎各伍長）（『陸軍航空特別攻撃隊各部隊総覧』（第1巻）p.232）

5月27日

［菊水8号作戦］
　菊水8号作戦は5月27日から28日で、カミカゼは海軍の60機、陸軍50機、合計110機、これに通常攻撃機が参加した。

［5月27日 RPS#5 ブレイン（DD-630）、アンソニー（DD-515）］
　5月26日、RPS#5で哨戒したのはブレイン（DD-630）、アンソニー（DD-515）、大型揚陸支援艇LCS(L)-13、-82、-86、-123だった。上空には陸軍のリパブリックP-47サンダーボルトがCAPに就いていた。27日0700、天候が悪化したので、CAP機は基地に帰投し、RP艦艇は無防備になった。
　九九式艦爆数機が接近して攻撃を開始した。1機目はブレインに突進した

が、LCS(L)-123の砲火を浴びてブレインの近くに墜落した。2機目はアンソニーに向かったが、アンソニーとブレインの対空砲火を被弾した。ブレインは3機目に砲火を浴びせたが、2機目が操縦を回復してブレインに向かっているのに気付かなかった。この九九式艦爆はブレインの2番砲塔給弾薬室に体当たりした。*1　その直後、別の九九式艦爆がブレインの艦中央部に体当たりし、爆弾が甲板を貫通した。艦内部と艦橋が損害を受けた。カミカゼ2機の体当たりで火災が発生して艦内部は3区画に分断された。区画間の連絡は途絶え、それぞれの区画ごとに艦を救う手段を自分で考えなくてはならなかった。(22)　ブレインは舵が固定されたままになり、10ノット（約19km/h）で回頭し続けたので、艦外に投げ出された者を危険にさらしていた。海域のほかの艦艇はブレインと衝突しないように回避運動をとっていた。最初に体当たりした九九式艦爆2機に続いてもう1機が攻撃して来た。これはLCS(L)-86を狙ったが、支援艦艇の協同射撃で撃墜された。同じ頃、九九式艦爆1機がアンソニーを攻撃したが、艦近くで撃墜された。日本軍搭乗員の遺体が機体破片とともにアンソニーに降り注いだが、艦の損害はほとんどなく、死傷者もいなかった。

　ブレイン艦上では死傷者が多数出た。サメが群がる海に入る者も大勢いた。ブレインに乗艦していたウォルター・C・ガディス機関兵曹は2機の体当たりから助かったが、海中で緊張していた。大型揚陸支援艇がブレインの支援に来て海中に投げ出された者を引き上げながら、サメを銃撃していた。(23)　ガディスは救助され「後ろを見るとサメが海中で誰かにぶつかって空中に放り投げていた」のを見た。(24)

　アンソニーと大型揚陸支援艇がブレインの横に来て消火と生存者の救出を支援した。多くの者がサメに殺された。救助に来たLCS(L)-82の庶務員ジョン・ルーニーは「引き上げた者は助からなかった。青白くなって救命胴衣の中でぐったりとして死んでいた。足は食いちぎられ、腕はなくなっており、サメに内臓を食われていた。艦上で焼け死ぬのから逃げたばかりだったのに」と語った。(25)

　日本軍機は継続的に艦艇を襲っていた。アンソニーと大型揚陸支援艇は日本軍機と戦うためブレインから離れることがあった。混乱の最中、海上の10人が海流に流されて艦艇の視程外に行った。幸運にも慶良間諸島のダンボ・パトロールの水上機母艦ハムリン（AV-15）に連絡が付いた。0917、M・W・コウンズ大尉のマーチンPBM-5マリナーが波の高い海面に着水して救助した。アンソニーはブレインの曳航を開始して慶良間諸島に向かい、途中で艦隊随伴航洋曳船ユテ（ATF-76）と交代した。ブレインは死者66名、負傷

78名を出した。

*1：次の攻撃隊の機体を九九式艦爆に誤認している：第72振武隊の九九式襲撃機、出撃時刻不明の第431振武隊の九七式戦。

[５月27日 金武湾 ダットン（AGS-8）]
　測量艦ダットン（AGS-8）は４月１日にほかの侵攻艦隊とともに沖縄に到着した。各地の海域を調査して安全な航路、停泊、上陸に適した場所を決めていた。５月27日、中城湾から金武湾に向けて航行中に攻撃を受けた。曇っていて湿度の高い日で、時折雨が降り、視程が悪かった。
　0735、海域に敵味方不明機の報告があり、艦艇は警戒していた。５分後、沖縄に向かう九九式艦爆３機を発見した。しかし、九九式艦爆は米戦闘機に襲われたので針路を変えた。新しい針路ではダットンの近くを通ることになる。１機目がダットンの艦尾を通過したので、ダットンが射撃をしたが命中させることはできなかった。この機体は方向を変え、近くの護衛駆逐艦に向かった。２機目はダットンの左舷正横に急降下した。ダットンの砲手が命中弾を与えると、たぶんパイロットは死んだのであろう。機体は上昇してその主要部分が艦橋の前部にぶつかった。*1　機体のほかの部品は右舷艦首上甲板に当たり舷側から落ちた。体当たりによる破片と海水のシャワーが甲板に降り注いだが、致命的な損害は受けなかった。艦長のフレデリック・E・スターナー大尉はダットンの対空能力に限度があるのを知っており、上空の敵味方不明機の機数が増加してきたので自艦を守るために仲間の艦艇の方に向かった。敵味方不明機が海域から去って行くと、点呼で１人が艦外に飛ばされて行方不明になっていることが分かった。ダットンは攻撃を受けた現場に戻り、30分間捜索を行なったが発見できなかった。駆潜艇SC-1338に捜索を引き継いで、ダットンは現場を離れた。この乗組員は見つからず、戦死したと考えられる。(26)

*1：次の攻撃隊の機体を九九式艦爆に誤認している：第72振武隊の九九式襲撃機、出撃時刻不明の第431振武隊の九七式戦。

[５月27日 RPS#15A LCS(L)-82、-61]
　５月27日、大型揚陸支援艇LCS(L)-82はRPS#15AでLCS(L)-55、-56、-61とともに哨戒に就いていた。大型揚陸支援艇はアンメン（DD-527）、ボイド（DD-544）を支援していた。昼間、艦艇はカミカゼらしき数機を撃退し、

駆逐艦は両艦とも損害を受けなかった。しかし2047、零戦1機がLCS(L)-82に突進した。*1　LCS(L)-82、-61がこれに砲火を浴びせると、LCS(L)-82の右舷後方20ヤード（約18m）の海面に墜落した。爆発でLCS(L)-82は損害を受け、士官から戦死1名、負傷1名、下士官兵から負傷9名を出した。LCS(L)-82はLCS(L)-61に護衛されて渡具知に修理のため戻った。途中、一式陸攻が両艇の周囲を旋回してLCS(L)-82の艦尾方向から飛来した。*2　一式陸攻はLCS(L)-82の上空を通過するとその砲火を浴びたが、飛行を続けてLCS(L)-61に向かった。LCS(L)-61の後部40mm機関砲がこれを捉えて砲火を浴びせると、機体はガン・タブの上を通過する時、文字通り浮き上がった。艇長のジム・ケリー大尉が最後の瞬間に取舵いっぱいの命令を下したので、一式陸攻は左舷艦首方向20フィート（約6m）の海面に墜落した。その尾部が海面ではじき飛ばされてLCS(L)-61の甲板に落下して掌帆長のジョー・コロンバスにけがを負わせた。この1名の負傷以外にLCS(L)-61に損害はなかった。

　　*1：攻撃隊不明。
　　*2：通常攻撃の706空、762空の銀河を一式陸攻に誤認している。（『沖縄方面海軍作戦』（戦史叢書第17巻）pp. 526-527）

[5月27日 沖縄本島西沖 ロイ（APD-56）、レドノアー（APD-102）]
　5月27日2320、高速輸送艦ロイ（APD-56）は沖縄沖で対潜哨戒に就いていた。2332、ロイの見張員が、天山1機が周囲を旋回して体当たり突進しようとしているのを発見した。*1　天山が接近すると、ロイの砲手は40mm、20mm機関砲弾で弾幕を張り右舷舷側近くで撃墜した。機体部品が舷側に小さな穴を多数あけたので、機関室が浸水した。爆発による鋭い破片が煙幕用オイルと艦尾張出部のガソリンのドラム缶に穴をあけたので、大きな炎が艦尾を包んだ。すぐに消火をしながら浸水を止めた。ロイは負傷者の移乗と艦の修理を行なうために渡具知に自力で戻った。(27)　戦死3名、負傷15名だった。

　高速輸送艦レドノアー（APD-102）は沖縄沖で対潜哨戒中に近くにいたロイが攻撃を受けるのを見た。すぐにレドノアー自身が攻撃を受けた。5月27日2345、隼1機が右舷後方から突進し、右舷艦尾張出部に体当たりした。*2　機体の爆発で甲板に10フィート（約3m）の穴があき、周囲を火の玉が覆った。10分で鎮火したが、念のため爆雷を投棄した。後部区画の浸水は止まった。パブリク（APD-70）が支援に来て負傷者の手当に医官をレドノアーに移乗させた。翌28日0030、1機が飛来したが、艦の砲火で撃退された。*3

0145、負傷者を移乗させるために渡具知に戻った。(28) 戦死3名、負傷13名だった。

*1：沖縄周辺艦船に夜間雷撃（通常攻撃）に向かった天山の可能性あり。（『沖縄方面海軍作戦』（戦史叢書第17巻）p.527）
*2：隼は出撃していない。ロイを攻撃したのと同一攻撃隊の天山を隼に誤認した可能性あり。
*3：菊水部隊白菊隊、徳島第2白菊隊。（いずれの攻撃隊の出撃機から無線連絡はない。高知空は『高知海軍航空隊戦闘詳報第六號　自昭和二十年五月二十五日至同二十八日』：傍受した米軍無線の＜（5月28日時刻）0000　艦種不詳一隻（危殆に瀕す救助を求む）は自隊に依るものと認む＞としている。一方、『徳島海軍航空隊第二次白菊特攻隊戦闘詳報』では：この日徳島空で未帰還になった7機中4機に無線機を装備していたが、通信連絡なし、残る3機は無線機を装備しておらず、成果不明と記載。ただし、＜敵信傍受に依る戦果（時刻）0022　艦種不詳1隻（大破浸水甚し）は攻撃時間より推定白菊特攻によるものと認む＞としている。ロイを攻撃した天山と同時に出撃した706空、762空の銀河、重爆。（『沖縄方面海軍作戦』（戦史叢書第17巻）p.527）

5月28日

[5月28日 渡具知停泊地 LCS(L)-119]

　輸送艦艇および貨物船はカミカゼの重要な目標だった。補給品が米軍に届かなければ沖縄の日本軍に対する前進を遅らせることができた。5月28日に数隻の輸送艦艇・船舶などが襲われた。

　大型揚陸支援艇LCS(L)-119は渡具知停泊地の北のスカンク・パトロールに配置されていた。5月27日1830、パトロール・ステーションに到着した。翌28日になると日本軍機3機から攻撃を受けた。0007、一式陸攻1機が突進して来たが、艇の40mm、20mm機関砲の砲火を浴びた。*1　一式陸攻は火を噴き、右主翼を失って、LCS(L)-119からわずか15フィート（約4.5m）の海面に墜落した。搭載していた爆弾が爆発して、艇はガソリンと破片で覆われた。0015、LCS(L)-119は突進して来る二式水戦1機を左舷後方に発見したので、最大戦速に上げ、砲火を開いた。しかし、二式水戦は弾幕を通り抜けて右舷艦尾に体当たりした。*2　LCS(L)-119の艇中央部は炎に包まれ、艇内部と連絡がとれなくなった。主消火設備が衝撃で壊れたので消火は不可能だった。救命筏を準備中にもう1機の二式水戦が突進して爆雷（ママ）2発を投下し

中島海軍二式水上戦闘機（A6M2-N）。連合軍のコードネームは「Rufe」(NARA 80G 169840.)

たが、艇に当たらなかった。これ以降は損害を受けなかったが遅すぎた。艇長のE・サロックJr.大尉は総員離艦を命じた。戦死14名、負傷18名だった。LCS(L)-119は慶良間諸島に曳航され、部品をほかの艦艇に共食いされる一方で修理を受けた。6月14日、艦隊随伴航洋曳船ユテ（ATF-76）に曳航されてマリアナに向かい、最終的にはカリフォルニア州トレジャー・アイランドに戻ってオーバーホールを受けた。(29)

*1：27日夜通常攻撃で出撃した出水空の陸攻、706空、762空の銀河を一式陸攻に誤認した可能性あり。（『沖縄方面海軍作戦』（戦史叢書第17巻）pp. 526-527）
*2：攻撃隊不明。

[5月28日　中城湾　リバティ船メアリー・A・リヴァモア、サンドヴァル（APA-194）、リバティ船ジョサイア・スネリング]

　リバティ船メアリー・A・リヴァモアの積荷はセメント、木材、機械部品などの資材だった。5月28日に攻撃を受けた時、中城湾に停泊していた。攻撃したのは水上機1機で、機動飛行をしてから0515に船橋の海図室に体当たりした。*1 搭載していた爆弾が海図室と船長室周辺を破壊した。船内各所

悲惨な5月　441

で火災による損害が出て、ジェイムズ・A・スチュワート船長以下11名が戦死、負傷6名を出した。メアリー・A・リヴァモアは攻撃から生き残ったが、仮修理が必要で、サンフランシスコに戻り、オーバーホールを受けた。

攻撃輸送艦サンドヴァル（APA-194）は建設大隊の要員と機材を積載していた。5月27日、中城湾に停泊し、荷物を降ろし始めた。翌28日0737、まさに陸揚げを開始した時、飛燕1機が操舵室に体当たりした。消火中にもう1機のカミカゼが急降下して来たが外れて距離2,000ヤード（約1.9km）に墜落した。*2　副長を含む戦死8名、艦長を含む負傷26名を出した。

リバティ船ジョサイア・スネリングもサンドヴァル同様の資材を積載して、その近くに停泊していた。0800、カミカゼ機がサンドヴァルに突進したが、外れてジョサイア・スネリングに体当たりした。*3　しかし、このカミカゼ機もほかの輸送艦船を狙ったカミカゼと同じ運命をたどった。このような艦船の荷役用デリックやクレーンは甲板艤装の一部で、これを避けて艦船の艦橋または甲板に体当たりするのは困難だった。このカミカゼ機も甲板に達する前に前部ウインチとブームに当たった。火災が甲板の下で発生したが、セメントは可燃物でないので火災はすぐに鎮火した。負傷25名だった。(30)

*1：琴平水心隊の九四式水偵。（『水偵特攻隊戦闘詳報第二號　自昭和二十年五月二十七日至昭和二十年五月二十八日　第五航空艦隊　詫間空　水偵特別攻撃隊』：0508に＜「戦艦に体當りす」と打電し「長符」の儘＞　0510に＜連絡杜絶す＞とした第1小隊 操縦 岩坂英夫上飛曹、同乗 櫻井武少尉、小林護二飛曹の零式水偵。ただし同小隊で途中から分離して無線機を搭載していない操縦 原光三二飛曹、同乗 重信隆丸少尉の零式水偵の可能性もあり、としている。『神風特別攻撃隊々員之記録』（p.143）では5月28日0600に出撃になっているが誤記の可能性あり）

*2：第55振武隊の飛燕。出撃時刻不明の第54振武隊の飛燕。

*3：第45振武隊（屠龍）、第55振武隊（飛燕）、第48、第50、第51、第52、第70振武隊（以上隼）、第213、第431振武隊（以上九七式戦）、第432、第433振武隊（以上二式高練）、出撃時刻不明の第54振武隊の飛燕。

[5月28日 RPS#15A ドレックスラー（DD-741）]

RPSで沈没した駆逐艦はLCS(L)-119が攻撃を受けた海面からそれほど離れていなかった。5月28日、RPS#15Aで哨戒したのはドレックスラー（DD-741）、ロウリー（DD-770）、大型揚陸支援艇LCS(L)-55、-56だった。この頃のRPSの艦艇配置基準は駆逐艦2隻と少なくとも支援艦艇4隻だった。し

かし、RPS#15AではLCS(L)-82が前日損害を受け、LCS(L)-61がその護衛で渡具知に戻ったので、駆逐艦を支援する小型艦艇は２隻だけだった。

　５月28日0643、ドレックスラーのレーダーがRPS#15Aに接近する双発爆撃機銀河６機を探知した。*1　レーダー・ピケット哨戒中のVMF-322所属のF4Uコルセア２機が銀河を追って、２機を撃墜し、２機を撃破した。銀河の１機が編隊から分かれてロウリー向けて突進した。ドレックスラーの戦闘報告は次のように記している。

　　　本艦は急な取舵を切り、敵機が接近するロウリーの上空を狙って射程12,000ヤード（約11km）で砲火を開いた。本艦が回頭したので本艦の右舷正横800ヤード（約730m）になったロウリーに敵機は体当たり急降下をしているように見えた。敵機は被弾し、そのまま突進してロウリーの少し上を通過して墜落するように見えたが、高度を回復すると本艦の方にふらふらと接近して、本艦の上甲板と喫水線の間の右舷40mm４連装機関砲の前方に体当たりした。体当たりを受けた付近にガソリンが撒き散らされて着火したが、すぐに鎮火した。(31)

　衝撃でドレックスラーの40mm４連装機関砲が架台から外れ、外板の継ぎ目が裂けた。すぐに次の銀河がロウリーに急降下したが、ドレックスラーの５インチ砲で撃墜された。この時点でドレックスラーは停止し、右舷艦首方向から飛来するもう１機の銀河の格好の目標になった。F4Uコルセアが撃退したが撃墜できなかった。銀河は旋回して再度ドレックスラーに突進した。ドレックスラーの40mm、20mm機関砲弾を何発も浴びて銀河は墜落しそうに見えたが、パイロットは操縦を回復して３回目の突進を行なった。今度は成功してドレックスラーの右舷舷側に体当たりした。搭載していた爆弾が艦内部で爆発し、ドレックスラーは右舷に転覆し、艦首を空に向け、海面下に滑り落ちた。カミカゼ機の体当たりから沈没まで１分も経っていなかった。すぐに転覆したので、艦内の多くの者が脱出できず、戦死158名、負傷51名を出した。ロウリーは２機を撃墜した。大型揚陸支援艇は生存者を救出しながら哨戒した。

　　*1：銀河は出撃していない。第45振武隊の屠龍を銀河に誤認している。（藤井一中尉（小川機に同乗）、小川彰、鈴木邦彦、中田茂各少尉、北村伊那夫、小川春雄、与国茂、一口義男、宮井政信、伊藤好久（鈴木機に同乗）各伍長）（『陸軍航空特別攻撃隊各部隊総覧』（第１巻）p.172）

[5月28日 伊江島沖 ヴィクトリー船ブラウン・ヴィクトリー]

5月28日0745、ヴィクトリー船ブラウン・ヴィクトリーが1,000トンのガソリンとトラックを積載して伊江島沖に停泊中にカミカゼ機の体当たりを受けた。*1 幸いこのカミカゼ機は船体、上部構造物を直撃しなかった。カミカゼ機は後部檣にぶつかり二つに壊れ、機体の主要部分は右舷の海面に落下した。搭載していた爆弾が爆発して戦死4名、負傷16名を出した。船自体の損害はわずかで、そのまま作戦を続けた。

*1：第45振武隊（屠龍）、第55振武隊（飛燕）、第48、第50、第51、第52、第70振武隊（以上隼）、第213、第431振武隊（以上九七式戦）、第432、第433振武隊（以上二式高練）、出撃時刻不明の第54振武隊の飛燕。

5月29日

[5月29日 渡具知沖 テイタム（APD-81）]

5月29日、2隻がカミカゼの犠牲になった。渡具知海岸沖のピケット・ステーションで任務に就いていた高速輸送艦テイタム（APD-81）とRPS#11Aで作戦中のシャブリック（DD-639）だった。

夕方早く、テイタムが4機から攻撃を受けた。テイタムが1機目に砲火を開くと、それは舷側近くに墜落し、衝撃で外れた爆弾が舷側に当たったが、幸運にも不発だった。機体の大部分は海面を跳ねてテイタムの舷側近くまで来て外板に若干の凹みを作ったが、大きな損害を与えられずに海没した。テイタムは2機目を撃退し、3機目を舷側近くで撃墜した。4機目はテイタムに突進したが、テイタムの砲弾を受け、左舷艦首から30フィート（約9m）の海面に墜落した。搭載していた爆弾が海中で爆発して艦が揺れたが損害はなかった。テイタムは何回も体当たりを受けそうになって損害が出ていたので、任務を交代した後、修理を受けた。*1

*1：第58、第59振武隊の疾風、飛行第20戦隊の隼。

[5月29日 RPS#11A シャブリック（DD-639）]

5月28日2357、シャブリック（DD-639）はRPS#11Aでブラッドフォード（DD-545）に交代してもらいRPS#16Aに向かおうとしていた。この時両艦は向かってくる2機から攻撃を受けた。ブラッドフォードは直ちに1機を艦尾方向距離200ヤード（約180m）で撃墜した。シャブリックは2機目を発見

したので、日本軍機から見つからないように速力を落として航跡を消そうとした。RPS#11Aの艦艇はこの２機目に砲火を浴びせたが、命中させることはできなかった。日本軍機はシャブリックを発見して突進したが、距離3,500ヤード（約3.2km）で撃墜された。*1　0012、シャブリックの右舷艦尾にカミカゼ１機が体当たりした。*2　これは気付かれることなく飛来し、250kg爆弾で甲板に30フィート（約９ｍ）の穴をあけて右舷舷側を吹き飛ばした。すぐに後部機関室と缶室に浸水が始まった。上甲板では40mm、20mm機関砲ガン・タブで弾薬の爆発が始まった。0029、爆雷１発が爆発した。爆発でかなり火災が収まったが、戦死１名、負傷多数を出した。シャブリックが左舷に３度傾き、艦尾が沈んだので、ヴァン・ヴァルケンバーグ（DD-656）と高速輸送艦パブリク（APD-70）が来て負傷者の移乗と消火を支援した。0400、艦隊随伴航洋曳船メノミニー（ATF-73）が到着して、シャブリックを慶良間諸島に曳航した。シャブリックは戦死32名、負傷28名を出した。

　沖縄の５月はこのようにして終わった。艦艇74隻がカミカゼ機の体当たりを受け、このうち９隻が沈没した。これとは別に２隻が小型艇の体当たりを受けてこのうち１隻が沈没した。５月だけで戦死1,620名、負傷2,073名を出した。

　　*1、*2：徳島第３白菊隊の白菊。（『徳島海軍航空隊第三次白菊特攻隊戦闘詳報』：この日、徳島空で未帰還になった５機中１機に無線機を装備していたが、通信連絡なし、残る４機は無線機を装備しておらず、成果不明と記載。ただし、「戦斗経過並に戦果」の項でなく「関係情報」の項に＜敵電話に依る29日戦果002（0022？）艦種不詳１隻（DIAHONE）は直撃を受け0135浸水甚だしく救援を求め曳航中、さらに他の曳航艦を求めあり　相当の被害ありと認む＞と記載しており、徳島空はこの頃の攻撃は自隊によるものとしている。なお、戦闘詳報には未帰還は５機10名になっているが、神風特別攻撃隊々員之記録p.150では４機７名になっており、戦闘詳報記載後生還したものがいたことになる）

第16章　戦争の終結

6月3日

[菊水9号作戦]

　菊水9号作戦は6月3日から7日を予定していた。海軍の20機と陸軍の30機がカミカゼとして出撃することになる。すでにカミカゼに使用できる機数は減少し始めた。菊水9号作戦でカミカゼ攻撃とその護衛、通常攻撃も実施した。

[6月3日 金武湾 LCI(L)-90]

　金武湾で港湾口管制を行なっていた大型歩兵揚陸艇LCI(L)-90は湾内に停泊していた。6月3日1340、九九式艦爆1機が雲から現れ、近くの高離島の海兵隊野営地に突進しているのを見つけた。*1,*2　九九式艦爆はLCI(L)-90に気づくと目標を変更した。艇長のJ・A・スピア中尉は戦闘報告で、九九式艦爆がLCI(L)-90に突入したのはカミカゼ機だったのかパイロットのミスだったのか分からないと書いている。

　九九式艦爆は途中機銃掃射をして艇の右舷舷側50ヤード（約46m）先に爆弾を投下して司令塔後部に軽く当たった。この時、パイロットは機体を引き起こそうとしたように見えた。この攻撃方法はカミカゼの体当たり方法と違っているので、カミカゼ機だったのか、疑問は残ったままだった。1番砲に砲手を配置していたが、九九式艦爆は艦尾方向から飛来したので、これを撃つことはできなかった。体当たりで見張りに就いていた信号員が死亡し、記録も亡くなったので、空襲警報が流されていたのかは明確でない。LCI(L)-90の受けた損害は大きく、戦死1名、負傷7名を出した。(1)

*1：第4正統隊の九九式艦爆。（『第七二二部隊戦闘詳報第六號　昭和二十年六月三日　陸軍第十次総攻撃協同作戦　第三航空艦隊　第十航空艦隊　百里原空　名古屋空（他）』：＜空母発見を報じたるもの1機、敵艦船発見を報じたるもの1機、自己符號連送せるもの1機＞となっており（連絡した搭乗員名の記載はな

し）、3機6名が未帰還になっている。搭乗員名に付いては資料により異なっている：詳報の「別表第二　九九艦爆隊編成表」では名古屋空所属だが、『神風特別攻撃隊々員之記録』には詳報で徳島に不時着した百里空所属の搭乗員の名前が記載されている。『特別攻撃隊全史』には所属航空隊名が記載されていないが、『神風特別攻撃隊々員之記録』と同じ搭乗員名が記載されている）。

*2：高離島は現在の宮城島。

6月5日

[6月5日 沖縄本島西沖 ミシシッピ（BB-41）、ルイヴィル（CA-28）]

　ミシシッピ（BB-41）およびルイヴィル（CA-28）は沖縄南西端の沖で日本軍将兵が小型舟艇で逃亡するのを防いでいた。6月5日1933、飛燕2機が両艦にそれぞれ攻撃をかけ、いずれも成功した。*1　ミシシッピが攻撃を受けたのは6ノット（約11km/h）で航行して180度の回頭をしている時だった。2機はレーダーで探知されていたが、ヴォートF4Uコルセアに間違えられていた。飛燕はミシシッピの右舷艦尾に体当たりした。爆弾2発が爆発したが、戦艦の舷側は厚く爆弾は貫通できなかった。爆弾が命中した2か所の船殻が内側にゆがんだだけだった。機体と爆弾が爆発した後、小さな火災が発生したが、すぐに鎮火した。戦死1名、負傷8名を出したが艦の損害は小さく、哨戒を継続した。(2)

　ミシシッピが攻撃を受けたのと同じ頃、飛燕の2機目がルイヴィルに体当たりした。飛燕は沖縄本島方面から飛来し、雲から現れた。小型艦艇と同じ高さの低高度で身を隠しながらルイヴィル目がけて飛来した。左舷カタパルトに当たってSC-1シーホーク観測機を破壊し、1番煙突の後部を切り裂いて舷側を滑り落ちた。1番煙突は破壊され、この区画のほかの部品が少し損害を受けた。死傷者は多く、戦死8名、負傷37名を出した。(3)

*1：飛行第17戦隊の飛燕。（富永幹夫、岡田政雄、稲森静二、佐田通安各少尉）（『陸軍航空特別攻撃隊各部隊総覧』（第1巻）p. 116）

[6月5日 中城湾 LCS(L)-62 特攻艇]

　6月1日、第32.19.12任務隊の大型揚陸支援艇LCS(L)-61、-62、-65、-81、-82、-90が渡具知を出て沖縄本島の南端を回り中城湾に入って哨戒に就いた。目標は特攻艇と特攻泳者だった。すでに特攻艇部隊は舟艇を米軍の砲火で失っており、残る隊員は手漕ぎ舟や泳いで攻撃をした。

6月5日2230、LCS(L)-62は近くに舟艇1隻がいるのをレーダーで探知した。照明弾で頑丈な造りの20フィート（約6ｍ）の手漕ぎ舟が照らし出された。乗っている6人は褌を付けており、そのうちの2人は水中眼鏡を着けていた。装備一式を手漕ぎ舟の底に積み上げ、防水シートで覆っていた。任務隊指揮官のB・D・ヴォーゲリン少佐は可能なら捕虜にするよう命令した。数分間、手漕ぎ舟の周囲を回り、拡声器で投降を呼びかけた。呼びかけが無視されると、手漕ぎ舟に向かって発砲した。特攻泳者は手漕ぎ舟から海中に降りた。小火器がLCS(L)-62の乗組員に手渡され、それで特攻泳者5人を撃ち殺した。6人目は泳いで逃げようとしたが艇の銃撃で行く手を阻まれ、艇に引き上げられた。乗組員が縛ろうとした時、舷側を飛び越えて逃げだして手漕ぎ舟に泳いで戻り、LCS(L)-62に戻ろうとしなかった。これで捕虜になる気がないのが明らかになった。艇長はLCS(L)-62で手漕ぎ舟を押しつぶしたので日本軍特攻泳者の命はこれで終わりだった。

　日本軍兵士を捕虜にするのは難しかった。米軍が遭遇する日本軍兵の任務が特別攻撃でないと信じることができないからだった。5月4日、同じ海域でLCS(L)-40が特攻泳者と遭遇した。戦闘報告によると次の通り。

　0608：知念岬の北西600ヤード（約550ｍ）で特攻泳者を発見した。接近して本艇に引き上げようとして横に近付くと、その者はシャツの下から手榴弾を取り出して引き上げようとしている者に投げようとした。小火器ですぐに始末した。この者はヘルメットと救命胴衣を着けていなかったが制服を着ていた。英語を話し、本艇が接近すると我々に向かって救助を求めていた。
　0639：2人目の特攻泳者を与那原の東1,600ヤード（約1.5km）で発見した。彼は制服を着てヘルメットと救命胴衣も着けていたが、靴は履いていなかった。直前の特攻泳者との経験を活かして300ヤード（約270ｍ）から小火器で始末した。(4)

６月６日

［６月６日　沖縄本島東沖　ハリー・F・バウアー（DM-26）、J・ウィリアム・ディター（DM-31）］
　沖縄周辺を哨戒しても特攻艇は依然として脅威だった。日本軍は米軍が沖縄南部に接近するので、上陸用艀を兵員輸送や窮地を脱するために使用していた。6月6日、敷設駆逐艦ハリー・F・バウアー（DM-26）、J・ウィリア

ム・ディター（DM-31）および歩兵揚陸艇数隻は対特攻艇作戦に就いていた。

1708、日本軍機数機が海域に接近中との連絡が入り、艦艇は総員配置を発令した。ハリー・F・バウアーの砲手が飛来する一式陸攻１機に狙いを定めた。何発も被弾した機体は炎に包まれて艦の上を通過して右舷の距離2,000ヤード（約1.8km）に墜落した。*1　すぐに九九式艦爆１機も被弾して右舷正横10ヤード（約９ｍ）の海面に墜落し、艦の下に沈んだ。*2　ハリー・F・バウアーの受けた損害は小さく、死傷者は出なかった。(5)

ハリー・F・バウアーが攻撃を受けた数分後、J・ウィリアム・ディターが攻撃を受けた。ハリー・F・バウアーほど幸運ではなかった。1714にカミカゼの１機目が２番煙突に体当たりし、1723に２機目が上甲板下の左舷舷側に体当たりした。２機目の体当たりで船殻に５フィート×50フィート（約1.5ｍ×約15ｍ）の穴があいた。*3　火災が発生したがすぐに鎮火した。いちばんの問題は前部機関室と後部缶室の浸水だった。J・ウィリアム・ディターは行き足が止まり、左舷に２度傾いた。ハリー・F・バウアーが掩護に当たり、中型揚陸艦LSM-708が支援に来た。浸水が止まったので艦隊随伴航洋曳船ユテ（ATF-76）に曳航されて慶良間諸島に戻った。戦死10名、負傷27名を出した。(6)

*1：攻撃隊不明。
*2：九九式艦爆は出撃していない。第113振武隊の九七式戦を九九式艦爆に誤認した可能性あり。
*3：第113振武隊（九七式戦）、第54、第159、第160、第165振武隊（以上飛燕）、飛行第20戦隊（隼）、飛行第29戦隊（疾風）

６月７日

[６月７日 沖縄本島南沖 ナトマ・ベイ（CVE-62）]

６月７日0635、ナトマ・ベイ（CVE-62）は沖縄沖で作戦中にカミカゼ零戦２機の攻撃を受けた。*1　１機は艦尾方向から機銃掃射をしながら飛来し、上昇反転してから甲板に体当たりした。爆弾は甲板下で爆発し、甲板に12フィート×12フィート（約3.7ｍ×約3.7ｍ）の穴をあけた。その直後の１機はナトマ・ベイの射撃を受け、舷側近くに墜落した。艦自体の損害は致命的ではなく、戦死１名、負傷４名で、火災もすぐに鎮火して、夕方には作戦に復帰した。(7)

*1：第21大義隊の零戦（橋爪和美一飛曹、柳原定夫二飛曹）（『神風特別攻撃隊々員之記録』p. 38）

[6月7日 RPS#15A アンソニー（DD-515）]
　6月7日、RPS#15Aで哨戒したのはアンソニー（DD-515）、ウォーク（DD-723）、ブラッドフォード（DD-545）、大型揚陸支援艇LCS(L)-18、-66、-86、-94だった。前日の6日、艦艇はしばしば総員配置を発令しており、ウォークの近くで隼1機を撃墜していた。*1
　7日午後、日本軍機が接近したので、艦艇は再び総員配置を発令したが、日本軍機は戦闘空中哨戒機（CAP機）に撃墜された。アンソニーの戦闘報告は次の通り。

　　午後から夕刻にかけて訪問者が再び来た。1427から1505の間、戦闘配置になり、CAP機が敵機3機を撃墜した。*2
　　1850、警戒ステーションに夕闇が迫った。我が駆逐艦群は25ノット（約46km/h）で航行していた。1855、2機（九七式戦または九九式艦爆）が右舷後方の低い靄の中から現れたのを見つけた。*3　速力を最大戦速にして大きく面舵を切った。1858、真っすぐ飛来する1機を距離2,000ヤード（約1.8km）で40mm機関砲で撃墜した。もう1機は左舷から体当たりすることを指示されていたようで、艦尾方向から本艦を追い、艦尾後方を横切って距離1,500ヤード（約1.4km）で左舷に現れ、鋭く機体を傾けて突進して来た。本艦とブラッドフォードの機関砲弾が命中し、機体から大きな部品が落下するのが見えるので、どのようにすれば敵機のパイロットがそこまで飛行を続けることができるのか想像できなかった。
　　敵機は1番5インチ砲塔の左舷前方の海面に墜落し、機体部品は艦首上甲板を飛び越えて右舷の海面に落下した。フレーム24番とフレーム27番の間が丸く凹み、兵曹区画に4インチ×5インチ（約10cm×約13cm）の穴があき、左舷の手摺りチェーンと支柱が25フィート（約8m）にわたって持ち去られた。艦橋、方位盤を含む艦の前部に大量の海水と燃えるガソリンが流れ込んだ。幸い消火に必要な水は十分あった。そして艦首上甲板のガソリンが燃え尽きた後は艦上の火災は収まった。敵機のパイロットの遺体の一部を含む多くの残骸が艦上にあった。(8)

　体当たりでアンソニーの乗組員5人が艦上から流されたか放り出され、こ

のうちの3名が軽傷を負ったが、重傷者はいなかった。LCS(L)-66、-86がこれらの者を引き上げてアンソニーに戻した。小型艦艇のこのような支援に報いるためアイスクリームを贈るのが伝統になっている。小型艦艇ではアイスクリームを製造、貯蔵できないが、それより大型の駆逐艦のような艦艇ではそれができた。1904、アンソニーは右舷正横から飛来する九九式艦爆1機に砲火を浴びせ、CAPに連絡して撃墜させた。*4

*1：飛行第20戦隊の隼。
*2：攻撃隊不明
*3、*4：第63振武隊の九九式襲撃機を九七式戦、九九式艦爆に誤認している。（難波晋策准尉、宮光男、後藤与二郎両曹長、服部良策、佐々木平吉、榊原吉一各軍曹）（『陸軍航空特別攻撃隊各部隊総覧』（第1巻）p.194）

6月10日

［6月10日 RPS#15A ウィリアム・D・ポーター（DD-579）］
6月10日、RPS#15Aで哨戒したのはウィリアム・D・ポーター（DD-579）、オーリック（DD-569）、コグスウェル（DD-651）、大型揚陸支援艇

PRS#15Aでウィリアム・D・ポーター（DD-579）がカミカゼの体当たりを受け、沈没する前にLCS(L)-86。LCS(L)-122の支援を受けている（NARA 80G 490024.）

ウィリアム・D・ポーター（DD-579）は大型揚陸支援艇が生存者を救助している最中に艦尾から沈没した（NARA 80G 490028.）

LCS(L)-18、-86、-94、-122だった。ウィリアム・D・ポーターはRPSの戦闘機指揮・管制を行なった。艦艇上空でレーダー・ピケット哨戒の2機が旋回しており、近くには第212と第314の海兵戦闘飛行隊（VMF-212、-314）のF4Uコルセア8機がCAPを行なっていた。

0823、VMF-314の1個ディヴィジョン（4機編隊）が距離1.5海里（約2.8km）に九九式艦爆1機を発見してこれを撃墜しようとしたが逃げられた。*1 しかし、九九式艦爆はウィリアム・D・ポーターの艦尾近くの海面に墜落した。機体は海中で爆発し、ウィリアム・D・ポーターの艦尾を激しく上下させた。艦長のC・M・キース中佐はのちに次のように書いている。

> 爆発物は機内に搭載されていたものか投下された爆弾かは分からないが、本艦後部機関室または少しその後方の本艦真下で爆発したと考えられた。これらは数秒間で起きた。一緒にいた艦艇が7,000ヤード（約6.4km）に接近するまで敵機をレーダーで探知できなかったことに関して、のちに大型揚陸支援艇が引き上げた機体部品から機体構造の多くに紙と木材が使用されていたとの報告があった。(9)

回収した部品の説明で、九九式艦爆の舵面は羽布張りだったことが分かる。

452

すぐに後部機関室と缶室に浸水が始まると、蒸気配管が裂けてこの区画は蒸気であふれ、艦内部の電力が落ちた。ウィリアム・D・ポーターに大型揚陸支援艇4隻が集まり、その両舷に2隻ずつ接舷して排水を支援した。0836、ウィリアム・D・ポーターは右舷に8度傾き、艦尾は海中に没した。艦の浮力を保つため、上甲板の器具、魚雷、爆雷そのほかの重量物を投棄したが、傾斜は増加して艦尾はますます沈んだ。爆発で61名が軽傷を負い、大型揚陸支援艇に移乗した。LCS(L)-18、94、-122は離れ、LCS(L)-86だけが残るよう命令を受けた。1108、右舷に25度傾いて、艦尾が16フィート（約4.9m）沈むと、ウィリアム・D・ポーターを救う術がないことは明らかだった。LCS(L)-86が艦長以下残っていた乗組員を移乗させて離れた。1120、ウィリアム・D・ポーターは艦首を空に向け、波間に沈んだ。それでもほかの艦艇よりも幸運だった。誰も死なず、負傷者も比較的軽傷だった。

　*1：第112、第214振武隊の九七式戦を九九式艦爆に誤認している。九七式戦は金属製なので、「機体構造の多くに紙と木材が使用」が何を指しているのか不明。

6月11日

[6月11日 RPS#15A LCS(L)-122]
　6月10日、リチャード・M・マックール大尉が艇長の大型揚陸支援艇

ハリー・S・トルーマン大統領が、リチャード・M・マックール大尉に沖縄におけるLCS(L)-122がカミカゼ攻撃を受けた時の行動に対して、議会名誉勲章を授与した（Official U.S. Navy Photograph courtesy Capt. Richard M. McCool USN (Ret.)

戦争の終結　453

LCS(L)-122は、断末魔の苦しみのウィリアム・D・ポーターを支援したが、すぐにカミカゼの目標になった。LCS(L)-122はRPS#15Aでアンメン（DD-527）、オーリック（DD-569）、コグスウェル（DD-611）、LCS(L)-19、-86、-94とともにRPSの任務を再開した。翌11日1845、戦闘機指揮・管制駆逐艦のアンメンが接近する日本軍機を距離42海里（約78km）で探知したので、総員配置を発令した。1900、九九式艦爆２機が現れ、艦艇に突進して来た。２機とも協同射撃で被弾した。*1　１機は海面に墜落したが、もう１機はLCS(L)-122の司令塔に体当たりした。マックールは爆発の衝撃で気を失い、けがをした。すぐに意識を回復して、負傷しているにもかかわらず多くの部下を救い、乗組員をまとめた。マックールは消火の指揮をして艇を救った。艇の状況が収まると、マックールとほかの負傷者は病院船に向かう艦艇に移乗した。戦死11名、負傷29名を出した。LCS(L)-86がLCS(L)-122を港に曳航した。のちにマックールはこの日の勇敢さと指導力で議会名誉勲章を授与された。

*1：九九式艦爆は出撃していない。第64振武隊の九九式襲撃機を九九式艦爆に誤認している。

[６月11日 中城湾 リバティ船ウォルター・コルトン]
　リバティ船ウォルター・コルトンが沖縄に到着したのは５月29日だった。６月11日、中城湾に停泊していると九九式艦爆１機の攻撃を受けた。*1　九九式艦爆は最初ドック型揚陸艦LSD-6に向かったが、高度をとってウォルター・コルトンに向かって来た。湾内の艦艇の激しい砲火を浴びながらウォルター・コルトンの船首正面を横切り、その周囲を旋回して船橋に向かって来た。九九式艦爆は船橋を外したが、３番ブームに当たり、舷側近くの海面に突っ込んだ。ほかの艦艇の対空砲火がウォルター・コルトンに当たったが、大きな損害にならなかった。船自体の損害は軽く、戦死者はいなかったが、数名が負傷した。(10)

*1：第64振武隊の九九式襲撃機を九九式艦爆に誤認している。

６月16日

[６月16日 那覇沖 トウィッグス（DD-591）]
　駆逐艦や小型艦艇にとってRPSは呪わしい場所だが、トウィッグス（DD-591）はそこのベテランだった。４月28日にカミカゼ攻撃を受けていたが、

戦闘に復帰していた。6月16日、RPS#2の任務を終え、日本軍の残兵に砲撃を加えるため那覇沖に向かった。2030、天山1機から魚雷攻撃を受けた。*1 魚雷は狙い通りにトウィッグスの左舷舷側に命中して2番弾薬庫を爆発させた。天山はそれだけでは満足せず、周囲を旋回してから体当たりした。艦長のジョージ・フィリップ中佐以下、乗組員の果敢な努力にもかかわらずトウィッグスの運命は決まった。短時間で火災が後部弾薬庫に達し、後部弾薬庫は爆発して事実上トウィッグスは終わった。大型揚陸支援艇LCS(L)-14が近付いて消火を支援したが、火勢が強すぎた。艦長以下184名がトウィッグスとともに沈み、負傷34名を出した。

*1：攻撃隊不明。

6月21日

[菊水10号作戦]
　最後の菊水作戦は10号で6月21日から22日だった。海軍機30機、陸軍機15機の特攻機が沖縄に向かう最後の任務として出撃した。これと通常攻撃機も出撃した。この時点で、状況は日本軍の目にも明らかで、近い将来に予想される本土侵攻の戦いに特攻機を温存するようになった。*1

*1：陸軍は特攻機を出撃させているが、当初菊水10号作戦に合わせて実施する予定の第11次航空総攻撃は中止した。（『沖縄・臺湾・硫黄島方面　陸軍航空作戦』（戦史叢書第36巻）p. 612）

[6月21日 慶良間諸島 LSM-59、バリー（APD-29）]
　6月21日、中型揚陸艦LSM-59と艦隊随伴航洋曳船リパン（ATF-85）は高速輸送艦バリー（APD-29）を慶良間諸島から曳航していた。バリーは5月25日にカミカゼ攻撃を受けて大きな損害を受けて除籍になった。これを湾外に停泊させてカミカゼの囮にする計画だった。不幸にも、これでカミカゼはもう一度バリーを撃沈する機会を得、さらにほかの艦も道連れにできた。
　1841、カミカゼ機はLSM-59の右舷舷側に体当たりした。*1　まもなくバリーもカミカゼ機の体当たりを受けた。LSM-59は戦闘報告に「本艦に体当たりした機体は車両甲板から機関室に突入し、艦底に大きな穴をあけた。艦尾は炎に包まれ、すぐに沈み始めた。体当たりですべての電力と両機関が壊れた」(11)と書いた。体当たりで発生した火災はすぐに鎮火したが、浸水が激

しくLSM-59は救いようがなかった。艦長のD・C・ハウリー大尉は総員離艦を命じた。1846、艦首を空中に突き上げ、1854に艦尾から沈んだ。カミカゼ攻撃を受けてから沈没するまでわずか13分だった。戦死2名、負傷8名を出した。囮になったバリーもこの攻撃で体当たりを受けてまもなく沈没した。

*1：第26振武隊の疾風。（相良釟朗、木村清治、永島福次郎、西宮忠雄各少尉）（『陸軍航空特別攻撃隊各部隊総覧』（第1巻）p. 156）

[6月21日 慶良間諸島 カーチス（AV-4）、ケネス・ホィッティング（AV-14）]

LSM-59とバリーが攻撃を受けていた頃、水上機母艦カーチス（AV-4）、ケネス・ホィッティング（AV-14）も攻撃を受けた。慶良間諸島の水上機海域で停泊中に疾風か紫電の2機が高速で突進して来た。*1「1機目はカーチスの右舷舷側に体当たり。2機目は機体を引き起こして、上昇してからカーチスの左舷に突進する位置に就こうとしたが、対空砲火に撃たれケネス・ホィッティングのすぐ横に墜落したと考えられる」(12) ケネス・ホィッティングは危機一髪で損害はほとんどなかった。戦死者を出さず、負傷は5名だけだった。

カーチス艦上では下層甲板を火災が襲い、弾薬庫が危なかった。副長のJ・W・コグリン少佐は給仕用エレベーターで消火ホース3本を下ろすよう命じた。1925、救難艦シャックル（ARS-9）、艦隊随伴航洋曳船チカソー（ATF-83）、特務航洋曳船ATA-124、救難艦ARS-73が横に来て放水を行なった。2200、火災はほぼ鎮火したが、カーチスは左舷に傾いていた。曳船は離れるよう命令されたが、シャックルは消火のため翌22日0625に戻って来なくてはならなかった。翌22日1000、完全に鎮火したカーチスは負傷者の手当を開始したが、戦死41名、負傷28名を出した。身の毛もよだつカミカゼの恐怖を副長が具申として書いている。「ズボンのベルトの内側の最低限2か所に可能ならば1インチ（約2.5cm）の大きさで名前をステンシルで書くべきである。死傷者の多くは腕、足、頭のない状態で発見されたので、いちばん簡単な身元特定方法はベルトを見ることだった。ベルトはいつも良好な状態で、切り取って外せば名前を読むことができる」(13)

*1：第26振武隊の疾風。（操縦者は前述の通り）

[6月21日 沖縄本島南沖 ハロラン（DE-305）]

6月21日、ハロラン（DE-305）は屠龍の体当たりを受けそうになった。*1

屠龍はハロランの艦中央部目がけて機銃掃射をしたが、艦に体当たりする前に舷側近くで撃墜された。しかし、爆弾の破片が艦上に飛んで来て戦死3名、負傷24名を出した。

*1：屠龍は出撃していない。通常攻撃の陸攻、762空の銀河を屠龍に誤認した可能性あり。（『沖縄方面海軍作戦』（戦史叢書第17巻）p.563）

6月22日

［6月22日 中城湾 LST-534、LSM-213、エリソン（DMS-19）］
　6月22日、中城湾では戦車揚陸艦LST-534が積荷を陸揚げしている最中に零戦が艦首上甲板に体当たりした。*1　爆弾が甲板を貫通し、艦底に穴をあけた。火災が発生したが、鎮火した。しかし、艦首から沈み始め12フィート（約3.7m）の海底に着底した。戦死3名、負傷35名だった。
　中型揚陸艦LSM-213も金武湾で体当たりを受けた。*2　損害は大きく、戦死3名、負傷8名を出した。
　この日、掃海駆逐艦エリソン（DMS-19）はフォアマン（DE-633）とともに直衛任務に就いていた。零戦がエリソンの艦首から15フィート（約4.6m）の海面に墜落した。*3　戦死1名、負傷4名を出したが、艦の損害はほとんどなかった。

*1、*2：第1神雷爆戦隊の零戦。（川口光男、高橋英生両中尉、伊東祥夫、石塚隆三、河晴彦、溝口幸次郎、金子照男各少尉）米国資料によると5機が中城湾に到達し、1機（零戦）がLST-534に体当たりした。
*3：第1神雷爆戦隊の零戦、第27、第127振武隊の疾風を零戦に誤認した可能性あり。

7月19日

［7月19日 中城湾 サッチャー（DD-514）］
　サッチャー（DD-514）は中城湾で台風をやり過ごしていた。7月19日1950、隼2機が空を覆う雲から現れ、1機がサッチャーに急降下した。*1　2機目が右舷を通り過ぎた時、1機目が突然上昇反転して喫水線のすぐ上の左舷舷側に体当たりした。かすめる程度の打撃だったので大きな損害はなかった。片翼をサッチャーの艦上に残して、機体は左舷艦首から20フィート（約6m）の海に沈んだ。負傷2名を出したが、艦の損害は実質的になかった。

*1：飛行第204戦隊の隼。（織田保也少尉、笠原卓三、塚田方也両軍曹、井沢賢治伍長）（『陸軍航空特別攻撃隊各部隊総覧』（第１巻）p. 134）

７月24日

[７月24日 ルソン島東沖 アンダーヒル（DE-682）回天]
　米軍は回天を警戒し始めた。結果として、日本軍潜水艦が米艦艇泊地で攻撃を行なうことがますます難しくなった。このような状況なので潜水艦艦長は不必要にリスクを冒すことを警戒した。航行中の輸送船団を攻撃するには停泊中の艦艇を攻撃するよりも技術を要したが、やがて回天搭乗員と潜水艦艦長は必要な技術を取得し始めた。その状況は次の通り。

　　回天を以て攻撃する作戦はすでに屢々実施され、その攻撃方法は主として泊地に碇泊中の敵艦船攻撃であったが、航行艦襲撃訓練も次第にその練度を向上したので、航行艦襲撃を重視する戦法を採るに決した。
　当時先遣部隊は、航行艦襲撃に積極的であり聯合艦隊は反対の立場をとったが、航行艦襲撃可能の見通しがついたのでその実現をみるに至ったのである。
　　両者の主張する理由は左の通りであった。
　（一）航行艦襲撃を積極的に行なうべしとする理由
　　碇泊艦の奇襲は敵側の対応策によって益々困難となる。
　　泊地附近の警戒は厳重であり回天攻撃の強行は母潜の被害を徒らに増大する。
　　泊地に於ける敵の防潜対策は回天の自爆を起す算が大となる。
　（二）航行艦襲撃を困難とする理由は
　　波濤高き洋上に於て眼高低い回天潜望鏡による襲撃運動は困難である。
　　航行艦襲撃は経験尠き回天搭乗員にとって困難であり、多大の訓練を必要とする。(14)

　３月18日の米軍の南九州攻撃とその直後の沖縄侵攻で日本軍は戦略の変更を迫られた。これ以降は、本土攻撃を阻止するため回天は航行中の艦艇を攻撃することになった。
　1945年７月14日から８月８日までに大津島を出港したのは伊47、53、58、363、366、367の潜水艦６隻からなる回天特別攻撃隊多聞隊だった。伊53は

艦長が大場佐一少佐で7月14日に母基地を出撃した。回天6隻と勝山淳中尉、関豊興少尉、川尻勉、荒川正弘、坂本雅刀、高橋博の各一飛曹の搭乗員を乗せていた。

　7月24日、ルソン島エンガノ岬の東285海里（約525km）で沖縄からレイテ島に向かう米輸送船団と遭遇した。アンダーヒル（DE-682）に護衛されたこの輸送船団は哨戒艇5隻、駆潜艇3隻、冷蔵船1隻と数隻の戦車揚陸艦だった。輸送船団は日本軍偵察機に監視されていて、位置情報は伊53に連絡されていた。

　アンダーヒルの艦長R・M・ニューカム予備役中佐は輸送船団が監視されているとの連絡を受けた。伊53と回天は待機していた。1415、アンダーヒルの見張員が機雷を発見したので、砲火を浴びせた。数分すると、アンダーヒルのソナーが潜水艦の行動を探知して戦闘が始まった。駆潜艇PC-804が潜水艦のスクリュー音を探知し、アンダーヒルは、敵は1隻だけだと考えて付近に爆雷を投下した。しかし、伊53が勝山と荒川が操縦する2隻の回天を発進させていたとは知らなかった。[1]

　報告によるとアンダーヒルが回天1隻を押しつぶして沈没させたとなっているが、確認されていない。2隻目の潜水艦を押しつぶそうとして突進したが、衝突したのは明らかに回天の1隻だった。3,000ポンド（約1,360kg）の炸薬が爆発して、アンダーヒルの前半分は完全に吹き飛び、艦長は戦死した。[2]　アンダーヒルの前半分は多くの乗組員を道連れにしてすぐに水没した。生存した先任士官のエルウッド・M・リッチ中尉はのちにこのように報告した。

　　　別の潜望鏡が見えるとの見張員の報告を聞いた。距離は700ヤード（約640m）だった。直後に「突進に備えよ」との声が聞こえた。航海記録室に行って突進に備えた。艦が何かを壊すような衝撃音がして、爆発が起きた。短時間に2回爆発した。2回目のほうが大きかったようだ。爆発とともに電気が消え、電話を見失った。手探りで電話を探していると海水が部屋に入ってくるのを感じたので、甲板に出ることにした。前方に進んだが、水蒸気とオイルの噴射で阻まれたので後方に行った。甲板に上がった時にはまだ艦は浮いていた。艦長と連絡をとろうとした時、艦橋から前方のすべてが噴き吹き飛ばされたのを知った。(15)

　アンダーヒルは回天に仕留められた最初の戦闘艦艇になった。駆潜艇PC-803、-804は周囲で生存者を救出した。乗艦していた238名中艦長以下112名が

戦争の終結　459

戦死した。これが伊53とその回天にとって唯一の成功した出撃だった。

ほぼ1年間、回天は何回も出撃したが、目立った成功は2回だけで日本軍の戦闘報告は誇張されていた。*3　潜水艦8隻、回天、乗組員を失って得た検証可能な撃沈はわずか2回だけだった。

*1：著者が参考にしたであろう「日本軍戦史 No. 187」（p. 84）には7月24日に回天2基発進と書いてあるが、実際には勝山のみが出撃した。
*2：実際は1,550kg。
*3：回天攻撃が成功したのは、1944年11月20日のウルシー泊地のミシシネワ（AO-59）と、このアンダーヒル（DE-682）の2回のみ。ミシシネワは給油艦なので、戦闘艦艇に含めていない。

7月29日

[7月29日 RPS#9A カラハン（DD-792）、プリチェット（DD-561）]

　戦争は終わりに向かっていたが、散発的なカミカゼは終戦まで続いた。7月29日、RPS#9Aで哨戒したのはカラハン（DD-792）、プリチェット（DD-561）、カッシン・ヤング（DD-793）、大型揚陸支援艇LCS(L)-125、-129、-130だった。カミカゼとの経験で興味深いことは、ラフェイ（DD-724）のように何回も攻撃を受けても沈まない艦艇がある一方、ウィリアム・D・ポーター（DD-579）のように1回の攻撃で沈没する艦艇もあることだった。これはカラハンも同じだった。

　カラハンには艦長のC・M・バートルフ中佐と第55駆逐艦戦隊指揮官のA・E・ジャレル大佐が乗艦していた。0030、距離13海里（約24km）で敵味方不明機1機を探知した。機速が90ノット（約165km/h）なので、日本軍がカミカゼとして使い始めた複葉練習機の一つであることを示していた。これは海軍の九三式中練で、その夜、台湾から出撃した約12機のうちの1機だった。*1　比較的低速で機動性が良いので、艦艇が位置や速力を変更しても簡単にそれに合わせた対応が可能だった。この機体も例外ではなかった。カラハンとプリチェットから砲火を浴びながらもカラハンの上甲板の急所に体当たりした。複葉機は大きな爆弾を搭載できないが、この125kg爆弾は小さいながらも威力を発揮した。甲板を貫通して後部機関室で爆発して、機関を停止させ舵を固定した。ジャレルはのちにこう書いている。

　　外に出てみると、カラハンの後部は炎に覆われているように見えた。

事実、フレーム118番からフレーム150番までは炎に包まれていた。ちょうど2番煙突から前部爆雷投射機付近の間だった。前部主消火設備の水圧がなく、応急員の主要な者が2発目の大爆発で倒れたと報告があった。応急員たちは最初の爆発が起きた直後に素早く消火に向かったが、現場に到着した直後に起きた2発目の爆発でその多くの者が失われた。大型揚陸支援艇に接近して消火するよう発光信号で命令した。カラハンの艦尾最後端は沈み、上甲板も海面下に隠れて、前部爆雷投射機まで海水をかぶった。(16)

　負傷者が甲板に並べられたので、ジャレルは艦長に離艦すべきと伝えようとしたが、バートルフ艦長はすでに総員離艦を命令しており、その対応の最中だった。0150、基幹要員以外の乗組員と負傷者が大型揚陸支援艇に移乗した。その時点ではまだカラハンは沈没するようには見えず、曳航してもらえるなら帰港できそうだったが、0155に甲板下の弾薬が爆発を始めて、次第に爆発が激しくなったので、これ以上カラハンを救うことは不可能になり、残る要員も離艦した。0234にカラハンは艦尾から1,100m下の海底に沈んだ。戦死47名、負傷73名だった。

　カラハンが体当たりを受けた時、プリチェットは運動していたが、接近した別の九三式中練の体当たりを受けて少し損害が出た。*2　プリチェットはその直前にこの機体に砲火を浴びせていた。その直後、もう1機を撃墜した。一方、カッシン・ヤングも突進して来た複葉機を撃墜した。ほかの数機は艦艇の砲火で撃退された。

　ウィリアム・H・ファイル大尉が艇長のLCS(L)-130はカラハンの支援に向かった。途中で爆発したカラハンから放り出された生存者27人を救助した。0110、カラハンの艦尾に接近して消火を開始したが、0135にカラハンから離れるように言われた。10分後、九三式中練が艦艇に接近した。*3　LCS(L)-130の40mm、20mm機関砲弾で機体の薄い外板を切り取ると、九三式中練はLCS(L)-130の左舷距離400ヤード（約370m）の海面に墜落した。LCS(L)-130はカラハンの方に戻り、艦首をカラハンに接舷させて消火を行なった。これがカラハンの乗組員を救い、のちにファイルは銀星章を授与された。

　カラハンの負傷者はカッシン・ヤングに移乗して、LCS(L)-129とともに渡具知の停泊地へ行き、攻撃輸送艦クレセント・シティ（APA-21）に移乗した。

*1：第3龍虎隊の九三式中練。この攻撃隊は資料により日時、未帰還者数などが

戦争の終結　461

異なっている。『沖縄方面海軍作戦』（戦史叢書第17巻）p.590によると7月29日0130-0200に出撃となっているが、本書の記述ではこの時刻にはすでに攻撃を受けている。『君死に給ふことなかれ　神風特攻龍虎隊』pp.256-260では7月28日2200頃宮古基地から出撃となっており、こちらのほうが正しい可能性あり。未帰還機数は、『沖縄方面海軍作戦』、『特別攻撃隊全史』pp.220-221では4機で（『特別攻撃隊全史』によると近藤清忠、原優、松田昇三、川平誠各一飛曹）、『君死に給ふことなかれ　神風特攻龍虎隊』では2機（川平誠、庵民男両一飛曹）になっている。本書に「台湾から出撃した約12機」と書いてあるうちの6機は第3龍虎隊の九三式中練で、残る機体は沖縄の米軍基地制圧に向かった陸攻4機または/および沖縄周辺艦船雷撃に向かった天山3機の可能性あり。

*2、*3：第3龍虎隊の九三式中練。*1の1機と合わせると合計3機になり、『君死に給ふことなかれ　神風特攻龍虎隊』の未帰還機数2機より多いことになる。『沖縄方面海軍作戦』によると撃沈は3隻となっており、カラハン、プリチェットとLCS(L)-130を指している可能性あり。

7月30日

[7月30日 中城湾外 カッシン・ヤング（DD-793）]

カッシン・ヤングは停泊地の安全な場所に戻ったように見えたが、そうはならなかった。その夜、カッシン・ヤングは中城湾停泊地の湾口で直衛に就いた。7月30日0300、レーダー・スクリーンに敵味方不明機が現れた。接近した2機に砲火を浴びせた。*1　1機はそれを突破してカッシン・ヤングの右舷舷側に体当たりした。艦長のJ・W・エールズ三世中佐はのちにこう書いている。

> 敵機の体当たりによる爆発で上部構造物前部と方位盤から上甲板までの間の艦橋内の装置、1番・2番汽缶の通風管を含む調理室前方の甲板室全体が損害を受け、1番煙突は修理不能になった。下向きの爆風で前部缶室とそこの機関が損害を受け、缶室を放棄しなくてはならなくなった。しかし、缶室の要員は両方の入り口を閉ざされて脱出できなくなった。前部機関室の水蒸気パイプが破損したので、機械を保全するよう命令が出ていたが、そこも放棄しなくてはならなくなった。続いてタービン、減速ギア、ベアリングの潤滑油がなくなったのでオーバーヒートして破損した。(17)

近くで哨戒に就いていたオーリック（DD-569）はカッシン・ヤングに接近して負傷者を移乗させ、治療のためさらに駆逐艦母艦カスケード（AD-16）とハムル（AD-20）に移乗させた。攻撃で戦死22名、負傷45名を出て大きな損害を受けた。カミカゼにとって最後に成功した攻撃の一つになった。

  *1：第3龍虎隊の九三式中練。『特別攻撃隊全史』pp. 220-221に3機（三村弘上飛曹、庵民男、佐原正二郎各一飛曹）出撃と書いてあるうちの2機。『沖縄方面海軍作戦』も出撃機数は3機と書いてある。『君死に給ふことなかれ　神風特攻龍虎隊』では2機だけが出撃（三村弘上飛曹、佐原正二郎一飛曹）

［7月30日 渡具知沖 ホレイス・A・バス（APD-124）］
　7月30日、高速輸送艦ホレイス・A・バス（APD-124）は渡具知沖で対潜直衛任務に就いていた。0230、複葉機1機が暗闇から現れ、ホレイス・A・バスに急降下した。*1　少し前にレーダーで探知していたが、見張員は目視できなかった。奇襲だったので、火砲を向けることができなかった。幸いパイロットの狙いが高すぎたので機体は艦の上を通過して、救命筏とボート・ダヴィットの部品を持ち去り、左舷舷側近くに墜落して爆弾がオレンジ色の炎とともに爆発した。艦上の者は倒され、爆弾の破片で戦死1名、負傷15名を出した。(18)

  *1：第3龍虎隊の九三式中練。『特別攻撃隊全史』、『沖縄方面海軍作戦』に記載されている3機のうちの1機。7月29日から30日までの間の未帰還者7名に対する布告は高雄警備府司令長官名で出された（海軍のほかの特攻隊員に対する布告は連合艦隊司令長官名）

8月9日

［8月9日 日本本土沖 ボリー（DD-704）、ハンク（DD-702）］
　第38任務部隊の空母艦載機は数日間本州北部の目標に艦載機を送り込んだ。8月9日、第38任務部隊の南西50海里（約93km）でボリー（DD-704）、ハンク（DD-702）、ジョン・W・ウィークス（DD-701）、ベンナー（DD-807）はトムキャット・パトロールに就いていた。
　1456、パトロール隊は攻撃を受け、ボリーの檣と5インチ砲方位盤の間に九九式艦爆1機が体当たりした。*1　爆弾は艦内に突入してから、舷側近くで爆発し、破片で右舷舷側に損害を与え、多くの乗組員を死傷させた。艦橋

戦争の終結　463

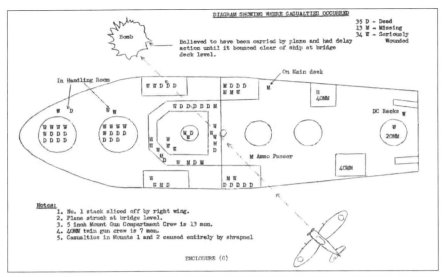

1945年8月9日、ボリー（DD-704）が受けた攻撃を示す図（U. S. S. Borie (DD704) Serial 0222-45. Action Report Operations During the Period 2 July 1945 to 15 August 1945. 15 August 1945, Enclosure (C).）

から艦内を統制することはできず、操舵を第2司令塔に移した。火災は20分で鎮火したが、爆発箇所近くのガン・タブの40mm砲弾が昇温発火し続けた。ボリーはほかの艦艇との行動を再開したが、いくつかの砲が使用不能になった。戦死48名、負傷66名だった。ボリーが任務部隊の安全な海域に戻るとアラバマ（BB-60）から医官が移乗し、アボット（DD-629）が舷側に来て負傷者を支援した。翌10日、負傷者は病院船レスキュー（AH-18）に移された。(19)

8月9日1522、零戦1機がハンクの正面から急降下して左舷後方に墜落した。*2 機体破片が甲板に降り注いで負傷者が出た。1549、疾風1機が急降下して来たが、主翼を失って舷側近くに墜落した。*3 ハンクは再び破片とガソリンの雨を浴びたが、艦に大きな損害はなかった。戦死1名、負傷5名を出した。その後、ハンクはボリーが体当たりを受けた時に艦外に放り出された者を捜索した。(20)

*1：九九式艦爆は出撃していない。第7御盾隊第2次流星隊の流星、第4御盾隊の彗星を固定脚機の九九式艦爆に誤認している。
*2：第7御盾隊第2次流星隊の流星、第4御盾隊の彗星を零戦に誤認している。

*3：第7御盾隊第2次流星隊の流星、第4御盾隊の彗星を疾風に誤認している。

8月13日

［8月13日 中城湾 ラグランジ（APA-124）］
　攻撃輸送艦ラグランジ（APA-124）は不名誉にもカミカゼ攻撃を受けた最後の艦艇になった。8月13日、中城湾で停泊中にカミカゼの攻撃を受けた。戦闘報告は次の通り。

　　1947を30秒過ぎたところで、本艦の165度、距離1,000ヤード（約900m）位置角10度から、降下角10度、速度300mph（480km/時）で低翼単葉単発機の鍾馗か零戦らしき機体が接近して来た。*1　敵機は3番船倉の上25フィート（約8m）を通過すると、右主翼が右舷3番前部ブームに当たり、左主翼は左舷のキングポストに当たった。1948、胴体が左舷上部構造物士官室甲板後部にぶつかると爆発して、200フィート（約60m）の炎を上げた。これで艦内の電力、蒸気動力の消火ポンプ、換気、艦内通信、主推進装置、清水システム、補助復水システムが壊れた。損害は機体と搭載していた爆弾によるものだった。(21)

　数分後、2機目がキングポストに当たり、左舷20ヤード（約18m）の海面に落下した。爆発で破片、海水、ガソリンが艦上に注いだ。損害は大きく、戦死21名、負傷89名を出した。この2回の体当たりが、米艦艇が受けた最後の損害になった。3機目がラグランジに接近したが、近くの艦艇の砲撃を受けて撃退された。それでもこれが最後のカミカゼ攻撃ではなかった。その後、公式の停戦以降も米艦艇に対する攻撃は続くが、成功しなかった。

*1：鍾馗は出撃していない。第2神雷爆戦隊の零戦を鍾馗に誤認している。（岡嶋四郎中尉、星野實一飛曹）（『神風特別攻撃隊々員之記録』p.71）

ラグランジ（APA-124）は第2次世界大戦で最後にカミカゼ攻撃を受けた米艦艇で、写真はその損害を示している（NARA 80G 331974.）

カミカゼが体当たりした後のラグランジ（APA-124）（Serial 043. War Damage Report. 29 August 1945.）

8月15日

　天皇の玉音放送を日本陸海軍の軍人は複雑な気持ちで受け止めた。無言で泣いて「堪へ難き」ことを受け入れる者がいた一方で戦争継続を誓う者がいた。勅令に従わず戦闘を継続するのか、伝統的で名誉ある方法で自らの命を絶つか、多くの者が葛藤した。
　若者を死に追いやった高級指揮官にとって生き残ることは受け入れがたく、多くの高級士官が自決した。すぐに自らの命を終わらすことができず、生きたまま捕らえられ、戦犯として裁かれて処刑された者もいた。
　第1機動基地航空部隊の指揮を執った宇垣纒中将は天皇の決断で葛藤した1人だった。8月11日、終戦が近付き、降伏の話が流布された時、次のように書いた。

　　　大命もだし難きも猶此の戦力を擁して攻撃を中止するが如きは到底不可能なり。決死の士と計りて猶為すべき処置多大なる事を思ふ。予て期したる武人否武将否最高指揮官の死処も大和民族將来の為深刻に考窮する処無くんばあらず。身を君主に委ね死を全道に守る覚悟に至りては本日も更めて覚悟せり。(22)

　8月15日、宇垣をはじめとして日本人は天皇の降伏宣言を聞いた。宇垣は降伏の公式命令を受け入れられないと考え、自ら最後のカミカゼに就く準備をして、次のように書いた。＜未だ停戦命令にも接せず、多数殉忠の將士の跡を追ひ特攻の精神に生きんとするに於て考慮の余地なし＞(23)
　1600、宇垣中将は部下に別れを告げて、艦上爆撃機彗星に搭乗し、沖縄海域に向けて死の飛行に就いた。従ったのは彗星11機に搭乗した701空の22名だった。米軍の記録ではこの日沖縄を攻撃したカミカゼ機はなかったので、全機海に墜落したのであろう。

第17章　決号作戦（本土防衛）

航空特攻

　日本の本土防衛準備は日本軍が「決号」と名付けた作戦を中心に進められた。これには米軍の本土攻撃方法も想定して織り込んでいた。米軍は本土の最南端九州を攻撃し、その後、東京、横浜近くの関東平野に上陸するとの考えが一般的だった。

　この作戦は特攻兵器を多用することを想定していた。状況が悪化するのに従い、日本軍は通常の戦争では対応できないことを認識した。特攻兵器だけが本土に向かう米軍の攻撃を打ち破る唯一の方法になった。

　何十年にもわたる日本の教育制度の軍事化は武士の伝統を復活させ、特別攻撃が一般的なものであるとの考えを受け入れさせることを可能にしたのである。日本の指導者にとって、これが日本の歴史の中で長い間受け入れられてきた戦闘方法だった。戦後、日本軍関係者は「日本軍戦史」で次の通りまとめている。

> 　特攻（不帰必殺必死の攻撃方法）的理念は、日本陸海軍に於ては相当古くから珍らしいことではない。彼の旅順港閉塞、爆弾三勇士、真珠湾の特殊潜航艇の如きは何れも特攻的性格に類するものと見られよう、然し斯かる戦斗行動は統率上の邪道なるに鑑み、従来幾多の決死隊出願者があったに拘わらず、統率者としては攻撃後の生還収容の方途を講じ得る場合（仮令具体的には希望的手段に過ぎないにしろ）に限り此の決死行を計画し命令したのであった。従って従来の戦例に於て参戦者自身としては特攻と何等差異なき精神に立脚して行動した事例も尠くないのであるが、之を計画者および命令者側から見れば本質的に特攻とは相異するものであった。

> 　然るに一九四三年十月以降（ママ）比島方面作戦に於て決行された神風特別攻撃隊及びセブ甲標的隊の攻撃方法は夫々其の責任指揮官が之を發案し、計画し、命令して行わしめたのであって、これこそ実質的にも精

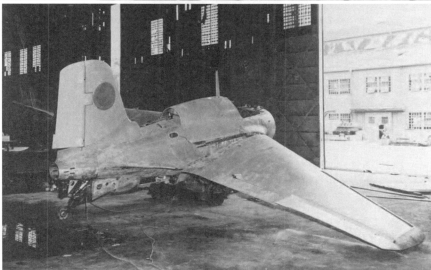

戦争末期に日本海軍が開発していた三菱海軍局地戦闘機 秋水（J8M1）。陸軍との共同開発で（陸軍は主としてロケットエンジン担当）、陸軍はキ200と称した。ロケット推進の迎撃機で、ドイツのメッサーシュミットME163Bを参考にした。B-29に対抗できる迎撃機が必要なため本機が開発された（NARA 80G 193477.）

日本初のジェット機の特殊攻撃機 橘花で、中島の工場で製造中だった。1945年10月6日撮影（NARA 111-SC-225102.）

神的にも特別攻撃隊の創始と称すべきであらう。而して右各隊の使用兵力が極めて劣弱であったに拘わらず収め得た戦果が豫期以上に甚大であったことは、（中略）各現地指揮官をして敢えて斯かる決意をなさしめねばならぬ處に日本の最大悲劇があったのである。(1) *1

フィリピンと沖縄でカミカゼ機と特攻艇の運用が成功したことで、最小限の人員、装備の投入で貧弱な国力をはるかに上回る成果を得られることを日本軍は実証した。特攻兵器の生産量を増加させることが必要になった。フィリピンと硫黄島の陥落で、日本軍上層部は米軍の本土侵攻が切迫していることを確信した。沖縄はそれに向けた踏切板だったことが明らかになった。震洋、マルレ、回天の生産が加速されるとともに中島の橘花、剣、川西の梅花、三菱の秋水のような新型特攻機が開発された。*2 侵攻に備えて海軍だけでも少なくとも特攻機5,000機の保有を計画した。＜（一九四五年）三月一日全海軍航空部隊の特攻化を計畫し、同日附海軍練習聯合航空總隊を第十航空艦隊に改編し聯合艦隊に編入した＞ (2) *3

470

	第3航空艦隊		第5航空艦隊		第10航空艦隊		計	
	保有	実動	保有	実動	保有	実動	保有	実動
甲戦　（戦闘機）	312	200	242	141	119	75	673	416
乙戦　（局地戦　迎撃機）	137	50	136	55	3	2	276	107
丙戦　（夜間戦闘機）	133	90	28	16			161	106
爆撃機			88	60	160	111	248	171
艦上爆撃機	157	113	119	99	99	65	375	277
艦上攻撃機	90	80	52	44	65	24	207	148
陸上爆撃機	40	32	49	40			89	72
陸上攻撃機	25	12	60	48	112	63	197	123
陸上偵察機	49	31	55	16			104	47
水上機	152	120	71	69			223	189
中間練習機	478	275	1,106	978	659	445	2,243	1,698
白菊　（多用途練習機）	156	131	238	174	19	15	413	320
計	1,729	1,134	2,244	1,740	1,236	800	5,209	3,674

決号作戦航空兵力充実状況（1945年7月15日）

『海軍の軍備並びに戦備の全貌　其の六（敗退に伴う戦備並びに特攻戦備）』（「日本軍戦史 No. 174」）p. 37　*4

海軍は多くの練習機を特攻任務に充てるため、爆弾を搭載可能にする改造を行なう予定だった（右の表参照）。[3]

機　種	爆弾重量（kg）	搭載爆弾数
九三式中間練習機	250	1
二式中間練習機	250	1
白菊機上作業練習機	250	2
九四式水上偵察機	250	2
九五式水上偵察機	250	1
零式水上偵察機	250	2
零式観測機	250	
零式練習戦闘機	250	1
零式艦上戦闘機	250または500	1

改造機の多くは沖縄戦で姿を現して大きな戦果を上げた。練習機、特に複葉機は木製骨組羽布張りなので、レーダー探知が難しく、金属の近くで爆発するように設計されている近接信管で撃墜することは困難だった。このような機体に砲弾が直撃しても羽布を貫通するだけなので、損害は小さく飛行を続けることができた。

日本軍は、本土侵攻は1945年9月以降だろうと想定した。その結果、準備完了目標時期を9月にした。日本軍は、侵攻は九州から始まり少なくとも10個師団が1,000隻の輸送艦艇・船舶で襲来すると正しく推測していた。この輸

送艦艇・船舶の少なくとも半分を沈めるためには特攻機が3,000機、それと空母そのほかの戦闘艦艇を攻撃する航空機が必要と見積った。それだけの輸送艦艇・船舶と兵員を沈めることができれば侵攻軍を阻止できる。カミカゼに使用可能なすべての機体を可能な限り早期に修理し、新型機の開発も行なう予定だった。

		4月	5月	6月	7月	8月	9月	10月	11月	12月	
桜花二二型			6	49	30	50	60	60	60		A
	1技廠			48							B
	愛知				5	20	40				B
	計			48	5	20	40				B
桜花四三型					2	10	22	38	65	80	A
	1技廠					8	12				B
橘花	航本（試作）				12	5					A
	（量産）				13	12					A
	艦本（量産）						10	40			A
	計				25	17	10	40			A
	1軍廠=中島			1	10	30	45				B
	1空廠					0	5				B
	1空廠（練習機）					2	3				B
	九飛					5	15				B
	小計（試作量産）			1	10	35	65				B
	小計（練習機）					2	3				B
	計			1	10	37	68				B
秋水					35	90	145	225			A
	三菱		4			5	14	35			B
	日飛				1	7	22	50			B
	富士飛行機						1	3			B
	計		4		1	12	37	88			B
キ-115							10	150	320	400	A
	艦本							40			B
	昭和							10			B
	計							50			B

特攻機整備計画

上段A：特殊機整備予定（昭和20年6月20日 航本総務1課）6月以降は予定機数。
下段B：特殊機生産実績並びに見通し（昭和20年7月15日 航本総務2課）7月以降は見通し機数（9月までの機数を記載）

終戦までに日本軍は全国に各種の特攻機を配置したが、多くは住居地区だった。掩体に格納された桜花の横を女性が通り過ぎる。終戦直後の1945年9月撮影（NARA 80G 375010.）

　軍の特攻機整備計画は前ページの通りだった。(4)
　多数の航空機を運用するために既存の飛行場を修理し、新規に多くの飛行場を設営した。航空機を地下壕および掩体壕に入れるなど各種の方法で秘匿した。戦闘が一度限りの決戦になると考えられていたので、これらの施設を念入りに造る必要はなかった。
　日本軍は大規模特攻攻撃で勝利するか、上陸した米軍に全滅させられるか、だった。1945年夏に飛行場は陸上機用70か所、水上機用24か所だった。飛行場は使用目的を秘匿するため日本軍は「牧場」と称していた。桜花は通常の一式陸攻で目標空域まで輸送することは無理なので、桜花発進用のカタパルトの設置を計画した基地もあった。伊豆半島、房総半島の南部・東部、筑波、三浦半島、大井、鳥羽の基地は、1945年7月から11月に完成する計画で、このほかに田辺にも計画があった。合計カタパルト47基と桜花270機用の小屋を設置する予定だった。

　沖縄とフィリピンの経験を検討して、日本軍は航空攻撃方法を見直すこと

決号作戦（本土防衛）473

米軍の日本侵攻が始まると水上機と複葉練習機は特攻隊の重要な一翼を担う予定だった。琵琶湖に面する大津海軍航空基地の機体は作戦の重要な戦力だった。1945年10月16日撮影の写真で、分解されて破壊される直前の多くの機体が写っている（NARA 111-SC 218696.）

立川陸軍キ9乙 九五式一型練習機乙型がカミカゼの形態を示している。米軍の本土侵攻に対するカミカゼとしてこのような複葉練習機が準備された。体当たりの効果を高めるため、55ガロン（208リットル）ドラム缶にガソリンを入れて後席に固縛した。写真の機体でそれが見える。写真の機体は菊池に駐屯していた第21飛行団の機体。方向舵に桜のマークの上に特攻隊を表すひらがなの「と」が書いてある。*5

が望ましいと考えた。通常1回の体当たりで大型艦艇を使用不能にしたり、沈没させることはできないので、航空攻撃方法を変更した。大本営海軍参謀部第1部長は次のような文書を出した。

　　　　昭和20年5月20日

　　　　　　　　　　　　　　　　　　　　　　　　　　大本営海軍参謀部

　　　　　第一部長

海軍省軍務局長　殿
海軍航空本部總務部長　殿
海軍艦政本部總務部長　殿
　　　　特攻機攻撃威力増大に關する件　照會

（本文略）
記
特攻機威力増大に關する要望
一．特攻攻撃に依り爆弾を敵艦船の喫水線下に確實に命中せしむる方法に關し至急實驗せしめられ度
（中略）
（爆弾艦底にて爆發せざる場合にても装甲なき艦尾喫水線附近に命中行動不能ならしめ得る算大）
（後略）(5)

　6月10日、ウィリアム・D・ポーター（DD-579）は沖縄でこのような方法で攻撃されて最期を迎えた。艦長のC・M・キース中佐はこのように報告した。

　　敵機が本艦後部機関室の左舷舷側近くの海面に激突した。激しいが静かな爆発で、短時間のうちに艦全体が持ち上がり、落とされたように感じた。艦長室で寝ていた艦長は爆発で目を覚まし、艦橋に上がると当直士官から九九式艦爆から攻撃を受けたことを聞いた。爆発物は機内に搭載されていたものか投下された爆弾かは分からないが、本艦後部機関室またはその少し後方の本艦真下で爆発したと考えられた。(6) *6

　爆発で船殻の外板継ぎ目が裂けてすぐに機関室に浸水が始まり、右舷プロペラ・シャフトが損害を受けた。最初の爆発から3時間5分後、ウィリアム・D・ポーターは艦首を上に向けて海没した。
　カミカゼ機の体当たり効果を高める方法が提案された。最初から特攻機として計画された新規設計の剣は、最終急降下に入って主翼を投棄すれば、体当たり時の機速を上げることができた。これで米戦闘機または対空砲火で片翼に損傷を受けても制御不能になることを防げる。この設計変更の検討指示が出た。*7
　別の研究は、さらに強力な爆発効果を高めるための特攻機に搭載する＜液体酸素、過酸化水素、黄燐等の搭載に依り特攻機自爆威力を増大する方法の

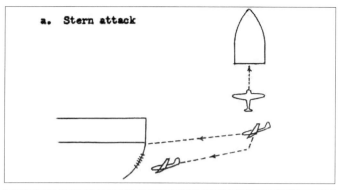

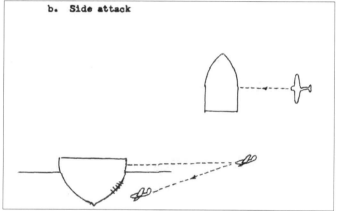

沖縄戦における特攻隊の戦法を研究した大本営海軍参謀部は、米艦艇に最大限の損害を与えるため艦尾の下に体当たりすることをカミカゼに要望した（Military History Section, Army Forces Far East. Japanese Monograph No. 174 Outline of Naval Armament and Preparations for War Part VI, pp. 39-40　引用出典（『海軍の軍備並びに戦備の全貌 其の六（敗退に伴う戦備並びに特攻戦備）「日本軍戦史 No. 174」』pp. 54-55）

研究実験＞ (7) だった。

*1：『海軍の軍備並びに戦備の全貌　其の六（敗退に伴う戦備並びに特攻戦備）』（「日本軍戦史 No. 174」pp. 13-14）
*2：橘花と剣、梅花は特殊攻撃機、秋水は局地戦闘機として計画、開発された。
*3：訓練を中止して訓練部隊を実質的にそのまま実戦部隊（特攻隊）に編成替えした。
*4：「日本軍戦史」の一部の集計が間違っているので、『海軍航空概史』（戦史叢書第95巻）p. 415の表を基に再作成した。
*5：原書には本写真の引用元が記載されていないが、健軍で撮影された機体との

説もある（『囚われの日本軍機秘録』p. 126）。
*6：第112、第214振武隊の九七式戦。
*7：キ115剣に対して改修の検討指示が出たが、実際の改修には至らなかった。（『海軍の軍備並びに戦備の全貌　其の六（敗退に伴う戦備並びに特攻戦備）』）（「日本軍戦史 No. 174」）p. 55）

水上・水中特攻

沖縄侵攻作戦が始まると米軍の本土侵攻が日本軍にとって最大の関心事に

水上・水中特攻部隊兵力配備　（1945年7月27日附展開発令済の分）

場　所	蛟龍	海龍	回天	震洋
大湊警備府	0	0	0	0
横須賀鎮守府（含む八丈島）	0	180	36	785
大阪警備府	0	24	4	50
呉鎮守府	48	24	32	225
佐世保鎮守府	4	24	46	1,000
舞鶴鎮守府	3	0	0	0
鎮海警備府	0	0	0	100
父島方面特別根拠地隊	0	0	0	150
母島警備隊	0	0	0	80
大島防備隊	1	0	0	225
宮古警備隊	0	0	0	50
石垣島警備隊	0	0	0	200
高雄警備府	3	0	0	325
馬公方面特別根拠地隊	0	0	0	125
舟山島警備隊	0	0	0	175
海南警備府	0	0	0	125
香港方面特別根拠地隊	0	0	0	125
厦門方面特別根拠地隊	0	0	0	100
連合艦隊	18	0	0	0
計	77	252	118	3,840 (8)

＊数値は実際の配置状況を示している。ほかにも製造されたが部隊に引き渡せられていないものがある。

呉海軍工廠のドックで発見された小型潜水艇 蛟龍。特攻潜水艇に注いだ努力の成果を示している（NARA 80G 351875）

なった。来る侵攻から本土を防衛するため、日本軍は沖縄戦終結が近付くにつれて、兵力の温存を始めた。日本本土への攻撃に備えて、航空機だけでなく、震洋、マルレ部隊も全国の残存する基地に配備された。前ページの表は日本が降伏するわずか2週間半前の7月27日時点の蛟龍、海龍、回天、震洋の配備状況である。

日本軍のこの4種類の特攻兵器の効果見積りは、いつも通り楽観的なものだった。蛟龍と海龍は日本の海岸から200海里から300海里（約370kmから約555km）で輸送艦艇・貨物船を迎撃する機動力と航続距離を保有していた。軍上層部は輸送艦艇・貨物船の攻撃に回天を使用すると減耗するので、代わりに護衛艦艇を回天の目標にすることが適切と考えた。蛟龍、海龍、震洋にとって最も重要な目標は侵攻上陸軍の兵員、装備を輸送する輸送艦艇・船舶だった。

攻撃計画は、輸送艦艇・船舶が停泊した最初の夜に日本軍が大規模攻撃を仕掛けるものだった。理想的には、米艦隊を混乱に陥れるため航空特攻の支援が必要だった。計画では、＜水上水中特攻兵力の基地損耗を一〇％とし奏効率を蛟龍2/3、海龍、回天1/3、震洋1/10とせば蛟龍約六〇隻、海龍、回天約一二〇隻、震洋約九〇隻計二六〇隻＞の成果を出せると考えた。(9)

主要海軍基地の佐世保海軍基地は震洋の基地だった。米上陸軍に対抗するため配置された特攻艇の戦後撮影された写真 （NARA 127GW 1523-140564.）

　これらの特攻兵器に重点を置いているのは、日本軍の実用主義を示している。日本軍は一級の兵器を作れないことを知っていた。日本の報告は次の通り。

　　　日本の國力は比島沖縄の失陥に依り、逐次低下の一途を辿り戰力の重點を既製航空機の全部を實働化すること、生産比較的輕易なる水中特攻兵力の大量を戦力化することに集中せり。尚橘花、「キ」一一五等の特殊機の増産に依り、今後の戦力増強を企圖せるもその實現には尚相當危懼の感を抱きありたり。(10)

　侵攻が予想される日までに日本中に可能な限り多くの基地を設営することが必須で、急を要していた。有人魚雷、特攻艇、小型潜水艇、桜花などの特攻兵器は可能な限り早急に引き渡された。＜イ156、イ157、イ158、イ159、イ162の五隻は九州南東岸、四国南岸及び伊豆半島より房総に亘る海岸に設置された回天基地に対し、回天輸送に任じた＞ (11)

特攻隊基地と特攻兵器数

福岡県…能古島：Sc×0
佐賀県…唐津：Ms×0、Ht×0、Sc×26
長崎県…院通寺：Sc×0、佐世保：Ht×4、Sc×50、矢岳：Ms×0、松島：Sc×26、川棚：Sc×285、牧島：Sc×52、京泊：Sc×52
熊本県…富岡：Sc×26、茂串：Sc×52、牛深：Sc×0
鹿児島県…小島浦：Sc×52、川内川口：Sc×26、袴腰：Ht×0、Sc×0、新庄（新城）：Sc×52、野間池：Sc×26、片瀬（片浦）：Sc×26、中名：Sc×26、泊浦：Sc×0、坊ノ浦：Sc×36、指宿：Sc×52、黒ケ瀬：Sc×0、長崎鼻：Sc×26、内之浦：Ht×6、Sc×0、間泊：Ht×0、Sc×26、聖ガ浦：Sc×26
宮崎県…外之浦：Ht×0、Sc×25、大堂津：Ht×3、Sc×74、油津：Ms×0、Ht×10、内海：Sc×0、都農：Sc×26、美々津：Sc×0、細島：Ht×12、Sc×26、土々呂：Sc×71
大分県…蒲江：Ht×0、Sc×0、佐伯：Ms×7、日向泊：Ht×0、大神：Ht×16

愛媛県…麦ケ浦：Ht×8、Sc×0
高知県…柏島：Ht×0、Sc×18、泊浦：Ht×0、Sc×3、宿毛：Ms×0、土佐清水：Ht×0、Sc×19、須崎：Ht×12、Sc×32　宇　佐　Sc×0、浦戸：Ht×12、Sc×94、手結：Sc×26、室戸：Ms×0
徳島県…橘港：Ms×0、Ht×0、小松島：Ht×4、Ms×24、Sc×50
山口県…蓋井島：Ht×0、油谷湾：Ht×0、吉見：Ms×0、Ht×0、下関：(Ms×2)、大津島：Ht×22、Sc×11、笠戸：(Ms×1)、光：Ht×25、Sc×12、平生：Ht×25、Sc×12、柳井：Ht×4
広島県…呉：Ms×29(Ht×22、Ms×9)、大浦：Ms×104
和歌山県…勝浦：Ms×0、田辺：Sc×0、下津：Sc×0、由良：Sc×0
三重県…鳥羽：Ms×0、Ht×0、Sc×52、的矢：Ms×0、英虞：Ms×0、五ケ所：Ms×0、Sc×0
愛知県…大井：Ht×0、片名：Sc×0
静岡県…新所村：Sc×0、御前崎：Sc×0、清水：Sc×26、田子：Ms×1、Sc×0、安良里：Ms×0、Sc×0、土肥：Ht×0、戸田：Ms×0、江ノ浦：Ms×17、Ht×0、Sc×5、長津呂：Sc×18、湊：Sc×45、下田：Ms×12、Sc×33、稲取：Sc×6、網代：Ht×0、真鶴：Ht×0
神奈川県…江奈：Sc×52、油壷：Ms×42、Sc×0、小網代：Sc×55、荒崎：Ht×0、小田和：Ht×0、横須賀：Ms×73（Mg×4、横浜：(Ms×4)、浦賀：(Ms×3)
千葉県…洲崎：Sc×0、波左間：Ht×0、岩井袋：Sc×49、勝山：Ms×11、小湊：Sc×26、興津：Ht×0、Sc×0、守谷：Sc×0、鵜原：Sc×52、尾名：Sc×0、砂子：Sc×25、勝浦：Ms×0、尾花：Ht×0、笹川：Sc×25、外川：Sc×52、飯沼：Sc×26
福島県…小名浜：Ms×10、Sc×8
宮城県…畳石蒲：Sc×0、萩浜：Ms×0、小渕：Sc×0 小網倉浜：Ht×0、鮫ノ浦：Sc×0、野々浜：Ms×0
青森県…八戸：Sc×0、茂浦：Ms×0
石川県…穴水：Ms×0
福井県…大島（小浜）：Ms×4
京都府…舞鶴：（Ms×6)
島根県…七類浦：Ms×0
鳥取県…美保関：Ms×0
諸島…長崎対馬：竹敷：Ms×0、長崎県五島鯛の浦：Sc×52、鹿児島県奄美大島：Ms×1、Sc×150、香川県小豆島：Ms×0、東京都八丈島：Ht×8、Sc×50、朝鮮済州島：Sc×100
その他…東京都小笠原諸島：Sc×91、沖縄宮古島　Sc×約200、台湾：Sc×約300、舟山：Sc×約100、朝鮮 鎮海：Ms×0　*1

注：Msは小型潜水艇、Htは有人魚雷、Scは特攻艇

[水上・水中特攻隊基地 1945年８月15日]

　1945年８月中旬には特攻作戦に重点を置くことが明らかになった。前ページの表は特攻艇、小型潜水艇、有人魚雷の水上・水中特攻兵器の基地を示している。多くの基地は２種類以上の兵器を扱ったが、表では主要兵器を示している。

　８月15日までには多くの基地に特攻兵器が引き渡されたが、一部の基地では特攻兵器の引き渡しを待っている状況だった。この表は８月15日現在の各基地の特攻兵器数を示している。Msは小型潜水艇（Midget Submarine）、Htは有人魚雷（Human Torpedo）、Scは特攻艇（Surface Crash Boat）である。いくつかの基地は２種類以上の特攻兵器を支援する能力があった。Msが２回出てくる基地がある。これは蛟龍と海龍の２種類の小型潜水艇を支援する計画があったことを示している。

*1：水上・水中特攻兵器の数量は『特別攻撃隊全史』pp. 114-115の数量を使用した。

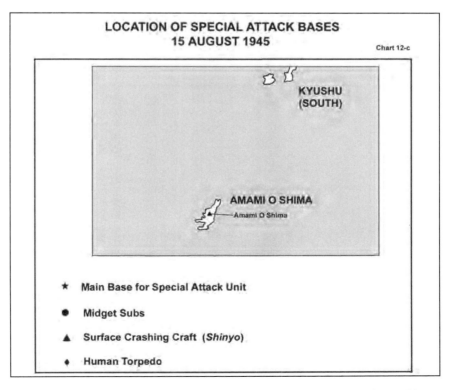

決号作戦（本土防衛）　481

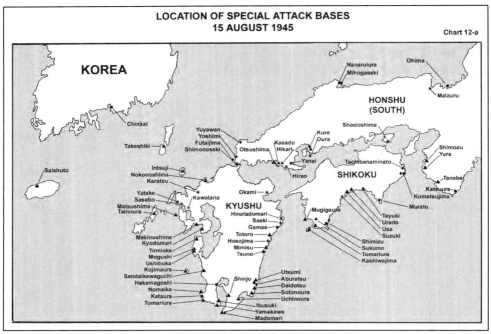

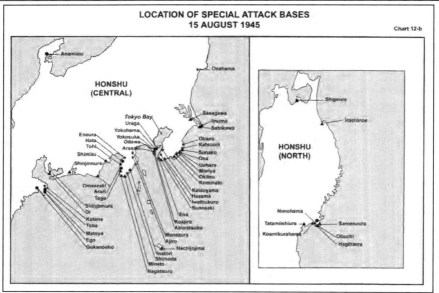

　前ページと本ページの3種類の地図は水上・水中特攻隊の位置を示している。小型潜水艇、回天、特攻艇の基地は全国に散らばり、米侵攻軍に備え

た。[*2]

　所在地は次の通り：鎮海、済州島、竹敷（対馬）、印通寺（壱岐）、能古島、唐津、矢岳、佐世保、川棚、松島、牧島、京泊、鯛ノ浦、富岡、茂串、牛深、小島浦、川内川口、野間池、片瀬（片浦）、泊浦、山川、指宿、袴腰、新庄（新城）、間泊、内之浦、外之浦、大堂津、油津、内海、都農、美々津、細島、土々呂、蒲江、佐伯、日向泊、大神、下関、蓋井島、吉見、油谷湾、大津島、笠戸、光、平生、柳井、呉、大浦、麦ケ浦、栢島、泊浦、宿毛、土佐清水、須崎、宇佐、浦戸、手結、室戸、小松島、橘港、小豆島、七類浦、美保関、舞鶴、大島（小浜）、下津、由良、田辺、勝浦、五ケ所、英虞、的矢、鳥羽、片名、大井、新所村、御前崎、清水、江ノ浦、戸田、土肥、安良里、田子、長津呂、湊、下田、稲取、八丈島、網代、真鶴、荒崎、小田和、横須賀、横浜、浦賀、油壺、小網代、江奈、洲崎、岩井袋、波左間、勝山、小湊、興津、守谷、鵜原、尾名、砂子、勝浦、尾花、外川、飯沼、笹川、小名浜、穴水、小網倉浜、畳石浦、野々浜、萩浜、小渕、鮫ノ浦、八戸、茂浦。

[*2]：『海軍の軍備並びに戦備の全貌 其の六（敗退に伴う戦備並びに特攻戦備）』（「日本軍戦史 No.174」）「特攻基地位置図」から引用した。

[伏龍水中攻撃隊]

　特攻兵器の多くが開発に技術的な専門知識を要したが、伏龍のようにその必要がなくても開発できるものもあった。水中兵士の構想は、日本本土侵攻の可能性が視野に入る戦争の最後の年に出てきた。戦時中、日本軍は潜水工作員や特攻泳者を使っていたが、伏龍は現在のスキューバ装備に似た自給型呼吸器具を使用することになっていた。終戦直前に実施した試験で、笹野大行中尉は水深３ｍから８ｍに約8.5時間留まることができたと報告した。(12)

　1945年４月、以前駆逐艦艦長を務めていた新谷喜一大佐がこの部隊編成の指揮を執ることになり、新谷は横須賀に司令部を置く第71突撃隊（嵐）隊長になった。

　回天搭乗員の募集同様、伏龍も海軍飛行予科練習生に頼った。特攻機が不足してきたので搭乗員が余剰になり、その多くをほかの目的に充てることができるようになった。最初は志願者を充てていたが、終戦までには伏龍隊員の少なくとも半分が命令によるものだった。

　1945年秋に向けた計画では９月30日までに横須賀の第71突撃隊で6,000名の兵力になり、その後２週間で即応態勢になる予定だった。このほか呉の第81

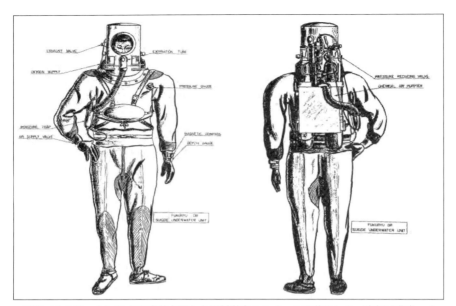

伏龍（ふくりゅう）は水密式潜水服と金属製潜水ヘルメットを着用した。空気は背負った圧縮酸素タンクから供給された。海底を歩くことを想定していたので水泳用フィンはなかった（U.S. Naval Technical Mission to Japan. Target Report—The Fukuryu Special Harbor Defense and Underwater Attack Unit—Tokyo Bay. January, 1946, pp.11-12.）

突撃隊と佐世保の川棚部隊も計画されていたが、終戦までに部隊編成はできなかった。しかし、終戦時に横須賀の第71突撃隊は1,200名の訓練を修了し、新たに2,800名の訓練を開始しようとしていた。650名編成の大隊2個と訓練中の別の大隊4個が横須賀を基地として東京湾での戦闘に備えていた。

　適切な潜水服と装備の製造が難しく、全体の計画は遅れた。伏龍隊員はハード・ハット・ダイバー（ヘルメット潜水夫）と同様の潜水服と金属製潜水ヘルメットを着用して、背中に圧縮酸素タンク（3.5リットル）2個を背負った。海底に潜りやすくするため腰のベルトに重りを着けた。水泳用のフィンはなかった。

　伏龍隊員は海底を歩き、爆雷を先端に付けた棒で米舟艇を攻撃すると考えられた。棒を舟艇の底に押し付け、接触爆薬を爆破させて敵の上陸用舟艇を吹き飛ばすことになっていた。伏龍隊員は爆発で死亡し、うまくすれば上陸用舟艇を沈めることができる。

　爆雷を先端に付けた棒は五式撃雷で、歩兵が戦車に用いた刺突爆雷に似ていた。米海軍はこの使用法を次のように把握していた。

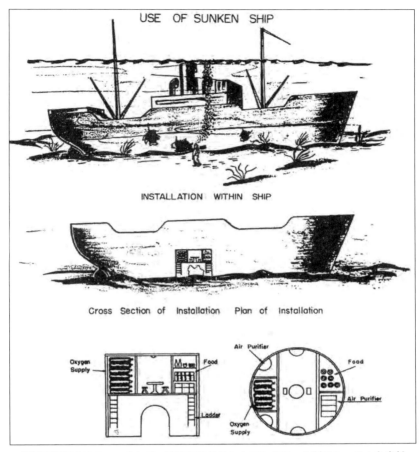

伏龍の運用方法の一つとして、海底に沈められたコンクリート製のトーチカと廃船になった商船を海没させたトーチカの二種類の水中基地計画があった。40名から50名が最長10日間ここに滞在可能だった（U.S. Naval Technical Mission to Japan. Target Report—The Fukuryu Special Harbor Defense and Underwater Attack Unit—Tokyo Bay. January, 1946, p.15.）

　五式攻撃（特攻）撃雷は接触信管付きの爆薬を棒に取り付けたものである。爆薬の手前に付いている浮き室で武器のバランスをとることができ、水中で取り扱いが容易になる。使用法は簡単で、伏龍隊員が棒の先端を舟艇の底か横に押し付ける。もちろん伏龍隊員は……。計算上、爆薬が20kgのTNTまたはTNAであれば40mの間隔を空けた隣の者は安全だった。二重底の舟艇を使用した試験結果では、10kgの爆薬で目的を達成できた。(13)

爆雷の10,000個製造を含む伏龍部隊の計画は終戦までには間に合わなかった。同様に潜水服の製造も遅れ、8月15日には1,000着しか完成しなかった。
　効果を上げるためには、伏龍を侵攻に先立って配置する必要があった。このため海中トーチカを建設する計画があり、何基かコンクリートで建設される予定だった。それ以外に廃船になったか損害を受けた商船の中にトーチカを組み込んで適切な海域に沈める計画もあった。
　海中トーチカまたは沈没船には135平方メートルのスペースを設け、40名から50名を収容する区画を設ける予定だった。海中居住区の勤務は約10日で、ローテーションを組んでいた。居住区画に食料、酸素、そのほかの生活を支える必要品を収納する予定だった。終戦までにこの施設が何基設置されたかは不明である。日本海軍士官は、建設されたことがないと言っているが、東京湾をソナーで探索すると4か所にそれらしいものが見つかっている。設置深度を水深100フィート（約30m）以下と想定していたが、180フィート（約55m）以上だった。この深度での作業は危険なので米海軍は調査を断念した。

日本本土侵攻が起きたなら

　戦争末期、ハリー・トルーマン大統領は日本本土に対して原子爆弾を使用する決定を下した。多くの歴史家が原子爆弾の終戦に及ぼした効果、その使用する根拠を議論してきた。筆者は決定の妥当性に関する議論には加わらない。本書は、日本軍人が国のために進んで死ぬつもりであったことを示している。民間人の何パーセントが軍人の熱意を感じていたかは議論の余地がある。もしも1945年後半に日本本土侵攻が起きたなら、前述の通り日本軍は防衛の第一線で特別攻撃を使用すると約束していた。特別攻撃を行なうことで日米両軍が失う人命の数は推測の域を出ないが、犠牲が大きくなることは確かである。

特攻隊：伝統の継承

　カミカゼや特攻隊を第2次世界大戦の日本軍航空機搭乗者の特異な現象と考えるのが一般的である。しかし、調査が示すように特別攻撃を行なうことは第2次世界大戦以前からも日本軍では一般的なことだった。
　近代戦である1904年の日露戦争で特別攻撃が実施された証拠はある。人の

命は個人のものでなく、大義名分のために捧げるものという考えは近代以前からあった。この伝統は武士の長い歴史の中で多くの事例を見ることができる。伝統の継承は別の意味を持つと考える。

　日本は近代世界の価値観と日本伝統の価値観が対立するであろうと考えていた。その中で、欧米からの近代の影響力に直面して、日本独自の「日本らしさ」を保てる立ち位置を模索し続けていた。

　特攻隊の創設は伝統を強化しようとして意図的に行なったものではない。むしろ、日本人の心の中の葛藤の単なる一つの現れである。

　この伝統を発揮したことは、20世紀の日本軍の歴史における功績の一部である。自らの命を国家と天皇に進んで捧げた日本軍人が示したこの精神が十分示され、近代の圧力に直面して伝統が生き残った証拠である。

　この意味で、特別攻撃は米軍の猛威を止めることはできなかったが、成功したと見ることができる。

資料1 カミカゼ攻撃で被害を受けた米艦艇（含む商船）(1942年〜45年)

　カミカゼ攻撃は航空機、有人魚雷、特攻艇、特攻泳者によって実行された。
　本リストはカミカゼ攻撃によって、直接、間接に人的、物的に被害を受けた米艦艇（商船を含む）を記載したものである。
　数年にわたり艦艇の戦闘報告、戦闘日誌、航海日誌でカミカゼ攻撃に関する記録を精査したが、各種記録で艦艇が被害を受けたであろう記述があってもそれ以上の情報がないこともあった。したがって本リスト以外にも被害を受けた艦艇があるのは確実である。このような事情があるものの、本リストはカミカゼ攻撃の全貌を概観するため、可能な限り正確性を期して作成されたものである。
　1944年10月19日に海軍神風特別攻撃隊による作戦が非公式に立案され、その2日後には日本軍として最初の特別攻撃の出撃、未帰還者が出た。*1　しかし、本リストはこれ以前に被害を受けた艦艇も含めている。これは、米軍はカミカゼを「体当たり（機、攻撃）」としており、日本軍の特別攻撃が始まる前の通常攻撃機による体当たり攻撃も公式資料で「カミカゼ攻撃*2」としているためである。
　カミカゼ攻撃で損傷、沈没するなどの被害を受けた艦艇のリストの作成にあたっては、いくつかの問題があった。まず被害の範囲の認定がある。機体や爆弾などが艦艇に直接命中しなくても艦艇の近くで爆発したことなどによって大きな被害をこうむったり、沈没したケースもある。艦艇がかろうじて被害を免れたり、船体や構造物に軽微な損傷を負っただけのケースもある。また異なる状況でカミカゼ攻撃を受けた艦艇もある。このような場合、当該艦艇は複数回、リストに記載されることになる。
　次に本リストに記載した死傷者数については、当該艦艇の戦闘報告、戦闘日誌、航海日誌に記載された人数を基にしているが、これは必ずしも正確ではない。攻撃を受けた後、生存していた負傷者が、その後死亡したケースも多く、一方、末期的な重傷者でも生き延びたケースもある。また戦闘報告などの資料で死傷者数を「数名」あるいは「多数」などとしている場合は、そのまま記載した。したがって人的被害については概略の数値となる。
　リスト中、艦艇名のないもの（LCI：揚陸艇など）、艦種記号・番号、死傷者数などのデータがない場合は、当該欄に「-」を記した。

*1：1944年10月19日は大西瀧治郎中将が第1航空艦隊司令長官に着任する日の前日。大西中将は着任前にマバラカットで関係者を集めて特別攻撃を提案した。これを受け、201空は特攻隊員の人選を行ない、翌10月20日に神風特別攻撃隊を正式に編成した。
*2：米軍は神風特別攻撃隊が始まる以前から体当たり攻撃を「suicide attack」としていた。

カミカゼ攻撃で被害を受けた米海軍（含む商船）（1942年〜45年）

No.	月日	艦艇名（英語表記）	艦種記号-番号	場所	原因	戦死者数	負傷者数
\multicolumn{8}{l}{1942年}
1	10月26日	スミス（Smith）	DD-378	サンタクルーズ諸島	航空攻撃	28	23
\multicolumn{8}{l}{1944年}
2	10月13日	フランクリン（Franklin）	CV-13	台湾	航空攻撃	1	10
3	10月14日	レノ（Reno）	CL-96	台湾	航空攻撃	0	9
4	10月24日	デイビッド・ダドレイ・フィールド（David Dudley Field）	－	フィリピン	航空攻撃	0	4
5	10月24日	オーガスタス・トーマス（Augustus Thomas）	－	フィリピン	航空攻撃	0	2
6	10月24日	ソノマ（Sonoma）	ATO-12*	フィリピン	航空攻撃	7	36
7	10月24日	－（－）	LCI(L)-1065*	フィリピン	航空攻撃	13	8以上
8	10月25日	サンティ（Santee）	CVE-29	フィリピン	航空攻撃	16	27
9	10月25日	スワニー（Suwanee）	CVE-27	フィリピン	航空攻撃	46	55
10	10月25日	キトカン・ベイ（Kitkun Bay）	CVE-71	フィリピン	航空攻撃	1	20
11	10月25日	ホワイト・プレインズ（White Plains）	CVE-66	フィリピン	航空攻撃	0	11
12	10月25日	セイント・ロー（St. Lo）	CVE-63*	フィリピン	航空攻撃	114	－
13	10月25日	カリニン・ベイ（Kalinin Bay）	CVE-68	フィリピン	航空攻撃	5	55
14	10月26日	スワニー（Suwanee）	CVE-27	フィリピン	航空攻撃	30	83
15	10月27日	ベンジャミン・イデ・ウィーラー（Benjamin Ide Wheeler）	－	フィリピン	航空攻撃	2	3
16	10月29日	イントレピッド（Intrepid）	CV-11	フィリピン	航空攻撃	10	6
17	10月30日	ベロー・ウッド（Belleau Wood）	CVL-24	フィリピン	航空攻撃	92	54
18	10月30日	フランクリン（Franklin）	CV-13	フィリピン	航空攻撃	56	14
19	11月1日	アンメン（Ammen）	DD-527	フィリピン	航空攻撃	5	21
20	11月1日	アブナー・リード（Abner Read）	DD-526*	フィリピン	航空攻撃	22	56
21	11月1日	アンダーセン（Anderson）	DD-411	フィリピン	航空攻撃	16	20
22	11月1日	クラックストン（Claxton）	DD-571	フィリピン	航空攻撃	5	23
23	11月3日	マシュー・P・デッディ（Matthew P. Deady）	－	フィリピン	航空攻撃	61	104
24	11月4日	ケープ・コンツタンス（Cape Constance）	－	フィリピン	航空攻撃	0	1
25	11月5日	レキシントン（Lexington）	CV-16	フィリピン	航空攻撃	50	132
26	11月12日	レオニダス・メリット（Leonidas Merritt）	－	フィリピン	航空攻撃	3	6
27	11月12日	トーマス・ネルソン（Thomas Nelson）	－	フィリピン	航空攻撃	136	88
28	11月12日	ジェレミア・M・デイリー（Jeremiah M. Daily）	－	フィリピン	航空攻撃	106	43
29	11月12日	ウィリアム・A・コールター（William A. Coulter）	－	フィリピン	航空攻撃	0	69
30	11月12日	モリソン・R・ウェイト（Morrison R. Waite）	－	フィリピン	航空攻撃	21	43
31	11月12日	アレキサンダー・メジャーズ（Alexander Majors）	－	フィリピン	航空攻撃	2	15
32	11月12日	エゲリア（Egeria）	ARL-8	フィリピン	航空攻撃	0	21
33	11月12日	－（－）	LCI(L)-364	フィリピン	航空攻撃	－	－
34	11月12日	アキリーズ（Achilles）	ARL-41	フィリピン	航空攻撃	33	28
35	11月12日	マシュー・P・デッディ（Matthew P. Deady）	－	フィリピン	航空攻撃	0	0
36	11月18日	アルパイン（Alpine）	APA-92	フィリピン	航空攻撃	5	12
37	11月18日	ニコラス・J・セネット（Nicholas J. Sinnett）	－	フィリピン	航空攻撃	0	0
38	11月18日	ギルバート・スチュワート（Gilbert Stuart）	－	フィリピン	航空攻撃	6	11
39	11月19日	アルコア・パイオニア（Alcoa Pioneer）	－	フィリピン	航空攻撃	6	13
40	11月19日	ケープ・ロマノ（Cape Romano）	－	フィリピン	航空攻撃	0	0
41	11月20日	ミシシネワ（Mississinewa）	AO-59*	ウルシー	回天	62	95
42	11月23日	ジェームズ・オハラ（James O'Hara）	APA-90	フィリピン	航空攻撃	0	0
43	11月25日	エセックス（Essex）	CV-9	フィリピン	航空攻撃	15	44
44	11月25日	イントレピッド（Intrepid）	CV-11	フィリピン	航空攻撃	69	35

No.	月日	艦艇名（英語表記）	艦種記号-番号	場所	原因	戦死者数	負傷者数
45	11月25日	ハンコック（Hancock）	CV-19	フィリピン	航空攻撃	0	2
46	11月25日	カボット（Cabot）	CVL-28	フィリピン	航空攻撃	36	16
47	11月27日	コロラド（Colorado）	BB-45	フィリピン	航空攻撃	19	72
48	11月27日	－（－）	SC-744*	フィリピン	航空攻撃	6	7
49	11月27日	セント・ルイス（St. Louis）	CL-49	フィリピン	航空攻撃	16	43
50	11月27日	モンペリエ（Montpelier）	CL-57	フィリピン	航空攻撃	0	11
51	11月29日	メリーランド（Maryland）	BB-46	フィリピン	航空攻撃	31	30
52	11月29日	ソーフレイ（Saufley）	DD-465	フィリピン	航空攻撃	1	0
53	11月29日	オーリック（Aulick）	DD-569	フィリピン	航空攻撃	32	64
54	12月5日	マーカス・デイリー（Marcus Daly）	－	フィリピン	航空攻撃	65	49
55	12月5日	－（－）	LSM-20*	フィリピン	航空攻撃	8	9
56	12月5日	－（－）	LSM-23	フィリピン	航空攻撃	8	7
57	12月5日	ドレイトン（Drayton）	DD-366	フィリピン	航空攻撃	6	12
58	12月5日	マグフォード（Mugford）	DD-389	フィリピン	航空攻撃	8	16
59	12月5日	ジョン・エバンス（John Evans）	－	フィリピン	航空攻撃	0	4
60	12月7日	ワード（Ward）	APD-16*	フィリピン	航空攻撃	0	数名
61	12月7日	マハン（Mahan）	DD-364*	フィリピン	航空攻撃	6	31
62	12月7日	リドル（Liddle）	APD-60	フィリピン	航空攻撃	36	22
63	12月7日	ラムソン（Lamson）	DD-367	フィリピン	航空攻撃	4	17
64	12月7日	－（－）	LSM-318*	フィリピン	航空攻撃	数名戦死、負傷	
65	12月7日	－（－）	LST-737	フィリピン	航空攻撃	2	4
66	12月10日	マーカス・デイリー（Marcus Daly）	－	フィリピン	航空攻撃	0	8
67	12月10日	ウイリアム・ラッド（William S. Ladd*）	－	フィリピン	航空攻撃	0	10
68	12月10日	ヒューズ（Hughes）	DD-410	フィリピン	航空攻撃	14	26
69	12月10日	－（－）	LCT-1075	フィリピン	航空攻撃	2	9
70	12月10日	－（－）	PT-323*	フィリピン	航空攻撃	2	11
71	12月11日	レイド（Reid）	DD-369*	フィリピン	航空攻撃	約150人戦死	
72	12月12日	コールドウエル（Caldwell）	DD-605	フィリピン	航空攻撃	33	40
73	12月13日	ハラデン（Haraden）	DD-585	フィリピン	航空攻撃	14	24
74	12月13日	ナッシュビル（Nashville）	CL-43	フィリピン	航空攻撃	133	190
75	12月15日	ハワース（Howorth）	DD-592	フィリピン	航空攻撃	0	0
76	12月15日	ラルフ・タルボット（Ralph Talbot）	DD-390	フィリピン	航空攻撃	0	1
77	12月15日	マーカス・アイランド7（Marcus Island）	CVE-77	フィリピン	航空攻撃	1	1
78	12月15日	－（－）	LST-738*	フィリピン	航空攻撃	1	10
79	12月15日	－（－）	LST-472*	フィリピン	航空攻撃	6	数名
80	12月15日	－（－）	LST-605	フィリピン	航空攻撃	0	数名
81	12月17日	－（－）	PT-75	フィリピン	航空攻撃	0	4
82	12月18日	－（－）	PT-300*	フィリピン	航空攻撃	8	7
83	12月21日	－（－）	LST-605	フィリピン	航空攻撃	5	11
84	12月21日	ファン・デ・フカ（Juan De Fuca）	－	フィリピン	航空攻撃	2	17
85	12月21日	－（－）	LST-460*	フィリピン	航空攻撃	－	－
86	12月21日	－（－）	LST-749*	フィリピン	航空攻撃	－	－
87	12月21日	フート（Foote）	DD-511	フィリピン	航空攻撃	0	0
88	12月22日	ブライアント（Bryant）	DD-665	フィリピン	航空攻撃	0	1
89	12月28日	フランシスコ・モラサーン（Francisco Morazan）	－	フィリピン	航空攻撃	0	3
90	12月28日	ウィリアム・シャロン（William Sharon）	－	フィリピン	航空攻撃	11	11
91	12月28日	ジャン・バーク（John Burke*）	－	フィリピン	航空攻撃	68	0
92	12月28日	陸軍輸送艦（FS Ship）	FS番号不明	フィリピン	航空攻撃	1人を除き全員戦死	

No.	月日	艦艇名（英語表記）	艦種記号-番号	場所	原因	戦死者数	負傷者数
93	12月28日	ウィリアム・アハーン（William Ahearn）	—	フィリピン	航空攻撃	—	—
94	12月28日	—（—）	PT-332	フィリピン	航空攻撃	0	0
95	12月30日	ガンスヴォールト（Gansevoort）	DD-608	フィリピン	航空攻撃	17	15
96	12月30日	プリングル（Pringle）	DD-477	フィリピン	航空攻撃	11	20
97	12月30日	オレステス（Orestes）	AGP-10	フィリピン	航空攻撃	59	106
98	12月30日	ポーキュパイン（Porcupine）	IX-126*	フィリピン	航空攻撃	7	8
1945年							
99	1月2日	オルカ（Orca）	AVP-49	フィリピン	航空攻撃	0	6
100	1月3日	コーワンスク（Cowanesque）	AO-79	フィリピン	航空攻撃	2	1
101	1月3日	オマニー・ベイ（Ommaney Bay）	CVE-79*	フィリピン	航空攻撃	93	65
102	1月4日	ルイス・L・ディシェイ（Lewis L. Dyche*）	—	フィリピン	航空攻撃	69	0
103	1月5日	ヘルム（Helm）	DD-388	フィリピン	航空攻撃	0	6
104	1月5日	アパッチ（Apache）	ATF-67	フィリピン	航空攻撃	0	3
105	1月5日	—（—）	LCI(G)-70	フィリピン	航空攻撃	6	9
106	1月5日	スタフォード（Stafford）	DE-411	フィリピン	航空攻撃	2	12
107	1月5日	マニラ・ベイ（Manila Bay）	CVE-61	フィリピン	航空攻撃	22	56
108	1月5日	サヴォ・アイランド（Savo Island）	CVE-78	フィリピン	航空攻撃	0	0
109	1月5日	ルイヴィル（Louisville）	CA-28	フィリピン	航空攻撃	1	59
110	1月6日	ルイヴィル（Louisville）	CA-28	フィリピン	航空攻撃	36	56
111	1月6日	アレン・M・サムナー（Allen M. Sumner）	DD-692	フィリピン	航空攻撃	14	19
112	1月6日	リチャード・P・リアリー（Richard P. Leary）	DD-664	フィリピン	航空攻撃	0	1
113	1月6日	ニューメキシコ（New Mexico）	BB-40	フィリピン	航空攻撃	30	87
114	1月6日	ウォーク（Walke）	DD-723	フィリピン	航空攻撃	12	34
115	1月6日	ロング（Long）	DMS-12*	フィリピン	航空攻撃	1	35
116	1月6日	ブルークス（Brooks）	APD-10	フィリピン	航空攻撃	3	11
117	1月6日	オブライエン（O'Brien）	DD-725	フィリピン	航空攻撃	0	0
118	1月6日	ミネアポリス（Minneapolis）	CA-36	フィリピン	航空攻撃	0	2
119	1月6日	カリフォルニア（California）	BB-44	フィリピン	航空攻撃	45	151
120	1月6日	ニューコム（Newcomb）	DD-586	フィリピン	航空攻撃	2	15
121	1月6日	コロンビア（Columbia）	CL-56	フィリピン	航空攻撃	13	44
122	1月6日	サウサード（Southard）	DMS-10	フィリピン	航空攻撃	0	6
123	1月7日	パルマー（Palmer）	DMS-5*	フィリピン	航空攻撃	26	38
124	1月8日	—（—）	LST-912	フィリピン	航空攻撃	4	4
125	1月8日	カダシャン・ベイ（Kadashan Bay）	CVE-76	フィリピン	航空攻撃	0	3
126	1月8日	キャラウェイ（Callaway）	APA-35	フィリピン	航空攻撃	29	22
127	1月8日	キトカン・ベイ（Kitkun Bay）	CVE-71	フィリピン	航空攻撃	17	36
128	1月8日	—（—）	LCI(G)-404	パラオ諸島	特攻泳者	0	0
129	1月9日	ホッジス（Hodges）	DE-231	フィリピン	航空攻撃	0	0
130	1月9日	コロンビア（Columbia）	CL-56	フィリピン	航空攻撃	24	68
131	1月9日	ミシシッピ（Mississippi）	BB-41	フィリピン	航空攻撃	26	63
132	1月9日	ホッジス（Hodges）	DE-231	フィリピン	航空攻撃	0	0
133	1月10日	デュページ（Du Page）	APA-41	フィリピン	航空攻撃	32	157
134	1月10日	ルレイ・ウイルソン（LeRay Wilson）	DE-414	フィリピン	航空攻撃	6	7
135	1月10日	ウォー・ホーク（War Hawk）	AP-168	フィリピン	特攻艇	61	32
136	1月10日	ロビンソン（Robinson）	DD-562	フィリピン	特攻艇	重傷者なし	
137	1月10日	—（—）	LST-548	フィリピン	特攻艇	0	0
138	1月10日	—（—）	LST-610	フィリピン	特攻艇	0	0
139	1月10日	—（—）	LST-925	フィリピン	特攻艇	1	8
140	1月10日	—（—）	LST-1028	フィリピン	特攻艇	0	14

No.	月日	艦艇名（英語表記）	艦種記号-番号	場所	原因	戦死者数	負傷者数
141	1月10日	－（－）	LCI(M)-974*	フィリピン	特攻艇	－	－
142	1月10日	－（－）	LCI(G)-365	フィリピン	特攻艇	0	4
143	1月10日	イートン（Eaton）	DD-510	フィリピン	特攻艇	1	14
144	1月11日	ポンタス・H・ロス（Pontus H. Ross）	－	ホーランディア	回天	0	0
145	1月12日	エルマイラ・ヴィクトリー（Elmira Victory）	－	フィリピン	航空攻撃	0	6
146	1月12日	オーティス・スキナー（Otis Skinner）	－	フィリピン	航空攻撃	0	2
147	1月12日	エドワード・N・ウエスコット（Edward N. Wescott）	－	フィリピン	航空攻撃	0	11
148	1月12日	カイル・W・ジョンソン（Kyle V. Johnson）	－	フィリピン	航空攻撃	130	9
149	1月12日	ディビッド・ダドリー（David Dudley Field）	－	フィリピン	航空攻撃	0	8
150	1月12日	ギリガン（Gilligan）	DE-508	フィリピン	航空攻撃	12	13
151	1月12日	リチャード・W・スーセンス（Richard W. Suesens）	DE-342	フィリピン	航空攻撃	0	11
152	1月12日	ベルナップ（Belknap）	APD-34	フィリピン	航空攻撃	38	49
153	1月12日	－	LST-700	フィリピン	航空攻撃	2	8
154	1月13日	－（－）	LST-700	フィリピン	航空攻撃	2	2
155	1月13日	ゼイリン（Zeilin）	APA-3	フィリピン	航空攻撃	8	32
156	1月13日	サラマウア（Salamaua）	CVE-96	フィリピン	航空攻撃	15	88
157	1月21日	タイコンデロガ（Ticonderoga）	CV-14	台湾	航空攻撃	143	202
158	1月21日	マドックス（Maddox）	DD-731	台湾	航空攻撃	7	33
159	1月31日	－（－）	PC-1129*	フィリピン	特攻艇	1	数名
160	2月1日	陸軍輸送艦（FS Ship）	FS-309	フィリピン	特攻艇	0	0
161	2月16日	－（－）	LCS(L)-7*	フィリピン	特攻艇	2以上	－
162	2月16日	－（－）	LCS(L)-26	フィリピン	特攻艇	25	8
163	2月16日	－（－）	LCS(L)-27	フィリピン	特攻艇	2	23
164	2月16日	－（－）	LCS(L)-49*	フィリピン	特攻艇	24	22
165	2月21日	ビスマルク・シー（Bismarck Sea）	CVE-95*	硫黄島	航空攻撃	119	99
166	2月21日	－（－）	LST-477	硫黄島	航空攻撃	9	5
167	2月21日	－（－）	LST-809	硫黄島	航空攻撃	0	0
168	2月21日	ルンガ・ポイント（Lunga Point）	CVE-94	硫黄島	航空攻撃	0	11
169	2月21日	サラトガ（Saratoga）	CV-3	硫黄島	航空攻撃	123	192
170	3月11日	ランドルフ（Randolph）	CV-15	ウルシー	航空攻撃	25	106
171	3月18日	イントレピッド（Intrepid）	CV-11	九州	航空攻撃	2	43
172	3月19日	ワスプ（Wasp）	CV-16	九州	航空攻撃	0	0
173	3月20日	ハルゼー・パウエル（Halsey Powell）	DD-686	九州	航空攻撃	12	29
174	3月26日	キンバリー（Kimberly）	DD-521	沖縄	航空攻撃	4	57
175	3月26日	ロバート・H・スミス（Robert H. Smith）	DM-23	沖縄	航空攻撃	0	0
176	3月26日	ビロクシー（Biloxi）	CL-80	沖縄	航空攻撃	0	2
177	3月27日	オブライエン（O'Brien）	DD-725	沖縄	航空攻撃	50	76
178	3月27日	フォアマン（Foreman）	DE-633	沖縄	航空攻撃	0	1
179	3月27日	ギルマー（Gilmer）	APD-11	沖縄	航空攻撃	1	3
180	3月27日	ネバダ（Nevada）	BB-36	沖縄	航空攻撃	11	47
181	3月27日	ドーセイ（Dorsey）	DMS-1	沖縄	航空攻撃	3	2
182	3月27日	キャラハン（Callaghan）	DD-792	沖縄	航空攻撃	0	0
183	3月29日	－（－）	LCI(G)-558	沖縄	特攻艇	0	0
184	3月29日	－（－）	LSM(R)-188	沖縄	航空攻撃	15	32
185	3月29日	－（－）	LCI(G)-560	沖縄	航空攻撃	0	1
186	3月31日	インディアナポリス（Indianapolis）	CA-35	沖縄	航空攻撃	9	20
187	4月1日	アダムズ（Adams）	DM-27	沖縄	航空攻撃	0	0
188	4月1日	アルパイン（Alpine）	APA-92	沖縄	航空攻撃	16	19
189	4月1日	ヒンズデール（Hinsdale）	APA-120	沖縄	航空攻撃	16	39

No.	月日	艦艇名（英語表記）	艦種記号-番号	場所	原因	戦死者数	負傷者数
190	4月1日	－（－）	LST-884	沖縄	航空攻撃	24	21
191	4月6日	－（－）	LST-724	沖縄	航空攻撃	0	0
192	4月1日	ウエストバージニア（West Virginia）	BB-48	沖縄	航空攻撃	4	23
193	4月2日	ディッカーソン（Dickerson）	APD-21*	沖縄	航空攻撃	54	97
194	4月2日	グッドヒュー（Goodhue）	APA-107	沖縄	航空攻撃	24	119
195	4月2日	ヘンリコ（Henrico）	APA-45	沖縄	航空攻撃	49	125
196	4月2日	アチャーナー（Achernar）	AKA-53	沖縄	航空攻撃	5	41
197	4月2日	－（－）	LCI(G)-568	沖縄	航空攻撃	1	4
198	4月2日	テルフェアー（Telfair）	APA-210	沖縄	航空攻撃	1	16
199	4月2日	ティレル（Tyrrell）	AKA-80	沖縄	航空攻撃	0	0
200	4月3日	ハンブルトン（Hambleton）	DMS-20	沖縄	航空攻撃	0	0
201	4月3日	－（－）	LST-599	沖縄	航空攻撃	0	21
202	4月3日	－（－）	LCT-876	沖縄	航空攻撃	0	2
203	4月3日	ウェーク・アイランド（Wake Island）	CVE-65	沖縄	航空攻撃	0	0
204	4月4日	－（－）	LCI(G)-82*	沖縄	特攻艇	8	11
205	4月6日	ブッシュ（Bush）	DD-529*	沖縄	航空攻撃	94	32
206	4月6日	コルホーン（Colhoun）	DD-801*	沖縄	航空攻撃	35	21
207	4月6日	ハワース（Howorth）	DD-592	沖縄	航空攻撃	9	14
208	4月6日	ハイマン（Hyman）	DD-732	沖縄	航空攻撃	10	40
209	4月6日	リューツ（Leutze）	DD-481	沖縄	航空攻撃	7	34
210	4月6日	モリス（Morris D）	D-417	沖縄	航空攻撃	13	45
211	4月6日	ムラニー（Mullany）	DD-528	沖縄	航空攻撃	30	36
212	4月6日	ニューカム（Newcomb）	DD-586	沖縄	航空攻撃	40	51
213	4月6日	ヘインズワース（Haynsworth）	DD-700	沖縄	航空攻撃	14	20
214	4月6日	ウイッター（Witter）	DE-636	沖縄	航空攻撃	6	6
215	4月6日	フィーバーリング（Fieberling）	DE-640	沖縄	航空攻撃	0	0
216	4月6日	エモンズ（Emmons）	DMS-22*	沖縄	航空攻撃	57	71
217	4月6日	ファシリティ（Facility）	AM-233	沖縄	航空攻撃	0	0
218	4月6日	ロッドマン（Rodman）	DMS-21	沖縄	航空攻撃	16	20
219	4月6日	デフェンス（Defense）	AM-317	沖縄	航空攻撃	0	9
220	4月6日	サン・ジャシント（San Jacinto）	CVL-30	沖縄	航空攻撃	1	5
221	4月6日	－（－）	LST-447*	沖縄	航空攻撃	5	17
222	4月6日	ローガン・ヴィクトリー（Logan Victory*）	－	沖縄	航空攻撃	15	9
223	4月6日	ホッブス・ヴィクトリー（Hobbs Victory*）	－	沖縄	航空攻撃	13	2
224	4月6日	－（－）	YMS-331	沖縄	航空攻撃	1	2
225	4月7日	ウエッソン（Wesson）	DE-184	沖縄	航空攻撃	8	23
226	4月7日	ハンコック（Hancock）	CV-19	沖縄	航空攻撃	62	71
227	4月7日	メリーランド（Maryland）	BB-46	沖縄	航空攻撃	31	38
228	4月7日	ベネット（Bennett）	DD-473	沖縄	航空攻撃	3	18
229	4月7日	－（－）	YMS-81	沖縄	航空攻撃	0	0
230	4月8日	グレゴリー（Gregory）	DD-802	沖縄	航空攻撃	0	2
231	4月9日	スタレット（Sterrett）	DD-407	沖縄	航空攻撃	0	9
232	4月9日	チャールズ・J・バジャー（Charles J. Badger）	DD-657	沖縄	特攻艇	0	0
233	4月9日	－（－）	LCS(L)-36	沖縄	航空攻撃	0	5
234	4月9日	スター（Starr）	AKA-67	沖縄	特攻艇	0	4
235	4月11日	エンタープライズ（Enterprise）	CV-6	沖縄	航空攻撃	0	18
236	4月11日	サミュエル・マイルズ（Samuel Miles）	DE-183	沖縄	航空攻撃	1	0
237	4月11日	ハンク（Hank）	DD-702	沖縄	航空攻撃	3	1
238	4月11日	キッド（Kidd）	DD-661	沖縄	航空攻撃	38	55

資料1 カミカゼ攻撃で被害を受けた米艦艇

No.	月日	艦艇名（英語表記）	艦種記号-番号	場所	原因	戦死者数	負傷者数
239	4月11日	ミズーリ（Missouri）	BB-63	沖縄	航空攻撃	0	1
240	4月11日	バラード（Bullard）	DD-660	沖縄	航空攻撃	0	0
241	4月12日	ミノット・ヴィクトリー（Minot Victory）	—	沖縄	航空攻撃	0	5
242	4月12日	リドル（Riddle）	DE-185	沖縄	航空攻撃	1	9
243	4月12日	スタンリー（Stanly）	DD-478	沖縄	航空攻撃	0	3
244	4月12日	ウォルター・C・ワン（Walter C. Wann）	DE-412	沖縄	航空攻撃	0	1
245	4月12日	テネシー（Tennessee）	BB-43	沖縄	航空攻撃	22	73
246	4月12日	アイダホ（Idaho）	BB-42	沖縄	航空攻撃	0	13
247	4月12日	ラール（Rall）	DE-304	沖縄	航空攻撃	21	38
248	4月12日	ホワイトハースト（Whitehurst）	DE-634	沖縄	航空攻撃	37	37
249	4月12日	リンゼイ（Lindsey）	DM-32	沖縄	航空攻撃	52	60
250	4月12日	ゼラーズ（Zellars）	DD-777	沖縄	航空攻撃	29	37
251	4月12日	パーディ（Purdy）	DD-734	沖縄	航空攻撃	13	27
252	4月12日	カッシン・ヤング（Cassin Young）	DD-793	沖縄	航空攻撃	1	59
253	4月12日	－（－）	LCS(L)-33*	沖縄	航空攻撃	4	29
254	4月12日	－（－）	LCS(L)-57	沖縄	航空攻撃	2	6
255	4月12日	ジェファーズ（Jeffers）	DMS-27	沖縄	航空攻撃	0	0
256	4月12日	マナート・L・エーブル（Mannert L. Abele）	DD-733	沖縄	航空攻撃	79	35
257	4月12日	－（－）	LSM(R)-189	沖縄	航空攻撃	0	4
258	4月12日	グラディエイター（Gladiator）	AM-319	沖縄	航空攻撃	0	0
259	4月13日	コノリィ（Connolly）	DE-306	沖縄	航空攻撃	0	0
260	4月14日	ニューヨーク（New York）	BB-34	沖縄	航空攻撃	0	2
261	4月14日	シグスビー（Sigsbee）	DD-502	沖縄	航空攻撃	22	74
262	4月14日	ハント（Hunt）	DD-674	沖縄	航空攻撃	0	5
263	4月16日	－（－）	YMS-331	沖縄	特攻艇	0	0
264	4月16日	ウイルソン（Wilson）	DD-408	沖縄	航空攻撃	5	3
265	4月16日	－（－）	LCI(G)-407	沖縄	航空攻撃	0	1
266	4月16日	－（－）	LCS(L)-51	沖縄	航空攻撃	0	0
267	4月16日	－（－）	LCS(L)-116	沖縄	航空攻撃	12	12
268	4月16日	ラフェイ（Laffey）	DD-724	沖縄	航空攻撃	31	72
269	4月16日	イントレピッド（Intrepid）	CV-11	日本近海	航空攻撃	10	87
270	4月16日	ブライアント（Bryant）	DD-665	沖縄	航空攻撃	34	33
271	4月16日	ホブソン（Hobson）	DMS-26	沖縄	航空攻撃	4	8
272	4月16日	ミズーリ（Missouri）	BB-63	沖縄	航空攻撃	0	2
273	4月16日	ハーディング（Harding）	DMS-28	沖縄	航空攻撃	22	10
274	4月16日	－（－）	YMS-331	沖縄	特攻艇	0	0
275	4月16日	タルガ（Taluga）	AO-62	沖縄	航空攻撃	0	12
276	4月16日	ボウアーズ（Bowers）	DE-637	沖縄	航空攻撃	48	56
277	4月17日	プリングル（Pringle）	DD-477*	沖縄	航空攻撃	65	110
278	4月17日	ベンハム（Benham）	DD-796	日本近海	航空攻撃	1	8
279	4月22日	ワズワース（Wadsworth）	DD-516	沖縄	航空攻撃	0	1
280	4月22日	－（－）	LCS(L)-15*	沖縄	航空攻撃	15	11
281	4月22日	イシャーウッド（Isherwood）	DD-520	沖縄	航空攻撃	42	41
282	4月22日	ハドソン（Hudson）	DD-475	沖縄	航空攻撃	0	1
283	4月22日	スワロー（Swallow）	AM-65*	沖縄	航空攻撃	2	9
284	4月22日	ランソム（Ransom）	AM-283	沖縄	航空攻撃	0	0
285	4月27日	ラルフ・タルボット（Ralph Talbot D）	DD-390	沖縄	航空攻撃	5	9
286	4月27日	ハッチンス（Hutchins）	DD-476	沖縄	特攻艇	0	20
287	4月27日	ラスバーン（Rathburne）	APD-25	沖縄	航空攻撃	0	0

No.	月日	艦艇名（英語表記）	艦種記号-番号	場所	原因	戦死者数	負傷者数
288	4月27日	カナダ・ヴィクトリー（Canada Victory*）	—	沖縄	航空攻撃	3	5
289	4月28日	ボウズマン・ヴィクトリー（Bozeman Victory）	—	沖縄	特攻艇	0	6
290	4月28日	—（—）	LCS(L)-37	沖縄	特攻艇	0	3
291	4月28日	—（—）	LCI(G)-580	沖縄	航空攻撃	0	6
292	4月28日	コンフォート（Comfort）	AH-6	沖縄	航空攻撃	30	48
293	4月28日	ピンクニー（Pinkney）	APH-2	沖縄	航空攻撃	35	12
294	4月28日	ベニオン（Bennion）	DD-662	沖縄	航空攻撃	0	0
295	4月28日	トウィッグス（Twiggs）	DD-591	沖縄	航空攻撃	0	2
296	4月28日	デイリー（Daly）	DD-519	沖縄	航空攻撃	2	15
297	4月28日	ワズワース（Wadsworth）	DD-516	沖縄	航空攻撃	0	0
298	4月29日	ハガード（Haggard）	DD-555	沖縄	航空攻撃	11	40
299	4月29日	ヘイゼルウッド（Hazelwood）	DD-531	沖縄	航空攻撃	46	26
300	4月29日	—（—）	LCS(L)-37	沖縄	特攻艇	0	4
301	4月30日	S・ホール・ヤング（S. Hall Young）	—	沖縄	航空攻撃	0	1
302	4月30日	テラー（Terror）	CM-5	沖縄	航空攻撃	48	123
303	5月3日	マコーム（Macomb）	DMS-23	沖縄	航空攻撃	7	14
304	5月3日	リトル（Little）	DD-803*	沖縄	航空攻撃	30	79
305	5月3日	アーロン・ワード（Aaron Ward）	DM-34	沖縄	航空攻撃	45	49
306	5月3日	アイダホ（Idaho）	BB-42	沖縄	航空攻撃	0	0
307	5月3日	—（—）	LSM(R)-195*	沖縄	航空攻撃	8	16
308	5月4日	—（—）	LCS(L)-31	沖縄	航空攻撃	5	2
309	5月4日	イングラハム（Ingraham）	DD-694	沖縄	航空攻撃	14	37
310	5月4日	モリソン（Morrison）	DD-560*	沖縄	航空攻撃	159	102
311	5月4日	—（—）	LSM(R)-194*	沖縄	航空攻撃	13	23
312	5月4日	ホプキンス（Hopkins）	DMS-13	沖縄	航空攻撃	1	2
313	5月4日	ガイエティ（Gayety）	AM-239	沖縄	航空攻撃	0	3
314	5月4日	ロウリー（Lowry）	DD-770	沖縄	航空攻撃	2	23
315	5月4日	—（—）	LCS(L)-25	沖縄	航空攻撃	1	8
316	5月4日	グウィン（Gwin）	DM-33	沖縄	航空攻撃	2	9
317	5月4日	—（—）	LSM(R)-192	沖縄	航空攻撃	0	1
318	5月4日	ルース（Luce）	DD-522*	沖縄	航空攻撃	149	94
319	5月4日	サンガモン（Sangamon）	CVE-26	沖縄	航空攻撃	46	116
320	5月4日	—（—）	LSM(R)-190*	沖縄	航空攻撃	13	18
321	5月4日	カウエル（Cowell）	DD-547	沖縄	航空攻撃	0	0
322	5月4日	カリナ（Carina）	AK-74	沖縄	特攻艇	0	6
323	5月4日	シアー（Shea）	DM-30	沖縄	航空攻撃	27	91
324	5月4日	バーミンガム（Birmingham）	CL-62	沖縄	航空攻撃	51	81
325	5月6日	パスファインダー（Pathfinder）	AGS-1	沖縄	航空攻撃	1	0
326	5月8日	セント・ジョージ（St. George）	AV-16	沖縄	航空攻撃	3	30
327	5月9日	イングランド（England）	APD-41	沖縄	航空攻撃	35	27
328	5月9日	オバレンダー（Oberrender）	DE-344	沖縄	航空攻撃	9	51
329	5月10日	陸軍輸送艦（FS Ship）	FS-225*	フィリピン	特攻艇	—	—
330	5月11日	エヴァンス（Evans）	DD-552	沖縄	航空攻撃	30	29
331	5月11日	—（—）	LCS(L)-84	沖縄	航空攻撃	0	1
332	5月11日	バンカー・ヒル（Bunker Hill）	CV-17	沖縄	航空攻撃	396	264
333	5月11日	—（—）	LCS(L)-88	沖縄	航空攻撃	7	9
334	5月11日	ハリー・F・バウアー（Harry F. Bauer）	DM-26	沖縄	航空攻撃	0	1
335	5月11日	ヒュー・W・ハドレイ（Hugh W. Hadley）	DD-774	沖縄	航空攻撃	28	67
336	5月11日	M・S・ジスタン（M. S. Tjisadane）	—	沖縄	航空攻撃	4	9

No.	月日	艦 艇 名 (英語表記)	艦種記号-番号	場所	原因	戦死者数	負傷者数
337	5月12日	ニューメキシコ (New Mexico)	BB-40	沖縄	航空攻撃	54	119
338	5月13日	バッチ (Bache)	DD-470	沖縄	航空攻撃	41	32
339	5月13日	ブライト (Bright)	DE-747	沖縄	航空攻撃	0	2
340	5月14日	エンタープライズ (Enterprise)	CV-6	九州	航空攻撃	13	68
341	5月17日	ダグラス・H・フォックス (Douglas H. Fox)	DD-779	沖縄	航空攻撃	9	35
342	5月18日	ウリヤ・M・ローズ (Uriah M. Rose)	—	沖縄	航空攻撃	0	0
343	5月18日	シムズ (Sims)	APD-50	沖縄	航空攻撃	0	0
344	5月20日	— (—)	LST-808	沖縄	航空攻撃	0	1
345	5月20日	チェイス (Chase)	APD-54	沖縄	航空攻撃	0	35
346	5月20日	サッチャー (Thatcher)	DD-514	沖縄	航空攻撃	14	53
347	5月20日	レジスター (Register)	APD-92	沖縄	航空攻撃	0	12
348	5月20日	ジョン・C・バトラー (John C. Butler)	DE-339	沖縄	航空攻撃	0	3
349	5月25日	ゲスト (Guest)	DD-472	沖縄	航空攻撃	0	0
350	5月25日	ストームズ (Stormes)	DD-780	沖縄	航空攻撃	21	6
351	5月25日	オニール (O'Neill)	DE-188	沖縄	航空攻撃	0	16
352	5月25日	カウエル (Cowell)	DD-547	沖縄	航空攻撃	0	2
353	5月25日	ウィリアム・C・コール (William C. Cole)	DE-641	沖縄	航空攻撃	0	0
354	5月25日	バリー (Barry)	APD-29	沖縄	航空攻撃	0	30
355	5月25日	ベイツ (Bates)	APD-47*	沖縄	航空攻撃	21	35
356	5月25日	セグンド・ルイズ・ベルヴィズ (Segundo Ruiz Belvis)	—	沖縄	航空攻撃	0	0
357	5月25日	ローパー (Roper)	APD-20	沖縄	航空攻撃	1	10
358	5月25日	スペクタクル (Spectacle)	AM-305	沖縄	航空攻撃	29	6
359	5月25日	— (—)	LSM-135*	沖縄	航空攻撃	11	10
360	5月25日	シムズ (Sims)	APD-50	沖縄	航空攻撃	0	11
361	5月26日	— (—)	PC-1603	沖縄	航空攻撃	3	15
362	5月26日	ファレスト (Forrest)	DMS-24	沖縄	航空攻撃	5	13
363	5月27日	ブレイン (Braine)	DD-630	沖縄	航空攻撃	66	78
364	5月27日	ダットン (Dutton)	AGS-8	沖縄	航空攻撃	0	1
365	5月27日	アンソニー (Anthony)	DD-515	沖縄	航空攻撃	0	0
366	5月27日	レドノアー (Rednour)	APD-102	沖縄	航空攻撃	3	13
367	5月27日	— (—)	LCS(L)-119	沖縄	航空攻撃	12	6
368	5月27日	ロイ (Loy)	APD-56	沖縄	航空攻撃	3	15
369	5月27日	— (—)	LCS(L)-52	沖縄	航空攻撃	1	10
370	5月27日	— (—)	LCS(L)-61	沖縄	航空攻撃	0	1
371	5月28日	ドレックスラー (Drexler)	DD-741*	沖縄	航空攻撃	158	51
372	5月28日	サンドヴァル (Sandoval)	APA-194	沖縄	航空攻撃	8	26
373	5月28日	メアリー・A・リヴァモア (Mary A. Livermore)	—	沖縄	航空攻撃	11	6
374	5月28日	ブラウン・ヴィクトリー (Brown Victory)	—	沖縄	航空攻撃	4	16
375	5月28日	ジョサイア・スネリング (Josiah Snelling)	—	沖縄	航空攻撃	0	25
376	5月28日	— (—)	LCS(L)-119	沖縄	航空攻撃	14	18
377	5月29日	シャブリック (Shubrick)	DD-639	沖縄	航空攻撃	32	28
378	5月29日	テイタム (Tatum)	APD-81	沖縄	航空攻撃	0	3
379	6月3日	— (—)	LCI(L)-90	沖縄	航空攻撃	1	7
380	6月5日	ミシシッピ (Mississippi)	BB-41	沖縄	航空攻撃	1	8
381	6月5日	ルイヴィル (Louisville)	CA-28	沖縄	航空攻撃	8	37
382	6月6日	J・ウィリアム・ディター (J. William Ditter)	DM-31*	沖縄	航空攻撃	10	27
383	6月6日	ハリー・F・バウアー (Harry F. Bauer)	DM-26	沖縄	航空攻撃	0	0
384	6月7日	アンソニー (Anthony)	DD-515	沖縄	航空攻撃	0	3
385	6月7日	ナトマ・ベイ (Natoma Bay)	CVE-62	沖縄	航空攻撃	1	4

No.	月日	艦艇名（英語表記）	艦種記号-番号	場所	原因	戦死者数	負傷者数
386	6月10日	ウィリアム・D・ポーター（William D. Porter*）	DD-579	沖縄	航空攻撃	0	61
387	6月11日	－（－）	LCS(L)-122	沖縄	航空攻撃	11	29
388	6月11日	ウォルター・コルトン（Walter Colton）	－	沖縄	航空攻撃	0	76
389	6月16日	トウィッグス（Twiggs）	DD-591*	沖縄	航空攻撃	184	34
390	7月19日	サッチャー（Thatcher）	DD-514	沖縄	航空攻撃	0	2
391	6月21日	ケネス・ホイティング（Kenneth Whiting）	AV-14	沖縄	航空攻撃	0	5
392	6月21日	ハロラン（Halloran）	DE-305	沖縄	航空攻撃	3	24
393	6月21日	－（－）	LSM-59*	沖縄	航空攻撃	2	8
394	6月21日	バリー（Barry）	APD-29*	沖縄	航空攻撃	0	0
395	6月21日	カーチス（Curtiss）	AV-4	沖縄	航空攻撃	41	28
396	6月22日	エリソン（Ellyson）	DMS-19	沖縄	航空攻撃	1	4
397	6月22日	－（－）	LSM-213	沖縄	航空攻撃	3	10
398	6月22日	－（－）	LST-534	沖縄	航空攻撃	3	35
399	7月19日	サッチャー（Thatcher）	DD-514	沖縄	航空攻撃	0	2
400	7月24日	アンダーヒル（Underhill）	DE-682	フィリピン	回天	112	－
401	7月29日	カラハン（Callaghan）	DD-792*	沖縄	航空攻撃	47	73
402	7月29日	プリチェット（Pritchett）	DD-561	沖縄	航空攻撃	0	0
403	7月29日	カッシン・ヤング（Cassin Young）	DD-793	沖縄	航空攻撃	22	45
404	7月30日	ホレイス・A・バス（Horace A. Bass）	APD-124	沖縄	航空攻撃	1	15
405	8月9日	ハンク（Hank）	DD-702	日本近海	航空攻撃	1	5
406	8月9日	ボリー（Borie）	DD-704	日本近海	航空攻撃	48	66
407	8月13日	ラグランジ（Lagrange）	APA-124	沖縄	航空攻撃	21	89
						6,830	9,931

- カミカゼで損傷を受けた艦艇、商船は累計407隻で、このうち60隻が沈没した。
- ＊は、カミカゼ攻撃で沈没または修理不可、航行不可が見込まれたため海没処分になった艦艇、商船を示す。

資料2 米艦艇の艦種

　米海軍は、艦艇を艦名、艦種、ハル・ナンバー（番号）で示している。たとえばBBは戦艦の艦種記号で、番号は艦種、クラスごとに一連である。U.S.S.ニュージャージー（BB-62）は、戦艦としては62番目で、アイオワ・クラスであることを示している。大型艦は艦名を持っているが、小型のLST、LCS(L)などは艦名を持たず、艦種、番号だけで識別される。

艦種記号と艦種

艦種記号	艦　　　種	
AD	Destroyer Tender	駆逐艦母艦
AGP	Motor Torpedo Boat Tender	魚雷艇母艦
AGS	Surveying Ship	測量艦
AH	Hospital Ship	病院船
AK	Cargo Ship	貨物輸送艦
AKA	Cargo Ship (Attack)	攻撃貨物輸送艦
AM	Fleet Minesweeper	掃海艇/艦隊掃海艇
AO	Fuel Oil Tanker	給油艦
APA	Transport (Attack)	攻撃輸送艦
APD	High Speed Transport	高速輸送艦
APH	Transport Fitted for Evacuation of Wounded	負傷者後送艦
ARB	Repair Ship (Battle Damage)	戦傷修理工作艦
ARL	Repair Ship (Landing Craft)	揚陸艇修理工作艦
ARS	Salvage Vessel	救難艦
ATF	Ocean Tug (Fleet)	艦隊随伴航洋曳船
ATO	Ocean Tug (Old)	旧型航洋曳船
ATR	Ocean Tug (Rescue)	救難航洋曳船
AV	Seaplane Tender	水上機母艦
BB	Battleship	戦艦
CA	Heavy Cruiser	重巡洋艦
CL	Light Cruiser	軽巡洋艦
CM	Coastal Minelayer	敷設艦
CV	Aircraft Carrier	航空母艦
CVE	Escort Carrier	護衛航空母艦
CVL	Aircraft Carrier, Light	軽航空母艦

艦種記号	艦　　　種	
DD	Destroyer	駆逐艦
DE	Destroyer Escort	護衛駆逐艦
DM	Light Minelayer	敷設駆逐艦
DMS	High Speed Minesweeper	掃海駆逐艦
FS	Army Freight and Supply Ship	陸軍輸送艦
LCI(G)	Landing Craft Infantry (Guns)	砲艇型上陸支援艇
LCI(L)	Landing Craft Infantry (Large)	大型歩兵揚陸艇
LCI(M)	Landing Craft Infantry (Mortars)	迫撃砲歩兵揚陸艇
LCS(L)	Landing Craft Large (support)	大型揚陸支援艇
LCT	Landing Craft Tank	戦車揚陸艇
LSD	Landing Ship (Dock)	ドック型揚陸艦
LSM	Landing Ship Medium	中型揚陸艦
LSM(R)	Landing Ship Medium (Rockets)	ロケット中型揚陸艦
LST	Landing Ship (Tank)	戦車揚陸艦
PC	Patrol Craft	駆潜艇
PCE(R)	Patrol Craft (Rescue)	哨戒護衛艇
PGM	Patrol Motor Gunboat	機動哨戒砲艇
PT	Motor Torpedo Boat	魚雷艇
SC	Sub Chaser	駆潜艇
SS	Submarine	潜水艦
YMS	Motor Minesweeper	機動掃海艇

　資料2の艦艇図は各種の米陸海軍識別記録から転載している。米陸海軍識別記録の資料が異なる縮尺で掲載しているので、各ページの図の艦艇の大きさは異なる。スケールはページごとに記載している。引用資料は下記の通り。

　U.S. Naval Vessels: Bureau of Aeronautics of the U.S. Navy, *U.S. Army-Navy Journal of Recognition,* No. 1, September 1943, pp. 26–27.
　Minor U. S. Warships: Bureau of Aeronautics of the U.S. Navy, *U.S. Army-Navy Journal of Recognition,* No. 5, January, 1944, pp. 26–27.
　Landing Ships and Craft : U.S. War and Navy Departments, *Recognition Journal,* No. 17, January 1945, pp. 26–27.
　Merchant Vessels: U.S. War and Navy Departments, *Recognition Journal,* No. 10, June 1944, pp. 26–27.

　本文に記載したほとんどの艦種、クラスを掲載したが、一部は含んでいない。pp. 500-506の艦は1943年9月までに竣工が始まったクラス（級）で、それ以降のアレン・M・サムナー級、ギアリング級駆逐艦などは掲載していない。

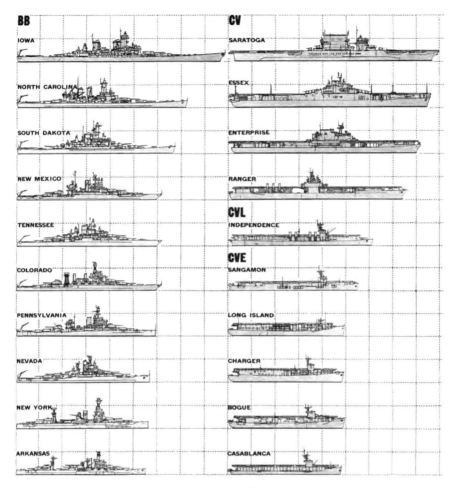

１コマ100フィート（約30.5m）

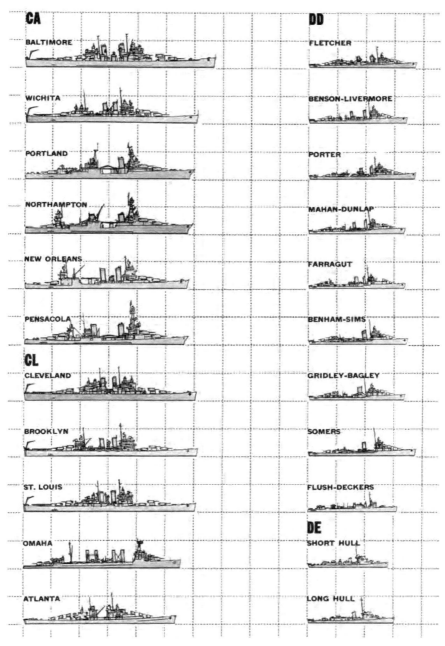

1コマ100フィート（約30.5m）

資料2 米艦艇の艦種

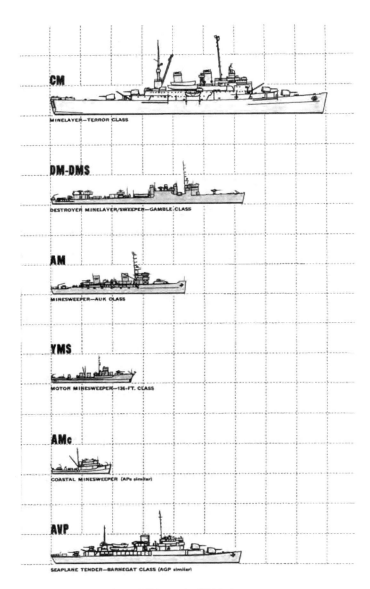

1コマ50フィート（約15m）

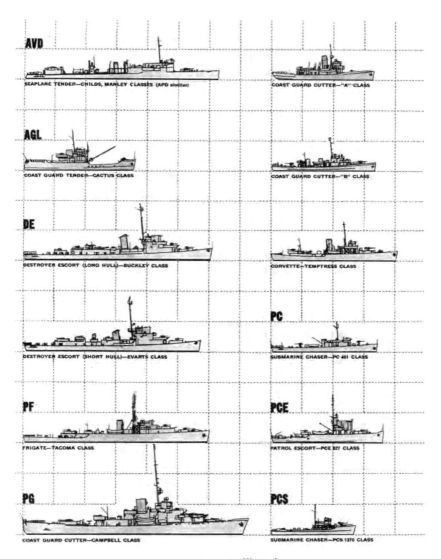

1コマ50フィート（約15m）

資料2 米艦艇の艦種 503

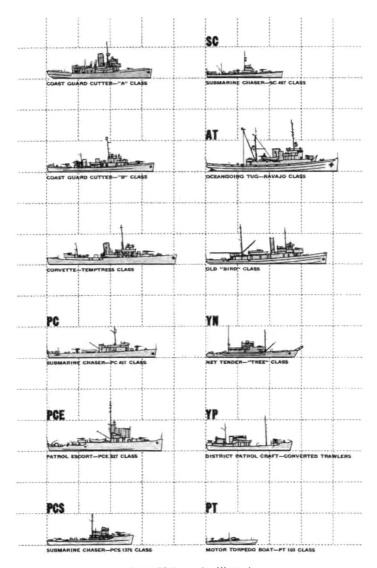

1コマ50フィート（約15m）

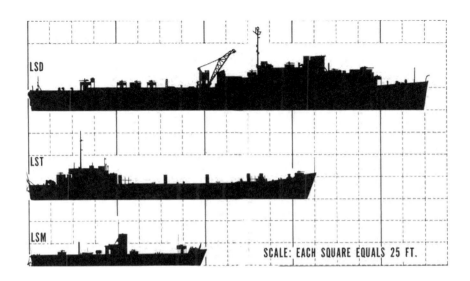

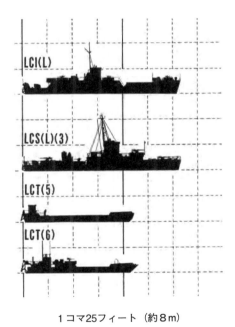

1コマ25フィート（約8m）

資料2 米艦艇の艦種

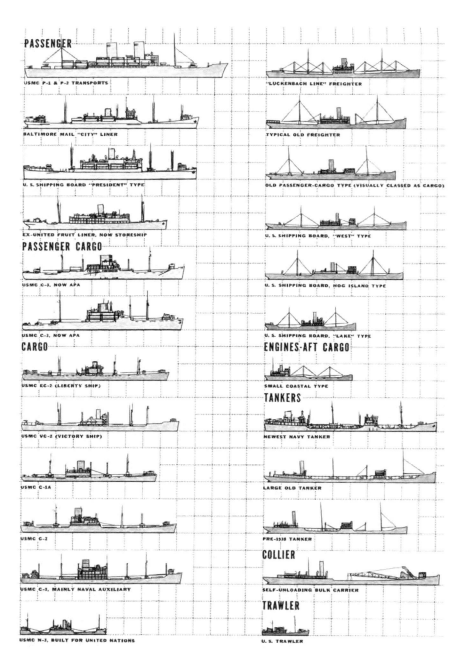

1コマ50フィート（約15m）

資料３ 日米の作戦用航空機とその識別

　本書で記述したように米軍は日本軍航空機の識別、特定に努めていた。
　米軍および連合軍の航空機と日本軍機の識別は、作戦・戦闘においてきわめて重要だった。それができないと日本軍機に侵入、攻撃を許すことになり、また味方機を誤射することになりかねない。米軍は航空機搭乗員や艦艇乗組員の敵味方識別を助けるため、情報機関などが作成した識別用のマニュアルや資料を前線の部隊や艦艇などに配布した。
　戦争初期の日本軍機識別方法に問題があった。1942年の初めの数か月で、連合国航空軍南西太平洋情報本部は、日本軍機に識別用のコードネームを付与した。これには戦闘機や水上偵察機には男性のファーストネームが、単発機から四発機までのさまざまな大きさと種類の爆撃機、水上機でない陸上運用の偵察機、飛行艇には女性のファーストネームが、輸送機には"T"で始まる女性のファーストネームが、練習機には樹木の名前が、グライダーには鳥の名前が使われた。コードネームの中には、「Tojo」と呼ばれた陸軍キ44二式戦闘機鍾馗のような例外があった。コードネームが「Zeke」の海軍零式艦上戦闘機は「Zero」が通称として使用されるようになった。
　また、米陸軍省は、1943年初頭までに、日米の航空機のシルエット図とコードネームを掲載した『識別図解マニュアルFM 30-30』を公式に作成し、その後、まもなく『米陸海軍識別ジャーナル』を発行した。この資料は1943年9月の初号以来、月刊で発行され、終戦まで続いた。
　ここに掲載した図版は米軍作成の複数の資料から作成したもので、米軍機は、主にカミカゼ機と交戦した戦闘機などで、爆撃機、輸送機などは掲載していない。一方、日本軍は目標まで飛行可能なあらゆる航空機をカミカゼ攻撃に使用したので、日本軍機の機種は練習機から爆撃機、戦闘機に及び、米軍機よりも多くなっている。また、海軍機上作業練習機「Shiragiku（白菊）」のように、作戦投入が戦争末期だったため、識別用マニュアルなどに掲載されなかった航空機もある。なお、航空機のシルエット図は同一縮尺でないので、それぞれの航空機の実際の大きさは異なる。

[米陸軍機]

カーチスP-40ウォーホーク　　　ベルP-39エアラコブラ　　　ロッキードP-38ライトニング

ノースロップP-61ブラック・ウイドウ　　ノースアメリカンP-51B/Cムスタング　　ノースアメリカンP-51D　ムスタング

リパブリックP-47Bサンダーボルト　　リパブリックP-47Dサンダーボルト　　リパブリックP-47Nサンダーボルト

[米海軍機]

グラマンF4F/ジェネラル・モーターズFM-2ワイルドキャット

グラマンF6Fヘルキャット

ヴォートF4Uコルセア

ヴォートF4U-4コルセア

マーチンPBMマリナー（飛行艇）

グラマンJ2Fダック（水上機）

ヴォートOS2Uキングフィッシャー（水上機）

カーチスSO3C（水上機）

カーチスSB2Cヘルダイバー

資料2 日米の作戦用航空機とその識別　509

[日本陸軍機] （括弧内は連合軍コードネーム）

中島キ27 九七式戦闘機 (NATE)

中島キ43 一式戦闘機 隼 (OSCAR)

川崎キ61 三式戦闘機 飛燕 (TONY)

中島キ44 二式戦闘機 鍾馗 (TOJO)

中島キ84 四式戦闘機 疾風 (FRANK)

三菱キ51 九九式襲撃機 (SONIA)

三菱キ46-Ⅰ 一〇〇式司令部偵察機一型 (DINAH)

三菱キ46-Ⅱ 一〇〇式司令部偵察機二型 (DINAH)

川崎キ45改 二式複座戦闘機 屠龍 (NICK)

[日本陸軍機] （括弧内は連合軍コードネーム）

三菱キ67 四式一型重爆撃機 飛龍
(PEGGY)

三菱キ21-Ⅱ 九七式二型重爆撃機
(SALLY)

三菱キ21-Ⅱ乙 九七式重爆撃機二型乙
(SALLY)

川崎キ48 九九式双発軽爆撃機
(LILY)

中島キ49 一〇〇式重爆撃機 呑龍
(HELEN)

資料2 日米の作戦用航空機とその識別　511

[日本海軍機] （括弧内は連合軍コードネーム）

三菱 零式艦上戦闘機
（ZEKE/ZERO）

三菱 零式艦上戦闘機三二型
（HAMP）

三菱 局地戦闘機 雷電
（JACK）

川西 局地戦闘機 紫電
（GEORGE）

中島 艦上攻撃機 天山 （JILL）

中島 九七式艦上攻撃機一二型
（KATE）

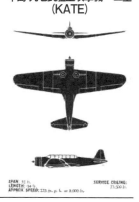

中島 九七式艦上攻撃機一一型
（KATE）

中島 艦上偵察機 彩雲
（MYRT）

空技廠 艦上爆撃機 彗星三三型
（JUDY）

[日本海軍機] (括弧内は連合軍コードネーム)

空技廠 艦上爆撃機 彗星一一型／一二型 (JUDY)

愛知 九九式艦上爆撃機一一型 (VAL)

愛知 九九式艦上爆撃機二二型 (VAL)

愛知 艦上攻撃機 流星改 (GRACE)

空技廠/中島 陸上爆撃機 銀河 (FRANCES)

中島 夜間戦闘機 月光 (IRVING)

三菱 九六式陸上攻撃機 (NELL)

三菱 一式陸上攻撃機 (BETTY)

空技廠 特殊攻撃機 桜花 (BAKA)

資料2 日米の作戦用航空機とその識別　513

[日本海軍機] （括弧内は連合軍コードネーム）

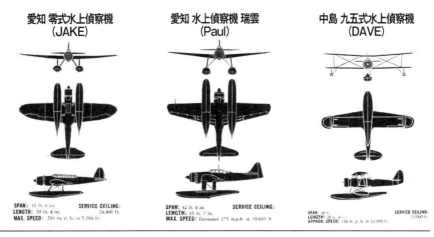

引用資料は下記の通り。

Training Division, Bureau of Aeronautics, *War Department FM 30-30: Recognition Pictorial Manual* (Washington, D.C.: Navy Department, 1943), with Supplement No. 1 of November 1943 and No. 2 of August 1944.

脚 注

第1章

1. Far Eastern Bureau, British Ministry of Information, Japanese Translation Series No. 121, November 13, 1943, *The General Counter-offensive and the Divine Wind*, translated by Edward Band from the editorial in the Asahi Weekly, 5 September 1943.（引用出典『週刊朝日』1943年9月5日）
2. Inspectorate General, Army Air Force, *Suicide Force Combat Methods Training Manual*, February 1945, translated as CinCPac-CinCPOA Bulletin No. 129–45, *Suicide Force Combat Methods Special Translation Number 67*, 27 May 1945, p. 2.（引用出典『と號空中勤務必携』pp. 3-4）
3. Far Eastern Bureau, British Ministry of Information, *Japanese Translation Series No. 167*, November 9, 1944, Shigeki Oka, The Air Defense of Japan, trans. Edward Band.
4. John Morris, *Traveller from Tokyo* (London: The Book Club, 1945), p. 47.（引用出典『ジョン・モリスの戦中ニッポン滞在記』p. 89）
5. Shigeo Imamura, *Shig: The True Story of an American Kamikaze* (Baltimore: American Library Press, Inc., 2001), pp. 34–35.（引用出典『神風特攻隊員になった日系二世』p. 60）
6. Ibid., p. 17.（引用出典 同上，p. 39）
7. Ibid., p. 29.（引用出典 同上 pp. 53-54）
8. Teruyuki Okazaki, interview, 21 February 2009.
9. Teruyuki Okazaki, interview, 6 September 2003.
10. G. Cameron Hurst Ⅲ, *Armed Martial Arts of Japan Swordsmanship and Archery* (New Haven: Yale University Press, 1998), pp. 164–165.
11. Imamura, p. 33.（引用出典『神風特攻隊員になった日系二世』p. 59）
12. For a more detailed description of how the military managed to control the mind of the average Japanese citizen see: Saburo Ienaga, *The Pacific War* (New York: Pantheon Books, 1978); also Toshio Iritani, *Group Psychology of the Japanese in Wartime* (New York: Kegan Paul International, 1991), pp. 19–76. 平均的な日本人の精神をコントロールするために日本軍がどのように管理したのかの詳細は家永三郎の『太平洋戦争』、入谷敏男の『日本人の集団心理』を参照。
13. Cabinet Information Board, Op-16-FE Translation No. 264 WDC 38549, *Kamikaze Special Attack Force*, 9 July 1945, p. 3.

第2章

1. Hatsusho Naito, *Thunder Gods: The Kamikazes Tell their Story* (Tokyo: Kodansha International, 1989), p. 115.（引用出典『桜花 非情の特攻兵器』p. 138）
2. Nihon Senbotsu Gakusei Kinen-Kai (Japan Memorial Society for the Students Killed in the War-Wadatsumi Society), *Listen to the Voices from the Sea (Kike Wadatsumi no Koe)*, trans. Midori Yamanouchi and Joseph L. Quinn (Scranton: The University of Scranton Press, 2000), p. 225. Hereafter *Listen to the Voices...*（引用出典『日本戦没学生の手記 きけわだつみのこえ』pp. 236-238）（訳注：本書には鉢巻の記述はないが、『あゝ同期の桜 かえざらる青春の手記』p. 124に「日の丸の鉢巻を締め」との記述あり）
3. *Suicide Weapons and Tactics Know Your Enemy!* CinCPac-CinCPOA Bulletin 126–45, 29 May 1945, p. 21.
4. Shigeo Imamura, *Shig: The True Story of an American Kamikaze* (Baltimore: American Library Press, Inc., 2001), p. 78.（引用出典『神風特攻隊員になった日系二世』pp. 123-124）
5. Naito, p. 114.（引用出典『桜花 非情の特攻兵器』p. 137）
6. Richard J. Smethurst, *A Social Basis for Prewar Japanese Militarism: The Army and the Rural Community* (Berkeley: University of California Press, 1974), p. 153.
7. Andrew Adams, ed., *The Cherry Blossom Squadrons: Born to Die*, by the Hagoromo Society of Kamikaze Divine Thunderbolt Corps Survivors, intro. Andrew Adams, ed. and suppl. by Andrew Adams, trans. Nobuo Asahi and the Japan Technical Company (Los Angles: Ohara Publications), 1973, p. 15.（引用出典『海軍特別攻撃隊の遺書』pp. 47-48）（訳注：原書が引用したThe Cherry Blossom Squadrons: Born to Die の日本語原書と思われる『神雷部隊 桜

花隊』には掲載されていない）
 8. Commander Fifth Amphibious Force, *Translation of a Japanese Letter*, 11 June 1945.
 9. Allied Translator and Interpreter Section South West Pacific Area, *Report No. 76: Prominent Factors in Japanese Military Psychology Research*, Part IV, 7 February 1945, pp. 6–7.
10. Ibid., p. 7.
11. Yukihisa Suzuki, "Autobiography of a Kamikaze Pilot," *Blue Book Magazine*, Vol. 94, No. 2 (December 1951), pp. 92–107, Vol. 93, No. 3 (January 1952), pp. 88–100, and Vol. 93, No. 4 (February 1952), p. 107.
12. Listen to the Voices..., pp. 229–230.（引用出典『日本戦没学生の手記 きけわだつみのこえ』p. 242）
13. Naito, p. 114.（引用出典『桜花 非情の特攻兵器』p. 137）
14. Vice Adm. Matome Ugaki, *Fading Victory: The Diary of Admiral Matome Ugaki 1941–1945*, trans. Masataka Chihaya (Pittsburgh: University of Pittsburgh Press, 1991), p. 485.（引用出典『戦藻録 後編』p197）
15. Ryuji Nagatsuka, *I Was a Kamikaze: The Knights of the Divine Wind*, trans. from the French by Nina Rootes (New York: Macmillan, 1973), p. 102.
16. Haruko Taya Cook and Theodore F. Cook, *Japan at War: An Oral History* (New York: The New Press, 1992), p. 160.（引用出典『只一筋に征く』p. 86）
17. Lt. Gen. Masakazu Kawabe, USSBS Interrogation No. 277, 2 November 1945.
18. See Rikihei Inoguchi and Tadashi Nakajima, *The Divine Wind* (New York: Bantam Books, 1978). It is unfortunate that too few sources about the kamikazes have been published in English. Most of those extant have been of three types: (1) translations of work by pilots and officers who seek to justify their participation in the program, (2) publications with a leftist flavor, tending to discredit Japan's participation in the war, and (3) journalistic writings by Western bushidophiles seeking to glorify the exotic aspects of Japanese culture. 猪口力平、中島正の『神風特別攻撃隊』を参照。残念ながら英語で出版されたカミカゼに関する本は非常に少ない。これらの本は次の3つに区分できる。(1)カミカゼに参画した士官、搭乗者によるもので、カミカゼを正当化しようとするもの。(2)左翼的な立場から書かれたもので、日本の戦争参加を評価しない出版物。(3)日本文化の珍しい様相を称えるために西欧の武士道愛好家が書いたジャーナリスティックな記事。（訳注：特攻隊関連書籍の立ち位置を説明している）
19. See *Listen to the Voices from the Sea*.『日本戦没学生の手記 きけわだつみのこえ』を参照。（訳注：『日本戦没学生の手記 きけわだつみのこえ』の全体を指している）
20. See Emiko Ohnuki-Tierney, *Kamikaze, Cherry Blossoms and Nationalisms: The Militarization of Aesthetics in Japanese History* (Chicago: The University of Chicago Press, 2002).
21. Jean Larteguy, ed., *The Sun Goes Down: Last Letters from Japanese Suicide-Pilots and Soldiers* (London: William Kimber, 1956), pp. 141–143.
22. *Listen to the Voices...*, p. 215.（引用出典『日本戦没学生の手記 きけわだつみのこえ』p. 230）
23. Ibid., p. 128.（引用出典 同上 p. 128）
24. Adams, p. 75.（訳注：*The Cherry Blossom Squadrons: Born to Die* の参考にしたと思われる『神雷部隊 桜花隊』には掲載されていない）
25. Larteguy, p. 148.（引用出典『日本戦没学生の手記 きけわだつみのこえ』pp. 236-237）
26. Suzuki, p. 95.
27. Nagatsuka, p. 172.
28. Ibid., p. 197.（引用出典『特攻 外道の統率と人間の条件』p. 132）
29. Shogo Hattori, "Kamikaze Japan's Glorious Failure," *Air Power History*, Spring 1996, Vol. 43, No. 1, p. 17.
30. Suzuki, p. 92.
31. Superior Pvt. Guy Toko, USSBS Interrogation No. 386, 20 November 1945, p. 5.
32. Maj. Gen. Miyoshi, USSBS Interrogation No. 352, 9 November 1945, p. 6.
33. First Class PO Takao Musashi, *ADVATIS Interrogation Report No. 15*, circa 1945, p. 9.
34. Imamura, pp. 99–100.（引用出典『神風特攻隊になった日系二世』p. 130）
35. Ibid.（引用出典『神風特攻隊員になった日系二世』pp. 156-157）
36. Adams, p. 153.（訳注：原書が引用した *The Cherry Blossom Squadrons: Born to Die* の日本語原書と思われる『神雷部隊 桜花隊』には掲載されていない）

37. Ibid., p. 180.（引用出典『神雷部隊 桜花隊』p. 37）
38. Sonarman 2d Class John Huber, *USS Cogswell DD 651, Personal Diary,* 1944–45, p. 48.
39. Quartermaster 2d Class Robert F. Rielly, *LCS(L) 61,* interview, 19 May 2001.
40. Pharmacists Mate Charles Brader, *LCS(L) 65, LCS Men in a Spectacular Part of Okinawa Campaign,* typescript, undated, p.1.
41. Sonarman 1st Class Jack Gebhardt, *USS Pringle DD 477,* Naval Historical Foundation Oral History Program, *Recollections of Sonarman 1st Class Jack Gebhardt USN,* 7 November 2000.
42. Saburo Ienaga, *The Pacific War 1931–1945: A Critical Perspective on Japan's Role in World War II* (New York: Pantheon Books, 1978), p. 183.（引用出典『太平洋戦争 第2版』p. 227）
43. *USS Aaron Ward DM 34 Serial 005 Action Report 13 May 1945,* pp. 8–9.

第3章

1. Lt. Cmdr. Ohira, *USSBS Interrogation No. 457,* 2 November 1945.
2. Andrew Adams, ed., *The Cherry Blossom Squadrons: Born to Die,* by the Hagoromo Society of Kamikaze Divine Thunderbolt Corps Survivors, intro. Andrew Adams, ed. and suppl. Andrew Adams, trans. Nobuo Asahi and the Japan Technical Company (Los Angles: Ohara Publications, 1973), p. 144.（引用出典『神雷部隊 桜花隊』p. 93 ）
3. Ibid., pp. 162–163.（引用出典 同上 pp. 66-67）
4. CinCPac-CincPOA Bulletin No. 170–45, *Translations Interrogations Number 35,* 7 July 1945, p. 101.
5. Hatsuho Naito, *Thunder Gods: The Kamikaze Pilots Tell Their Story,* trans. Mayumi Ichikawa (Tokyo: Kodansha International, 1989), p. 114.（引用出典『桜花 非情の特攻兵器』p. 136）
6. *VF-30 Action Report No. 17–45,* 21 March 1945.
7. Naito, pp. 141–144.（引用出典『桜花 非情の特攻兵器』p. 159）
8. Air Intelligence Group Division of Naval Intelligence, *Observed Suicide Attacks By Japanese Aircraft Against Allied Ships,* OpNav-16-V No. A106, 23 May 1945, p. 87.
9. Yukihisa Suzuki, "Autobiography of a Kamikaze Pilot," *Blue Book Magazine,* Vol. 93, No. 3 (Jan. 1952), p. 92.
10. *VMF-323 Action Report No. 10,* 16 April 1945.
11. National Security Agency, *Magic Far East Summary No. 385,* 9 April 1945, p. 52.
12. National Security Agency, *Magic Far East Summary No. 475,* 8 July 1945, pp. 7–8.
13. For a closer comparison of the three aircraft, see Rene J. Francillon, *Japanese Aircraft of the Pacific War* (Annapolis: Naval Institute Press, 1979). The Dinah is discussed on pp. 168–177, the Peggy on pp. 186–191, and the Frances on pp. 462–467. 3機種の詳細比較はRene J. Francillonの *Japanese Aircraft of the Pacific War* (Annapolis: Naval Institute Press, 1979)を参照。pp. 168–177に百式司偵、pp. 186–191に飛龍、pp. 462–467に銀河を記載している。
14. *Technical Air Intelligence Center Summary No. 31 Baka* (Anacostia, D.C.: Technical Air Intelligence Center, June 1945), p. 3.
15. Director Air Intelligence Group, *Statistical Analysis of Japanese Suicide Effort Against Allied Shipping During OKINAWA Campaign,* 23 July 1945, p. 6.
16. National Security Agency, *Magic Far East Summary No. 451,* 14 June 1945, pp. 7–8.
17. Rene J. Francillion, *Japanese Aircraft of the Pacific War* (Annapolis: Naval Institute Press, 1979), pp. 241–243.

第4章

1. Ens. Sadao Nakamura, *ADVATIS Interrogation Report No. 1,* p. 4.
2. Saburo Sakai with Martin Caidin and Fred Saito, *Samurai!* (New York: ibooks, Inc., 2001), p. 308.
3. Capt. Mitsuo Fuchida, Doc. No. 49259 in General Headquarters Far East Command Military Intelligence Section, General Staff, *Statements of Japanese Officials on World War II (English Translations) Volume 1,* 1949–1950, p. 123. Hereafter *MIS Statements Vol 1.*
4. *U.S.S. Smith DD 378,* Serial 00327, *Action Report, U.S.S. Smith, October 26, 1942,* 2 November 1942, p. 3.
5. Bureau of Ships Navy Department, *Destroyer Report-Gunfire Bomb and Kamikaze Damage Including Losses in Action 17 October, 1941 to 15 August 1945.*

6. Lt. Col. Koji Tanaka, Doc. No. 49807 in General Headquarters Far East Command Military Intelligence Section, General Staff, *Statements of Japanese Officials on World War II (English Translations) Volume 4*, 1949–1950, pp. 159–161.
7. Lt. Gen. Torashiro Kawabe, Doc. No. 49258 in General Headquarters Far East Command Military Intelligence Section, General Staff, *Statements of Japanese Officials on World War II (English Translations) Volume 2*, 1949–1950, p. 68.
8. Col. Manjiro Akiyama, Doc. No. 58512, *MIS Statements Vol.I*, p. 16.
9. United States Strategic Bombing Survey Naval Analysis Division, *Japanese Air Power* (Washington, D.C.: U.S. Government Printing Office, 1946), p. 64.
10. General Headquarters, Far East Command Military Intelligence Section, Historical Division, *Interrogations of Japanese Officials on World WarII (English Translations), Vol. I*, 1949, p. 237.
11. Lt. Col. Naomichi Jin, *USSBS Interrogation No. 356,* 29 October 1945, p. 2.
12. Ron Surels, *DD 522: Diary of a Destroyer: The action saga of the USS Luce from the Aleutian and Philippines Campaigns to her Sinking off Okinawa* (Plymouth, NH: Valley Graphics, 1996), pp. 104–105.
13. Emiko Ohnuki-Tierney, *Kamikaze, Cherry Blossoms and Nationalisms: The Militarization of Aesthetics in Japanese History* (Chicago: The University of Chicago Press, 2002), pp. 163, 252–253.
14. Albert Axell and Hideaki Kase, *Kamikaze, Japan's Suicide Gods* (London: Pearson Education Limited, 2002), pp. 164–168.
15. Col. Ichiji Sugita, Doc. No. 58512 in General Headquarters Far East Command Military Intelligence Section, General Staff, *Statements of Japanese Officials on World War II (English Translations) Volume 3*, 1949–1950, p. 342.
16. Capt. Toshikazu Omae, Doc. No. 50572 in General Headquarters Far East Command Military Intelligence Section, General Staff, *Statements of Japanese Officials on World War II (English Translations) Volume 4*, 1949–1950, p. 319.
17. Cmdr. Yoshimori Terai, Doc. No. 50572 in General Headquarters Far East Command Military Intelligence Section, General Staff, *Statements of Japanese Officials on World War II (English Translations) Volume 4*, 1949–1950, p. 321.
18. Cmdr. Yoshimori Terai, RAdm. Sadatoshi Tomioka, and Capt. Mitsuo Fuchida, Doc. No. 50572 in General Headquarters Far East Command Military Intelligence Section, General Staff, *Statements of Japanese Officials on World War II (English Translations) Volume 4*, 1949–1950, p. 317.
19. Headquarters Far East Command Military History Section, *Imperial General Headquarters Navy Directives Volume II, Directives No. 316–No 540 (15 Jan 44–26 Aug 45) Special Directives No. 1–No. 3 (2 Sep 45–12 Sep 45)*, p. 143.（引用出典『大海令・大海指』（連合艦隊海空戦戦闘詳報第1巻）pp. 343-344）
20. Ibid., pp. 161–162.（引用出典 同上 p. 349）
21. Saburo Sakai with Martin Caidin and Fred Saito, pp. 29–32.
22. Yukihisa Suzuki, "Autobiography of a Kamikaze Pilot," *Blue Book Magazine,* Vol. 94, No. 3 (January 1952), pp. 98–99.
23. Shigeo Imamura, *Shig: The True Story of an American Kamikaze* (Baltimore: American Library Press), p. 68.（引用出典『神風特攻隊員になった日系二世』p. 109）
24. CincPac-CincPOA Bulletin No.170–45, *Translations Interrogations No. 35,* 7 July 1945, pp. 95–100.
25. United States Strategic Bombing Survey Naval Analysis Division, *Interrogations of Japanese Officials Vol. II* (Washington, D.C.: U.S. Government Printing Office, 1945), p. 533.
26. *Report From Captured Personnel and Material Branch Military Intelligence Service, U.S. War Department,* Interrogation of Prisoner of War No. 1376, 12 March 1945.
27. *USS LCS(L)(3) 115 Serial 42 Action Report 16 April 1945,* p. 5.
28. Yasuo Kuwahara and Gordon T. Allred, *Kamikaze* (New York: Ballantine Books, 1957), p. 61.
29. Ibid., p. 33 ff.
30. Ryuji Nagatsuka, *I Was a Kamikaze: The Knights of the Divine Wind,* trans. from the French by Nina Rootes (New York: Macmillan, 1973), p. 44 ff.
31. Col. N. Brunetti, "The Japanese Air Force," typed report in National Archives RG 38 Records of the Chief of Naval Operations, Office of Naval Intelligence, Monograph Files Japan 1939–46, pp. 1001–1015.
32. Nagatsuka, p. 164.

33. Col. Junji Hayashi, USSBS Interrogation No. 357, 2 November 1945, p. 5.

第5章

1. *USS Ingraham DD 694 Serial 004 Action Report 8 May* 1945, p. 19.
2. Air Intelligence Group Division of Naval Intelligence, *Observed Suicide Attacks by Japanese Aircraft Against Allied Ships,* OpNav-16-V No. A106, 23 May 1945, p. 6.
3. *USS Pritchett DD561 Serial 037 Action Report 10 July 1945,* p. 10.
4. Inspectorate General, Army Air Force, *Suicide Force Combat Methods Training Manual,* February 1945, translated as CinCPac-CinCPOA Bulletin No. 129–45, *Suicide Force Combat Methods Special Translation Number 67,* 27 May 1945, pp. 17–18. Hereafter *SFCMTM*. （引用出典『と號空中勤務必携』pp. 46-47）
5. *SFCMTM,* pp.13–14.（引用出典 同上. pp. 42-43）
6. *U.S.S. Bennion (DD 662) Serial 153 Action Report 9 June 1945,* enclosure T, 28 April 1945.
7. SFCMTM, pp. 8–13.（『と號空中勤務必携』p. 34では百式司偵、九九式襲撃機、九八式直協機だけ記載しているが、部隊ごとに対象の機種を掲載している模様）
8. Air Intelligence Group Division of Naval Intelligence, *Observed Suicide Attacks by Japanese Aircraft Against Allied Ships,* OpNav-16-V No. A106, 23 May 1945, p. 5.
9. Yasuo Kuwahara and Gordon T. Allred, *Kamikaze* (New York: Ballantine Books, 1957), p. 127.
10. *U.S.S. Gregory (DD 802) Serial 0109 Action Report 10 May 1945,* p. 19.
11. *SFCMTM,* p. 13.（引用出典『と號空中勤務必携』p. 37）
12. *USS LCS(L)(3) No. 85 Serial 22 Action Report 26 July 1945,* p. 2.
13. *USS Ingraham DD 694 Serial 004 Action Report 8 May 1945,* pp. 19–20.
14. *USS Douglas H. Fox DD 779 Serial 004 Action Report 24 May 1945,* pp. 1, 6.
15. *USS Shannon DM25 Serial 021-45 Action Report 15 July 1945,* VIII, p. 1.
16. *U.S.S. Isherwood (DD 520) Serial 0098 Action Report 1 May 1945,* Enclosure (A), p. 19.
17. Capt. Rikihei Inoguchi, IJN in USSBS *Interrogations of Japanese Officials Volume I,* p. 60.
18. *Suicide Weapons and Tactics Know Your Enemy!* CinCPac-CinCPOA Bulletin 126–45, 29 May 1945, pp. 15–17.
19. National Security Agency, *Magic Far East Summary No. 381,* 5 April 1945, pp. 1–3.
20. National Security Agency, *Magic Far East Summary No. 394,* 18 April 1945, p. 7.
21. United States Fleet Headquarters of the Commander in Chief Navy Department, Washington D.C. *Effects of B-29 Operations in Support of the Okinawa Campaign From 18 March to 22 June 1945,* 3 August 1945, p. 1.
22. Lt. Gen. Masakazu Kawabe, USSBS Interrogation No. 277, 2 November 1945, p. 4.
23. National Security Agency, *Magic Far East Summary No. 404,* 28 April 1945, pp. 1–2.
24. National Security Agency, *Magic Far East Summary No. 423,* 17 May 1945, pp. 2–3.
25. National Security Agency, *Magic Far East Summary No. 421,* 15 May 1945, pp. 6–8.
26. Maj. Gen. Kazuo Tanikawa, Doc. No. 59121 in General Headquarters Far East Command Military Intelligence Section, General Staff, *Statements of Japanese Officials on World War II (English Translations) Volume 4,* 1949–1950, p. 216.
27. Ibid., p. 216.
28. National Security Agency, *Magic Far East Summary No. 445,* 6 June 1945, B p.6.
29. National Security Agency, *Magic Far East Summary No. 444,* 7 June 1945, p. 7.
30. National Security Agency, *Magic Far East Summary No. 451,* 14 June 1945, pp. 3–4.
31. National Security Agency, *Magic Far East Summary No. 452,* 15 June 1945, pp. 5–6.

第6章

1. U.S. Naval Technical Mission to Japan, *Japanese Suicide Craft,* January 1946, p. 1.
2. Reports of General MacArthur, *Japanese Operations in the Southwest Pacific Area, Volume II,* compiled from Japanese Demobilization Bureau Records, Facsimile Reprint, 1994, pp. 572–573.
3. Maj. James E. Bush, et al., *Corregidor–February 1945,* typescript (Fort Leavenworth, KS, 1983), p. 3–6.

4. Commander Task Force Seventy-Eight, Serial 0907, *Action Reports, Mariveles–Corregidor Operation, 12–16 February 1945,* 12 April 1945, Enclosure (G), *Japanese Suicide Boats,* pp. 1–3.
5. Allied Translator and Interpreter Section South West Pacific Area, *Prisoner of War Preliminary Interrogation Report: Chief Petty Officer Yoshio Yamamura,* 4 March 1945, p. 2.
6. Commander Task Force Seventy-Eight, Serial 0907, *Action Reports, Mariveles–Corregidor Operation, 12–16 February 1945,* 12 April 1945, Enclosure (G), *Japanese Suicide Boats,* pp. 1–3.
7. Lt. Col. Masahiro Kawai, *The Operations of the Suicide-Boat Regiments in Okinawa, National Institute for Defense Studies* (undated), p. 1.
8. Kawai, p. 2.
9. Kawai, p. 3.
10. Allied Translator and Interpreter Section South West Pacific, *Research Report No. 125,* 27 March 1945, pp. 1–2. Hereafter ATIS RR No. 125.
11. *ATIS RR No. 125,* pp. 13–14.
12. Allied Translator and Interpreter Section South West Pacific, *Spot Report No. 195,* 27 February 1945, pp. 6–7. Hereafter *ATIS Spot Rept. No. 195.*
13. Allied Translator and Interpreter Section South West Pacific Area, *Interrogation Report No. 749, Corporal Nobuo Hayashi,* pp. 6–7.
14. *ATIS RR No. 125,* p. 20.
15. Ibid., p. 14.
16. Ibid.
17. *ATIS Spot Rept. No. 195,* pp. 5–6.
18. Kawai, p. 3.
19. Ibid., pp 3–9.
20. *Japanese Monograph No. 52 History of the 10th Area Army, 1943–1945,* p. 53. Hereafter *JM No. 52.* （引用出典『第十方面軍作戦記録 臺灣及南西諸島』（昭和二十一年八月調製 昭和二十四年四月複製）（日本軍戦史 No. 52) pp. 101–102)
21. Ibid., pp. 50–53.（引用出典 同上 pp. 84–85, 94, 98)
22. Yutaka Yokota with Joseph D. Harrington, *Suicide Submarine!* (New York: Ballantine Books, 1961), pp. 24–33.
23. U.S. Naval Technical Mission to Japan, *Japanese Suicide Craft,* January 1946, pp. 22–24.
24. Ibid., p. 27.
25. Yokota, pp. 13–19.
26. Ibid., p. 21.
27. This estimate is compiled from information on the website of the All Japan Kaiten Pilot's Association. 日本の回天関係者のウエブ・サイトの推計による。
28. Shizuo Fukui, *Japanese Naval Vessels at End of War* (Japan: Administrative Division, Second Demobilization Bureau, 1947), pp. 12, 27, 33.
29. The chart is based on information in Mark Stille, *Imperial Japanese Navy Submarines 1941–45* (New York: Osprey Publishing Ltd., 2007) and Shizuo Fukui, *Japanese Naval Vessels at End of War* (Japan: Administrative Division, Second Demobilization Bureau, 1947).
30. Fukui, p. 197.
31. Ibid., p. 198.
32. Ibid., p. 204.
33. Allied Translator and Interpreter Section South West Pacific, *Enemy Publications No. 405 Antitank Combat Reference,* 24 September 1945, p. 1.（訳注：陸軍教育総監部発行の『対戦車戦闘の参考』（昭和19年7月）などを要約している）
34. War Department Military Intelligence Division, *Intelligence Bulletin* Vol. III, No. 7, March 1945, pp. 64–66.
35. War Department Military Intelligence Division, *Intelligence Bulletin* Vol. III, No. 5, July 1945, p. 3.
36. War Department Military Intelligence Division, *Intelligence Bulletin* Vol. III, No. 11, January 1945, p. 15.
37. War Department Military Intelligence Division, *Intelligence Bulletin* Vol. III, No. 4, December 1944, p. 19.
38. Allied Land Forces South East Asia, *Weekly Intelligence Review No. 14,* For Week Ending 5 January

1945, p.7.
39. *LCI(L) Flotilla Thirteen War Diary for January 1945,* 2 February 1945, p. 3.

第 7 章

1. How closely the American military plans in the Pacific followed the original plans is subject for much discussion. For an in-depth study of War Plan Orange and its varieties see the comprehensive work by Edward S. Miller, *War Plan Orange: The U.S. Strategy to Defeat Japan, 1897–1945* (Annapolis: Naval Institute Press, 1991). 太平洋の米軍計画が当初の計画にどのくらい沿っているのかは多くの議論の対象である。オレンジ計画とその関連研究の詳細はEdward S. Millerの *War Plan Orange: The U.S. Strategy to Defeat Japan, 1897–1945* (Annapolis: Naval Institute Press, 1991)を参照。
2. *U.S.S. Franklin (CV13),* Serial 0036, *Report of Action with Japanese Aircraft on 13 October 1944,* 20 October 1944, p. 2.
3. *U.S.S. Sonoma (ATO-12),* Serial 113, *Action Report,* 3 November 1944, p. 2.
4. Armed Guard Unit *SS Augustus Thomas, Report of Voyage, SS Augustus Thomas From Langemak Bay, New Guinea to Leyte, p. 1,* 5 May 1945, pp. 2–4.
5. Samuel E. Morison, *History of United States Naval Operations in World War II, Volume Twelve, Leyte, June 1944–January 1945* (Edison, NJ: Castle Books, 2001), p. 243.
6. USS Santee CVE 29, Serial 0018, *Action Report–Leyte, Philippines Operation,* Enclosure A-3, p. 2.
7. USS Kitkun Bay CVE 71, Serial 005, *Surface Action Report Submission of–Covers Battle off Samar on 25 October 1944 in Task Unit 77.4.3,* 28 October 1944, p. 2.
8. USS Kalinin Bay CVE 68 Serial 0102, *Action Report of 25 October 1944–Engagement With Enemy Units East of Leyte, p. 1., Supplement to,* 4 November 1944, Enclosure (A).
9. *U.S.S. Suwannee CVE 27, Serial 008, Action Report, Leyte Operation,* 6 November 1944.
10. Navy Department, Office of the Chief of Naval Operations, *Memorandum for File–Summary of Statements by Survivors of the SS Benjamin Ide Wheeler,* 8 March 1945, p. 1.
11. General Staff, Supreme Commander for the Allied Powers, *Reports of General MacArthur, Japanese Operations in the Southwest Pacific Area Vol. II–Parts. I & II,* Facsimile Reprint, 1994, p. 405.
12. Bureau of Ships Navy Department, *Destroyer Report–Gunfire Bomb and Kamikaze Damage Including Losses in Action 17 October, 1941 to 15 August, 1945,* 25 January 1947, p. 96.
13. Ibid., pp. 96–98.
14. *U.S.S. Anderson (DD411) Serial 00139, Action Report–LEYTE Operation, 26 October–8 November 1944,* 9 November 1944, pp. 2–4.
15. This is given as a representative number. In the Armed Guard reports, which all contain rosters of the Armed Guard members, the numbers vary between twenty-six and twenty-eight, plus an officer in charge. この人数は代表的な例である。武装衛兵の報告では登録している武装衛兵全員を含んでおり、人数は26人から29人の間で、ほかに担当士官が1人いる。
16. Armed Guard Report *SS Matthew P. Deady, Report of Voyage S.S. Matthew P. Deady, K. D. Frye, Master,* 5 January 1945, pp. 3–4.
17. *U.S.S. Lexington CV 16 Serial 0390, Attacks on Luzon Island on 5 and 6 November 1944 (East Longitude Dates)–Action Report of,* 22 November 1944, p. 3.
18. *S.S. Thomas Nelson, Enemy Action Report, S.S. Thomas Nelson,* 12 February 1945, pp. 1.
19. Leading Petty Officer, U.S. Naval Armed Guard Unit *S.S. Jeremiah M. Daily, Disaster, report of,* undated, circa November 1944, p. 1.
20. Navy Department, Office of the Chief of Naval Operations, *Memorandum for File, Summary of Statements by Survivors of the SS Jeremiah M. Daily,* 20 January 1945, pp. 1–2.
21. 500th Bombardment Squadron (M) AAF, *Commendation of Armed Guard,* 20 November 1944, p. 1.
22. Armed Guard Unit *SS Alexander Majors, Report of Voyage Hollandia, Dutch New Guinea to Leyte, Philippine Islands,* 6 December 1944, pp. 1–3.
23. James A. Mooney, Ed., *Dictionary of American Naval Fighting Ships,* Vol. I, Part A (Washington, D.C.: Naval Historical Center, 1991), p. 220.
24. Navy Department, Office of the Chief of Naval Operations, *Memorandum for File, Summary of Statements by Survivors of the SS Gilbert Stuart,* 30 March 1945, pp. 1–2.
25. Lt. Cdr. Andrew W. Gavin, USNR (inactive), Master *SS Alcoa Pioneer* to CO Armed Guard

Center, 12th Naval District, Treasure Is., San Francisco, Calif., letter of 19 November 1944, pp. 1–2.
26. Robert M. Browning Jr., *U.S. Merchant Vessel War Casualties of World War II* (Annapolis: Naval Institute Press, 1996), pp. 455–457.
27. USS *James O'Hara APA 90* Serial 062, *Action Report Period 3 November to 24 November 1944*, 29 November 1944, pp. 1–2.
28. U.S.S. *Intrepid (CV11)*, Serial 0249, *War Diary, U.S.S. Intrepid (CV11)–Month of November 1944*, 7 December 1944, p. 38.
29. U.S.S. *Cabot CVL 28*, Serial 0058, *War Damage Report*, 9 December 1944, pp. 1–4.
30. USS *Hancock CV 19*, Serial 0136, *Action Report 25 November 1944*, 29 November 1944, p. 2.
31. U.S.S. *Essex (CV-9)*, Serial 0244, *Action Report–Action off Luzon 25 November 1944*, 9 December 1944.
32. Theodore R. Treadwell, *Splinter Fleet: The Wooden Subchasers of World War II* (Annapolis: Naval Institute Press, 2000), pp. 191–192.
33. Ibid., pp. 196–197.
34. *USS Colorado BB 45*, Serial 1093, *Anti-Aircraft Action Report*, 5 December 1944, Enclosure (F), p. 2.
35. U.S.S. *St. Louis CL 49*, Serial 0030, *Action Report, Anti-Aircraft–27 November 1945*, 9 December 1945, pp. 2–3.
36. *USS Aulick DD 569*, Serial 00170, *Report of Action on 29 November 1944, Forwarding of*, 8 December 1944, Enclosure (B), p. 1.

第8章

1. Special Staff U.S. Army Historical Division, *Japanese Monograph No. 12-4th Air Army Operations, 1944–1945*, p. 50.（訳注：引用出典の『比島航空作戦記録 第二期』（昭和二十一年十月調製 昭和二十四年五月複製）（日本軍戦史 No. 12）p. 84に次のように書かれている。
＜（略）富嶽隊の一一月七日機動部隊に對する攻撃に始まるたるも（略）＞。現在公開されているこの文章のp. 84はこの一一月の一の位を墨でつぶして「一」を追記したようになっている。著者が引用した『日本軍戦史』（英文翻譯版）はこの修正を反映する前の日本語版（一二月と書いてあった？）を翻訳したものだった可能性がある）
2. *USS Drayton DD 366*, Serial l084, *Action Report*, 9 December 1944, p. 2.
3. *USS LSM 23*, Serial 085, *Antiaircraft Action Report*, 9 December 1944, pp. 4–5.
4. Robert M. Browning, Jr., *U.S. Merchant Vessel War Casualties of World War II* (Annapolis: Naval Institute Press, 1996), p. 463.
5. Armed Guard Report S.S. *John Evans, Report of Voyage, S.S. John Evans*, 14 December 1944, pp. 2–3.
6. *USS Mahan DD 364*, Serial 007, *Report of Action–Amphibious Landing, Ormoc Bay, 7 December 1944*, 11 December 1944, p. 3.
7. *USS Ward APD 16*, Serial 8249, *Report of Action–Ormoc Bay Amphibious Operation, 7 December 1944*, 16 January 1945, p. 2.
8. U.S.S. *Lamson (DD367)*, Serial 02, *Action Report–Ormoc Bay Operation–6–7 December 1944*, 13 December 1944, p. 4.
9. Ibid., Enclosure (D) p. 1.
10. *USS LST 737*, Serial 142, *Action Report, Amphibious Assault on Western Coast of Leyte Island, Philippine Islands*, 9 December 1944, pp. 1–3.
11. *USS LSM 318*, Serial 007, *Report of Action–Ormoc Bay*, p. I, Amphibious Operation, 7 December 1944, 16 January 1945, p. 3.
12.. Navy Department, Office of the Chief of Naval Operations, *Memorandum for File, Summary of Statements by Survivors of the SS William S. Ladd*, 20 February 1945, pp. 1–2.
13. Robert J. Bulkley, Jr., *At Close Quarters: PT Boats in the United States Navy* (Annapolis: Naval Institute Press, 2003), pp. 394–395.
14. Armed Guard Unit S. S. *Marcus Daly, Heroism and Bravery of gun crew, Recommendation for*, 26 December 1944, pp. 3–4.
15. *USS Reid DD 369*, No Serial, *U.S.S. Reid (DD369) Amplifying Report of Action on 11 December 1944*, 3 February 1945, pp. 1–3.
16. *USS Caldwell DD 605*, Serial 003, *Report of Action with the Enemy, Ormoc Bay, Philippine Islands, December 11–12, 1944.* 15 December 1944, p. 3.

17. Capt. Walter Karig, Lt. Cmdr. Russell L. Harris and Lt. Cmdr. Frank A. Manson, *Battle Report Victory in the Pacific* (New York: Rinehart and Company, Inc., 1949), pp. 105–107.
18. *USS Nashville CL 43*, Serial 06, *Report of AntiAircraft Action 13 December 1944–Forwarding of,* 8 January 1945, p. 5.
19. Karig, p. 110.
20. *USS Haraden DD 585*, No Serial, *Action Report–Forwarding of, Covers Action on 13 December 1944 in Sulu Sea, In Task Unit 77.12.7,* 25 December 1945, p. 4.
21. *USS Ralph Talbot DD 390*, Serial 081, *Actions by Surface Ships–Report of,* 23 December 1944, pp. 1–3.
22. *USS Howorth DD 592*, Serial 0106, *Special Action Report Anti-Aircraft Action by Surface Ships, Submission of,* 15 December 1944, p. 2.
23. *U.S.S. L.S.T. 738*, No Serial, *Preliminary Action Report: Submission of, Covers Air Attack While Maneuvering off San Jose Sector, Southwestern Mindoro, on 15 December 1944,* 29 December 1944, p. 1.
24. Ibid., p. 2.
25. *U.S.S. L.S.T. 472*, No Serial, *Report of Action of the USS LST 472 from 17 November 1944 to 15 December 1944, Culminating in Its Loss on 15 December 1944,* 29 December 1944, p. 2.
26. *USS PT 75*, No Serial, *Action Report–PT 75–17 December 1944,* 15 January 1945, p. 1.
27. *USS PT-300*, Serial 0105, *Loss of USS PT-300, 18 December 1944, Report of,* 20 December 1944, pp. 1–2.
28. Samuel Eliot Morison, *The Liberation of the Philippines Luzon, Mindanao, the Visayas 1944–1945* (Edison, NJ: Castle Books), p. 34.
29. Browning, p. 467.
30. *U.S.S. Bryant (DD665),* Serial 059, *Anti-Aircraft Action Report–Submission of,* 22 December 1944, pp. 1–2.
31. Browning, p. 470. I have tried in vain to discover the hull number of this ship. The reports of CTG 77.11 below, as well as other reports, do not identify the ship by hull number.この船のハル・ナンバーを調査したがわからなかった。第77.11任務群以下の部隊の報告なども調べたがハル・ナンバーを特定することはできなかった。
32. Commander Task Group 77.11 (Commander LCI(L) Flotilla 24), Serial 004, *Action Report 27 December to 31 December 1944 Leyte-Mindoro p. I,* 4 January 1945, p. 3.
33. *U.S.S. Gansevoort DD 608,* Serial 008, *Action Report, Uncle Plus 15, Mindoro Resupply Echelon, 27 Through 31 December 1944,* 1 January 1945, p. 11.
34. *USS Porcupine IX 126,* No Serial, *Action Report Covers AA Action en Route & In Landing Area Mindoro Culminating in Sinking of Ship 30 December 1944,* 17 January 1945, p. 2.
35. *Porcupine,* p. 2.

第9章

1. *U.S.S. Louisville (CA28),* Serial 005A, *Action Report, U.S.S. Louisville (CA28) in Seizure and Occupation of Luzon Area, 2 January to 12 January 1945,* 12 January 1945, p. 2.
2. *U.S.S. Louisville (CA28),* Serial 005A, *Action Report, U.S.S. Louisville (CA28) in Seizure and Occupation of Luzon Area, 2 January to 12 January 1945,* 12 January 1945, First Endorsement, p. 2.
3. *U.S.S. Manila Bay (CVE-61),* Serial 001, *U.S.S. Manila Bay Action Report: Operations in Support of the Landings at Lingayen, p. I (1–19 January 1945),* Part I Narrative, pp. 2–3.
4. *U.S.S. New Mexico BB 40, Deck Log,* 6 January 1945, pp. 20–22.
5. *USS Walke DD 723,* Serial 06, *Action Report for 2–10 January 1945,* 18 January 1945, Part V, p. 3.
6. *U.S.S. Columbia CL 56,* Serial 06 of 23, *Action Report–Lingayen Gulf, Luzon, p. I,–Period 1–9 January 1945,* 22 January 1945, Enclosure A, p. 2.
7. *U.S.S. Minneapolis CA 36,* Serial 005, *U.S.S. Minneapolis (CA36) Report of Participation in Bombardment of Lingayen Gulf, p. I. 6–10 January 1945, inclusive,* 17 January 1945, pp. 1–6.
8. *U.S.S. Richard P. Leary (DD-664),* Serial 0125, *Action Report for period 6 January 1945 to 18 January 1945,* 20 January 1945, pp. 1–2.
9. *USS California BB-44,* Serial 0030, *War Damage, Report of–Report of Damage Sustained by Ship During Enemy Aircraft Attack at 1720(I) 6 January while en route to Lingayen Gulf Landings, Suicide Plane Crash the Cause,* 25 January 1945, pp. 1–2.
10. Ibid., p. 2.

11. *U.S.S. Louisville CA 28,* Serial 0003, *Action Report, U.S.S. Louisville (CA28) in Seizure and Occupation of Luzon Area, 2 January to 12 January 1945,* 6 March 1945.
12. *USS Palmer DMS 5,* Serial 0003, *AA Action Report–Forwarding of,* 14 January 1945, p. 2.
13. *USS Palmer DMS 5,* Serial 0004, *Action Report of U.S.S. Palmer (DMS-5)–Forwarding of,* 12 January 1945, pp. 1–8.
14. *U.S.S. LST 912,* Serial 013, *Action Report–Anti-Aircraft Action 8–9 January 1945, Lingayen Gulf Operation, San Fabian Attack Force–Blue Beach Unit,* 12 January 1945, p. 2.
15. Robert F. Heath, *With the Black Cat USS LCI Flotilla 13* (Chico, CA: The Technical Education Press, 2003), p. 75.
16. *U.S.S. Columbia CL 56,* Serial 06 of 23, *Action Report–Lingayen Gulf, Luzon, p. I–Period 1–9 January 1945,* 22 January 1945, Enclosure A, p. 3.
17. *USS Mississippi BB 41,* Serial 015, *Action Report–Bombardment Operations in Lingayen Gulf, Luzon, Philippine Islands During Period 6–9 January 1945 and Including Collateral Supporting Actions and Operations During Period 3–18 January 1945,* 30 January 1945, p. 10.
18. James L. Mooney, Ed., *Dictionary of American Naval Fighting Ships Volume VIII* (Washington, D.C.: Naval Historical Center, 1981), p. 98.
19. U.S.S. LST 1028, Serial 9, *War Diary: Narrative account of USS LST 1028 from time of damage by enemy Torpedo Boat 10 January 1945, until towed off Beach 28 January 1945,* 29 January 1945, p. 2.
20. *U.S.S. Eaton (DD510),* Serial 08, *Action report for period 4–14 January 1945,* 23 January 1945, p. 5.
21. *Eaton,* pp. 5–6.
22. *USS LCI (G) 365,* No Serial, *Action Report, Submission of, Covers Fire Support Activity for Lingayen Landings on 9 and 10 January 1945,* 12 January 1945, pp. 2–4.
23. *USS Robinson DD 562,* Serial 03, *Action Report–Amphibious Assault on Luzon, Philippine Islands at Lingayen Gulf, Period 31 December 1944 to 15 January 1945,* 20 January 1945, p. 12.
24. Allied Translator and Interpreter Section South West Pacific Area, *Serial No. 938, Interrogation Report No. 775,* 1 September 1945, p. 3.
25. Robert M. Browning, Jr., *U.S. Merchant Vessel War Casualties of World War II* (Annapolis: Naval Institute Press, 1996), pp. 478–479.
26. *U.S.S. Richard W. Suesens (DE 342),* Serial No. 003, *Action Report, Lingayen Operation,* 18 January 1945, pp. 2–3.
27. *U.S.S. Belknap (APD34),* Serial No.002-45, *Action Report–Lingayen Gulf Operation, Luzon Island, Philippine Islands,* 15 March 1945, p. 6.
28. Lt. (j.g.) Roy Abshier (D), USNR, Commanding Officer, Naval Armed Guard, *Report of Voyage, SS Kyle V. Johnson from Houston, Texas to San Francisco, California,* 16 March 1945, pp. 2–5.
29. Browning, pp. 479–481.
30. *USS LST 700,* Serial 209, *Action Report, Covers Anti-Aircraft Actions While Retiring from Landings at Lingayen Gulf on 12–13 January 1945,* 19 January 1945, p. 2.
31. *U.S.S. Salamaua (CVE-96),* Serial No. 002, *Action Report for Period of 27 December 1944 to 18 January 1945,* 5 February 1945, pp. 3–4.
32. Captain Rikihei Inoguchi, Commander Tadashi Nakajima, and Roger Pineau, *The Divine Wind: Japan's Kamikaze Force in World War II* (New York: Bantam Books, 1978), pp. 103–108.（訳注：『神風特別攻撃隊』（再版）p. 237に「昭和20年1月6日（中略）今朝中野中尉の率いる5機の特別攻撃隊を進発させたのを最後に（略）」との記述あり）
33. Earl Griffiths, Jr., CS/2 *PC 1129,* interview October 21, 2009.
34. *U.S.S. Lough (DE 586),* Serial No. 75-45, *War Diary of the U. S. S. Lough DE-586) for the month of February 1945,* 3 March 1945, p. 1.
35. Samuel E. Morison, *History of United States Naval Operations in World WarII: The Liberation of the Philippines Luzon, Mindanao, the Visayas 1944–1945* (Edison, NJ: Castle Books, 2001), pp. 191–192.
36. Robert J. Bulkley Jr., *At Close Quarters: PT Boats in the United States Navy* (Annapolis: Naval Institute Press, 2003), pp. 420–422.
37. USS LCI(G) 558, No Serial, *Action Report–Nasugbu–Luzon–P.I. Landing Operation of,* 5 February 1945, p. 3.
38. Commander Task Force Seventy-Eight, *Action Report, Mariveles–Corregidor Operation, 12–16 February, 1945,* 12 April 1945, Enclosure (G), p. 2.

39. Claude Haddock, S 1/c, *LCS(L) 49*, interview 24 July 2008.
40. Dean Bell, S 2/c, *LCS(L) 26*, interview 11 August 2007.
41. Harry G. Meister, Lt. Cmdr. USNR (Ret.), *USS LCS(L)3-27: A WW II Amphibious Landing Craft Support Vessel* (Vancouver, WA: Harry & Gene Meister, 2002), p. 16.
42. Commander Task Unit 78.2.58 (Commander LCS(L) Flotilla One), Serial 057, *Davao Gulf Operations–11 to 19 May 1945*, 20 May 1945, pp. 1.

第10章

1. Capt. Rikihei Inoguchi, Cmdr. Tadashi Nakajima and Roger Pineau, *The Divine Wind: Japan's Kamikaze Force in World War II* (New York: Bantam Books, 1978), pp. 116–117.（引用出典『神風特別攻撃隊』（再版）p. 250）
2. Samuel Elion Morison, *History of United States Naval Operations in World War II: The Liberation of the Philippines Luzon, Mindanao, the Visayas 1944 –1945* (Edison, NJ: Castle Books 1959), p. 179.
3. Inoguchi, pp. 117–121.（引用出典『神風特別攻撃隊』（再版）pp. 251-257）
4. *U.S.S. Ticonderoga (CV-14)*, Serial 020, *Action Report of Operations in Support of Amphibious Operations in Lingayen Gulf Area of Luzon, p. 1, for period 3 through 21 January 1945*, 27 January 1945, p. 2.
5. *USS Maddox DD731*, Serial 0010, *Action Report 21 January 1945–Forwarding of–Covers Damage as a Result of Suicide Plane Crash Aboard While on Picket Duty in Task Group 38.1, 26 January 1945*, Enclosure A, pp. 3–4.
6. Inoguchi, pp. 122–124.（引用出典『神風特別攻撃隊』（再版）p. 259）
7. *U.S.S. Saratoga (CV3)*, Serial 007, *U.S.S. Saratoga (CV3) Action Report for period 0900 (K) to 2130 (K), 21 February 1945*, 26 February 1945, p. 3.
8. *U.S.S. LST 477*, Serial 38, *Battle Damage–First Report of*, 4 March 1945, p. 3.
9. *USS LST 809*, Serial 03, *Anti-Aircraft Action Report*, 6 March 1945, p. 4.
10. *U.S.S. Lunga Point (CVE 94)*, Serial 020, *Action Report–Occupation of IWO JIMA, 10 February 1945 to 11 March 1945*, 11 March 1945, pp. 3–4.
11. *USS Bismark Sea (CVE 95)*, Serial 001, *Action Report USS Bismark Sea off Iwo Jima 21 February 1945, including Circumstances of the Resultant Sinking of the Ship*, 25 February 1945, p. 2.
12. For a more detailed discussion of these missions see Michael Mair, *Oil, Fire, and Fate: The Sinking of the USS Mississinewa (AO-59) in WW II by Japan's Secret Weapon* (Platteville, WI: SMJ Publishing, 2008), pp. 268–341. 本件の詳細についてはMichael Mairの「Oil, Fire, and Fate: The Sinking of the USS Mississinewa (AO-59) in WW II by Japan's Secret Weapon」(SMJ Publishing Platteville, WI; 2008)の pp. 268–341.を参照。
13. There is no substantive way to determine which of the four *kaiten* actually hit the *Mississinewa*, however, Japanese sources attribute it to Nishina. 4隻の回天のうち、どれが命中したのか確定する明確な根拠はないが、日本の情報では仁科になっている。
14. The aircraft code named "Frances" by the allies was the Yokosuka P1Y1 Navy bomber *Ginga*. It had a top speed of 340 mph at 19,355 feet and a normal range of 1,036 nautical miles. It could carry a 2,205-lb. bomb load and mounted a flexible 20mm cannon in the nose and one rear-firing 20mm cannon. 機体の連合軍のコードネーム「Frances」は空技廠海軍陸上爆撃機（P1Y1）銀河で、最大速度は高度19,355フィート（5,900m）で340mph（547km/h）、最大航続距離は1,036海里（約1,920km）。1トン（実際は800kg）爆弾1発（または500kg2発、または魚雷1発）を搭載可能。機首と後席に旋回機銃各1門。
15. Adm. Matome Ugaki, *Fading Victory: The Diary of Admiral Matome Ugaki 1941–1945*, trans. by Masataka Chihaya (Pittsburgh: University of Pittsburgh Press, 1991), pp. 547–551.（引用出典『戦藻録 後編』p. 188）
16. *USS Randolph CV 15*, Serial 004, *Action Report for 11–12 March 1945, Attack by Enemy Plane at Ulithi*, 20 March 1945, p. 3.

第11章

1. Col. Ichiji Sugita. Doc. No. 58512 in General Headquarters Far East Command Military Intelligence Section, General Staff, *Statements of Japanese Officials on World War II(English Translations) Volume 3*,

1949–1950, p. 342.
2. Capt. Toshikazu Omae, Doc. No. 50572 in General Headquarters Far East Command Military Intelligence Section, General Staff, *Statements of Japanese Officials on World War II (English Translations) Volume 4*, 1949–1950, p. 319.
3. Cmdr. Yoshimori Terai, Doc. No. 50572 in General Headquarters Far East Command Military Intelligence Section, General Staff, *Statements of Japanese Officials on World War II (English Translations) Volume 4*, 1949–1950, p. 321.
4. Cmdr. Yoshimori Terai, RAdm. Sadatoshi Tomioka, and Capt. Mitsuo Fuchida, Doc. No. 50572 in General Headquarters Far East Command Military Intelligence Section, General Staff, *Statements of Japanese Officials on World War II (English Translations) Volume 4*, 1949–1950, p. 317.
5. Headquarters Far East Command Military History Section, *Imperial General Headquarters Navy Directives Volume II, Directives No. 316 –No. 540 (15 Jan 44–26 Aug 45) Special Directives No. 1–No. 3 (2 Sep 45–12 Sep 45)*, p. 143. Hereafter *Navy Directives Vol. II*.（大海指の該当部分は第4章の注19の本文を参照）
6. Ibid., pp. 161-162.（大海指の該当部分は第4章の注20の本文を参照）
7. RAdm. Sadatoshi Tomioka, Doc. No. 50572 in General Headquarters Far East Command Military Intelligence Section, General Staff, *Statements of Japanese Officials on World War II (English Translations) Volume 4*, 1949–1950, p. 326.
8. *Navy Directives Vol. II*, p. 164.（引用出典『大海令・大海指』（連合艦隊海空戦戦闘詳報第1巻）pp. 354-355）
9. Second Demobilization Bureau, *Monograph No. 141 (Navy) "Okinawa Area Naval Operations" Supplement Statistics on Naval Air Strength* (General Headquarters Far East Command Military Intelligence Section, General Staff, 1949)（引用出典『沖縄方面の海軍作戦 附録 沖縄方面作戦（自一九四五年二月至一九四五年八月）に於ける海軍航空兵力使用状況諸統計』（昭和二十四年八月調製）（日本軍戦史 No. 141）pp. 9-10）and United States Strategic Bombing Survey (Pacific), *The Campaigns of the Pacific War* (Washington, D.C.: United States Government Printing Office, 1947), p. 328.
10. *Headquarters XXI Bomber Command Tactical Mission Report, Missions No. 46 and 50, 27 and 31March 1945*, 30 April 1945, p. 2.
11. Robin L. Rielly, *Kamikazes, Corsairs, and Picket Ships: Okinawa 1945* (Philadelphia: Casemate Publishers, 2008), Appendix IV, pp. 369–371.
12. National Security Agency, *Magic Far East Summary Number 400*, 24 April 1945, pp. 1–2.
13. Maj. Gen. Ryosuke Nakanishi, USSBS Interrogation No. 312, 4 November 1945.
14. Military History Section–General Headquarters Far East Command Military Intelligence Section General Staff, *Japanese Monograph No. 51 Air Operations on Iwo Jima and the Ryukyus*, p. 24.（引用出典『硫黄島及南西諸島方面航空作戦記録』（昭和二十一年八月調製 昭和二十四年四月複製）（日本軍戦史 No. 51）pp. 35-36）
15. Ibid., p. 27.（引用出典『硫黄島及南西諸島方面航空作戦記録』（昭和二十一年八月調製 昭和二十四年四月複製）（日本軍戦史 No. 51）pp. 39-40）（訳注：日本側の状況は次の通り：第三攻撃集團は徳の島に推進せる66F〔飛行第66戰隊〕（九九式襲撃機の襲撃隊）及103F（四式戰）の各一中隊並に知覧より65F長の指揮する一中隊（一式戰闘機の襲撃隊）を以て二十九日〇六〇〇乃至〇六二〇の間沖縄本島西南側及慶良間附近の敵艦船群を攻撃す 攻撃戰果は煙霧等の爲明確ならざるも搭乗員の目撃に依れば艦種不詳二隻撃破、大型艦一隻爆発、輸送船一隻黒烟、火炎四等を認めたり わが損害は未帰還六機なり）
16. *CINCPAC PEARL Dispatch AI 58199*, 3 May 1945.
17. Based on *Japanese Monograph No. 135 Okinawa Operations Record (8th Air Division)*, p. 249; CinC PacCinCPOA Bulletin No. 102–45, *Translations Interrogations Number 26 Airfields in Formosa and Hainan*, 25 April 1945, p. 6; *CinCPac Pearl Dispatch AI88009*, 18 June 1945.（引用出典『改訂版沖縄作戰記録』（昭和二十四年十一月調製）（日本軍戦史 No. 135）附録第2其の1の1など）
18. Director Air Intelligence Group, *Statistical Analysis of Japanese Suicide Effort Against Allied Shipping During OKINAWA Campaign*, 23 July 1945, p. 4.
19. *USS Pritchett (DD 561)*, Serial 045, 6 August 1945.
20. Director Air Intelligence Group, *Statistical Analysis of Japanese Suicide Effort Against Allied Shipping During OKINAWA Campaign*, 23 July 1945, p. 4.

21. Capt. Minoru Genda, USSBS Interrogation No. 329, 12 November 1945.
22. *U.S.S. Wasp CV 18,* Serial 0104, *Action Report,* 5 April 1945, Enclosure (A), pp. 4–5.
23. *USS Halsey Powell DD 686,* Serial 007, *USS Halsey Powell (DD686) Action Report for the Period 14 March to 25 March 1945 Inclusive (Annex A),* 4 April 1945, pp. 4–5.
24. Robin L. Rielly, *Kamikazes, Corsairs, and Picket Ships: Okinawa 1945* (Philadelphia: Casemate Publishers, 2008), pp. 351–353.
25. *USS Nevada BB 36,* Serial 028, *Anti-Aircraft Action Report,* 5 April 1954, p. 1.
26. *USS Dorsey DMS 1,* Serial 082, *Action Report,* 12 April 1945, pp. 2–3.
27. *USS O'Brien DD 725,* Serial 048, *Action Report, U.S.S. O'Brien (DD725) 21 March–4 April 1945, Operating in Task Group 51.1 During Landing and Support of U.S. Army and Marine Corps Troops on the Island of Kerama Retto in the Nansei Shoto Group of the Ryukyu Islands,* 12 April 1945, p. 9.
28. *USS LCI(G) 558,* No Serial, *Report of Capture of Okinawa Gunto, Phases 1 and 2,* 21 July 1945, pp. 2–3.

第12章

1. Earl Blanton, *Boston-To Jacksonville (41,000 Miles by Sea)* (Seaford, VA: Goose Creek Publications, 1991), p. 58.
2. *U.S.S. Hinsdale APA 120,* Serial 073-45, *Action Report–Period 16 March–23 April 1945,* 23 April 1945, pp. 1–3.
3. *U.S.S. Alpine (APA-92),* Serial No. 081, *Okinawa Shima, Nansei Shoto Operation–1–6 April 1945–Report of,* 10 April 1945, enclosure (A), p. 16.
4. *U.S.S. West Virginia (BB 48),* Serial (00254), *Action Report–Bombardment and Fire Support of Landings on Okinawa Island and Adjacent Islands, 21 March 1945 to 24 April 1945, inclusive,* 28 April 1945, pp. 12–13.
5. James L. Mooney, ed., *Dictionary of American Naval Fighting Ships Volume I, Part A* (Washington, D.C.: Naval Historical Center, 1991), p. 53. Hereafter DANFS.
6. Robin L. Rielly, *Kamikazes, Corsairs, and Picket Ships: Okinawa 1945* (Philadelphia: Casemate Publishers, 2008), p. 58.
7. *USS Dickerson APD-21,* No Serial, *Loss of USS Dickerson, 2–4 April 1945,* 10 April 1945, Enclosure (A), pp. 1–2.
8. *USS Henrico APA 45,* Serial 004, *Action Report Covers Suicide Plane Attack on 2 April 1945 While Underway in Night Retirement Course West of Kerama Retto, Okinawa Gunto, Report Covers 26 March–1 April 1945,* 23 April 1945, p. 1.
9. *U.S.S. Telfair (APA-210),* Serial 004, *Action Report for 2 April 1945, submission of,* 14 April 1945, pp. 1–2.
10. *USS LCI(G) 568,* Serial 5-45, *Anti-Aircraft Action Report by USS LCI(G) 568,* 7 April 1945, pp. 1–2.
11. *War Diary VMF-322, 1 April to 30 April 1945,* Appendage: Report of Maj. Edward F. Camron, Commanding Officer (Ground) Assault Echelon, VMF-322.
12. *U.S.S. Wake Island CVE 65,* Serial 064, *Action Report–Ryukyus Operation–21 March 1945 to 6 April 1945—Inclusive Dates,* 9 April 1945, Part III, pp. 2–3.
13. *USS LCI(G) 82 Action Report,* No Serial, 14 April 1945, p. 3.
14. *USS Morris (DD417),* Serial 001, *Action Report–Okinawa Jima Operation–(1 April 1945 to 7 April 1945),* 17 April 1945, pp. 3–6.
15. *U.S.S. Emmons (DMS 22),* Serial (None), *Action Report and sinking of USS Emmons (DMS 22), 6 April 1945,* 12 April 1945, p. 2.
16. *U.S.S. Witter (DE636),* Serial 038, *Action Report (Advance Copy)–Okinawa Shima, 6 April 1945,* 6 April 1945, Enclosure (B), pp. 1–3.
17. Samuel E. Morison, *History of United States Naval Operations in World War II, Volume Fourteen–Victory in the Pacific 1945* (Boston: Little Brown and Company, 1960), pp. 195–196.
18. Armed Guard Report *S. S. Hobbs Victory, Report of Voyage of S.S. Hobbs Victory,* 8 May 1945, pp. 2–3.
19. *U.S.S. Newcomb DD 586,* Serial 0018, *Action Report for 6 April 1945 Covers Heavy Damage Received as Result of Four Suicide Plane Crashes Aboard on 6 April 1945,* 14 April 1945, p. 5.
20. *USS Leutze DD 481,* Serial 0080, *War Damage Report, 6 April 1945,* 5 May 1945, pp. 1–2.
21. *Defense (AM-317) Deck Log,* 6–7 April 1945, pp. 17–18.
22. *USS Hyman DD 732,* Serial 028, *Action Report–Assault and Occupation of Okinawa Gunto–Nansei*

Shoto–27 March–14 April 1945–Including Attack and Damage of USS Hyman by Japanese Planes on 6 April 1945, 21 April 1945, pp. 7–14.
23. *U.S.S. Mullany (DD528),* Serial 020, *Action Report–Preparation for, and Landing on Okinawa Gunto, Nansei Shoto, from 15 March 1945 to 6 April 1945,* 16 April 1945, p. 7.
24. *USS Colhoun DD 801,* No Serial, *Action Report, Invasion and Occupation of Okinawa Nansei Shoto, April 1 to April 6, 1945, and loss of the USS Colhoun (DD801),* 27 April 1945, p. 8.
25. *U.S.S. Cassin Young (DD793),* Serial 002, *Action Report, Capture of Okinawa Gunto Phases One and Two,* 21 July 1945, p. 6.
26. This was the site of American landings and adjacent to the former airfields at Yontan and Kadena. Lying off shore in this area were numerous warships, supply ships, and troop transports. It was a prime target for kamikaze attacks during the campaign and thus was heavily guarded by American aircraft and ships.渡具知は米軍上陸地で、読谷、嘉手納両飛行場の近くだった。沖合には多くの戦闘艦艇、補給艦艇、人員輸送艦艇が停泊していた。この艦艇は沖縄侵攻作戦中カミカゼ攻撃の最優先の目標だったので、米艦艇、航空機で厳重に防御されていた。
27. *DANFS Volume VIII,* 1981, p. 206.
28. *USS Maryland BB46,* Serial 0100, *Action Report–Operations Against Okinawa Island–Nansei Shoto–21 March 1945–14 April 1945,* 23 April 1945, Enclosure (E), pp. 16–18.

第13章

1. Lt. Col. Masahiro Kawai, *The Operations of the Suicide-Boat Regiments in Okinawa* (National Institute for Defense Studies, undated), p. 6.（引用出典 『沖縄作戦に於ける海上挺進第二十六戦隊史実資料 附部隊履歴及個人功績』昭和二十二年三月二十五日 第三十二軍残務整理部 海上挺進第二十六戦隊戦闘経過概要 四月八日）
2. *USS Charles J. Badger DD 657,* Serial 002, *Action Report of USS Charles J. Badger (DD657) for 9 April 1945,* 19 May 1945, p. 5.
3. Samuel Eliot Morison, *History of United States Naval Operations in World War II, Volume XIV, Victory in the Pacific 1945* (Boston: Little Brown and Company, 1960), pp. 217–218.
4. *U.S.S. Sterrett (DD 407),* Serial 0139, *Return from Combat Area with Battle Damage, Report of,* 8 May 1945, p. 1.
5. *USS Kidd DD 661,* Serial 002-45, *Action Report 11 April to 15 April 1945,* 16 April 1945, p. 2.
6. *U.S.S. Enterprise CV-6, Deck Log,* 10–13 April 1945, pp. 391–399.
7. *USS Missouri BB-63,* Serial 087, *Action Report Covering Operations Against Kyushu, 18–19 March; Shore Bombardment of Okinawa, 24 March Against Okinawa, 25 March–6 May 1945,* 9 May 1945, Enclosure (C-1).
8. *U.S.S. Cassin Young (DD793),* Serial 002, *Action Report, Capture of Okinawa Gunto, Phases One and Two,* 21 July 1945, p. 6.
9. *U.S.S. Whitehurst DE 634, U.S.S.* Serial 0087, *U.S.S. Anti-Aircraft Action Report of 12 April–Forwarding of, U.S.S.* 21 April 1945, pp. 1–4.
10. *U.S.S. Lindsey DM 32,* No Serial, *Action Report–Okinawa Operation,* No Date, p. 22.
11. *U.S.S. Rall DE 304,* Serial 0016, *Action Report, First Phase of the Occupation of the Nansei Shoto (Okinawa Shima),* 26 April 1945, pp. 1–5.
12. *U.S.S. Mannert L Abele (DD733),* No Serial, *Action Report from 20 March through 12 April 1945, including damage to and loss of ship,* 14 April 1945, Enclosure (B), p. 2.
13. *U.S.S. Stanly DD 478,* Serial 087, *Occupation of Okinawa Gunto–25 March–13 April 1945,* 17 April 1945, p. 3.
14. *U.S.S. Zellars DD 777,* Serial 0033, *Report of Capture of Okinawa, Phase One and Two,* 1May 1945, p. 7.
15. Armed Guard Report *S.S. Minot Victory, Report of the Voyage, S.S. Minot Victory from Okinawa, Japan to San Pedro, California,* 25 May 1945, p. 11.
16. *U.S.S. Tennessee BB 43,* Serial 0121, *Amplifying Report of the Heavy Coordinated Air Attack on the Tennessee 12 April 1945,* 16 May 1945, Enclosure (A), p. 8.
17. Armed Guard Report *S.S. Minot Victory, Report of the Voyage, S.S. Minot Victory from Okinawa, Japan to San Pedro, California,* 25 May 1945, p. 2.
18. *U.S.S. Sigsbee DD 502,* Serial 045, *Action Report–Operations in Support of the Invasion of Okinawa–*

Period 14 March 1945–20 April 1945, 29 April 1945, Enclosure (A), pp. 15–27.
19. Allied Translator and Interpreter Section South West Pacific Area, *Research Report No. 125, Liaison Boat Units,* 27 March 1945.
20. *U.S.S. LCI(G) 659,* No Serial, *Action Report, Report of Action Night of 15 and 16 April 1945,* 19 April 1945, pp. 2–3.
21. *U.S.S. LCI (G) 407,* No Serial, *Anti-Aircraft Action Report,* 16 April 1945, p. 1. 28 April 1945, pp. 11–14.
22. *U.S.S. Laffey (DD724),* Serial 023, *Report of Operations in Support of Landings by U.S. Troops in Kerama Retto–Okinawa Area March 25 to April 22 1945, Including Action Against Enemy Aircraft on April 16, 1 945,* 29 April 1945, p. 25.
23. *U.S.S. Laffey (DD724),* Serial 023, p. 26-A.
24. *U.S.S. LCS(L) 51,* No Serial, *Anti-Aircraft Action, Okinawa, 16 April 1945,* 20 April 1945, pp. 1–2.
25. *U.S.S. LCS(L) 116,* Serial 1, *Action Report, Operations in Vicinity of Okinawa, 1 April to 16 April, 1945,* 18 April 1945, pp. 1–2.
26. *U.S.S. Bryant DD 665,* Serial 025, *Action Report–Amphibious Assault on Okinawa Gunto,*
27. *U.S.S. Bowers (DE-637),* Serial No. 003, *Action Report of The U.S.S. BOWERS (DE-637), 1–24 April 1945,* 15 May 1945, Enclosure (A), pp. 9–10.
28. *USS Harding DMS-28,* Serial 006, *War Damage Report 14 June 1945,* pp. 1–2.
29. *U.S.S. Intrepid (CV11),* Serial 0046, *War Diary, U.S.S. Intrepid (CV11)–Month of April 1945,* 22 June 1945.
30. *U.S.S. YMS 331,* Serial 4559, *Action Report,* 17 April 1945, p. 1.
31. *U.S.S. Benham (DD796),* Serial No. 033, *AA Action Report, USS Benham (DD796) of 17 April 1945,* 24 April 1945, pp.1–3.
32. *U.S.S. Swallow (AM65),* No Serial, *Action Report,* 25 April 1945, pp. 1–3.
33. *USS Wadsworth DD 516,* Serial 028, *Action Report for the Invasion of Okinawa Jima,* 24 June 1945, p. 31.
34. James L. Mooney, ed., *Dictionary of American Naval Fighting Ships Volume III* (Washington, D.C.: Naval Historical Center, 1968), p. 386. Hereafter *DANFS.*
35. Commanding Officer, Armed Guard Unit, *SS Canada Victory, Disaster Report SS Canada Victory,* 1 June 1945, p. 1.
36. *U.S.S. Ralph Talbot (DD390),* Serial 043, *Action by Surface Ships–Report of,* 9 May 1945, Enclosure (A), p. 3.
37. Military History Section—General Headquarters Far East Command Military Intelligence Section General Staff, *Japanese Monograph No. 135 Okinawa Operations Record,* p. 119. （引用出典『改訂版 沖縄作戦記録』 （昭和二十四年十一月調製） （日本軍戦史 No. 135）p. 156）
38. *USS Hutchins DD 476,* Serial 019, *Action Report Okinawa Operations Phases One and Two,* 7 May 1945, p. 7.
39. *U.S.S. LCS(L) 37 Action Report of 28 April 1945,* Revised 14 May 1945, p. 2.
40. Armed Guard Unit *S.S. Bozeman Victory,* Report *of Voyage, S.S. Bozeman Victory,* 9 June 1945, pp. 1–2.
41. *DANFS Volume V,* p. 311.
42. *U.S.S. Pinckney (PH-2), Deck Log,* 27–28 April 1945, pp. 117–118.
43. *U.S.S. Comfort (AH-6),* Serial C-68, *Aerial attack and Resultant Damage–report of,* 1 May 1945, p. 7.
44. *USS LCI(G) 580,* No Serial, *Action Report—Okinawa Operation,* 1 July 1945, pp. 2–4.
45. *USS Haggard DD 555,* Serial 056, *Report of Anti-Aircraft Action by Surface Ships,* 12 May 1945, p. 1.
46. *USS Hazelwood DD 531,* Serial 0065, *Report of Action Against Japanese Suicide Planes—2–9 April 1945,* Enclosure (A), p. 1.
47. *U.S.S. Terror CM 5,* Serial 0125, *AA Action Report,* 9 May 1945, pp. 1–3.

第14章

1. *USS Macomb DMS 23,* Serial 103, *Anti-Aircraft Action of 3 May 1945, Report of,* 5 May 1945, pp. 1–2.
2. *USS Aaron Ward DM 34,* Serial 005, *Action Report for 3 May 1945,* 13 May 1945, p. 6.
3. *USS Little DD 803,* No Serial, *Report of Action Between U.S.S. Little (DD 803), and Enemy Aircraft on May 3, 1945 (E. L .D.),* 7 May 1945, pp. 3–5.
4. *USS LSM(R) 195,* Serial F9-05, *Action Report—Battle of Okinawa, 3 May 1945,* 5 May 1945, p. 2.
5. *U.S.S. Carina AK 74,* Serial 09-45, *Action Report,* 21 May 1945, p. 2.
6. Armed Guard Unit *S.S. Paducah Victory, Report of Voyage, SS Paducah Victory,* 4 June 1945, p. 2.

7. Lt. Col. Masahiro Kawai, *The Operations of the Suicide-Boat Regiments in Okinawa* (National Institute for Defense Studies, undated), p. 7.
8. *U.S.S. L.C.S. (L) (3) 113, Action Report,* 16 May, 1945, p. 3.
9. *USS Spectacle AM305, War Diary, May 1–31,* 1945, p. 1.
10. *USS Luce DD 522,* No Serial, *Action Report on Ryukyus Operation, 24 March–4 May 1945,* 4 May 1945, pp. 5–21.
11. *USS LSM(R) 190,* Serial F9-04, *Action Report–Battle of Okinawa, 4 May 1945,* 18 August 1945, pp. 1–5.
12. *U.S.S. Gayety (AM 239),* Serial 037, *Action with Enemy Suicide Planes on 4 May 1945, Report of,* 10 May 1945, pp. 2–3.
13. *USS Morrison DD 560,* Serial 030, *Action Report of USS Morrison on Air Engagement 4 May 1945,* 10 May 1945, pp. 1–4.
14. *U.S.S. LSM(R) 194,* Serial F9-6, *Action Report–Battle of Okinawa–4 May 1945,* 6 May 1945, p. 1.
15. *USS Ingraham DD-694,* Serial 0010, *Iceberg Operation, 4 May 1945,* 17 June 1945, p. 2.
16. Ibid., p. 3.
17. *U.S.S. Shea (DM30),* Serial 004, *Battle Damage Incurred 4 May 1945–Report of,* 15 May 1945, p. 2.
18. *U.S.S. LCS(L)(3) 53,* Serial No. 051, *Action Report of Anti-Small Boat Patrol on the Night of 4 to 5 May 1945,* 1 June 1945, p. 1.
19. *U.S.S. Oberrender (DE 344),* Serial 006, *Action Report on Okinawa Operation, Phases I and II, from 9 April 1945 to 10 May 1945,* 18 May 1945, pp. 3–4.
20. *U.S.S. England (DE-635),* Serial No. 005, *Okinawa Operation–Action report of,* 13 June 1945, pp. 17–18.
21. Translation of letter written by Flight PO 1/c Isao Matsuo, 11 May 1945.
22. *VMF-221 Aircraft Action Report No. 63,* 11 May 1945.
23. Military History Section—General Headquarters Far East Command Military Intelligence Section General Staff, *Japanese Monograph No. 141, "Okinawa Area Naval Operations" Supplement Statistics on Naval Air Strength,* Chart A. （引用出典『沖縄方面の海軍作戦 附録 沖縄方面作戦（自一九四五年二月至一九四五年八月）に於ける海軍航空兵力使用状況諸統計』（昭和二十四年八月調製）（日本軍戦史 No. 141）p. 19）
24. Maxwell Taylor Kennedy, *Danger's Hour: The Story of the USS Bunker Hill and the Kamikaze Pilot Who Crippled Her* (New York: Simon & Schuster, 2008), pp. 284–292.
25. Interview with Albert Perdeck, S 1/c *U.S.S. Bunker Hill CV 17,* 13 August 2009.
26. Ibid.
27. *U.S.S. Harry F. Bauer (DM26),* Serial 006, *Report of Capture of Okinawa Gunto, PhasesI and II, 25 March to 11 June 1945,* 12 June 1945, p. 38.
28. *USS Hugh W. Hadley DD 744,* Serial 066, *Action Report, Action Against Enemy Aircraft Attacking This Ship, While on Radar Picket Station Number Fifteen, Off Okinawa, Nansei Shoto, 11 May 1945,* 15 May 1945, p. 2.
29. *USS Hugh W. Hadley DD 744,* Serial 066, p. 3.
30. Ibid., pp. 5–6.
31. *U.S.S. LCS(L)(3) 82,* Serial 72-45, *Action Report, Okinawa Campaign, USS LCS(L) 82,* 26 July 1945, Enclosure (A), pp. 1–3.
32. *U.S.S. LCS(L) (3) 83,* Serial 020-45, *Action Report of Okinawa Campaign, 16 April to 21 June,* 26 July 1945, Enclosure (h), p. 1.
33. *U.S.S. LSM(R) 193,* Serial 007, *Action Report, Battle of Okinawa 11 May 1945,* 13 May 1945, pp. 2–3.
34. *U.S.S. Evans DD 552,* Serial 004, *Action Report, Anti-aircraft Action off Okinawa 11 May 1945,* 22 May 1945, pp. 6–9.
35. Armed Guard Unit *SS C. W. Post, Report of Voyage, SS C. W. Post from Oakland Callifornia to Ie Shima,* 23 May 1945, pp. 1–2.
36. Armed Guard Unit *M. S. Tjisadane, Report of Voyage M. S. Tjisadane,* 15 June 1945, pp.1–3.

第15章

1. *USS LCS(L)(3)19,* Serial No. 0-4, *Action Report,* 18 May 1945, pp. 1–2.
2. *U.S.S. LCS(L)(3) 82 ,* No Serial, *Action Report, USS LCS(L)(3) 82 of 12–13 May 1945,* Enclosure (A), pp. 2–3.

3. *USS Bache DD 470*, Serial 0126, *Action Report–Okinawa Jima Operation, 16 March 1945 to 2 June 1945*, 2 June 1945, Enclosure (A), p. 7.
4. *U.S.S. Bright (DE-747)*, Serial 028, *War Diary for period ending 31 May 1945*, 5 June 1945, p. 5.
5. *USS Enterprise CV 6*, Serial 0273, *Action Report of USS Enterprise–CV6–in Connection With Operations in Support of Amphibious Landings at Okinawa 3 May to 16 May 1945–Phase III*, 22 May 1945, pp. 15–16.
6. *U.S.S. Douglas H. Fox (DD779)*, Serial 004, *Action Report—Action against enemy aircraft attacking this ship while on Radar Picket Station Number Nine off Okinawa, Nansei Shoto, May 17*, 1945, 24 May 1945, pp. 1–3.
7. *USS Chase APD 54*, Serial No. 005, *War Damage Report*, 10 June 1945, pp. 1–3.
8. *U.S.S. Thatcher (DD 514)*, Serial 0121, Action Report, U.S.S. Thatcher (DD514), Okinawa Gunto, 16–20 May 1945, pp. 6–7.
9. *U. S. S. Register (APD-92)*, Serial No. 031, *Action Report, Suicide Air Attack night of 20 May 1945*, 26 May 1945, pp. 1–4.
10. *U.S.S. William C. Cole DE 641*, Serial No. 022, *War Diary for Month of May 1945*, 4 June 1945.
11. *USS O'Neill DE 188*, Serial 044, *Action Report–Operations at Okinawa, Nansei Shoto, From April–June 1945*, 10 June 1945, p. 3.
12. James L. Mooney, ed., *Dictionary of American Naval Fighting Ship Vol. I A-B* (Washington, D.C.: Naval History Center, 1991), p. 101.
13. *U.S.S. BARRY (APD-29)*, Serial: 024, *Anti-Aircraft Action Report*, First Endorsement, 3 June 1945, pp. 1–2.
14. *U.S.S. Spectacle (AM305)*, Serial 042, *Anti-Aircraft Action Report–Japanese Plane Suicide Attack, Ie Shima, 25 May 1945*, 1 June 1945, pp. 2–3.
15. *U.S.S. LSM 135*, No Serial, *Action Report–Attack by Japanese Suicide Plane 25 May 1945, Ie Shima, Ryukyu Rhetto, Resulting in Loss of Ship–U.S.S. LSM 135*, 1 June 1945, p. 1.
16. *U.S.S. Bates (APD 47)*, No Serial, *Action Report–Attack and Bombing by Japanese Suicide Planes May 25, 1945–Okinawa–Resulting in Loss of Ship*, 1 June 1945, pp. 1–3.
17. *U.S.S. Roper (APD 20)*, Serial 022, *Action Report–Suicide Plane Crash on U.S.S. ROPER (APD-20) 25 May 1945*, 31 May 1945, pp. 6–7.
18. *USS Stormes DD 780*, Serial 072, *Action Report*, 1 June 1945, p. 2.
19. Ibid., p. 9.
20. *USS Forrest DMS-24*, Serial 001, *War Damage Report, Report of Damage Sustained From Suicide Plane Crash Aboard, Ship in Task Group 51.5 Patrolling off Okinawa*, 12 June 1945, p. 1.
21. William J. Veigele, *PC Patrol Craft of World War II* (Santa Barbara, CA: Astral Publishing Co., 1998), p. 222.
22. *U.S.S. Braine (DD630)*, Serial 0013, *U.S.S. BRAINE Action Report–Engagement with Japanese Aircraft off the Island of Okinawa on 27 May 1945*, pp. 1–5.
23. John Rooney, *Mighty Midget U.S.S. LCS 82* (Phoenixville, PA: John Rooney, 1990), p. 140.
24. *USS Braine DD 630* website, *http://www.uss-brainedd630com/witness.htm*, p. 4.
25. Rooney, p. 140.
26. *USS Dutton AGS 8*, Serial 62–45, *Action Report of Attack by Enemy Suicide Plane*, 28 May 19345, pp. 1–2.
27. *U.S.S. Loy (APD 56)*, Serial 16, *Ships Damage Report—Summary of*, 30 May 1945, pp. 1–2.
28. *U.S.S. Rednour (APD 102)*, Serial 022, *General Action Report, 26 April to 8 June 1945—submission of*, 11 June 1945, pp. 2–4
29. *USS LCS(L) 119*, Serial 00201, *Action Report*, 2 June 1945, pp. 3–4.
30. Robert M. Browning, Jr., *U.S. Merchant Vessel War Casualties of World War II* (Annapolis: Naval Institute Press, 1996), pp. 514–515.
31. *U.S.S. Drexler (DD741)*, Serial 01, *Action Report, Involving Loss of U.S.S. Drexler (DD741)*, 26 June 1945, pp. 1–2.

第16章

1. *USS LCI(L) 90*, No Serial, *Action Report of Operations of 3 June 1945*, 8 June 1945, pp. 1–2.
2. *USS Mississippi BB-41*, Serial 004, *War Damage, Suicide Plane Attack, 5 June 1945*, 8 July 1945, pp. 1–3.
3. *U.S.S. Louisville CA 28*, Serial 0014, *Report of War Damage Sustained as a Result of Japanese Suicide*

Plane Hit, June 5, 1945, 11 June 1945, pp. 1–6.
4. *USS LCS(L) 40,* Serial 202, *Action Report on,* 8 August 1945, pp. 6–7.
5. *U.S.S. Harry F. Bauer DM 26, Deck Log,* 6 June 1945, pp. 442–443.
6. *U.S.S. J. William Ditter DM 31, Deck Log,* 6 June 1945, pp. 376–378.
7. James L. Mooney, ed., *Dictionary of American Naval Fighting Ships,* Vol. V (Washington, D.C.: Naval History Division, 1970), p. 23.
8. *U.S.S. Anthony (DD515),* Serial 042, *U.S.S. Anthony (DD515)–Action Report, Okinawa Campaign, 28 May–24 June 1945,* 26 June 1945, p. 2.
9. *USS William D. Porter DD-579,* Serial 00236, *Report of Loss of USS William D. Porter, 10 June 1945,* 18 June 1945, p. 3.
10. Armed Guard Unit *S.S. Walter Colton, Report of Voyage, S. S. Walter Colton from March 28, 1945 to 24 July,* 1945, 26 July 1945, pp. 2–4.
11. *USS LSM 59,* No Serial, *Action Report–Sinking of the U.S.S. LSM 59 by Japanese Suicide Plane on 21 June 1945,* 23 June 1945, p. 1.
12. *U.S.S. Curtiss (AV4)* , Serial 0010, *Action Report,* 1 July 1945, p. 2.
13. Ibid., Enclosure A, p. 3.
14. Military History Section Headquarters, Army Forces Far East, *Japanese Monograph No. 184 Submarine Operations in the Third Phase Operations Parts 3, 4, and 5,* 1960, p. 144.（引用出典『第三段作戦に於ける潜水艦作戦 其の五（自一九四五年三月至終戦）』（昭和二十九年九月調製）（日本軍戦史 No. 187）pp. 36-37）（訳注：原書は『日本軍戦史』No.184を引用しているが、『日本軍戦史』の表題、内容からNo.184の続編であるNo.187の当該箇所から引用した）
15. Action Report, No Serial, *LTJG Elwood M. Rich, USN, Senior Surviving Officer–USS Underhill (DE682),* 30 July 1945, p. 22.
16. Commander Destroyer Squadron 55, Serial 0023, *Anti-Aircraft Action Report for Action of 29 July, 1945–Loss of U.S.S. Callaghan (DD792),* 7 August 1945, Enclosure (A), p. 5.
17. *USS Cassin Young DD-793,* Serial 003, *Iceberg Operation Memorandum Report of Radar Picket Duty off Okinawa—Under Kamikaze Attack 29 and 30 July,* 1 August 1945, p. 2.
18. *U.S.S. Horace A. Bass (APD 124),* Serial 024, *Action Report, Defense of Okinawa, 30 July 1945,* 9 August 1945, p. 2.
19. *U.S.S. Borie (DD704),* Serial 0222-45, *Action Report–Operations During the Period 2 July 1945 to 15 August 1945,* 15 August 1945, pp. 1–2.
20. *USS Hank DD 702,* Serial 046, *USS Hank (DD702) Action Report–Operations with Task Force 38 Against Japanese Empire During Period 1 July–16 August 1945,* 20 August 1945, pp. 2–3.
21. *USS Lagrange APA 124,* Serial 040, *Action Report–Forwarding of,* 22 August 1945, pp. 1–2.
22. VAdm. Matome Ugaki, *Fading Victory: The Diary of Admiral Matome Ugaki 1941–1945,* trans. Masataka Chihaya (Pittsburgh: University of Pittsburgh Press, 1991), p. 659.（引用出典『戦藻録 後編』pp. 275-276）
23. Ugaki, p. 664.（引用出典『戦藻録 後編』p. 279）

第17章

1. Military History Section Headquarters, Army Forces Far East, *Japanese Monograph No. 174 Outline of Naval Armament and Preparations for War, Part VI,* pp. 8–9. Hereafter *JM No. 174.*（引用出典『海軍の軍備並びに戦備の全貌 其の六（敗退に伴う戦備並びに特攻戦備）』（昭和二十七年三月調製）（日本軍戦史 No.174）pp. 13-14）
2. Ibid., p. 12.（引用出典 同上 p. 39）
3. *JM No. 174,* p. 13.（引用出典 同上 p. 40）
4. *JM No. 174,* pp. 28–29.（引用出典 同上 pp. 46-47）
5. *JM No. 174,* pp. 39–40.（引用出典 同上 pp. 53-54）
6. *U.S.S. William D. Porter (D579),* Serial 00236, *Report of Loss of USS William D. Porter, 10 June 1945,* 18 June 1945, pp. 2–3.
7. *JM No. 174,* pp. 28–29.（引用出典『海軍の軍備並びに戦備の全貌 其の六（敗退に伴う戦備並びに特攻戦備）』（昭和二十七年三月調製）（日本軍戦史 No. 174）pp. 46-47）
8. Military History Section Headquarters, Army Forces Far East, *Japanese Monograph No. 85*

Preparations for Operations in Defense of the Homeland, Jul. 1944-Jul. 1945, Annexed Sheet # 3. Hereafter *JM No. 85.*（引用出典『本土上陸に對する反撃作戦準備』（昭和二十二年三月調製　昭和二十四年四月複製）（一部欠）（日本軍戦史 No.85）p. 33）
9. Ibid., p. 28.（引用出典 同上 p. 26）
10. *JM No. 85,* p. 15.（引用出典 同上 p. 15）
11. History Section Headquarters, Army Forces Far East, *Japanese Monograph No. 184 Submarine Operations in the Third Phase Operations Parts 3, 4, and 5,* p. 162.（引用出典『第三段作戦に於ける潜水艦作戦 其の五（自一九四五年三月至終戦）』（昭和二十九年九月調製）（日本軍戦史 No.187）pp. 88-89）（訳注：原書は日本軍戦史 No.184を引用しているが、日本軍戦史の表題、内容からNo.184の続編であるNo.187の当該内容の所から引用した）
12. U.S. Naval Technical Mission to Japan, Target Report : *The Fukuryu Special Harbor Defense and Underwater Attack Unit—Tokyo Bay,* January 1946, p. 9. 13. Ibid., p. 7.
13. Ibid., p. 7.

参考文献

本書の参考文献は広範囲にわたっている。第2次世界大戦中の米艦艇に対するカミカゼ攻撃を完全に書籍化するには可能な限り多くの記録を調べる必要があった。これには艦船の航海日誌、戦闘報告およびカミカゼ、その組織、戦歴に関するさまざまな米政府の報告書がある。ほかの研究者のために一次資料を保管場所ごとにリスト・アップした。特にメリーランド州カレッジ・パークの国立公文書記録管理局の記録については可能な限り各種の記録をほかの研究者の研究のためにリスト・アップした。

国立公文書記録管理局の文書資料で主に使用したのは次にグループである。
RG 18　　第2次世界大戦米陸軍航空軍任務記録検索－戦闘航空群および戦闘飛行隊
RG 19　　艦船局記録
RG 24　　米海軍艦艇、基地、小部隊の航海日誌／業務日誌リスト　1801～1947年
RG 38　　米海軍作戦部長記録
RG 127　米海兵航空隊記録　第2次世界大戦関連
RG 165　戦争省一般および特別幕僚
RG 243　米国戦略爆撃調査団記録
RG 457　国家安全保障局記録

写真資料は次にグループである。
RG 19　　　　　　艦船局記録 シリーズZ
RG 80 G　　　　　海軍省一般記録 1941～1945年
RG 80 JO　　　　　海軍省一般記録 1789～1947年
RG 111 SC　　　　陸軍通信隊記録 1941-1945
RG 127 MC　　　　海兵隊記録
RG 306 NT　　　　米情報局、ニューヨーク・タイムズ・パリ支局コレクション
RG 342 FH　　　　米空軍、指揮、行動、組織記録

国立公文書記録管理局から得た写真にはNARAで始まり、80G、111-SCなどの個別の記録グループの番号が続くクレジットが付いている。ワシントンDCの米海軍歴史遺産コマンドの写真には最初にNHの文字が付いている。「1-3 MISCELLANEOUS MATERIALS」のリストの資料は著者のコレクションである。これは国立公文書記録管理局などから入手することも可能だが、公式のコレクションとは別に著者が独自の方法で入手したものである。一次資料（Primary Sources）とその保管場所をリストにした。個別の事象に関する注は脚注として巻末に記載した。*1　ここに示す公式資料には、さまざまな形式があることに注意しなければならない。資料の一部または全部が大文字で表記されている場合もあれば、そうでない場合もある。また、ピリオド、カンマ、ハイフンの使い方もさまざまである。ここでは、それらを原文のまま掲載した。

*1：カッコは次を示す。【　】：文献の源泉、「　」：文献保存場所／組織、『　』：文献グループ大区分等、［　］：文献グループ小区分

【Primary Sources】

1-1「AIR FORCE HISTORICAL RESEARCH AGENCY, MAXWELL AIR FORCE BASE」
Records of the 7th Fighter Squadron January 1941–March 1945. Microfilm Publication A0716.
Records of the 8th Fighter Squadron January 1942–August 1947. Microfilm Publication A0718.
Records of the 9th Fighter Squadron January 1941–August 1947. Microfilm Publication A0719.
Records of the 49th Fighter Group January 1941–June 1946. Microfilm Publication B0143.
Records of the 318th Fighter Group. Microfilm Publication BO522–2309.
Records of the 318th Fighter Group Narrative. Microfilm Publication BO239-2078.
Records of the 431st Fighter Squadron September 1944–August 1945. Microfilm Publication A0807.

Records of the 432nd Fighter Squadron May 1943–April 1945. Microfilm Publication A0807.
Records of the 433rd Fighter Squadron May 1943–June 1945. Microfilm Publication A0808.
Records of the 475th Fighter Group May 1943–July 1945. Microfilm Publication B0632.

1-2「LIBRARY OF CONGRESS」
Archival Manuscript Collection. Deyo, Morton L. Papers of VAdm. M. L. Deyo USN 1911–1981. Call Number 0535S.

Deyo, VAdm. M. L. *Kamikaze*. Typescript, circa 1955.

Military History Section—General Headquarters Far East Command Military Intelligence Section General Staff. Microfilm Records, Shelf 8489, Reels 1, 5, 7, 10, 13, 14.

Japanese Monograph No. 6. 35th Army Operations, 1944–1945 (Reel 1). 第一復員局『レイテ作戦記録 比島作戦記録 第三期第二巻附録』（昭和二十一年十月調製 昭和二十四年四月複製）（日本軍戦史 No. 6）第一復員局

Japanese Monograph No .7. Philippines Operations Record, Phase III Jan.–Aug. 1945 (Reel 1). 第一復員局『呂宋島における作戦 比島作戦記録 第三期第三巻』（日本軍戦史. No. 7）第一復員局

Japanese Monograph No. 8. Philippines Operations Record, Phase III Dec. 1944–Aug. 1945 (Reel 1). 復員局資料整理部『比島作戦記録 第三期第三巻別冊 マニラ東方振武集団の作戦中訂正事項』（昭和二十四年五月調製）（日本軍戦史 No. 8）復員局資料整理部

Japanese Monograph No. 12. 4th Air Army Operations 1944–1945 (Reel 1). 第一復員局『比島航空作戦記録 第二期』（昭和二十一年十月調製 昭和二十四年五月複製）（日本軍戦史 No. 12）第一復員局

Japanese Monograph No. 51. Air Operations on Iwo Jima and the Ryukyus (Reel 5). 第一復員局『硫黄島及南西諸島方面航空作戦記録』（昭和二十一年八月調整 昭和二十四年複製）（日本軍戦史 No. 51）第一復員局

Japanese Monograph No. 52. History of the 10th Area Army,1943-1945 (Reel 5). 第一復員局『第十方面軍作戦記録 臺灣及南西諸島』（昭和二十一年八月調製 昭和二十四年四月複製）（日本軍戦史 No. 52）第一復員局

Japanese Monograph No. 53. 3rd Army Operations in Okinawa March-June, 1945. Army Defense Operations (Reel 5). 第一復員局『沖縄作戦記録』（昭和二十一年八月調製 昭和二十四年四月複製）（日本軍戦史 No. 53）第一復員局

Japanese Monograph No. 85. Preparations for Operations in Defense of the Homeland, Jul. 1944 –Jul. 1945 (Reel 7). 第二復員局残務処理部『本土上陸に對する反撃作戦準備』（昭和二十二年三月調製 昭和二十四年四月複製）（一部欠）（日本軍戦史 No. 85）第二復員局残務処理部

Japanese Monograph No. 86. War History of the 5th Air Fleet (The Ten Air Unit) Operational Record from 10 February 1946 to 19 August 1945 (Reel 7). 第二復員局残務処理部『第五航空艦隊の作戦記録（自一九四五年二月至一九四五年八月）』（昭和二十一年八月調製 昭和二十四年五月複製）（日本軍戦史 No. 86）第二復員局残務処理部

Japanese Monograph No. 135. Okinawa Operations Record (Reel 10). 復員局『改訂版 沖縄作戦記録』（昭和二十四年十一月調製）（日本軍戦史 No. 135）復員局

Japanese Monograph No. 141. (Navy) Okinawa Area Naval Operations Supplement Statistics on Naval Air Strength. August, 1949 (Reel 10). 第二復員局残務処理部『沖縄方面の海軍作戦 附録 沖縄方面作戦（自一九四五年二月至一九四五年八月）に於ける海軍航空兵力使用状況諸統計』（昭和二十四年八月調製）（日本軍戦史 No. 141）第二復員局残務処理部

Japanese Monograph No. 174. Outline of Naval Armament and Preparations for War, Part VI (Reel 13). 第二復員局残務処理部『海軍の軍備並びに戦備の全貌 其の六（敗退に伴う戦備並びに特攻戦備）』（昭和二十七年三月調製）（日本軍戦史 No. 174）第二復員局残務処理部

Japanese Monograph No. 184. Submarine Operations in the Third Phase Operations Parts 3, 4, and 5 (Reel 14). 厚生省引揚援護局整理第二課『第三段作戦に於ける潜水艦作戦 其の五（自一九四五年三月至終戦）』（昭和二十九年九月調製）（日本軍戦史 No. 187）厚生省引揚援護局整理第二課（訳注：実際には日本軍戦史No. 184ではなく日本軍戦史No. 187の記載内容から引用している）

1-3「MISCELLANEOUS MATERIALS」

Allied Land Forces Southeast Asia Weekly Intelligence Review. No. 1. "More Suicide Tactics." For week ending 5th January, 1945. p. 7.

参考文献　535

Bureau of Ships Navy Department. Destroyer Report—*Gunfire Bomb and Kamikaze Damage Including Losses in Action 17 October, 1941 to 15 August 1945.*

Bureau of Ships Navy Department. NAVSHIPS A-3 (420) *Summary of War Damage to U.S. Battleships, Carriers, Cruisers, Destroyers and Destroyer Escorts 8 December 1943 to 7 December 1944.* Washington, D.C.: U.S. Hydrographic Office, 1945.

Bureau of Ships Navy Department. NAVSHIPS A-4 (424). *Summary of War Damage to U.S. Battleships, Carriers, Cruisers, Destroyers and Destroyer Escorts 8 December 1944 to 9 October 1945.* Washington, D.C.: U. S. Hydrographic Office, 1945.

Cabinet Information Board. Op-16-EE Translation No. 264. "Kamikaze Special Attack Force." *Weekly Report of 8 November 1944.*

CINCPAC PEARL *Dispatch AI 58199.* 3 May 1945.

Fukui, Shizuo. *Japanese Naval Vessels at End of War.* Japan: Administrative Division, Second Demobilization Bureau, 1947.

Headquarters Far East Command Military History Section. *Imperial General Headquarters Navy Directives Volume II. Directives No. 316- No. 540 (15 Jan 44–26 Aug 45) Special Directives No. 1–No. 3 (2 Sep 45–12 Sep 45).*

Industrial Department Scientific & Test Group, Puget Sound Navy Yard. *War Damage Report—USS Sterrett (DD 407) Action of 9 April 1945.*

U.S. Naval Technical Mission to Japan. *Japanese Suicide Craft.* January 1946.

_____. *Target Report—The Fukuryu Special Harbor Defense and Underwater Attack Unit—Tokyo Bay.* January 1946.

War Department Military Intelligence Division. *Intelligence Bulletin.* Various volumes and dates from November 1944 through August 1945. Specific articles are listed in the chapter endnotes.

1-4 ⌈NATIONAL ARCHIVES AND RECORDS ADMINISTRATION, COLLEGE PARK, MD⌋

⌈*RG 18: WW II USAAF Mission Record Index—Fighter Groups and Squadrons*⌋

USAAF Squadron and Groups Mission reports and Squadron and Group Histories for the: 1st, 19th, 21st, 34th, 333rd, 418th (N) and 548th (N) Fighter Squadrons and the 318th and 413th Fighter Groups.

⌈*RG 19: Records of the Bureau of Ships*⌋

BuShips General Correspondence 1940–1945 LSM(R)/L 11–3 to C-LSM(R)/S 29–2.
BuShips General Correspondence 1940–1945 LSM(R)/S87 to LSM(R) 188–189/S 17.
BuShips General Correspondence 1940–1945 LSM(R)/S87 to LSM(R) 188–189/S 17.
BuShips General Correspondence 1940–1945 C-DD 552 to DD 553.
BuShips General Correspondence 1940–1945 C-DD 734/L 11–1 (350-C-44LIL).
BuShips General Correspondence 1940–1945 DD 741–C-DD 742.

⌈*RG 24: List of Logbooks of U.S. Navy Ships, Stations, and Miscellaneous Units, 1801–1947*⌋

[Ship Logs]

Amphibious command ships: *Ancon AGC 4, Biscayne AGC 18, Eldorado AGC 11, Panamint AGC 13.*
Carriers: *Belleau Wood CVL 24, Bennington CV 20, Block Island CVE 106, Chenango CVE 28, Essex CV 9, Franklin CV 13, Hancock CV 19, Hornet CV 12, San Jacinto CVL 30, Wasp CV 18, Yorktown CV 10.*
Destroyer escorts: *Bowers DE 637, Edmonds DE 406.*
Destroyers: *Alfred A. Cunningham DD 752, Ammen DD 527, Anthony DD 515, Aulick DD 569, Bache DD 470, Barton DD 722, Beale DD 471, Bennett DD 473, Bennion DD 662, Boyd DD 544, Bradford DD 545, Braine DD 630, Brown DD 546, Bryant DD 665, Bush DD 529, Callaghan DD 792, Caperton DD 650, Cassin Young DD 793, Charles Ausburne DD 570, Claxton DD 571, Cogswell DD 651, Colhoun DD 801, Compton DD 705, Converse DD 509, Cowell DD 547, Daly DD 519, Douglas H. Fox DD 779, Drexler DD 741, Dyson DD 572, Evans DD 552, Foote DD 511, Frank E. Evans DD 754, Fullam DD 474, Gainard DD 706, Gregory DD 802, Guest DD 472, Harry E. Hubbard DD 748, Heywood L. Edwards DD 663, Hudson DD 475, Hugh W. Hadley DD 774, Ingersoll DD 652, Ingraham DD 694, Irwin DD 794, Isherwood DD 520, James C. Owens DD 776, John A. Bole DD 755, Kimberly DD 521, Knapp DD 653, Laffey DD*

724, Lang DD 399, Laws DD 558, Little DD 803, Lowry DD 770, Luce DD 522, Mannert L. Abele DD 733, Massey DD 778, Moale DD 693, Morrison DD 560, Mustin DD 413, Nichol-son DD 442, Picking DD 685, Preston DD 795, Pringle DD 477, Pritchett DD 561, Purdy DD 734, Putnam DD 757, Richard P. Leary DD 664, Rowe DD 564, Russell DD 414, Shubrick DD 639, Smalley DD 565, Sproston DD 577, Stanly DD 478, Sterett DD 407, Stoddard DD 566, Stormes DD 780, Van Valkenburgh DD 656, Wadsworth DD 516, Walke DD 723, Watts DD 567, Wickes DD 578, Wilkes DD 441, Willard Keith DD 775, William D. Porter DD 579, and Wren DD 568.

Fleet minesweeper: *Defense AM 317.*

Fleet tugs: *Arikara ATF 98, Cree ATF 84, Lipan, ATF 85, Menominee ATF 73, Pakana ATF 108, Tekesta ATF 93, Ute ATF 76.*

High speed minesweepers: *Butler DMS 29, Ellyson DMS 19, Emmons DMS 22, Forrest DMS 24, Gherardi DMS 30, Hambleton DMS 20, Harding DMS28, Hobson DMS 26, Jeffers DMS 27, Long DMS 12, Macomb DMS 23, Rodman DMS 21, and Southard DMS 10.*

High speed transports: *Barber APD 57, Clemson APD 31, Frament APD 77, Ringness APD 100.*

Landing crafts support (large): *11 through 22, 31, 32, 34 through 40, 51 through 57, 61 through 67, 68, 70, 71, 74, 76, 81 through 90, 92 through 94, 97 through 105, 107, 109, 110, 111, 114 through 125, and 128 through 130.*

Landing ships medium: *14, 82, 167, 222, 228, 279.*

Landing ships medium (rockets): *189, 191, 192, 193, 196, 197, 198, 199.*

Landing ships tank: *472, 477, 534, 554, 605, 610, 700, 724, 737, 738, 750, 778, 808, 809, 912, 925, 1025, 1028.*

Light mine layers: *Aaron Ward DM 34, Gwin DM 33, Harry F. Bauer DM 26, Henry A. Wiley DM 29, J. William Ditter DM 31, Lindsey DM 32, Robert H. Smith DM 23, Shannon DM 25, Shea DM 30, Thomas E. Fraser DM 24.*

Patrol craft: *PC 1129.*

Patrol crafts rescue: *PCE(R)s 851, 852, 853, 854, 855, 856.*

Patrol motor gunboats: *PGM 9, PGM 10, PGM 17, PGM 20.*

Specific log references are listed in the chapter end notes.

『RG 38: Armed Guard Reports』

For the merchant ships *Alcoa Pioneer, Alexander Majors, Augustus Thomas, Benjamin Ide Wheeler, Bozeman Victory, Canada Victory, C. W. Post, George Von L. Meyer, Gilbert Stuart, Hobbs Victory, James O'Hara, Jeremiah M. Daily, John Evans, John S. Burke, Juan de Fuca, Kyle V. Johnson, Logan Victory, Marcus Daly, Matthew P. Deady, Morrison R. Waite, Minot Victory, M. S. Tjisadane, Paducah Victory, Segundo Ruiz-Blevis, Thomas Nelson, Walter Colton, William A. Coulter, William S. Ladd, and William Sharon.*

『RG 38: Records of the Chief of Naval Operations—Office of Naval Intelligence』

[Monograph Files—Japan 1939–1946 1001–1015]

Air Branch, Office of Naval Intelligence. *Naval Aviation Combat Statistics World War II. OPNAV-P-23V No. A 129*. Washington, D.C.: Office of the Chief of Naval Operations Navy Department, 17 June 1946.

Air Intelligence Group, Division of Naval Intelligence. *Air Operations Memorandum No. 81.* 18 May 1945.

Air Operations Memorandum No. 82. 25 May 1945.

Air Operations Memorandum No. 83. OpNav-16-V # S234. 1 June 1945.

Air Operations Memorandum No. 88. 6 July 1945.

Brunetti, Col. N. *The Japanese Air Force* (undated).

Chain of Command of Naval Air Forces Attached to the Combined Fleet (as of August 15th 1945).

Data Table—Japanese Combat Aircraft.

Director Air Intelligence Group. *Statistical Analysis of Japanese Suicide Effort Against Allied Shipping During OKINAWA Campaign.* 23 July 1945.

Japanese Suicide Effort Against Allied Shipping During OKINAWA Campaign, Statistical Analysis of. OP-16-V A-MvR. Serial 001481916. 23 July 1945.

Observed Suicide Attacks by Japanese Aircraft Against Allied Ships. OpNav-16-V # A106. 23 May 1945.

参考文献 537

Photographic Interpretation Handbook—United States Forces. Supplement No. 2. Aircraft Identification. 15 April, 1945.
Secret Information Bulletin, No. 24.
Technical Air Intelligence Center. *Summary # 31 Baka.* OpNav—16-V # T 131. June 1945.
United States Fleet Headquarters of the Commander in Chief Navy Department, Washington D.C. *Effects of B-29 Operations in Support of the Okinawa Campaign From 18 March to 22 June 1945.* 3 August 1945.
U. S. Naval Technical Mission to Japan. Index No. *S-O2 Ships and Related Targets Japanese Suicide Craft.*
_____. O-01-1 Japanese Torpedoes and Tubes Article I Ship and Kaiten Torpedoes. April 1946.

⟦*RG 38: Records of the Chief of Naval Operations—Records Relating to Naval Activity During World War II*⟧

[Action Reports]
Amphibious command ships: *Ancon AGC 4, Biscayne AGC 18, Eldorado AGC 11, Panamint AGC 13.*
Attack transports: *Alpine APA 92, Callaway APA 35, Du Page APA 41, Goodhue APA 107, Henrico APA 45, Hinsdale APA 120, James O'Hara APA 90, Lagrange APA 124, Sandoval APA 194, Telfair APA 210, Zeilin APA 3.*
Battleships: *California BB 44, Colorado BB 45, Maryland BB 46, Mississippi BB 41, Missouri BB 63, Nevada BB 36, New Mexico BB 40, New York BB 34, Tennessee BB 43, West Virginia BB 48.*
Cargo ship: *Carina AK 74.*
Cargo ship attack: *Achernar AKA 53, Starr AKA 67.*
Carriers: *Belleau Wood CVL 24, Bennington CV 20, Bunker Hill CV 17, Cabot CVL 28, Essex CV 9, Enterprise CV 6, Franklin CV 13, Hancock CV 19, Hornet CV 12, Intrepid CV 11, Lexington CV 16, Randolph CV 15, San Jacinto CVL 30, Saratoga CV 3, Ticonderoga CV 14, Wasp CV 18, Yorktown CV 10.*
Cruisers: *Biloxi CL 80, Birmingham CL 62, Columbia CL 56, Indianapolis CA 35, Louisville CA 28, Minneapolis CA 36, Montpelier CL 57, Nashville CL 45, Reno CL 96, St. Louis CL 49.*
Destroyer escorts: *Bowers DE 637, Bright DE 747, England DE 635, Fieberling DE 640, Gilligan DE 508, Halloran DE 305, Hodges DE 231, John C. Butler DE 339, LeRay Wilson DE 414, Lough DE 586, Oberrender DE 344, O'Neill DE 188, Rall DE 304, Richard W. Suesens DE 342, Samuel Miles DE 183, Stafford DE 411, Walter C. Wann DE 412, Whitehurst DE 634, William C. Cole DE 641, Witter DE 636, Underhill DE 682, Wesson DE 184, Witter DE 636.*
Destroyers: *Abner Read DD 526, Allen M. Sumner DD 692, Ammen DD 527, Anderson DD 411, Anthony DD 515, Aulick DD 569, Bache DD 470, Beale DD 471, Benham DD 796, Bennett DD 473, Bennion DD 662, Borie DD 704, Boyd DD 544, Bradford DD 545, Braine DD 630, Brown DD 546, Bryant DD 665, Bullard DD 660, Bush DD 529, Caldwell DD 605, Callaghan DD 792, Caperton DD 650, Cassin Young DD 793, Charles J. Badger DD 657, Claxton DD 571, Cogswell DD 651, Colhoun DD 801, Converse DD 509, Cowell DD 547, Daly DD 519, Douglas H. Fox DD 779, Drayton DD 366, Drexler DD 741, Dyson DD 572, Eaton DD 510, Evans DD 552, Foote DD 511, Frank E. Evans DD 754, Fullam DD 474, Gainard DD 706, Gansevoort DD 608, Gregory DD 802, Guest DD 472, Haggard DD 555, Halsey Powell DD 686, Hank DD 702, Haraden DD 585, Harry E. Hubbard DD 748, Haynsworth DD 700, Hazelwood DD 531, Heywood L. Edwards DD 663, Howorth DD 592, Hudson DD 475, Hughes DD 410, Hugh W. Hadley DD 774, Haraden DD 585, Helm DD 388, Hutchins DD 476, Hyman DD 732, Ingersoll DD 652, Ingraham DD 694, Irwin DD 794, Isherwood DD 520, John A. Bole DD 755, Kidd DD 661, Killen DD 593, Kimberly DD 521, Knapp DD 653, Lamson DD 367, Lang DD 399, Laffey DD 724, Laws DD 558, Leutze DD 481, Little DD 803, Lowry DD 770, Luce DD 522, Maddox DD 731, Mahan DD 364, Mannert L. Abele DD 733, Massey DD 778, Morris DD 417, Morrison DD 560, Mugford DD 389, Mullany DD 528, Mustin DD 413, Newcomb DD 586, O'Brien DD 725, Preston DD 795, Pringle DD 477, Pritchett DD 561, Purdy DD 734, Putnam DD 757, Ralph Talbot DD 390, Reid DD 369, Richard P. Leary DD 664, Robinson DD 562, Rowe DD 564, Russell DD 414, Sampson DD 394, Saufley DD 465, Shubrick DD 639, Sigsbee DD 502, Smalley DD 565, Smith DD 378 Sproston DD 577, Stanly DD 478, Sterrett DD 407, Stoddard DD 566, Stormes DD 780, Taussig DD 746, Thatcher DD 514, Twiggs DD 591, Van Valkenburgh DD 656, Wadsworth DD 516, Walke DD 723, Watts DD 567, Wickes DD 578, Wilkes DD 441, William D. Porter DD 579, Wilson DD 408, Wren DD 568, Zellars DD 777.*
Escort carriers: *Bismark Sea CVE 95, Kadashan Bay CVE 76, Kalinin Bay CVE 68, Kitkun Bay CVE 71, Chenango CVE 28, Lunga Point CVE 94, Manila Bay CVE 61, Marcus Island CVE 77, Natoma Bay CVE*

538

62, *Ommaney Bay CVE 79, Salamaua CVE 96, Sangamon CVE 26, Santee CVE 29, Savo Island CVE 78, St. Lo CVE 63, Suwannee CVE 27, Wake Island CVE 65, White Plains CVE 66.*

High speed transports: *Barr APD 29, Bates APD 47, Belknap APD 34, Bowers APD 40, Brooks APD 10, Chase APD 54, Dickerson APD 21, England APD 41, Gilmer APD 11, Horace A. Bass APD 124, Liddle APD 60, Loy APD 56, Rathburne APD 25, Register APD 92, Sims APD 50, Tatum APD 81, Ward APD 16.*

Landing craft infantry (large): *90.*

Landing craft infantry (mortars): *974.*

Landing craft infantry (rockets): *763.*

Landing crafts infantry (guns): *70, 82, 365, 407, 558, 568, 580, 659.*

Landing crafts support (large): *7, 11 through 21, 26, 27, 31, 32, 34 through 40, 48, 49, 51* through *57, 61* through *67, 68, 81* through *90, 94,* through *109, 110, 111, 113,114* through *117, 119* through *125, 129,130.*

Landing ships medium: *14, 20, 23, 28, 59, 82, 135, 167, 213, 216, 222, 228, 279, 318,477 809.*

Landing ships medium (rockets): 188, 189, 190, 192, 193, 194, 195, 197.

Landing ships tank: *447, 460, 472, 534, 548, 599, 610, 700, 737, 738, 749, 778, 808, 884, 912, 925, 1025, 1028.*

Light mine layers: *Aaron Ward DM 34, Adams DM 27, Gwin DM 33, Harry F. Bauer DM 26, Henry A. Wiley DM 29, J. William Ditter DM 31, Lindsey DM 32, Robert H. Smith DM 23, Shannon DM 25, Shea DM 30, Thomas E. Fraser DM 24.*

High speed minesweepers: *Butler DMS 29, Dorsey DMS 1, Ellyson DMS 19, Emmons DMS 22, Forrest DMS 24, Hambleton DMS 20, Harding DMS 28, Hobson DMS 26, Hopkins DMS 13, Jeffers DMS 27, Macomb DMS 23, Palmer DMS 5, Rodman DMS 21, Southard DMS 10.*

High speed transports: *Barber APD 57, Barry APD 29, Bates APD 47, Belknap APD 34, Chase APD 54, Clemson APD 31, Dickerson APD 21, Horace A. Bass APD 124, Liddle APD 60, Loy APD 56, Rathburne APD 25, Rednour APD 102, Register APD 92, Ringness APD 100, Roper APD 20, Sims APD 50, Ward APD 16.*

Hospital ships: *Comfort AH 6, Pinckney APH 2.*

Minelayer: *Terror CM 5.*

Minesweepers: *Defense AM 317, Facility AM 233, Gayety AM 239, Gladiator AM 319, Ransom AM 283, Spectacle AM 305, Swallow AM 65, YMS 331.*

Motor torpedo boats: *PT 75, 300.*

Oilers: *Cowanesque AO 79, Taluga AO 62.*

Patrol crafts rescue: *PCE(R)s 851, 852, 853.*

Patrol motor gunboats: *PGM 10, PGM 20.*

Repair ship—landing craft: *Egeria ARL 8.*

Seaplane tenders: *Curtiss AV 4, Hamlin AV 15, Kenneth Whiting AV 14, Orca AVP 49, St. George AV 16.*

Sub chaser: *SC 699.*

Survey ship: *Dutton AGS 8.*

Transport: *War Hawk AP 168.*

Tugs: *Apache ATF 67, Arikira ATF 98, Cree ATF 84, Lipan ATF 85, Menominee ATF 73, Pakana ATF 108, Sonoma ATO 12, Tawakoni ATF 114, Tekesta ATF 93, Ute ATF 76.*

Unclassified vessel: Porcupine IX 126.

Various serials and dates were used for each ship. Specific reports are listed in the chapter end notes.

[CINC-CINCPOA Bulletins]

Airfields in Kyushu. Bulletin No. 166–45, 15 August 1945.

Airways Data Taiwan Chiho Special Translation No. 36, 1 June 1945.

Daito Shoto Bulletin No. 77–45, 20 March 1945.

Digest of Japanese Air Bases Special Translation No. 65, 12 May 1945.

Suicide Force Combat Methods Bulletin No. 129–45, 27 May 1945.

Suicide Weapons and Tactics Know Your Enemy! Bulletin No. 126–45, 28 May 1945.

Translations Interrogations Number 26. Bulletin No. 102–45, 25 April 1945.

Translations Interrogations Number 35. Bulletin No. 170–45, 7 July 1945.

[CinCPac, 5th Fleet, Task Force, Task Group and Task Unit Records, Reports, Communiques]

Amphibious Forces Pacific Fleet (TF 52) Serial 000166 16 March 1945 Operation Order A6–45. *CinCPac Adv. Hdqtrs. 17 April 1945.*

CinCPac United States Pacific Fleet Serial 0005608 *War Diary for the Period 1March through 31March 1945.* 11 April 1945.

_____. 0005643 *War Diary for the Period 1 April through 30 April 1945.* 13 May 1945.

_____. 0005685 *War Diary for the Period 1 May through 31 May 1945.* 13 June 1945.

_____. 0005748 *War Diary for the Period 1 June through 30 June 1945.* 15 July 1945.

_____. 0005801 *War Diary for the Period 1 July through 31 July 1945.* 9 August 1945.

_____. 0005849 *War Diary for the Period 1 August through 31 August 1945.* 9 September 1945.

Commander Fifth Amphibious Force CTF-51 and CTF-31 Serial 0268 *Report of Capture of Okinawa Gunto Phases I and II. 17 May 1945–21 June 1945.* 4 July 1945.

Commander Fifth Amphibious Force letter of 11 June 1945. *Translation of a Japanese Letter.*

Commander Fifth Fleet. Serial 0333 *Action Report, RYUKYUS Operation through 27 May 1945.* 21 June 1945.

Commander Task Force Fifty-One. Commander Amphibious Forces U.S. Pacific Fleet. Serial 01400 *Report on Okinawa Gunto Operation from 17 February to 17 May, 1945.*

Commander Task Force 54. Serial 0022 *Action Report—Capture of Okinawa Gunto, Phase II 5 May to 28 May 1945.* 4 June 1945.

Commander Task Force SEVENTY-EIGHT. Serial 0907. *Action Reports, MARIVELES—CORREGIDOR Operation, 12–16 February 1945.* 12 April 1945.

CTF 31 to TF 31, TG 99.3, 29 May 1945.

CTF 51 to TF 51 16 April 1945.

CTF 51 to TF 51 24 April 1945.

CTU 52.9.1 OUTGOING MESSAGE OF 17 APRIL 1945.

Task Force 51 Communication and Organization Digest, 1945.

[Destroyer Division, Mine Division, LSM, LCS Flotilla, Group, Division Reports, War Diaries, and Histories]

Commander Destroyer Division 92 Serial 0192. *Action Report.* 23 July 1945.

Commander Destroyer Division 112 Serial 030. *Action Report Amphibious Assault on Okinawa Gunto.* 18 April 1945.

Commander Destroyer Division 120 Serial 002. *Action Report—Okinawa Gunto Operation, for Period from 29 April through 4 May 1945.* 6 May 1945.

Commander Destroyer Division 126 Serial 08. *Action Report, Attack by Japanese Aircraft off Okinawa Gunto on Hyman—6 April, 1945, and on Purdy, Cassin Young, Mannert L. Abele and Supporting Gunboats on 12 April 1945.* 15 April 1945.

Commander Destroyer Squadron 2 Serial 00551. *Action Report, Okinawa Gunto Operation 1 March to 17 May 1945.* 1 June 1945.

Commander Destroyer Squadron 24 Serial 0118. *Iceberg Operation, 23–27 May 1945.* 29 May 1945.

Commander Destroyer Squadron 24 Serial 0155. *Invasion of Okinawa Jima, 19 April–28 May 1945.* 18 June 1945.

Commander Destroyer Squadron 24 Serial 0166. *Invasion of Okinawa Jima, 28 May to 27 June 1945.* 28 June 1945.

Commander Destroyer Squadron 45 Serial 00138. *Report of Capture of Okinawa Gunto Phases 1 and 2, Commander, Destroyer Squadron Forty-Five for the Period 27 March to 21 June 1945.* 27 June 1945.

Commander Destroyer Squadron Forty-Nine. Serial 0011. *Action Report—OKINAWA CAMPAIGN—9 March 1945 to 23 June 1945.* 28 June 1945.

Commander Destroyer Squadron 55. Serial 0023. *Anti-Aircraft Action Report for 29 July, 1945 Loss of U.S.S. Callaghan (DD792).* 7 August 1945.

Commander Destroyer Squadron Sixty-Four. Serial 032. *Report of Capture of Okinawa Gunto, Phases 1 and 2.* 25 June 1945.

Commander LCS(L) Flotilla THREE Serial 621. *LCS(L) Flotilla THREE Staff—Factual History of.* 21 November 1945.

Commander LCS(L) Flotilla FOUR Serial 25–46. *War History, Commander LCS(L) Flotilla FOUR.* 6

January 1946.
Commander LCS(L)(3) Group 11 Serial 0138. *Action Report Capture and Occupation of Okinawa Gunto Phases I and II.* 30 July 1945.
Commander LSM Flotilla Nine Serial 006. *War Diary for the Month of March 1945.*
Commander LSM Flotilla Nine Serial 021. *War Diary for the Month of April 1945.*
Commander LSM Flotilla Nine Serial C010. *Action Report—Ie Shima and Southeastern Okinawa, 2 April through 20 April 1945.* 21 April 1945.
Commander Mine Division 58 War Diary. April 1945.
Commander Mine Division 58 War Diary. May 1945.
Commander Mine Squadron Three Serial 078. *Action Report, Capture of Okinawa Gunto, Phase I and II, 9 March to 24 June 1945.* 5 July 1945.
Commander Mine Squadron Twenty Serial 0106. *Action Report.* 3 July 1945.
Commander Seventh Fleet (Commander Task Force 77) Serial 00302-C. *Report of Operation for the Capture of Leyte Island Including Action Report of Engagements in Surigao Strait and Off Samar Island on 25 October 1944—(King Two Operation).* 31 January 1945.
Commander Task Flotilla 5 Serial 0894. *Action Report, Capture of Okinawa Gunto 26 March to 21 June 1945.* 20 July 1945.
Commander Task Force 78 Serial 0907. *Action Report—Mariveles-Corregidor Operation—12–16 February 1945.* 18 April 1945.
Commander Task Force 78 (Commander Seventh Amphibious Force) Serial 00911. *Leyte Operations—Report On.* 10 November 1944.
Commander Task Group 77.12 (Commander Battleship Division 4). Serial 0297. *Report of the Operations of Heavy Covering and Carrier Group in the Support of "L-3."* 25 December 1944.
Commander Task Unit 77.4.1 (Commander Escort Carrier Force) Serial 00161. *Action Report of Commander Task Unit 77.4.1 for Lingayen, Luzon, Philippine Islands Operation.* 27 January 1945.
Commander Task Unit 77.4.2 Commander Carrier Division 24 Serial 00114. *Reoccupation of Leyte Island in the Central Philippines During the Period from 18 October 1944 to 29 October 1944, Including the Air-Surface Engagement with Major Units of the Japanese Fleet on 25 October 1944.* 2 November 1944.
Commander Task Unit 78.2.58 Serial 057. *Davao Gulf Operations—11 to 19 May 1945.* 20 May 1945.
Commander Task Unit 78.3.8. Commander LCS(L) Flotilla One. Serial 04. *Action Report—Special—Suicide Boat Attack Mariveles, P.I. 16 February 1945.* 25 February 1945.
DD-475 Dispatch 5 June, 1945.
LCI(L)(3) Flotilla Thirteen. *War Diary for January 1945.* 2 February 1945.
LCS Group Nine Operation Order No. 1–45 Annex Dog Fighting Instructions.
LCS Group Eleven Serial 0138 Composite Action Report Okinawa Gunto 1 April 1945–21 June 1945.
LCS(L)(3) Flotilla Five Confidential Memorandum No. 5–45, 10 July 1945.

[**Navy Carrier Air Group and Individual Squadron Histories, War Diaries and Aircraft Action Reports**]
For CAG-40, 46, 47, 82, VBF-17, VC-8, 83, 85, 90,93, 96, VF-9, 10, 12, 17, 23, 24, 29, 30, 31, 33, 40,45, 82, 84, 85, 86, 87, and 90(N). Various dates.

[**War Diaries**]
Amphibious command ships: *Ancon AGC 4, Biscayne AGC 18, Eldorado AGC 11, Panamint AGC 13.*
Destroyers: *Anthony DD 515, Bryant DD 665, Lowry DD 770, Wadsworth DD 516, Wickes DD 578.*
Fleet tug: *Arikara ATF 98.*
High speed minesweeper: *Macomb DMS 23.*
Landing ships medium: *14, 82, 167, 222, 228, and 279.*

〚*RG 38: Records of the Naval Security Group, Crane, Indiana*〛
Kamikaze Attacks at Okinawa, April–June 1945. 6 May 1946.

〚*RG 127: Records of the United States Marine Corps-Aviation Records Relating to World War II*〛

[Tenth Army Tactical Air Force Records]
Air Defense Command (Fighter Command) Operation Plan 1–45.
Air Defense Command Intelligence Logs Nos. 1 through 5, 7 April to 27 November 1945 inclusive.
Air Defense Command Intelligence Section—Daily Intelligence Summaries for 12, 15, 16, 17, 22, 23, 24, 29 April, 1, 4, 5, 7, 10, 11, 12 May 1945.
Commanding General Tactical Air Force Tenth Army No Serial 12 July 1945 Action Report—Phase 1—Nansei Shoto. Covers Period 1 April–30 June 1945.
Fighter Command Okinawa Intelligence Section—Daily Intelligence Summary for 12, 13, 14, 16, 18, 26,27, 28, 29 May, 4, 12, 23 June, 1945.
Tactical Air Force Score Board 7 April–12 July 1945.
Tactical Air Force, Tenth Army Action Report, Phase I Nansei Shoto Period 8 December 1944 to 30 June 1945 Inc.
Tactical Air Force Tenth Army Operation Plan No. 1–45.
Tactical Air Force Tenth Army Periodic Reports Periodic Reports April-June 1945.
Tactical Air Force, Tenth Army War Diary for 1 May to 31 May 1945.
Tactical Air Force, Tenth Army War Diary for 1 June to 30 June 1945.

[US Marine Corps Unit War Diaries, Daily Intelligence Summaries, Aircraft Action Reports and Unit Histories 1941–1949]
For 2nd MAW, MAG-14, 22, 31, 33, VMF-112, 113, 123, 212, 221, 222, 223, 224, 311, 312, 314, 322, 323, 351, 422, 441, 451, 511, 512, 513, 533(N), 542(N), 543 (N), and VMTB-232. Various dates.

RG 165: War Department General and Special Staffs.

[Captured Personnel and Material Reports]
Far Eastern Bureau, British Ministry of Information. *Japanese Translations—No. 9 –28,* 121, 146–169.
Report from Captured Personnel and Material Branch, Military Intelligence Service, U.S. War Department. Reports A(Air) 22 of 10 March 1945, A-220 of 20 July 1945, A (Air)—32 11 August 1945.
Reports: (Air) 20–22 Japanese Interrogations 1945 through A (Air) 186 –192 Japanese Interrogations + (A) 193 -204 Japanese Interrogations through AL 1–39 German, French and Dutch Interrogations, 1944.

RG 243: Records of the United States Strategic Bombing Survey.

243.4.2 Records of the Intelligence Branch—Microfilm Publication M-1654 Transcripts of Interrogations of Japanese Leaders and Responses to Questionnaires, 1945–46. (9 rolls).
Interrogations of : Lt. Gen. Saburo Endo, Lt. Col. Kazumi Fuji, Col. Heikichi Fukami, Cmdr. Fukamizu, Capt. Minoru Genda, Maj. Gen. Hideharu Habu, Lt. Col. Maseo Hamatani, Col. Hiroshi Hara, Col. Junji Hayashi, Capt. Gengo Hojo, Maj. Gen. Asahi Horiuchi, Capt. Rikibei Inoguchi, Lt. Kunie Iwashita, Lt. Col. Naomichi Jin, Col. Katsuo Kaimoto, RAdm. Seizo Katsumata, Lt. Gen. Masakazu Kawabe, Maj. Toshio Kinugasa, Lt. Gen. Kumao Kitajima, Cmdr. Mitsugi Kofukuda, Col. M. Matsumae, Col. Kyohei Matsuzawa, Capt. Takeshi Mieno, Gen. Miyoshi, Lt. Gen. Ryosuke Nakanishi, Lt. Cmdr. Ohira, Capt. Toshikazu Ohmae, Cmdr. Masatake Okumiya, Capt. Tonosuke Otani, Maj. Iori Sakai, Maj. Hideo Sakamoto, Lt. Cmdr. Takeda Shigeki, Lt. Gen. Michio Sugawara, Maj. O. Takahashi, Maj. O. Takauchi, Capt. T. Takeuchi, Col. Shushiro Tanabe, Col. Isekichi Tanaka, RAdm. Toshitanea Takata, Cmdr. Oshimori Terai, Superior Pvt. Guy Toko, Maj. Gen. Sadao Yui.
JANIS 84–2. *Air Facilities Supplement to JANIS 84. Southwest Japan (Kyushu Island, Shikoku Island, Southwestern Honshu Island).* Joint Intelligence Study publishing Board. June 1945. Microfilm Publication 1169, Roll 10.
JANIS 87 *Change No. 1.* Joint Intelligence Study Publishing Board, August, 1944. Microfilm Publication 1169, Roll 14.
Supplemental Report of Certain Phases of the War Against Japan Derived From Interrogations of Senior Naval Commanders at Truk. Naval and Naval Air Field Team No. 3, USSBS. Microfilm Publication M1655, Roll 311.
Tactical Mission Reports of the 20th and 21st Bomber Commands, 1945. Microfilm Publication M1159, Rolls 2, 3.

542

『RG 457: Records of the National Security Agency』
Explanatory Notes on the KAMIKAZE Attacks at Okinawa, April-June 1945. 6 May 1946.
Intelligence Reports from U.S. Joint Services and other Government Agencies, December 1941 to October 1948.
SRMD—007. JICPOA *Summary of ULTRA Traffic, 1 April-30 June 1945, 1 July-31 August 1945.*
SRMD—011. *JICPOA Estimate of Japanese Army and Navy Fighter Deployment 8 August 1944–23 April 1945.*
SRMD—015. *Reports and Memoranda on a Variety of Intelligence Subjects January 1943–August 1945.*

[Magic Far East Summaries 1945-1945]
SRS341 (24-2-45)–SRS 410 (4-5-45).
SRS411 (5-5-45)–SRS 490 (23-7-45).
SRS491 (24-7-45)–SRS547 (2-10-45).

[Special Research Histories (SRHS)]
SRH-52 *Estimated Japanese Aircraft Locations 15 July 1943–9 August 1945.*
SRH-53 *Estimates of the Japanese Air Situation 23 June 1945.*
SRH-54 *Effects of B29 Operations in Support of the Okinawa Campaign 18 March–22 June 1945.*
SRH-55 *Estimated Unit Locations of Japanese Navy and Army Air Forces 20 July 1945.*
SRH-103 Suicide *Attack Squadron Organizations July 1945.*
SRH 183 *Location of Japanese Military Installations.*
SRH-257 *Analysis of Japanese Air Operations During Okinawa Campaign.*
SRH-258 *Japanese Army Air Forces Order-Of-Battle 1945.*
SRH-259 OP-20G *File of Reports on Japanese Naval Air Order of Battle.*

[United States Navy Records Relating to Cryptology 1918 to 1950]
SRMN 013 *CINCPAC Dispatches May–June 1945.*

1-5 「PRINCETON UNIVERSITY—FIRESTONE LIBRARY」
Wartime Translations of Seized Japanese Documents. Allied Translator and Interpreter Section Reports, 1942–1946. Bethesda, MD: Congressional Information Service, Inc., 1988. (Microfilm).

『ADVATIS Bulletins 405, 656』

[ADVATIS Interrogation Reports]
1, 601. Ens. Sadao Nakamuara.
11. Superior Petty Officer Ichiro Tanaka.
13. 1st Class Petty Officer Hirokazu Maruo.
15. 1st Class Petty Officer Takao Musashi.
17, 694. 1st Class Petty Officer Tadayoshi Ishimoto.
27, 775. Probational Officer Toshio Taniguchi.
603. Lt (jg) Takahiko Hanada.
650. Leading Pvt. Masakiyo Kato.
727. Sgt. Jyuro Saito.
749. Cpl. Nobuo Hayashi.
Preliminary Interrogation Report: Seaman 1st Class Ryusuki Hirao.
Preliminary Interrogation Report: Chief Petty Officer Yoshio Yamamura.
Preliminary Interrogation Report: 2nd Class Petty Officer Ichiro Ashiki.
Preliminary Interrogation Report: Leading Seaman Takao Mae.

[Enemy Publications]
No. 391. Data on Navy Airplanes and Bombs.
No. 405. Antitank Combat Reference.

[Research Reports]
No. 76. Self-Immolation as a Factor in Japanese Military Psychology.

No. 125. Liaison Boat Units.
Spot Report No. 193.
Spot Report No. 195.

1-6 ⌈THE TAILHOOK ASSOCIATION⌋
Allowances and Location of Naval Aircraft 1943–1945.
Navy Individual Squadron Histories for VF-9, 10, 17, 23, and 90(N).

1-7 ⌈UNITED STATES ARMY MILITARY HISTORY INSTITUTE, CARLISLE, PENNSYLVANIA⌋
Allied Translator and Interpreter Section South West Pacific Area A.T.I.S. Publication. *Japanese Military Conventional Signs and Abbreviations.* 4 March 1943.
CinCPac-CinCPOA Bulletin 120-45. *Symbols and Abbreviations for Army Air Units.* 21 May 1945.
Commander in Chief Navy Department. *CominCh P0011 Anti-Suicide Action Summary.* 31 August 1945.
Commander in Chief United States Fleet. *Antiaircraft Action Summary Suicide Attacks.* April 1945.
General Headquarters, Far East Command Military Intelligence Section, Historical Division. *Interrogations of Japanese Officials on World War II (English Translations) Vol. I & II.* 1949.
_____. *Statements of Japanese Officials on World War II (English Translations). Vols. 1–4.* 1949–1950.
Headquarters Far East Command Military History Section. *Imperial General Headquarters Navy Directives.* Volume II, Directives No. 316–No. 540 (15 Jan 44–26 Aug 45) Special Directives No. 1–No. 3 (2 Sep 45–12 Sep 45).
_____. *Imperial General Headquarters Navy Orders.* Orders No. 1–No. 57 (5 Nov. 41–2 Sep 45).
Joint Intelligence Study Publishing Board. *Air Facilities Supplement to JANIS 86 Nansei Shoto (Ryukyu Islands).* May 1945.
Trabue, Lt. Col. William. G.S.C. *Observers Report The Okinawa Operation (8 February 1945 to 2 June 1945).* Headquarters United States Army Forces Pacific Ocean Areas G-5. 15 June 1945.

1-8 ⌈UNITED STATES NAVY HISTORY AND HERITAGE COMMAND, WASHINGTON, D.C.⌋
Naval Foundation Oral History Program. "War in the Pacific: Actions in the Philippines including Leyte Gulf, as well as the battles of Iwo Jima and Okinawa, 1943–45." Recollections of Sonarman 1st Class Jack Gebhardt, *USS Pringle DD 477.* Ed. Senior Chief Yeoman (YNCS) George Tusa. 7 November 2000.

[Operational Archives Branch—***L. Richard Rhame Collection—Papers of the National Association of USS LCS(L)(3) 1–130,*** 1940s.]
Assorted documents and personal memoirs.
Individual Ship Histories for LCS(L)s.

【Interviews, Correspondence, Personal Papers, Diaries】

Ball, Donald L. *LCS(L) 85.* Interview. 18 September 2002.
Barkley, John. L. *USS Rowe DD 564.* E-Mails 25, 26 November 2002.
Barnby, Frank. *LCS(L) 13.* Collected papers and photographs.
Baumler, Raymond. *LCS 14.* Letter of 4 March 2003.
Blanton, Earl. *LCS(L) 118.* Interview. 19 September 2002.
Bell, Dean. *LCS(L) 26.* Interview 11 August 2007.
Bennett, Otis Wayne. 333rd Fighter Squadron. Interview. 8 October 2002.
Bletso, William E. Radioman *USS Gregory.* Diary, correspondence, November 2008.
Blyth, Robert. *LCS(L) 61.* Interview. 25 August 1995.
Burgess, Harold H. *LCS(L) 61.* Interview. 25 August 1995.
Cardwell, John H. *LCS(L) 61.* Collected papers.
Christman, William R. *LCS(L) 95.* Letter of 9 April 2003.
Davis, Franklin M., Sr. *LCS(L) 61.* Interview. 25 August 1995.
Davis, George E. *USS Pakana ATF 108.* E-mail of 6 April 2003.
Dean, Mel. *USS Lough DE 586.* Interview. 26 August 2009.

Diary of Philip J. Schneider Signalman 1st Class USS Boyd.
Dworzak, W. A. Bud. VMF-441. Interview. 21 July 2003.
Fenoglio, Melvin. *USS Little* Interview. 3 September 2003.
Gauthier, David. *USS Knapp.* E-mails to the author, 22 December 2000, 16, 19 March 2001.
Griffis, Earl O. *PC 1129.* Interview. 21 October 2009.
Haddock, Claude. *LCS(L)(3) 49.* Interview. 24 July 2008.
Hoffman, Edwin Jr. *USS Emmons.* E-mails 23, 24 December 2003, 30 January 2004.
Howell, Linda. Letter to Ray Baumler March 27, 1992.
Huber, John. *USS Cogswell DD 651.* Personal Diary. 1944–45.
Hudson, Hugh. LSM-49, LSM 467. Collected papers and Photographs.
Katz, Lawrence S. *LCS(L) 61.* Diary, Interview. 25 August 1995.
Kaup, Harold. *LCS(L) 15.* Interview. 29 September 1996.
Kelley, James. W. Commanding Officer *LCS(L) 61.* Interview. 18 December 1995.
Kennedy, Doyle. USS Little. Interview. 3 September 2003.
Landis, Robert W. *LSM(R) 192.* Interview. 14 February 2002.
Leitch, Richard. *Hyman DD 732.* Letter of 2 January 2009.
Mahakiam, Carl. Marine Air Warning Squadron 8. Interview 9 September 2009.
McCool, Richard M. Capt. USN (Ret). CO *USS LCS(L) 122.* Interview 21 May 1997, Letter to the author with narrative of 23 May 1997.
Moulton, Franklin. *LCS(L) 25.* Collected papers and photographs.
Okazaki, Teruyuki. Interviews. 6 September 2003, 2 February 2009.
Pederson, Marvin letter to the editor of LCS Assn. newsletter undated.
Perdeck, Albert. *USS Bunker Hill CV 17.* Interview 13 August 2009.
Peterson, Phillip E. *LCS(L) 23.* Collected papers and photographs.
Portolan, Harry. LCS(L)(3) 38. Interview 25 July 2008.
Rielly, Robert F. LCS(L) 61. Interview of 20 September 2001.
Robinson, Ed. Letter to Lester O. Willard. 10 January 1991.
Rooney, John. *Sailor.* (Interview with Julian Becton, CO of Laffey.)
Russell, L. R. *LSM(R) 191.* Letters of 18 July, 22 July 2003.
Selfridge, Allen. *LCS(L) 67.* Collected papers and photographs.
Sellis, Mark. Executive Officer *LCS(L) 61.* Interview. 25 August 1995.
Spargo, Tom. *USS Cogswell DD 651.* E-mails to the author, 15 April, 21 May 2001.
Sprague, Robert. *LCS(L) 38.* Letter of 29 September 2002.
Staigar, Joseph. *LCS(L) 61.* Interview. 14 July, 1995.
Tolmas, Harold. *LCS 54.* Letter of 5 December 2002.
Wiram, Gordon H. *LCS(L) 64.* letter to Ray Baumler, 13 April 1991.
Wisner, Robert. *LCS 37* Interview 15 August 2001.

【Books, Official Histories and Unpublished Histories】

Adams, Andrew, ed. *The Cherry Blossom Squadrons: Born to Die.* By the Hagoromo Society of Kamikaze Divine Thunderbolt Corps Survivors. Intro. By Andrew Adams. Edited and supplemented by Andrew Adams. Translation by Nobuo Asahi and the Japan Technical Company. Los Angeles: Ohara Publications, 1973.
Andrews, Lewis M., Jr., et al. *Tempest, Fire and Foe: Destroyer Escorts in World War II and the Men Who Manned Them.* Vancouver, B.C.: Trafford Publishing, 2004.
Astor, Gerald. *Operation Iceberg: The Invasion and Conquest of Okinawa in World War II.* New York: Donald I. Fine, Inc., 1995.
Axell, Albert, and Hideaki Kase. *Kamikaze: Japan's Suicide Gods.* London: Pearson Education, 2002.
Ball, Donald L. *Fighting Amphibs: The LCS(L) in World War II.* Williamsburg, VA: Mill Neck Publications, 1997.
Becton, F. Julian. *The Ship That Would Not Die.* Missoula, Montana: Pictorial Histories Publishing Company, 1980.
Billingsley, RAdm. USN Edward Baxter (Ret.). *The Emmons Saga.* Winston-Salem, NC: USS Emmons Association, 1989.

Blanton, Earl. *Boston to Jacksonville (41,000 Miles by Sea).* Seaford, VA: Goose Creek Publications, 1991.
Boyd, Carl, and Akihiko Yoshida. *The Japanese Submarine Force and World War II.* Annapolis: Naval Institute Press, 2002.
Brader, Pharmacists Mate Charles, *LCS(L) 65. LCS Men in a Spectacular Part of Okinawa Campaign.* Typescript, undated.
Browning, Robert M., Jr. *U.S. Merchant Vessel War Casualties of World War II.* Annapolis: Naval Institute Press, 1996.
Bulkley, Robert J., Jr. *At Close Quarters: PT Boats in the United States Navy.* Annapolis: Naval Institute Press, 2003.
Bush, Maj. James E., et al. *Corregidor—February 1945.* Fort Leavenworth, Kansas. Typescript, 1983.
Calhoun, C. Raymond. *Tin Can Sailor: Life Aboard the USS Sterett, 1939–1945.* Annapolis: United States Naval Institute, 1993.
Causemaker, GM 3/c Richard, *LCS 84. Duty with the LCS(L)(3) 84.* Typescript, undated.
Chickering, Lt. CO H. D., *LCS(L) 51. World War II.* Typescript, undated.
Committee on Veterans Affairs, U.S. Senate, Medal of Honor Recipients: 1863–1973. Washington, D.C.: Government Printing Office, 1973.
Conway, Paul L. *A Fiery Sunday Morning.* Warren, PA: Paul L. Conway, 2002. (Unpublished typescript).
Cook, Haruko Taya, and Theodore F. Cook. *Japan at War: An Oral History.* New York: The New Press, 1992.
Costello, John. *The Pacific War 1941–1945.* New York: Atlantic Communications, Inc., 1981.
Craig, William. *The Fall of Japan.* New York: The Dial Press, 1967.
Craven, Wesley Frank, and James Lea Cate, eds. U.S. Air Force, USAF Historical Division. *The Army Air Forces in World War II, Vol. 5, The Pacific: Matterhorn to Nagasaki, June 1944 to August 1945.* Chicago: University of Chicago Press, 1953.
Fergusen, S. W., and William K. Pascalis. *Protect & Avenge: The 49th Fighter Group in World War II.* Atglen, PA: Schiffer Publishing Ltd, 1996.
Foster, Simon. *Okinawa 1945: Final Assault on the Empire.* London: Arms and Armour Press, 1994.
Francillon, Rene J. *Japanese Aircraft of the Pacific War.* Annapolis: Naval Institute Press, 1979.
Frank, Benis M. *Okinawa: The Great Island Battle.* New York: Talisman/Parrish Books, Inc., 1978.
Frank, Benis M., and Henry I. Shaw, Jr. *Victory and Occupation: History of U. S. Marine Corps Operations in World War II Vol. V.* Historical Branch, G-3 Division, Headquarters, U. S. Marine Corps. Washington: U. S. Government Printing Office, 1968.
Frank, Richard B. *Downfall: The End of the Imperial Japanese Empire.* New York: Penguin Books, 2001.
General Staff, Supreme Commander for the Allied Powers. *Reports of General MacArthur. Japanese Operations in the Southwest Pacific Area Vol. II—Parts I& II.* Facsimile Reprint, 1994.
_____. *Reports of General MacArthur. MacArthur in Japan: The Occupation: Military Phase Volume I Supplement.* Facsimile Reprint, 1994.
_____. *Reports of General MacArthur. The Campaigns of MacArthur in the Pacific Volume I.* Facsimile Reprint, 1994.
Gibney, Frank B., ed. *The Japanese Remember the Pacific War.* Armonk, New York: An Eastgate Book, 1995.
Grover, David. H. *U.S. Army Ships and Watercraft of World War II.* Annapolis: Naval Institute Press, 1987.
Halsey, Fleet Admiral William F., and Lieutenant Commander J. Bryan III. *Admiral Halsey's Story.* New York: McGraw-Hill Book Company, Inc., 1947.
Hata, Ikuhiko, and Yasuho Izawa. *Japanese Naval Aces and Fighter Units in World War II.* Trans. Don Cyril Gorham. Annapolis: Naval Institute Press, 1989.
Hata, Ikuhiko, Yasuho Izawa, and Christopher Shores. *Japanese Army Air Force Fighter Units and Their Aces 1931–1945.* London: Grub Street, 2002.
Haughland, Vern. *The AAF against Japan.* New York: Harper & Brothers Publishers, 1948.
Heath, Robert F. *With the Black Cat USS LCI Flotilla 13.* Chico, CA: The Technical Education Press, 2003.
Hess, William N. *49th Fighter Group Aces of the Pacific.* New York: Osprey Publishing Ltd., 2004.
Hurst, G. Cameron III. *Armed Martial Arts of Japan Swordsmanship and Archery.* New Haven: Yale University Press, 1998.
Ienaga, Saburo. *The Pacific War, 1931–1945: A Critical Perspective on Japan's Role in World War II.* New York: Pantheon Books, 1978.
Ike, Nobutaka. "War and Modernization," in *Political Development in Modern Japan.* Robert E. Ward,

ed. Princeton: Princeton University Press, 1968. pp. 189–211.

Imamura, Shigeo. *Shig: The True Story of An American Kamikaze.* Baltimore: American Library Press, Inc., 2001.

Inoguchi, Rikihei. *The Divine Wind: Japan's Kamikaze Force in World War II.* New York: Bantam Books, 1958.

Iritani, Toshio. *Group Psychology of the Japanese in Wartime.* New York: Kegan Paul International, 1991.

The Japanese Air Forces in World War II: The Organization of the Japanese Army & Naval Air Forces, 1945. New York: Hippocrene Books, Inc., 1979.

Kaigo, Tokiomi. *Japanese Education; Its Past and Present.* Tokyo: Kokusai Bunka Shinkokai, 1968.

Karig, Capt. Walter, Lt. Cmdr. Russell L. Harris, Lt. Cmdr. Frank A. Manson. *Battle Report: The End of an Empire.* New York: Rinehart and Company, Inc., 1948.

_____. *Battle Report: Victory in the Pacific.* New York: Rinehart and Company, Inc., 1949.

Kaup, RM3/c Harold J., *LCS(L) 15. The Death of a Ship.* Typescript, Undated.

Keenleyside, Hugh L. *History of Japanese Education and Present Educational System.* Ann Arbor: Michigan University Press, 1970.

Kemp, Paul. *Underwater Warriors.* Annapolis: Naval Institute Press, 1996.

Kennedy, Maxwell Taylor. *Danger's Hour: The Story of the USS Bunker Hill and the Kamikaze Pilot Who Crippled Her.* New York: Simon & Schuster, 2008.

King, Ernest J. *U.S. Navy at War 1941–1945.* Washington: United States Navy Department, 1946.

Knight, Rex A. *Riding on Luck: The Saga of the USS Lang (DD-399).* Central Point, Oregon: Hellgate Press, 2001.

Kuwahara, Yasuo, and Gordon T. Allred. *Kamikaze.* New York: Ballantine Books, 1957.

Larteguy, Jean, ed. *The Sun Goes Down: Last Letters from Japanese Suicide-Pilots and Soldiers.* London: William Kimber, 1956.

Lory, Hillis. *Japan's Military Masters: The Army in Japanese Life.* New York: The Viking Press, 1943.

Mair, Michael. *Oil, Fire, and Fate.* Platteville, Wisconsin: SMJ Publishing, 2008.

Martin, Signalman Arthur R. *History of the U.S.S. LCS 88.* Typescript, Undated.

Mason, William. *U.S.S. LCS(L)(3) 86: The Mighty Midget.* San Francisco: By the author, 1993.

Meister, Lt. Cmdr. USNR Harry G. (Ret.). *USS LCS(L) 3–27: A WWII Amphibious Landing Craft Support Vessel.* Vancouver, Washington: Harry & Gene Meister, 2002.

Miller, Edward S. *War Plan Orange: The U.S. Strategy to Defeat Japan, 1897–1945.* Annapolis: Naval Institute Press, 1991.

Millot, Bernard. *Divine Thunder: The Life & Death of the Kamikazes.* Trans. Lowell Bair. New York: The McCall Publishing Company, 1971.

Mission Accomplished: Interrogations of Japanese Industrial, Military, and Civil Leaders of World War II. Washington, D.C.: Government Printing Office, 1946.

Monsarrat, John. *Angel on the Yardarm: The Beginnings of Fleet Radar Defense and the Kamikaze Threat.* Newport, Rhode Island: Naval War College Press, 1985.

Mooney, James A., ed. *Dictionary of American Naval Fighting Ships* (9 Vols.). Washington, D.C.: Naval History Center, 1959–1981.

Morison, Samuel Eliot. *History of United States Naval Operations in World War II, Volume VI: Breaking the Bismarck's Barrier 22 July 1942–1 May 1944.* Boston: Little, Brown and Company, 1950.

_____. *History of United States Naval Operations in World War II, Volume VII: Aleutians, Gilberts and Marshalls June 1942–April 1944.* Boston: Little, Brown and Company, 1951.

_____. *History of United States Naval Operations in World War II, Volume VIII: New Guinea and the Marianas March 1944-August 1944.* Boston: Little, Brown and Company, 1984.

_____. *History of United States Naval Operations in World War II, Volume XII: Leyte June 1944–January 1945.* Boston: Little, Brown and Company, 1958.

_____. *History of United States Naval Operations in World War II, Volume XIII The Liberation of the Philippines, Luzon, Mindanao, the Visayas 1944–1945.* Boston: Little, Brown and Company, 1968.

_____. *History of United States Naval Operations in World War II, Volume XIV: Victory in the Pacific 1945.* Boston: Little, Brown and Company, 1968.

Morris, John. *Traveller from Tokyo.* London: The Book Club, 1945.

Morse, Philip M., and George E. Kimball. *Methods of Operations Research.* First Edition Revised. Cambridge, Massachusetts: The M. I. T. Press, 1970.

Nagatsuka, Ryuji. *I Was a Kamikaze: The Knights of the Divine Wind.* Trans. Nina Rootes. New York: Macmillan, 1973.
Naito, Hatsusho. *Thunder Gods: The Kamikaze Pilots Tell Their Story.* Tokyo: Kodansha International, 1989.
Navy Department Communiques 601–624 May 25, 1945 to August 30, 1945 and Pacific Fleet Communiques 373 to 471. Washington: United States Government Printing Office, 1946.
Nihon Senbotsu Gakusei Kinen-Kai (Japan Memorial Society for the Students Killed in the War-Wadatsumi Society). *Listen to the Voices from the Sea (Kike Wadatsumi no Koe).* Trans. Midori Yamanouchi and Joseph L. Quinn. Scranton: The University of Scranton Press, 2000.
Nitobe, Inazo. *Bushido: The Soul of Japan.* Tokyo: Charles E. Tuttle Company, 1969.
Norman, E. Herbert. *Soldier and Peasant in Japan: The Origins of Conscription.* Vancouver: University of British Columbia, 1965.
Ohnuki-Tierney, Emiko. *Kamikaze, Cherry Blossoms, and Nationalisms: The Militarization of Aesthetics in Japanese History.* Chicago: University of Chicago Press, 2002.
_____. *Kamikaze Diaries: Reflections of Japanese Student Soldiers.* Chicago: University of Chicago Press, 2006.
Osterland, Lt. Cmdr. Frank C. *Dolly Three.* Typescript, August 28, 1993.
Prados, John. *Combined Fleet Decoded The Secret History of American Intelligence and the Japanese Navy in World War II.* Annapolis: Naval Institute Press, 1995.
Prunty, GM 1/c Jonathan G. *My Days in the U.S. Navy 1944 to 1946.* Typescript, December, 1998.
Rielly, Robin L. *Kamikazes, Corsairs, and Picket Ships: Okinawa 1945.* Philadelphia: Casemate Publishers, Inc, 2008.
_____. *Mighty Midgets at War: The Saga of the LCS(L) Ships from Iwo Jima to Vietnam.* Central Point, Oregon: Hellgate Press, 2000.
Rooney, John. *Mighty Midget: U.S.S. LCS 82.* Pennsylvania: By the author, 1990.
Roscoe, Theodore. *United States Destroyer Operations in WW II.* Annapolis: Naval Institute Press, 1953.
Safier, Joshua. *Yasukini Shrine and the Constraints on the Discourses of Nationalism in Twentieth-Century Japan.* Dissertation.com, 1997.
Sakai, Saburo, with Martin Caidin and Fred Saito. *Samurai!* New York: ibooks, Inc. 2001.
Sakaida, Henry. *Imperial Japanese Army Air Force Aces 1937–45.* Oxford: Osprey Publishing Limited, 1997.
_____. *Imperial Japanese Navy Aces 1937–45.* Oxford: Osprey Publishing Limited, 1999.
Sakaida, Henry, and Koji Tanaka. *Genda's Blade: Japan's Squadron of Aces 343 Kokutai.* Surrey, England: Classic Publications, 2003.
Sherrod, Robert. *History of Marine Corps Aviation in World War II.* Washington: Combat Forces Press, 1952.
Smethurst, Richard J. *A Social Basis for Prewar Japanese Militarism: The Army and the Rural Community.* Berkeley: The University of California Press, 1974.
Stanaway, John. *475th Fighter Group.* New York: Osprey Publishing Limited, 2007.
_____. *P-38 Lightning Aces of the Pacific and CBI.* London: Osprey Publishing Limited, 1997.
_____. *Possum, Clover & Hades: The 475th Fighter Group in World War II.* Atglen, PA: Schiffer Publishing Ltd., 1993.
Stanley, W.H. *Kamikaze: The Battle for Okinawa, Big War of the Little Ships.* By the author, 1988.
Staton, Michael. *The Fighting Bob: A Wartime History of the USS Robley D. Evans (DD-552).* Bennington, VT: Merriam Press, 2001.
Stewart, CO James M. LSM(R) 189 Autobiography. Typescript, Undated.
Stille, Mark. *Imperial Japanese Navy Submarines 1941–1945.* New York: Osprey Publishing Ltd., 2007.
Stone, Robert P. *USS LCS(L)(3) 20: A Mighty Midget.* By the author, 2002.
Sumrall, Robert F. *Sumner-Gearing Class Destroyers: Their Design, Weapons, and Equipment.* Annapolis: Naval Institute Press, 1995.
Surels, Ron. *DD 522: Diary of a Destroyer.* Plymouth, NH: Valley Graphics, Inc., 1996.
Tagaya, Osamu. *Imperial Japanese Naval Aviator 1937–45.* Oxford: Osprey Publishing, 1988.
_____. *Mitsubishi Type 1 Rikko Betty Units of World War 2.* Oxford: Osprey Publishing, 2001.
Thomas, Charles. *Dolly Five: A Memoir of the Pacific War.* Chester, VA: Harrowgate Press, 1996.
Timenes, Nicolai, Jr. *An Analytical History of Kamikaze Attacks against Ships of the United States Navy During World War II.* Arlington, VA: Center for Naval Analyses, Operations Evaluation Group, 1970.
_____. *Defense Against Kamikaze Attacks in World War II and Its Relevance to Anti-Ship Missile Defense.* Arlington, VA: Center for Naval Analyses, Operations Evaluation Group, 1970.

Treadwell, Theodore R. *Splinter Fleet: The Wooden Subchasers of World War II*. Annapolis: Naval Institute Press, 2000.

Ugaki, V Adm. Matome. *Fading Victory: The Diary of Admiral Matome Ugaki 1941–1945*. Trans. Masataka Chihaya. Pittsburgh: University of Pittsburgh Press, 1991.

The United States Strategic Bombing Survey Naval Analysis Division. *Air Campaigns of the Pacific War* (Washington, D.C.: U.S. Government Printing Office, 1947).

———. *The Campaigns of the Pacific War* (Washington, D.C.: U.S. Government Printing Office, 1946).

———. *The Fifth Air Force in the War Against Japan* (Washington, D.C.: U.S. Government Printing Office, 1947).

———. *Interrogations of Japanese Officials Volume I* (Washington, D.C.: U.S. Government Printing Office, 1945).

———. *Interrogations of Japanese Officials Volume II* (Washington, D.C.: U.S. Government Printing Office, 1945).

———. *Japanese Air Power* (Washington, D.C.: U.S. Government Printing Office, 1946).

———. *The Seventh and Eleventh Air Forces in the War Against Japan* (Washington, D.C.: U.S. Government Printing Office, 1947).

———. *Summary Report* (Pacific War) (Washington, D.C.: U.S. Government Printing Office, 1946).

Veigele, William J. *PC Patrol Craft of World War II*. Santa Barbara, CA: Astral Publishing Co., 1998.

War Department. *Handbook on Japanese Military Forces: War Department Technical Manual TM-E30-480 October 1944–September 1945*. 1 October 1944.

Warner, Denis, and Peggy Warner with Commander Sadao Seno. *The Sacred Warriors: Japan's Suicide Legions*. New York: Van Nostrand Reinhold Company, 1982.

Wilson, William Scott, translator. *Budoshoshinshu: The Warrior's Primer of Daidoji Yuzan*. Burbank, California: Ohara Publications, Inc., 1984.

———. *The Ideals of the Samurai Writings of Japanese Warriors*. Burbank, California: Ohara Publications, Inc., 1982.

Yamamoto, Tsunetomo. *Hagakure: The Book of the Samurai*. Trans. William Scott Wilson. Tokyo: Kodansha International Ltd., 1979.

YBlood, William T. *The Little Giants: U.S. Escort Carriers Against Japan*. Annapolis: U.S. Naval Institute Press, 1987.

Yokota, Yutaka, with Joseph D. Harrington. **Suicide Submarine!** New York: Ballantine Books, 1961.

【Articles】

Coox, Alvin D. "The Rise and Fall of the Imperial Japanese Air Forces." *Air Power and Warfare Proceedings of the Eighth History Symposium USAF Academy* (1978): 84–97.

Fukuya, Hajime. "Three Japanese Submarine Developments." *United States Naval Institute Proceedings*. Annapolis: United States Naval Institute (August 1952), pp. 863–867.

Hackett, Roger F. "The Military—Japan." In *Political Modernization in Japan and Turkey*, edited by Robert E. Ward and Dankwart A. Rustow, pp. 328–351. Princeton: Princeton University Press, 1964.

Hattori, Shogo. "Kamikaze: Japan's Glorious Failure." *Air Power History*. Volume 43, Number 1 (Spring 1996): pp. 14–21.

Henry, John R. "Out Stares Jap Pilot After Ammo Runs Out." *Honolulu Advertiser*, April 27, 1945.

Ike, Nobutaka. "War and Modernization." In *Political Development in Modern Japan*, edited by Robert E. Ward, pp. 189–211. Princeton: Princeton University Press, 1968.

Inoguchi, Captain Rikihei, and Commander Tadashi Nakajima. "The Kamikaze Attack Corps." In *United States Naval Institute Proceedings*. Annapolis, MD: United States Naval Institute (September 1953): pp. 993–945.

Kawai, Lieutenant Colonel Masahiro. *The Operations of the Suicide-Boat Regiment in Okinawa: Their Battle Result and the Countermeasures Taken by the U.S. Forces*. National Institute for Defense Studies, undated.

McCurry, Justin. "We Were Ready to Die for Japan.": *Guardian* (Manchester, UK), 28 February 2006. Online at www.guardian.co/uk/world/ 2006/feb/28/world dispatch.secondworldwar.

Nagai, Michio. "Westernization and Japanization: The Early Meiji Transformation of Education." In *Tradition and Modernization in Japanese Culture*, edited by Donald H. Shively, pp. 35–76. Princeton: Princeton University Press, 1971.

Rooney, John. "Sailor." *Naval Institute Proceedings* (Unpublished Article). Rooney's interview of Rear Admiral F. Julian Becton, conducted in Wyne wood, PA, Fall 1992.
Scott, J. Davis. "No Hiding Place—Off Okinawa," *US Naval Institute Proceedings* (Nov. 1957): pp. 208–13.
Suzuki, Yukihisa. "Autobiography of a Kamikaze Pilot." *Blue Book Magazine*, Vol. 94, No. 2 (December 1951): pp. 92–107; Vol. 93, No. 3 (January 1952): pp. 88–100; Vol. 93, No. 4 (February 1952).
Torisu, Kennosuke, assisted by Masataka Chlihaya. "Japanese Submarine Tactics." *United States Naval Institute Proceedings*. Annapolis: United States Naval Institute (February 1961): pp. 78–83.
Trefalt, Beatrice. "War, Commemoration and National Identity in Modern Japan, 1868–1975." In *Nation and Nationalism in Japan*, edited by Sandra Wilson, pp. 115–134. London: RoutledgeCurzon, 2002.
Turner, Adm. Richmond K. "Kamikaze." *United States Naval Institute Proceedings*. Annapolis: United States Naval Institute (March 1947): pp. 329–331.
Vogel, Bertram. "Who Were the Kamikaze?" *United States Naval Institute Proceedings*. Annapolis: United States Naval Institute (July 1947): 833–837.
Wehrmeister, Lt. (jg) R. L. "Divine Wind Over Okinawa." *United States Naval Institute Proceedings*. Annapolis: United States Naval Institute (June 1957): 632–641.
Yokoi, RAdm. Toshiyuki. "Kamikazes and the Okinawa Campaign." *United States Naval Institute Proceedings*. Annapolis: United States Naval Institute (May 1954): 504–513.
Yokota, Yutaka, and Joseph D. Harrington. "Kaiten ... Japan's Human Torpedoes." *United States Naval Institute Proceedings*. Annapolis: United States Naval Institute (January 1962): 54–68.

【Web Sites】
Web sites listed were active at the time of the author's research.
USS *Aaron Ward DM 34*, http://www.ussaaronward.com/.
USS *Alfred A. Cunningham DD 752*, http://home.infini.net/~eeg3413/index.htm.
All Japan Kaiten Pilot's Association, http://www 2s.biglobe.ne.in/~kyasuto/kaiten/album-kikusui. htm.
USS *Arikara ATF*, http://ussarikara.com.
USS *Boyd DD 544*, http://www.destroyers.org/DD544-Site/DD544.htm.
USS *Braine DD 630*, http://www.ussbrainedd630.com/witnes.htm.
USS *Bush DD*, http://www.ussbush.com.
USS *Callaghan DD 792*, http://www.destroyers.org/DD792-Site/index.htm.
USS *Cogswell DD 651*, USS-Cogswell@destroyers.org.
USS *Evans DD 552*, http://www.ussevans.org.
The 503rd P.R.C.T. Heritage Battalion Online, http://corregidor.org.
USS *Freemont APA 44*, USSFreemont.org/index.html.
Haze Gray and Underway, http://www.hazegray.org.
USS *Little DD 803*, http://skyways.lib.ks.us/history.dd803/info/picket.html.
USS *Macomb DMS 23*, http://www.destroyers.org/ bensonlivermore/ussmacomb.html.
USS *Mississinewa AO*, http://USSMississinewa.com/B.
National Association of Fleet Tug Sailors, http://www.nafts.com.
NavSource, http://www.NavSource.org.
USS *Purdy DD 734*, http://www.destroyers.org/uss- purdy/.
Tin Can Sailors, http://www.destroyers.org.
USS *Underhill DE682*, www.ussunderhill.org.
U.S. Merchant Marine, http://usmm.org.

翻訳にあたり使用した主要参考文献など（原書に引用されているものも含む）

主要参考文献
『沖縄作戦に於ける海上挺進第二十六戦隊史実資料（附部隊履歴及個人功績）』昭和二十二年三月二十五日 第三十二軍残務整理部 海上挺進第二十六戦隊戦闘経過概要 四月八日
『と號空中勤務必携』（下志津飛行部隊 昭和二十年五月）
昭和二〇・二・二一―九・一五 第十六方面軍作命綴 連絡艇隊運用要綱 昭和二十年七月十四日）第十六方面軍司令部

第一復員局『比島航空作戦記録 第二期』（昭和二十一年十月調製 昭和二十四年五月複製）（日本軍戦史 No. 12）第一復員局
第一復員局『硫黄島及南西諸島方面航空作戦記録』（昭和二十一年八月調製 昭和二十四年四月複製）（日本軍戦史 No. 51）第一復員局
第一復員局『第十方面軍作戦記録 臺灣及南西諸島』（昭和二十一年八月調製 昭和二十四年四月複製）（日本軍戦史 No. 52）第一復員局
第二復員局残務処理部『本土上陸に対する反撃作戦準備』（昭和二十二年三月調製 昭和二十四年四月複製）（一部欠）（日本軍戦史 No. 85）第二復員局残務処理部
第二復員局残務処理部『第五航空艦隊の作戦記録（自一九四五年二月至一九四五年八月）（昭和二十一年八月調製 昭和二十四年五月複製）（日本軍戦史 No. 86）第二復員局残務処理部
復員局『改訂版 沖縄作戦記録』（昭和二十四年十一月調製）（日本軍戦史 No. 135）復員局
第二復員局残務処理部『沖縄方面の海軍作戦 附録 沖縄方面作戦（一九四五年二月至一九四五年八月）に於ける海軍航空兵力使用状況諸統計』（昭和二十四年八月調製）（日本軍戦史 No. 141）第二復員局残務処理部
第二復員局残務処理部『海軍の軍備並びに戦備の全貌 其の六（敗退に伴う戦備並びに特攻戦備）』（昭和二十七年三月調製）（日本軍戦史 No.174）第二復員局残務処理部
厚生省引揚援護局整理第二課『第三段作戦に於ける潜水艦作戦 其の五（自一九四五年三月至終戦）』（昭和二十九年九月調製）（日本軍戦史 No. 187）厚生省引揚援護局整理第二課

防衛庁防衛研修所戦史室『沖縄方面海軍作戦』（戦史叢書 第17巻）朝雲新聞社 1968年
防衛庁防衛研修所戦史室『沖縄・臺湾・硫黄島方面 陸軍航空作戦』（戦史叢書 第36巻）朝雲新聞社 1970年
防衛庁防衛研修所戦史室『海上護衛戦』（戦史叢書 第46巻）朝雲新聞社 1971年
防衛庁防衛研修所戦史室『比島捷号陸軍航空作戦』（戦史叢書 第48巻）朝雲新聞社 1971年
防衛庁防衛研修所戦史室『海軍捷号作戦〈2〉－フィリッピン沖海戦－』（戦史叢書 第56巻）朝雲新聞社 1972年
防衛庁防衛研修所戦史室『海軍軍戦備〈2〉－開戦以降－』（戦史叢書 第88巻）朝雲新聞社 1975年
防衛庁防衛研修所戦史室『海軍航空概史』（戦史叢書 第95巻）朝雲新聞社 1976年
防衛庁防衛研修所戦史室『潜水艦史』（戦史叢書 第98巻）朝雲新聞社 1979年

家永三郎『太平洋戦争 第2版第8刷』岩波書店 1991年
生田惇『陸軍航空特別攻撃隊史』ビジネス社 1972年
猪口力平、中島正『神風特別攻撃隊』（再販）日本出版協同 1951年
今村茂男 大島謙訳『神風特攻隊員になった日系二世』草思社 2003年
宇垣博光『戦藻録 後篇』日本出版協同 1953年
エドワード・P.スタッフォード 井原裕司訳『空母エンタープライズ：ビッグE』下巻 元就出版社 2007年
奥本剛『陸海軍水上特攻部隊全史 マルレと震洋、開発と戦いの記録』潮書房光人社 2013年
海空会日本海軍航空史刊行会『海軍航空年表』原書房 1982年
海軍神雷部隊戦友会編集委員会『海軍神雷部隊』海軍神雷部隊戦友会 1996年
海軍飛行予備学生第十四期会『あゝ同期の桜 かえざらる青春の手記』毎日新聞社 1966年
可知晃『戦艦ミズーリに突入した零戦』光人社 2005年
加藤拓『陸軍航空特別攻撃隊 各部隊総覧 第1巻 突入部隊』、『同 第2巻 待機部隊』加藤拓 2018年
金子敏夫『神風特攻の記録』光人社 2005年
北影雄幸『特攻隊語録 命のことば』光人社 2007年
木俣滋郎『日本特攻艇戦史 震洋・四式肉薄攻撃艇の開発と戦歴』光人社 1998年
近現代史編纂会『航空隊戦史』新人物往来社 2001年
ジョン・モリス 鈴木理恵子訳『ジョン・モリスの戦中ニッポン滞在記』小学館 1997年
震洋会『人間兵器 震洋特別攻撃隊』国書刊行会 1990年
末國正雄、秦郁彦『大海令・大海指』（連合艦隊海空戦戦闘詳報第1巻）アテネ書房 1996年
末國正雄、秦郁彦『特別攻撃隊戦闘詳報Ⅰ』（連合艦隊海空戦戦闘詳報第17巻）アテネ書房 1996年
末國正雄、秦郁彦『特別攻撃隊戦闘詳報Ⅱ』（連合艦隊海空戦戦闘詳報第18巻）アテネ書房 1996年
外山操、森松俊夫『帝国陸軍編制総覧』芙蓉書房出版 1987年
田中朋博『只一筋に征く』ザメディアジョン 2006年

筑前町『筑前町大刀洗平和記念館　常設展示案内』筑前町 2022年
知覧特攻平和会館『魂魄の記録 旧陸軍特別攻撃隊 知覧基地（第6版）』知覧特攻慰霊顕彰会 2016年
特攻隊戦没者慰霊顕彰会『特別攻撃隊全史（第2版）』公益財団法人特攻隊戦没者慰霊顕彰会 2020年
特攻隊戦没者慰霊顕彰会『特攻』（第121号、第136号、第137号）
内藤初穂『桜花 非情の特攻兵器』文藝春秋 1982年
永石正孝『海軍航空隊年誌』出版協同社 1961年
日本戦没学生手記編集委員会『日本戦没学生の手記きけわだつみのこえ』東大協同組合出版部 1949年
野沢正、編纂委員会『日本航空機総集』Ⅰ 三菱篇、Ⅱ 愛知・空技廠篇、Ⅲ 川西・広廠篇、Ⅳ 川崎篇、Ⅴ 中島篇、Ⅵ 輸入機篇、Ⅶ 立川・陸軍航空工廠・満飛・日国篇、Ⅷ 九州・日立・昭和・日飛・諸社篇 出版協同社 1958年－1980年
野原茂『日本海軍零式艦上戦闘機』文林堂 2008年
野原茂『囚われの日本軍機秘録』光人社 2002年
羽衣会『神雷部隊 桜花隊』羽衣会 昭和27年
原勝洋『写真が語る「特攻」伝説：航空特攻、水中特攻、大和特攻』ベストセラーズ 2006年
平義克己『特攻パイロットを探せ 埋もれた歴史の謎を掘り起こした真実の記録』扶桑社 2005年
真継不二夫『海軍特別攻撃隊の遺書』ベストセラーズ 1971年
森本忠夫『特攻 外道の統率と人間の条件』文藝春秋 1992年
零戦搭乗員会『日本海軍神風特別攻撃隊々員之記録』零戦搭乗員会 1993年
＜『週刊朝日』（1943年9月5日）＞

ウエブ・サイト
国立公文書館　アジア歴史資料センター　キーワード検索：
　　https://www.jacar.archives.go.jp/aj/meta/default
Naval History and Heritage Command：
　　https://www.history.navy.mil/research/histories/ship-histories/danfs.html
NavSource Naval History：
　　http://www.navsource.org/

「資料補記 陸軍・海軍 特攻隊一覧」の作成に際し、次の文献の関係者には各種データの提供、内容確認等で大変お世話になりました。厚くお礼を申し上げます。

『魂魄の記録 旧陸軍特別攻撃隊 知覧基地（第6版）』知覧特攻平和会館
『特別攻撃隊全史（第2版）』公益財団法人特攻隊戦没者慰霊顕彰会
『陸軍航空特別攻撃隊 各部隊総覧 第1巻 突入部隊』、『同 第2巻 待機部隊』加藤拓氏

次の組織、団体などの関係者にも各種調査などで大変お世話になりました。厚くお礼を申し上げます。

　防衛省 防衛研究所
　海上自衛隊 鹿屋航空基地史料館
　航空自衛隊 修武台記念館
　公益財団法人 海原会
　南九州市立 知覧特攻平和会館
　公益財団法人 特攻隊戦没者慰霊顕彰会
　阿見町立 予科練平和記念館
　靖國神社 靖國偕行文庫
　福澤諭吉記念慶應義塾史展示館
　ザメディアジョン

資料補記 陸軍・海軍 特攻隊一覧 （作成：小田部哲哉）

　次の資料を基に出撃時刻順の陸軍・海軍の特攻隊のリストを作成した。
『魂魄の記録 旧陸軍特別攻撃隊　知覧基地（第6版）』
『特別攻撃隊全史（第2版）』
『日本海軍神風特別攻撃隊々員之記録』
『陸軍航空特別攻撃隊 各部隊総覧 第1巻 突入部隊』、『同 第2巻 待機部隊』
『陸軍航空特別攻撃隊史』

　本一覧は、米艦艇が攻撃を受けた時刻から攻撃を行なった攻撃隊を推定するため、出撃時刻が記載されている『日本海軍神風特別攻撃隊々員之記録』および『陸軍航空特別攻撃隊 各部隊総覧 第1巻 突入部隊』『同 第2巻 待機部隊』を基にし、さらに『魂魄の記録　旧陸軍特別攻撃隊 知覧基地（第6版）』および『特別攻撃隊全史（第2版）』も参考にして出撃月日、機数、人数などを整理した。この過程で資料間に一部相違があることが判明したが、その相違点については本リストに記載していない。

　機数、人数は各攻撃隊で未帰還になった機数、人数を示している。実際に出撃を予定した機数、人数はこれよりも多いこともあるが、それらについてのデータは一部しかないため、「未帰還」に限った。

　注欄の*1および*2は次を表している。
　*1：桜花発射後帰還した一式陸攻は機数、人数とも0とした。
　*2：陸軍特攻部隊で、操縦者と異なる部隊の者が同乗した場合、同乗者については攻撃隊名と人数をリストに記載しているが、搭乗機は機数が重複することを防ぐため、機数を0とした。

No.	月日	出撃開始時刻	出撃完了時刻	軍種	特攻隊	機種	出撃基地	攻撃目標・戦死場所 (nmは海里)	機数	人数	注
	1944年										
1	10/21	1625		海	大和隊	零戦	セブ	レイテ湾方面の敵／セブ90°185nm	1	1	
2	10/23	500		海	大和隊	零戦		スルアン沖空母索敵	1	1	
3	10/25	630		海	朝日隊	零戦	ダバオ	空母索敵攻撃／ ダバオ28°237nm	1	1	
4	10/25	630		海	菊水隊	零戦	ダバオ	空母索敵攻撃／スリガオ海峡東方40nm	2	2	
5	10/25	630		海	山桜隊	零戦	ダバオ	空母索敵攻撃／ダバオ25°285nm	2	2	
6	10/25	725		海	敷島隊	零戦	マバラカット	ルソン島東沿岸を経てタクロバンに向けて索敵攻撃／ タクロバン85°35nm索敵攻撃	5	5	
7	10/25	725		海	敷島隊 直掩	零戦	マバラカット	タクロバン85°35nm索敵攻撃	1	1	
8	10/25	900		海	大和隊	零戦	セブ	パタグ130°70nm機動部隊	2	2	
9	10/25	900		海	大和隊 直掩誘導	彗星	セブ	パタグ130°70nmの機動部隊	1	2	
10	10/25	1030		海	彗星隊	彗星	マバラカット	レイテ島東沿岸及びレイテ湾索敵攻撃	1	2	
11	10/25	1140		海	若桜隊	零戦	セブ	パタグ東方70nm空母索敵攻撃	1	1	
12	10/26	1015		海	大和隊	零戦	セブ	スリガオ海峡東方80nm	2	2	
13	10/26	1015		海	大和隊 直掩	零戦	セブ	スリガオ海峡東方80nm	1	1	
14	10/26	1230		海	大和隊	零戦	セブ	スリガオ海峡東方80nm	3	3	
15	10/26	1230		海	大和隊 直掩	零戦	セブ	スリガオ海峡東方80nm	1	1	
16	10/27	1200		海	大和隊	零戦	セブ	スリガオ87°20nm機動部隊	1	1	
17	10/27	1530		海	義烈隊	彗星	ニコルス第1	ラモン湾東方索敵攻撃 発見せざればレイテ湾内艦船	2	4	
18	10/27	1530		海	忠勇隊	彗星	ニコルス第1	ラモン湾東方索敵攻撃 発見せざればレイテ湾内艦船	3	6	
19	10/27	1600		海	純忠隊	九九式艦爆	ニコルス1	レイテ湾内艦船	1	2	
20	10/27	1600		海	誠忠隊	九九式艦爆	ニコルス1	レイテ湾内艦船	3	6	
21	10/28	430		海	純忠隊	九九式艦爆	セブ	レイテ湾内艦船	1	2	
22	10/29	945		海	至誠隊	九九式艦爆	ニコルス第1	マニラの80°200nmの機動部隊	1	2	
23	10/29	945		海	零戦隊 直掩至誠隊	零戦	ニコルス第1	マニラの80°200nmの機動部隊	2	2	
24	10/29	1015		海	義烈隊	彗星	ニコルス第2	マニラの80°200nmの機動部隊／マニラ74°180nm	1	2	
25	10/29	1015		海	忠勇隊	彗星	ニコルス第2	マニラの80°200nmの機動部隊／マニラ74°180nm	1	2	
26	10/29	1015		海	初桜隊	零戦	ニコルス第1	マニラ74°180nmの機動部隊	3	3	
27	10/29	1040		海	至誠隊	九九式艦爆	ニコルス第1	マニラの80°200nmの機動部隊	1	2	
28	10/29	1500		海	神兵隊	九九式艦爆	ニコルス	マニラの80°200nmの機動部隊／マニラ74°180nm	1	2	
29	10/29	1500		海	零戦隊 直掩神武隊	零戦	ニコルス第1	マニラの80°200nmの機動部隊／レガスピ-37°90nm	1	1	
30	10/30	1330		海	葉桜隊	零戦	セブ	スルアン島150°40nmの機動部隊	6	6	
31	10/30	1330		海	葉桜隊 直掩	零戦	セブ	スルアン島150°40nmの機動部隊	2	2	
32	11/1	700		海	至誠隊	九九式艦爆	ニコルス第1	タクロバン付近艦船	1	2	
33	11/1	700		海	天兵隊	九九式艦爆	ニコルス第1	タクロバン附近輸送船／タクロバン150°50nm	2	4	
34	11/1	700		海	零戦隊 直掩天兵隊	零戦	ニコルス第1	タクロバン附近輸送船／タクロバン150°50nm マニラ74°180nm	1	1	
35	11/1	1100		海	桜花隊	零戦	マバラカット	レイテ湾艦船／スリガオ海峡	1	1	
36	11/1	1250		海	神兵隊	九九式艦爆	ニコルス第1／セブ再出撃	タクロバン付近艦船	1	2	
37	11/1	1250		海	天兵隊	九九式艦爆	ニコルス第1／セブ再出撃	タクロバン附近輸送船／タクロバン150°50nm	1	2	
38	11/1	午前		海	梅花隊	零戦	ニコルス第1	レイテ湾艦船／スリガオ海峡	1	1	
39	11/5	800		陸	万朶隊	九九式双軽	リパ	ニコラス 要務飛行	1	5	
40	11/5	1205		海	左近隊	マバラカット		エンカント岬(ディッカサラリン湾北)90°140nm	2	2	
41	11/5	1215		海	白虎隊	零戦	マバラカット	エンカント岬70°180nmの機動部隊	2	2	
42	11/6	700		海	鹿島隊	九九式艦爆	マバラカット東	ルソン島東方の機動部隊／カングラン基地80°120nm	1	2	

No.	月日	出撃開始時刻	出撃完了時刻	軍種	特攻隊	機種	出撃基地	攻撃目標・戦死場所 (nmは海里)	機数	人数	注
43	11/6	700		海	零戦隊 直掩鹿島隊	零戦	マバラカット東	ルソン島東方の機動部隊/カングラン基地80°120nm	1	1	
44	11/6	1430		海	鹿島隊	九九式艦爆	マバラカット東再出撃	ルソン島東方の機動部隊/カングラン基地80°120nm	1	2	
45	11/7	300		陸	富嶽隊	四式重爆	マルコット	ラモン湾東方	1	2	
46	11/11	1500		海	鹿島隊	九九式艦爆	マバラカット東	スルアン島の南20nmの輸送船団	1	1	
47	11/11	1500		海	神崎隊	九九式艦爆	マバラカット東	スルアン島の南20nmの輸送船団	1	2	
48	11/11	1500		海	神武隊	九九式艦爆	マバラカット東	スルアン島の南20nmの輸送船	1	1	
49	11/12	300		陸	独立飛行第24中隊	隼	カローカン	レイテ湾	1	1	
50	11/12	300		陸	万朶隊	九九式双軽	カローカン	レイテ湾	2	3	
51	11/12	1040		海	第5聖武隊	零戦	セブ	レイテ湾輸送船団	3	3	
52	11/12	1115		海	時宗隊	零戦	マバラカット	レイテ湾輸送船団	3	3	
53	11/12	1115		海	時宗隊 直掩	零戦	マバラカット	レイテ湾輸送船団	1	1	
54	11/12	1230		海	第2白虎隊	零戦	アンヘレス	レイテ湾輸送船団	1	1	
55	11/12	1300		海	第2桜花隊	零戦	アンヘレス	レイテ湾輸送船団	4	4	
56	11/12	1625		海	第2白虎隊	零戦	レガスピー再発進	レイテ湾輸送船団	5	5	
57	11/12	1625		海	第2白虎隊 直掩	零戦	レガスピー再発進	レイテ湾輸送船団	1	1	
58	11/12	1645		海	梅花隊	零戦	セブ	ドラグ海岸及びタクロバン附近の輸送船	3	3	
59	11/12	1645		海	梅花隊 直掩	零戦	セブ	ドラグ海岸及びタクロバン附近の輸送船	1	1	
60	11/13	1220		海	正行隊	零戦	マバラカット	マニラ60°140nmの機動部隊	3	3	
61	11/13	1220		海	正行隊 直掩	零戦	マバラカット	マニラ60°140nmの機動部隊	1	1	
62	11/13	1700		陸	富嶽隊	四式重爆	マルコット	クラーク東400km	2	6	
63	11/14	1600		海	山本隊	零戦	アンヘレス	ラモン湾東方の機動部隊	1	1	
64	11/14	1600		海	山本隊 直掩	零戦	アンヘレス	ラモン湾東方の機動部隊	1	1	
65	11/15	400		陸	万朶隊	九九式双軽	カローカン	レイテ湾	1	1	
66	11/15	1700		陸	富嶽隊	四式重爆	マルコット	ミンダナオ北東	1	2	
67	11/18	640		海	第8聖武隊	零戦	セブ	タクロバン沖輸送船	3	3	
68	11/18	不明		陸	飛行第200戦隊	疾風	タンザ	レイテ湾/タクロバン飛行場	2	2	
69	11/19	610		海	第9聖武隊	零戦	セブ	タクロバン沖輸送船	3	3	
70	11/19	1230		海	第2朱雀隊	零戦	ニコルス第1	ラモン湾沖空母索敵攻撃	1	1	
71	11/19	1230		海	第2朱雀隊 直掩	零戦	ニコルス第1	ラモン湾沖空母索敵攻撃	1	1	
72	11/19	1600		海	高徳隊 直掩	零戦	マバラカット	マニラ東方海面索敵攻撃	1	1	
73	11/19	午後?		海	攻撃第501飛行隊	銀河	クラーク	比島東方空域	3	9	
74	11/21	700		海	第5神風特別攻撃隊	銀河	ダバオ	ウルシー在泊の空母/ダバオ68°280nm	1	3	
75	11/24	1800		陸	八紘第3隊靖国隊	隼	シライ	レイテ湾	1	1	
76	11/25	1020		海	第3高徳隊	零戦	ニコルス第1	ナガ岬10°100nmの機動部隊	2	2	
77	11/25	1020		海	第3高徳隊 直掩	零戦	ニコルス第1	ナガ岬10°100nmの機動部隊	3	3	
78	11/25	1130		海	香取隊	彗星	マバラカット西	クラーク75°150nm機動部隊	2	4	
79	11/25	1130		海	吉野隊	零戦	マバラカット西	クラークの75°150nm機動部隊	6	6	
80	11/25	1130		海	吉野隊 直掩	零戦	マバラカット西	クラークの75°150nm機動部隊	2	2	
81	11/25	1143		海	疾風隊	銀河	クラーク	ラモン湾東方の空母	2	6	
82	11/25	1143		海	疾風隊 直掩	零戦	クラーク	ラモン湾東方の空母	2	2	
83	11/25	1230		海	強風隊	銀河	デゴス	ラモン湾東方の空母/サマール島北方	2	6	
84	11/25	1415		海	笠置隊	零戦	エチアゲ	クラーク70°150nm機動部隊/パラナン岬150°100nm	2	2	
85	11/25	1415		海	笠置隊 直掩	零戦	エチアゲ	クラーク70°150nm機動部隊/パラナン岬150°100nm	2	2	
86	11/26	1010		海	右近隊	零戦	セブ	タクロバン水道南口の艦船	2	2	
87	11/26	1010		海	右近隊 直掩	零戦	セブ	タクロバン水道南口の艦船	2	2	
88	11/26	1030		海	第10聖武隊	零戦	セブ	タクロバン水道南口の艦船	2	2	
89	11/26	1030		海	第10聖武隊 直掩	零戦	セブ	タクロバン水道南口の艦船	2	2	
90	11/26	2240		陸	飛行第208戦隊	零式輸送機	リパ	ブラウエン飛行場	4	8	
91	11/27	730		海	春日隊	彗星	マバラカット西	レイテ湾内輸送船団	2	4	
92	11/27	730		海	春日隊	零戦	マバラカット西	レイテ湾内輸送船団	1	1	
93	11/27	730		海	春日隊 直掩	零戦	マバラカット西	レイテ湾内輸送船団	3	3	
94	11/27	800		海	第1御盾特別攻撃隊 銃撃	零戦	硫黄島	サイパン、アスリート飛行場	11	11	
95	11/27	1030		陸	八紘第1隊八紘隊	隼	ファブリカ	レイテ湾	10	10	
96	11/29	1635		陸	八紘第3隊靖国隊	隼	シライ	レイテ湾	6	6	

No.	月日	出撃開始時刻	出撃完了時刻	軍種	特攻隊	機種	出撃基地	攻撃目標・戦死場所（nmは海里）	機数	人数	注
97	12/4	645		海	怒濤隊	銀河	デゴス	コツソル水道の空母	1	3	
98	12/5	1100		陸	八紘第2隊一宇隊	隼	マナプラ	スリガオ海峡	3	3	
99	12/5	1100		陸	八紘第6隊 石腸隊	九九式襲撃機	バコロド	スリガオ海峡	7	7	
100	12/5	1245		海	第11聖武隊	零戦		スリガオの100°110nm輸送船団	2	2	
101	12/5	1500		陸	八紘第5隊 鉄心隊	九九式襲撃機	カローカン	スルアン島付近	3	3	
102	12/6	715		海	第1桜井隊	零戦	セブ	レイテ湾内駆逐艦/スリガオ海峡	1	1	
103	12/6	715		海	第1桜井隊 直掩	零戦	セブ	レイテ湾内駆逐艦/スリガオ海峡	1	1	
104	12/6	1540		陸	飛行第74戦隊	百式重爆	アンヘレス	タクロバン飛行場？	2	5	
105	12/6	1540		陸	飛行第95戦隊	百式重爆	アンヘレス	タクロバン飛行場	2	5	
106	12/7	700		陸	八紘第8隊 勤皇隊	屠龍	ニルソン	オルモック湾	9	10	
107	12/7	1045		海	第5桜井隊	零戦	セブ	オルモック輸送船/アルベラ西方	4	4	
108	12/7	1045		海	第5桜井隊 直掩	零戦	セブ	オルモック輸送船/アルベラ西方	1	1	
109	12/7	1157		海	颱風隊	銀河	クラーク	レイテ島西方の艦船/カモステ海、オルモック湾	4	12	
110	12/7	1200		陸	八紘第2隊一宇隊	隼	タリサイ	オルモック湾	2	2	
111	12/7	1208		海	颱風隊	銀河	クラーク	レイテ島西方の艦船/カモステ海、オルモック湾	1	3	
112	12/7	1220		海	千早隊	彗星	マバラカット	カモステ海峡巡洋艦駆逐艦	1	2	
113	12/7	1220		海	千早隊	零戦	マバラカット	カモステ海峡巡洋艦駆逐艦	4	4	
114	12/7	1300		陸	八紘第4隊護国隊	隼	マリキナ	オルモック湾	7	7	
115	12/7	1600		海	第7桜井隊	零戦	セブ	カモステ海セブに向けて西航中の艦船	3	3	
116	12/7	1600		海	第7桜井隊 直掩	零戦	セブ	カモステ海セブに向けて西航中の艦船	3	3	
117	12/7	不明		陸	八紘第1隊八紘隊	隼	ファブリカ？	オルモック湾	1	1	
118	12/7	不明		陸	八紘第3隊靖ника隊	隼	マニラ？	オルモック湾	1	1	
119	12/8	不明		陸	八紘第6隊 石腸隊	九九式襲撃機	タリサイ	オルモック湾	1	1	
120	12/10	700		陸	八紘第8隊 勤皇隊	屠龍	ニルソン	レイテ湾	3	3	
121	12/10	1620		陸	八紘第7隊 丹心隊	隼	カローカン	ヒヌンダヤン沖北方	6	6	
122	12/11	1630		海	第1金剛隊	零戦	セブ	スリガオ水道西口西航中の駆逐艦	4	4	
123	12/11	1630		海	第1金剛隊 直掩	零戦	セブ	スリガオ水道西口西航中の駆逐艦	2	2	
124	12/12	800		陸	八紘第1隊八紘隊	隼	ファブリカ	バイバイ沖	1	1	
125	12/12	800		陸	八紘第6隊 石腸隊	九九式襲撃機	シライ	バイバイ沖	1	1	
126	12/12	800		陸	八紘第7隊 丹心隊	隼	カローカン？	バイバイ沖	1	1	
127	12/13	1300		陸	飛行第27戦隊	屠龍	バコロド	ミンダナオ海	2	2	
128	12/13	1630		海	第2金剛隊	零戦	セブ	ムルシエラゴス湾艦船/シキホール島230°20nm	3	3	
129	12/13	1630		海	第2金剛隊 直掩	零戦	セブ	ムルシエラゴス湾艦船/シキホール島230°20nm	2	2	
130	12/13	不明		陸	八紘第2隊一宇隊	隼	タリサイ	ミンダナオ海	1	1	
131	12/14	630		陸	菊水隊	百式重爆	クラーク南	ネグロス島近海	7	34	
132	12/14	645		陸	菊水隊	百式重爆	デルカルメン	ネグロス島近海	2	13	
133	12/14	700		海	第5金剛隊	零戦	シライ	ネグロス島周辺攻略部隊/シキホール島南10nm	2	2	
134	12/14	700		海	第5金剛隊 直掩	零戦	シライ	ネグロス島周辺攻略部隊/シキホール島南10nm	1	1	
135	12/14	715		海	第6金剛隊	彗星	マバラカット	ズマグテ南方輸送船団索敵攻撃	3	6	
136	12/14	715		海	第6金剛隊	零戦	マバラカット	ズマグテ南方輸送船団索敵攻撃	6	6	
137	12/14	1440		海	第3金剛隊	零戦	セブ	バコロド240°80nmの船団	3	3	
138	12/14	1440		海	第3金剛隊 直掩	零戦	セブ	バコロド240°80nmの船団	2	2	
139	12/15	630		海	第7金剛隊	零戦	セブ	ネグロス島周辺攻略部隊/ナソ90°45nm	3	3	
140	12/15	630		海	第7金剛隊 直掩	零戦	セブ	ネグロス島周辺攻略部隊/ナソ90°45nm	2	2	
141	12/15	645		海	第9金剛隊	彗星	マバラカット	ミンドロ島周辺攻略部隊索敵攻撃	1	2	
142	12/15	645		海	第9金剛隊	零戦	マバラカット	ミンドロ島周辺攻略部隊索敵攻撃	12	12	
143	12/15	655		海	第10金剛隊	零戦	ダバオ第1	マリセラゴス湾方面索敵攻撃/ナソ230°20nm	2	2	
144	12/15	720		海	第1草薙隊	銀河	デゴス/クラーク	スルー海所在の機動部隊	2	6	
145	12/15	薄暮		陸	旭光隊	九九式双軽	カローカン？	ミンドロ島南方洋上	1	1	
146	12/16	650		海	第11金剛隊	彗星	マバラカット	ミンドロ島サンホセ付近攻略部隊/スミラフ島付近	1	2	

No.	月日	出撃開始時刻	出撃完了時刻	軍種	特攻隊	機種	出撃基地	攻撃目標・戦死場所 (nmは海里)	機数	人数	注
147	12/16	650		海	第11金剛隊	零戦	マバラカット	ミンドロ島サンホセ付近攻略部隊/スミラフ島付近	11	11	
148	12/16	1830		陸	八紘第5隊 鉄心隊	九九式襲撃機	カローカン	ミンドロ島付近	2	2	
149	12/16	払暁		陸	旭光隊	九九式双軽	カローカン?	ミンドロ島西方洋上	1	1	
150	12/16	払暁		陸	富嶽隊	四式重爆	マルコット	ミンドロ島南方	2	4	
151	12/17	1630		陸	精華隊第30戦闘飛行集団	疾風	バムバン?	ミンドロ島南方	1	1	
152	12/17	1630		陸	八紘第7隊 丹心隊	隼	カローカン	ミンドロ島付近	2	2	
153	12/18	1530		陸	八紘第5隊 鉄心隊	九九式襲撃機	カローカン	ミンドロ島付近:駆逐艦または魚雷艇撃沈?	1	1	
154	12/20	1200		陸	精華隊第30戦闘飛行集団	疾風	マバラカット東	サンホセ附近	2	2	
155	12/20	1500		陸	万朶隊	九九式双軽	カローカン	レイテ湾	1	1	
156	12/20	1500		陸	若桜隊	九九式双軽	カローカン	レイテ湾	1	1	
157	12/21	1240		陸	旭光隊	九九式双軽	カローカン?	バコロド西200km洋上	1	1	
158	12/21			陸	八紘第10隊殉義隊	隼	アンヘレス西	ミンドロ島沖	5	5	
159	12/22	不明		陸	八紘第10隊殉義隊	隼	アンヘレス西	サンホセ西方/ミンドロ島沖	2	2	
160	12/22	不明		陸	八紘第6隊 石腸隊	九九式襲撃機	ポーラック	ミンドロ島サンホセ付近	1	1	
161	12/25	1015		陸	精華隊第30戦闘飛行集団	疾風	ポーラック	リンガエン湾	1	1	
162	12/26	不明		海	金鵄隊	零戦	不明	マニラ地区に飛来するB-24	2	2	
163	12/28	950		海	第14金剛隊	零戦	セブ	シキホール島東方輸送船団	3	3	
164	12/28	不明		海	月光隊	月光	マバラカット	ミンダナオ海西部を北航中の輸送船団	1	2	
165	12/29	1600		海	第15金剛隊	零戦	バタンガス	ミンドロ島南方輸送船団	4	4	
166	12/29	1700		陸	八紘第9隊一誠隊	隼	デルカルメン	パナイ島西方洋上	1	1	
167	12/29	1730		陸	旭光隊	九九式双軽	カローカン?	ミンドロ島南方洋上	1	1	
168	12/29	1730		陸	八紘第5隊 鉄心隊	九九式襲撃機	カローカン	ミンドロ島サンホセ付近	3	3	
169	12/29	午後		陸	八紘第10隊殉義隊	隼	アンヘレス西	ミンドロ島沖	1	1	
170	12/30	1550		陸	八紘第12隊進襲隊	九九式襲撃機	マリキナ	ミンドロ島サンホセ付近洋上	5	5	
171	12/30	朝		陸	皇華隊	屠龍	クラーク?	サンホセ付近洋上	1	1	
172	12月初旬	不明		陸	八紘第3隊靖国隊	隼	カローカン	ミンドロ島付近	1	1	
173	12月末			陸	八紘第3隊靖国隊	隼	カローカン	ミンドロ島付近	1	1	
	1945年										
174	1/1	不明		海	金鵄隊	零戦	アンヘレス	敵来襲機/マニラ上空B-24	1	1	
175	1/3	645		海	第30金剛隊	零戦	セブ	ミンダナオ海の船団	2	2	
176	1/3	1750		海	旭日隊	彗星	ラサン	スリガオ海峡通過ミンダナオ海向け航行中の機動部隊	1	2	
177	1/3	不明		海	月光隊	月光	マバラカット	ネグロス島南方輸送船団	1	1	
178	1/4	1700		陸	八紘第12隊進襲隊	九九式襲撃機	マリキナ	ミンドロ島サンホセ付近洋上/ルソン島西海面	1	1	
179	1/4	1700		陸	八紘第9隊一誠隊	隼	デルカルメン	キュウヨウ島付近洋上	2	2	
180	1/5	1557		海	第18金剛隊	零戦	マバラカット	ルバング島西方海上北上中の大攻略部隊	15	15	
181	1/5	1557		海	第18金剛隊 直掩	零戦	マバラカット	ルバング島西方海上北上中の大攻略部隊	2	2	
182	1/5	1630		陸	八紘第12隊進襲隊	九九式襲撃機	マリキナ	ルソン島西方洋上西海面	1	1	
183	1/5	1710		陸	八紘第6隊 石腸隊	九九式襲撃機	ポーラック	ルソン島西方洋上	3	3	
184	1/5	1710		陸	八紘第9隊一誠隊	隼	デルカルメン	ルソン島西方洋上	3	3	
185	1/5	午後		海	旭日隊	彗星	マバラカット	イバ沖北上中の船団	1	2	
186	1/6	200		海	八幡隊 雷装	天山	クラーク	リンガエン湾内艦船	1	3	
187	1/6	540		陸	八紘第6隊 石腸隊	九九式襲撃機	ポーラック	サンフェルナンド沖	1	1	
188	1/6	1100		海	第22金剛隊	零戦	アンヘレス	リンガエン湾輸送船	4	4	
189	1/6	1250		海	第19金剛隊	零戦	マバラカット	リンガエン湾進入中の大攻略部隊	13	13	
190	1/6	1600		海	第23金剛隊	零戦	ニコルス	イバ沖北進中の攻略部隊	8	8	
191	1/6	1600		海	第23金剛隊 誘導	彗星	ニコルス	イバ沖北進中の攻略部隊	1	2	
192	1/6	1600		海	第23金剛隊 直掩	零戦	ニコルス	イバ沖北進中の攻略部隊	4	4	
193	1/6	1600		海	第30金剛隊	零戦	マバラカット	リンガエン湾/ミンダナオ島沖	2	2	
194	1/6	1655		海	第20金剛隊	零戦	マバラカット	リンガエン湾大攻略部隊/サンフェルナンド沖	5	5	
195	1/6	1800		陸	八紘第11隊皇魂隊	屠龍	アンヘレス南	リンガエン湾	1	1	
196	1/6	午後?		海	旭日隊	彗星	ソビ	スリガオ海峡よりミンダナオ海峡西航中の船団/リンガエン湾	1	2	
197	1/6	午後?		海	旭日隊	彗星	マバラカット	リンガエンに向け北上中の空母	1	2	

No.	月日	出撃開始時刻	出撃完了時刻	軍種	特攻隊	機種	出撃基地	攻撃目標・戦死場所（nmは海里）	機数	人数	注
198	1/6	不明		海	金鵄隊	零戦	不明	リンガエン湾艦船	1	1	
199	1/6	不明		海	第30金剛隊	零戦	マバラカット	レイテ湾/ミンダナオ島沖	1	1	
200	1/6	未明		陸	皇華隊	屠龍	クラーク？	リンガエン湾？	1	1	
201	1/6	未明		陸	旭光隊	九九式双軽	カローカン？	ルソン島西方洋上	1	1	
202	1/6	未明		陸	八紘第5隊 鉄心隊	九九式襲撃機	カローカン	リンガエン湾	2	2	
203	1/7	600		陸	若桜隊	九九式双軽	カローカン	リンガエン湾	3	3	
204	1/7	1035		海	第28金剛隊	零戦	エチアゲ	リンガエン湾内輸送船	3	3	
205	1/7	1035		海	第28金剛隊 直掩	零戦	エチアゲ	リンガエン湾内輸送船	2	2	
206	1/7	1710		海	第29金剛隊	零戦	エチアゲ	リンガエン湾内輸送船	2	2	
207	1/7	1710		海	第29金剛隊 直掩	零戦	エチアゲ	リンガエン湾内輸送船	1	1	
208	1/7	午後？		陸	八紘第10隊殉義隊	隼	アンヘレス西	ミンドロ島沖	1	1	
209	1/7	不明		海	旭日隊	彗星	マバラカット	リンガエン湾内艦船	1	2	
210	1/8	300		海	八幡隊 雷装	天山	クラーク	リンガエン湾内艦船	1	3	
211	1/8	400		陸	八紘第12隊進襲隊	九九式襲撃機	マリキナ	ルソン島西海面	2	2	
212	1/8	400		陸	八紘第6隊 石腸隊	九九式襲撃機	ポーラック	ルソン島西方洋上	3	3	
213	1/8	640		陸	八紘第11隊皇魂隊	屠龍	アンヘレス南	リンガエン湾	3	3	
214	1/8	640		陸	八紘第9隊一誠隊	隼	デルカルメン	ルソン島西方洋上	3	3	
215	1/8	730		陸	精華隊第30戦闘飛行集団	疾風	マバラカット東	リンガエン湾	2	2	
216	1/8	不明		陸	精華隊第30戦闘飛行集団	疾風	マバラカット東	リンガエン湾	2	2	
217	1/8	夜		陸	精華隊第30戦闘飛行集団	疾風	ポーラック	ルソン島西南方洋上	1	1	
218	1/9	650		海	第24金剛隊	零戦	ニコルス	リンガエン湾輸送船	1	1	
219	1/9	1200		海	第25金剛隊	零戦	ツゲガラオ	リンガエン湾内巡洋艦	2	2	
220	1/9	1600		海	第26金剛隊	零戦	ツゲガラオ	リンガエン湾内艦船	2	2	
221	1/9	1600		海	第26金剛隊 直掩	零戦	ツゲガラオ	リンガエン湾内艦船	1	1	
222	1/9	不明		陸	八紘第9隊一誠隊	隼	デルカルメン	リンガエン湾	2	2	
223	1/10	400		陸	富嶽隊	四式重爆	マルコット	リンガエン湾	1	1	
224	1/10	530		陸	皇華隊	屠龍	サブラン	リンガエン湾	1	1	
225	1/10	1700		陸	精華隊第30戦闘飛行集団	疾風	カローカン	リンガエン湾	1	1	
226	1/10	白昼		陸	精華隊第30戦闘飛行集団	疾風	マバラカット東	リンガエン湾	3	3	
227	1/10	夕刻		陸	八紘第11隊皇魂隊	屠龍	アンヘレス南	リンガエン湾	1	1	
228	1/10	夕刻		陸	八紘第4隊護国隊	隼	クラーク？	リンガエン湾	1	1	
229	1/12	530		陸	富嶽隊	四式重爆	マルコット	リンガエン湾	1	3	
230	1/12	725		陸	精華隊第30戦闘飛行集団	疾風	ポーラック	リンガエン湾	1	1	
231	1/12	755		陸	精華隊第30戦闘飛行集団	疾風	ポーラック	リンガエン湾	2	2	
232	1/12	1158		陸	精華隊第30戦闘飛行集団	疾風	ポーラック	リンガエン湾	1	1	
233	1/12	1730		陸	精華隊第30戦闘飛行集団	疾風	ポーラック	リンガエン湾	3	3	
234	1/12	午前？		陸	精華隊第30戦闘飛行集団	疾風	アンヘレス	リンガエン湾	7	7	
235	1/12	早朝		陸	精華隊第30戦闘飛行集団	疾風	アンヘレス	リンガエン湾	2	2	
236	1/12	早朝		陸	精華隊第30戦闘飛行集団	疾風	マバラカット東？	リンガエン湾	1	1	
237	1/12	払暁		陸	皇華隊	屠龍	クラーク？	リンガエン湾	2	2	
238	1/12	不明		陸	旭光隊	九九式双軽	ツゲガラオ？	リンガエン湾	5	5	
239	1/12	不明		陸	精華隊第30戦闘飛行集団	疾風	クラーク？	リンガエン湾	1	1	
240	1/13	735		陸	精華隊第30戦闘飛行集団	疾風	ポーラック	リンガエン湾	1	1	
241	1/13	735		陸	精華隊第30戦闘飛行集団	疾風	ポーラック	ルソン島イバ西方	1	1	
242	1/13	900		陸	精華隊第30戦闘飛行集団	疾風	マバラカット東	リンガエン湾	2	2	
243	1/13	払暁		陸	精華隊第30戦闘飛行集団	疾風	ポーラック	リンガエン湾	1	1	
244	1/15	1600		海	第1新高隊	零戦	台中	馬公195°150nmの機動部隊	1	1	
245	1/21	1105		海	第1航空艦隊零戦隊	零戦	台南	台東の93°93nm機動部隊	2	2	
246	1/21	1130		海	新高隊	彗星	台南	台東の115°60nmの機動部隊	1	2	
247	1/21	1140		海	新高隊	彗星	台南	台東の115°60nmの機動部隊	1	2	
248	1/21	1150		海	新高隊	彗星	台南	台東の115°60nmの機動部隊	3	6	
249	1/21	不明		海	第3新高隊	零戦	ツゲガラオ	台湾東方の機動部隊	3	3	
250	1/21	不明		海	第3新高隊 直掩	零戦	ツゲガラオ	台湾東方の機動部隊	1	1	
251	1/25	1415		海	第27金剛隊	零戦	ツゲガラオ	リンガエン湾内艦船	1	1	
252	2/21	1200		海	第2御盾隊	彗星	八丈島	硫黄島周辺の艦船	10	20	
253	2/21	1200		海	第2御盾隊 直掩	零戦	八丈島	硫黄島周辺の艦船	5	5	
254	2/21	1400		海	第2御盾隊	天山	八丈島	硫黄島周辺の艦船	3	9	
255	2/21	1400		海	第2御盾隊 雷装	天山	八丈島	硫黄島周辺の艦船	3	9	
256	3/1	1600		海	第2御盾隊	彗星	八丈島	硫黄島周辺の艦船薄暮攻撃	1	2	
257	3/11	910		海	菊水部隊梓特別攻撃隊	銀河	鹿屋	西カロリン・ウルシー泊地	14	41	
258	3/11	925		海	菊水部隊梓特別攻撃隊 誘導	二式大艇	鹿児島	西カロリン・ウルシー泊地	1	12	

No.	月日	出撃開始時刻	出撃完了時刻	軍種	特攻隊	機種	出撃基地	攻撃目標・戦死場所（nmは海里）	機数	人数	注
259	3/18	400		海	菊水部隊銀河隊 雷装	銀河	大分	九州東方機動部隊/九州南東海面	1	3	
260	3/18	440		海	菊水部隊銀河隊 爆装	銀河	鹿屋	九州東方機動部隊/九州南東海面	2	6	
261	3/18	613	658	海	菊水部隊彗星隊	彗星	第1国分	九州東方に来攻の機動部隊（第1次攻撃隊）/九州南東海面	10	19	
262	3/18	613	658	海	菊水部隊彗星隊 直掩	零戦	第1国分	九州東方に来攻の機動部隊（第1次攻撃隊）/九州南東海面	2	2	
263	3/18	628		海	菊水部隊銀河隊 爆装	銀河	築城	九州東方機動部隊/九州南東海面	2	6	
264	3/18	630		海	菊水部隊銀河隊 爆装	銀河	築城	九州東方機動部隊/九州南東海面	1	3	
265	3/18	700		海	菊水部隊銀河隊 爆装	銀河	築城	九州東方機動部隊/九州南東海面	1	3	
266	3/18	710		海	菊水部隊銀河隊 爆装	銀河	築城	九州東方機動部隊/九州南東海面	1	3	
267	3/18	1045	1150	海	菊水部隊彗星隊	彗星	第1国分	九州南東来攻の機動部隊（第2次攻撃隊）/九州南東海面	4	8	
268	3/18	1050		海	菊水部隊彗星隊 直掩	零戦	第1国分	九州南東来攻の機動部隊（第2次攻撃隊）/九州南東海面	1	1	
269	3/18	1350	1420	海	菊水部隊彗星隊	彗星	第2国分	九州南東来攻の機動部隊（第3次攻撃隊）/九州南東海面	4	8	
270	3/19	420		海	菊水部隊銀河隊 雷装	銀河	鹿屋	九州東方機動部隊/九州南東海面	1	3	
271	3/19	545	715	海	菊水部隊彗星隊	彗星	第1国分	九州南東の機動部隊（第4次攻撃隊）/九州南東海面	8	16	
272	3/19	625		海	菊水部隊銀河隊 爆装	銀河	出水	九州東方機動部隊/九州南東海面	1	3	
273	3/19	645		海	菊水部隊銀河隊 爆装	銀河	出水	九州東方機動部隊/九州南東海面	2	6	
274	3/19	805		海	菊水部隊銀河隊 爆装	銀河	出水	九州東方機動部隊/九州南東海面	1	3	
275	3/19	928	953	海	菊水部隊彗星隊	彗星	第2国分	九州南東の機動部隊（第5次攻撃隊）/九州南東海面	3	6	
276	3/19	1014		海	菊水部隊彗星隊	彗星	第1国分	九州南東の機動部隊（第6次攻撃隊）/九州南東海面	1	2	
277	3/19	1050	1135	海	菊水部隊彗星隊	彗星	第2国分	九州南東の機動部隊（第7次攻撃隊）/九州南東海面	2	4	
278	3/20	1250	1356	海	菊水部隊彗星隊	彗星	第1国分	四国南方の機動部隊（第8次攻撃隊）/九州南東海面	3	6	
279	3/20	1424	1505	海	菊水部隊彗星隊	彗星	第2国分	九州南東の機動部隊/九州南東海面	4	8	
280	3/20	1424	1505	海	菊水部隊彗星隊 直掩	零戦	第2国分	九州南東の機動部隊/九州南東海面	2	2	
281	3/20	2030		海	菊水部隊銀河隊 雷装	銀河	鹿屋	九州東方機動部隊/九州南東海面	1	3	
282	3/20	2035		海	菊水部隊銀河隊 雷装	銀河	鹿屋	九州東方機動部隊/九州南東海面	1	3	
283	3/21	625		海	菊水部隊銀河隊 爆装	銀河	出水	九州東方機動部隊/九州南東海面	1	3	
284	3/21	730		海	菊水部隊銀河隊 爆装	銀河	出水	九州東方機動部隊/九州南東海面	1	3	
285	3/21	745		海	菊水部隊銀河隊 爆装	銀河	鹿屋	九州東方機動部隊/九州南東海面	4	12	
286	3/21	745		海	菊水部隊銀河隊 爆装	銀河	宮崎	九州東方機動部隊/九州南東海面	3	9	
287	3/21	756		海	菊水部隊銀河隊 爆装	銀河	出水	九州東方機動部隊/九州南東海面	3	9	
288	3/21	800		海	菊水部隊銀河隊 爆装	銀河	出水	九州東方機動部隊/九州南東海面	1	3	
289	3/21	1120		海	第1神風桜花特別攻撃隊 神雷部隊桜花隊	桜花	鹿屋	鹿屋160°360nmの機動部隊	15	15	
290	3/21	1120		海	第1神風桜花特別攻撃隊 神雷部隊攻撃隊	一式陸攻	鹿屋	鹿屋160°360nmの機動部隊	18	135	
291	3/21	1120		海	第1神風桜花特別攻撃隊 神雷部隊戦闘隊	零戦	鹿屋	鹿屋160°360nmの機動部隊	10	10	
292	3/21	不明		海	菊水部隊銀河隊 爆装	銀河	出水	九州東方機動部隊/九州南東海面	1	3	
293	3/24	600		海	小禄彗星隊	彗星	小禄	沖縄周辺機動部隊	1	2	
294	3/25	500		海	小禄彗星隊	彗星	小禄	沖縄周辺機動部隊	1	2	
295	3/25	1513		海	勇武隊	銀河	台中	沖縄南方機動部隊	1	3	
296	3/25	1514		海	勇武隊	銀河	台中	沖縄南方機動部隊	1	3	
297	3/25	1515		海	勇武隊 直掩戦果確認	彗星	台中	沖縄南方機動部隊	1	2	
298	3/25	1530		海	勇武隊	銀河	台中	沖縄南方機動部隊	1	3	
299	3/26	400		陸	独立飛行第23中隊	飛燕	石垣	那覇西方洋上60から80KM	6	6	
300	3/26	400		陸	誠第17飛行隊	九九式襲撃機	石垣	那覇西方60〜80km洋上	4	4	
301	3/27	334		海	第1銀河隊	銀河	宮崎	沖縄周辺艦船	1	3	
302	3/27	335		海	第1銀河隊	銀河	宮崎	沖縄周辺艦船	1	2	
303	3/27	343		海	第1銀河隊	銀河	宮崎	沖縄周辺艦船	1	3	
304	3/27	344		海	第1銀河隊	銀河	宮崎	沖縄周辺艦船	2	6	

資料補記 陸軍・海軍 特攻隊一覧 559

No.	月日	出撃開始時刻	出撃完了時刻	軍種	特攻隊	機種	出撃基地	攻撃目標・戦死場所 (nmは海里)	機数	人数	注
305	3/27	530		陸	赤心隊	九九式軍偵	沖縄中	那覇西方洋上	1	2	
306	3/27	530		陸	誠第32飛行隊	九九式襲撃機	沖縄中	慶良間北東洋上	9	9	
307	3/27	550		海	菊水部隊第2彗星隊	彗星	喜界島	沖縄本島周辺機動部隊	6	12	
308	3/27	558		海	菊水部隊第2彗星隊	彗星	喜界島	沖縄本島周辺機動部隊	2	4	
309	3/28	払暁		陸	赤心隊	九九式軍偵	沖縄中	慶良間西方洋上	4	4	
310	3/28	払暁		陸	赤心隊 直掩	九九式軍偵	沖縄中	慶良間西方洋上	1	1	
311	3/29	430		陸	誠第41飛行隊	九七式戦	沖縄北	嘉手納西方洋上	4	4	
312	3/29	540		陸	誠第17飛行隊	九九式襲撃機	石垣	奥武島付近洋上	1	1	
313	3/29	1237		海	菊水部隊第2彗星隊	彗星	第1国分	種子島南方30nm機動部隊	2	4	
314	3/31	700		陸	誠第39飛行隊	隼	徳之島	那覇西方洋上	3	3	
315	4/1	223		海	第2神風桜花特別攻撃隊 神雷部隊桜花隊	桜花	鹿屋	沖縄周辺艦船	1	1	
316	4/1	223		海	第2神風桜花特別攻撃隊 神雷部隊攻撃隊	一式陸攻	鹿屋	沖縄周辺艦船	1	7	
317	4/1	225		海	第2神風桜花特別攻撃隊 神雷部隊桜花隊	桜花	鹿屋	沖縄周辺艦船	1	1	
318	4/1	225		海	第2神風桜花特別攻撃隊 神雷部隊攻撃隊	一式陸攻	鹿屋	沖縄周辺艦船	0	0	*1
319	4/1	227		海	第2神風桜花特別攻撃隊 神雷部隊桜花隊	桜花	鹿屋	沖縄周辺艦船	1	1	
320	4/1	227		海	第2神風桜花特別攻撃隊 神雷部隊攻撃隊	一式陸攻	鹿屋	沖縄周辺艦船	1	7	
321	4/1	500		陸	第20振武隊	隼	徳之島	慶良間列島	1	1	
322	4/1	601		陸	飛行第17戦隊	飛燕	石垣	慶良間列島周辺洋上	7	7	
323	4/1	645		海	第1大義隊	零戦	石垣	宮古島南方の機動部隊	3	3	
324	4/1	645		海	第1大義隊 直掩	零戦	石垣	宮古島南方の機動部隊	1	1	
325	4/1	1300		海	忠誠隊	彗星	新竹	石垣島南方の機動部隊/宮古島南方	1	2	
326	4/1	1600		陸	第23振武隊	九九式襲撃機	知覧	慶良間列島南方洋上	3	3	
327	4/1	1910		陸	誠第39飛行隊	隼	新田原	沖縄西方洋上	5	5	
328	4/1	2300		陸	誠第17飛行隊	九九式襲撃機	石垣	沖縄周辺洋上	2	2	
329	4/1	2400		陸	第23振武隊	九九式襲撃機	知覧	慶良間列島南方洋上	1	1	
330	4/1	未明		陸	飛行第65戦隊	隼	知覧	那覇西方洋上	1	1	
331	4/1	夜		陸	誠第39飛行隊	隼	新田原	沖縄西方洋上	1	1	
332	4/2	414		海	第2銀河隊	銀河	宮崎	九州南西方洋上艦船	1	3	
333	4/2	430		陸	第20振武隊	隼	徳之島	慶良間北方洋上	2	2	
334	4/2	430		陸	飛行第66戦隊	九九式襲撃機	徳之島	那覇西方洋上	1	1	
335	4/2	430		陸	誠第114飛行隊	屠龍	宮古	慶良間西方洋上	1	1	
336	4/2	545		海	第2大義隊	零戦	石垣	沖縄方面機動部隊	1	1	
337	4/2	1613		海	神雷部隊第1建武隊	零戦52	鹿屋	沖縄周辺艦船/沖縄・九州南西方面	4	4	
338	4/2	1730		陸	誠第114飛行隊	屠龍	宮古	慶良間西方洋上	7	7	
339	4/3	530		陸	飛行第105戦隊	飛燕	石垣	残波岬南西洋上	6	6	
340	4/3	730		陸	第62振武隊	九九式襲撃機	万世	沖縄西方洋上	1	1	
341	4/3	1440		海	第3大義隊 銀河直掩	零戦	台南	沖縄周辺	2	2	
342	4/3	1500		海	神雷部隊第2建武隊	零戦52	鹿屋	奄美大島南方機動部隊	6	6	
343	4/3	1500		海	第3御盾隊(601部隊)	彗星	第1国分	沖縄北端97°60nmの機動部隊	4	8	
344	4/3	1510		海	第3大義隊 直掩忠誠隊	彗星	新竹	沖縄周辺	1	2	
345	4/3	1510		海	忠誠隊	彗星	新竹	沖縄南方の機動部隊/石垣島南方	1	2	
346	4/3	1523		海	第2銀河隊	銀河	宮崎	沖縄南方洋上艦船	1	3	
347	4/3	1525		海	第2銀河隊	銀河	宮崎	沖縄南方洋上艦船	1	3	
348	4/3	1530		陸	第22振武隊	隼	知覧	徳之島	1	1	
349	4/3	1530		陸	第23振武隊	九九式襲撃機	知覧	沖縄周辺洋上	5	5	
350	4/3	1530		陸	誠第32飛行隊	九九式襲撃機	新田原	沖縄周辺洋上	5	5	
351	4/3	1531		海	第2銀河隊	銀河	宮崎	沖縄南方洋上艦船	1	3	
352	4/3	1535		海	第3御盾隊(252部隊)	彗星	第1国分	奄美大島南方の機動部隊/沖縄東・奄美大島南方	2	4	
353	4/3	1535		海	第3御盾隊(252部隊)	零戦	第1国分	奄美大島南方の機動部隊/沖縄東・奄美大島南方	2	2	
354	4/3	夕刻		陸	誠第32飛行隊	九九式襲撃機	新田原	沖縄西方洋上	1	1	
355	4/4	1550		海	第4大義隊	零戦	石垣	沖縄南方の機動部隊	1	1	
356	4/5	1715		海	第5大義隊	零戦	石垣	宮古島南方の機動部隊	1	1	
357	4/5	1715		海	第5大義隊 直掩	零戦	石垣	宮古島南方の機動部隊	1	1	

560

No.	月日	出撃開始時刻	出撃完了時刻	軍種	特攻隊	機種	出撃基地	攻撃目標・戦死場所(nmは海里)	機数	人数	注
358	4/6	837		海	勇武隊	銀河	台南	沖縄周辺の艦船	1	3	
359	4/6	1020		海	第210部隊彗星隊	彗星	第1国分	徳之島東南方/奄美大島・徳之島南方	7	13	
360	4/6	1102	1112	海	神雷部隊第3建武隊	零戦52	鹿屋	喜界島190° 76nm機動部隊/喜界島200° 80nm	17	17	
361	4/6	1225		海	神雷部隊第3建武隊	零戦52	喜界島	喜界島190° 76nm機動部隊/喜界島200° 80nm	1	1	
362	4/6	1230	1430	海	第八幡護皇隊(艦爆隊)	九九式艦爆	第2国分	沖縄北中飛行場沖輸送船団	15	19	
363	4/6	1230		海	第八幡護皇隊(艦攻隊)	九七式艦攻	串良	沖縄周辺艦船	3	8	
364	4/6	1245		海	第1護皇白鷺隊	九七式艦攻	串良	沖縄周辺艦船	3	9	
365	4/6	1300	1345	海	第1草薙隊	九九式艦爆	第2国分	沖縄北中飛行場沖輸送船団	13	26	
366	4/6	1300		海	第1八幡護皇隊(艦攻隊)	九七式艦攻	串良	沖縄周辺艦船	4	11	
367	4/6	1310		海	第3御盾隊(252部隊)	彗星	第1国分	奄美大島142° 70nmの機動部隊	1	2	
368	4/6	1310		海	第3御盾隊(252部隊)	零戦	第1国分	奄美大島142° 70nmの機動部隊	4	4	
369	4/6	1315		海	第1護皇白鷺隊	九九式艦攻	串良	沖縄周辺艦船	4	12	
370	4/6	1330	1400	海	第1正統隊	九九式艦爆	第2国分	沖縄北中飛行場沖輸送船団	10	20	
371	4/6	1330		海	第1八幡護皇隊(艦攻隊)	九七式艦攻	串良	沖縄周辺艦船	4	12	
372	4/6	1339		海	第1神剣隊	零戦	鹿屋	沖縄周辺輸送船団	3	3	
373	4/6	1345		海	第1護皇白鷺隊	九九式艦攻	串良	沖縄周辺船団	6	18	
374	4/6	1350		陸	第44振武隊	隼	知覧	沖縄西方洋上	4	4	
375	4/6	1355		海	第七生隊	零戦	鹿屋	沖縄周辺輸送船団	4	4	
376	4/6	1400		海	第1八幡護皇隊(艦攻隊)	九七式艦攻	串良	沖縄周辺船団	3	8	
377	4/6	1410		陸	第1特別振武隊	疾風	都城西	沖縄西方洋上	8	8	
378	4/6	1410		海	第1神剣隊	零戦	鹿屋	沖縄周辺輸送船団	4	4	
379	4/6	1425		海	第七生隊	零戦	鹿屋	沖縄周辺輸送船団	4	4	
380	4/6	1440		海	第1神剣隊	零戦	鹿屋	沖縄周辺輸送船団	5	5	
381	4/6	1443		海	勇武隊	銀河	台南/台中再出撃	沖縄周辺の艦船	1	3	
382	4/6	1455		海	第1筑波隊	零戦	鹿屋	沖縄周辺輸送船団	3	3	
383	4/6	1500		陸	第22振武隊	隼	知覧	沖縄南西洋上	2	2	
384	4/6	1500		海	忠誠隊	彗星	新竹	石垣島南方の機動部隊	3	6	
385	4/6	1506		海	勇武隊	銀河	台南/台中再出撃	沖縄周辺の艦船	1	3	
386	4/6	1510		海	第1筑波隊	零戦	鹿屋	沖縄周辺輸送船団	3	3	
387	4/6	1525		海	第七生隊	零戦	鹿屋	沖縄周辺輸送船団	5	5	
388	4/6	1530		陸	第43振武隊	隼	知覧	沖縄西方洋上	5	5	
389	4/6	1535	1545	海	菊水部隊天山隊	天山	串良	沖縄本島周辺機動部隊	9	27	
390	4/6	1535		海	第3御盾隊天山隊	天山	串良	沖縄周辺の艦船	1	3	
391	4/6	1540		海	第1筑波隊	零戦	鹿屋	沖縄周辺輸送船団	2	2	
392	4/6	1540		海	第七生隊	零戦	鹿屋	沖縄周辺輸送船団	1	1	
393	4/6	1545		陸	第62振武隊	九九式襲撃機	万世	沖縄本島付近洋上	5	5	
394	4/6	1555		海	第1神剣隊	零戦	鹿屋	沖縄周辺輸送船団 第1七生隊に同行	1	1	
395	4/6	1555		海	第七生隊	零戦	鹿屋	沖縄周辺輸送船団	3	3	
396	4/6	1555		海	第3御盾隊(252部隊)	彗星	第1国分	那覇100° 75nmの機動部隊	3	6	
397	4/6	1600		陸	第73振武隊	九九式襲撃機	万世	沖縄本島付近洋上	12	12	
398	4/6	1610		海	第1筑波隊	零戦	鹿屋	沖縄周辺輸送船団	4	4	
399	4/6	1610		海	第七生隊	零戦	鹿屋	沖縄周辺輸送船団	3	3	
400	4/6	1645		海	第3御盾隊(601部隊)	彗星	第1国分	沖縄北端90° 85nmの機動部隊	2	3	
401	4/6	1725		陸	誠第36飛行隊	九八式直協	新田原	那覇西方洋上	10	10	
402	4/6	1725		陸	誠第37飛行隊	九八式直協	新田原	沖縄西方洋上	9	9	
403	4/6	1725		陸	誠第38飛行隊	九八式直協	新田原	沖縄西方洋上	7	7	
404	4/7	600		陸	第44振武隊	隼	徳之島	沖縄周辺洋上	2	2	
405	4/7	605		陸	第21振武隊	隼	喜界島	沖縄西方海面	1	1	
406	4/7	630		陸	第22振武隊	隼	喜界島	沖縄本島付近洋上	1	1	
407	4/7	640		海	第3御盾隊(252部隊)	零戦	第1国分	奄美大島132° 90nmの機動部隊	5	5	
408	4/7	700		陸	第46振武隊	九九式襲撃機	喜界島	中城湾	5	5	
409	4/7	700		陸	第74振武隊	九九式襲撃機	万世	中城湾	7	7	
410	4/7	700		陸	第75振武隊	九九式襲撃機	万世	中城湾	4	4	
411	4/7	1020	1027	海	神雷部隊第4建武隊	零戦52	鹿屋	喜界島南方機動部隊/沖縄周辺	9	9	

資料補記 陸軍・海軍 特攻隊一覧 561

No.	月日	出撃開始時刻	出撃完了時刻	軍種	特攻隊	機種	出撃基地	攻撃目標・戦死場所（nmは海里）	機数	人数	注
412	4/7	1120		海	第3御盾隊(601部隊)	彗星	第1国分	沖縄北端90°110nmの機動部隊	11	19	
413	4/7	1230		海	第3御盾隊(706部隊)	銀河	宮崎	沖縄本島西方の艦船/11人沖縄西方海面・4人喜界島南方	5	15	
414	4/7	1243		海	第4銀河隊	銀河	宮崎	南西諸島方面洋上艦船	1	2	
415	4/7	1244		海	第4銀河隊	銀河	宮崎	南西諸島方面洋上艦船	1	3	
416	4/7	1246		海	第4銀河隊	銀河	宮崎	南西諸島方面洋上艦船	1	3	
417	4/7	1248		海	第4銀河隊	銀河	宮崎	南西諸島方面洋上艦船	1	3	
418	4/7	1300		陸	司偵振武隊	百式司偵	鹿屋	嘉手納沖	2	2	
419	4/7	1530		陸	第29振武隊	隼	知覧	中城湾	1	1	
420	4/8	600		陸	誠第17飛行隊	九九式襲撃機	石垣	中城湾	1	1	
421	4/8	630		陸	第68振武隊	九七式戦	知覧	沖縄周辺洋上	1	1	
422	4/8	1530		陸	第29振武隊	隼	知覧	沖縄周辺洋上	3	3	
423	4/8	1730		陸	第42振武隊	九七式戦	喜界島	沖縄周辺洋上	4	4	
424	4/8	1730		陸	第68振武隊	九七式戦	喜界島	沖縄周辺洋上	1	1	
425	4/9	1740		陸	第42振武隊	九七式戦	喜界島	沖縄周辺洋上	3	3	
426	4/9	1740		陸	第68振武隊	九七式戦	喜界島	沖縄本島付近洋上	1	1	
427	4/9	薄暮		陸	飛行第105戦隊	飛燕	石垣	中城湾	1	1	
428	4/10	535		陸	第30振武隊	九九式襲撃機	徳之島	沖縄本島付近洋上	1	1	
429	4/11	530		陸	第22振武隊	隼	徳之島	慶良間列島南方洋上	1	1	
430	4/11	535		陸	第46振武隊	九九式襲撃機	喜界島	沖縄周辺洋上	1	1	
431	4/11	1215	1224	海	神雷部隊第5建武隊	零戦52	鹿屋	喜界島南方機動部隊/喜界島南方	13	13	
432	4/11	1230		海	第3御盾隊(252部隊)	彗星	第1国分	奄美大島155°60nmの機動部隊	3	4	
433	4/11	1230		海	第3御盾隊(252部隊)	零戦	第1国分	奄美大島155°60nmの機動部隊	2	2	
434	4/11	1235		海	第3御盾隊(601部隊)	零戦	第1国分	喜界島180°60nmの機動部隊	2	2	
435	4/11	1245		海	第210部隊零戦隊	零戦	第1国分	沖縄東方洋上の機動部隊	3	3	
436	4/11	1350		海	第210部隊彗星隊	彗星	第1国分	徳之島東南方/奄美大島・徳之島南方	1	2	
437	4/11	1500		海	第210部隊彗星隊	彗星	第1国分	徳之島東南方/奄美大島・徳之島南方	1	2	
438	4/11	1530		海	第5銀河隊	銀河	宮崎	喜界島南方洋上機動部隊	1	3	
439	4/11	1531		海	第5銀河隊	銀河	宮崎	喜界島南方洋上機動部隊	1	3	
440	4/11	1532		海	第5銀河隊	銀河	宮崎	喜界島南方洋上機動部隊	1	3	
441	4/11	1535		海	第5銀河隊	銀河	宮崎	喜界島南方洋上機動部隊	1	3	
442	4/11	1554		海	第5銀河隊	銀河	宮崎	喜界島南方洋上機動部隊	1	3	
443	4/11	1700		陸	飛行第19戦隊	飛燕	宜蘭	那覇西方50km洋上	3	3	
444	4/11	1800		陸	飛行第105戦隊	飛燕	石垣	中城湾	2	2	
445	4/12	1105		海	常盤忠華隊	九七式艦攻	串良	沖縄周辺艦船	1	3	
446	4/12	1106		海	常盤忠華隊	九七式艦攻	串良	沖縄周辺艦船	2	6	
447	4/12	1109		海	常盤忠華隊	九七式艦攻	串良	沖縄周辺艦船	2	6	
448	4/12	1110		海	常盤忠華隊	九七式艦攻	串良	沖縄周辺艦船	1	3	
449	4/12	1124		海	第2八幡護皇隊(艦攻隊)	九七式艦攻	串良	沖縄周辺艦船	2	6	
450	4/12	1125		海	第2八幡護皇隊(艦攻隊)	九七式艦攻	串良	沖縄周辺艦船	2	6	
451	4/12	1130	1150	海	第2草薙隊	九九式艦爆	第2国分	沖縄北中飛行場輸送船団/沖縄周辺	2	4	
452	4/12	1130	1150	海	第2八幡護皇隊(艦爆隊)	九九式艦爆	第2国分	沖縄北中飛行場沖輸送船団	16	19	
453	4/12	1130		海	第2至誠隊	九九式艦爆	串良	沖縄西方海面	1	2	
454	4/12	1135		海	第2八幡護皇隊(艦攻隊)	九七式艦攻	串良	沖縄周辺艦船	1	3	
455	4/12	1136		海	第2八幡護皇隊(艦攻隊)	九七式艦攻	串良	沖縄周辺艦船	3	9	
456	4/12	1144		海	第2八幡護皇隊(艦攻隊)	九七式艦攻	串良	沖縄周辺艦船	1	3	
457	4/12	1145		海	第2八幡護皇隊(艦攻隊)	九七式艦攻	串良	沖縄周辺艦船	1	3	
458	4/12	1151		海	第2護皇白鷺隊	九七式艦攻	串良	沖縄周辺艦船	2	6	
459	4/12	1152		海	第2護皇白鷺隊	九七式艦攻	串良	沖縄周辺艦船	1	3	
460	4/12	1200		陸	第103振武隊	九九式襲撃機	知覧	沖縄周辺洋上	11	11	
461	4/12	1200		陸	第104振武隊	九九式襲撃機	万世	沖縄周辺洋上	5	5	
462	4/12	1200		陸	第20振武隊	隼	知覧	沖縄周辺洋上	3	3	
463	4/12	1200		陸	第43振武隊	隼	知覧	沖縄西方洋上	3	3	
464	4/12	1200		陸	第46振武隊	九九式襲撃機	知覧	沖縄周辺洋上	1	1	
465	4/12	1200		陸	第62振武隊	九九式襲撃機	知覧	沖縄周辺洋上	2	2	
466	4/12	1200		陸	第69振武隊	九七式戦	知覧	沖縄周辺洋上	4	4	
467	4/12	1200		陸	第74振武隊	九九式襲撃機	万世	沖縄本島付近洋上	1	1	
468	4/12	1200		陸	第75振武隊	九九式襲撃機	万世	沖縄周辺洋上	4	4	

No.	月日	出撃開始時刻	出撃完了時刻	軍種	特攻隊	機種	出撃基地	攻撃目標・戦死場所（nmは海里）	機数	人数	注
469	4/12	1217		海	第3神風桜花特別攻撃隊 神雷部隊桜花隊	桜花	鹿屋	沖縄周辺艦船	1	1	
470	4/12	1217		海	第3神風桜花特別攻撃隊 神雷部隊攻撃隊	一式陸攻	鹿屋	沖縄周辺艦船	1	7	
471	4/12	1219		海	第3神風桜花特別攻撃隊 神雷部隊桜花隊	桜花	鹿屋	沖縄周辺艦船	1	1	
472	4/12	1219		海	第3神風桜花特別攻撃隊 神雷部隊攻撃隊	一式陸攻	鹿屋	沖縄周辺艦船	1	7	
473	4/12	1220		海	第3神風桜花特別攻撃隊 神雷部隊桜花隊	桜花	鹿屋	沖縄周辺艦船	1	1	
474	4/12	1220		海	第3神風桜花特別攻撃隊 神雷部隊攻撃隊	一式陸攻	鹿屋	沖縄周辺艦船	0	0	*1
475	4/12	1223		海	第3神風桜花特別攻撃隊 神雷部隊桜花隊	桜花	鹿屋	沖縄周辺艦船	1	1	
476	4/12	1223		海	第3神風桜花特別攻撃隊 神雷部隊攻撃隊	一式陸攻	鹿屋	沖縄周辺艦船	0	0	*1
477	4/12	1230		海	第3神風桜花特別攻撃隊 神雷部隊桜花隊	桜花	鹿屋	沖縄周辺艦船	1	1	
478	4/12	1230		海	第3神風桜花特別攻撃隊 神雷部隊攻撃隊	一式陸攻	鹿屋	沖縄周辺艦船	1	7	
479	4/12	1232		海	第3神風桜花特別攻撃隊 神雷部隊桜花隊	桜花	鹿屋	沖縄周辺艦船	1	1	
480	4/12	1232		海	第3神風桜花特別攻撃隊 神雷部隊攻撃隊	一式陸攻	鹿屋	沖縄周辺艦船	1	7	
481	4/12	1234		海	第3神風桜花特別攻撃隊 神雷部隊桜花隊	桜花	鹿屋	沖縄周辺艦船	1	1	
482	4/12	1234		海	第3神風桜花特別攻撃隊 神雷部隊攻撃隊	一式陸攻	鹿屋	沖縄周辺艦船	0	0	*1
483	4/12	1240		海	第3神風桜花特別攻撃隊 神雷部隊桜花隊	桜花	鹿屋	沖縄周辺艦船	1	1	
484	4/12	1240		海	第3神風桜花特別攻撃隊 神雷部隊攻撃隊	一式陸攻	鹿屋	沖縄周辺艦船	1	7	
485	4/12	1304		海	第2七生隊	零戦	鹿屋	与論島東方の機動部隊	17	17	
486	4/12	1340		陸	第1特別振武隊	疾風	都城西	嘉手納沖	2	2	
487	4/12	1440		陸	第102振武隊	九九式襲撃機	万世	沖縄周辺洋上	11	11	
488	4/12	1500		陸	司偵振武隊	百式司偵	鹿屋	沖縄周辺洋上	2	2	
489	4/12	1740		陸	誠第16飛行隊	隼	花蓮港	花蓮港東方海上	1	1	
490	4/12	1740		陸	誠第26戦隊	隼	花蓮港	花蓮港東方200km洋上	1	1	
491	4/13	600		海	第9大義隊	零戦	石垣	与那国南方の機動部隊	1	1	
492	4/13	600		海	第9大義隊　直掩	零戦	石垣	与那国南方の機動部隊	1	1	
493	4/13	1300		陸	第103振武隊	九九式襲撃機	知覧	沖縄周辺洋上	1	1	
494	4/13	1310		陸	第104振武隊	九九式襲撃機	万世	沖縄周辺洋上	5	5	
495	4/13	1310		陸	第107振武隊	九七式戦	知覧	沖縄西方洋上	5	5	
496	4/13	1310		陸	第75振武隊	九九式襲撃機	万世	沖縄周辺洋上	1	1	
497	4/13	1500		陸	第74振武隊	九九式襲撃機	万世	沖縄周辺洋上	4	4	
498	4/13	1800		陸	第30振武隊	九九式襲撃機	喜界島	沖縄周辺洋上	1	1	
499	4/13	1800		陸	第46振武隊	九九式襲撃機	喜界島	沖縄周辺洋上	1	1	
500	4/14	600		海	第10大義隊	零戦	石垣	沖縄周辺艦船	1	1	
501	4/14	600		海	第10大義隊　直掩	零戦	石垣	沖縄周辺艦船	1	1	
502	4/14	1130		海	神雷部隊第6建武隊	零戦52	鹿屋	徳之島東方の機動部隊/沖縄東方	6	6	
503	4/14	1130		海	第1昭和隊	零戦	鹿屋	徳之島東方の機動部隊/沖縄東方	10	10	
504	4/14	1130		海	第2筑波隊	零戦	鹿屋	徳之島東方の機動部隊/沖縄東方	3	3	
505	4/14	1130		海	第4神風桜花特別攻撃隊 神雷部隊桜花隊	桜花	鹿屋	徳之島東方の機動部隊/沖縄東方	7	7	
506	4/14	1130		海	第4神風桜花特別攻撃隊 神雷部隊攻撃隊	一式陸攻	鹿屋	徳之島東方の機動部隊/沖縄東方	7	48	
507	4/14	1410	1438	海	第2神剣隊	零戦	鹿屋	慶良間列島の空母	9	9	
508	4/14	1850		陸	第29振武隊	隼	喜界島	沖縄周辺洋上	2	2	
509	4/15	1635		海	第3御盾隊(601部隊) 銃撃	零戦	第1国分	沖縄中飛行場銃撃	2	2	
510	4/15	1800		陸	第46振武隊	九九式襲撃機	喜界島	沖縄周辺洋上	1	1	
511	4/15	1810		陸	第30振武隊	九九式襲撃機	喜界島	沖縄周辺洋上	1	1	

No.	月日	出撃開始時刻	出撃完了時刻	軍種	特攻隊	機種	出撃基地	攻撃目標・戦死場所 (nmは海里)	機数	人数	注
512	4/16	600	625	海	第3護皇白鷺隊	九七式艦攻	串良	嘉手納沖艦船	2	6	
513	4/16	600	625	海	第3八幡護皇隊(艦攻隊)	九七式艦攻	串良	嘉手納沖艦船	2	6	
514	4/16	600		陸	第75振武隊	九九式襲撃機	万世	沖縄周辺洋上	1	1	
515	4/16	610		陸	第42振武隊	九七式戦	知覧	沖縄周辺洋上	1	1	
516	4/16	620	625	海	皇花隊	九七式艦攻	串良	嘉手納沖艦船	4	12	
517	4/16	630	650	海	第3八幡護皇隊(艦爆隊)	九九式艦爆	第2国分	沖縄周辺艦船	18	23	
518	4/16	630		陸	第106振武隊	九七式戦	知覧	沖縄周辺洋上	9	9	
519	4/16	630		陸	第108振武隊	九七式戦	知覧	沖縄周辺洋上	11	11	
520	4/16	630		陸	第40振武隊	九七式戦	知覧	沖縄周辺洋上	6	6	
521	4/16	630		陸	第69振武隊	九七式戦	知覧	沖縄周辺洋上	1	1	
522	4/16	638		海	菊水部隊天桜隊	天山	串良	沖縄周辺艦船	2	6	
523	4/16	640		陸	第79振武隊	九九式高練	知覧	沖縄周辺洋上	10	10	
524	4/16	640		海	菊水部隊天桜隊	天山	串良	沖縄周辺艦船	2	6	
525	4/16	645		海	菊水部隊天桜隊	天山	串良	沖縄周辺艦船	2	6	
526	4/16	650		陸	第107振武隊	九七式戦	知覧	沖縄周辺洋上	9	9	
527	4/16	650		海	第5神風桜花特別攻撃隊 神雷部隊桜花隊	桜花	鹿屋	沖縄周辺艦船	1	1	
528	4/16	650		海	第5神風桜花特別攻撃隊 神雷部隊攻撃隊	一式陸攻	鹿屋	沖縄周辺艦船	1	7	
529	4/16	658		海	第5神風桜花特別攻撃隊 神雷部隊桜花隊	桜花	鹿屋	沖縄周辺艦船	1	1	
530	4/16	658		海	第5神風桜花特別攻撃隊 神雷部隊攻撃隊	一式陸攻	鹿屋	沖縄周辺艦船	1	7	
531	4/16	700		陸	第36振武隊	九八式直協	知覧	沖縄周辺洋上	1	1	
532	4/16	700		陸	第38振武隊	九八式直協	知覧	沖縄周辺洋上	1	2	
533	4/16	701		海	第2昭和隊	零戦	鹿屋	那覇湾の艦船/喜界島南東50nm	2	2	
534	4/16	701		海	第3神剣隊	零戦	鹿屋	那覇湾の艦船/嘉手納	3	3	
535	4/16	703		海	第2昭和隊	零戦	鹿屋	那覇湾の艦船/喜界島南東50nm	2	2	
536	4/16	703		海	第3七生隊	零戦	鹿屋	那覇湾の艦船/沖縄周辺	3	3	
537	4/16	704		海	菊水部隊天桜隊	天山	串良	沖縄周辺艦船	1	3	
538	4/16	708		海	第5神風桜花特別攻撃隊 神雷部隊桜花隊	桜花	鹿屋	沖縄周辺艦船	1	1	
539	4/16	708		海	第5神風桜花特別攻撃隊 神雷部隊攻撃隊	一式陸攻	鹿屋	沖縄周辺艦船	0	0	*1
540	4/16	710		海	第5神風桜花特別攻撃隊 神雷部隊桜花隊	桜花	鹿屋	沖縄周辺艦船	1	1	
541	4/16	710		海	第5神風桜花特別攻撃隊 神雷部隊攻撃隊	一式陸攻	鹿屋	沖縄周辺艦船	1	7	
542	4/16	722		海	第5神風桜花特別攻撃隊 神雷部隊桜花隊	桜花	鹿屋	沖縄周辺艦船	1	1	
543	4/16	722		海	第5神風桜花特別攻撃隊 神雷部隊攻撃隊	一式陸攻	鹿屋	沖縄周辺艦船	1	7	
544	4/16	748		海	神雷部隊第7建武隊	零戦52	鹿屋	喜界島南東55nm及び南50nmの機動部隊	2	2	
545	4/16	755		海	神雷部隊第7建武隊	零戦52	鹿屋	喜界島南東55nm及び南50nmの機動部隊	2	2	
546	4/16	756		海	神雷部隊第7建武隊	零戦52	鹿屋	喜界島南東55nm及び南50nmの機動部隊	2	2	
547	4/16	758		海	第4七生隊	零戦	鹿屋	喜界島南東55nm及び南50nmの機動部隊	1	1	
548	4/16	759		海	第4七生隊	零戦	鹿屋	喜界島南東55nm及び南50nmの機動部隊	2	2	
549	4/16	800		海	第4七生隊	零戦	鹿屋	喜界島南東55nm及び南50nmの機動部隊	1	1	
550	4/16	801		海	神雷部隊第7建武隊	零戦52	鹿屋	喜界島南東55nm及び南50nmの機動部隊	1	1	
551	4/16	804		海	神雷部隊第7建武隊	零戦52	鹿屋	喜界島南東55nm及び南50nmの機動部隊	1	1	
552	4/16	806		海	神雷部隊第7建武隊	零戦52	鹿屋	喜界島南東55nm及び南50nmの機動部隊	1	1	
553	4/16	807		海	第4七生隊	零戦	鹿屋	喜界島南東55nm及び南50nmの機動部隊	1	1	

No.	月日	出撃開始時刻	出撃完了時刻	軍種	特攻隊	機種	出撃基地	攻撃目標・戦死場所（nmは海里）	機数	人数	注
554	4/16	809		海	第4七生隊	零戦	鹿屋	喜界島南東55nm及び南50nmの機動部隊	2	2	
555	4/16	810		海	第3昭和隊	零戦	鹿屋	喜界島南東55nm及び南50nmの機動部隊	1	1	
556	4/16	810		海	第4七生隊	零戦	鹿屋	喜界島南東55nm及び南50nmの機動部隊	1	1	
557	4/16	821		海	第3昭和隊	零戦	鹿屋	喜界島南東55nm及び南50nmの機動部隊	1	1	
558	4/16	822		海	第3昭和隊	零戦	鹿屋	喜界島南東55nm及び南50nmの機動部隊	1	1	
559	4/16	920		海	菊水部隊第2彗星隊	彗星	第1国分	喜界島南東機動部隊	2	3	
560	4/16	924		海	菊水部隊第2彗星隊	彗星	第1国分	喜界島南東機動部隊	1	2	
561	4/16	944		海	第4七生隊	零戦	鹿屋	喜界島南東55nm及び南50nmの機動部隊	1	1	
562	4/16	1026		海	第6銀河隊	銀河	宮崎	喜界島南方洋上機動部隊	2	6	
563	4/16	1032		海	第6銀河隊	銀河	宮崎	喜界島南方洋上機動部隊	2	6	
564	4/16	1036		海	第6銀河隊	銀河	宮崎	喜界島南方洋上機動部隊	2	6	
565	4/16	1039		海	第6銀河隊	銀河	宮崎	喜界島南方洋上機動部隊	1	3	
566	4/16	1040		海	第6銀河隊	銀河	宮崎	喜界島南方洋上機動部隊	1	3	
567	4/16	1200		海	第4神剣隊	零戦	鹿屋	喜界島南東55nm及び南50nmの機動部隊	1	1	
568	4/16	1201		海	神雷部隊第8建武隊	零戦52	鹿屋	喜界島南東50nm及び南100nmの機動部隊	2	2	
569	4/16	1202		海	神雷部隊第8建武隊	零戦52	鹿屋	喜界島南東50nm及び南100nmの機動部隊	2	2	
570	4/16	1203		海	神雷部隊第8建武隊	零戦52	鹿屋	喜界島南東50nm及び南100nmの機動部隊	1	1	
571	4/16	1206		海	第3筑波隊	零戦	鹿屋	喜界島南東50nm及び南100nmの機動部隊	1	1	
572	4/16	1207		海	第3筑波隊	零戦	鹿屋	喜界島南東50nm及び南100nmの機動部隊	2	2	
573	4/16	1210		海	第3筑波隊	零戦	鹿屋	喜界島南東50nm及び南100nmの機動部隊	3	3	
574	4/16	1211		海	第3筑波隊	零戦	鹿屋	喜界島南東50nm及び南100nmの機動部隊	1	1	
575	4/16	1220		海	第4昭和隊	零戦	鹿屋	喜界島南東50nm及び南100nmの機動部隊	2	2	
576	4/16	1320		海	第3御盾隊(601部隊)	零戦	第1国分	喜界島140°60nmの機動部隊	2	2	
577	4/16	1530		海	忠誠隊	彗星	新竹	石垣島南方の機動部隊	1	2	
578	4/16	1650		海	第7銀河隊	銀河	出水	喜界島155°50nmの機動部隊	2	6	
579	4/16	1720		海	第7銀河隊	銀河	出水	喜界島155°50nm機動部隊	1	3	
580	4/16	1730		海	第7銀河隊	銀河	出水	喜界島155°50nm機動部隊	1	3	
581	4/16	薄暮		陸	誠第33飛行隊	疾風	桃園	嘉手納沖	1	1	
582	4/17	545		海	第12大義隊	零戦	石垣	台湾東方の機動部隊	1	1	
583	4/17	640		海	第3御盾隊(252部隊)	零戦	第1国分	奄美大島132°100nmの機動部隊	1	1	
584	4/17	700		海	第3御盾隊(601部隊)	彗星	第1国分	喜界島155°80nmの機動部隊	4	6	
585	4/17	700		海	第3御盾隊(601部隊)	零戦	第1国分	喜界島155°90nmの機動部隊	1	1	
586	4/17	715		陸	飛行第62戦隊	四式重爆	鹿屋	喜界島東方洋上	1	4	
587	4/17	715		海	第3御盾隊(252部隊)	彗星	第1国分	奄美大島132°100nmの機動部隊	4	5	
588	4/17	728		陸	飛行第62戦隊	四式重爆	鹿屋	喜界島東方洋上	1	4	
589	4/17	1230		海	第8河隊	銀河	出水	喜界島東方	1	3	
590	4/17	1320		海	第3御盾隊(601部隊)	零戦	第1国分	喜界島140°60nmの機動部隊	2	2	
591	4/17	1430		海	第3御盾隊(252部隊)	零戦	第1国分	奄美大島145°90nmの機動部隊	1	1	
592	4/17	1620		海	第12大義隊	零戦	石垣	台湾東方の機動部隊	1	1	
593	4/18	1820		陸	飛行第19戦隊	飛燕	石垣	沖縄周辺洋上	2	2	
594	4/22	1430		海	第3御盾隊(252部隊)	彗星	第1国分	奄美大島145°90nmの機動部隊	2	2	
595	4/22	1440		陸	第105振武隊	九七式戦	知覧	沖縄周辺洋上	6	6	
596	4/22	1440		陸	第109振武隊	九七式戦	知覧	沖縄周辺洋上	4	4	
597	4/22	1440		陸	第31振武隊	九九式襲撃機	知覧	沖縄周辺洋上	1	1	
598	4/22	1440		陸	第79振武隊	九九式高練	知覧/国分再出撃	沖縄周辺洋上	1	1	

資料補記　陸軍・海軍 特攻隊一覧　565

No.	月日	出撃開始時刻	出撃完了時刻	軍種	特攻隊	機種	出撃基地	攻撃目標・戦死場所 (nmは海里)	機数	人数	注
599	4/22	1440		陸	第80振武隊	九九式高練	知覧	沖縄周辺洋上	11	11	
600	4/22	1440		陸	第81振武隊	九九式高練	知覧	那護湾周辺	11	11	
601	4/22	1635		陸	飛行第19戦隊	飛燕	宜蘭	慶良間湾	3	3	
602	4/22	1701		陸	誠第119飛行隊	屠龍	桃園	粟国島南西洋上	5	5	
603	4/23	1440		陸	第103振武隊	九九式襲撃機	知覧	沖縄周辺洋上	1	1	
604	4/23	不明		陸	第105振武隊	九七式戦	徳之島	沖縄周辺洋上	1	1	
605	4/26	550		陸	第81振武隊	九九式高練	知覧	沖縄周辺洋上	1	1	
606	4/26	000		陸	飛行第110戦隊	四式重爆	健軍	嘉手納飛行場攻撃後嘉手納沖	2	14	
607	4/27	550		陸	第109振武隊	九七式戦	知覧	沖縄周辺洋上	1	1	
608	4/27	550		陸	第36振武隊	九八式直協	知覧	沖縄周辺洋上	1	1	
609	4/27	550		陸	第80振武隊	九九式高練	知覧	沖縄周辺洋上	1	1	
610	4/27	1835		陸	誠第33飛行隊	疾風	桃園	嘉手納沖	5	5	
611	4/27	2336		陸	誠第116飛行隊	九七式戦	宮古	慶良間湾内	1	1	
612	4/28	630		陸	第106振武隊	九七式戦	知覧	沖縄周辺洋上	2	2	
613	4/28	1155		海	第15大義隊	零戦	石垣	宮古島南方の機動部隊	1	1	
614	4/28	1514		海	第2正統隊	九九式艦爆	第2国分	沖縄本島周辺艦船	2	4	
615	4/28	1514		海	第3草薙隊	九九式艦爆	第2国分	沖縄周辺艦船	3	6	
616	4/28	1520		海	第3草薙隊	九九式艦爆	第2国分	沖縄周辺艦船	5	10	
617	4/28	1523		海	第3草薙隊	九九式艦爆	第2国分	沖縄周辺艦船	5	10	
618	4/28	1534		海	第2正統隊	九九式艦爆	第2国分	沖縄本島周辺艦船	2	4	
619	4/28	1535	1605	海	八幡神忠隊	九七式艦攻	串良	那覇沖艦船	3	9	
620	4/28	1535		海	第1正気隊	九七式艦攻	串良	那覇沖艦船	2	6	
621	4/28	1543		海	第2正統隊	九九式艦爆	第2国分	沖縄本島周辺艦船	2	4	
622	4/28	1625		海	第6神風桜花特別攻撃隊 神雷部隊桜花隊	桜花	鹿屋	沖縄周辺艦船	1	1	
623	4/28	1625		海	第6神風桜花特別攻撃隊 神雷部隊攻撃隊	一式陸攻	鹿屋	沖縄周辺艦船	0	0	*1
624	4/28	1630		陸	第61大義隊	疾風	都城東	沖縄周辺洋上	7	7	
625	4/28	1630		海	第16大義隊	零戦	宜蘭	宮古島南方の機動部隊	1	1	
626	4/28	1635		海	白鷲赤忠隊	九九式艦攻	鹿屋	那覇沖艦船	1	3	
627	4/28	1650		陸	第102振武隊	九九式襲撃機	万世	沖縄周辺洋上	1	1	
628	4/28	1650		陸	第106振武隊	九七式戦	知覧	沖縄周辺洋上	1	1	
629	4/28	1650		陸	第108振武隊	九七式戦	知覧	沖縄周辺洋上	1	1	
630	4/28	1650		陸	第109振武隊	九七式戦	知覧	沖縄周辺洋上	2	2	
631	4/28	1650		陸	第67振武隊	九七式戦	知覧	沖縄周辺洋上	6	6	
632	4/28	1650		陸	第76振武隊	九七式戦	知覧	沖縄周辺洋上	6	6	
633	4/28	1650		陸	第77振武隊	九七式戦	知覧	沖縄周辺洋上	8	8	
634	4/28	1650		海	忠誠隊	彗星	新竹	宮古島東方の機動部隊	1	2	
635	4/28	1740		陸	誠第34飛行隊	疾風	台中	慶良間南方洋上	4	4	
636	4/28	1800		陸	飛行第105戦隊	飛燕	宜蘭	慶良間南方洋上	4	4	
637	4/28	1820		陸	誠第119飛行隊	屠龍	桃園	久米島西方洋上	4	4	
638	4/28	2230		海	琴平水心隊	零式水偵	指宿	沖縄周辺艦船	2	5	
639	4/28	2350		陸	誠第116飛行隊	九七式戦	宮古	慶良間湾内	1	1	
640	4/29	500		陸	第77振武隊	九七式戦	徳之島	沖縄周辺洋上	1	1	
641	4/29	1413		海	第4筑波隊	零戦	鹿屋	沖縄北端120° 60nm及び北端90° 70nm	1	1	
642	4/29	1413		海	第4筑波隊	零戦 練戦	鹿屋	沖縄北端120° 60nm及び北端90° 70nm	4	4	
643	4/29	1417		海	第5七生隊	零戦	鹿屋	沖縄北端120° 60nm及び北端90° 70nm	1	1	
644	4/29	1418		海	第5七生隊	零戦	鹿屋	沖縄北端120° 60nm及び北端90° 70nm	1	1	
645	4/29	1419		海	第5七生隊	零戦	鹿屋	沖縄北端120° 60nm及び北端90° 70nm	2	2	
646	4/29	1420		海	第5昭和隊	練戦	鹿屋	沖縄北端120° 60nm及び北端90° 70nmの艦船	3	3	
647	4/29	1423		海	第5昭和隊	練戦	鹿屋	沖縄北端120° 60nm及び北端90° 70nmの艦船	2	2	
648	4/29	1424		海	第5昭和隊	練戦	鹿屋	沖縄北端120° 60nm及び北端90° 70nmの艦船	1	1	

No.	月日	出撃開始時刻	出撃完了時刻	軍種	特攻隊	機種	出撃基地	攻撃目標・戦死場所 (nmは海里)	機数	人数	注
649	4/29	1425		海	第5昭和隊	練戦	鹿屋	沖縄北端120° 60nm及び北端90° 70nmの艦船	1	1	
650	4/29	1426		海	第5昭和隊	練戦	鹿屋	沖縄北端120° 60nm及び北端90° 70nmの艦船	1	1	
651	4/29	1442		海	神雷部隊第9建武隊	零戦52	鹿屋	沖縄北端120° 60nm及び北端90° 70nmの艦船	2	2	
652	4/29	1445		海	神雷部隊第9建武隊	零戦52	鹿屋	沖縄北端120° 60nm及び北端90° 70nmの艦船	3	3	
653	4/29	1449		海	神雷部隊第9建武隊	零戦52	鹿屋	沖縄北端120° 60nm及び北端90° 70nmの艦船	1	1	
654	4/29	1450		海	神雷部隊第9建武隊	零戦52	鹿屋	沖縄北端120° 60nm及び北端90° 70nmの艦船	2	2	
655	4/29	1456		海	神雷部隊第9建武隊	零戦52	鹿屋	沖縄北端120° 60nm及び北端90° 70nmの艦船	1	1	
656	4/29	1459		海	神雷部隊第9建武隊	零戦52	鹿屋	沖縄北端120° 60nm及び北端90° 70nmの艦船	1	1	
657	4/29	2312		陸	第18振武隊	隼	知覧	沖縄周辺洋上	6	6	
658	4/29	2330		陸	第19振武隊	隼	知覧	沖縄周辺洋上	5	5	
659	4/29	2342		陸	第24振武隊	屠龍	知覧	沖縄周辺洋上	3	3	
660	4/30	2336		陸	飛行第19戦隊	飛燕	石垣	沖縄周辺洋上	1	1	
661	5/1	410		陸	独立飛行第23中隊	飛燕	花蓮港	嘉手納沖	2	2	
662	5/3	1600		海	振天隊	九七式艦攻	新竹	沖縄本島周辺艦船	1	3	
663	5/3	1620		海	振天隊	九九式艦爆	新竹	沖縄本島周辺艦船	2	4	
664	5/3	1621	1633	海	帰一隊	天山	新竹	沖縄周辺艦船	1	3	
665	5/3	1635		陸	飛行第10戦隊	屠龍	台中	誠第123飛行隊機に同乗	0	1	*2
666	5/3	1635		陸	誠第123飛行隊	屠龍	台中	沖縄周辺洋上	1	1	
667	5/3	1635		陸	誠第35飛行隊	疾風	台中	沖縄周辺洋上	5	5	
668	5/3	1640		陸	飛行第17戦隊	飛燕	花蓮港	嘉手納沖	4	4	
669	5/3	1640		陸	飛行第20戦隊	隼	龍潭	嘉手納沖	5	5	
670	5/4	400		海	第1魁隊	零式水偵	指宿	沖縄周辺艦船	1	3	
671	5/4	400		海	第1魁隊	九四式水偵	指宿	沖縄周辺艦船	7	15	
672	5/4	500	547	海	琴平水心隊	九四式水偵	指宿	沖縄周辺艦船	10	22	
673	5/4	500		陸	第24振武隊	屠龍	知覧	沖縄周辺洋上	1	1	
674	5/4	500		陸	第42振武隊	九七式戦	知覧	沖縄本島周辺洋上	1	1	
675	5/4	500		陸	第78振武隊	九七式戦	知覧	沖縄周辺洋上	6	6	
676	5/4	505		陸	第18振武隊	隼	知覧	沖縄周辺洋上	1	1	
677	5/4	515	0550	海	第2正気隊	九七式艦攻	串良	沖縄周辺艦船	2	6	
678	5/4	515	0550	海	八幡振武隊	九七式艦攻	串良	沖縄周辺艦船	3	9	
679	5/4	515		海	白鷺揚武隊	九七式艦攻	串良	沖縄周辺艦船	1	3	
680	5/4	530		陸	第105振武隊	九七式戦	知覧	沖縄周辺洋上	2	2	
681	5/4	530		陸	第106振武隊	九七式戦	知覧	沖縄周辺洋上	1	1	
682	5/4	530		陸	第109振武隊	九七式戦	知覧	沖縄周辺洋上	2	2	
683	5/4	530		陸	第19振武隊	隼	知覧	沖縄周辺洋上	4	4	
684	5/4	530		陸	第20振武隊	隼	知覧	沖縄周辺洋上	1	1	
685	5/4	530		陸	第77振武隊	九七式戦	知覧	沖縄周辺洋上	1	1	
686	5/4	530		陸	第66振武隊	九九式戦	万世	沖縄周辺洋上	3	3	
687	5/4	540		海	第17大義隊 直掩	零戦	宜蘭	宮古島南方の機動部隊	1	1	
688	5/4	545		海	第5神剣隊	零戦	鹿屋	沖縄周辺哨戒艦船	1	1	
689	5/4	546		海	第5神剣隊	零戦	鹿屋	沖縄周辺哨戒艦船	1	1	
690	5/4	552		海	第7神風桜花特別攻撃隊 神雷部隊桜花隊	桜花	鹿屋	沖縄周辺艦船	1	1	
691	5/4	552		海	第7神風桜花特別攻撃隊 神雷部隊攻撃隊	一式陸攻	鹿屋	沖縄周辺艦船	1	7	
692	5/4	553		海	第5神剣隊	零戦	鹿屋	沖縄周辺哨戒艦船	1	1	
693	5/4	554		海	第5神剣隊	零戦	鹿屋	沖縄周辺哨戒艦船	2	2	
694	5/4	555		海	第5神剣隊	零戦	鹿屋	沖縄周辺哨戒艦船	1	1	
695	5/4	556		海	第5神剣隊	零戦	鹿屋	沖縄周辺哨戒艦船	2	2	
696	5/4	558		海	第7神風桜花特別攻撃隊 神雷部隊桜花隊	桜花	鹿屋	沖縄周辺艦船	1	1	
697	5/4	558		海	第7神風桜花特別攻撃隊 神雷部隊攻撃隊	一式陸攻	鹿屋	沖縄周辺艦船	1	7	

資料補記 陸軍・海軍 特攻隊一覧 567

No.	月日	出撃開始時刻	出撃完了時刻	軍種	特攻隊	機種	出撃基地	攻撃目標・戦死場所（nmは海里）	機数	人数	注
698	5/4	600		海	第7神風桜花特別攻撃隊 神雷部隊桜花隊	桜花	鹿屋	沖縄周辺艦船	1	1	
699	5/4	600		海	第7神風桜花特別攻撃隊 神雷部隊攻撃隊	一式陸攻	鹿屋	沖縄周辺艦船	1	7	
700	5/4	605		海	琴平水心隊	零式水偵	指宿	沖縄周辺艦船	1	2	
701	5/4	608		海	第7神風桜花特別攻撃隊 神雷部隊桜花隊	桜花	鹿屋	沖縄周辺艦船	1	1	
702	5/4	608		海	第7神風桜花特別攻撃隊 神雷部隊攻撃隊	一式陸攻	鹿屋	沖縄周辺艦船	0	0	*1
703	5/4	616		海	第5神剣隊	零戦	鹿屋	沖縄周辺哨戒艦船	2	2	
704	5/4	617		海	第5神剣隊	零戦	鹿屋	沖縄周辺哨戒艦船	2	2	
705	5/4	618		海	第5神剣隊	零戦	鹿屋	沖縄周辺哨戒艦船	1	1	
706	5/4	619		海	第5神剣隊	零戦	鹿屋	沖縄周辺哨戒艦船	1	1	
707	5/4	620		海	第5神剣隊	零戦	鹿屋	沖縄周辺哨戒艦船	1	1	
708	5/4	624		海	第7神風桜花特別攻撃隊 神雷部隊桜花隊	桜花	鹿屋	沖縄周辺艦船	1	1	
709	5/4	624		海	第7神風桜花特別攻撃隊 神雷部隊攻撃隊	一式陸攻	鹿屋	沖縄周辺艦船	1	7	
710	5/4	630	635	陸	第60振武隊	疾風	都城東	沖縄周辺洋上	7	7	
711	5/4	630		海	第7神風桜花特別攻撃隊 神雷部隊桜花隊	桜花	鹿屋	沖縄周辺艦船	1	1	
712	5/4	630		海	第7神風桜花特別攻撃隊 神雷部隊攻撃隊	一式陸攻	鹿屋	沖縄周辺艦船	1	7	
713	5/4	945		海	第17大義隊	零戦	宜蘭	宮古島南方の機動部隊	4	4	
714	5/4	945		海	忠誠隊	彗星	新竹	宮古島東方の機動部隊	1	2	
715	5/4	1050		海	振天隊	九九式艦爆	新竹	沖縄周辺艦船	1	1	
716	5/4	1600		陸	飛行第108戦隊	屠龍	八塊	久米島西方洋上	0	1	*2
717	5/4	1600		陸	誠第120飛行隊	疾風	八塊	久米島西方洋上	3	3	
718	5/4	1600		陸	誠第123飛行隊	屠龍	八塊	久米島西方洋上（嘉手納沖）	1	1	
719	5/4	1630		海	第17大義隊	零戦	宜蘭	宮古島南方の機動部隊	2	2	
720	5/4	1645		陸	飛行第105戦隊	飛燕	宜蘭	嘉手納沖	2	2	
721	5/4	1645		陸	飛行第19戦隊	飛燕	宜蘭	宮古島南方洋上	2	2	
722	5/4	1800		海	第17大義隊 直掩	零戦	宜蘭	宮古島南方の機動部隊	1	1	
723	5/4	1920		陸	誠第34飛行隊	疾風	台中	嘉手納沖洋上	6	6	
724	5/5	早朝		陸	第24振武隊	屠龍	知覧	沖縄周辺洋上	1	1	
725	5/6	520		陸	第49振武隊	隼	知覧	沖縄周辺洋上	3	3	
726	5/6	530		陸	第55振武隊	飛燕	知覧	沖縄周辺洋上	3	3	
727	5/6	530		陸	第56振武隊	飛燕	知覧	沖縄周辺洋上	4	4	
728	5/6	550		陸	第51振武隊	隼	知覧	沖縄西方海面	1	1	
729	5/9	1025		海	忠誠隊	彗星	新竹	嘉手納沖艦船	1	2	
730	5/9	1500		海	第18大義隊	零戦	宜蘭	宮古島南方の機動部隊	4	4	
731	5/9	1500		海	第18大義隊 直掩	零戦	宜蘭	宮古島南方の機動部隊	1	1	
732	5/9	1530		海	忠誠隊	九六式艦爆	宜蘭	慶良間列島附近機動部隊	2	4	
733	5/9	1630		陸	飛行第10戦隊	屠龍	台中	誠第123飛行隊機に同乗	0	1	*2
734	5/9	1630		陸	誠第123飛行隊	屠龍	台中	那覇西方洋上	1	1	
735	5/9	1630		陸	誠第33飛行隊	疾風	台中	那覇西方洋上	1	1	
736	5/9	1630		陸	誠第34飛行隊	疾風	台中	那覇西方洋上	1	1	
737	5/9	1630		陸	誠第35飛行隊	疾風	台中	那覇西方洋上	1	1	
738	5/9	1630		海	振天隊	九六式艦爆	宜蘭	沖縄周辺艦船	2	4	
739	5/11	430	450	海	第2魁隊	零式水偵	指宿	沖縄周辺艦船	1	3	
740	5/11	430	450	海	第2魁隊	九四式水偵	指宿	沖縄周辺艦船	1	2	
741	5/11	500		海	菊水雷桜隊	天山	串良	沖縄周辺艦船	10	30	
742	5/11	504		海	第6神剣隊	零戦	鹿屋	沖縄周辺艦船/種子島東方	1	1	
743	5/11	505		海	第6神剣隊	零戦52	鹿屋	沖縄周辺艦船/種子島東方	1	1	
744	5/11	507		海	第6神剣隊	零戦52	鹿屋	沖縄周辺艦船/種子島東方	1	1	
745	5/11	508		海	第6神剣隊	零戦52	鹿屋	沖縄周辺艦船/種子島東方	1	1	
746	5/11	519		海	第6昭和隊	零戦52	鹿屋	沖縄周辺艦船	2	2	
747	5/11	521		海	第9銀河隊	銀河	宮崎	沖縄周辺艦船	1	3	
748	5/11	525		海	第9銀河隊	銀河	宮崎	沖縄周辺艦船	1	3	
749	5/11	552		陸	第55振武隊	飛燕	知覧	嘉手納沖	1	1	
750	5/11	556		海	第8神風桜花特別攻撃隊 神雷部隊桜花隊	桜花	鹿屋	沖縄周辺艦船	1	1	

No.	月日	出撃開始時刻	出撃完了時刻	軍種	特攻隊	機種	出撃基地	攻撃目標・戦死場所 (nmは海里)	機数	人数	注
751	5/11	556		海	第8神風桜花特別攻撃隊 神雷部隊攻撃隊	一式陸攻	鹿屋	沖縄周辺艦船	1	7	
752	5/11	602		海	第9銀河隊	銀河	宮崎	沖縄周辺艦船	3	9	
753	5/11	605		陸	第55振武隊	飛燕	知覧	嘉手納沖	2	2	
754	5/11	605		陸	第56振武隊	飛燕	知覧	沖縄周辺洋上	3	3	
755	5/11	605		海	第8神風桜花特別攻撃隊 神雷部隊桜花隊	桜花	鹿屋	沖縄周辺艦船	1	1	
756	5/11	605		海	第8神風桜花特別攻撃隊 神雷部隊攻撃隊	一式陸攻	鹿屋	沖縄周辺艦船	1	7	
757	5/11	610		海	神雷部隊第10建武隊	零戦52	鹿屋	沖縄周辺機動部隊索敵攻撃	1	1	
758	5/11	615		海	神雷部隊第10建武隊	零戦52	鹿屋	沖縄周辺機動部隊索敵攻撃	2	2	
759	5/11	622		陸	第52振武隊	隼	知覧	沖縄周辺洋上	3	3	
760	5/11	624		海	第9銀河隊	銀河	宮崎	沖縄周辺艦船	1	3	
761	5/11	630		陸	第41振武隊	九七式戦	知覧	沖縄周辺洋上	1	1	
762	5/11	630		陸	第44振武隊	隼	知覧	沖縄周辺洋上	1	1	
763	5/11	630		陸	第60振武隊	疾風	都城東	沖縄周辺洋上	2	2	
764	5/11	630		陸	第61振武隊	疾風	都城東	沖縄周辺洋上	3	3	
765	5/11	633		陸	第49振武隊	隼	知覧	沖縄周辺洋上	2	2	
766	5/11	633		陸	第51振武隊	隼	知覧	沖縄飛行場西洋上	7	7	
767	5/11	635		陸	第70振武隊	隼	知覧	沖縄周辺洋上	3	3	
768	5/11	640		陸	第78振武隊	九七式戦	知覧	沖縄周辺洋上	1	1	
769	5/11	640		海	第7昭和隊	零戦52	鹿屋	沖縄周辺機動部隊索敵攻撃	2	2	
770	5/11	641		陸	第65振武隊	九七式戦	知覧	沖縄周辺洋上	3	3	
771	5/11	641		陸	第76振武隊	九七式戦	知覧	嘉手納沖	3	3	
772	5/11	641		海	第7昭和隊	零戦52	鹿屋	沖縄周辺機動部隊索敵攻撃	1	1	
773	5/11	643		海	神雷部隊第10建武隊	零戦52	鹿屋	沖縄周辺機動部隊索敵攻撃	1	1	
774	5/11	645		海	第7昭和隊	零戦52	鹿屋	沖縄周辺機動部隊索敵攻撃	1	1	
775	5/11	650		海	第5筑波隊	零戦52	鹿屋	沖縄周辺機動部隊索敵攻撃	1	1	
776	5/11	653		海	第7昭和隊	零戦52	鹿屋	沖縄周辺機動部隊索敵攻撃	2	2	
777	5/11	655		海	第5筑波隊	零戦52	鹿屋	沖縄周辺機動部隊索敵攻撃	2	2	
778	5/11	656		海	第5筑波隊	零戦52	鹿屋	沖縄周辺機動部隊索敵攻撃	1	1	
779	5/11	657		海	第5筑波隊	零戦52	鹿屋	沖縄周辺機動部隊索敵攻撃	1	1	
780	5/11	658		海	第5筑波隊	零戦52	鹿屋	沖縄周辺機動部隊索敵攻撃	1	1	
781	5/11	700		海	第5筑波隊	零戦52	鹿屋	沖縄周辺機動部隊索敵攻撃	1	1	
782	5/11	701		海	第5筑波隊	零戦52	鹿屋	沖縄周辺機動部隊索敵攻撃	1	1	
783	5/11	703		海	第5筑波隊	零戦52	鹿屋	沖縄周辺機動部隊索敵攻撃	1	1	
784	5/11	703		海	第7七生隊	零戦52	鹿屋	沖縄周辺機動部隊索敵攻撃	1	1	
785	5/11	712		海	第8神風桜花特別攻撃隊 神雷部隊桜花隊	桜花	鹿屋	沖縄周辺艦船	1	1	
786	5/11	712		海	第8神風桜花特別攻撃隊 神雷部隊攻撃隊	一式陸攻	鹿屋	沖縄周辺艦船	1	7	
787	5/12	515		海	第3正気隊	九七式艦攻	串良	沖縄周辺艦船	1	3	
788	5/12	1640		陸	飛行第10戦隊	屠龍	八塊	誠第123飛行隊機に同乗	0	1	*2
789	5/12	1640		陸	誠第120飛行隊	疾風	八塊	慶良間西方洋上	2	2	
790	5/12	1640		陸	誠第123飛行隊	屠龍	八塊	慶良間西方洋上	1	1	
791	5/13	1530		海	忠誠隊	九六式艦爆	宜蘭	慶良間列島附近機動部隊	6	11	
792	5/13	1550		海	振天隊	九七式艦攻	新竹	沖縄周辺艦船	1	3	
793	5/13	1635		陸	第31振武隊	九九式襲撃機	八塊	沖縄周辺洋上	3	3	
794	5/13	1650		陸	誠第26戦隊	隼	宜蘭	那覇南西洋上	3	3	
795	5/14	525		海	神雷部隊第11建武隊	零戦52	鹿屋	種子島東方の機動部隊	1	1	
796	5/14	527		海	神雷部隊第11建武隊	零戦52	鹿屋	種子島東方の機動部隊	1	1	
797	5/14	527		海	第6筑波隊	零戦52	鹿屋	種子島東方の機動部隊	1	1	
798	5/14	528		海	神雷部隊第11建武隊	零戦52	鹿屋	種子島東方の機動部隊	1	1	
799	5/14	529		海	第6筑波隊	零戦52	鹿屋	種子島東方の機動部隊	1	1	
800	5/14	530		海	第6筑波隊	零戦52	鹿屋	種子島東方の機動部隊	2	2	
801	5/14	531		海	第6筑波隊	零戦52	鹿屋	種子島東方の機動部隊	1	1	
802	5/14	532		海	第6筑波隊	零戦52	鹿屋	種子島東方の機動部隊	1	1	
803	5/14	533		海	第6筑波隊	零戦52	鹿屋	種子島東方の機動部隊	1	1	
804	5/14	534		海	神雷部隊第11建武隊	零戦52	鹿屋	種子島東方の機動部隊	1	1	
805	5/14	537		海	神雷部隊第11建武隊	零戦52	鹿屋	種子島東方の機動部隊	1	1	
806	5/14	619		海	第6筑波隊	零戦52	鹿屋	種子島東方の機動部隊	2	2	
807	5/14	625		海	第6筑波隊	零戦52	鹿屋	種子島東方の機動部隊	1	1	

No.	月日	出撃開始時刻	出撃完了時刻	軍種	特攻隊	機種	出撃基地	攻撃目標・戦死場所 (nmは海里)	機数	人数	注
808	5/14	625		海	第8七生隊	零戦52	鹿屋	種子島東方の機動部隊	1	1	
809	5/14	626		海	第6筑波隊	零戦52	鹿屋	種子島東方の機動部隊	1	1	
810	5/14	627		海	第8七生隊	零戦52	鹿屋	種子島東方の機動部隊	1	1	
811	5/14	628		海	第8七生隊	零戦52	鹿屋	種子島東方の機動部隊	1	1	
812	5/14	629		海	第6筑波隊	零戦52	鹿屋	種子島東方の機動部隊	1	1	
813	5/14	630		海	第6筑波隊	零戦52	鹿屋	種子島東方の機動部隊	1	1	
814	5/14	631		海	第6筑波隊	零戦52	鹿屋	種子島東方の機動部隊	1	1	
815	5/14	855		陸	司偵振武隊	百式司偵	蓆田	沖縄東方洋上	2	2	
816	5/14	1155		陸	司偵振武隊	百式司偵	蓆田	沖縄東方洋上	1	1	
817	5/15	1620		海	振天隊	九七式艦爆	新竹	沖縄周辺艦船	2	6	
818	5/15	1645		海	忠誠隊	九六式艦攻	宜蘭	慶良間列島附近機動部隊	2	4	
819	5/17	415		海	忠誠隊	九六式艦攻	宜蘭	慶良間列島附近機動部隊	1	2	
820	5/17	1610		陸	誠第26戦隊	隼	花蓮港	慶良間西方洋上	4	4	
821	5/17	不明		陸	第31飛行隊	八塊		沖縄周辺洋上	2	2	
822	5/17	不明		陸	飛行第108戦隊	九九式襲撃機	八塊	沖縄周辺洋上	0	1	*2
823	5/18	650	655	陸	第53振武隊	隼	知覧	沖縄周辺洋上	8	8	
824	5/18	1723		陸	飛行第19戦隊	飛燕	宜蘭	嘉手納西方洋上	3	3	
825	5/20	1605	1613	陸	第50振武隊	隼	知覧	沖縄周辺洋上	9	9	
826	5/20	1650		陸	誠第204戦隊	隼	八塊	嘉手納西方洋上	5	5	
827	5/21	1630		陸	飛行第19戦隊	飛燕	宜蘭	嘉手納西方洋上	2	2	
828	5/21	1640		陸	飛行第29戦隊	疾風	台中	嘉手納西方洋上	4	4	
829	5/24	1640		陸	誠第28飛行隊	九九式襲撃機	八塊	沖縄周辺洋上	0	1	*2
830	5/24	1640		陸	誠第71飛行隊	九九式襲撃機	八塊	沖縄周辺洋上	5	5	
831	5/24	1811		陸	飛行第60戦隊	四式重爆	健軍	沖縄飛行場付近洋上	1	7	
832	5/24	1840		陸	第3独立飛行隊	九七式重爆	健軍	義号作戦	12	24	
833	5/24	1926		海	菊水部隊白菊隊	白菊	鹿屋	沖縄周辺艦船	1	2	
834	5/24	1936		海	菊水部隊白菊隊	白菊	鹿屋	沖縄周辺艦船	1	2	
835	5/24	1939		海	菊水部隊白菊隊	白菊	鹿屋	沖縄周辺艦船	1	2	
836	5/24	1942		海	菊水部隊白菊隊	白菊	鹿屋	沖縄周辺艦船	1	2	
837	5/24	1944		海	菊水部隊白菊隊	白菊	鹿屋	沖縄周辺艦船	1	2	
838	5/24	1945		海	菊水部隊白菊隊	白菊	鹿屋	沖縄周辺艦船	1	2	
839	5/24	1946		海	菊水部隊白菊隊	白菊	鹿屋	沖縄周辺艦船	1	2	
840	5/24	1954		海	菊水部隊白菊隊	白菊	鹿屋	沖縄周辺艦船	1	2	
841	5/24	2050		海	徳島第1白菊隊	白菊	串良	沖縄周辺艦船	1	2	
842	5/24	2051		海	徳島第1白菊隊	白菊	串良	沖縄周辺艦船	1	2	
843	5/24	2053		海	徳島第1白菊隊	白菊	串良	沖縄周辺艦船	1	2	
844	5/24	2055		海	徳島第1白菊隊	白菊	串良	沖縄周辺艦船	1	2	
845	5/24	2127		海	徳島第1白菊隊	白菊	串良	沖縄周辺艦船	1	2	
846	5/24	2150		海	徳島第1白菊隊	白菊	串良	沖縄周辺艦船	1	4	
847	5/24	2210		海	徳島第1白菊隊	白菊	串良	沖縄周辺艦船	2	4	
848	5/24	2300		海	第12航空戦隊二座水偵隊	零式観測機	指宿	沖縄周辺艦船	2	3	
849	5/24	2302		海	徳島第1白菊隊	白菊	串良	沖縄周辺艦船	1	2	
850	5/25	435		海	第10銀河隊	銀河	宮崎	沖縄周辺艦船	1	3	
851	5/25	440		海	第10銀河隊	銀河	宮崎	沖縄周辺艦船	1	3	
852	5/25	450		陸	第57振武隊	疾風	都城東	沖縄周辺洋上	11	11	
853	5/25	450		陸	第58振武隊	疾風	都城東	沖縄周辺洋上	9	9	
854	5/25	450		陸	第60振武隊	疾風	都城東	沖縄周辺洋上	1	1	
855	5/25	450		陸	第61振武隊	疾風	都城東	沖縄周辺洋上	1	1	
856	5/25	450		海	第10銀河隊	銀河	第2美保	沖縄東方洋上	1	2	
857	5/25	500		陸	第52振武隊	隼	知覧	沖縄周辺洋上	5	5	
858	5/25	500		陸	第55振武隊	飛燕	知覧	沖縄南部洋上	2	2	
859	5/25	500		陸	第56振武隊	飛燕	知覧	沖縄周辺洋上	2	2	
860	5/25	500		陸	第78振武隊	九七式戦	知覧	沖縄周辺洋上	3	3	
861	5/25	500		海	第3正統隊	九九式艦爆	第2国分	沖縄周辺艦船	1	2	
862	5/25	500		海	第9神風桜花特別攻撃隊 神雷部隊桜花隊	桜花	鹿屋	沖縄周辺艦船	3	3	
863	5/25	500		海	第9神風桜花特別攻撃隊 神雷部隊攻撃隊	一式陸攻	鹿屋	沖縄周辺艦船	3	21	
864	5/25	507		海	菊水部隊白菊隊	白菊	鹿屋	沖縄周辺艦船	1	2	
865	5/25	526		陸	第432振武隊	二式高練	万世	沖縄周辺洋上	2	2	
866	5/25	545		陸	第50振武隊	隼	知覧	沖縄周辺洋上	2	2	
867	5/25	601	611	陸	飛行第62戦隊	四式重爆	大刀洗	那覇西方洋上	2	8	

No.	月日	出撃開始時刻	出撃完了時刻	軍種	特攻隊	機種	出撃基地	攻撃目標・戦死場所（nmは海里）	機数	人数	注
868	5/25	630		陸	第54振武隊	飛燕	知覧	沖縄周辺洋上	6	6	
869	5/25	652		陸	第26振武隊	疾風	知覧	沖縄周辺洋上	2	2	
870	5/25	730		陸	第433振武隊	二式高練	万世	沖縄周辺洋上	5	5	
871	5/25	不明		陸	第105振武隊	九七式戦	知覧	沖縄周辺洋上	2	2	
872	5/25	不明		陸	第29振武隊	隼	知覧	沖縄周辺洋上	2	2	
873	5/25	不明		陸	第49振武隊	隼	知覧	沖縄周辺洋上	2	2	
874	5/25	不明		陸	第70振武隊	隼	知覧	沖縄周辺洋上	3	3	
875	5/25	不明		陸	第66振武隊	九七式戦	万世	沖縄周辺洋上	2	2	
876	5/26	330		陸	第21振武隊	九七式戦	喜界島	本土へ移動	0	1	*2
877	5/26	330		陸	第78振武隊	九七式戦	喜界島	本土へ移動	1	1	
878	5/26	1318		陸	第110振武隊	飛燕	知覧	沖縄周辺洋上	6	6	
879	5/27	600		陸	第72振武隊	九九式襲撃機	万世	沖縄南部洋上	9	9	
880	5/27	1841		海	菊水部隊白菊隊	白菊	鹿屋	沖縄周辺艦船	1	2	
881	5/27	1842		海	菊水部隊白菊隊	白菊	鹿屋	沖縄周辺艦船	2	4	
882	5/27	1845		海	菊水部隊白菊隊	白菊	鹿屋	沖縄周辺艦船	1	2	
883	5/27	1846		海	菊水部隊白菊隊	白菊	鹿屋	沖縄周辺艦船	1	2	
884	5/27	1847		海	菊水部隊白菊隊	白菊	鹿屋	沖縄周辺艦船	1	2	
885	5/27	1852		海	菊水部隊白菊隊	白菊	鹿屋	沖縄周辺艦船	1	2	
886	5/27	1853		海	菊水部隊白菊隊	白菊	鹿屋	沖縄周辺艦船	1	2	
887	5/27	1854		海	菊水部隊白菊隊	白菊	鹿屋	沖縄周辺艦船	1	2	
888	5/27	1922		海	菊水部隊白菊隊	白菊	鹿屋	沖縄周辺艦船	1	2	
889	5/27	1937		海	菊水部隊白菊隊	白菊	鹿屋	沖縄周辺艦船	1	2	
890	5/27	2040		海	徳島第2白菊隊	白菊	串良	沖縄周辺艦船	1	2	
891	5/27	2052		海	徳島第2白菊隊	白菊	串良	沖縄周辺艦船	1	2	
892	5/27	2100		海	徳島第2白菊隊	白菊	串良	沖縄周辺艦船	1	2	
893	5/27	2105		海	徳島第2白菊隊	白菊	串良	沖縄周辺艦船	1	2	
894	5/27	2110		海	徳島第2白菊隊	白菊	串良	沖縄周辺艦船	1	2	
895	5/27	2120		海	徳島第2白菊隊	白菊	串良	沖縄周辺艦船	2	4	
896	5/27	不明		陸	第431振武隊	九七式戦	知覧	沖縄周辺洋上	5	5	
897	5/28	455		陸	第45振武隊	屠龍	知覧	沖縄周辺洋上	8	10	
898	5/28	500		陸	第55振武隊	飛燕	知覧	沖縄周辺洋上	1	1	
899	5/28	509	513	陸	第48振武隊	隼	知覧	沖縄周辺洋上	2	2	
900	5/28	520		陸	第50振武隊	隼	知覧	沖縄西方洋上	1	1	
901	5/28	520		陸	第51振武隊	隼	知覧	沖縄周辺洋上	1	1	
902	5/28	520		陸	第52振武隊	隼	知覧	沖縄周辺洋上	3	3	
903	5/28	531	537	陸	第213振武隊	九七式戦	知覧	沖縄周辺洋上	2	2	
904	5/28	531	537	陸	第431振武隊	九七式戦	知覧	沖縄周辺洋上	2	2	
905	5/28	531	537	陸	第70振武隊	隼	知覧	沖縄周辺洋上	3	3	
906	5/28	545		陸	第432振武隊	二式高練	万世	沖縄周辺洋上	8	8	
907	5/28	545		陸	第433振武隊	二式高練	万世	沖縄周辺洋上	5	5	
908	5/28	1502		陸	第58振武隊	疾風	都城東	沖縄周辺洋上	2	2	
909	5/28	1502		陸	第59振武隊	疾風	都城東	沖縄本島付近洋上	3	3	
910	5/28	1913		海	徳島第3白菊隊	白菊	串良	沖縄周辺艦船	1	2	
911	5/28	1914		海	徳島第3白菊隊	白菊	串良	沖縄周辺艦船	1	1	
912	5/28	1915		海	徳島第3白菊隊	白菊	串良	沖縄周辺艦船	1	1	
913	5/28	1919		海	徳島第3白菊隊	白菊	串良	沖縄周辺艦船	1	2	
914	5/28	不明		陸	第54振武隊	飛燕	知覧	沖縄周辺洋上	3	3	
915	5/29	130		海	琴平水心隊	九四式水偵	指宿	沖縄周辺艦船	2	5	
916	5/29	1610		海	振天隊	九七式艦攻	新竹	沖縄周辺艦船	2	4	
917	5/29	夕刻		陸	飛行第20戦隊	隼	宜蘭	沖縄周辺洋上	5	5	
918	5/31	夕刻		陸	誠第15飛行隊	九九式双軽	台中	沖縄周辺洋上	1	1	
919	6/1	1910		陸	飛行第20戦隊	隼	宜蘭	嘉手納沖	2	2	
920	6/1	不明		陸	第433振武隊	二式高練	万世	沖縄周辺洋上	1	1	
921	6/3	1019	1022	陸	第214振武隊	九七式戦	知覧	沖縄周辺洋上	4	4	
922	6/3	1019	1022	陸	第431振武隊	九七式戦	知覧	沖縄周辺洋上	1	1	
923	6/3	1030	1040	陸	第48振武隊	隼	知覧	沖縄周辺洋上	4	4	
924	6/3	1030		陸	第111振武隊	九七式戦	知覧	沖縄周辺洋上	8	8	
925	6/3	1040		海	第4正統隊	九九式艦爆	第2国分	沖縄周辺艦船	2	4	
926	6/3	1055		海	第4正統隊	九九式艦爆	第2国分	沖縄周辺艦船	1	2	
927	6/3	1557	1558	陸	第44振武隊	隼	知覧	沖縄周辺洋上	9	9	
928	6/3	早朝		陸	第112振武隊	九七式戦	知覧	沖縄周辺洋上	9	9	
929	6/5	1615		陸	飛行第17戦隊	飛燕	八塊	嘉手納沖	4	4	

No.	月日	出撃開始時刻	出撃完了時刻	軍種	特攻隊	機種	出撃基地	攻撃目標・戦死場所 (nmは海里)	機数	人数	注
930	6/6	1030		陸	第104振武隊	九九式襲撃機	知覧	沖縄周辺洋上	1	1	
931	6/6	1330		陸	第113振武隊	九七式戦	知覧	沖縄周辺洋上	10	10	
932	6/6	1330		陸	第159振武隊	飛燕	知覧	慶良間西方洋上	5	5	
933	6/6	1330		陸	第160振武隊	飛燕	知覧	沖縄周辺洋上	2	2	
934	6/6	1330		陸	第160振武隊	飛燕	知覧	慶良間西方洋上	1	1	
935	6/6	1330		陸	第165振武隊	飛燕	知覧	沖縄周辺洋上	5	5	
936	6/6	1640		陸	飛行第29戦隊	疾風	台中	沖縄周辺洋上	4	4	
937	6/6	1710		陸	飛行第20戦隊	隼	宜蘭	慶良間西方	4	4	
938	6/6	不明		陸	第54振武隊	飛燕	知覧	沖縄周辺洋上	1	1	
939	6/7	520		海	第21大義隊	零戦	石垣	宮古島南方の機動部隊	2	2	
940	6/7	1650	1655	陸	第63振武隊	九九式襲撃機	万世	沖縄周辺洋上	6	6	
941	6/7	545		陸	第59振武隊	疾風	都城東	沖縄本島付近	6	6	
942	6/8	547	552	陸	第48振武隊	隼	知覧	沖縄周辺洋上	2	2	
943	6/8	547		陸	第53振武隊	隼	知覧	沖縄周辺洋上	1	1	
944	6/8	616		陸	第141振武隊	隼	万世	沖縄周辺洋上	2	2	
945	6/8	616		陸	第144振武隊	隼	万世	沖縄周辺洋上	2	2	
946	6/10	510	524	陸	第112振武隊	九七式戦	知覧	沖縄周辺洋上	2	2	
947	6/10	510	524	陸	第214振武隊	九七式戦	知覧	沖縄周辺洋上	1	1	
948	6/11	509	512	陸	第215振武隊	九七式戦	知覧	沖縄周辺洋上	1	1	
949	6/11	520	521	陸	第159振武隊	飛燕	知覧	沖縄周辺洋上	1	1	
950	6/11	520		陸	第56振武隊	飛燕	知覧	沖縄周辺洋上	1	1	
951	6/11	1710		陸	第64振武隊	九九式襲撃機	万世	沖縄周辺洋上	3	3	
952	6/11	1715		陸	第64振武隊	九九式襲撃機	万世	沖縄周辺洋上	4	4	
953	6/11	1720		陸	第64振武隊	九九式襲撃機	万世	沖縄周辺洋上	2	2	
954	6/19	1500		陸	第144振武隊	隼	万世	沖縄周辺洋上	1	1	
955	6/21	1615	1630	陸	第26振武隊	疾風	都城東	沖縄周辺洋上	4	4	
956	6/21	1900		海	菊水部隊第2白菊隊	白菊	鹿屋	沖縄周辺艦船	1	2	
957	6/21	1905		海	菊水部隊第2白菊隊	白菊	鹿屋	沖縄周辺艦船	1	2	
958	6/21	1916		海	菊水部隊第2白菊隊	白菊	鹿屋	沖縄周辺艦船	1	2	
959	6/21	1920		海	菊水部隊第2白菊隊	白菊	鹿屋	沖縄周辺艦船	1	2	
960	6/21	1927		海	徳島第4白菊隊	白菊	串良	沖縄周辺	1	2	
961	6/21	1929		海	徳島第4白菊隊	白菊	串良	沖縄周辺	1	2	
962	6/21	1930		海	菊水部隊第2白菊隊	白菊	鹿屋	沖縄周辺艦船	1	2	
963	6/21	1930		海	徳島第4白菊隊	白菊	串良	沖縄周辺	1	2	
964	6/21	2125		海	第12航空戦隊二座水偵隊	零式観測機	指宿	沖縄周辺艦船	1	1	
965	6/21	2135		海	第12航空戦隊二座水偵隊	零式観測機	指宿	沖縄周辺艦船	2	4	
966	6/21	2230		海	第12航空戦隊二座水偵隊	零式観測機	指宿	沖縄周辺艦船	2	4	
967	6/22	520		海	第10神風桜花特別攻撃隊 神雷部隊桜花隊	桜花	鹿屋	沖縄周辺艦船	4	4	
968	6/22	520		海	第10神風桜花特別攻撃隊 神雷部隊攻撃隊	一式陸攻	鹿屋	沖縄周辺艦船	4	28	
969	6/22	530		海	第1神風爆戦隊	零戦52	鹿屋	沖縄周辺艦船	7	7	
970	6/22	606		陸	第179振武隊	疾風	都城東	沖縄周辺洋上	5	5	
971	6/22	607		陸	第27振武隊	疾風	都城東	沖縄周辺洋上	6	6	
972	6/25	2000		海	菊水部隊第3白菊隊	白菊	鹿屋	沖縄周辺艦船	1	2	
973	6/25	2005		海	徳島第5白菊隊	白菊	串良	沖縄周辺	1	2	
974	6/25	2008		海	徳島第5白菊隊	白菊	串良	沖縄周辺	1	2	
975	6/25	2010		海	琴平水偵隊	零式観測機	指宿	沖縄周辺艦船	2	3	
976	6/25	2012		海	徳島第5白菊隊	白菊	串良	沖縄周辺	1	2	
977	6/25	2019		海	徳島第5白菊隊	白菊	串良	沖縄周辺	1	2	
978	6/25	2023		海	徳島第5白菊隊	白菊	串良	沖縄周辺	1	2	
979	6/25	2210		海	琴平水偵隊	零式観測機	指宿	沖縄周辺艦船	2	2	
980	6/25	2215		海	琴平水偵隊	零式観測機	指宿	沖縄周辺艦船	1	1	
981	6/25	2240		海	第12航空戦隊二座水偵隊	零式観測機	奄美大島 再発進	沖縄周辺艦船	1	1	
982	6/27	230		海	琴平水偵隊	零式観測機	指宿/古仁屋再出撃	沖縄周辺艦船	1	1	
983	6/27	2210		海	琴平水偵隊	零式観測機	指宿/古仁屋再出撃	沖縄周辺艦船	1	2	
984	7/1	610		陸	第180振武隊	疾風	都城東	沖縄周辺洋上	1	1	
985	7/3	200		海	第12航空戦隊二座水偵隊	零式観測機	奄美大島 再発進	沖縄周辺艦船	1	2	
986	7/19	1630		陸	第31振武隊	九九式襲撃機	八塊	那覇西方洋上	1	1	
987	7/19	1630		陸	誠第71飛行隊	九九式襲撃機	八塊	那覇西方洋上	1	1	
988	7/19	1705		陸	誠第204戦隊	隼	花蓮港	那覇西方洋上	4	4	
989	7/25	1733		海	第7御盾隊第1次流星隊	流星	木更津	大王崎135°200nmの機動部隊	2	4	

No.	月日	出撃開始時刻	出撃完了時刻	軍種	特攻隊	機種	出撃基地	攻撃目標・戦死場所（nmは海里）	機数	人数	注
990	7/25	1737		海	第7御盾隊第1次流星隊	流星	木更津	大王崎135° 200nmの機動部隊	1	2	
991	7/25	1745		海	第7御盾隊第1次流星隊	流星	木更津	大王崎135° 200nmの機動部隊	1	2	
992	7/29	不明		海	第3龍虎隊	九三式中練	宮古	沖縄嘉手納沖	4	4	
993	7/30	不明		海	第3龍虎隊	九三式中練	宮古	沖縄嘉手納沖	3	3	
994	8/9	1343		海	第7御盾隊第2次流星隊	流星	木更津	金華山90° 100nm機動部隊	1	2	
995	8/9	1400		海	第7御盾隊第2次流星隊	流星	木更津	金華山90° 100nm機動部隊	2	4	
996	8/9	1410		海	第4御盾隊	彗星	百里原	犬吠埼東方の機動部隊／金華山東方	1	2	
997	8/9	1415		海	第7御盾隊第2次流星隊	流星	木更津	金華山90° 100nm機動部隊	3	6	
998	8/9	1421		海	第4御盾隊	彗星	百里原	犬吠埼東方の機動部隊／金華山東方	2	4	
999	8/9	1425		海	第4御盾隊	彗星	百里原	犬吠埼東方の機動部隊／金華山東方	2	4	
1000	8/9	1443		海	第4御盾隊	彗星	百里原	犬吠埼東方の機動部隊／金華山東方	1	2	
1001	8/9	1640		海	第4御盾隊	彗星	百里原	犬吠埼東方の機動部隊／金華山東方	1	1	
1002	8/9	1750		陸	第255神鷲隊	九九式双軽	岩手	陸中海岸沖	2	3	
1003	8/13	1230	1500	海	第7御盾隊第3次流星隊	流星	木更津	犬吠70° 110nm機動部隊	4	8	
1004	8/13	1330	1500	海	第4御盾隊	彗星	百里原	犬吠埼東方の機動部隊／金華山東方	4	8	
1005	8/13	1730		陸	第201神鷲隊	屠龍	黒磯	犬吠埼東方洋上	2	3	
1006	8/13	1800		陸	第291神鷲隊	九八直協／九高練	東金	犬吠埼東方洋上	1	1	
1007	8/13	1800		海	第2神雷爆戦隊	零戦52	喜界島	沖縄周辺艦船	2	2	
1008	8/13	夕方		陸	第1錬成飛行隊	隼	相模	下田南方上 第398神鷲隊の直掩	1	1	
1009	8/13	夕方		陸	第398神鷲隊	九五式練	相模	下田南方洋上	2	2	
1010	8/15	1015	1130	海	第4御盾隊	彗星	百里原	犬吠埼東方の機動部隊／金華山東方	8	16	
1011	8/15	1050		海	第7御盾隊第4次流星隊	流星	木更津	勝浦130° 200nm機動部隊	1	2	

KAMIKAZE ATTACKS OF WORLD WAR Ⅱ
A Complete History of Japanese Suicide Strikes
on American Ships, by Aircraft and Other Means
by Robin L.Rielly
Copyright ©2010 by Robin L.Rielly
Japanese translation published by spacial arrangement
with McFarland & Company, inc., Publishers, Jefferson,
North Carolina, USA through The English Agency(Japan)Ltd.

Robin L. Rielly（ロビン・L・リエリー）
1942年生まれ。沖縄戦当時、父親がLCS(L)-61に乗艦していたことから、USS LCS(L) 1-130協会で約15年間歴史研究を行なう。1962～63年、海兵隊員として厚木で勤務。シートン・ホール大学修士課程卒業。ニュージャージー州の高校の優等生特別クラスで米国史、国際関係論を32年間教え、2000年退職。本書を含め日本の特攻隊、米海軍揚陸作戦舟艇関係の本を5冊執筆。『Kamikaze, Corsairs, and Picket Ships Okinawa,1945』『Mighty Midgets At War』『American Amphibious Gunboats in World War Ⅱ』『Kamikaze Patrol』。空手に関する著書も多く、International Shotokan Karate Federationで技術副委員長を務めるかたわら自ら空手を教えている。現在8段。

小田部哲哉（おたべ・てつや）
1947年生まれ。三菱重工業（株）の航空機部門で勤務。退職後は月刊誌『エアワールド』に「アメリカの航空博物館訪問記」を、月刊誌『航空情報』に「アメリカ海兵航空隊の歴史」をそれぞれ連載したほか、ヘリコプター関連記事を月刊誌『Jウイング』に掲載した。母方の伯父が第14期海軍飛行専修予備学生出身の神雷部隊爆戦隊員として鹿屋から出撃、未帰還となったことから航空機や航空戦史に関心を寄せていた。訳書『米軍から見た沖縄特攻作戦―カミカゼvs.米戦闘機、レーダー・ピケット艦』（ロビン・リエリー著）。

日米史料による 特攻作戦全史
―航空・水上・水中の特攻隊記録―

2024年10月1日　1刷
2025年2月11日　3刷

著　者　ロビン・リエリー
訳　者　小田部哲哉
発行者　奈須田若仁
発行所　並木書房
〒170-0002 東京都豊島区巣鴨 2-4-2-501
電話(03)6903-4366　fax(03)6903-4368
http://www.namiki-shobo.co.jp
印刷製本　モリモト印刷
ISBN978-4-89063-454-5

米軍から見た沖縄特攻作戦

カミカゼ vs. 米戦闘機、レーダー・ピケット艦

ロビン・リエリー[著]
小田部哲哉[訳]

沖縄戦で日本陸海軍機の特攻の損害を最も受けたのは空母・戦艦ではなく、沖縄周辺の21か所に配置された駆逐艦や各種小型艦艇などのレーダー・ピケット艦艇だった――。配置された206隻のうち29パーセントが沈没・損傷し、戦死者1348人、負傷者1586人の甚大な被害を出した。本書は、これまで明らかにされることのなかった出撃後の日本軍機の行動と、その最期を米軍の戦闘日誌、戦闘報告などに基づき克明に再現したものである。知られざる特攻作戦の実像を明かす貴重な記録！

A5判並製 420頁・定価2700円+税

特攻機の最期を米戦闘記録で再現！
出撃後、日本軍機は米艦艇・戦闘機とどう戦ったか？
初めて明かされる日米戦闘機の激烈な戦い